马同学图解®

微积分 下

马同学（@马同学图解数学）著

電子工業出版社·
Publishing House of Electronics Industry
北京·BEIJING

内 容 简 介

本书通过图解的形式，在逻辑上穿针引线，系统地讲解了大学公共课"高等数学（微积分）"中涉及多元函数的知识点，涵盖了经典教材《高等数学》下册中的绝大部分内容。对于相关专业的在校生和考研学子而言，这些知识点是必须攻克的堡垒；对于相关领域的从业人员而言，这些内容则是深造路上不可或缺的基石。

继承"马同学图解"系列图书《微积分（上）》的独特风格，本书继续以"线性近似"为导向，深入浅出地探讨了多元函数的极限、微分、重积分及其计算方法、曲线曲面积分及其计算方法、无穷级数等内容。全书逻辑上层层递进，再辅以精心挑选的各类例题和生动有趣的生活案例，大大降低了学习门槛，让高等数学不再高不可攀。

图书在版编目（CIP）数据

微积分. 下 / 马同学著. -- 北京 ： 电子工业出版社, 2024. 9. -- ISBN 978-7-121-48597-8

Ⅰ. O172

中国国家版本馆 CIP 数据核字第 2024XV3920 号

责任编辑：张月萍
文字编辑：刘 舫
印　　刷：北京缤索印刷有限公司
装　　订：北京缤索印刷有限公司
出版发行：电子工业出版社
　　　　　北京市海淀区万寿路 173 信箱　　　邮编：100036
开　　本：787×1092　1/16　印张：25　　字数：656 千字
版　　次：2024 年 9 月第 1 版
印　　次：2024 年 10 月第 2 次印刷
定　　价：178.00 元

前言

创作严肃且通俗易懂的数学书籍，是马同学品牌创立的初衷。"乘风破浪会有时，直挂云帆济沧海"，经历了八年的艰辛探索，本书是我们交出的第三份答卷，其余两份分别是《马同学图解线性代数》和"马同学图解"系列图书《微积分（上）》。

2016年，我们成立了成都十年灯教育科技有限公司，公司名字取意为"桃李春风一杯酒，寒窗苦读十年灯"，希望可以帮助到更多的莘莘学子。

莘莘学子需要什么样的帮助呢？不同于中学，大学阶段很少有数学补习班，大学老师也不会像中学老师那样耳提面命，学习真正成了每个学生自己的事情。目标变得更加多样化，考试不再是唯一的终点，深造、求职、做工程项目等也成了重要的学习场景。在这样的背景下，学子们都希望能够找到可以自学的教材。

市面上没有可以自学的教材吗？肯定有，毕竟本书讲解的是300年前就有的数学内容，这么长的时间足够产生各种经典教材，它们像耸立的灯塔一样照亮了数学朝圣之旅的前进道路。

那么本书提供了什么价值呢？简单来说，就是继承经典教材的内容，借助现代的手段和理念，更好地满足如今学子们的学习需要。

经典教材肯定不是一蹴而就的，从蒙昧时代开始，各种数学概念历经毕达哥拉斯、阿基米德、笛卡儿、牛顿、欧拉、柯西、魏尔斯特拉斯、黎曼等数学大家的雕琢，又在各位教育大师的手中条分缕析，最终被编撰成一部部经典之作。这本身就是一场薪火相传的接力赛，一个没有终点的无限游戏。志在数学研究和教育普及的我们，毅然加入了这条赛道，与前辈们一同奔跑。

所以说，"马同学图解"系列图书《微积分（下）》的内容是站在巨人的肩上，"操千曲而后晓声，观千剑而后识器"，以过往的经典教材为基础，加入自己的特色而形成的。

本书具有如下特色：

- 特色之一，运用迭代的思维。我们相信好的书不是写出来的，而是改出来的，比如《红楼梦》就曾经"披阅十载，增删五次"。所以，本书中的内容一开始就在"马同学"网站、"马同学图解数学"微信公众号以及知乎"马同学"、B站"马同学图解数学"这些渠道上发布。到撰写本书时，其中免费的内容已经有数百万名同学阅读过；而完整的付费版本也已经售卖了数万份。在这个过程中，我们收到了大量的肯定及批评建议，根据这些或正面、或负面的反馈，我们进行了数次大的改版，最终才得以付梓印刷。

- 特色之二，尽量详细。因为本书针对的是自学者，因此我们力求在没有教师指导的情况下，读者也能独立理解本书内容。书中涉及的知识点、证明和习题讲解都尽可能详尽，不跳步骤，明确逻辑，并进行交叉引用，以确保读者能够完全掌握。

- 特色之三，海量图解。本书正文内容将近四百页，其中包含七百多幅精心制作的图片。这些图片的制作十分用心，其中很多幅图片的制作时间都在半天以上，真正起到了"图解"的应有之义。
- 特色之四，配有讲解视频。我们还为本书中一些难以理解的知识点精心制作了讲解视频，可在对应的章节扫码观看，也可直接到 B 站"马同学图解数学"的"微积分"合集中查看，并且视频还在不断迭代、增加中。根据同学们的反馈，这些视频提供了不一样的学习体验，是对本书内容很好的补充。
- 特色之五，逻辑清晰且完整。例如，本书以"线性近似"为线索，讲解到"全微分"时，采用了不同于其他教材的视角进行引入，逻辑流畅，相信读者会在阅读时感受到这种独特的魅力。
- 特色之六，辅以生活实例。例如，在讲解格林公式时，我们就介绍了该公式是如何在电磁实验中被推导出来的。

诸多特色难以尽数，希望本书能成为你学习路上的良师益友。

读者对象

这并不是一本数学科普书，而是一本硬核的数学教材，专为那些脚踏实地、希望在数学方面精进自己的学生而设计。

根据我们的调查，本书的在线内容吸引了广泛的读者群体，包括在校大学生、考研学生、人工智能方向的学习者、图形图像工程师、量化交易师，以及众多希望提升自身能力的学习者。因此，我们相信本书的目标读者群也大致与这些人群相似。

需要特别说明的是，纸质图书版与在线内容之间有一些区别。对于一些读者来说，他们更喜欢油墨的书香、纸质图书的触感以及手握书本的充实感。那么，本书的纸质书版本正是为这些读者精心设计的。它并不是在线内容的简单复制，而是针对图书这种载体进行了精心的编排。与此同时，在线内容有其独特之处，会包含更多的动图、互动内容和视频。虽然内容一致，但两者的体验却大有不同，希望无论选择哪种形式，都能让你的学习如虎添翼。

勘误和支持

由于作者水平有限，书中难免会出现一些错误或者不准确的地方，恳请广大读者批评指正。我们在微信公众号"马同学图解数学"中特意添加了一个新的菜单入口，专门用于展示书中的各种问题。

读者在阅读过程中如果产生了疑问，欢迎到微信公众号的后台留言，我们会尽快回复。

致谢

感谢微信公众号"马同学图解数学"的读者们，你们的鼓励、购买、建议和意见是对我们最大的支持。

感谢成都道然科技有限责任公司的姚新军（@ 长颈鹿 27）老师，他给出了很多非常专业的意见和建议，我觉得他是非常可靠的合作伙伴。

感谢"百词斩"对我们的支持，没有你们不计回报的投资，我们很难走到今天。

特别致谢

本书是马同学团队的集体创作结晶，所以在这里首先感谢团队内的每一位成员，我们一起见证了数学内容创作的艰难，每个人都做出了各自的卓越贡献。聚沙成塔、集腋成裘，今天我们交出了团队的第三份答卷。

在此还要感谢每一位团队成员的家人。团队的种种困难，各位家人一定会有切身感受，但无数双手为我们保驾护航，最终我们一起战胜了困难，谢谢！

谨以此书献给我们的家人，我们的读者，以及热爱数学的朋友们！

马同学团队

目录

如果不想突出起点和终点，那么向量还可以用加粗的字母来表示①。比如在图 9.7 中，两辆小车的速度向量就是用 u 及 v 来表示的。

图 9.7　单个字母表示向量

当长度相同、方向一致时，这两个向量就是相等的，否则不等，如图 9.8 所示。

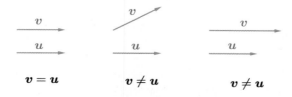

图 9.8　相等的向量和不等的向量

9.1.3　直角坐标系

相对于高中的学习，将要学习的向量定义会更加严格，让我们从介绍直角坐标系开始。虽然这是中学时的学习内容，但这里还是要复习一下，并明确一些后面会用到的概念。首先介绍一下二维平面上的直角坐标系，该坐标系由两条垂直的直线构成，如图 9.9 所示。其中：

- 横向直线称为 x 轴，纵向直线称为 y 轴（根据不同的情况，x 轴和 y 轴也可用不同的字母来表示，比如 t 轴和 s 轴，在之后的课程中会有所涉及）。
- x 轴和 y 轴的交点称为原点，通常用字母 O 或数字 0 表示，规定此点坐标为 $(0,0)$。
- 整个二维平面上的点都可以通过该直角坐标系来表示，因此该二维平面又可以称为 xOy 面。
- xOy 面被 x 轴和 y 轴分为四个部分，每个部分叫作一个象限（Quadrant），按照逆时针的顺序分别是第一、第二、第三、第四象限，也可用罗马字母 I、II、III 和 IV 来表示。

平面上的某 a 点，在该直角坐标系中，就可以用坐标 (a_1, a_2) 来表示，如图 9.10 所示。

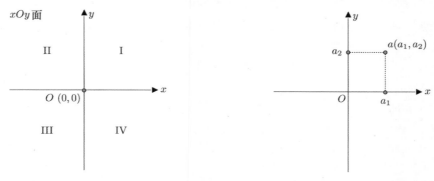

图 9.9　二维平面上的直角坐标系　　　图 9.10　a 点的坐标为 (a_1, a_2)

---

① 一般在印刷的书籍中用加粗的斜体字母表示，手写的时候用带箭头的字母表示，本书中一般用加粗的斜体字母表示向量。

在二维平面的直角坐标系的基础上,再增加一个与 x 轴、y 轴都垂直的 z 轴,这样就从二维平面扩展到了三维空间,从而得到三维空间中的直角坐标系,如图 9.11 所示。空间中的某 a 点,在该直角坐标系中,可以用坐标 (a_1, a_2, a_3) 来表示,如图 9.12 所示。

图 9.11　三维空间中的直角坐标系

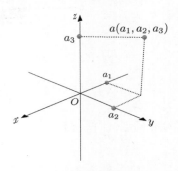

图 9.12　a 点的坐标为 (a_1, a_2, a_3)

三个坐标轴的正方向由右手定则来决定,即右手平摊时四指朝向的是 x 轴正方向,掌心所对的是 y 轴正方向,而大拇指朝向的是 z 轴正方向;或者说,从 x 轴往 y 轴握拳,大拇指朝向的是 z 轴正方向,如图 9.13 所示。三个坐标轴中的任意两个可以确定一个平面,分别是 xOy 面、yOz 面 和 zOx 面,如图 9.14 所示。

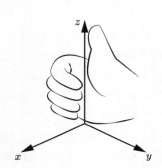

图 9.13　从 x 轴往 y 轴握拳,大拇指朝向 z 轴正方向

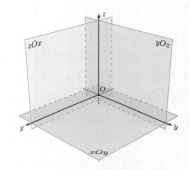

图 9.14　由坐标轴确定的平面

这三个平面的命名都是遵守右手定则的,具体来说:

- 在 xOy 面,从 x 轴往 y 轴握拳,大拇指朝向的是 z 轴正方向。
- 在 yOz 面,从 y 轴往 z 轴握拳,大拇指朝向的是 x 轴正方向。
- 在 zOx 面,从 z 轴往 x 轴握拳,大拇指朝向的是 y 轴正方向。

xOy 面、yOz 面和 zOx 面将空间分成八个部分,每个部分叫作一个卦限,如图 9.15 所示,其中:

- 在 xOy 面上方,逆时针方向排列的分别是第一、第二、第三、第四卦限,也可用罗马字母 I、II、III 和 IV 来表示。
- 在 xOy 面下方,逆时针方向排列的分别是第五、第六、第七、第八卦限,也可用罗马字母 V、VI、VII 和 VIII 来表示。

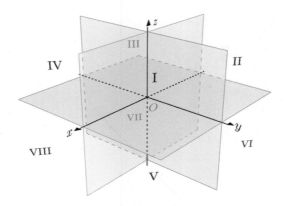

图 9.15　空间直角坐标系中的八个卦限

9.1.4　向量的定义

下面给出向量的严格定义：

定义 72. n 个有序的数 $a_1, a_2, \cdots, a_n$ 所组成的数组称为 n 维向量。这 n 个数称为该向量的 n 个分量，第 i 个数 a_i 称为第 i 个分量。n 维向量可写成一列，也可写成一行，分别称为列向量和行向量：

- n 维列向量：$\begin{pmatrix} a_1 \\ a_2 \\ \vdots \\ a_n \end{pmatrix}$

- n 维行向量：$(a_1, a_2, \cdots, a_n)$ 或 $\begin{pmatrix} a_1 & a_2 & \cdots & a_n \end{pmatrix}$

n 也称为该向量的维数。

在后续内容中，会尽量使用列向量来表示向量，这样更符合线性代数的习惯。

下面来看看在本书中是怎么表示向量的，也就是向量的几何意义是什么。

之前我们介绍了二维直角坐标系，二维向量 $\boldsymbol{a} = \begin{pmatrix} a_1 \\ a_2 \end{pmatrix}$ 可认为是其中的一个点（也就是

坐标为 (a_1, a_2) 的点），如图 9.16 所示；或可认为 $\boldsymbol{a}$ 是从原点指向 $\begin{pmatrix} a_1 \\ a_2 \end{pmatrix}$ 的有向线段，如

图 9.17 所示。这两种几何意义是等效的，在本书中会混用这两者。

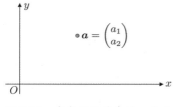

图 9.16　直角坐标系中的一个点

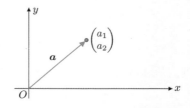

图 9.17　直角坐标系中的有向线段

三维向量也是一样的，比如可将图 9.6 中提到的篮球视作三维空间中的一个点，也可视

作从原点指向它的有向线段，如图 9.18 所示。

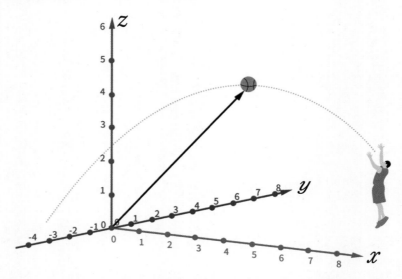

图 9.18　空间中的篮球可视作从原点指向它的有向线段

　　对于更高维的向量，比如想描述图 9.19 所示的游戏人物信息，就可以用下列右侧的 9 维列向量或行向量来表示，但就没有什么几何意义了。

$$\begin{pmatrix} 97391 \\ 1000 \\ 2166 \\ 1432 \\ 316 \\ 723 \\ 0 \\ 0 \\ 0 \end{pmatrix} \quad 或 \quad (97391, 1000, 2166, 1432, 316, 723, 0, 0, 0)$$

图 9.19　游戏人物信息

　　如果两个向量的维数相同，且各个分量相等，那么这两个向量相等。比如：

$$\begin{pmatrix} 1 \\ 2 \end{pmatrix} = \begin{pmatrix} 1 \\ 2 \end{pmatrix}, \quad \begin{pmatrix} 1 \\ 2 \end{pmatrix} \neq \begin{pmatrix} 2 \\ 4 \end{pmatrix}$$

不区分列向量和行向量的话[1]，这两个向量也是相等的：$\begin{pmatrix} 1 \\ 2 \end{pmatrix} = (1, 2)$。

---

① 学习矩阵之后，需要区分这两者。

9.1.5 零向量

如果 n 维向量的所有分量都是 0，那么该向量就被称为零向量。比如：

$$\text{二维零向量}: \mathbf{0} = \begin{pmatrix} 0 \\ 0 \end{pmatrix}, \qquad \text{三维零向量}: \mathbf{0} = \begin{pmatrix} 0 \\ 0 \\ 0 \end{pmatrix}$$

上面两个零向量的几何意义就是平面、空间中的原点，或认为是起点和终点相同的有向线段，如图 9.20 和图 9.21 所示。

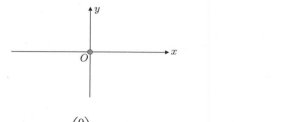 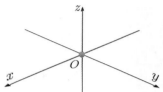

图 9.20 $\mathbf{0} = \begin{pmatrix} 0 \\ 0 \end{pmatrix}$ 是二维平面的原点 　　图 9.21 $\mathbf{0} = \begin{pmatrix} 0 \\ 0 \\ 0 \end{pmatrix}$ 是三维空间的原点

9.1.6 向量的加法

定义 73. 对于 n 维向量 $\boldsymbol{a} = \begin{pmatrix} a_1 \\ a_2 \\ \vdots \\ a_n \end{pmatrix}$ 和 $\boldsymbol{b} = \begin{pmatrix} b_1 \\ b_2 \\ \vdots \\ b_n \end{pmatrix}$，两者的加法，也就是向量加法定义

为：

$$\boldsymbol{a} + \boldsymbol{b} = \begin{pmatrix} a_1 \\ a_2 \\ \vdots \\ a_n \end{pmatrix} + \begin{pmatrix} b_1 \\ b_2 \\ \vdots \\ b_n \end{pmatrix} = \begin{pmatrix} a_1 + b_1 \\ a_2 + b_2 \\ \vdots \\ a_n + b_n \end{pmatrix}$$

比如已知 $\boldsymbol{a} = \begin{pmatrix} 1 \\ 2 \\ 3 \end{pmatrix}$ 和 $\boldsymbol{b} = \begin{pmatrix} 4 \\ 5 \\ 6 \end{pmatrix}$，那么 $\boldsymbol{a} + \boldsymbol{b} = \begin{pmatrix} 1 \\ 2 \\ 3 \end{pmatrix} + \begin{pmatrix} 4 \\ 5 \\ 6 \end{pmatrix} = \begin{pmatrix} 1+4 \\ 2+5 \\ 3+6 \end{pmatrix} = \begin{pmatrix} 5 \\ 7 \\ 9 \end{pmatrix}$。

二维向量或者三维向量加法的几何意义就是在中学时学习过的平行四边形法则、三角形法则，这在物理中进行力的合成时经常会用到。比如图 9.22 中有两条驳船在牵引某大船停靠，它们施加在大船上的力分别为 $\boldsymbol{T}_1$ 和 $\boldsymbol{T}_2$，其合力向量 $\boldsymbol{F}$ 就是这两个向量相加的结果，即 $\boldsymbol{F} = \boldsymbol{T}_1 + \boldsymbol{T}_2$，可通过平行四边形法则或三角形法则作出该合力 $\boldsymbol{F}$。

三角形法则在计算多个向量相加的时候非常方便，所以着重介绍一下。假设有 $\boldsymbol{a} = \begin{pmatrix} 3 \\ -2 \end{pmatrix}$

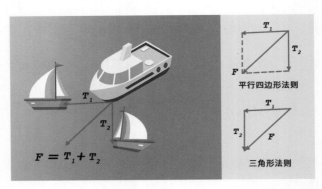

图 9.22   港口中两条驳船在牵引某大船停靠

和 $b = \begin{pmatrix} 2 \\ 3 \end{pmatrix}$，如图 9.23 所示。[①]

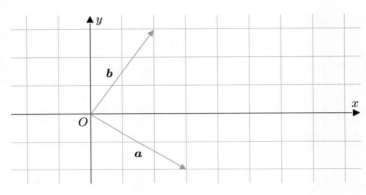

图 9.23 $a = \begin{pmatrix} 3 \\ -2 \end{pmatrix}$ 和 $b = \begin{pmatrix} 2 \\ 3 \end{pmatrix}$

将 b 平移使得 a、b 首尾相接[②]，如图 9.24 所示；然后作从原点 O 到平移后的 b 的头部的有向线段，就可得到 $a + b$，通过数格子可知 $a + b = \begin{pmatrix} 5 \\ 1 \end{pmatrix}$，如图 9.25 所示，该结果符合向量加法的定义。

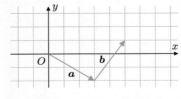

图 9.24 a、b 首尾相接

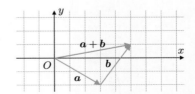

图 9.25 a、b、$a + b$ 构成三角形

因为 a、b、$a + b$ 三者最后形成了一个三角形，见图 9.25，所以该方法称为三角形法则。这种首尾相连的操作还可以完成多个向量的相加，比如像图 9.26 这样得到 $a + b + c$。

---

① 这里将格子也画了出来，通过数格子可以更清楚地知道向量的分量。

② 平移 b 后虽然起点不在原点了，但并不妨碍得到正确的结论。

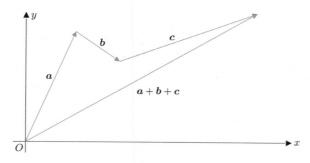

图 9.26　a、b、c 首尾相接，和 $a+b+c$ 构成多边形

三维向量的加法也可以运用三角形法则，来看一个例子。

例 208. 已知三维空间中的一个平行六面体，如图 9.27 所示，请尝试用向量 u、v、w 来表示 P 点、Q 点、M 点和 N 点。

解. 根据三角形法则，易知 $P = u + w$，$Q = v + w$，$M = u + v + w$ 以及 $N = u + v$，如图 9.28 所示。

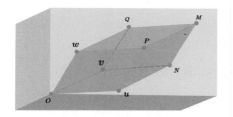

图 9.27　三维空间中的一个平行六面体

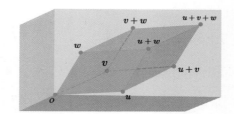

图 9.28　通过向量表示平行六面体的各个顶点

9.1.7　向量的数乘

定义 74. 对于向量 $a = \begin{pmatrix} a_1 \\ a_2 \\ \vdots \\ a_n \end{pmatrix}$，其数乘定义为 $ka = k\begin{pmatrix} a_1 \\ a_2 \\ \vdots \\ a_n \end{pmatrix} = \begin{pmatrix} ka_1 \\ ka_2 \\ \vdots \\ ka_n \end{pmatrix}$，$k \in \mathbb{R}$。

数乘 ka 将 a 的各个分量都扩大为原来的 k 倍，其几何意义就是对 a 进行伸缩，k 的符号决定了伸缩方向，如图 9.29 和图 9.30 所示。

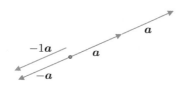

图 9.29　$k < 0$ 时，反方向伸缩

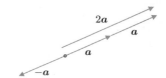

图 9.30　$k > 0$ 时，同方向伸缩

从图 9.29 和图 9.30 可见，伸缩后的向量 ka 与原向量 a 平行（因为起点在原点，所以实际上 ka 和 a 共线），因此可借助数乘来定义平行：

定义 75. 若存在实数 k，使得有 $a = kb$，则称 a 平行于 b，记作 $a \mathbin{//} b$。

后续会用向量数乘来表示直线，这里先介绍一下。已知某过原点的直线 l，及其上的向量 a，如图 9.31 所示。根据数乘的几何意义，当 k 取某个值时，ka 会在直线 l 上伸缩，如图 9.32 所示。所以，当 k 在实数范围内变动时，ka 就可以表示直线 l 上的所有点。

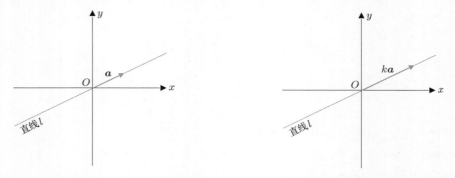

图 9.31　过原点的直线 l，及其上的向量 a　　　　图 9.32　ka 可表示直线 l 上的所有点

所以直线 l 可通过 ka 来表示，即 $l = \{x \mid x = ka, k \in \mathbb{R}\}$。[①]

9.1.8　向量的减法

借助向量加法的定义和向量数乘的定义，可将向量减法转化为向量加法，即：

$$
a - b = a + (-b) = \begin{pmatrix} a_1 \\ a_2 \\ \vdots \\ a_n \end{pmatrix} + \begin{pmatrix} -b_1 \\ -b_2 \\ \vdots \\ -b_n \end{pmatrix} = \begin{pmatrix} a_1 - b_1 \\ a_2 - b_2 \\ \vdots \\ a_n - b_n \end{pmatrix}
$$

也可以得到向量减法的几何意义，即从 b 的尾部指向 a 的尾部的有向线段就是 $a - b$，如图 9.33 所示。

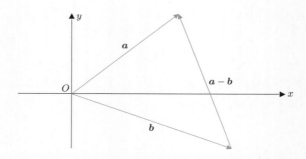

图 9.33　$a - b$ 是从 b 的尾部指向 a 的尾部的有向线段

图 9.34 所示的是 $a - b$ 的几何意义的具体推导过程。

---

① 这里是通过集合来表示直线 l 的，其中的 x 代表直线上的任意点。

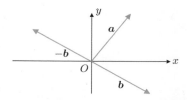

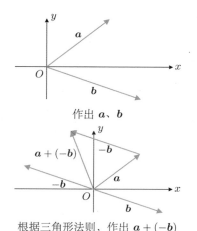

作出 **a**、**b**

根据数乘的几何意义，$-\boldsymbol{b}$ 是 **b** 的相反向量

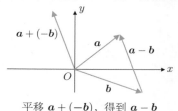

根据三角形法则，作出 $\boldsymbol{a} + (-\boldsymbol{b})$

平移 $\boldsymbol{a} + (-\boldsymbol{b})$，得到 $\boldsymbol{a} - \boldsymbol{b}$

图 9.34　$\boldsymbol{a} - \boldsymbol{b}$ 几何意义的推导

根据前面的分析可知，向量减法是向量加法的特殊情况，所以之后不再单独讨论向量减法。

9.1.9　线性运算的运算规律

向量加法和向量数乘统称为向量的基本运算，也称为向量的线性运算。[①]此两种运算的结果仍然是向量，且维度也没有发生改变。

定理 96. 向量的线性运算有以下运算规律：

加法	交换律 结合律	$\boldsymbol{a} + \boldsymbol{b} = \boldsymbol{b} + \boldsymbol{a}$ $\boldsymbol{a} + \boldsymbol{b} + \boldsymbol{c} = \boldsymbol{a} + (\boldsymbol{b} + \boldsymbol{c})$
数乘	交换律 结合律 分配律	$k \cdot \boldsymbol{a} = \boldsymbol{a} \cdot k$ $k \cdot m \cdot \boldsymbol{a} = k \cdot (m \cdot \boldsymbol{a})$ $k(\boldsymbol{a} + \boldsymbol{b}) = k\boldsymbol{a} + k\boldsymbol{b}$

证明. 这里证明一下加法交换律，假设 $\boldsymbol{a} = \begin{pmatrix} a_1 \\ a_2 \\ \vdots \\ a_n \end{pmatrix}$, $\boldsymbol{b} = \begin{pmatrix} b_1 \\ b_2 \\ \vdots \\ b_n \end{pmatrix}$，那么根据向量加法的定义（定义 73）有：

$$\boldsymbol{a} + \boldsymbol{b} = \begin{pmatrix} a_1 + b_1 \\ a_2 + b_2 \\ \vdots \\ a_n + b_n \end{pmatrix}, \quad \boldsymbol{b} + \boldsymbol{a} = \begin{pmatrix} b_1 + a_1 \\ b_2 + a_2 \\ \vdots \\ b_n + a_n \end{pmatrix}$$

因此，$\boldsymbol{a} + \boldsymbol{b} = \boldsymbol{b} + \boldsymbol{a}$。其余运算规律的证明过程可举一反三，请同学们自行证明。∎

例 209. A、B、O 为三角形的三个顶点，M 为 AB 的中点，请证明 $\overrightarrow{OM} = \dfrac{1}{2}\left(\overrightarrow{OA} + \overrightarrow{OB}\right)$。

解. 根据题意，可作出图 9.35。

[①]　因为这两种运算可以类比线性函数中的齐次性和可加性。

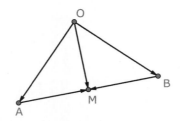

图 9.35　A、B、O 为三角形的三个顶点，M 为 AB 的中点

根据向量加法的几何意义有：

$$\left.\begin{array}{l} \overrightarrow{OM} = \overrightarrow{OA} + \overrightarrow{AM} \\ \overrightarrow{OM} = \overrightarrow{OB} + \overrightarrow{BM} \end{array}\right\} \Longrightarrow 2\overrightarrow{OM} = \overrightarrow{OA} + \overrightarrow{AM} + \overrightarrow{OB} + \overrightarrow{BM}$$

因为 M 为 AB 中点，所以 $\overrightarrow{AM}$ 和 $\overrightarrow{BM}$ 长度相等、方向相反，因此有 $\overrightarrow{AM} = -\overrightarrow{BM}$，所以：

$$2\overrightarrow{OM} = \overrightarrow{OA} + \overrightarrow{AM} + \overrightarrow{OB} + \overrightarrow{BM} \Longrightarrow \overrightarrow{OM} = \frac{1}{2}\left(\overrightarrow{OA} + \overrightarrow{OB}\right)$$

9.1.10　线性组合和空间平面

简单来说，通过向量加法和向量数乘将多个向量组合在一起，就称为线性组合。

比如对于不平行的三维向量 a 和 b 而言，$c = 3a + b$、$d = 0.1a + 1.8b$ 及 $e = a - b$ 等都是 a 和 b 的线性组合。这些向量都在某过原点的平面 p 上，如图 9.36 所示。

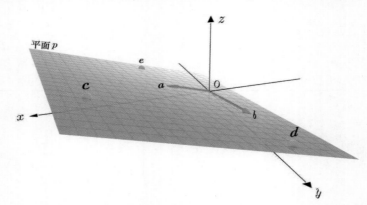

图 9.36　$c = 3a + b$、$d = 0.1a + 1.8b$ 及 $e = a - b$

实际上：

- a 和 b 所有的线性组合 $k_1 a + k_2 b, k_1, k_2 \in \mathbb{R}$ 都在平面 p 上。
- 平面 p 上的任意点 x 都可通过 a 和 b 的某个线性组合 $k_1 a + k_2 b$ 来表示。

所以该平面 p 可通过集合表示为 $p = \{x | x = k_1 a + k_2 b, k_1, k_2 \in \mathbb{R}\}$。这种用线性组合来表示平面的方法后续会用到，这里先简单介绍一下。

9.2 数量积（点积）

为了让向量更有用处，下面我们来学习其长度和角度，如图 9.37 和图 9.38 所示。

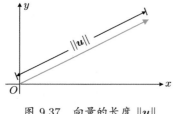

图 9.37 向量的长度 $\|\boldsymbol{u}\|$

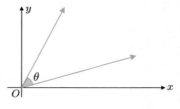

图 9.38 向量的夹角 θ

先来学习一种被称为数量积的向量运算，该运算也常被称为点积，借助该运算可更好地定义和计算向量的长度、角度等。

9.2.1 数量积（点积）的定义

定义 76. 向量 $\boldsymbol{u} = \begin{pmatrix} u_1 \\ u_2 \\ \vdots \\ u_n \end{pmatrix}$ 和 $\boldsymbol{v} = \begin{pmatrix} v_1 \\ v_2 \\ \vdots \\ v_n \end{pmatrix}$ 的点积定义为：

$$\boldsymbol{u} \cdot \boldsymbol{v} = u_1 v_1 + u_2 v_2 + \cdots + u_n v_n = \sum_{i=1}^{n} u_i v_i$$

因其运算结果是数量（标量），所以该运算也称为数量积或标量积。

比如已知 $\boldsymbol{u} = \begin{pmatrix} 1 \\ 2 \\ 3 \end{pmatrix}$，$\boldsymbol{v} = \begin{pmatrix} -2 \\ 1 \\ -1 \end{pmatrix}$，那么有 $\boldsymbol{u} \cdot \boldsymbol{v} = 1 \times (-2) + 2 \times 1 + 3 \times (-1) = -3$。

9.2.2 向量的长度

定义 77. 对于 n 维向量 $\boldsymbol{u} = \begin{pmatrix} u_1 \\ u_2 \\ \vdots \\ u_n \end{pmatrix}$，其长度记作 $\|\boldsymbol{u}\|$[①]，定义为：

$$\|\boldsymbol{u}\| = \sqrt{\boldsymbol{u} \cdot \boldsymbol{u}} = \sqrt{u_1 u_1 + u_2 u_2 + \cdots + u_n u_n} = \sqrt{u_1^2 + u_2^2 + \cdots + u_n^2}$$

---

① 有的图书中也将长度记作 $|\boldsymbol{u}|$，本书采用双竖杠，更符合数学惯例，也可以和实数的绝对值进行区分。

对于二维向量 $\boldsymbol{u} = \begin{pmatrix} u_1 \\ u_2 \end{pmatrix}$，其长度 $\|\boldsymbol{u}\| = \sqrt{\boldsymbol{u} \cdot \boldsymbol{u}} = \sqrt{u_1^2 + u_2^2}$ 是根据勾股定理计算出来的，如图 9.39 所示。

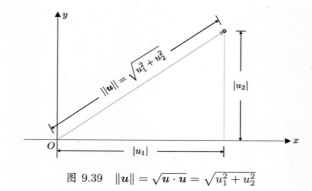

图 9.39 $\|\boldsymbol{u}\| = \sqrt{\boldsymbol{u} \cdot \boldsymbol{u}} = \sqrt{u_1^2 + u_2^2}$

同样地，三维向量 $\boldsymbol{u} = \begin{pmatrix} u_1 \\ u_2 \\ u_2 \end{pmatrix}$，其长度 $\|\boldsymbol{u}\| = \sqrt{\boldsymbol{u} \cdot \boldsymbol{u}} = \sqrt{u_1^2 + u_2^2 + u_3^2}$ 也是根据勾股定理计算出来的，如图 9.40 所示。

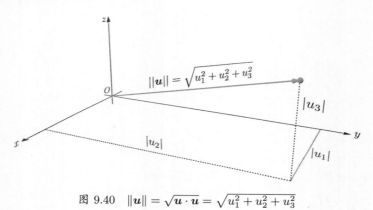

图 9.40 $\|\boldsymbol{u}\| = \sqrt{\boldsymbol{u} \cdot \boldsymbol{u}} = \sqrt{u_1^2 + u_2^2 + u_3^2}$

更高维向量的长度$\|\boldsymbol{u}\|$ 通常没有几何意义，所以也常称 $\|\boldsymbol{u}\|$ 为向量的模，或称为向量的大小。

若 $\|\boldsymbol{u}\| = 1$，则称 $\boldsymbol{u}$ 为单位向量。这里有一些特殊的单位向量需要记住：

- $\boldsymbol{i} = \begin{pmatrix} 1 \\ 0 \end{pmatrix}$ 和 $\boldsymbol{j} = \begin{pmatrix} 0 \\ 1 \end{pmatrix}$ 是二维直角坐标系中，分别指向 x 轴和 y 轴正方向的单位向量，如图 9.41 所示。

- $\boldsymbol{i} = \begin{pmatrix} 1 \\ 0 \\ 0 \end{pmatrix}$、$\boldsymbol{j} = \begin{pmatrix} 0 \\ 1 \\ 0 \end{pmatrix}$ 和 $\boldsymbol{k} = \begin{pmatrix} 0 \\ 0 \\ 1 \end{pmatrix}$ 是三维直角坐标系中，分别指向 x 轴、y 轴和 z 轴正方向的单位向量，如图 9.42 所示。

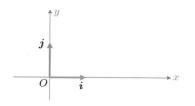

图 9.41　i、j 为 x 轴、y 轴的单位向量

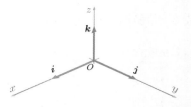

图 9.42　i、j、k 为 x 轴、y 轴、z 轴的单位向量

可证明 $\|ai\|$ 的长度为 $|a|$，即：

$$\|ai\| = \sqrt{a\begin{pmatrix}1\\0\\\vdots\\0\end{pmatrix} \cdot a\begin{pmatrix}1\\0\\\vdots\\0\end{pmatrix}} = \sqrt{\begin{pmatrix}a\\0\\\vdots\\0\end{pmatrix} \cdot \begin{pmatrix}a\\0\\\vdots\\0\end{pmatrix}} = \sqrt{a^2 + 0^2 + \cdots + 0^2} = |a|$$

结合数乘的几何意义，$u_1 i$ 是 x 轴上长度为 $|u_1|$ 的向量，$u_2 j$ 是 y 轴上长度为 $|u_2|$ 的向量，进而根据平行四边形法则可知有 $u = \begin{pmatrix}u_1\\u_2\end{pmatrix} = u_1 i + u_2 j$，如图 9.43 所示。

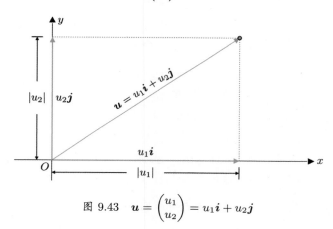

图 9.43　$u = \begin{pmatrix}u_1\\u_2\end{pmatrix} = u_1 i + u_2 j$

同样地，根据三角形法则可知有 $u = \begin{pmatrix}u_1\\u_2\\u_3\end{pmatrix} = u_1 i + u_2 j + u_3 k$，如图 9.44 所示。

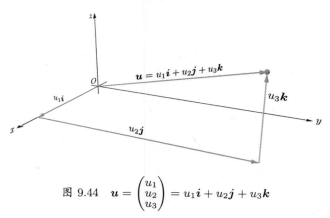

图 9.44　$u = \begin{pmatrix}u_1\\u_2\\u_3\end{pmatrix} = u_1 i + u_2 j + u_3 k$

9.2.3   向量的夹角

向量 $\boldsymbol{u}$ 和向量 $\boldsymbol{v}$ 的夹角可记作 $\widehat{(\boldsymbol{u},\boldsymbol{v})}$ 或 $\widehat{(\boldsymbol{v},\boldsymbol{u})}$，如图 9.45 和图 9.46 所示。

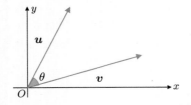   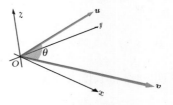

图 9.45   二维向量的夹角：$\widehat{(\boldsymbol{u},\boldsymbol{v})} = \widehat{(\boldsymbol{v},\boldsymbol{u})} = \theta$ 图 9.46   三维向量的夹角：$\widehat{(\boldsymbol{u},\boldsymbol{v})} = \widehat{(\boldsymbol{v},\boldsymbol{u})} = \theta$

该夹角需要满足 $0 \leqslant \widehat{(\boldsymbol{u},\boldsymbol{v})} \leqslant \pi$。从几何上理解的话，这两个向量之间其实有两个角，如图 9.47 所示；数学家规定，其中小的角为两向量的夹角，如图 9.48 所示。

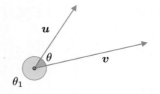

图 9.47 $\boldsymbol{u}$ 与 $\boldsymbol{v}$ 之间有两个角：θ 和 θ_1 图 9.48   规定其中较小者 θ 为 $\boldsymbol{u}$ 与 $\boldsymbol{v}$ 的夹角

学习了向量的长度和夹角后，为了后面一些性质的证明和讲解，这里有必要讨论一下零向量：

- 零向量 $\boldsymbol{0}$ 的长度为 0，这是根据向量长度的定义（定义 77）得出的，即 $\|\boldsymbol{0}\| = \sqrt{\boldsymbol{0} \cdot \boldsymbol{0}} = 0$。
- 零向量 $\boldsymbol{0}$ 与任意向量 $\boldsymbol{u}$ 平行，这是根据平行定义（定义 75）得出的，即始终有 $0\boldsymbol{u} = \boldsymbol{0}$。
- 零向量 $\boldsymbol{0}$ 指向任意方向，这是因为 $\boldsymbol{0}$ 与任意向量平行，那么 $\boldsymbol{0}$ 与任意向量同向或者反向。
- 零向量 $\boldsymbol{0}$ 与任意向量的夹角为任意值，这是由 $\boldsymbol{0}$ 指向任意方向得出的。
- 零向量 $\boldsymbol{0}$ 与任意向量正交，这是由 $\boldsymbol{0}$ 与任意向量的夹角为任意值得出的。

定理 97. 若 $\boldsymbol{u}$、$\boldsymbol{v}$ 都不是零向量，其夹角为 $\widehat{(\boldsymbol{u},\boldsymbol{v})} = \theta$，则 $\cos\theta = \dfrac{\boldsymbol{u} \cdot \boldsymbol{v}}{\|\boldsymbol{u}\|\|\boldsymbol{v}\|}$。

证明. 前面学习了若 $\boldsymbol{u}$ 或 $\boldsymbol{v}$ 是零向量的话，那么两者夹角为任意值，所以定理 97 就没有探讨这种情况，下面是具体的证明过程。

（1）如图 9.49 所示，其中有 $\boldsymbol{u} = \begin{pmatrix} u_1 \\ u_2 \end{pmatrix}$ 和 $\boldsymbol{v} = \begin{pmatrix} v_1 \\ v_2 \end{pmatrix}$，据此来证明定理 97 的结论。

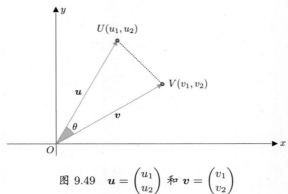

图 9.49 $\boldsymbol{u} = \begin{pmatrix} u_1 \\ u_2 \end{pmatrix}$ 和 $\boldsymbol{v} = \begin{pmatrix} v_1 \\ v_2 \end{pmatrix}$

根据余弦定理有 $UV^2 = OU^2 + OV^2 - 2OU \cdot OV \cos\theta$，结合向量的减法，该式可通过向量改写如下：

$$\|\boldsymbol{u} - \boldsymbol{v}\|^2 = \|\boldsymbol{u}\|^2 + \|\boldsymbol{v}\|^2 - 2\|\boldsymbol{u}\|\|\boldsymbol{v}\|\cos\theta \tag{9-1}$$

又有：

$$\|\boldsymbol{u} - \boldsymbol{v}\|^2 = \left\|\begin{pmatrix} u_1 \\ u_2 \end{pmatrix} - \begin{pmatrix} v_1 \\ v_2 \end{pmatrix}\right\|^2 = \left\|\begin{pmatrix} u_1 - v_1 \\ u_2 - v_2 \end{pmatrix}\right\|^2 = (u_1 - v_1)^2 + (u_2 - v_2)^2$$

$$= \underbrace{(u_1^2 + u_2^2)}_{\|\boldsymbol{u}\|^2} + \underbrace{(v_1^2 + v_2^2)}_{\|\boldsymbol{v}\|^2} - 2u_1v_1 - 2u_2v_2 = \|\boldsymbol{u}\|^2 + \|\boldsymbol{v}\|^2 - 2u_1v_1 - 2u_2v_2$$

即

$$\|\boldsymbol{u} - \boldsymbol{v}\|^2 = \|\boldsymbol{u}\|^2 + \|\boldsymbol{v}\|^2 - 2u_1v_1 - 2u_2v_2 \tag{9-2}$$

综合式 (9-1)、式 (9-2)，结合 $\boldsymbol{u}$ 和 $\boldsymbol{v}$ 都不是零向量（即 $\|\boldsymbol{u}\| \neq 0$ 及 $\|\boldsymbol{v}\| \neq 0$），可得：

$$\|\boldsymbol{u}\|^2 + \|\boldsymbol{v}\|^2 - 2\|\boldsymbol{u}\|\|\boldsymbol{v}\|\cos\theta = \|\boldsymbol{u}\|^2 + \|\boldsymbol{v}\|^2 - 2u_1v_1 - 2u_2v_2 \implies \cos\theta = \frac{u_1v_1 + u_2v_2}{\|\boldsymbol{u}\|\|\boldsymbol{v}\|} = \frac{\boldsymbol{u} \cdot \boldsymbol{v}}{\|\boldsymbol{u}\|\|\boldsymbol{v}\|}$$

（2）二维平面的其他情况及三维空间的各种情况，所得结果是一样的，这里不再赘述。特别说明一下，在更高的维度下因为没有几何意义，本定理实际上给出了此时向量夹角的定义。∎

定理 97 实际上给出了点积的另外一种定义式，即 $\boldsymbol{u} \cdot \boldsymbol{v} = \|\boldsymbol{u}\|\|\boldsymbol{v}\|\cos\theta$，该形式对零向量也是成立的。

前面解释了 $\boldsymbol{u}$ 和 $\boldsymbol{v}$ 的夹角 θ 满足 $0 \leqslant \theta \leqslant \pi$，又因函数 $\cos x$ 在 $[0, \pi]$ 上是严格单调的，如图 9.50 所示。

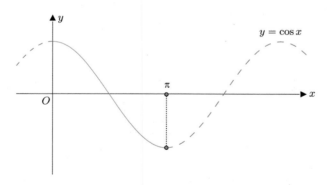

图 9.50　$\cos x$ 在 $[0, \pi]$ 上是严格单调的

所以通过定理 97 求出 $\cos\theta = \dfrac{\boldsymbol{u} \cdot \boldsymbol{v}}{\|\boldsymbol{u}\|\|\boldsymbol{v}\|}$ 后，再借助反三角函数 $\arccos x$ 就可求出 θ，下面来看一道例题。

例 210. 已知三点 $M(1,1,1)$、$A(2,2,1)$ 和 $B(2,1,2)$，请求出 $\angle AMB$。

解. 根据题目中的三点，可得向量 $\overrightarrow{MA} = A - M = \begin{pmatrix} 1 \\ 1 \\ 0 \end{pmatrix}$ 及 $\overrightarrow{MB} = B - M = \begin{pmatrix} 1 \\ 0 \\ 1 \end{pmatrix}$，要求的 $\angle AMB$ 就是这两个向量的夹角 θ，如图 9.51 所示。

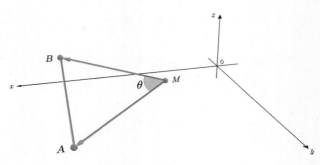

图 9.51 $\angle AMB = \theta$

根据定理 97，有：

$$\cos\theta = \frac{\overrightarrow{MA} \cdot \overrightarrow{MB}}{\|\overrightarrow{MA}\|\|\overrightarrow{MB}\|} = \frac{1 \times 1 + 1 \times 0 + 0 \times 1}{\sqrt{1^2 + 1^2 + 0^2}\sqrt{1^2 + 0^2 + 1^2}} = \frac{1}{2} \implies \arccos\frac{1}{2} = \frac{\pi}{3}$$

所以 $\angle AMB = \dfrac{\pi}{3}$。

9.2.4   方向角与方向余弦

定理 98. 二维向量 $\boldsymbol{u} = \begin{pmatrix} u_1 \\ u_2 \end{pmatrix}$ 与 x 轴、y 轴正方向的夹角 α、β 称为该向量的方向角，如图 9.52 所示。

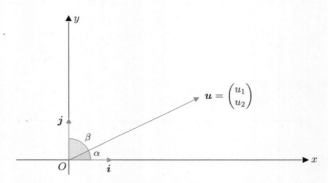

图 9.52 $\boldsymbol{u}$ 的方向角 α、β，是其与 x 轴、y 轴正方向的夹角，也是其与 $\boldsymbol{i}$、$\boldsymbol{j}$ 的夹角

方向角的余弦称为方向余弦，其值分别为 $\cos\alpha = \dfrac{u_1}{|\boldsymbol{u}|}$ 及 $\cos\beta = \dfrac{u_2}{|\boldsymbol{u}|}$。

证明. 容易发现，方向角 α 也是 $\boldsymbol{u}$ 与 x 轴上单位向量 $\boldsymbol{i}$ 的夹角；而方向角 β 也是 $\boldsymbol{u}$ 与 y 轴上单位向量 $\boldsymbol{j}$ 的夹角，如图 9.52 所示。根据定理 97，所以有：

$$\cos\alpha = \cos(\widehat{\boldsymbol{u},\boldsymbol{i}}) = \frac{\boldsymbol{u} \cdot \boldsymbol{i}}{\|\boldsymbol{u}\|\|\boldsymbol{i}\|} = \frac{u_1 \times 1 + u_2 \times 0}{\|\boldsymbol{u}\| \times 1} = \frac{u_1}{\|\boldsymbol{u}\|},$$

$$\cos\beta = \cos(\widehat{\boldsymbol{u},\boldsymbol{j}}) = \frac{\boldsymbol{u} \cdot \boldsymbol{j}}{\|\boldsymbol{u}\|\|\boldsymbol{j}\|} = \frac{u_1 \times 0 + u_2 \times 1}{\|\boldsymbol{u}\| \times 1} = \frac{u_2}{\|\boldsymbol{u}\|}$$

■

如下所示，用 $\boldsymbol{u}$ 的方向余弦可构造出向量 $\boldsymbol{e_u} = \begin{pmatrix} \cos\alpha \\ \cos\beta \end{pmatrix} = \begin{pmatrix} \dfrac{u_1}{\|\boldsymbol{u}\|} \\ \dfrac{u_2}{\|\boldsymbol{u}\|} \end{pmatrix} = \dfrac{1}{\|\boldsymbol{u}\|}\begin{pmatrix} u_1 \\ u_2 \end{pmatrix} = \dfrac{\boldsymbol{u}}{\|\boldsymbol{u}\|}$，容易知道 $\boldsymbol{e_u}$ 的长度为 1，方向与 $\boldsymbol{u}$ 相同，所以称其为 $\boldsymbol{u}$ 的单位方向向量，如图 9.53 所示。

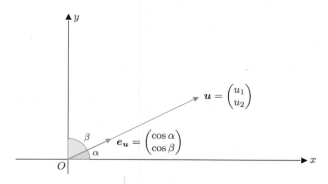

图 9.53　$\boldsymbol{u}$ 的单位方向向量 $\boldsymbol{e_u} = \begin{pmatrix} \cos\alpha \\ \cos\beta \end{pmatrix}$

定理 99. 三维向量 $\boldsymbol{u} = \begin{pmatrix} u_1 \\ u_2 \\ u_3 \end{pmatrix}$ 与 x 轴、y 轴、z 轴正方向的夹角 α、β、γ 称为该向量的方向角，如图 9.54 所示。

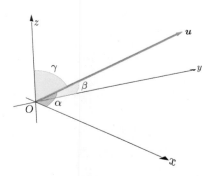

图 9.54　三维向量 $\boldsymbol{u}$ 的方向角，是其与 x 轴、y 轴、z 轴正方向的夹角 α、β、γ

方向角的余弦称为方向余弦，其值分别为 $\cos\alpha = \dfrac{u_1}{|\boldsymbol{u}|}$、$\cos\beta = \dfrac{u_2}{|\boldsymbol{u}|}$ 及 $\cos\gamma = \dfrac{u_3}{|\boldsymbol{u}|}$。

证明. $\boldsymbol{u}$ 与 $\boldsymbol{i}$、$\boldsymbol{j}$ 和 $\boldsymbol{k}$ 的夹角分别是方向角 α、β 和 γ，根据定理 97，所以有：

$$\cos\alpha = \cos(\widehat{\boldsymbol{u},\boldsymbol{i}}) = \frac{\boldsymbol{u}\cdot\boldsymbol{i}}{\|\boldsymbol{u}\|\|\boldsymbol{i}\|} = \frac{u_1\times 1 + u_2\times 0 + u_3\times 0}{\|\boldsymbol{u}\|\times 1} = \frac{u_1}{\|\boldsymbol{u}\|}$$

$$\cos\beta = \cos(\widehat{\boldsymbol{u},\boldsymbol{j}}) = \frac{\boldsymbol{u}\cdot\boldsymbol{j}}{\|\boldsymbol{u}\|\|\boldsymbol{j}\|} = \frac{u_1\times 0 + u_2\times 1 + u_3\times 0}{\|\boldsymbol{u}\|\times 1} = \frac{u_2}{\|\boldsymbol{u}\|}$$

$$\cos\gamma = \cos(\widehat{\boldsymbol{u},\boldsymbol{k}}) = \frac{\boldsymbol{u}\cdot\boldsymbol{k}}{\|\boldsymbol{u}\|\|\boldsymbol{k}\|} = \frac{u_1\times 0 + u_2\times 0 + u_3\times 1}{\|\boldsymbol{u}\|\times 1} = \frac{u_3}{\|\boldsymbol{u}\|}$$

∎

如下所示，用 u 的方向余弦可构造出向量 $e_u = \begin{pmatrix} \cos\alpha \\ \cos\beta \\ \cos\gamma \end{pmatrix} = \begin{pmatrix} \frac{u_1}{\|u\|} \\ \frac{u_2}{\|u\|} \\ \frac{u_3}{\|u\|} \end{pmatrix} = \frac{1}{\|u\|}\begin{pmatrix} u_1 \\ u_2 \\ u_3 \end{pmatrix} =$

$\frac{u}{\|u\|}$，容易知道 e_u 的长度为 1，方向与 u 相同，所以称其为 u 的**单位方向向量**，如图 9.55 所示。

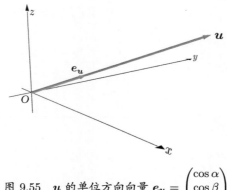

图 9.55　u 的单位方向向量 $e_u = \begin{pmatrix} \cos\alpha \\ \cos\beta \\ \cos\gamma \end{pmatrix}$

顺便还得到了一个结论：$\cos^2\alpha + \cos^2\beta + \cos^2\gamma = 1$。

9.2.5　投影

定义 78. 已知向量 u、向量 v，有 $\theta = (\widehat{u,v})$，则数 $\lambda = \|u\|\cos\theta$ 称为 u 在 v 上的投影，记作 $\mathrm{Prj}_v u$，即

$$\lambda = \mathrm{Prj}_v u = \|u\|\cos\theta$$

这里以二维向量 u 和 v 为例说明一下上述定义，我们需要对两者的夹角 θ 进行分类讨论。

- 若 θ 为锐角，过向量 u 向 v 所在直线作垂线，交于 P 点，如图 9.56 所示，容易算出 OP 的长度为 $\|u\|\cos\theta$。

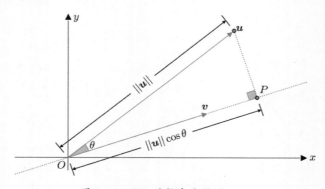

图 9.56　OP 的长度为 $\|u\|\cos\theta$

令 $\lambda = \|\boldsymbol{u}\|\cos\theta$，此时上述定义中的投影 λ 就出现了，且有 $\lambda > 0$。再引入 $\boldsymbol{v}$ 的单位方向向量 $\boldsymbol{e_v}$，那么 P 点也就是向量 $\lambda \boldsymbol{e_v}$，如图 9.57 所示。

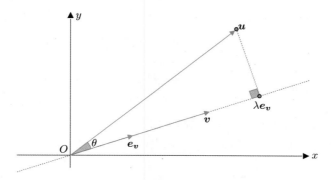

图 9.57　θ 为锐角，投影 $\lambda > 0$

- 若 θ 为钝角，此时投影 $\lambda = \|\boldsymbol{u}\|\cos\theta < 0$。过向量 $\boldsymbol{u}$ 向 $\boldsymbol{v}$ 所在直线作垂线，容易算出也是交于 $\lambda \boldsymbol{e_v}$，其方向与 $\boldsymbol{v}$ 相反，如图 9.58 所示。
- 若 θ 为直角，此时投影 $\lambda = \|\boldsymbol{u}\|\cos\theta = 0$。过向量 $\boldsymbol{u}$ 向 $\boldsymbol{v}$ 所在直线作垂线，同样交于 $\lambda \boldsymbol{e_v} = \boldsymbol{0}$，即交于原点，如图 9.59 所示。

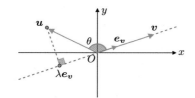

图 9.58　θ 为钝角，投影 $\lambda < 0$

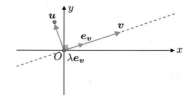

图 9.59　θ 为直角，投影 $\lambda = 0$

结合定理 97，即 $\cos\theta = \dfrac{\boldsymbol{u}\cdot\boldsymbol{v}}{\|\boldsymbol{u}\|\|\boldsymbol{v}\|}$；以及单位方向向量 $\boldsymbol{e_v} = \dfrac{\boldsymbol{v}}{\|\boldsymbol{v}\|}$，还可以推出一些以后会用到的代数式：

$$\lambda = \mathrm{Prj}_{\boldsymbol{v}}\boldsymbol{u} = \|\boldsymbol{u}\|\cos\theta = \|\boldsymbol{u}\| \cdot \frac{\boldsymbol{u}\cdot\boldsymbol{v}}{\|\boldsymbol{u}\|\|\boldsymbol{v}\|} = \frac{\boldsymbol{u}\cdot\boldsymbol{v}}{\|\boldsymbol{v}\|} = \boldsymbol{u}\cdot\boldsymbol{e_v}$$

对于三维向量 $\boldsymbol{u}$ 和 $\boldsymbol{v}$ 而言，投影 $\lambda = \mathrm{Prj}_{\boldsymbol{v}}\boldsymbol{u}$ 的几何意义也是一样的，以图 9.60 为例，不再赘述。

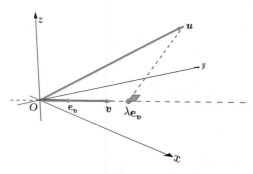

图 9.60　三维向量 $\boldsymbol{u}$ 在 $\boldsymbol{v}$ 上的投影 λ

例 211. 请求出向量 $\boldsymbol{u} = \begin{pmatrix} u_1 \\ u_2 \end{pmatrix}$ 对 $\boldsymbol{i} = \begin{pmatrix} 1 \\ 0 \end{pmatrix}$，以及对 $\boldsymbol{j} = \begin{pmatrix} 0 \\ 1 \end{pmatrix}$ 的投影。

解. 根据前面的学习可知，$\boldsymbol{u}$ 对 $\boldsymbol{i}$ 的投影，以及对 $\boldsymbol{j}$ 的投影分别为：

$$\mathrm{Prj}_{\boldsymbol{i}}\boldsymbol{u} = \|\boldsymbol{u}\| \cos(\widehat{\boldsymbol{u}, \boldsymbol{i}}) = \frac{\boldsymbol{u} \cdot \boldsymbol{i}}{\|\boldsymbol{i}\|} = \frac{u_1 \times 1 + u_2 \times 0}{1} = u_1$$

$$\mathrm{Prj}_{\boldsymbol{j}}\boldsymbol{u} = \|\boldsymbol{u}\| \cos(\widehat{\boldsymbol{u}, \boldsymbol{j}}) = \frac{\boldsymbol{u} \cdot \boldsymbol{j}}{\|\boldsymbol{j}\|} = \frac{u_1 \times 0 + u_2 \times 1}{1} = u_2$$

$\boldsymbol{i}$、$\boldsymbol{j}$ 所在直线分别为 x 轴、y 轴，所以这两个投影其实就是 $\boldsymbol{u}$ 在 x 轴、y 轴上的坐标分量，或者说分别是 $\boldsymbol{u}$ 的 x 坐标、y 坐标，如图 9.61 所示。

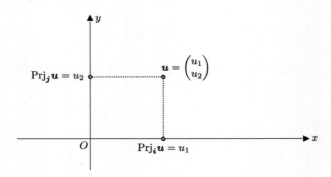

图 9.61　$\boldsymbol{u}$ 在 x 轴、y 轴上的投影分别为 u_1、u_2

例 212. 如图 9.62 所示，力 $\boldsymbol{F}$ 通过一根绳子拉着一个钩子，请求出 $\boldsymbol{F}$ 在 $\boldsymbol{u}$ 方向的分力。

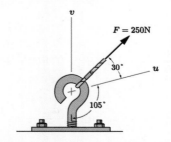

图 9.62　$\boldsymbol{F}$ 通过一根绳子拉着一个钩子

解. 其实就是求 $\boldsymbol{F}$ 在 $\boldsymbol{u}$ 上的投影 λ，根据图 9.62 中的数字可以如下计算：

$$\lambda = \mathrm{Prj}_{\boldsymbol{u}}\boldsymbol{F} = \|\boldsymbol{F}\| \cos\alpha = 250\cos 30° = 250\frac{\sqrt{3}}{2} = 125\sqrt{3} \text{ N}$$

9.2.6　数量积（点积）的运算规律

定理 100. 点积有以下运算规律：

- 交换律：$\boldsymbol{u} \cdot \boldsymbol{v} = \boldsymbol{v} \cdot \boldsymbol{u}$。
- 数乘结合律：$(\lambda\boldsymbol{u}) \cdot \boldsymbol{v} = \lambda(\boldsymbol{u} \cdot \boldsymbol{v})$，其中 λ 是数。
- 分配律：$\boldsymbol{u} \cdot (\boldsymbol{v} + \boldsymbol{w}) = \boldsymbol{u} \cdot \boldsymbol{v} + \boldsymbol{u} \cdot \boldsymbol{w}$。

证明.（1）证明交换律。根据点积的定义（定义 76），有：

$$\boldsymbol{u} \cdot \boldsymbol{v} = \begin{pmatrix} u_1 \\ u_2 \\ \vdots \\ u_n \end{pmatrix} \cdot \begin{pmatrix} v_1 \\ v_2 \\ \vdots \\ v_n \end{pmatrix} = u_1 v_1 + u_2 v_2 + \cdots + u_n v_n = \begin{pmatrix} v_1 \\ v_2 \\ \vdots \\ v_n \end{pmatrix} \cdot \begin{pmatrix} u_1 \\ u_2 \\ \vdots \\ u_n \end{pmatrix} = \boldsymbol{v} \cdot \boldsymbol{u}$$

（2）证明数乘结合律。根据向量数乘的定义（定义 74）以及点积的定义，有：

$$(\lambda \boldsymbol{u}) \cdot \boldsymbol{v} = \begin{pmatrix} \lambda u_1 \\ \lambda u_2 \\ \vdots \\ \lambda u_n \end{pmatrix} \cdot \begin{pmatrix} v_1 \\ v_2 \\ \vdots \\ v_n \end{pmatrix} = \lambda u_1 v_1 + \lambda u_2 v_2 + \cdots + \lambda u_n v_n$$

$$= \lambda(u_1 v_1 + u_2 v_2 + \cdots + u_n v_n) = \lambda \begin{pmatrix} v_1 \\ v_2 \\ \vdots \\ v_n \end{pmatrix} \cdot \begin{pmatrix} u_1 \\ u_2 \\ \vdots \\ u_n \end{pmatrix} = \lambda \boldsymbol{v} \cdot \boldsymbol{u}$$

（3）证明分配律。根据向量加法的定义（定义 73）以及点积的定义，有：

$$\boldsymbol{u} \cdot (\boldsymbol{v} + \boldsymbol{w}) = \begin{pmatrix} u_1 \\ u_2 \\ \vdots \\ u_n \end{pmatrix} \cdot \left(\begin{pmatrix} v_1 \\ v_2 \\ \vdots \\ v_n \end{pmatrix} + \begin{pmatrix} w_1 \\ w_2 \\ \vdots \\ w_n \end{pmatrix} \right) = \begin{pmatrix} u_1 \\ u_2 \\ \vdots \\ u_n \end{pmatrix} \cdot \begin{pmatrix} v_1 + w_1 \\ v_2 + w_2 \\ \vdots \\ v_n + w_n \end{pmatrix}$$

$$= u_1(v_1 + w_1) + u_2(v_2 + w_2) + \cdots + u_n(v_n + w_n)$$

$$= (u_1 v_1 + u_2 v_2 + \cdots + u_n v_n) + (u_1 w_1 + u_2 w_2 + \cdots + u_n w_n) = \boldsymbol{u} \cdot \boldsymbol{v} + \boldsymbol{u} \cdot \boldsymbol{w} \quad \blacksquare$$

定理 100 中的一些运算规律通过几何意义也比较好理解，下面也顺便介绍一下。

9.2.6.1　数量积（点积）的数乘结合律

根据定理 97，可以推出：

$$\cos \theta = \frac{\boldsymbol{u} \cdot \boldsymbol{v}}{\|\boldsymbol{u}\| \|\boldsymbol{v}\|} \implies \boldsymbol{u} \cdot \boldsymbol{v} = \|\boldsymbol{u}\| \|\boldsymbol{v}\| \cos \theta$$

其中 $\|\boldsymbol{u}\| \cos \theta$ 是 $\boldsymbol{u}$ 在 $\boldsymbol{v}$ 上的投影，如图 9.63 所示。

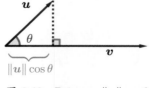

图 9.63　$\mathrm{Prj}_{\boldsymbol{v}} \boldsymbol{u} = \|\boldsymbol{u}\| \cos \theta$

所以 $\boldsymbol{u} \cdot \boldsymbol{v}$ 可看作图 9.64 中蓝色矩形的面积 S_A。若其中一条边增大为原来的 k 倍，对应的蓝色矩形的面积也增大为原来的 k 倍，如图 9.65 所示。这样就得到了点积的数乘结合律的几何意义：$(\underbrace{k\boldsymbol{u}}_{\text{边长增大为原来的 } k \text{ 倍}}) \cdot \boldsymbol{v} = \underbrace{k(\boldsymbol{u} \cdot \boldsymbol{v})}_{\text{面积增大为原来的 } k \text{ 倍}}$。

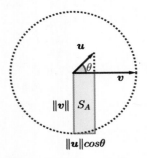
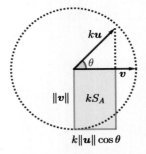

图 9.64　$\boldsymbol{u} \cdot \boldsymbol{v} = \|\boldsymbol{u}\|\|\boldsymbol{v}\| \cos\theta = S_A$　　　图 9.65　$(k\boldsymbol{u}) \cdot \boldsymbol{v} = k\|\boldsymbol{u}\|\|\boldsymbol{v}\| \cos\theta = k(\boldsymbol{u} \cdot \boldsymbol{v}) = kS_A$

9.2.6.2　点积的分配律

根据前面的分析，容易理解图 9.66 和图 9.67 的几何意义，这也就是点积的分配律：$\boldsymbol{u} \cdot (\boldsymbol{v} + \boldsymbol{w}) = \boldsymbol{u} \cdot \boldsymbol{v} + \boldsymbol{u} \cdot \boldsymbol{w}$。

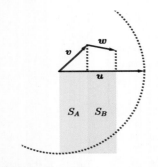
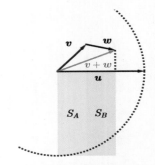

图 9.66　$S_A + S_B = \boldsymbol{u} \cdot \boldsymbol{v} + \boldsymbol{u} \cdot \boldsymbol{w}$　　　图 9.67　$S_A + S_B = \boldsymbol{u} \cdot (\boldsymbol{v} + \boldsymbol{w})$

9.2.7　投影的运算规律

定理 101. 投影有以下运算规律：

● 数乘结合律：$\mathrm{Prj}_{\boldsymbol{w}}(\lambda\boldsymbol{u}) = \lambda\mathrm{Prj}_{\boldsymbol{w}}\boldsymbol{u}$，其中 λ 是数。

● 分配律：$\mathrm{Prj}_{\boldsymbol{w}}(\boldsymbol{u} + \boldsymbol{v}) = \mathrm{Prj}_{\boldsymbol{w}}\boldsymbol{u} + \mathrm{Prj}_{\boldsymbol{w}}\boldsymbol{v}$。

证明. 这些运算规律通过点积的运算规律（定理 100）即可证明。

（1）证明数乘结合律。根据投影的定义（定义 78）以及点积的数乘结合律，有：

$$\mathrm{Prj}_{\boldsymbol{w}}(\lambda\boldsymbol{u}) = (\lambda\boldsymbol{u}) \cdot \boldsymbol{e}_{\boldsymbol{w}} = \lambda\boldsymbol{u} \cdot \boldsymbol{e}_{\boldsymbol{w}} = \lambda\mathrm{Prj}_{\boldsymbol{w}}(\boldsymbol{u})$$

（2）证明分配律。根据投影的定义以及点积的分配律，有：

$$\mathrm{Prj}_{\boldsymbol{w}}(\boldsymbol{u} + \boldsymbol{v}) = (\boldsymbol{u} + \boldsymbol{v}) \cdot \boldsymbol{e}_{\boldsymbol{w}} = \boldsymbol{u} \cdot \boldsymbol{e}_{\boldsymbol{w}} + \boldsymbol{v} \cdot \boldsymbol{e}_{\boldsymbol{w}} = \mathrm{Prj}_{\boldsymbol{w}}\boldsymbol{u} + \mathrm{Prj}_{\boldsymbol{w}}\boldsymbol{v}$$

■

上述运算规律的几何意义如图 9.68 和图 9.69 所示，这里不再赘述。

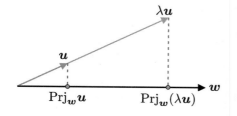

图 9.68 数乘结合律：$\mathrm{Prj}_{\boldsymbol{w}}(\lambda\boldsymbol{u}) = \lambda\mathrm{Prj}_{\boldsymbol{w}}\boldsymbol{u}$

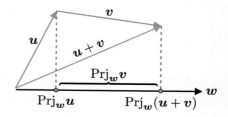

图 9.69 分配律：$\mathrm{Prj}_{\boldsymbol{w}}(\boldsymbol{u}+\boldsymbol{v}) = \mathrm{Prj}_{\boldsymbol{w}}\boldsymbol{u} + \mathrm{Prj}_{\boldsymbol{w}}\boldsymbol{v}$

9.2.8 平行与正交

根据 $\boldsymbol{u}$ 与 $\boldsymbol{v}$ 的夹角的不同，有如下定义：

- 若 $(\widehat{\boldsymbol{u},\boldsymbol{v}}) = 0$ 或 $(\widehat{\boldsymbol{u},\boldsymbol{v}}) = \pi$，则称这两个向量平行，记作 $\boldsymbol{u}//\boldsymbol{v}$，如图 9.70 所示。
- 若 $(\widehat{\boldsymbol{u},\boldsymbol{v}}) = \dfrac{\pi}{2}$，则称这两个向量垂直或正交，记作 $\boldsymbol{u} \perp \boldsymbol{v}$，如图 9.71 所示。

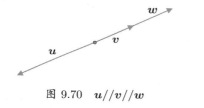

图 9.70 $\boldsymbol{u}//\boldsymbol{v}//\boldsymbol{w}$

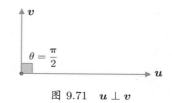

图 9.71 $\boldsymbol{u} \perp \boldsymbol{v}$

上述的平行和之前通过向量数乘给出的平行定义（定义 75）是一致的，即有：

定理 102. $\boldsymbol{u} = \lambda\boldsymbol{v} \iff (\widehat{\boldsymbol{u},\boldsymbol{v}}) = 0$ 或 $(\widehat{\boldsymbol{u},\boldsymbol{v}}) = \pi$

证明. 若 $\boldsymbol{u}$ 或 $\boldsymbol{v}$ 是零向量，那么显然有 $\boldsymbol{u} = \lambda\boldsymbol{v}$；且因为零向量与任意向量平行，所以显然也有 $(\widehat{\boldsymbol{u},\boldsymbol{v}}) = 0$ 或 $(\widehat{\boldsymbol{u},\boldsymbol{v}}) = \pi$。下面来证明 $\boldsymbol{u}$ 和 $\boldsymbol{v}$ 都不是零向量的情况，设 $\boldsymbol{u}$ 和 $\boldsymbol{v}$ 的夹角为 θ，

（1）证明 $\boldsymbol{u} = \lambda\boldsymbol{v} \implies (\widehat{\boldsymbol{u},\boldsymbol{v}}) = 0$ 或 $(\widehat{\boldsymbol{u},\boldsymbol{v}}) = \pi$。根据定理 97 以及定理 100，所以：

$$\cos\theta = \frac{\boldsymbol{u}\cdot\boldsymbol{v}}{\|\boldsymbol{u}\|\|\boldsymbol{v}\|} = \frac{(\lambda\boldsymbol{v})\cdot\boldsymbol{v}}{\|\lambda\boldsymbol{v}\|\|\boldsymbol{v}\|} = \frac{\lambda\boldsymbol{v}\cdot\boldsymbol{v}}{|\lambda|\|\boldsymbol{v}\|\|\boldsymbol{v}\|} = \frac{\lambda\|\boldsymbol{v}\|^2}{|\lambda|\|\boldsymbol{v}\|^2} = \pm 1 \implies (\widehat{\boldsymbol{u},\boldsymbol{v}}) = 0 \text{ 或 } (\widehat{\boldsymbol{u},\boldsymbol{v}}) = \pi$$

（2）证明 $(\widehat{\boldsymbol{u},\boldsymbol{v}}) = 0 \implies \boldsymbol{u} = \lambda\boldsymbol{v}$。根据定理 97，有：

$$\cos 0 = \frac{\boldsymbol{u}\cdot\boldsymbol{v}}{\|\boldsymbol{u}\|\|\boldsymbol{v}\|} \implies 1 = \frac{\boldsymbol{u}\cdot\boldsymbol{v}}{\|\boldsymbol{u}\|\|\boldsymbol{v}\|} \implies \boldsymbol{u}\cdot\boldsymbol{v} = \|\boldsymbol{u}\|\|\boldsymbol{v}\|$$

设 $\boldsymbol{u} = \begin{pmatrix} u_1 \\ u_2 \\ \vdots \\ u_n \end{pmatrix}$ 和 $\boldsymbol{v} = \begin{pmatrix} v_1 \\ v_2 \\ \vdots \\ v_n \end{pmatrix}$，那么：

$$\boldsymbol{u}\cdot\boldsymbol{v} = \|\boldsymbol{u}\|\|\boldsymbol{v}\| \implies u_1v_1 + u_2v_2 + \cdots + u_nv_n = \sqrt{u_1^2 + u_2^2 + \cdots + u_n^2}\sqrt{v_1^2 + v_2^2 + \cdots + v_n^2}$$

$$\implies (u_1v_1 + u_2v_2 + \cdots + u_nv_n)^2 = (u_1^2 + u_2^2 + \cdots + u_n^2)(v_1^2 + v_2^2 + \cdots + v_n^2)$$

$$\implies (u_1v_2 - u_2v_1)^2 + (u_1v_3 - u_3v_1)^2 + \cdots + (u_{n-1}v_n - u_nv_{n-1})^2 = 0$$

$$\Longrightarrow \quad u_1 v_2 = u_2 v_1, \quad u_1 v_3 = u_3 v_1, \quad \cdots, \quad u_{n-1} v_n = u_n v_{n-1}$$

$$\Longrightarrow \quad \frac{u_1}{v_1} = \frac{u_2}{v_2} = \frac{u_3}{v_3} = \cdots = \frac{u_n}{v_n} = \lambda \quad \Longrightarrow \quad \boldsymbol{u} = \lambda \boldsymbol{v}$$

$(\widehat{\boldsymbol{u}, \boldsymbol{v}}) = \pi$ 的情况同理可证,这里不再赘述。

定理 103 (正交的充要条件). $\boldsymbol{u} \cdot \boldsymbol{v} = 0 \iff \boldsymbol{u} \perp \boldsymbol{v}$。

证明. 若 $\boldsymbol{u}$ 或 $\boldsymbol{v}$ 是零向量,那么显然有 $\boldsymbol{u} \cdot \boldsymbol{v} = 0$;且因为零向量与任意向量正交,所以显然也有 $\boldsymbol{u} \perp \boldsymbol{v}$。下面来证明 $\boldsymbol{u}$ 和 $\boldsymbol{v}$ 都不是零向量的情况,设 $\boldsymbol{u}$ 和 $\boldsymbol{v}$ 的夹角为 θ,

(1)证明充分性。已知 $\boldsymbol{u} \cdot \boldsymbol{v} = 0$,结合定理 97,所以:

$$\left.\begin{array}{r} \boldsymbol{u} \cdot \boldsymbol{v} = 0 \\ \cos \theta = \dfrac{\boldsymbol{u} \cdot \boldsymbol{v}}{\|\boldsymbol{u}\| \|\boldsymbol{v}\|} \end{array}\right\} \Longrightarrow \cos \theta = 0 \Longrightarrow \theta = \frac{\pi}{2} \Longrightarrow \boldsymbol{u} \perp \boldsymbol{v}$$

(2)证明必要性。已知 $\boldsymbol{u} \perp \boldsymbol{v}$,即 $\theta = \dfrac{\pi}{2}$,根据定理 97,所以:

$$\cos \frac{\pi}{2} = \frac{\boldsymbol{u} \cdot \boldsymbol{v}}{\|\boldsymbol{u}\| \|\boldsymbol{v}\|} \Longrightarrow 0 = \frac{\boldsymbol{u} \cdot \boldsymbol{v}}{\|\boldsymbol{u}\| \|\boldsymbol{v}\|} \Longrightarrow \boldsymbol{u} \cdot \boldsymbol{v} = 0$$

9.3 向量积(叉积)和混合积

本节继续来学习向量的运算。让我们从行列式开始,这是《马同学图解线性代数》中的重要知识点,本书不会讲解其中的细节,只是介绍一些相关内容。

9.3.1 二阶行列式的几何意义

在《马同学图解线性代数》中介绍过,图 9.72 中由 $\boldsymbol{u} = \begin{pmatrix} u_1 \\ u_2 \end{pmatrix}$ 和 $\boldsymbol{v} = \begin{pmatrix} v_1 \\ v_2 \end{pmatrix}$ 围成的蓝色平行四边形,其面积 S 为二阶行列式 $\begin{vmatrix} u_1 & v_1 \\ u_2 & v_2 \end{vmatrix} = u_1 v_2 - v_1 u_2$。

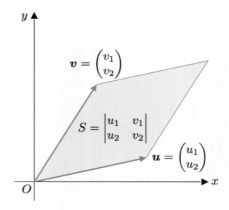

图 9.72 $\boldsymbol{u} = \begin{pmatrix} u_1 \\ u_2 \end{pmatrix}$ 和 $\boldsymbol{v} = \begin{pmatrix} v_1 \\ v_2 \end{pmatrix}$ 围成的平行四边形的面积 $S = \begin{vmatrix} u_1 & v_1 \\ u_2 & v_2 \end{vmatrix}$

为了更好地进行说明，这里给出图 9.72 中的具体数值，即 $\boldsymbol{u} = \begin{pmatrix} 4.5 \\ 1 \end{pmatrix}$ 和 $\boldsymbol{v} = \begin{pmatrix} 2.5 \\ 4 \end{pmatrix}$。可以算出它们围成的蓝色平行四边形的面积 $S = \begin{vmatrix} u_1 & v_1 \\ u_2 & v_2 \end{vmatrix} = \begin{vmatrix} 4.5 & 2.5 \\ 1 & 4 \end{vmatrix} = 4.5 \times 4 - 1 \times 2.5 = 15.5$。但如果行列式的第一列是 $\boldsymbol{v}$，第二列是 $\boldsymbol{u}$，即像下面这样计算，此时得到的结果就是负数：

$$\begin{vmatrix} v_1 & u_1 \\ v_2 & u_2 \end{vmatrix} = \begin{vmatrix} 2.5 & 4.5 \\ 4 & 1 \end{vmatrix} = 2.5 \times 1 - 4.5 \times 4 = -15.5$$

要理解二阶行列式有正有负的几何意义，需要进入三维空间来观察图 9.72 中由 $\boldsymbol{u}$ 和 $\boldsymbol{v}$ 围成的平行四边形。如图 9.73 所示，该平行四边形此时有两个朝向，朝向"上面"和朝向"下面"。

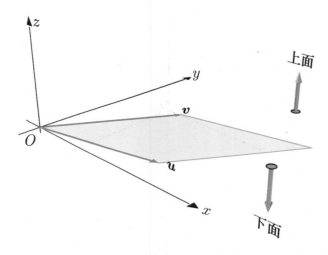

图 9.73　在三维空间中观察由 $\boldsymbol{u}$ 和 $\boldsymbol{v}$ 围成的平行四边形

可通过右手定则来区分"上面"和"下面"。具体来说就是，右手从 $\boldsymbol{u}$ 往 $\boldsymbol{v}$ 握拳，如图 9.74 所示，此时大拇指朝向 z 轴的正方向，则大拇指所指向的这一面就是"上面"。右手从 $\boldsymbol{v}$ 往 $\boldsymbol{u}$ 握拳，如图 9.75 所示，此时大拇指朝向 z 轴的负方向，则大拇指所指向的这一面就是"下面"。

图 9.74　右手从 $\boldsymbol{u}$ 往 $\boldsymbol{v}$ 握拳，
大拇指朝向"上面"

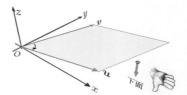

图 9.75　右手从 $\boldsymbol{v}$ 往 $\boldsymbol{u}$ 握拳，
大拇指朝向"下面"

因此所谓的"上面"就是 z 轴的正方向，即单位向量 $\boldsymbol{k}$ 所指的方向；而"下面"就是 $-\boldsymbol{k}$ 所指的方向。结合二阶行列式的正负以及右手定则，我们就可以表示出朝向"上面"的平行四边形以及朝向"下面"的平行四边形：

- 构造第一列为 u、第二列为 v 的行列式（表示从 u 往 v 握拳），将之和 k 相乘得到向量 $\begin{vmatrix} u_1 & v_1 \\ u_2 & v_2 \end{vmatrix} k = 15.5k$。这表示的就是：面积为 15.5、朝向"上面"（即 k 所指的方向）的平行四边形，也就是图 9.74 所示的情形。

- 构造第一列为 v、第二列为 u 的行列式（表示从 v 往 u 握拳），将之和 k 相乘得到向量 $\begin{vmatrix} v_1 & u_1 \\ v_2 & u_2 \end{vmatrix} k = -15.5k$。这表示的就是：面积为 15.5、朝向"下面"（即 $-k$ 所指的方向）的平行四边形，也就是图 9.75 所示的情形。

所以二阶行列式的正负代表了平行四边形的朝向，而其模长代表了平行四边形的面积，所以二阶行列式的几何意义就是有向平行四边形的面积。

除了 $\pm k$ 所指的方向，还有 $\pm i$ 所指的方向以及 $\pm j$ 所指的方向，如图 9.76 所示。

图 9.76　更多朝向的平行四边形

根据前面的分析可知，二阶行列式结合 i、i、k 就可表示这些朝向的平行四边形，比如：

$$\begin{vmatrix} u_1 & v_1 \\ u_2 & v_2 \end{vmatrix} i, \quad \begin{vmatrix} u_1 & v_1 \\ u_2 & v_2 \end{vmatrix} j, \quad \begin{vmatrix} u_1 & v_1 \\ u_2 & v_2 \end{vmatrix} k$$

9.3.2　向量积（叉积）

对于空间中更一般的平行四边形，其朝向有非常多的可能性。比如图 9.77 中的某空间平行四边形，其朝向不是特殊的 i、i 或 k，而是更加一般的方向。

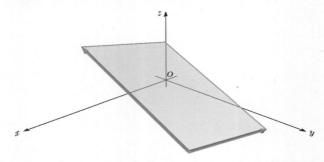

图 9.77　空间中更一般的平行四边形，其朝向有非常多的可能性

为表示这些更一般的平行四边形，数学家定义了一种特殊的运算：

定义 79. 已知 $u = \begin{pmatrix} u_1 \\ u_2 \\ u_3 \end{pmatrix}$ 和 $v = \begin{pmatrix} v_1 \\ v_2 \\ v_3 \end{pmatrix}$，定义运算如下：

$$S = u \times v = \begin{vmatrix} i & u_1 & v_1 \\ j & u_2 & v_2 \\ k & u_3 & v_3 \end{vmatrix} = \begin{vmatrix} u_2 & v_2 \\ u_3 & v_3 \end{vmatrix} i - \begin{vmatrix} u_1 & v_1 \\ u_3 & v_3 \end{vmatrix} j + \begin{vmatrix} u_1 & v_1 \\ u_2 & v_2 \end{vmatrix} k$$

因为该运算的结果为向量，故称为向量积，也称为叉积。

下面是定义 79 的解释，首先解释一下叉积 $S = u \times v$ 的几何意义。设某平行四边形由 $u = \begin{pmatrix} u_1 \\ u_2 \\ u_3 \end{pmatrix}$ 和 $v = \begin{pmatrix} v_1 \\ v_2 \\ v_3 \end{pmatrix}$ 围成，叉积 $S = u \times v$ 是一个向量，其满足如下性质（此处不做证明）：

- 方向：从 u 往 v 握拳，右手大拇指的朝向为其方向；或者说其垂直于该平行四边形，是该平行四边形的法向量。
- 模长：该平行四边形的面积。

所以叉积 $S = u \times v$ 的几何意义就是空间中由 u 和 v 围成的平行四边形，如图 9.78 所示（为了展示方便，这里缩短了 S 的长度）。

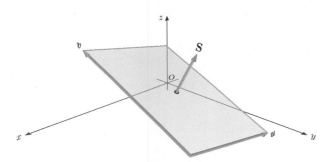

图 9.78　$S = u \times v$，其方向为该平行四边形的方向，长度为该平行四边形的面积

再来看看定义 79 中给出的叉积 S 的计算方法。如图 9.79 所示，上述平行四边形在 yOz 面、zOx 面、xOy 面都有投影。

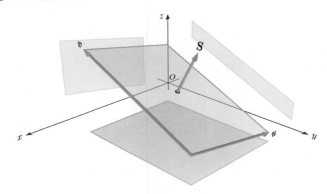

图 9.79　u 和 v 围成的平行四边形在 yOz 面、zOx、xOy 面上的投影

将三个面上的投影加起来就得到了叉积 S，即：

$$S = u \times v = \underbrace{\begin{vmatrix} u_2 & v_2 \\ u_3 & v_3 \end{vmatrix} i}_{yOz \text{ 面}} + \underbrace{(-\begin{vmatrix} u_1 & v_1 \\ u_3 & v_3 \end{vmatrix} j)}_{zOx \text{ 面}} + \underbrace{\begin{vmatrix} u_1 & v_1 \\ u_2 & v_2 \end{vmatrix} k}_{xOy \text{ 面}}$$

为什么这三个面的投影的表达式是上面这样的呢？让我们继续来解释。先来看看上述平行四边形在 xOy 面上的投影，该投影由 u 和 v 在 xOy 面的投影 $u_{xOy} = \begin{pmatrix} u_1 \\ u_2 \\ 0 \end{pmatrix}$ 和 $v_{xOy} = \begin{pmatrix} v_1 \\ v_2 \\ 0 \end{pmatrix}$ 围成，如图 9.80 所示。

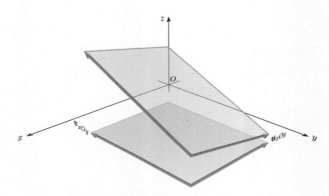

图 9.80　在 xOy 面上的投影由 u_{xOy} 和 v_{xOy} 围成

因为在 xOy 面上 z 坐标都为 0，可认为没有 z 坐标，所以该投影可看作是由 $\begin{pmatrix} u_1 \\ u_2 \end{pmatrix}$ 和 $\begin{pmatrix} v_1 \\ v_2 \end{pmatrix}$ 围成的。根据之前学习的二阶行列式的几何意义，因此该投影可以表示为 $\begin{vmatrix} u_1 & v_1 \\ u_2 & v_2 \end{vmatrix} k$。

同样的道理，上述平行四边形在 yOz 面上的投影可以表示为 $\begin{vmatrix} u_2 & v_2 \\ u_3 & v_3 \end{vmatrix} i$，请同学们自行推导。

上述平行四边形在 zOx 面上的投影有点儿不一样，该投影由 u 和 v 在 zOx 面的投影 $u_{zOx} = \begin{pmatrix} u_3 \\ 0 \\ u_1 \end{pmatrix}$ 和 $v_{zOx} = \begin{pmatrix} v_3 \\ 0 \\ v_1 \end{pmatrix}$ 围成，如图 9.81 所示。这里需要注意的是，因为这是在 zOx 面上，所以投影 u_{zOx} 和 v_{zOx} 的坐标是先 z 后 x。

结合行列式的运算性质"行（列）互换符号改变"[1]，所以上述平行四边形在 zOx 面上的投影可以表示为：

---

[1] 行列式的运算性质可以在《马同学图解线性代数》中查看，后面不再赘述。

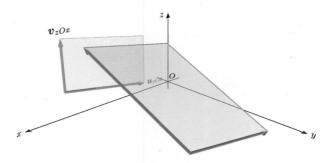

图 9.81 在 zOx 面上的投影由 u_{zOx} 和 v_{zOx} 围成

$$\begin{vmatrix} u_3 & v_3 \\ u_1 & v_1 \end{vmatrix} \boldsymbol{j} = - \begin{vmatrix} u_1 & v_1 \\ u_3 & v_3 \end{vmatrix} \boldsymbol{j}$$

综上，所以有：

$$\boldsymbol{S} = \boldsymbol{u} \times \boldsymbol{v} = \begin{vmatrix} \boldsymbol{i} & u_1 & v_1 \\ \boldsymbol{j} & u_2 & v_2 \\ \boldsymbol{k} & u_3 & v_3 \end{vmatrix} = \underbrace{\begin{vmatrix} u_2 & v_2 \\ u_3 & v_3 \end{vmatrix} \boldsymbol{i}}_{yOz \text{ 面}} + \underbrace{\left(- \begin{vmatrix} u_1 & v_1 \\ u_3 & v_3 \end{vmatrix} \boldsymbol{j} \right)}_{zOx \text{ 面}} + \underbrace{\begin{vmatrix} u_1 & v_1 \\ u_2 & v_2 \end{vmatrix} \boldsymbol{k}}_{xOy \text{ 面}}$$

其中 $\begin{vmatrix} \boldsymbol{i} & u_1 & v_1 \\ \boldsymbol{j} & u_2 & v_2 \\ \boldsymbol{k} & u_3 & v_3 \end{vmatrix}$ 并非真的是三阶行列式，写成这样的形式只是借助《马同学图解线性代数》中介绍过的拉普拉斯展开来帮助记忆向量积。顺便再说一句，在有的教科书中也将向量积定义如下，本质上和定义 79 是一样的：

$$\boldsymbol{S} = \boldsymbol{u} \times \boldsymbol{v} = \begin{vmatrix} \boldsymbol{i} & \boldsymbol{j} & \boldsymbol{k} \\ u_1 & u_2 & u_3 \\ v_1 & v_2 & v_3 \end{vmatrix} = \begin{vmatrix} u_2 & u_3 \\ v_2 & v_3 \end{vmatrix} \boldsymbol{i} - \begin{vmatrix} u_1 & u_3 \\ v_1 & v_3 \end{vmatrix} \boldsymbol{j} + \begin{vmatrix} u_1 & u_2 \\ v_1 & v_2 \end{vmatrix} \boldsymbol{k}$$

当 $\boldsymbol{u}$、$\boldsymbol{v}$ 平行时，即 $\boldsymbol{u}$、$\boldsymbol{v}$ 共线时，自然无法围成平行四边形，或者说围成的平行四边形的面积为 0，如图 9.82 所示。

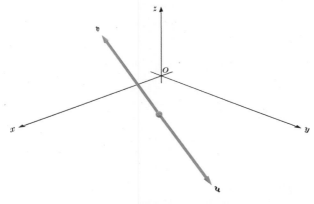

图 9.82 $\boldsymbol{u}$、$\boldsymbol{v}$ 平行（共线）时，无法围成平行四边形

所以有如下判断 u、v 平行的充要条件：

定理 104. 对于 n 维向量 u 和 v，有 $u \times v = 0 \iff u // v$。

9.3.3　向量积（叉积）的性质

定理 105. 叉积有以下性质：

反交换律 分配律 数乘结合律	$u \times v = -v \times u$ $u \times (v + w) = u \times v + u \times w$ $\lambda(u \times v) = (\lambda u) \times v = u \times (\lambda v)$

证明. 设 $u = \begin{pmatrix} u_1 \\ u_2 \\ u_3 \end{pmatrix}$、$v = \begin{pmatrix} v_1 \\ v_2 \\ v_3 \end{pmatrix}$ 以及 $w = \begin{pmatrix} w_1 \\ w_2 \\ w_3 \end{pmatrix}$，下面来逐一证明。

（1）反交换律。根据叉积的定义（定义 79），有：

$$u \times v = \begin{vmatrix} i & u_1 & v_1 \\ j & u_2 & v_2 \\ k & u_3 & v_3 \end{vmatrix} = \begin{vmatrix} u_2 & v_2 \\ u_3 & v_3 \end{vmatrix} i - \begin{vmatrix} u_1 & v_1 \\ u_3 & v_3 \end{vmatrix} j + \begin{vmatrix} u_1 & v_1 \\ u_2 & v_2 \end{vmatrix} k$$

$$v \times u = \begin{vmatrix} i & v_1 & u_1 \\ j & v_2 & u_2 \\ k & v_3 & u_3 \end{vmatrix} = \begin{vmatrix} v_2 & u_2 \\ v_3 & u_3 \end{vmatrix} i - \begin{vmatrix} v_1 & u_1 \\ v_3 & u_3 \end{vmatrix} j + \begin{vmatrix} v_1 & u_1 \\ v_2 & u_2 \end{vmatrix} k$$

根据行列式的运算性质"行（列）互换符号改变"，有：

$$\begin{vmatrix} u_2 & v_2 \\ u_3 & v_3 \end{vmatrix} = -\begin{vmatrix} v_2 & u_2 \\ v_3 & u_3 \end{vmatrix}, \quad \begin{vmatrix} u_1 & v_1 \\ u_3 & v_3 \end{vmatrix} = -\begin{vmatrix} v_1 & u_1 \\ v_3 & u_3 \end{vmatrix}, \quad \begin{vmatrix} u_1 & v_1 \\ u_2 & v_2 \end{vmatrix} = -\begin{vmatrix} v_1 & u_1 \\ v_2 & u_2 \end{vmatrix}$$

所以有 $u \times v = -v \times u$。

（2）分配律。根据叉积的定义，有：

$$u \times (v + w) = \begin{vmatrix} i & u_1 & v_1 + w_1 \\ j & u_2 & v_2 + w_2 \\ k & u_3 & v_3 + w_3 \end{vmatrix} = \begin{vmatrix} u_2 & v_2 + w_2 \\ u_3 & v_3 + w_3 \end{vmatrix} i - \begin{vmatrix} u_1 & v_1 + w_1 \\ u_3 & v_3 + w_3 \end{vmatrix} j + \begin{vmatrix} u_1 & v_1 + w_1 \\ u_2 & v_2 + w_2 \end{vmatrix} k$$

$$u \times v + u \times w = \left(\begin{vmatrix} u_2 & v_2 \\ u_3 & v_3 \end{vmatrix} + \begin{vmatrix} u_2 & w_2 \\ u_3 & w_3 \end{vmatrix}\right) i - \left(\begin{vmatrix} u_1 & v_1 \\ u_3 & v_3 \end{vmatrix} + \begin{vmatrix} u_1 & w_1 \\ u_3 & w_3 \end{vmatrix}\right) j + \left(\begin{vmatrix} u_1 & v_1 \\ u_2 & v_2 \end{vmatrix} + \begin{vmatrix} u_1 & w_1 \\ u_2 & w_2 \end{vmatrix}\right) k$$

根据行列式的运算性质"行列式的倍加"，有：

$$\begin{vmatrix} u_2 & v_2 + w_2 \\ u_3 & v_3 + w_3 \end{vmatrix} = \begin{vmatrix} u_2 & v_2 \\ u_3 & v_3 \end{vmatrix} + \begin{vmatrix} u_2 & w_2 \\ u_3 & w_3 \end{vmatrix},$$

$$\begin{vmatrix} u_1 & v_1 + w_1 \\ u_3 & v_3 + w_3 \end{vmatrix} = \begin{vmatrix} u_1 & v_1 \\ u_3 & v_3 \end{vmatrix} + \begin{vmatrix} u_1 & w_1 \\ u_3 & w_3 \end{vmatrix},$$

$$\begin{vmatrix} u_1 & v_1+w_1 \\ u_2 & v_2+w_2 \end{vmatrix} = \begin{vmatrix} u_1 & v_1 \\ u_2 & v_2 \end{vmatrix} + \begin{vmatrix} u_1 & w_1 \\ u_2 & w_2 \end{vmatrix}$$

所以有 $\boldsymbol{u} \times (\boldsymbol{v} + \boldsymbol{w}) = \boldsymbol{u} \times \boldsymbol{v} + \boldsymbol{u} \times \boldsymbol{w}$。

（3）数乘结合律。根据叉积的定义，有：

$$\lambda(\boldsymbol{u} \times \boldsymbol{v}) = \lambda \begin{vmatrix} \boldsymbol{i} & u_1 & v_1 \\ \boldsymbol{j} & u_2 & v_2 \\ \boldsymbol{k} & u_3 & v_3 \end{vmatrix} = \lambda \begin{vmatrix} u_2 & v_2 \\ u_3 & v_3 \end{vmatrix} \boldsymbol{i} - \lambda \begin{vmatrix} u_1 & v_1 \\ u_3 & v_3 \end{vmatrix} \boldsymbol{j} + \lambda \begin{vmatrix} u_1 & v_1 \\ u_2 & v_2 \end{vmatrix} \boldsymbol{k},$$

$$(\lambda\boldsymbol{u}) \times \boldsymbol{v} = \begin{vmatrix} \boldsymbol{i} & \lambda u_1 & v_1 \\ \boldsymbol{j} & \lambda u_2 & v_2 \\ \boldsymbol{k} & \lambda u_3 & v_3 \end{vmatrix} = \begin{vmatrix} \lambda u_2 & v_2 \\ \lambda u_3 & v_3 \end{vmatrix} \boldsymbol{i} - \begin{vmatrix} \lambda u_1 & v_1 \\ \lambda u_3 & v_3 \end{vmatrix} \boldsymbol{j} + \begin{vmatrix} \lambda u_1 & v_1 \\ \lambda u_2 & v_2 \end{vmatrix} \boldsymbol{k},$$

$$\boldsymbol{u} \times (\lambda\boldsymbol{v}) = \begin{vmatrix} \boldsymbol{i} & u_1 & \lambda v_1 \\ \boldsymbol{j} & u_2 & \lambda v_2 \\ \boldsymbol{k} & u_3 & \lambda v_3 \end{vmatrix} = \begin{vmatrix} u_2 & \lambda v_2 \\ u_3 & \lambda v_3 \end{vmatrix} \boldsymbol{i} - \begin{vmatrix} u_1 & \lambda v_1 \\ u_3 & \lambda v_3 \end{vmatrix} \boldsymbol{j} + \begin{vmatrix} u_1 & \lambda v_1 \\ u_2 & \lambda v_2 \end{vmatrix} \boldsymbol{k}$$

根据行列式的运算性质"行列式的数乘"，有：

$$\lambda \begin{vmatrix} u_2 & v_2 \\ u_3 & v_3 \end{vmatrix} = \begin{vmatrix} \lambda u_2 & v_2 \\ \lambda u_3 & v_3 \end{vmatrix} = \begin{vmatrix} u_2 & \lambda v_2 \\ u_3 & \lambda v_3 \end{vmatrix},$$

$$\lambda \begin{vmatrix} u_1 & v_1 \\ u_3 & v_3 \end{vmatrix} = \begin{vmatrix} \lambda u_1 & v_1 \\ \lambda u_3 & v_3 \end{vmatrix} = \begin{vmatrix} u_1 & \lambda v_1 \\ u_3 & \lambda v_3 \end{vmatrix},$$

$$\lambda \begin{vmatrix} u_1 & v_1 \\ u_2 & v_2 \end{vmatrix} = \begin{vmatrix} \lambda u_1 & v_1 \\ \lambda u_2 & v_2 \end{vmatrix} = \begin{vmatrix} u_1 & \lambda v_1 \\ u_2 & \lambda v_2 \end{vmatrix}$$

所以有 $\lambda(\boldsymbol{u} \times \boldsymbol{v}) = (\lambda\boldsymbol{u}) \times \boldsymbol{v} = \boldsymbol{u} \times (\lambda\boldsymbol{v})$。 ∎

还可以通过几何意义来理解定理 105 中的一些性质，先来看看叉积的反交换律。前面学习叉积的定义时解释过，$\boldsymbol{u} \times \boldsymbol{v}$ 和 $\boldsymbol{v} \times \boldsymbol{u}$ 表示的都是 $\boldsymbol{u}$、$\boldsymbol{v}$ 围成的平行四边形，只是：

- $\boldsymbol{u} \times \boldsymbol{v}$ 的方向是从 $\boldsymbol{u}$ 往 $\boldsymbol{v}$ 握拳，右手大拇指的朝向。
- $\boldsymbol{v} \times \boldsymbol{u}$ 的方向是从 $\boldsymbol{v}$ 往 $\boldsymbol{u}$ 握拳，右手大拇指的朝向。

如图 9.83 所示，所以有 $\boldsymbol{u} \times \boldsymbol{v} = -\boldsymbol{v} \times \boldsymbol{u}$。

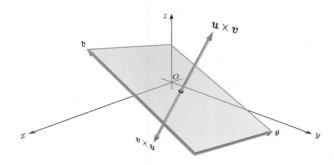

图 9.83 反交换律：$\boldsymbol{u} \times \boldsymbol{v} = -\boldsymbol{v} \times \boldsymbol{u}$

再来看看叉积的数乘结合律。将 u 延长为原来的 λ 倍，那么 u、v 围成的平行四边形的面积会变为原来的 λ 倍，如图 9.84 所示，所以有 $\lambda(u \times v) = (\lambda u) \times v$。将 v 延长为原来的 λ 倍也是一样的效果，这里不再赘述。

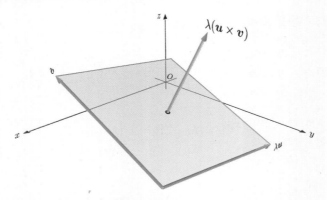

图 9.84　数乘结合律：$\lambda(u \times v) = (\lambda u) \times v$

9.3.4　混合积

定义 80. 已知三维向量 u、v 和 w，定义运算如下：

$$[u, v, w] = (u \times v) \cdot w$$

因为该运算混合了点积和叉积，因此被称为混合积。

下面是定义 80 的解释。设某平行六面体由 u、v 和 w 围成，如图 9.85 所示。

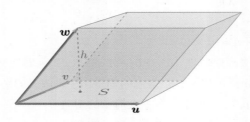

图 9.85　由 u、v 和 w 围成的平行六面体

上述平行六面体的有向体积 V[①]是有向底面积 S 和高 h 的乘积，即：

$$\underbrace{V}_{\text{有向体积}} = \underbrace{S}_{\text{有向底面积}} \cdot \underbrace{h}_{\text{高}}$$

该有向体积 V 可以通过这里定义的混合积算出来。具体来说是这样的，根据之前的介绍可知，叉积 $S = u \times v$ 垂直于底面，w 在 S 上的投影 λ 就是 h（也可能 $-\lambda$ 是 h，这取决于 S 的方向，可以参看之后给出的图 9.90），如图 9.86 所示。

---

① 类似于 9.3.1 节介绍二阶行列式时提到过的有向面积，不过体积的方向需要在四维空间中进行解释，所以只能依靠想象了。

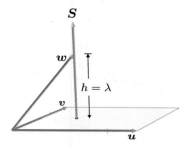

图 9.86　有向底面积 $S = u \times v$，w 在 S 上的投影 λ 就是 h

结合叉积和点积的几何意义，所以混合积的几何意义就是由 u、v 和 w 围成的平行六面体的有向体积，即：

$$[u,v,w] = (u \times v) \cdot w = S \cdot w = \overbrace{\|S\|}^{\text{底面积}} \underbrace{\|w\| \cos\theta}_{w \text{ 在 } S \text{ 上的投影} \pm h} = \underbrace{V}_{\text{有向体积}}$$

当 u、v 和 w 共面时，自然无法围成平行六面体，或者说围成的平行六面体的有向体积为 0，如图 9.87 所示。

图 9.87　u、v 和 w 共面时，无法围成平行六面体

所以有如下判断 u、v 和 w 共面的充要条件：

定理 106. 对于 n 维向量 u、v 和 w，有 $[u,v,w] = 0 \iff u$、v 和 w 共面。

混合积实际上就是三阶行列式。这是因为根据混合积的定义（定义 80）、叉积的定义（定义 79）、点积的定义（定义 76）以及拉普拉斯展开，有：

$$[u,v,w] = (u \times v) \cdot w = (\begin{vmatrix} u_2 & v_2 \\ u_3 & v_3 \end{vmatrix} i - \begin{vmatrix} u_1 & v_1 \\ u_3 & v_3 \end{vmatrix} j + \begin{vmatrix} u_1 & v_1 \\ u_2 & v_2 \end{vmatrix} k) \cdot w$$

$$= \begin{vmatrix} u_2 & v_2 \\ u_3 & v_3 \end{vmatrix} w_1 - \begin{vmatrix} u_1 & v_1 \\ u_3 & v_3 \end{vmatrix} w_2 + \begin{vmatrix} u_1 & v_1 \\ u_2 & v_2 \end{vmatrix} w_3 = \begin{vmatrix} w_1 & u_1 & v_1 \\ w_2 & u_2 & v_2 \\ w_3 & u_3 & v_3 \end{vmatrix}$$

例 213. 已知三点 $A(1,2,0)$、$B(2,3,1)$ 和 $C(4,2,2)$，请求出这三点决定的平面的方程。

解. 设 $M(x,y,z)$ 为 A 点、B 点、C 点决定的平面上的任意点，可得向量 $\overrightarrow{AB}$、$\overrightarrow{AC}$ 以及 $\overrightarrow{AM}$，如图 9.88 所示。

根据题目条件可得：

$$\overrightarrow{AB} = B - A = \begin{pmatrix} 1 \\ 1 \\ 1 \end{pmatrix}, \quad \overrightarrow{AC} = C - A = \begin{pmatrix} 3 \\ 0 \\ 2 \end{pmatrix}, \quad \overrightarrow{AM} = M - A = \begin{pmatrix} x-1 \\ y-2 \\ z \end{pmatrix}$$

因为 A 点、B 点、C 点和 M 点共面，所以 $\overrightarrow{AB}$、$\overrightarrow{AC}$ 以及 $\overrightarrow{AM}$ 共面，根据定理 106 可

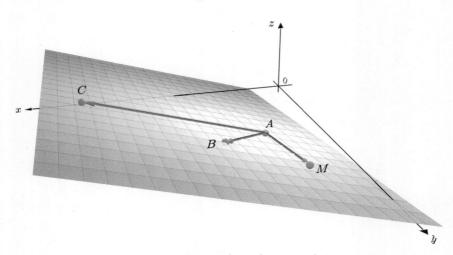

图 9.88　向量 $\overrightarrow{AB}$、$\overrightarrow{AC}$ 以及 $\overrightarrow{AM}$

知 $[\overrightarrow{AB},\overrightarrow{AC},\overrightarrow{AM}]=0$，结合混合积和三阶行列式的关系，可得要求的平面方程：

$$[\overrightarrow{AB},\overrightarrow{AC},\overrightarrow{AM}]=\begin{vmatrix}1&3&x-1\\1&0&y-2\\1&2&z\end{vmatrix}=\begin{vmatrix}1&0\\1&2\end{vmatrix}(x-1)-\begin{vmatrix}1&3\\1&2\end{vmatrix}(y-2)+\begin{vmatrix}1&3\\1&0\end{vmatrix}z=0$$

$$\Longrightarrow 2x+y-3z-4=0$$

9.3.5　混合积的性质

定理 107. 混合积有以下性质：

轮换对称性 互换相反性	$[\boldsymbol{u},\boldsymbol{v},\boldsymbol{w}]=[\boldsymbol{v},\boldsymbol{w},\boldsymbol{u}]=[\boldsymbol{w},\boldsymbol{u},\boldsymbol{v}]$ $[\boldsymbol{u},\boldsymbol{v},\boldsymbol{w}]=-[\boldsymbol{v},\boldsymbol{u},\boldsymbol{w}]=-[\boldsymbol{u},\boldsymbol{w},\boldsymbol{v}]=-[\boldsymbol{w},\boldsymbol{v},\boldsymbol{u}]$

证明. 设 $\boldsymbol{u}=\begin{pmatrix}u_1\\u_2\\u_3\end{pmatrix}$、$\boldsymbol{v}=\begin{pmatrix}v_1\\v_2\\v_3\end{pmatrix}$ 以及 $\boldsymbol{w}=\begin{pmatrix}w_1\\w_2\\w_3\end{pmatrix}$，下面来逐一证明。

（1）轮换对称性。因为将 $[\boldsymbol{u},\boldsymbol{v},\boldsymbol{w}]$ 进行两次列互换可得 $[\boldsymbol{v},\boldsymbol{w},\boldsymbol{u}]$，即：

$$[\boldsymbol{u},\boldsymbol{v},\boldsymbol{w}]\xrightarrow{\boldsymbol{u}\ \text{和}\ \boldsymbol{v}\ \text{互换}}[\boldsymbol{v},\boldsymbol{u},\boldsymbol{w}]\xrightarrow{\boldsymbol{u}\ \text{和}\ \boldsymbol{w}\ \text{互换}}[\boldsymbol{v},\boldsymbol{w},\boldsymbol{u}]$$

根据混合积和三阶行列式的关系以及行列式的运算性质"行（列）互换符号改变"，因为这里进行了两次列互换，所以有：

$$[\boldsymbol{u},\boldsymbol{v},\boldsymbol{w}]=\begin{vmatrix}w_1&u_1&v_1\\w_2&u_2&v_2\\w_3&u_3&v_3\end{vmatrix}=\begin{vmatrix}u_1&v_1&w_1\\u_2&v_2&w_2\\u_3&v_3&w_3\end{vmatrix}=[\boldsymbol{v},\boldsymbol{w},\boldsymbol{u}]$$

其他的轮换对称性可以此类推，这里不再赘述。

（2）互换相反性。根据混合积的定义（定义 80）以及向量积的性质 $\boldsymbol{u}\times\boldsymbol{v}=-\boldsymbol{v}\times\boldsymbol{w}$，所

以有：

$$[\boldsymbol{u}, \boldsymbol{v}, \boldsymbol{w}] = (\boldsymbol{u} \times \boldsymbol{v}) \cdot \boldsymbol{w} = -(\boldsymbol{v} \times \boldsymbol{u}) \cdot \boldsymbol{w} = -[\boldsymbol{v}, \boldsymbol{u}, \boldsymbol{w}]$$

再根据轮换对称性，有 $[\boldsymbol{v}, \boldsymbol{u}, \boldsymbol{w}] = [\boldsymbol{u}, \boldsymbol{w}, \boldsymbol{v}] = [\boldsymbol{w}, \boldsymbol{v}, \boldsymbol{u}]$。 ∎

下面解释一下定理 107 中性质的几何意义，先来看看混合积的轮换对称性。之前解释了，混合积 $[\boldsymbol{u}, \boldsymbol{v}, \boldsymbol{w}]$ 计算的是由 $\boldsymbol{u}$、$\boldsymbol{v}$ 和 $\boldsymbol{w}$ 围成的平行六面体的有向体积，其中底面由 $\boldsymbol{u}$、$\boldsymbol{v}$ 围成（从 $\boldsymbol{u}$ 往 $\boldsymbol{v}$ 握拳，右手大拇指指向 $\boldsymbol{w}$），高是 $\boldsymbol{w}$ 的投影，如图 9.85 所示。但也可认为由 $\boldsymbol{w}$、$\boldsymbol{u}$ 围成（从 $\boldsymbol{w}$ 往 $\boldsymbol{u}$ 握拳，右手大拇指指向 $\boldsymbol{v}$）的平行四边形是底面 S，高 h 是 $\boldsymbol{v}$ 在此时的 S 上的投影，如图 9.89 所示。此时平行六面体的有向体积就可以由混合积 $[\boldsymbol{w}, \boldsymbol{u}, \boldsymbol{v}]$ 来计算，那么显然有 $[\boldsymbol{u}, \boldsymbol{v}, \boldsymbol{w}] = [\boldsymbol{w}, \boldsymbol{u}, \boldsymbol{v}]$，也就是轮换对称性。

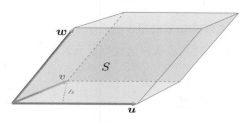

图 9.89　有向底面积 $S = \boldsymbol{w} \times \boldsymbol{u}$，$\boldsymbol{v}$ 在 S 上的投影就是 h

再来看看混合积的互换相反性。就图 9.90 而言，叉积 $\boldsymbol{v} \times \boldsymbol{u}$ 垂直于底面，$\boldsymbol{w}$ 在其上的投影 λ 的相反数为 h，即 $h = -\lambda$。和图 9.86 相比，所以有 $[\boldsymbol{u}, \boldsymbol{v}, \boldsymbol{w}] = -[\boldsymbol{v}, \boldsymbol{u}, \boldsymbol{w}]$。

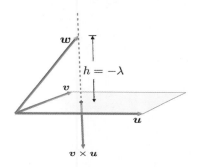

图 9.90　$\boldsymbol{w}$ 在 $\boldsymbol{v} \times \boldsymbol{u}$ 上的投影为 λ，此时 $h = -\lambda$

9.4　平面及其方程

前几节学习了向量、点积、向量积、混合积等各种运算，借此可以表示空间中的各种曲线、曲面，这一节我们介绍空间中的平面。

9.4.1　直线的方向向量

起点和终点都在某直线上的非零向量 $\boldsymbol{a}$，或与 $\boldsymbol{a}$ 平行的非零向量 $\boldsymbol{b}$ 都称为该直线的方向向量，如图 9.91 所示。

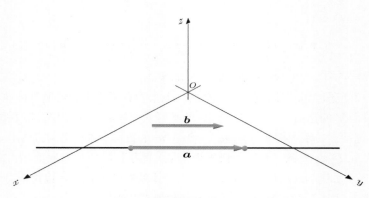

图 9.91　某直线的方向向量 a 和 b

再强调一下，方向向量必须是**非零向量**，这是因为之前介绍过零向量指向任意方向，即零向量是任意直线的方向向量，对其进行讨论没有什么价值。

9.4.2　平面的法线和法向量

若某直线正交于某平面上的任意直线，则称其为该平面的法线，法线的方向向量称为该平面的法向量。比如图 9.92 中的黑色直线是灰色平面 p 的法线 l，红色向量是平面 p 的法向量 n，这里用两条蓝色直线代表了平面 p 上的任意直线。

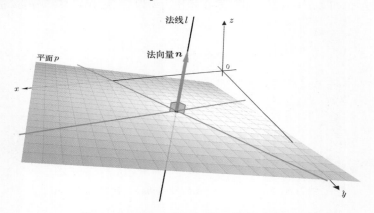

图 9.92　平面 p 的法线 l，及其法向量 n

9.4.3　平面的点法式方程

定理 108. 已知某平面上的一点 $M = \begin{pmatrix} x_0 \\ y_0 \\ z_0 \end{pmatrix}$ 及该平面的一个法向量 $n = \begin{pmatrix} A \\ B \\ C \end{pmatrix}$，可得出该平面的点法式方程：

$$A(x - x_0) + B(y - y_0) + C(z - z_0) = 0$$

这里解释一下上述定理的推导过程，在图 9.93 中，

- 有某平面 p 及其上的某点 $\boldsymbol{M} = \begin{pmatrix} x_0 \\ y_0 \\ z_0 \end{pmatrix}$ 和任意点 $\boldsymbol{x} = \begin{pmatrix} x \\ y \\ z \end{pmatrix}$，这两点组成向量 $\boldsymbol{a} =$

$$\boldsymbol{x} - \boldsymbol{M} = \begin{pmatrix} x - x_0 \\ y - y_0 \\ z - z_0 \end{pmatrix}。$$

- 有平面 p 的一个法向量 $\boldsymbol{n} = \begin{pmatrix} A \\ B \\ C \end{pmatrix}$。

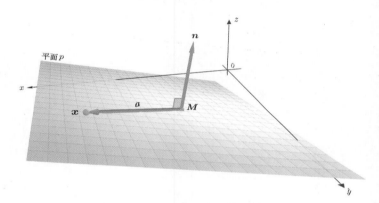

图 9.93　平面 p 上的向量 $\boldsymbol{a}$，及其法向量 $\boldsymbol{n}$

根据法向量的定义可知，$\boldsymbol{n}$ 正交于平面 p 内的任意直线，结合正交的充要条件（定理 103），所以有：

$$\boldsymbol{n} \cdot \boldsymbol{a} = \begin{pmatrix} A \\ B \\ C \end{pmatrix} \cdot \begin{pmatrix} x - x_0 \\ y - y_0 \\ z - z_0 \end{pmatrix} = 0 \implies A(x - x_0) + B(y - y_0) + C(z - z_0) = 0$$

9.4.4　平面的一般方程

定理 109. 平面的一般方程为 $Ax + By + Cz + D = 0$。

证明. 根据定理 108 可以写出平面的点法式方程，据此可得：

$$A(x - x_0) + B(y - y_0) + C(z - z_0) = 0 \implies Ax + By + Cz - Ax_0 - By_0 - Cz_0 = 0$$

令 $D = -Ax_0 - By_0 - Cz_0$，所以有：

$$Ax + By + Cz - Ax_0 - By_0 - Cz_0 = 0 \implies Ax + By + Cz + D = 0 \qquad \blacksquare$$

分析平面的一般方程 $Ax + By + Cz + D = 0$ 的系数，可得到以下一系列结论。

9.4.4.1   平面的法向量

$\boldsymbol{n} = \begin{pmatrix} A \\ B \\ C \end{pmatrix}$ 是该平面的一个法向量。比如图 9.94 中的平面的一般方程为 $-17.2x - 12.4y +$

$75z + 130.8 = 0$, $\boldsymbol{n} = \begin{pmatrix} -17.2 \\ -12.4 \\ 75 \end{pmatrix}$ 是该平面的一个法向量。[①]

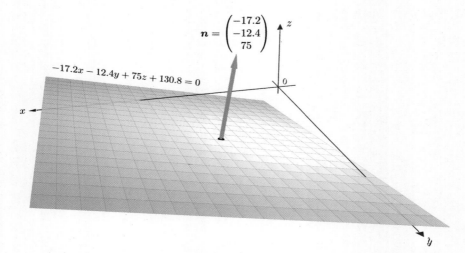

图 9.94   平面 $-17.2x - 12.4y + 75z + 130.8 = 0$, 及其法向量 $\boldsymbol{n} = \begin{pmatrix} -17.2 \\ -12.4 \\ 75 \end{pmatrix}$

9.4.4.2   过原点的平面

$D = 0$ 时该平面过原点。比如图 9.95 中过原点的平面的一般方程为 $-4x - 4y + 16z = 0$,

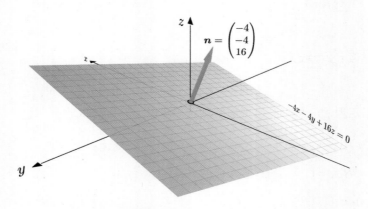

图 9.95   过原点的平面 $-4x - 4y + 16z = 0$

---

① 为了方便展示, 这里缩短了法向量 $\boldsymbol{n}$, 之后类似的情况不再特别说明。

$$\boldsymbol{n} = \begin{pmatrix} -4 \\ -4 \\ 16 \end{pmatrix}$$ 是该平面的一个法向量。

9.4.4.3 平行于（包含）坐标轴的平面

$A = 0$ 时，即平面的一般方程为 $By + Cz + D = 0$ 时，其法向量 $\boldsymbol{n} = \begin{pmatrix} 0 \\ B \\ C \end{pmatrix}$ 正交于 x 轴，所以这是一个平行于（或包含）x 轴的平面。其中 $\boldsymbol{n}$ 正交于 x 轴是根据正交的充要条件（定理 103）得出的，即：

$$\boldsymbol{n} \cdot \boldsymbol{i} = \begin{pmatrix} 0 \\ B \\ C \end{pmatrix} \cdot \begin{pmatrix} 1 \\ 0 \\ 0 \end{pmatrix} = 0 \implies \boldsymbol{n} \perp \boldsymbol{i} \implies \boldsymbol{n} \text{ 正交于 } x \text{ 轴}$$

比如图 9.96 中的平面的一般方程为 $-1.5y + 4z + 4.5 = 0$，其法向量 $\boldsymbol{n} = \begin{pmatrix} 0 \\ -1.5 \\ 4 \end{pmatrix}$ 既正交于 x 轴，又正交于该平面，该平面平行于 x 轴。

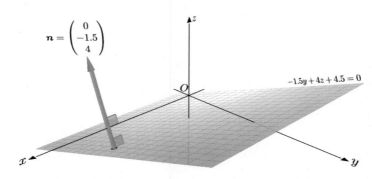

图 9.96　平行于 x 轴的平面 $-1.5y + 4z + 4.5 = 0$，其法向量 $\boldsymbol{n}$ 正交于 x 轴

同理，$B = 0$ 时或 $C = 0$ 时，即平面的一般方程为 $Ax + Cz + D = 0$ 或 $Ax + By + D = 0$ 时，分别表示平行于（或包含）y 轴或 z 轴的平面。

9.4.4.4 平行于（包含）坐标面的平面

$A = B = 0$ 时，即平面的一般方程为 $Cz + D = 0$ 时，该平面同时平行于（或包含）x 轴和 y 轴，故这是平行于（或重合于）xOy 面的平面。比如图 9.97 中的平面的一般方程为 $9z - 16.2 = 0$，其法向量 $\boldsymbol{n} = \begin{pmatrix} 0 \\ 0 \\ 9 \end{pmatrix}$ 正交于 x 轴和 y 轴，或者说这是 z 轴的方向向量，该平面是平行于 xOy 面的平面。

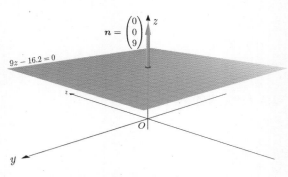

图 9.97   平行于 xOy 面的平面 $9z - 16.2 = 0$

或这么理解上述平面的构成，根据 $9z - 16.2 = 0$ 可得 $z = 1.8$，因此该方程对应的平面由 z 坐标为 1.8 的点构成。根据构成方式，容易理解该平面是平行于 xOy 面的平面。同理，$A = C = 0$ 时或 $B = C = 0$ 时，即平面的一般方程为 $By + D = 0$ 或 $Ax + D = 0$ 时，分别表示平行于（或重合于）zOx 面或 yOz 面的平面。

9.4.5   平面的截距式方程

定理 110. 如下代数式为某平面的截距式方程：

$$\frac{x}{a} + \frac{y}{b} + \frac{z}{c} = 1, \quad a \neq 0, b \neq 0, c \neq 0$$

其中 a、b、c 分别为该平面在 x、y、z 轴上的截距。

定理 110 说的是，如果 a、b、c 分别为某平面在 x、y、z 轴上的截距，即该平面在 x、y、z 轴上的交点分别为 $P(a, 0, 0)$、$Q(0, b, 0)$、$R(0, 0, c)$，其中 $a \neq 0$、$b \neq 0$、$c \neq 0$，如图 9.98 所示，那么该平面的方程为 $\frac{x}{a} + \frac{y}{b} + \frac{z}{c} = 1$。

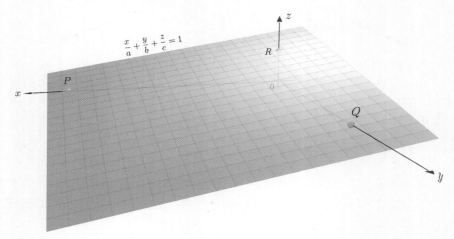

图 9.98   平面 $\frac{x}{a} + \frac{y}{b} + \frac{z}{c} = 1$ 在 x、y、z 轴上的交点分别为 $P(a, 0, 0)$、$Q(0, b, 0)$、$R(0, 0, c)$

下面是推导过程，因为截距 $a \neq 0$、$b \neq 0$ 以及 $c \neq 0$，故所求平面不会过原点，根据平面一般方程中对系数的解释，可假设所求平面的一般方程为 $Ax + By + Cz + D = 0, D \neq 0$。

因 $P(a,0,0)$、$Q(0,b,0)$、$R(0,0,c)$ 三点都在该平面上，所以有：

$$\begin{cases} aA + D = 0 \\ bB + D = 0 \\ cC + D = 0 \end{cases} \implies A = -\frac{D}{a}, B = -\frac{D}{b}, C = -\frac{D}{c}$$

回代 $Ax + By + Cz + D = 0$，可得：

$$-\frac{D}{a}x - \frac{D}{b}y - \frac{D}{c}z + D = 0 \implies \frac{x}{a} + \frac{y}{b} + \frac{z}{c} = 1$$

9.4.6　平面的参数方程

定理 111. 已知某平面上不共线的三点 $\boldsymbol{A} = \begin{pmatrix} a_1 \\ a_2 \\ a_3 \end{pmatrix}$、$\boldsymbol{B} = \begin{pmatrix} b_1 \\ b_2 \\ b_3 \end{pmatrix}$ 和 $\boldsymbol{C} = \begin{pmatrix} c_1 \\ c_2 \\ c_3 \end{pmatrix}$，可得出

该平面的参数方程：

$$\begin{cases} x = a_1 + k_1(b_1 - a_1) + k_2(c_1 - a_1) \\ y = a_2 + k_1(b_2 - a_2) + k_2(c_2 - a_2)\,, \quad k_1, k_2 \in \mathbb{R} \\ z = a_3 + k_1(b_3 - a_3) + k_2(c_3 - a_3) \end{cases} \tag{9-3}$$

令 $\boldsymbol{x} = \begin{pmatrix} x \\ y \\ z \end{pmatrix}$，$\overrightarrow{AB} = B - A = \begin{pmatrix} b_1 - a_1 \\ b_2 - a_2 \\ b_3 - a_3 \end{pmatrix}$，$\overrightarrow{AC} = C - A = \begin{pmatrix} c_1 - a_1 \\ c_2 - a_2 \\ c_3 - a_3 \end{pmatrix}$，则式 (9-3) 可以改

写为：

$$\boldsymbol{x} = \boldsymbol{A} + k_1 \overrightarrow{AB} + k_2 \overrightarrow{AC}, \quad k_1, k_2 \in \mathbb{R}$$

这里解释一下定理 111 的推导过程。如图 9.99 所示，其中有某平面 p，以及其上不共线的三点 $\boldsymbol{A}$、$\boldsymbol{B}$ 和 $\boldsymbol{C}$，它们可组成不共线的向量 $\overrightarrow{AB}$、$\overrightarrow{AC}$。

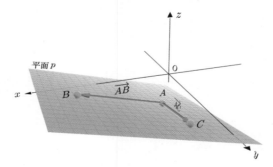

图 9.99　平面 p 上不共线的三点 $\boldsymbol{A}$、$\boldsymbol{B}$ 和 $\boldsymbol{C}$，组成不共线的 $\overrightarrow{AB}$、$\overrightarrow{AC}$

需要注意的是，$\overrightarrow{AB}$、$\overrightarrow{AC}$ 其实是过原点的向量[①]，在 9.1.10 节解释过，它们的线性组合

---

① 因为向量只给出了终点坐标，所以将之看作有向线段的时候，可以认为其起点在原点。

$k_1\overrightarrow{AB} + k_2\overrightarrow{AC}, k_1, k_2 \in \mathbb{R}$ 可以表示图 9.100 中的过原点的平面。

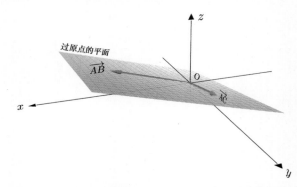

图 9.100   图中过原点的平面可表示为 $k_1\overrightarrow{AB} + k_2\overrightarrow{AC}, k_1, k_2 \in \mathbb{R}$

将过原点的平面平移，使其变为过 $\boldsymbol{A}$ 点，就得到了要求的平面 p，如图 9.101 所示。

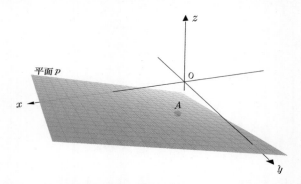

图 9.101   将过原点的平面平移，使其变为过 $\boldsymbol{A}$ 点的平面 p

上述过程可通过代数来描述：

- 过原点的平面可通过 $k_1\overrightarrow{AB} + k_2\overrightarrow{AC}, k_1, k_2 \in \mathbb{R}$ 来表示。
- 将过原点的平面平移为过 $\boldsymbol{A}$ 点的平面 p，就是将该过原点的平面加上 $\boldsymbol{A}$。

所以要求的平面 p 可通过集合表示如下：

$$p = \{\boldsymbol{x} | \boldsymbol{x} = \underbrace{\boldsymbol{A} +}_{\text{平移经过}\boldsymbol{A}\text{点}} \underbrace{k_1\overrightarrow{AB} + k_2\overrightarrow{AC}}_{\text{过原点的平面}}, k_1, k_2 \in \mathbb{R}\}$$

其中 $\boldsymbol{x}$ 表示平面 p 上的任意点 (x, y, z)，所以 $\boldsymbol{x} = \begin{pmatrix} x \\ y \\ z \end{pmatrix}$。又根据定理中的条件可得：

$$\overrightarrow{AB} = B - A = \begin{pmatrix} b_1 - a_1 \\ b_2 - a_2 \\ b_3 - a_3 \end{pmatrix}, \quad \overrightarrow{AC} = C - A = \begin{pmatrix} c_1 - a_1 \\ c_2 - a_2 \\ c_3 - a_3 \end{pmatrix}$$

因此：

$$\boldsymbol{x} = \boldsymbol{A} + k_1 \overrightarrow{AB} + k_2 \overrightarrow{AC} \implies \begin{pmatrix} x \\ y \\ z \end{pmatrix} = \begin{pmatrix} a_1 \\ a_2 \\ a_3 \end{pmatrix} + k_1 \begin{pmatrix} b_1 - a_1 \\ b_2 - a_2 \\ b_3 - a_3 \end{pmatrix} + k_2 \begin{pmatrix} c_1 - a_1 \\ c_2 - a_2 \\ c_3 - a_3 \end{pmatrix}$$

$$\implies \begin{cases} x = a_1 + k_1(b_1 - a_1) + k_2(c_1 - a_1) \\ y = a_2 + k_1(b_2 - a_2) + k_2(c_2 - a_2) \, , k_1, k_2 \in \mathbb{R} \\ z = a_3 + k_1(b_3 - a_3) + k_2(c_3 - a_3) \end{cases}$$

顺便说一下，根据定义 79 中对叉积几何意义的解释，可知 $\overrightarrow{AB}$ 和 $\overrightarrow{AC}$ 的叉积为平面 p 的一个法向量 $\boldsymbol{n}$，即 $\boldsymbol{n} = \overrightarrow{AB} \times \overrightarrow{AC}$，如图 9.102 所示。

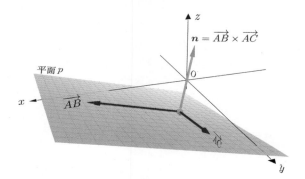

图 9.102 平面 p 的法向量 $\boldsymbol{n} = \overrightarrow{AB} \times \overrightarrow{AC}$

9.4.7 两平面的夹角

定理 112. 两平面法向量的夹角 $\theta \left(0 \leqslant \theta \leqslant \dfrac{\pi}{2} \right)$ 称为*两平面的夹角*。若两平面分别为

$A_1 x + B_1 y + C_1 z + D_1 = 0$ 及 $A_2 x + B_2 y + C_2 z + D_2 = 0$，各自的法向量为 $\boldsymbol{n}_1 = \begin{pmatrix} A_1 \\ B_1 \\ C_1 \end{pmatrix}$ 和

$\boldsymbol{n}_2 = \begin{pmatrix} A_2 \\ B_2 \\ C_2 \end{pmatrix}$，则*两平面夹角余弦的求解公式为*：

$$\cos \theta = \frac{|\boldsymbol{n}_1 \cdot \boldsymbol{n}_2|}{\|\boldsymbol{n}_1\| \|\boldsymbol{n}_2\|} = \frac{|A_1 A_2 + B_1 B_2 + C_1 C_2|}{\sqrt{A_1^2 + B_1^2 + C_1^2} \sqrt{A_2^2 + B_2^2 + C_2^2}}, \quad 0 \leqslant \theta \leqslant \frac{\pi}{2}$$

这里解释一下定理 112 的推导过程，需要对 $\boldsymbol{n}_1$ 和 $\boldsymbol{n}_2$ 的夹角分情况来讨论一下。

（1）$\boldsymbol{n}_1$ 和 $\boldsymbol{n}_2$ 的夹角为锐角（或直角）的情况，如图 9.103 所示。该夹角即为这两个平面的夹角 θ，其满足 $0 \leqslant \theta \leqslant \dfrac{\pi}{2}$。注意图 9.103 中还标注了两个平面之间所夹的一个角，其角度也为 θ，这里不做证明，只是进一步解释一下定义法向量夹角为两平面夹角的合理性。

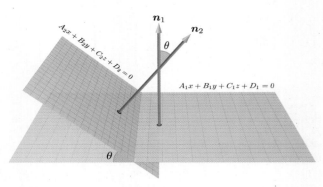

图 9.103 $0 \leqslant \theta = (\widehat{\boldsymbol{n}_1, \boldsymbol{n}_2}) \leqslant \dfrac{\pi}{2}$ 时，两平面的夹角为 θ

根据定理 97，所以有 $\cos\theta = \dfrac{\boldsymbol{n}_1 \cdot \boldsymbol{n}_2}{\|\boldsymbol{n}_1\| \|\boldsymbol{n}_2\|} = \dfrac{A_1 A_2 + B_1 B_2 + C_1 C_2}{\sqrt{A_1^2 + B_1^2 + C_1^2}\sqrt{A_2^2 + B_2^2 + C_2^2}}$。

（2）$\boldsymbol{n}_1$ 和 $\boldsymbol{n}_2$ 的夹角大于 $\dfrac{\pi}{2}$ 的情况，如图 9.104 所示。

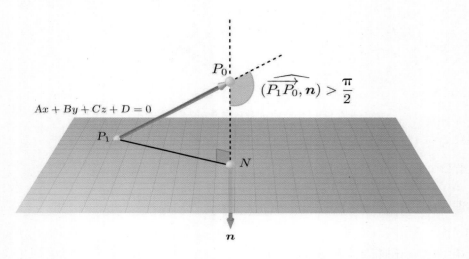

图 9.104 $\dfrac{\pi}{2} < (\widehat{\boldsymbol{n}_1, \boldsymbol{n}_2}) \leqslant \pi$

此时我们会选择 $-\boldsymbol{n}_1$ 和 $\boldsymbol{n}_2$ 的夹角作为这两个平面的夹角 θ，其满足 $0 \leqslant \theta \leqslant \dfrac{\pi}{2}$，如图 9.105 所示。

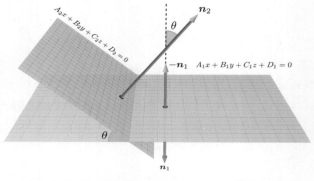

图 9.105   两平面的夹角为 $\theta = (\widehat{-\boldsymbol{n}_1, \boldsymbol{n}_2})$

根据定理 97，所以有 $\cos\theta = \dfrac{(-\boldsymbol{n}_1)\cdot\boldsymbol{n}_2}{\|\boldsymbol{n}_1\|\|\boldsymbol{n}_2\|} = \dfrac{-(A_1A_2+B_1B_2+C_1C_2)}{\sqrt{A_1^2+B_1^2+C_1^2}\sqrt{A_2^2+B_2^2+C_2^2}}$。

（3）综上，可得 $\cos\theta = \dfrac{|\boldsymbol{n}_1\cdot\boldsymbol{n}_2|}{\|\boldsymbol{n}_1\|\|\boldsymbol{n}_2\|} = \dfrac{|A_1A_2+B_1B_2+C_1C_2|}{\sqrt{A_1^2+B_1^2+C_1^2}\sqrt{A_2^2+B_2^2+C_2^2}}, 0\leqslant\theta\leqslant\dfrac{\pi}{2}$。

9.4.8 点到平面的距离

定理 113. 已知 $P_0(x_0, y_0, z_0)$ 是平面 $Ax+By+Cz+D=0$ 外一点，则其到该平面的距离 d 为：

$$d = \frac{|Ax_0+By_0+Cz_0+D|}{\sqrt{A^2+B^2+C^2}}$$

这里解释一下定理 113 的推导过程。和定理 112 类似，也需要分情况讨论。

（1）如图 9.106 所示，$P_0(x_0, y_0, z_0)$ 为平面 $Ax+By+Cz+D=0$ 外一点；$\boldsymbol{n}$ 为平面 $Ax+By+Cz+D=0$ 的一个法向量，该法向量过 P_0 点且交平面 $Ax+By+Cz+D=0$ 于 N 点；$P_1(x_1, y_1, z_1)$ 为平面 $Ax+By+Cz+D=0$ 上异于 N 点的任意点。根据这三点可构造出直角三角形 $\triangle NP_0P_1$，标注向量 $\overrightarrow{P_1P_0}$ 和 $\boldsymbol{n}$ 的夹角为 θ。

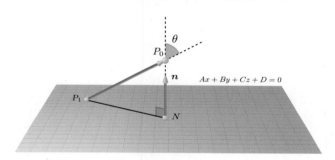

图 9.106 构造直角三角形 $\triangle NP_0P_1$，以及 $\theta = \widehat{(\overrightarrow{P_1P_0}, \boldsymbol{n})}$

因为有 $\boldsymbol{n} = \begin{pmatrix} A \\ B \\ C \end{pmatrix}$ 和 $\overrightarrow{P_1P_0} = P_0 - P_1 = \begin{pmatrix} x_0 - x_1 \\ y_0 - y_1 \\ z_0 - z_1 \end{pmatrix}$，结合定理 97，所以 P_0 点到上述平面的距离 d 为：

$$d = \|\overrightarrow{NP_0}\| = \|\overrightarrow{P_1P_0}\|\cos\theta = \|\overrightarrow{P_1P_0}\|\frac{\overrightarrow{P_1P_0}\cdot\boldsymbol{n}}{\|\overrightarrow{P_1P_0}\|\|\boldsymbol{n}\|} = \frac{\overrightarrow{P_1P_0}\cdot\boldsymbol{n}}{\|\boldsymbol{n}\|}$$

$$= \frac{A(x_0-x_1)+B(y_0-y_1)+C(z_0-z_1)}{\sqrt{A^2+B^2+C^2}} = \frac{Ax_0+By_0+Cz_0-(Ax_1+By_1+Cz_1)}{\sqrt{A^2+B^2+C^2}}$$

因为 $P_1(x_1, y_1, z_1)$ 在平面 $Ax+By+Cz+D=0$ 上，所以有：

$$Ax_1+By_1+Cz_1+D=0 \implies Ax_1+By_1+Cz_1=-D$$

所以 $d = \dfrac{Ax_0+By_0+Cz_0-(Ax_1+By_1+Cz_1)}{\sqrt{A^2+B^2+C^2}} = \dfrac{Ax_0+By_0+Cz_0+D}{\sqrt{A^2+B^2+C^2}}$。

（2）这里还要考虑到像图 9.107 这样的情况，$\overrightarrow{P_1P_0}$ 和 $\boldsymbol{n}$ 的夹角为钝角。

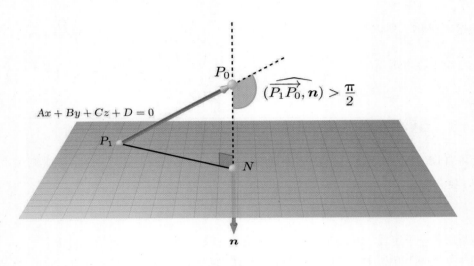

图 9.107 $\quad (\widehat{\overrightarrow{P_1P_0}, \boldsymbol{n}}) > \dfrac{\pi}{2}$

那么可以借助 $\overrightarrow{P_1P_0}$ 和 $-\boldsymbol{n}$ 的夹角，如图 9.108 所示。

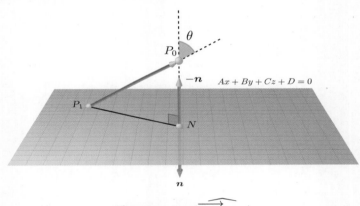

图 9.108 $\quad \theta = (\widehat{\overrightarrow{P_1P_0}, -\boldsymbol{n}})$

此时 P_0 点到上述平面的距离 d 为：

$$d = \|\overrightarrow{NP_0}\| = \|\overrightarrow{P_1P_0}\|\cos\theta = \|\overrightarrow{P_1P_0}\|\frac{\overrightarrow{P_1P_0}\cdot(-\boldsymbol{n})}{\|\overrightarrow{P_1P_0}\|\|\boldsymbol{n}\|} = \frac{-(Ax_0 + By_0 + Cz_0 + D)}{\sqrt{A^2 + B^2 + C^2}}$$

（3）综上，可以得到定理 113，也就是得到点到平面的距离公式：$d = \dfrac{|Ax_0 + By_0 + Cz_0 + D|}{\sqrt{A^2 + B^2 + C^2}}$。

例 214. 一平面过 $M_1(1,1,1)$ 点和 $M_2(0,1,-1)$ 点且正交于平面 $x+y+z=0$，请求出该平面的方程。

解. 假设要求平面的一般方程为 $Ax + By + Cz + D = 0$，下面根据题目条件来逐一分析。

（1）$M_1(1,1,1)$ 和 $M_2(0,1,-1)$ 在该平面上，也就是说，这两个点满足 $Ax + By + Cz + D = 0$，因此：

$$A + B + C + D = 0, \quad B - C + D = 0$$

（2）该平面正交于平面 $x + y + z = 0$，所以该平面的一个法向量 $\boldsymbol{n_1} = \begin{pmatrix} A \\ B \\ C \end{pmatrix}$ 正交于平

面 $x + y + z = 0$ 的一个法向量 $\boldsymbol{n_2} = \begin{pmatrix} 1 \\ 1 \\ 1 \end{pmatrix}$，根据正交的充要条件（定理 103），有：

$$\boldsymbol{n_1} \perp \boldsymbol{n_2} \implies \boldsymbol{n_1} \cdot \boldsymbol{n_2} = A + B + C = 0$$

（3）综上，所以有：

$$\begin{cases} A + B + C + D = 0 \\ B - C + D = 0 \\ A + B + C = 0 \end{cases} \implies A = -2C, B = C, D = 0$$

令 $C = -1$，从而有 $A = 2$ 和 $B = -1$（因为法向量不唯一，所以答案不唯一），所以该平面的方程为 $2x - y - z = 0$，其图像以及前面提到的一些几何对象如图 9.109 所示。

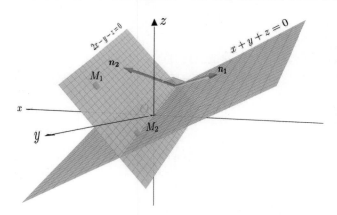

图 9.109　平面 $2x - y - z = 0$ 与平面 $x + y + z = 0$

9.5　空间直线及其方程

9.5.1　空间直线的一般方程

定理 114. 如下代数式为某空间直线的一般方程：

$$\begin{cases} A_1 x + B_1 y + C_1 z + D_1 = 0 \\ A_2 x + B_2 y + C_2 z + D_2 = 0 \end{cases}$$

这里通过图像来解释一下定理 114。根据空间平面的一般方程可知，$A_1 x + B_1 y + C_1 z + D_1 = 0$ 和 $A_2 x + B_2 y + C_2 z + D_2 = 0$ 是两个空间平面，若两者相交，则必然交于某空间直线 l，如图 9.110 所示。

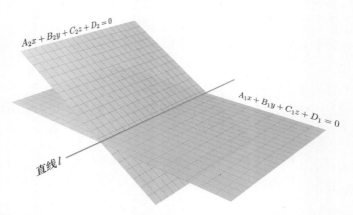

图 9.110 $A_1x + B_1y + C_1z + D_1 = 0$ 和 $A_2x + B_2y + C_2z + D_2 = 0$ 交于 l

因为直线 l 是这两个平面的交线，所以下述方程组的解就是直线 l，也就是该直线的一般方程：

$$\text{直线 } l : \begin{cases} A_1x + B_1y + C_1z + D_1 = 0 \\ A_2x + B_2y + C_2z + D_2 = 0 \end{cases}$$

例 215. 求与两平面 $x - 4z = 3$ 和 $2x - y - 5z = 1$ 的交线平行且过点 $(-3, 2, 5)$ 的直线 l 的方程。

解.（1）先说一下思路。可以尝试找到过点 $(-3, 2, 5)$ 且平行于平面 $x - 4z = 3$ 的平面 p，以及过点 $(-3, 2, 5)$ 且平行于平面 $2x - y - 5z = 1$ 的平面 q，平面 p 和平面 q 的交线就是要求的直线 l。

（2）具体求解过程。平面 $x - 4z = 3$ 和 $2x - y - 5z = 1$ 的法向量分别为：

$$\boldsymbol{n}_1 = \begin{pmatrix} 1 \\ 0 \\ -4 \end{pmatrix}, \quad \boldsymbol{n}_2 = \begin{pmatrix} 2 \\ -1 \\ -5 \end{pmatrix}$$

过点 $(-3, 2, 5)$ 且法向量为 $\boldsymbol{n}_1$ 的平面，也就是过点 $(-3, 2, 5)$ 且与 $x - 4z = 3$ 平行的平面 p，根据定理 108，可写出平面 p 的点法式方程为：

$$1 \times \left(x - (-3) \right) + 0 \times (y - 2) + (-4) \times (z - 5) = 0 \implies x - 4z + 23 = 0$$

同理，根据定理 108，过点 $(-3, 2, 5)$ 且与 $2x - y - 5z = 1$ 平行的平面 q 的点法式方程为：

$$2 \times \left(x - (-3) \right) + (-1) \times (y - 2) + (-5) \times (z - 5) = 0 \implies 2x - y - 5z + 33 = 0$$

因为要求的直线 l 是平面 p 和平面 q 的交线，所以直线 l 的一般方程为 $\begin{cases} x - 4z + 23 = 0 \\ 2x - y - 5z + 33 = 0 \end{cases}$。

值得一提的是，空间直线的一般方程并不唯一，有无限多个，这是因为相交于直线 l 的两个平面有无限组。比如图 9.111 所示的就是另外一组，此时直线 l 的一般方程为

$$\begin{cases} A_1x + B_1y + C_1z + D_1 = 0 \\ A_3x + B_3y + C_3z + D_3 = 0 \end{cases}$$

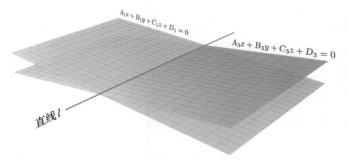

图 9.111　$A_1x + B_1y + C_1z + D_1 = 0$ 和 $A_3x + B_3y + C_3z + D_3 = 0$ 也交于 l

　　根据前面的分析可知，直线 l 可视作两个平面的交线，所以直线 l 同时正交于这两个平面的法向量 n_1 和 n_2，所以也正交于 n_1、n_2 所在平面，如图 9.112 所示。

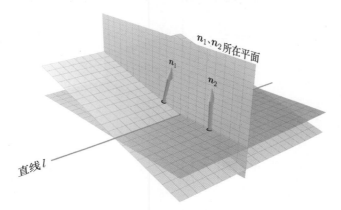

图 9.112　直线 l 正交于 n_1 和 n_2 所在平面

　　所以，n_1 和 n_2 的叉积为直线 l 的一个方向向量 s，即 $s = n_1 \times n_2$，如图 9.113 所示。

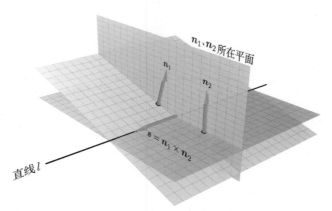

图 9.113　$s = n_1 \times n_2$ 是直线 l 的一个方向向量

9.5.2　空间直线的点向式方程

定理 115. 已知某直线上的一点 $M = \begin{pmatrix} x_0 \\ y_0 \\ z_0 \end{pmatrix}$ 及该直线的一个方向向量 $s = \begin{pmatrix} m \\ n \\ p \end{pmatrix}$，可

得出该空间直线的点向式方程：

$$\begin{cases} x - x_0 = km \\ y - y_0 = kn \\ z - z_0 = kp \end{cases}, \quad k \in \mathbb{R}$$

这里解释一下定理 115 的推导过程，在图 9.114 中，

- 有某直线 l 及其上的某点 $M = \begin{pmatrix} x_0 \\ y_0 \\ z_0 \end{pmatrix}$ 和任意点 $x = \begin{pmatrix} x \\ y \\ z \end{pmatrix}$，这两点组成了直线 l 的一

  个方向向量 $a = x - M = \begin{pmatrix} x - x_0 \\ y - y_0 \\ z - z_0 \end{pmatrix}$。

- 有直线 l 的一个方向向量 $s = \begin{pmatrix} m \\ n \\ p \end{pmatrix}$。

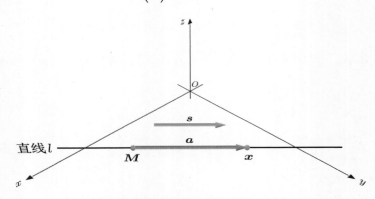

图 9.114　某直线的方向向量 a 和 s

根据方向向量的定义可知 $a // s$，结合平行的定义（定义 75），可知：

$$a // s \implies a = ks \implies \begin{pmatrix} x - x_0 \\ y - y_0 \\ z - z_0 \end{pmatrix} = k \begin{pmatrix} m \\ n \\ p \end{pmatrix} \implies \begin{cases} x - x_0 = km \\ y - y_0 = kn \\ z - z_0 = kp \end{cases}, \quad k \in \mathbb{R}$$

如果 $m \neq 0$、$n \neq 0$ 且 $p \neq 0$，上式常改写为：

$$\frac{x - x_0}{m} = \frac{y - y_0}{n} = \frac{z - z_0}{p}$$

而如果 $m = 0$，$n \neq 0$ 及 $p \neq 0$，则有 $\begin{cases} x - x_0 = 0 \\ \dfrac{y - y_0}{n} = \dfrac{z - z_0}{p} \end{cases}$，其余情况以此类推。

9.5.3　空间直线的参数方程

定理 116. 已知某直线经过点 $\boldsymbol{M} = \begin{pmatrix} x_0 \\ y_0 \\ z_0 \end{pmatrix}$，$\boldsymbol{s} = \begin{pmatrix} m \\ n \\ p \end{pmatrix}$ 为该直线的一个方向向量，可得出该空间直线的参数方程：

$$\begin{cases} x = x_0 + km \\ y = y_0 + kn \quad, \quad k \in \mathbb{R} \\ z = z_0 + kp \end{cases}$$

令 $\boldsymbol{x} = \begin{pmatrix} x \\ y \\ z \end{pmatrix}$，则上式可以改写为 $\boldsymbol{x} = \boldsymbol{M} + k\boldsymbol{s}, k \in \mathbb{R}$。

定理 116 通过空间直线的点向式方程（定理 115）移项后即可得到：

$$\begin{cases} x - x_0 = km \\ y - y_0 = kn \\ z - z_0 = kp \end{cases} \implies \begin{cases} x = x_0 + km \\ y = y_0 + kn \quad, \quad k \in \mathbb{R} \\ z = z_0 + kp \end{cases}$$

但直线的参数方程有自己的几何意义，这里就来介绍一下。以 $\boldsymbol{s}$ 为方向向量作出图 9.115 中过原点的直线。

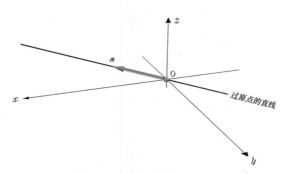

图 9.115　过原点的直线，及其方向向量 $\boldsymbol{s}$

将该过原点的直线平移，使其变为过 $\boldsymbol{M}$ 点，就得到了要求的直线 l，如图 9.116 所示。

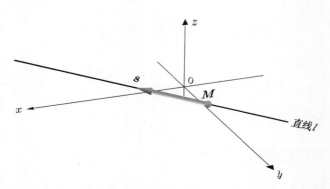

图 9.116　将过原点的直线平移，使其变为过 M 点的直线 l

上述过程可通过代数来描述：

- 之前介绍向量数乘的时候解释过，以 s 为方向向量且过原点的直线可以表示为 $ks, k \in \mathbb{R}$。
- 将过原点的直线平移为过 M 点的直线 l，就是将该过原点的直线加上 M。

所以要求的直线 l 可通过集合表示如下：

$$l = \{\boldsymbol{x} \mid \boldsymbol{x} = \underbrace{\boldsymbol{M} +}_{\text{平移经过} \boldsymbol{M} \text{点}} \underbrace{k\boldsymbol{s}}_{\text{过原点的直线}}, k \in \mathbb{R}\}$$

其中 $\boldsymbol{x}$ 表示直线 l 上的任意点 (x, y, z)，所以 $\boldsymbol{x} = \begin{pmatrix} x \\ y \\ z \end{pmatrix}$。结合定理 116 中的条件，可得：

$$\boldsymbol{x} = \boldsymbol{M} + k\boldsymbol{s} \implies \begin{pmatrix} x \\ y \\ z \end{pmatrix} = \begin{pmatrix} x_0 \\ y_0 \\ z_0 \end{pmatrix} + k \begin{pmatrix} m \\ n \\ p \end{pmatrix} \implies \begin{cases} x = x_0 + km \\ y = y_0 + kn \\ z = z_0 + kp \end{cases}, \quad k \in \mathbb{R}$$

例 216. 求直线 $\dfrac{x-2}{1} = \dfrac{y-3}{1} = \dfrac{z-4}{2}$ 与平面 $2x + y + z - 6 = 0$ 的交点。

解. 根据题目中的直线方程可得该直线的参数方程，即：

$$\frac{x-2}{1} = \frac{y-3}{1} = \frac{z-4}{2} = k \implies \begin{cases} x = 2 + k \\ y = 3 + k \\ z = 4 + 2k \end{cases}, \quad k \in \mathbb{R}$$

代入平面 $2x + y + z - 6 = 0$，可得：

$$2(2+k) + (3+k) + (4+2k) - 6 = 0 \implies k = -1$$

故所求交点为 $(2-1, 3-1, 4-2) = (1, 2, 2)$。

例 217. 已知某直线 l 的一般方程为 $\begin{cases} x + y + z + 1 = 0 \\ 2x - y + 3z + 4 = 0 \end{cases}$，请给出其点向式方程和参数方程。

解.（1）求出直线 l 上的一点 $M(x_0, y_0, z_0)$。可以取 $x_0 = 1$，代入上述一般方程可得：

$$\begin{cases} y + z = -2 \\ y - 3z = 6 \end{cases} \implies y_0 = 0, z_0 = -2$$

即 $M(1, 0, -2)$ 是直线 l 上的一点。

（2）求出直线 l 的方向向量。一般方程中两平面的法向量 $\boldsymbol{n_1}$ 和 $\boldsymbol{n_2}$ 分别为：

$$\boldsymbol{n_1} = \begin{pmatrix} 1 \\ 1 \\ 1 \end{pmatrix}, \quad \boldsymbol{n_2} = \begin{pmatrix} 2 \\ -1 \\ 3 \end{pmatrix}$$

根据之前的分析，所以直线 l 的方向向量 $\boldsymbol{s}$ 为：

$$\boldsymbol{s} = \boldsymbol{n_1} \times \boldsymbol{n_2} = \begin{vmatrix} \boldsymbol{i} & \boldsymbol{j} & \boldsymbol{k} \\ 1 & 1 & 1 \\ 2 & -1 & 3 \end{vmatrix} = \begin{vmatrix} 1 & 1 \\ -1 & 3 \end{vmatrix} \boldsymbol{i} - \begin{vmatrix} 1 & 1 \\ 2 & 3 \end{vmatrix} \boldsymbol{j} + \begin{vmatrix} 1 & 1 \\ 2 & -1 \end{vmatrix} \boldsymbol{k} = 4\boldsymbol{i} - \boldsymbol{j} - 3\boldsymbol{k} = \begin{pmatrix} 4 \\ -1 \\ -3 \end{pmatrix}$$

（3）根据定理 115，因此直线 l 的点向式方程为 $\dfrac{x-1}{4} = \dfrac{y}{-1} = \dfrac{z+2}{-3}$。又根据定理 116，所以直线 l 的参数方程为：

$$\boldsymbol{x} = \boldsymbol{M} + k\boldsymbol{s} \implies \begin{pmatrix} x \\ y \\ z \end{pmatrix} = \begin{pmatrix} 1 \\ 0 \\ -2 \end{pmatrix} + k \begin{pmatrix} 4 \\ -1 \\ -3 \end{pmatrix} \implies \begin{cases} x = 1 + 4k \\ y = -k \\ z = -2 - 3k \end{cases}, \quad k \in \mathbb{R}$$

为了帮助理解，在图 9.117 中作出直线 l 及其一般方程中的两平面的图像。

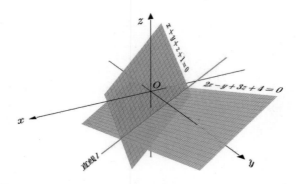

图 9.117　$x + y + z + 1 = 0$ 和 $2x - y + 3z + 4 = 0$ 交于 l

9.5.4　空间直线的夹角

定理 117. 两直线方向向量的夹角 θ $\left(0 \leqslant \theta \leqslant \dfrac{\pi}{2}\right)$ 称为*两直线的夹角*。

若两直线的方向向量分别为 $s_1 = \begin{pmatrix} m_1 \\ n_1 \\ p_1 \end{pmatrix}$ 以及 $s_2 = \begin{pmatrix} m_2 \\ n_2 \\ p_2 \end{pmatrix}$，则两直线夹角余弦的求解公式为：

$$\cos\theta = \frac{|s_1 \cdot s_2|}{\|s_1\|\|s_2\|} = \frac{|m_1 m_2 + n_1 n_2 + p_1 p_2|}{\sqrt{m_1^2 + n_1^2 + p_1^2}\sqrt{m_2^2 + n_2^2 + p_2^2}}, \quad 0 \leqslant \theta \leqslant \frac{\pi}{2}$$

这里解释一下定理 117 的推导过程，在图 9.118 中，

- 有直线 l_1，及其两个方向的方向向量 s_{11} 和 s_{12}。
- 有直线 l_2，及其两个方向的方向向量 s_{21} 和 s_{22}。
- s_{11} 与 s_{21}、s_{22} 的夹角分别为 θ_1、θ_2，其中 $0 \leqslant \theta_2 \leqslant \frac{\pi}{2}$，所以选择 θ_2 作为直线 l_1 和 l_2 的夹角 θ。

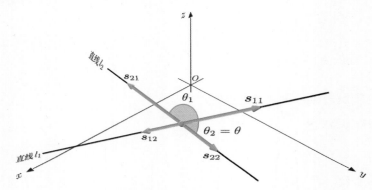

图 9.118   直线 l_1 和直线 l_2 的夹角为 θ

根据图 9.118 中的标示，已知的方向向量不同，运用定理 97 来计算 $\cos\theta$ 的方法也会有所不同：

	s_{21}	s_{22}
s_{11}	$\cos\theta = \dfrac{s_{11} \cdot (-s_{21})}{\|s_{11}\|\|s_{21}\|}$	$\cos\theta = \dfrac{s_{11} \cdot s_{22}}{\|s_{11}\|\|s_{22}\|}$
s_{12}	$\cos\theta = \dfrac{s_{12} \cdot s_{21}}{\|s_{12}\|\|s_{21}\|}$	$\cos\theta = \dfrac{s_{12} \cdot (-s_{22})}{\|s_{12}\|\|s_{22}\|}$

综合起来，若用 s_1 代指 s_{11} 和 s_{12} 中的某一个，而用 s_2 代指 s_{21} 和 s_{22} 中的某一个，那么有：

$$\cos\theta = \frac{|s_1 \cdot s_2|}{\|s_1\|\|s_2\|} = \frac{|m_1 m_2 + n_1 n_2 + p_1 p_2|}{\sqrt{m_1^2 + n_1^2 + p_1^2}\sqrt{m_2^2 + n_2^2 + p_2^2}}, \quad 0 \leqslant \theta \leqslant \frac{\pi}{2}$$

例 218. 求直线 $l_1 : \dfrac{x-1}{1} = \dfrac{y}{-4} = \dfrac{z+3}{1}$ 和直线 $l_2 : \dfrac{x}{2} = \dfrac{y+2}{-2} = \dfrac{z}{-1}$ 的夹角。

解. 题目中给出的是空间直线的点向式方程，因此直线 l_1 的方向向量 s_1 以及直线 l_2 的方向向量 s_2 为：

$$s_1 = \begin{pmatrix} 1 \\ -4 \\ 1 \end{pmatrix}, \quad s_2 = \begin{pmatrix} 2 \\ -2 \\ -1 \end{pmatrix}$$

根据定理 117，可求出直线 l_1 和 l_2 的夹角 θ 为：

$$\cos\theta = \frac{|\boldsymbol{s}_1 \cdot \boldsymbol{s}_2|}{\|\boldsymbol{s}_1\|\|\boldsymbol{s}_2\|} = \frac{|1 \times 2 + (-4) \times (-2) + 1 \times (-1)|}{\sqrt{1^2 + (-4)^2 + 1^2}\sqrt{2^2 + (-2)^2 + (-1)^2}} = \frac{1}{\sqrt{2}} \implies \theta = \frac{\pi}{4}$$

这里值得注意的一点是，直线 l_1 和 l_2 并没有相交，如图 9.119 所示。但根据定理 117，依然是有夹角的。

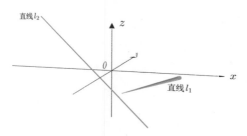

图 9.119　直线 l_1 和直线 l_2 不相交，其夹角为 $\theta = \dfrac{\pi}{4}$

9.5.5　直线与平面的夹角

定理 118. 直线与平面的夹角的定义如下，当：

- 直线与平面不垂直时，规定直线与平面的夹角为该直线和它在平面上的投影直线的夹角 φ（$0 \leqslant \varphi < \dfrac{\pi}{2}$）。
- 直线与平面垂直时，规定直线与平面的夹角 $\varphi = \dfrac{\pi}{2}$。

若直线的一个方向向量为 $\boldsymbol{s} = \begin{pmatrix} m \\ n \\ p \end{pmatrix}$，平面的一个法向量为 $\boldsymbol{n} = \begin{pmatrix} A \\ B \\ C \end{pmatrix}$，则直线与平面的夹角正弦的求解公式为：

$$\sin\varphi = \frac{|\boldsymbol{s} \cdot \boldsymbol{n}|}{\|\boldsymbol{s}\|\|\boldsymbol{n}\|} = \frac{|Am + Bn + Cp|}{\sqrt{A^2 + B^2 + C^2}\sqrt{m^2 + n^2 + p^2}}, \quad 0 \leqslant \varphi \leqslant \frac{\pi}{2}$$

这里解释一下定理 118 的推导过程，在图 9.120 中，

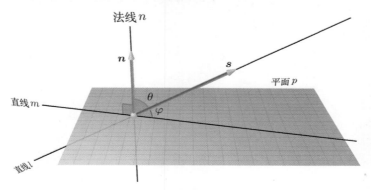

图 9.120　直线 l 与其投影直线 m 的夹角 φ，也是直线 l 与平面 p 的夹角 φ

- 有平面 p，以及平面 p 的一个法线 n 和一个法向量 $\boldsymbol{n} = \begin{pmatrix} A \\ B \\ C \end{pmatrix}$。

- 有直线 l，以及直线 l 的一个方向向量 $\boldsymbol{s} = \begin{pmatrix} m \\ n \\ p \end{pmatrix}$，还有直线 l 在平面 p 上的投影——

  直线 m。

- 直线 l 与直线 m 的夹角为 φ，这也是直线 l 与平面 p 的夹角 φ。

- 直线 l 与法线 n 的夹角为 θ，显然有 $\varphi + \theta = \dfrac{\pi}{2}$。

结合定理 117，所以有：

$$\sin\varphi = \sin\left(\frac{\pi}{2} - \theta\right) = \cos\theta = \frac{|\boldsymbol{s} \cdot \boldsymbol{n}|}{\|\boldsymbol{s}\|\|\boldsymbol{n}\|} = \frac{|Am + Bn + Cp|}{\sqrt{A^2 + B^2 + C^2}\sqrt{m^2 + n^2 + p^2}}, \quad 0 \leqslant \varphi \leqslant \frac{\pi}{2}$$

9.5.6 直线的平面束方程

定义 81. 已知某直线的一般方程为 $\begin{cases} A_1 x + B_1 y + C_1 z + D_1 = 0 \\ A_2 x + B_2 y + C_2 z + D_2 = 0 \end{cases}$，则如下代数式称为

该直线的平面束方程：

$$A_1 x + B_1 y + C_1 z + D_1 + \lambda(A_2 x + B_2 y + C_2 z + D_2) = 0, \quad \lambda \in \mathbb{R}$$

下面来解释一下定义 81 的几何意义，分几点来逐一阐述。

（1）由该定义中的直线的一般方程所决定的直线 l 如图 9.121 所示，该直线是平面 $A_1 x + B_1 y + C_1 z + D_1 = 0$ 和 $A_2 x + B_2 y + C_2 z + D_2 = 0$ 的交线。

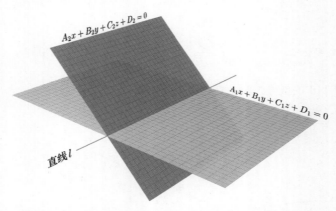

图 9.121 $A_1 x + B_1 y + C_1 z + D_1 = 0$ 和 $A_2 x + B_2 y + C_2 z + D_2 = 0$ 交于 l

（2）当 $\lambda = 0$ 时，直线 l 的平面束方程其实就是平面 $A_1 x + B_1 y + C_1 z + D_1 = 0$，如图 9.122 所示。

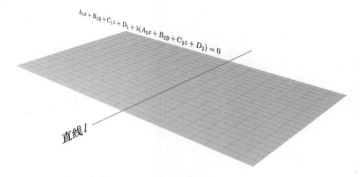

图 9.122　$\lambda = 0$ 时，直线 l 的平面束方程就是平面 $A_1 x + B_1 y + C_1 z + D_1 = 0$

　　当 λ 取不同值时，直线 l 的平面束方程对应不同的平面，这些平面共同的特点是都包含直线 l。如图 9.123 所示，其中展示了 $\lambda = 8$ 时平面束方程对应的平面，该平面也包含直线 l。

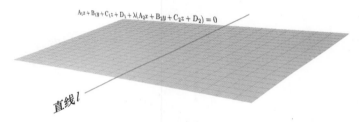

图 9.123　$\lambda = 8$ 时，平面束方程对应另外一个包含直线 l 的平面

　　为什么说直线 l 的平面束方程始终包含直线 l 呢？其代数解释是这样的，直线 l 的平面束方程整理后如下，显然这是某平面的一般方程：

$$A_1 x + B_1 y + C_1 z + D_1 + \lambda(A_2 x + B_2 y + C_2 z + D_2) = 0$$
$$\Longrightarrow (A_1 + \lambda A_2)x + (B_1 + \lambda B_2)y + (C_1 + \lambda C_2)z + (D_1 + \lambda D_2) = 0, \quad \lambda \in \mathbb{R}$$

因为直线 l 上的点满足 $A_1 x + B_1 y + C_1 z + D_1 = 0$ 以及 $A_2 x + B_2 y + C_2 z + D_2 = 0$，所以直线 l 上的点都可以使得上式成立。这意味着直线 l 满足 λ 为任意值时的平面束方程，所以直线 l 始终在平面束方程对应的平面上。

　　（3）除了 $A_2 x + B_2 y + C_2 z + D_2 = 0$ 这个平面，直线 l 的平面束方程代表了所有包含直线 l 的平面方程，下面是具体的解释。平面 $A_1 x + B_1 y + C_1 z + D_1 = 0$ 和 $A_2 x + B_2 y + C_2 z + D_2 = 0$ 的一个法向量分别为 $\boldsymbol{n}_1 = \begin{pmatrix} A_1 \\ B_1 \\ C_1 \end{pmatrix}$ 和 $\boldsymbol{n}_2 = \begin{pmatrix} A_2 \\ B_2 \\ C_2 \end{pmatrix}$，如图 9.124 所示。

　　直线 l 的平面束方程的一个法向量 $\boldsymbol{n}$ 为 $\boldsymbol{n}_1$ 和 $\boldsymbol{n}_2$ 的线性组合，即：

$$\boldsymbol{n} = \begin{pmatrix} A_1 + \lambda A_2 \\ B_1 + \lambda B_2 \\ C_1 + \lambda C_2 \end{pmatrix} = \boldsymbol{n}_1 + \lambda \boldsymbol{n}_2, \quad \lambda \in \mathbb{R}$$

所以当 $\lambda = 0$ 时 $\boldsymbol{n} = \boldsymbol{n}_1$，当 $\lambda \to +\infty$ 时 $\boldsymbol{n}$ 的朝向几乎和 $\boldsymbol{n}_2$ 一致，当 $\lambda \to -\infty$ 时 $\boldsymbol{n}$ 的朝

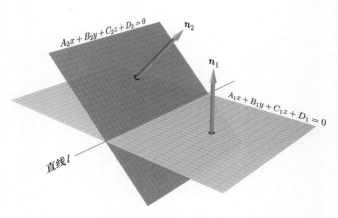

图 9.124　两个平面的法向量 n_1 和 n_2

向几乎和 $-n_2$ 一致。总而言之，当 λ 取不同值时，n 的朝向会在 n_2 和 $-n_2$ 之间变化。比如图 9.125 中作出了 $\lambda = -214.1$ 时对应的 n，这里为了展示 n 为 n_1 和 n_2 的线性组合，将 n_1、n_2 和 $-n_2$ 的起点都移到了同一个点。

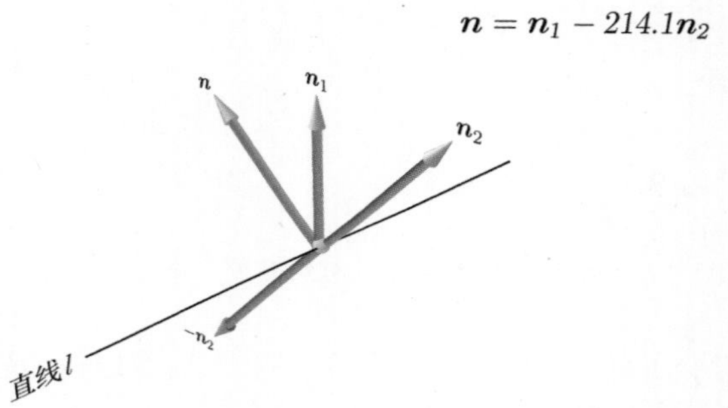

$$n = n_1 - 214.1n_2$$

图 9.125　$\lambda = -214.1$ 时 n 所在的位置

所以 $n = n_1 + \lambda n_2$ 包含了 n_2 和 $-n_2$ 之间所有朝向的法向量，除了 n_2 和 $-n_2$ 这两个朝向。所以直线 l 的平面束方程代表了所有包含直线 l 的平面，除了平面 $A_2x + B_2y + C_2z + D_2 = 0$（该平面的法向量为 n_2 或 $-n_2$）。

（4）综上，所以有：

直线 l 的平面束方程 $\begin{cases} \text{这是一个平面} \\ \text{该平面始终包含直线 } l \text{，不论 } \lambda \text{ 如何变化} \\ \text{该平面代表了所有包含直线 } l \text{ 的平面，除了平面 } A_2x + B_2y + C_2z + D_2 = 0 \end{cases}$

例 219. 已知直线 l 的一般方程为 $\begin{cases} x + y - z - 1 = 0 \\ x - y + z + 1 = 0 \end{cases}$，请求出其在平面 $x + y + z = 0$ 上的投影直线的方程。

解．（1）分析问题。设某平面 p 包含直线 l，且正交于平面 $x + y + z = 0$，那么要求的投影直线 m 就是平面 p 和平面 $x + y + z = 0$ 的交线，图 9.126 是示意图。所以求出平面 p 就可以得到投影直线 m。

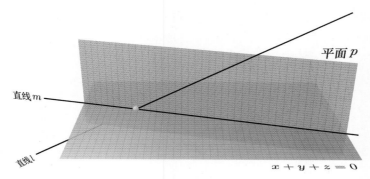

图 9.126　包含直线 l 的平面 p，及直线 l 在 $x+y+z=0$ 上的投影直线 m

（2）下面通过直线 l 的平面束方程来求出平面 p。首先给出直线 l 的平面束方程以及一个法向量 $\boldsymbol{n}_1$：

$$x+y-z-1+\lambda(x-y+z+1)=0 \implies (1+\lambda)x+(1-\lambda)y+(-1+\lambda)z+(-1+\lambda)=0$$

$$\implies \boldsymbol{n}_1 = \begin{pmatrix} 1+\lambda \\ 1-\lambda \\ -1+\lambda \end{pmatrix}$$

又平面 $x+y+z=0$ 的一个法向量 $\boldsymbol{n}_2 = \begin{pmatrix} 1 \\ 1 \\ 1 \end{pmatrix}$，根据正交的充要条件（定理 103），所以这两个平面正交时有：

$$\boldsymbol{n}_1 \cdot \boldsymbol{n}_2 = \begin{pmatrix} 1+\lambda \\ 1-\lambda \\ -1+\lambda \end{pmatrix} \cdot \begin{pmatrix} 1 \\ 1 \\ 1 \end{pmatrix} = 0 \implies \lambda = -1$$

所以平面 p 的一般方程为：

$$x+y-z-1-1(x-y+z+1)=0 \implies y-z-1=0$$

（3）综上，因为投影直线 m 是平面 p 和平面 $x+y+z=0$ 的交线，所以直线 m 的一般方程为 $\begin{cases} y-z-1=0 \\ x+y+z=0 \end{cases}$。

9.6　曲面及其方程

9.6.1　球面的方程

定义 82. 球心在 $M(x_0,y_0,z_0)$、半径为 R 的球面的方程为：

$$\sqrt{(x-x_0)^2+(y-y_0)^2+(z-z_0)^2}=R \quad 或 \quad (x-x_0)^2+(y-y_0)^2+(z-z_0)^2=R^2$$

这里解释一下定义 82。之前学习过，对于圆心在 (x_0, y_0)、半径为 R 的圆而言，圆上的任意点 (x, y) 到圆心的距离都是 R，如图 9.127 所示。

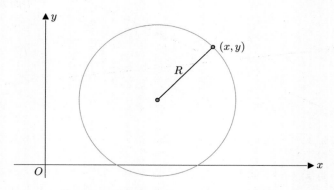

图 9.127　圆心在 (x_0, y_0)、半径为 R 的圆

根据勾股定理，所以圆的方程为：

$$\sqrt{(x - x_0)^2 + (y - y_0)^2} = R \quad \text{或} \quad (x - x_0)^2 + (y - y_0)^2 = R^2$$

同样地，在三维空间中，对于球心在 $M(x_0, y_0, z_0)$、半径为 R 的球面而言，球上的任意点 (x, y, z) 到圆心的距离都是 R，如图 9.128 所示。

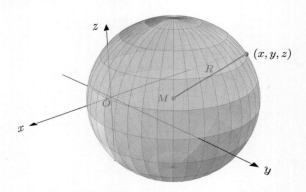

图 9.128　圆心在 (x_0, y_0, z_0)、半径为 R 的球面

根据勾股定理，所以球面的方程为：

$$\sqrt{(x - x_0)^2 + (y - y_0)^2 + (z - z_0)^2} = R \quad \text{或} \quad (x - x_0)^2 + (y - y_0)^2 + (z - z_0)^2 = R^2$$

例 220. 请问方程 $x^2 + y^2 + z^2 - 2x + 4y = 0$ 是不是球面的方程？

解. 通过配方可知题目中的方程是球面方程。具体做法是，对题目中方程的左侧进行配方可得：

$$x^2 + y^2 + z^2 - 2x + 4y = (x^2 - 2x + 1) + (y^2 + 4y + 4) + z^2 - 1 - 4 = (x - 1)^2 + (y + 2)^2 + z^2 - 5$$

将上式回代到题目所给的方程，可以推出：

$$(x - 1)^2 + (y + 2)^2 + z^2 - 5 = 0 \implies (x - 1)^2 + (y + 2)^2 + z^2 = 5$$

所以这是球心在 $(1, -2, 0)$、半径为 $\sqrt{5}$ 的球面的方程。

更一般地，对于类似下面的三元二次方程：

$$Ax^2 + Ay^2 + Az^2 + Dx + Ey + Fz + G = 0$$

二次项系数相同，没有 xy、xz、yz 这些交叉项，则经过配方后都可以化为球面方程。

9.6.2 旋转曲面

定义 83. 某平面曲线绕其平面上的一条定直线旋转一周所成的曲面称为*旋转曲面*，该平面曲线称为*旋转曲面的母线*，该定直线称为*旋转曲面的轴*。

比如在图 9.129 中，左侧是 xOy 面内的某曲线，右侧是将该曲线作为母线，绕 x 轴旋转一周得到的旋转曲面。

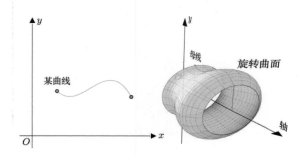

图 9.129　将左侧 xOy 面内的某曲线作为母线，绕 x 轴旋转一周后得到右侧的旋转曲面

下面详细推导一下 yOz 面上的曲线 C 绕 z 轴旋转一周所成的旋转曲面的方程，其他情况可自行举一反三，在后面的例子中也会有所涉及。

以图 9.130 为例，其中有 yOz 面上的曲线 C 及其上的任一点 M_1，以及曲线 C 绕 z 轴旋转一周所成的某旋转曲面，还有 M_1 点旋转后所得的在该旋转曲面上的任一点 M。

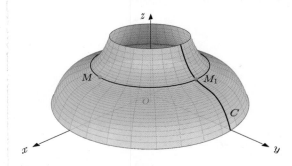

图 9.130　曲线 C 绕 z 轴旋转一周所成的旋转曲面，M_1 点绕 z 轴旋转得到的任一点 M

设 yOz 面上的曲线 C 的方程为 $f(y, z) = 0$，M_1 点的坐标为 $(0, y_1, z_1)$，M 点的坐标为 (x, y, z)，可推出：

- 因 M_1 点为曲线 C 上的任一点，所以有 $f(y_1, z_1) = 0$。
- 因 M_1 点的坐标为 $(0, y_1, z_1)$，所以其与 z 轴的距离为 $|y_1|$，如图 9.131 所示。

- 因 M 点的坐标为 (x, y, z)，所以其与 z 轴的距离 $d = \sqrt{x^2 + y^2}$，如图 9.131 所示。
- 因 M 点由 M_1 点绕 z 轴旋转所得，该变换过程不会改变 z 坐标，所以有 $z = z_1$。
- 因 M 点由 M_1 点绕 z 轴旋转所得，该变换过程也不会改变和 z 轴的距离，所以 M 点与 z 轴的距离 d 等于 M_1 点与 z 轴的距离 $|y_1|$。

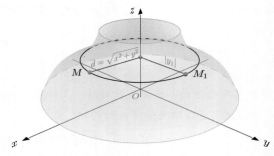

图 9.131 M 点由 $M_1(0, x_1, y_1)$ 点绕 z 轴旋转所得，所以有 $d = |y_1|$

综上，所以可推出：

$$d = |y_1| \implies \sqrt{x^2 + y^2} = |y_1| \implies y_1 = \pm\sqrt{x^2 + y^2}$$

进而可推出：

$$\left.\begin{array}{r} f(y_1, z_1) = 0 \\ z = z_1 \\ y_1 = \pm\sqrt{x^2 + y^2} \end{array}\right\} \implies f(\pm\sqrt{x^2 + y^2}, z) = 0$$

也就是说，$M(x, y, z)$ 满足方程 $f(\pm\sqrt{x^2 + y^2}, z) = 0$。因为 M 点是旋转曲面上的任一点，所以 $f(\pm\sqrt{x^2 + y^2}, z) = 0$ 也是该旋转曲面的方程。

9.6.2.1 圆锥面

如图 9.132 所示，左侧是 yOz 面内的某直线，右侧是将该直线（右图中的黑色直线）绕 z 轴旋转一周所成的旋转曲面，称为圆锥面。在这个例子中，圆锥面的母线为该直线，其轴为 z 轴。

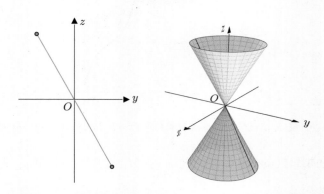

图 9.132 将左侧 yOz 面内的某直线作为母线，绕 z 轴旋转一周后得到右侧的圆锥面

yOz 面内的某直线方程可写作 $z = ky$，其中 k 为该直线的斜率。根据前面的分析，将其中的 y 改写为 $\pm\sqrt{x^2+y^2}$ 就得到了该圆锥面的方程，即：

$$z = \pm k\sqrt{x^2+y^2} \quad \text{或} \quad z^2 = k^2(x^2+y^2)$$

9.6.2.2 旋转单叶双曲面

如图 9.133 所示，左侧是 yOz 面内的某双曲线，右侧是将该双曲线（右图中的黑色曲线）绕 z 轴旋转一周所成的旋转曲面，称为旋转单叶双曲面。在这个例子中，旋转单叶双曲面的母线为该双曲线，其轴为 z 轴。

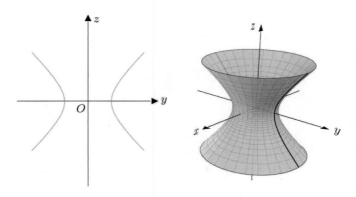

图 9.133　将左侧 yOz 面内的某双曲线作为母线，绕 z 轴旋转一周后得到右侧的旋转单叶双曲面

yOz 面内的某双曲线的方程为 $\dfrac{y^2}{b^2} - \dfrac{z^2}{c^2} = 1$，其中 b、c 为常数。根据前面的分析，将其中的 y 改写为 $\pm\sqrt{x^2+y^2}$ 就得到了该旋转单叶双曲面的方程，即：

$$\frac{x^2+y^2}{b^2} - \frac{z^2}{c^2} = 1$$

9.6.2.3 旋转双叶双曲面

如图 9.134 所示，左侧是 xOz 面内的某双曲线，右侧是将该双曲线（右图中的黑色曲线）绕 x 轴旋转一周所成的旋转曲面，称为旋转双叶双曲面。在这个例子中，旋转双叶双曲面的母线为该双曲线，其轴为 x 轴。

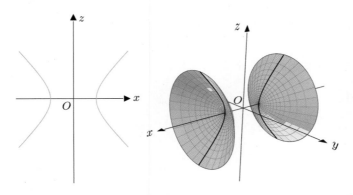

图 9.134　将左侧 xOz 面内的某双曲线作为母线，绕 x 轴旋转一周后得到右侧的旋转双叶双曲面

xOz 面内的某双曲线的方程为 $\dfrac{x^2}{a^2} - \dfrac{z^2}{c^2} = 1$，其中 a、c 为常数。根据前面的分析，举一反三，将其中的 z 改写为 $\pm\sqrt{y^2 + z^2}$ 就得到了该旋转双叶双曲面的方程，即：

$$\frac{x^2}{a^2} - \frac{y^2 + z^2}{c^2} = 1$$

9.6.2.4　旋转抛物面

如图 9.135 所示，左侧是 yOz 面内的某抛物线，右侧是将该抛物线（右图中的黑色曲线）绕 z 轴旋转一周所成的旋转曲面，称为旋转抛物面。在这个例子中，旋转抛物面的母线为该抛物线，其轴为 z 轴。

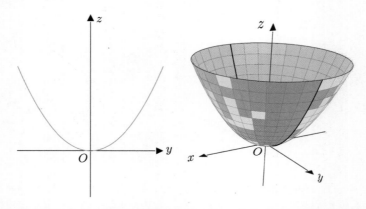

图 9.135　将左侧 yOz 面内的某抛物线作为母线，绕 z 轴旋转一周后得到右侧的旋转抛物面

yOz 面内的某抛物线的方程为 $z = ay^2$，其中 a 为常数。根据前面的分析，将其中的 y 改写为 $\pm\sqrt{x^2 + y^2}$ 就得到了该旋转抛物面的方程，即：

$$z = a(x^2 + y^2)$$

9.6.3　柱面

定义 84. 在三维空间中，

- 只含 x、y 而缺 z 的方程 $F(x, y) = 0$ 是母线平行于 z 轴、准线在 xOy 面中的柱面。
- 只含 x、z 而缺 y 的方程 $G(x, z) = 0$ 是母线平行于 y 轴、准线在 xOz 面中的柱面。
- 只含 y、z 而缺 x 的方程 $H(y, z) = 0$ 是母线平行于 x 轴、准线在 yOz 面中的柱面。

下面通过几个例子来解释一下定义 84，并借此引入几个常见的柱面。

9.6.3.1　圆柱面

对于方程 $x^2 + y^2 = R^2$，可改写为 $x^2 + y^2 - R^2 = 0$，这是只含 x、y 而缺 z 的柱面方程。下面来解释一下该方程的几何意义，

- 在二维的 xOy 面中，方程 $x^2 + y^2 = R^2$ 是圆心在原点 O、半径为 R 的圆，如图 9.136 左侧所示。

- 在三维空间直角坐标系中，方程 $x^2 + y^2 = R^2$ 是由平行于 z 轴的直线 l、沿着 xOy 面上的圆运动得到的曲面，称为圆柱面，如图 9.136 右侧所示，其中的黑色动直线 l 是该柱面的母线，沿着运动的红色的圆是该柱面的准线。根据生成过程可知，该圆柱面上的任意点 (x, y, z) 始终满足 $x^2 + y^2 = R^2$。

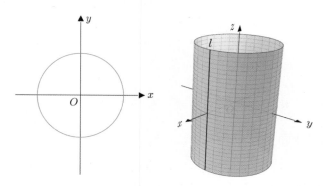

图 9.136 平行于 z 轴的直线 l、沿 xOy 面上的圆运动得到圆柱面

而方程 $y^2 + z^2 = R^2$，可改写为 $y^2 + z^2 - R^2 = 0$，这是只含 y、z 而缺 x 的柱面方程，其几何意义可以解释如下，

- 在二维的 yOz 面中，方程 $y^2 + z^2 = R^2$ 是圆心在原点 O、半径为 R 的圆，如图 9.137 左侧所示。
- 在三维空间直角坐标系中，方程 $y^2 + z^2 = R^2$ 是由平行于 x 轴的直线 l、沿着 yOz 面上的圆运动得到的圆柱面，如图 9.137 右侧所示，其中的黑色动直线 l 是该柱面的母线，沿着运动的红色的圆是该柱面的准线。

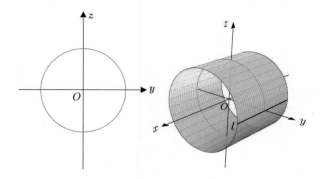

图 9.137 平行于 x 轴的直线 l、沿 yOz 面上的圆运动得到圆柱面

9.6.3.2 抛物柱面

$y = x^2$ 在二维的 xOy 面中是抛物线，在三维空间中是抛物柱面，如图 9.138 所示，其中的黑色动直线 l 是该柱面的母线，沿着运动的蓝色抛物线是该柱面的准线。

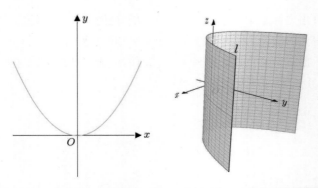

图 9.138　平行于 z 轴的直线 l、沿 xOy 面上的抛物线运动得到抛物柱面

9.6.3.3　过 z 轴的平面

$y = x$ 在二维的 xOy 面中是直线，在三维空间中是过 z 轴的平面，也是一个柱面，如图 9.139 所示，其中的黑色动直线 l 是该柱面的母线，沿着运动的紫色直线是该柱面的准线。

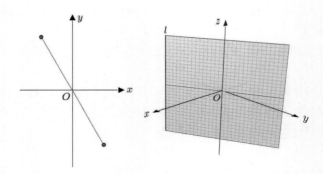

图 9.139　平行于 z 轴的直线 l、沿 xOy 面上的直线运动得到平面

9.6.4　二次曲面

除了前面介绍的球面、旋转曲面和柱面,本书还关心一些可以通过三元二次方程 $F(x,y,z) = 0$ 所表示的曲面,这些曲面也称为二次曲面。顺便说一句,前面学习过的平面也称为一次曲面。

总共有九种二次曲面,这里将之罗列如下[①],如图 9.140~ 图 9.148 所示,之后会来讨论如何记忆这些二次曲面以及推断它们的形状。

---

① 其中的双叶双曲面在同济大学数学系编写的《高等数学（下册）》（第 7 版）中给出的代数式为 $\dfrac{x^2}{a^2} - \dfrac{y^2}{b^2} - \dfrac{z^2}{c^2} = 1$，作出来的图像在朝向上有所不同。

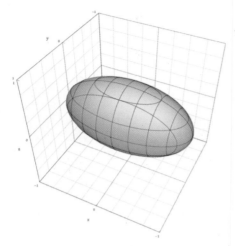

图 9.140 椭球面：$\dfrac{x^2}{a^2} + \dfrac{y^2}{b^2} + \dfrac{z^2}{c^2} = 1$

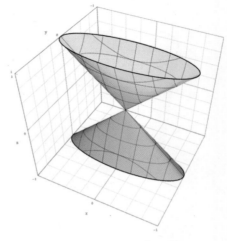

图 9.141 椭圆锥面：$\dfrac{x^2}{a^2} + \dfrac{y^2}{b^2} = z^2$

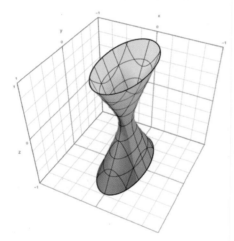

图 9.142 单叶双曲面：$\dfrac{x^2}{a^2} + \dfrac{y^2}{b^2} - \dfrac{z^2}{c^2} = 1$

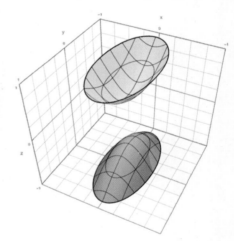

图 9.143 双叶双曲面：$\dfrac{x^2}{a^2} + \dfrac{y^2}{b^2} - \dfrac{z^2}{c^2} = -1$

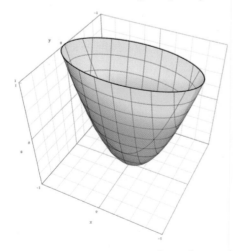

图 9.144 椭圆抛物面：$\dfrac{x^2}{a^2} + \dfrac{y^2}{b^2} = z$

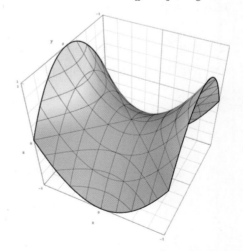

图 9.145 双曲抛物面：$\dfrac{x^2}{a^2} - \dfrac{y^2}{b^2} = z$

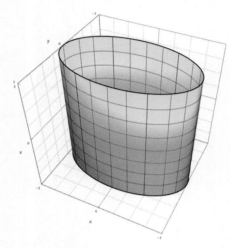

图 9.146   椭圆柱面：$\dfrac{x^2}{a^2} + \dfrac{y^2}{b^2} = 1$

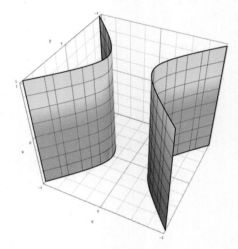

图 9.147   双曲柱面：$\dfrac{x^2}{a^2} - \dfrac{y^2}{b^2} = 1$

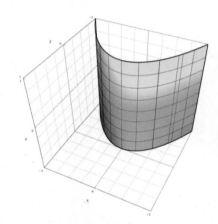

图 9.148   抛物柱面：$x^2 = ay$

9.6.4.1   与拉伸有关的二次曲面

我们知道 $\dfrac{x^2}{a^2} + \dfrac{y^2}{b^2} = 1, a > b > 0$ 是 xOy 面上、中心在原点 O、焦点在 x 轴上、半长轴为 a、半短轴为 b 的椭圆，如图 9.149 所示。

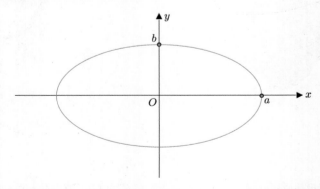

图 9.149   中心在原点 O、焦点在 x 轴上、半长轴为 a、半短轴为 b 的椭圆

该椭圆也可以看作由单位圆（半径为 1 的圆）沿 x 轴拉伸 a 倍、沿 y 轴拉伸 b 倍所得，如图 9.150 所示。

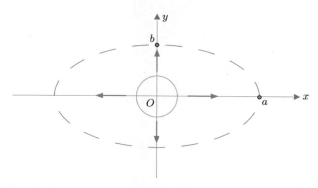

图 9.150 椭圆可由单位圆沿 x 轴拉伸 a 倍、沿 y 轴拉伸 b 倍所得

要完成上述操作可通过将单位圆的方程 $x^2 + y^2 = 1$ 先变为参数方程，再变为向量，即：

$$x^2 + y^2 = 1 \iff \begin{cases} x = \cos\theta \\ y = \sin\theta \end{cases} \iff \begin{pmatrix} x \\ y \end{pmatrix} = \begin{pmatrix} \cos\theta \\ \sin\theta \end{pmatrix}$$

再通过 x 轴上的伸缩矩阵 $\begin{pmatrix} a & 0 \\ 0 & 1 \end{pmatrix}$ 和 y 轴上的伸缩矩阵 $\begin{pmatrix} 1 & 0 \\ 0 & b \end{pmatrix}$ 完成拉伸，从而得到椭圆的方程，即[①]：

$$\begin{pmatrix} 1 & 0 \\ 0 & b \end{pmatrix}\begin{pmatrix} a & 0 \\ 0 & 1 \end{pmatrix}\begin{pmatrix} \cos\theta \\ \sin\theta \end{pmatrix} = \begin{pmatrix} a\cos\theta \\ b\sin\theta \end{pmatrix} \iff \begin{cases} x = a\cos\theta \\ y = b\sin\theta \end{cases} \iff \frac{x^2}{a^2} + \frac{y^2}{b^2} = 1$$

椭球面 $\dfrac{x^2}{a^2} + \dfrac{y^2}{b^2} + \dfrac{z^2}{c^2} = 1$ 也是类似的，它由单位球面 $x^2 + y^2 + z^2 = 1$ 沿 x 轴拉伸 a 倍、沿 y 轴拉伸 b 倍、沿 z 轴拉伸 c 倍所得，如图 9.151 所示。

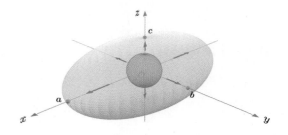

图 9.151 椭球面可由单位球面沿 x 轴拉伸 a 倍、沿 y 轴拉伸 b 倍、沿 z 轴拉伸 c 倍所得

同样地，将圆锥面 $z^2 = x^2 + y^2$ 沿 x 轴拉伸 a 倍、沿 y 轴拉伸 b 倍就可得到椭圆锥面 $\dfrac{x^2}{a^2} + \dfrac{y^2}{b^2} = z^2$，如图 9.152 所示。

---

① 细节可参看《马同学图解线性代数》一书中在介绍二阶行列式时给出的推导椭圆面积的例题。

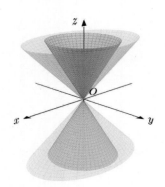

图 9.152   椭圆锥面可由圆锥面沿 x 轴拉伸 a 倍、沿 y 轴拉伸 b 倍所得

拉伸旋转单叶双曲面、旋转双叶双曲面、旋转抛物面可得单叶双曲面、双叶双曲面、椭圆抛物面。

9.6.4.2 双曲抛物面

双曲抛物面 $\dfrac{x^2}{a^2} - \dfrac{y^2}{b^2} = z$ 如图 9.153 所示，因其形状又称为马鞍面。该曲面的生成过程有点儿类似于柱面，其中准线是 xOz 面上的红色抛物线，母线是开口朝下的黑色抛物线，该曲面就是由黑色抛物线沿红色抛物线移动所得的。

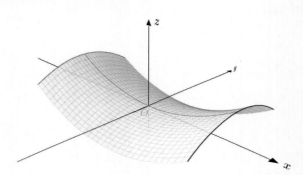

图 9.153   双曲抛物面可由黑色抛物线沿红色抛物线移动所得

上述生成过程也可从代数式中推导出来，对于双曲抛物面 $\dfrac{x^2}{a^2} - \dfrac{y^2}{b^2} = z$，

- 令 $y = 0$，则有 $z = \dfrac{x^2}{a^2}$，这是 xOz 面上的红色抛物线。
- 令 $x = t$，则有 $z = -\dfrac{y^2}{b^2} + \dfrac{t^2}{a^2}$，这是 $x = t$ 平面与该双曲抛物面的交线，也就是开口朝下的黑色抛物线，也称为截痕。
- 随着 t 的变换，黑色抛物线会不断移动，但又受到红色抛物线的约束，所以会产生黑色抛物线沿红色抛物线移动的效果，最终生成双曲抛物面。

9.7 空间曲线及其方程

9.7.1 空间曲线的一般方程

定理 119. 空间曲线的一般方程为 $\begin{cases} F(x,y,z) = 0 \\ G(x,y,z) = 0 \end{cases}$。

定理 119 中的 $F(x,y,z) = 0$ 和 $G(x,y,z) = 0$ 都是三维空间曲面的方程，所以方程组 $\begin{cases} F(x,y,z) = 0 \\ G(x,y,z) = 0 \end{cases}$ 的解就是这两个空间曲面的交线，从图 9.154 中可看出该交线就是某空间曲线。

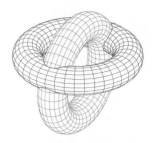

图 9.154　两个空间曲面的交线就是空间曲线

再来看一个具体的例子，如下是某空间曲线的一般方程，该空间曲线是球面和椭圆柱面的交线：

$$\begin{cases} (x - x_0)^2 + (y - y_0)^2 + (z - z_0)^2 = R^2, & \text{球面} \\ \dfrac{(x - x_1)^2}{a^2} + \dfrac{(z - z_1)^2}{c^2} = 1, & \text{椭圆柱面} \end{cases} \tag{9-4}$$

根据球面和椭圆柱面的相对位置不同，所得的空间曲线也不同，图 9.155 给出了四种可能的情况，每幅图中的红色交线就是式 (9-4) 对应的空间曲线。

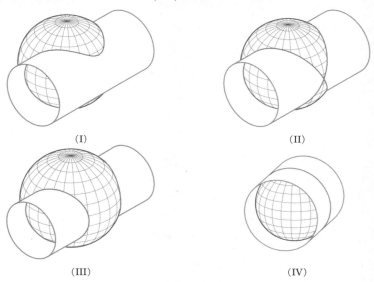

(I)　　　　　　　　　　(II)

(III)　　　　　　　　　(IV)

图 9.155　球面和椭圆柱面的相对位置不同，所得的空间曲线也不同

9.7.2 空间曲线的参数方程

还可以通过运动的方式来看待空间曲线。想象在空间中有一个运动的点，在一段时间 T 内，该点 t 时刻的坐标为 $\big(f(t),g(t),h(t)\big)$，或改写为向量的形式：

$$\big(f(t),g(t),h(t)\big) \implies \begin{cases} x=f(t) \\ y=g(t) \\ z=h(t) \end{cases} \implies \begin{pmatrix} f(t) \\ g(t) \\ h(t) \end{pmatrix}, \quad t\in T$$

该动点运动的轨迹就是某空间曲线，如图 9.156 所示，其中的红点从原点 O 出发，其运动轨迹就是黑色的空间曲线。该动点的坐标 $\begin{cases} x=f(t) \\ y=g(t) \\ z=h(t) \end{cases}$ 就是该空间曲线的参数方程。

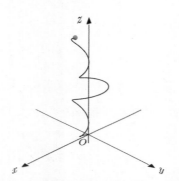

图 9.156   动点运动的轨迹是空间曲线

例 221. 已知空间某动点 M 以半径为 a、角速度为 ω 绕 z 轴旋转；同时又以线速度 v 沿平行 z 轴的正方向上升，那么动点 M 的运动轨迹称为螺旋线，请求出螺旋线的参数方程。

解.（1）动点 M 同时进行着图 9.157 左侧所示的旋转运动，以及图 9.157 右侧所示的上升运动，两者互不影响：旋转运动改变 x、y 坐标，上升运动改变 z 坐标，所以可分别计算，再相加即可。

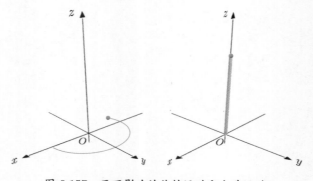

图 9.157   互不影响的旋转运动和上升运动

（2）计算只进行旋转运动时 M 点的坐标。设 $t = 0$ 时刻 M 点从 $(a, 0, 0)$ 处开始半径为 a、角速度为 ω 的旋转运动，则 t 时刻后 M 点与 x 轴的夹角为 ωt、与原点 O 的距离为 a，如图 9.158 所示。

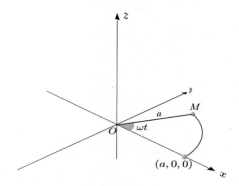

图 9.158　t 时刻后 M 点与 x 轴的夹角为 ωt、与原点 O 的距离为 a

根据三角函数，容易算出 M 点在 t 时刻的坐标为 $(a\cos\omega t, a\sin\omega t, 0), t \in \mathbb{R}$。

（3）计算只进行上升运动时 M 点的坐标。设 $t = 0$ 时刻 M 点从 $(0, 0, 0)$ 处以线速度 v 沿着 z 轴的正方向上升，容易算出 M 点在 t 时刻的坐标为 $(0, 0, vt), t \in \mathbb{R}$。

（4）叠加两种运动求出螺旋线。因为旋转、上升这两种运动互不影响，所以同时进行这两种运动时，M 点在 t 时刻的坐标为：

$$(a\cos\omega t, a\sin\omega t, 0) + (0, 0, vt) = (a\cos\omega t, a\sin\omega t, vt), \quad t \in \mathbb{R}$$

或可改写为参数方程的形式：

$$(a\cos\omega t, a\sin\omega t, vt) \implies \begin{cases} x = a\cos\omega t \\ y = a\sin\omega t, \quad t \in \mathbb{R} \\ z = vt \end{cases}$$

该参数方程对应的空间曲线就是螺旋线，如图 9.159 所示。

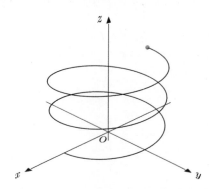

图 9.159　由旋转运动、上升运动组合而成的螺旋线

螺丝钉的螺纹就是螺旋线，如图 9.160 所示，所以可通过旋转螺丝钉达到往前或往后运动的目的。

图 9.160   螺丝钉的螺纹就是螺旋线

9.7.3   曲面的参数方程

曲面的参数方程通常是含有两个参数的方程，形如 $\begin{cases} x = x(s,t) \\ y = y(s,t) \\ z = z(s,t) \end{cases}$ 。

例 222. 已知空间直线 l 的参数方程为 $\begin{cases} x = 1 \\ y = t \\ z = 2t \end{cases}, t \in \mathbb{R}$，请求出直线 l 绕 z 轴旋转一周后所得曲面的参数方程。

解.（1）先来直观感受一下，空间直线 l 绕 z 轴旋转一周后所得曲面的图像如图 9.161 所示。

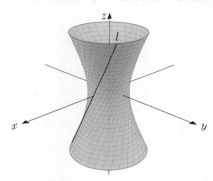

图 9.161   空间直线 l 绕 z 轴旋转一周后所得的曲面

（2）参数方程的推导。根据直线 l 的参数方程，可将直线 l 看作动点 $M_1(1, t, 2t), t \in \mathbb{R}$，其绕 z 轴旋转 θ 后得到该曲面上的任一点 M，这里的旋转半径为 $\sqrt{1 + t^2}$，如图 9.162 所示。

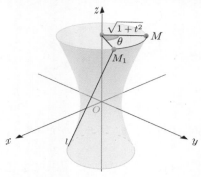

图 9.162   将直线 l 看作动点 M_1，绕 z 轴旋转 θ 后得到该曲面上的任一点 M

绕 z 轴旋转一周意味着 θ 会在 0 到 2π 之间变化，结合上一节求解螺旋线时对旋转运动的分析，所以 M 点的坐标为：

$$(\sqrt{1+t^2}\cos\theta, \sqrt{1+t^2}\sin\theta, 2t), \quad t\in\mathbb{R}, \theta\in[0,2\pi]$$

因为 M 点为该曲面上的任一点，所以也得到了该曲面的参数方程：

$$(\sqrt{1+t^2}\cos\theta, \sqrt{1+t^2}\sin\theta, 2t) \implies \begin{cases} x=\sqrt{1+t^2}\cos\theta \\ y=\sqrt{1+t^2}\sin\theta \\ z=2t \end{cases}, \quad \begin{pmatrix} t\in\mathbb{R}, \\ \theta\in[0,2\pi] \end{pmatrix}$$

消去参数方程中的 t 和 θ 后，可得该曲面的方程为 $x^2+y^2-\dfrac{z^2}{4}=1$，所以该曲面实际上就是上一节介绍过的单叶双曲面。通过本例题的学习后可知，该曲面的特殊之处在于可以通过直线旋转得到，是直纹曲面的一种。利用该特点，可以不用复杂的弯曲工艺也能够制造曲面建筑。现实中的一个应用就是俗称"小蛮腰"的广州塔，该塔就是通过笔直的钢筋构建而成的，如图 9.163 所示。

图 9.163　通过笔直的钢筋，可以构建出俗称"小蛮腰"的广州塔

例 223. 请求出半径为 r、中心在 $(0,0,0)$ 点的球面的参数方程。

解.（1）求出半圆周的参数方程。想象某动点 M 从 $(0,0,r)$ 点出发，以 $(0,0,0)$ 点为中心绕 y 轴旋转半周后，会得到如图 9.164 所示的半圆周。

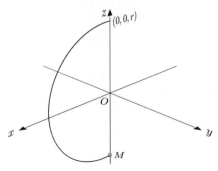

图 9.164　M 点从 $(0,0,r)$ 点出发，以 $(0,0,0)$ 点为中心绕 y 轴旋转半周后，得到半圆周

旋转过程中动点 M 与 $(0,0,0)$ 点的距离始终为 r，故该半圆周的参数方程为 $\begin{cases} x = r\sin\varphi \\ y = 0 \\ z = r\cos\varphi \end{cases}$，

$0 \leqslant \varphi \leqslant \pi$。

（2）求出球面的参数方程。将上述半圆周绕 z 轴旋转一周可得球面，如图 9.165 所示。

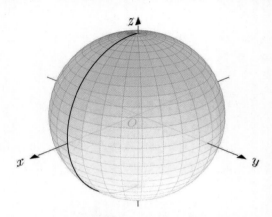

图 9.165　半圆周绕 z 轴旋转一周可得球面

在该旋转过程中，代表半圆周的动点 M 与 z 轴的距离始终为 $r\sin\varphi$，而其 z 坐标始终

为 $r\cos\varphi$，所以半径为 r、中心在 $(0,0,0)$ 点的球面的参数方程为 $\begin{cases} x = r\sin\varphi\cos\theta \\ y = r\sin\varphi\sin\theta \\ z = r\cos\varphi \end{cases}$，$0 \leqslant$

$\varphi \leqslant \pi, 0 \leqslant \theta \leqslant 2\pi$。

9.7.4　坐标面上的投影

例 224. 图 9.166 中的立体由蓝色的上半球面 $z = \sqrt{4 - x^2 - y^2}$ 和紫色的圆锥面 $z = \sqrt{3(x^2 + y^2)}$ 所围成。请求出该立体在 xOy 面上的投影。

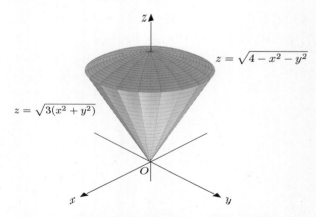

图 9.166　蓝色的上半球面和紫色的圆锥面围成的立体

解.（1）求解思路。根据本题中的立体的特点进行分析，若存在有如下特点的柱面，

- 该柱面的母线平行于 z 轴、准线在 xOy 面上。
- 该柱面恰好包裹着上述立体，即该柱面包含上半球面和圆锥面的交线。

那么该柱面在 xOy 面上的准线就是该立体在 xOy 面上的投影的边缘曲线，如图 9.167 所示。

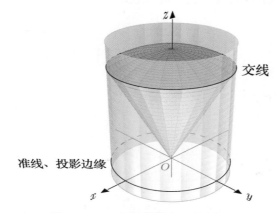

图 9.167　正好包裹着该立体的柱面

所以首要任务是求出该柱面，进而就可以得到该立体在 xOy 面上的投影。

（2）求出包裹立体的柱面。根据空间曲线的一般方程（定理 119），可知上半球面和圆锥面的交线为：

$$\begin{cases} z = \sqrt{4 - x^2 - y^2} \\ z = \sqrt{3(x^2 + y^2)} \end{cases}$$

消去上述方程组中的 z 可得包含交线的柱面 $x^2 + y^2 = 1$，也就是（1）中要求的柱面。该柱面与 xOy 面的交线，或者说该柱面在 xOy 面上的准线，或者说要求的立体在 xOy 面上的投影的边缘曲线为 $\begin{cases} x^2 + y^2 = 1 \\ z = 0 \end{cases}$。所以要求的立体在 xOy 面上的投影为 $\begin{cases} x^2 + y^2 \leqslant 1 \\ z = 0 \end{cases}$，如图 9.168 所示。

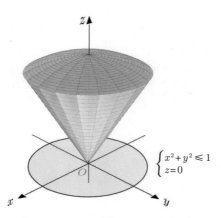

图 9.168　该立体在 xOy 面上的投影

例 225. 请求出空间曲线 $\begin{cases} x^2 + y^2 + z^2 = 1 \\ x^2 + (y-1)^2 + (z-1)^2 = 1 \end{cases}$ 在 xOy 面上的投影。

解. 如图 9.169 所示，题目中的空间曲线是蓝色球面 $x^2 + y^2 + z^2 = 1$ 和紫色球面 $x^2 + (y-1)^2 + (z-1)^2 = 1$ 的交线，也就是其中黑色的圆。

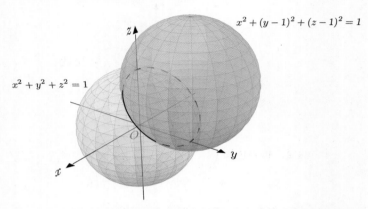

图 9.169　空间曲线是蓝色球面、紫色球面的交线，即图中黑色的圆

根据题目中空间曲线的方程组，也就是上述交线的方程组，用第一个式子减去第二个式子并化简可得 $z = 1 - y$，回代到第一个式子后可以消去 z，这样就得到了柱面 $x^2 + 2y^2 - 2y = 0$。该柱面包含该空间曲线，其与 xOy 面的交线就是该空间曲线在 xOy 面上的投影[①]，如图 9.170 所示。

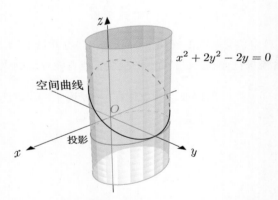

图 9.170　空间曲线（黑色圆）在 xOy 面上的投影

因此该空间曲线在 xOy 面上的投影为 $\begin{cases} x^2 + 2y^2 - 2y = 0 \\ z = 0 \end{cases}$。

---

① 这里空间曲线和投影相交了，为了区别将投影用红色标出。

第 10 章　多元函数微分法及其应用

10.1　多元函数的基本概念

本章将会学习和二元函数 $f(x,y)$、三元函数 $f(x,y,z)$ 及 n 元函数 $f(x_1,x_2,\cdots,x_n)$ 等这些多元函数相关的微分。本节先介绍一些多元函数的基本概念。

10.1.1　平面点集和点集

高中时学习过, 符号 $\mathbb{R}$ 表示的是所有实数的集合, 简称实数集。在 $\mathbb{R}$ 中挑选任意实数可构造如下集合[①]:

$$\mathbb{R}^2 = \mathbb{R} \times \mathbb{R} = \left\{ \begin{pmatrix} x \\ y \end{pmatrix} \middle| x, y \in \mathbb{R} \right\}$$

之前引入向量定义（定义 72）时介绍过, 一个二维向量对应二维直角坐标系中的一个点。因为 $\mathbb{R}^2$ 是所有二维向量的集合, 所以 $\mathbb{R}^2$ 表示了整个坐标平面, 如图 10.1 所示。

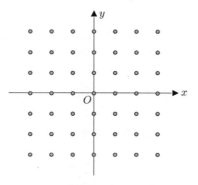

图 10.1　$\mathbb{R}^2$ 表示了整个坐标平面

类似地, 可以如下定义包含所有三维向量的集合 $\mathbb{R}^3$, $\mathbb{R}^3$ 表示了整个三维空间。

---

①　其中的 $\mathbb{R} \times \mathbb{R}$ 也称为笛卡儿积, 这个概念是笛卡儿在构建直角坐标系时引入的, 在这里表示任意两个实数组成的所有可能的坐标。

$$\mathbb{R}^3 = \mathbb{R} \times \mathbb{R} \times \mathbb{R} = \left\{ \begin{pmatrix} x \\ y \\ z \end{pmatrix} \middle| x, y, z \in \mathbb{R} \right\}$$

更一般地，还可以如下定义 $\mathbb{R}^n$，$\mathbb{R}^n$ 表示了整个 n 维空间。

$$\mathbb{R}^n = \overbrace{\mathbb{R} \times \mathbb{R} \times \cdots \times \mathbb{R}}^{n} = \left\{ \begin{pmatrix} x_1 \\ x_2 \\ \vdots \\ x_n \end{pmatrix} \middle| x_i \in \mathbb{R}, i = 1, 2, \cdots, n \right\}$$

定义 85. 在坐标平面上具有某种性质 P 的点，称为平面点集，记作

$$E = \left\{ \begin{pmatrix} x \\ y \end{pmatrix} \middle| \begin{pmatrix} x \\ y \end{pmatrix} \text{ 具有某种性质 } P \right\}$$

平面点集在之前已经运用过了。比如之前介绍过，可以用平面点集 $l = \{ \boldsymbol{x} | \boldsymbol{x} = k\boldsymbol{a}, k \in \mathbb{R} \}$ 来表示图 9.32 中的直线 l；再比如之前介绍过，可以用平面点集 $p = \{ \boldsymbol{x} | \boldsymbol{x} = k_1 \boldsymbol{a} + k_2 \boldsymbol{b}, k_1, k_2 \in \mathbb{R} \}$ 来表示图 9.36 中的平面 p。若不限制在坐标平面上，具有相同的维度及某种性质 P 的点的集合也可称为点集，即：

$$E = \left\{ \begin{pmatrix} x_1 \\ x_2 \\ \vdots \\ x_n \end{pmatrix} \middle| \begin{pmatrix} x_1 \\ x_2 \\ \vdots \\ x_n \end{pmatrix} \text{ 具有某种性质 } P \right\}$$

顺便提一下，上述点集在《马同学图解线性代数》中有更正式的称呼：向量组。

10.1.2 多元函数

定义 86. 设 D 是 $\mathbb{R}^2$ 的一个非空子集，称映射 $f: D \to \mathbb{R}$ 为定义在 D 上的二元函数，通常记作：

$$z = f(x, y), \quad (x, y) \in D$$

若引入二维向量 $\boldsymbol{x} = \begin{pmatrix} x \\ y \end{pmatrix}$，则上式也可以改写为 $z = f(\boldsymbol{x})$，$\boldsymbol{x} \in D$，其中平面点集 D 称为该函数的定义域，x 和 y（或 $\boldsymbol{x}$）称为自变量，z 称为因变量。

比如，$z = \sqrt{4 - (x-3)^2 - (y-3)^2} + 2$ 就是一个二元函数，

- 根据球面的方程（定义 82）可知，该二元函数的图像是上半球面，如图 10.2 所示。
- 仿照例 224 可求出，该上半球面在 xOy 面上的投影为一个圆面，如图 10.2 所示，该圆面可表示为平面点集 $D = \{(x, y) | (x-3)^2 + (y-3)^2 \leqslant 4\}$。
- 自变量 x、y 的取值范围就是上述投影，即该二元函数的定义域就是平面点集 D，如图 10.2 所示。

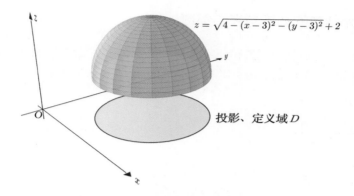

图 10.2　二元函数 $z = \sqrt{4 - (x-3)^2 - (y-3)^2} + 2$

再比如，二元函数 $z = \ln(x + y)$ 的定义域为 $\{(x, y) | x + y > 0\}$，如图 10.3 左侧所示，注意不包含虚线 $x + y = 0$。该二元函数的图像如图 10.3 右侧所示，其中的虚线就是定义域中不包含的空间直线 $\begin{cases} x + y = 0 \\ z = 0 \end{cases}$。

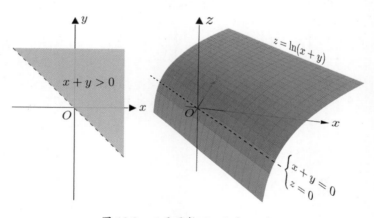

图 10.3　二元函数 $z = \ln(x + y)$

将定义 86 中的平面点集 D 换成 $\mathbb{R}^n$ 中的点集 D，则称映射 $f : D \to \mathbb{R}$ 为定义在 D 上的多元函数或 n 元函数，通常记作：

$$u = f(x_1, x_2, \cdots, x_n), \quad (x_1, x_2, \cdots, x_n) \in D$$

若引入 n 维向量 $\boldsymbol{x} = \begin{pmatrix} x_1 \\ x_2 \\ \vdots \\ x_n \end{pmatrix}$，则上式也可以改写为 $u = f(\boldsymbol{x}), \boldsymbol{x} \in D$。

10.1.3 二元函数的邻域与去心邻域

在"马同学图解"系列图书《微积分（上）》中介绍过单变量函数的邻域和去心邻域，这里稍微复习一下，如图 10.4 和图 10.5 所示，其中用实心点表示包含 x_0 点，用空心点表示不包含 x_0 点。

图 10.4 邻域 $U(x_0, \delta)$ 或 $U(x_0)$ 　　　　　　图 10.5 去心邻域 $\mathring{U}(x_0, \delta)$ 或 $\mathring{U}(x_0)$

二元函数也有类似的概念，只是从左、右邻域变为了圆形邻域。

定义 87. 设 $P_0(x_0, y_0)$ 是 xOy 面上的一点，δ 是某正数，与 P_0 点距离小于 δ 的 $P(x, y)$ 的全体，称为 P_0 点的邻域，记作 $U(P_0, \delta)$，若不关心 δ 也可简记作 $U(P_0)$，即：

$$U(P_0, \delta) = U(P_0) = \{P | \|\overrightarrow{P_0 P}\| < \delta\} = \left\{ \begin{pmatrix} x \\ y \end{pmatrix} \middle| (x - x_0)^2 + (y - y_0)^2 < \delta^2 \right\}$$

从邻域 $U(P_0, \delta)$ 中去掉 P_0 点就是去心邻域 $\mathring{U}(P_0, \delta)$，若不关心 δ 也可简记作 $\mathring{U}(P_0)$，即：

$$\mathring{U}(P_0, \delta) = \mathring{U}(P_0) = \{P | 0 < \|\overrightarrow{P_0 P}\| < \delta\} = \left\{ \begin{pmatrix} x \\ y \end{pmatrix} \middle| 0 < (x - x_0)^2 + (y - y_0)^2 < \delta^2 \right\}$$

邻域 $U(P_0, \delta)$ 就是以 P_0 点为圆心、半径为 δ、不包含圆周的圆[①]，参见图 10.6。从中剔除掉 P_0 点就是去心邻域 $\mathring{U}(P_0, \delta)$，参见图 10.7，其中也用实心点、空心点表示包含、不包含 P_0 点。

　　　　　　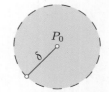

图 10.6 邻域 $U(P_0, \delta)$ 或 $U(P_0)$ 　　　　　　图 10.7 去心邻域 $\mathring{U}(P_0, \delta)$ 或 $\mathring{U}(P_0)$

10.1.4 内点、外点和边界点

定义 88. 任意一点 $P \in \mathbb{R}^2$ 和任意一个点集 $E \subset \mathbb{R}^2$ 的关系必然是以下三种之一：

- 内点：若存在 P 点的某邻域 $U(P)$，使得 $U(P) \subset E$，则称 P 为 E 的内点，必有 $P \in E$。
- 外点：若存在 P 点的某邻域 $U(P_2)$，使得 $U(P_2) \cap E = \varnothing$，则称 P 为 E 的外点，必有 $P_2 \notin E$。
- 边界点：若 P 点的任一邻域内既含有属于 E 的点，又含有不属于 E 的点，则称 P 为 E 的边界点。

比如在图 10.8 中，某点集 E 用黑色封闭曲线围出的红色区域来表示，其中的 P_1 点是 E

[①] 所以圆周上的点用空心点来表示。

的内点，P_2 点是 E 的外点，P_3 点是 E 的边界点。

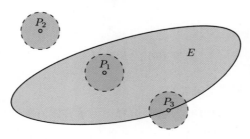

图 10.8 对于点集 E 而言，P_1 点是内点，P_2 点是外点，P_3 点是边界点

定义 89. E 的边界点的全体称为 E 的边界，记作 ∂E。

图 10.9 中给出某点集 E 及其边界 ∂E，其中用实线表示了 ∂E 中属于 E 的部分，用虚线表示了 ∂E 中不属于 E 的部分。同时还可以看出，边界点 $P_1 \in E$，边界点 $P_2 \notin E$。

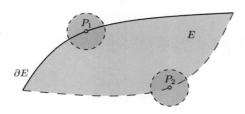

图 10.9 点集 E 及其边界 ∂E，以及边界点 P_1、P_2

例 226. 图 10.10 所示的 $U(P)$ 既包含属于 E 的点，又包含不属于 E 的点，请问 P 点是 E 的边界点吗？

解. 不是。如图 10.11 所示，缩小邻域半径后有 $U(P) \subset E$，所以 P 点是 E 的内点。

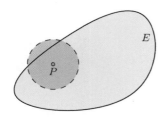
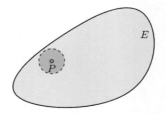

图 10.10 点集 E、P 点以及 $U(P)$ 图 10.11 缩小邻域半径后有 $U(P) \subset E$

10.1.5 开集和闭集

定义 90. 设 ∂E 为某点集 E 的边界，根据 ∂E 与 E 的关系，

- 若 $\partial E \cap E = \varnothing$，即边界 ∂E 完全不属于 E，则称 E 为开集。
- 若 $\partial E \subset E$，即边界 ∂E 完全属于 E，则称 E 为闭集。
- 若边界 ∂E 部分属于 E，则 E 既非开集也非闭集。

图 10.12、图 10.13 和图 10.14 分别展示了开集、闭集以及既非开集也非闭集的情况。

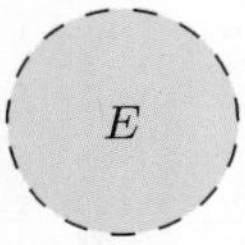

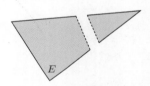

图 10.12　E 为开集 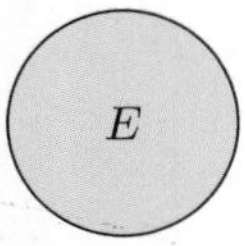　　　图 10.13　E 为闭集 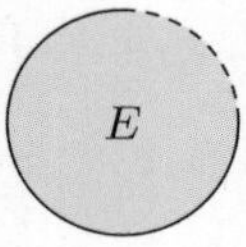　　　图 10.14　E 既非开集也非闭集

例 227. 空集 $\varnothing$ 是开集还是闭集？

解. 空集 $\varnothing$ 既是开集也是闭集。下面是解释，为了方便讲解，令 $E=\varnothing$，其边界 ∂E 还是空集，即 $\partial E=\varnothing$，于是可以推出 $\partial E\cap E=\varnothing\cap\varnothing=\varnothing$，所以 E 为开集；$\partial E\subset E$[①]，所以 E 为闭集。

10.1.6　连通集、开区域和闭区域

定义 91. 若点集 E 的任何两点都可用折线联结起来，且该折线上的所有点都属于 E，则称 E 为连通集。

图 10.15 和图 10.16 分别展示了连通集以及非连通集的情况。

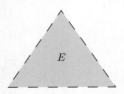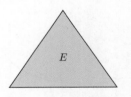

图 10.15　E 是连通集　　　　　　图 10.16　E 不是连通集

定义 92. 连通的开集称为区域或开区域；开区域连同它的边界一起构成的点集称为闭区域。

图 10.17 和图 10.18 分别展示了开区域以及闭区域的情况。

图 10.17　E 为开区域或区域　　　　　　图 10.18　E 为闭区域

例 228. 定义 92 中说"连通的开集称为开区域"，那么连通的闭集是闭区域，这句话正确吗？

解. 不正确。这里举一个反例，构造点集 $E=\{(x,y)|x^2+y^2\leqslant 1\}\cup\{(x,y)|(x-2)^2+y^2\leqslant 1\}$。该点集 E 是两个相交于 $(1,0)$ 点的圆，如图 10.19 所示，两个灰色圆内的蓝点可通过 $(1,0)$ 点联结起来，所以 E 是连通的闭集。

---

① 这是因为空集是所有集合的子集。

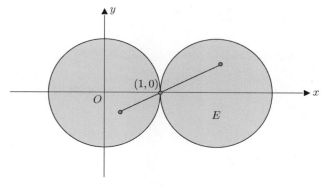

图 10.19 E 是连通的闭集

假设 E 是闭区域,根据闭区域的定义:"开区域连同它的边界一起构成的点集称为闭区域",那么 E 去掉边界应该是一个开区域,下面来验证一下。将 E 的边界去掉得到 F,如图 10.20 所示。可以看到,$(1,0)$ 是 F 的边界点,不属于 F(这里用空心点表示),两个灰色圆内的蓝点无法联结起来,因此 F 是一个不连通的开集,也就并非是一个开区域。所以假设错误,E 并非是闭区域。

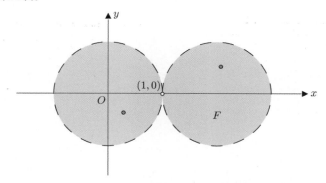

图 10.20 F,即去掉边界后的 E,不是连通的

10.1.7 有界集和无界集

定义 93. 对于点集 E,若存在常数 r 使得 $E \subset U(O, r)$,其中 O 是原点,那么称 E 为**有界集**,否则称 E 为**无界集**。

定义 93 说的是,若 E 被包含在 O 的某邻域中则为有界集,如图 10.21 所示;否则为无界集,如图 10.22 所示。

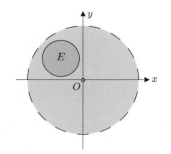

图 10.21 有界集 $E = \{(x,y) | (x+2)^2 + (y-2)^2 < 1\}$ 　　图 10.22 无界集 $E = \{(x,y) | x^2 < y\}$

10.2 多元函数的极限和连续

下面让我们来学习多元函数的极限，相对一元函数的极限而言，这是一个更复杂的概念，本节就不进行严格分析了，以直观理解为主。

10.2.1 聚点

定义 94. 如果 $\forall \delta > 0$，P 点的去心邻域 $\mathring{U}(P, \delta)$ 内总有点集 E 中的点，则称 P 点为 E 的<u>聚点</u>，或称为<u>极限点</u>。

顾名思义，聚点就是可以聚拢的点。比如

- 0 是点集（去心邻域）$\mathring{U}(0, \delta)$ 的聚点，x 可以沿 $\mathring{U}(0)$ 向 0 聚拢，即沿 x 轴向 0 聚拢，如图 10.23 所示。

- 0 是点集（数列）$\left\{\dfrac{1}{n}\right\}$ 的聚点，x 可以沿 $\left\{\dfrac{1}{n}\right\}$ 向 0 聚拢，即沿 x 轴上的绿点向 0 聚拢，如图 10.24 所示。

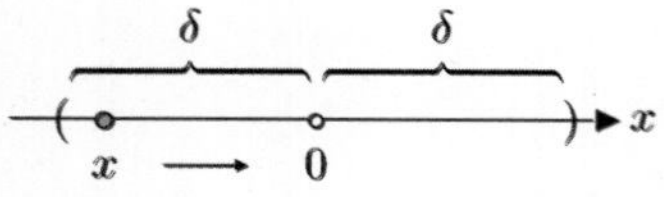

图 10.23 x 沿 $\mathring{U}(0, \delta)$ 向 0 聚拢 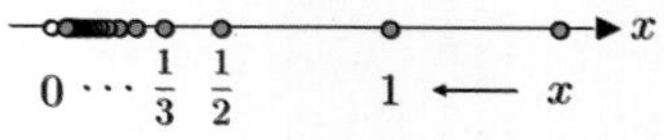   图 10.24 x 沿 $\left\{\dfrac{1}{n}\right\}$ 向 0 聚拢

这里解释一下为什么 0 是 $\mathring{U}(0, \delta)$、$\left\{\dfrac{1}{n}\right\}$ 的聚点，以及为什么可以聚拢。以 0 和数列 $\left\{\dfrac{1}{n}\right\}$ 为例，如图 10.25 所示，对于任意给定的 $\delta > 0$，不论正数 δ 有多么小，去心邻域 $\mathring{U}(0, \delta)$ 内始终有数列 $\left\{\dfrac{1}{n}\right\}$ 中的点，所以说 0 是数列 $\left\{\dfrac{1}{n}\right\}$ 的聚点。这也意味着数列 $\left\{\dfrac{1}{n}\right\}$ 中的点可以无限逼近 0，因此有聚拢的效果。

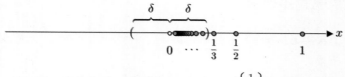

图 10.25 $\forall \delta > 0$，$\mathring{U}(0, \delta)$ 内始终有 $\left\{\dfrac{1}{n}\right\}$ 中的点

聚点是极限存在的必要条件，比如对于单变量函数 $f(x) = x^2$，有

- $\lim\limits_{x \to 0} f(x) = \lim\limits_{x \to 0} x^2 = 0$，这是定义在去心邻域 $\mathring{U}(0)$ 上的函数极限，如前面所说，0 是去心邻域 $\mathring{U}(0)$ 的聚点，所以有 x 沿图 10.26 中的 x 轴趋于 0，从而有 $f(x)$ 趋于 0。

- $\lim\limits_{n \to \infty} f\left(\dfrac{1}{n}\right) = \lim\limits_{n \to \infty} \left(\dfrac{1}{n}\right)^2 = 0$，这是定义在数列 $\left\{\dfrac{1}{n}\right\}$ 上的数列极限，如前面所说，0 是数列 $\left\{\dfrac{1}{n}\right\}$ 的聚点，所以有 x 沿图 10.27 中的绿点趋于 0，从而有 $f(x)$ 趋于 0。

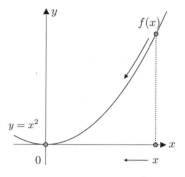
图 10.26 x 沿 x 轴趋于 0 时有 $f(x) \to 0$

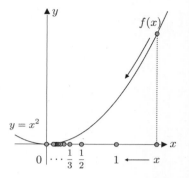
图 10.27 x 沿 x 轴上的绿点趋于 0 时有 $f(x) \to 0$

上述极限是"马同学图解"系列图书《微积分（上）》中介绍过的函数极限（定义 12）、数列极限（定义 4），当时并没有介绍聚点的定义，因为没有必要引入更多的复杂性。但多变量函数的情况更复杂，要定义其极限就必须明确该定义，这在之后将要介绍的二元函数极限的定义（定义 95）中可以看出。

例 229. 设 P 点是某点集 E 的聚点，请问聚拢到 P 点的路径唯一吗？

解. 不唯一，聚点意味着可以聚拢，但并没有指明路径，实际上一般都有无数条路径。以 0 是 $\mathring{U}(0)$ 的聚点为例，x 可以从左侧向 0 聚拢，如图 10.28 所示；也可以变化到右侧后，再从右侧向 0 聚拢，如图 10.29 所示。

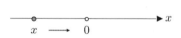
图 10.28 x 从左侧向 0 聚拢

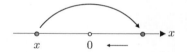
图 10.29 x 变化到右侧后向 0 聚拢

例 230. 设 P_0 点是某点集 E 的聚点，是否一定有 $P_0 \in E$？

解. 不一定。比如 0 是 $\mathring{U}(0)$ 的聚点，此时 $0 \notin \mathring{U}(0)$；当然 0 也是 $U(0)$ 的聚点，此时 $0 \in U(0)$。

10.2.2 多元函数极限的定义

下面来介绍二元函数极限、连续以及间断的定义，这些定义稍作修改就可推广到多元函数，本书不再赘述。

定义 95. 设二元函数 $f(P) = f(x, y)$ 的定义域为 D，$P_0(x_0, y_0)$ 是 D 的聚点。如果 $\forall \epsilon > 0$，$\exists \delta > 0$，$\forall P(x, y) \in D \cap \mathring{U}(P_0, \delta)$，有：

$$|f(P) - L| = |f(x, y) - L| < \epsilon, \quad L \in \mathbb{R}$$

那么就称 L 为函数 $f(x, y)$ 当 $(x, y) \to (x_0, y_0)$ 时的极限，也就是二元函数的极限，或称为二重极限，记作：

$$\lim_{(x,y) \to (x_0, y_0)} f(x, y) = L \quad \text{或} \quad f(x, y) \to L \left((x, y) \to (x_0, y_0) \right)$$

也记作：

$$\lim_{P \to P_0} f(P) = L \quad \text{或} \quad f(P) \to L \, (P \to P_0)$$

若不存在这样的常数 L，就说当 $(x, y) \to (x_0, y_0)$ 时函数 $f(x, y)$ 没有极限，或说函数 $f(x, y)$ 是发散的，也可以说 $\lim\limits_{(x,y) \to (x_0, y_0)} f(x, y)$ 不存在。

10.2.2.1　与一元函数极限定义的区别

二元函数极限的定义和一元函数极限的定义（定义 12）相比，主要区别是：

一元函数的极限	二元函数的极限
函数 $f(x)$ 在 $\mathring{U}(x_0)$ 上有定义	二元函数 $f(x, y)$ 的定义域为 D
$\forall x \in \mathring{U}(x_0, \delta)$	$\forall P(x, y) \in D \cap \mathring{U}(P_0, \delta)$

从上表可看出，在一元函数的极限定义中，函数的定义域就是去心邻域 $\mathring{U}(x_0)$；而在二元函数的极限定义中，函数的定义域 D 和去心邻域 $\mathring{U}(P_0, \delta)$ 不一定重合，相交部分才是我们关心的，如图 10.30 所示。

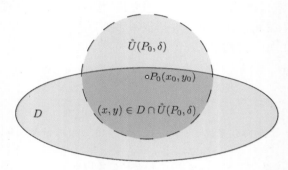

图 10.30　定义域 D 和去心邻域 $\mathring{U}(P_0, \delta)$ 不重合，但相交

10.2.2.2　二元函数极限定义中的聚点

在二元函数极限定义中，要求 $P_0(x_0, y_0)$ 是 D 的聚点，根据这个条件可知，不论正数 δ 有多么小，去心邻域 $\mathring{U}(P_0, \delta)$ 和定义域 D 总是有相交部分的，如图 10.31 所示。

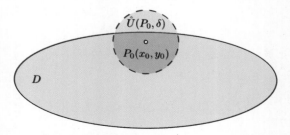

图 10.31　$\forall \delta > 0$，去心邻域 $\mathring{U}(P_0, \delta)$ 和定义域 D 总会相交

从而可知，定义域 D 中的某 $P(x, y)$ 点可找到定义域 D 中的某条路径来逼近 $P_0(x_0, y_0)$ 点，并且一般会有无数条路径，图 10.32 展示了其中的两条路径。

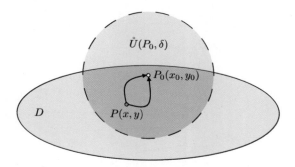

图 10.32　两条从 $P(x, y)$ 点到 $P_0(x_0, y_0)$ 点的路径

10.2.2.3　二元函数极限几何意义的解读一

若二元函数 $f(x, y)$ 在 $P_0(x_0, y_0)$ 有极限 L，这意味着以 L 为中心、两倍 ϵ 为高度构建区间 $(L - \epsilon, L + \epsilon)$，必能找到某正数 δ，使得点 $(x, y) \in \mathring{U}(P_0, \delta)$ 的函数值都在该区间内，如图 10.33 所示[①]。

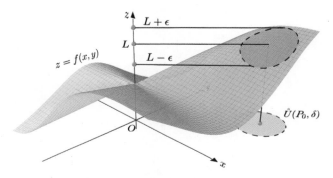

图 10.33　$\exists \delta > 0$，使得点 $(x, y) \in \mathring{U}(P_0, \delta)$ 的函数值在区间 $(L - \epsilon, L + \epsilon)$ 内

并且不论怎么缩小 ϵ，总能找到合适的 δ 使得点 $(x, y) \in \mathring{U}(P_0, \delta)$ 的函数值都在区间 $(L - \epsilon, L + \epsilon)$ 内，并且会越来越靠近 L，如图 10.34 所示。

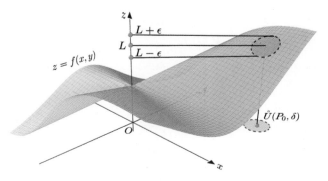

图 10.34　缩小 ϵ，总 $\exists \delta > 0$，使得点 $(x, y) \in \mathring{U}(P_0, \delta)$ 的函数值都在区间 $(L - \epsilon, L + \epsilon)$ 内

---

① 这里为了讲解进行了简化，认为定义域 D 和去心邻域 $\mathring{U}(P_0, \delta)$ 是重合的。更完整的描述是，必能找到某正数 δ，使得点 $(x, y) \in D \cap \mathring{U}(P_0, \delta)$ 的函数值都在区间 $(L - \epsilon, L + \epsilon)$ 内。

10.2.2.4　二元函数极限几何意义的解读二

也可以解读为，随着 $P(x,y)$ 越来越靠近 $P_0(x_0,y_0)$，其函数值 $f(x,y)$ 越来越接近 L，如图 10.35 所示。

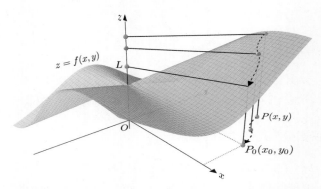

图 10.35　沿着某条路径，当 $P(x,y)$ 靠近 $P_0(x_0,y_0)$ 时，有 $f(x,y)$ 接近 L

并且 $P(x,y)$ 换一条路径靠近 $P_0(x_0,y_0)$ 时，仍然有函数值 $f(x,y)$ 越来越接近 L，如图 10.36 所示。

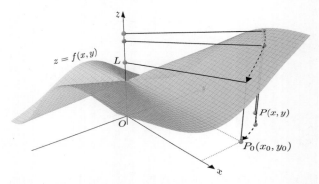

图 10.36　沿着另外一条路径，当 $P(x,y)$ 靠近 $P_0(x_0,y_0)$ 时，也有 $f(x,y)$ 接近 L

实际上 $P(x,y)$ 通过各种路径靠近 $P_0(x_0,y_0)$，都有函数值 $f(x,y)$ 越来越接近 L，此时我们就说 $P(x,y) \to P_0(x_0,y_0)$ 时有 $f(x,y) \to L$。

10.2.2.5　多元函数极限的例题

例 231. 请证明 $\lim\limits_{(x,y)\to(0,0)} (x^2+y^2)\sin\dfrac{1}{x^2+y^2} = 0$。

证明. 先来看看函数 $f(x,y)=(x^2+y^2)\sin\dfrac{1}{x^2+y^2}$ 的图像，由于正弦函数的存在，中心部分剧烈震荡，就好像不断喷涌的泉眼，如图 10.37 所示。该函数的定义域为 $D = \mathbb{R}^2 \setminus \{(0,0)\}$[①]，$(0,0)$ 点为 D 的聚点，符合二元函数极限定义（定义 95）中的要求。

---

① 也就是不含 $(0,0)$ 点的 xOy 面。

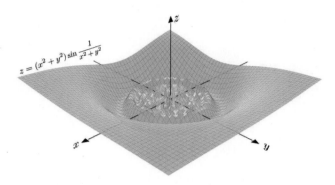

图 10.37 $f(x,y) = (x^2 + y^2)\sin\dfrac{1}{x^2+y^2}$ 的图像

用 P_0 来表示 $(0,0)$ 点，再来列出二元函数极限定义（定义 95）中的判断不等式，即 $\forall \epsilon > 0$，$\exists \delta > 0$，$\forall P(x,y) \in D \cap \mathring{U}(P_0, \delta)$ 要有：

$$|f(x,y) - 0| = \left|(x^2 + y^2)\sin\frac{1}{x^2+y^2} - 0\right| \leqslant x^2 + y^2 < \epsilon$$

容易知道 $\forall \epsilon > 0$，取 $\delta = \sqrt{\epsilon}$，$\forall P(x,y) \in D \cap \mathring{U}(P_0, \delta)$ 有：

$$0 < \sqrt{(x-0)^2 + (y-0)^2} < \delta \implies x^2 + y^2 < \delta^2 = \epsilon$$

综上，所以 $\forall \epsilon > 0$，取 $\delta = \sqrt{\epsilon}$，$\forall P(x,y) \in D \cap \mathring{U}(P_0, \delta)$ 有：

$$|f(x,y) - 0| < \epsilon \implies \lim_{(x,y)\to(0,0)}(x^2 + y^2)\sin\frac{1}{x^2+y^2} = 0 \qquad \blacksquare$$

例 232. 请证明 $\lim\limits_{(x,y)\to(0,0)}\dfrac{xy}{x^2+y^2}$ 不存在。

证明. 图 10.38 给出的是函数 $f(x,y) = \dfrac{xy}{x^2+y^2}$ 的图像，该函数的定义域为 $D = \mathbb{R}^2 \setminus \{(0,0)\}$，$(0,0)$ 点为 D 的聚点，其中的红点、蓝点代表的都是 xOy 面上的任意点 $P(x,y)$。可以看到：

- $P(x,y)$ 点可沿着 x 轴趋近于 $(0,0)$ 点，即沿着 xOy 面上的直线 $y = 0$ 趋近于 $(0,0)$ 点，参见图 10.38 中的红点。
- $P(x,y)$ 点也可沿着 xOy 面上的直线 $y = -x$ 趋近于 $(0,0)$ 点，参见图 10.38 中的蓝点。

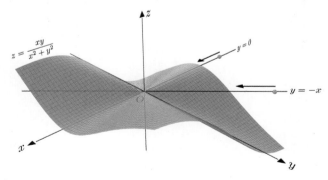

图 10.38 $f(x,y) = \dfrac{xy}{x^2+y^2}$ 的图像，及沿不同路径趋近 $(0,0)$ 点

当 $P(x, y)$ 沿 $y = 0$ 趋近于 $(0, 0)$ 点时，有：

$$\lim_{\substack{(x,y)\to(0,0)\\y=0}} f(x, y) = \lim_{x\to 0} f(x, 0) = \lim_{x\to 0} 0 = 0$$

当 $P(x, y)$ 沿 $y = -x$ 趋近于 $(0, 0)$ 点时，有：

$$\lim_{\substack{(x,y)\to(0,0)\\y=-x}} f(x, y) = \lim_{x\to 0} f(x, -x) = \lim_{x\to 0} \frac{-x^2}{x^2 + x^2} = -\frac{1}{2}$$

以不同方式趋近得到不同的极限值，所以 $\displaystyle\lim_{(x,y)\to(0,0)} \frac{xy}{x^2 + y^2}$ 不存在。∎

例 233. 请求出 $\displaystyle\lim_{(x,y)\to(0,2)} \frac{\sin(xy)}{x}$。

解. 多元函数极限的运算类似于一元函数极限的运算（定理 19）。比如本题结合"马同学图解"系列图书《微积分（上）》中计算过的重要极限 $\displaystyle\lim_{x\to 0} \frac{\sin x}{x} = 1$，可以计算如下：

$$\lim_{(x,y)\to(0,2)} \frac{\sin(xy)}{x} = \lim_{(x,y)\to(0,2)} \left[\frac{\sin(xy)}{xy} \cdot y \right] = \lim_{xy\to 0} \frac{\sin(xy)}{xy} \lim_{y\to 2} y = 1 \cdot 2 = 2$$

10.2.3　多元函数的连续

10.2.3.1　多元连续函数的定义

在"马同学图解"系列图书《微积分（上）》中提到过，一元函数的连续可直观理解为，不提笔画出来的曲线就是连续的，如图 10.39 所示。类似地，二元函数的连续可直观理解为，把上述曲线围成的空间用颜色填满就是连续的，如图 10.40 所示。

图 10.39　一元连续：不提笔画出来的曲线　　图 10.40　二元连续：把曲线围成的空间用颜色填满

两者的定义也是大同小异的，正如一元函数 $f(x)$ 在 x_0 点连续的定义为 $\displaystyle\lim_{x\to x_0} f(x) = f(x_0)$，二元函数连续的定义为：

定义 96. 对于二元函数 $f(x, y)$，

- 如果 $\displaystyle\lim_{(x,y)\to(x_0,y_0)} f(x, y) = f(x_0, y_0)$，则称函数 $f(x, y)$ 在 $P_0(x_0, y_0)$ 点连续。
- 如果 $f(x, y)$ 在点集 E 上的每一点都连续，则称函数 $f(x, y)$ 是 E 上的连续函数。

比如函数 $f(x, y) = \sin x$ 就是 $\mathbb{R}^2$ 上的连续函数，如图 10.41 所示。

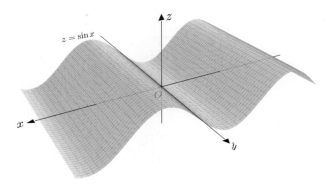

图 10.41　函数 $f(x, y) = \sin x$ 就是 $\mathbb{R}^2$ 上的连续函数

上述结论可根据二元函数连续的定义（定义 96）来证明。设 $P_0(x_0, y_0) \in \mathbb{R}^2$，由于 $\sin x$ 是 $\mathbb{R}$ 上的一元连续函数，所以有 $\lim\limits_{x \to x_0} \sin x = \sin x_0$，因此 $\forall \epsilon > 0$，$\exists \delta > 0$，$\forall x \in \mathring{U}(x_0, \delta)$ 时有 $|\sin x - \sin x_0| < \epsilon$。以该 δ 作 P_0 的邻域 $U(P_0, \delta)$，当 $P(x, y) \in U(P_0, \delta)$ 时，显然有：

$$|x - x_0| \leqslant \|\overrightarrow{P_0 P}\| < \delta \implies x \in \mathring{U}(x_0, \delta)$$

从而当 $P(x, y) \in U(P_0, \delta)$ 时，即 $x \in \mathring{U}(x_0, \delta)$ 时有：

$$|f(x, y) - f(x_0, y_0)| = |\sin x - \sin x_0| < \epsilon$$

也就是推出了函数 $f(x, y) = \sin x$ 在 $P_0(x_0, y_0)$ 点连续，结合 $P_0(x_0, y_0)$ 点的任意性，所以函数 $f(x, y) = \sin x$ 是 $\mathbb{R}^2$ 上的连续函数。

10.2.3.2　多元连续函数的性质

由常数、一元函数的基本初等函数经过有限次的四则运算和复合得到的多元函数就是多元初等函数，比如上一节提到的 $f(x, y) = \sin x$，再比如：

$$g(x, y) = \frac{x + x^2 - y^2}{1 + y^2}, \quad h(x, y) = \sin(x + y), \quad r(x, y, z) = \mathrm{e}^{x^2 + y^2 + z^2}$$

类似于"马同学图解"系列图书《微积分（上）》中学习过的一元初等函数在其定义区间[①]上都是连续的，多元初等函数在其定义区间上也都是连续的。

定理 120 (多元函数的有界性与最大最小值定理). 在有界闭区域 D 上的多元连续函数，必定在 D 上有界，且能取得它的最大值和最小值。

多元函数的有界性与最大最小值定理（定理 120）类似于在"马同学图解"系列图书《微积分（上）》中学习过的一元函数的有界性与最大值最小值定理（定理 37），这里举例说明一下。比如图 10.42 中的 $f(x, y)$ 就是在有界闭区域 D 上的二元连续函数，可观察出其在 D 上有界，且能取得它的最大值和最小值，这就是定理 120 给出的结论。

---

① 定义区间指的是包含在定义域内的区间。

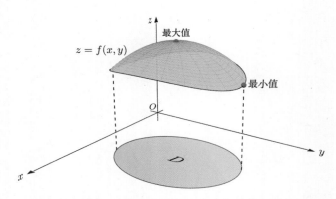

图 10.42　函数 $f(x,y)$ 的最大值和最小值

定理 121 (多元函数的介值定理). 在有界闭区域 D 上的多元连续函数必取得介于最大值和最小值之间的任何值。

多元函数的介值定理（定理 121）类似于在"马同学图解"系列图书《微积分（上）》中学习过的一元函数的介值定理（定理 39），这里举例说明一下。比如图 10.43 中的 $f(x,y)$ 就是在有界闭区域 D 上的二元连续函数，可观察出对于介于最大值和最小值之间的值 μ 有 $\mu = f(\xi, \eta)$，其中 $(\xi, \eta) \in D$，这就是定理 121 给出的结论。

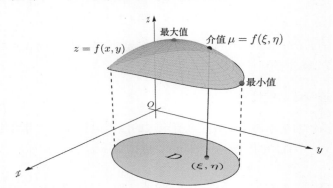

图 10.43　μ 是最大值和最小值之间的值，$\exists (\xi, \eta) \in D$ 使得 $\mu = f(\xi, \eta)$

10.2.4　多元函数的间断

定义 97. 设二元函数 $f(x,y)$ 的定义域为 D，$P_0(x_0, y_0)$ 是 D 的聚点。如果函数 $f(x,y)$ 在 $P_0(x_0, y_0)$ 点不连续，则称 $P_0(x_0, y_0)$ 为函数 $f(x,y)$ 的间断点。

比如例 232 中的函数 $f(x,y) = \dfrac{xy}{x^2 + y^2}$，$(0,0)$ 点是其定义域 $D = \mathbb{R}^2 \setminus \{(0,0)\}$ 的聚点。因为 $f(x,y)$ 在 $(0,0)$ 点没有定义，所以 $f(x,y)$ 在 $(0,0)$ 点不连续。即使补上定义，也就是定义函数 $g(x,y) = \begin{cases} \dfrac{xy}{x^2 + y^2}, & x \neq 0 \\ 0, & x = 0 \end{cases}$，但因为 $\lim\limits_{(x,y) \to (0,0)} g(x,y) = \lim\limits_{(x,y) \to (0,0)} \dfrac{xy}{x^2 + y^2}$ 不存在，所以此时在 $(0,0)$ 点仍不连续。

再比如函数 $f(x,y) = \sin \dfrac{1}{x^2 + y^2 - 1}$ 的定义域为 $D = \{(x,y) | x^2 + y^2 \neq 1\}$，虽然圆周

$C = \{(x,y)|x^2+y^2=1\}$ 上的点都是 D 的聚点，但该函数在圆周 C 上没有定义，所以 $f(x,y)$ 在 C 上各点都不连续，所以圆周 C 上的各点都是 $f(x,y)$ 的间断点，如图 10.44 所示，为了方便观察圆周 C 上的间断点，这里将圆周 C 内、外的图像用不同颜色绘出。

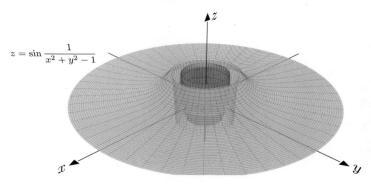

$$z = \sin\frac{1}{x^2+y^2-1}$$

图 10.44 函数 $f(x,y) = \sin\dfrac{1}{x^2+y^2-1}$ 的图像，其中存在间断点

10.3 偏导数、偏微分和全微分

线性近似是微积分的核心思想，在"马同学图解"系列图书《微积分（上）》中，这点体现为，可通过某直线来近似某曲线在 x_0 点及其附近的图像，该直线称为该曲线在 x_0 点的微分，或称为该曲线在 x_0 点的切线，如图 10.45 所示。

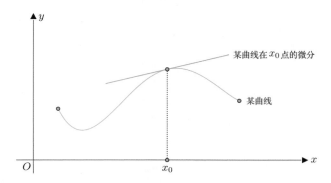

图 10.45 某曲线在 x_0 点的微分，指可近似该曲线在 x_0 点及其附近图像的直线

同样地，可通过某平面来近似某曲面在 (x_0,y_0) 点及其附近的图像，该平面称为该曲面在 (x_0,y_0) 点的微分，也称为该曲面在 (x_0,y_0) 点的全微分，或称为该曲面在 (x_0,y_0) 点的切平面，如图 10.46 所示。

从前面的示例中可看出，"微分"在数学中指代的就是线性近似中的"线性"，具体如下所示[①]：

$$\text{微分}: \begin{cases} \text{曲线的微分（切线），即可近似曲线的直线。} \\ \text{曲面的微分（切平面），即可近似曲面的平面。} \end{cases}$$

[①] 还有很多种微分，比如在"马同学图解"系列图书《微积分（上）》中学习过的弧微分、面积微分、体积微分等，也是类似的。

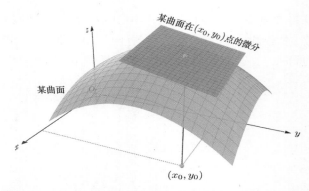

图 10.46   某曲面在 (x_0, y_0) 点的微分，指可近似该曲面在 (x_0, y_0) 点及其附近图像的平面

在后面的讲解中如有必要，会使用"曲线的微分""曲面的微分"进行区分，也会视情况使用"微分（切线）"以及"微分（切平面）"。

10.3.1   寻找曲面微分的思路

本节和下一节会介绍两种寻找某曲面在 (x_0, y_0) 点的微分的方法，先来看第一种方法。显然，有无数条曲线被包含在某曲面在 (x_0, y_0) 点及其附近图像中，比如图 10.47 中绘出的两条红色曲线。

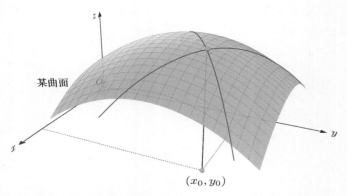

图 10.47   两条红色曲线是过 (x_0, y_0) 点、在某曲面上的曲线

如果能近似某曲面在 (x_0, y_0) 点及其附近图像的平面存在，即某曲面在 (x_0, y_0) 点的微分存在，此时称在 (x_0, y_0) 点可微分，那么：

- 该曲面微分必可近似曲面所包含的曲线，如图 10.48 所示，其中蓝色平面即该曲面微分。
- 图 10.47 中曲线的微分必包含在该曲面微分中，如图 10.48 所示，其中黑色直线即这些曲线的微分。

我们知道两条不重合的相交直线可以确定一个平面，结合前面的分析，所以接下来的事情是：

- 找到某曲面上方便计算的两条曲线。
- 求出这两条曲线的微分。

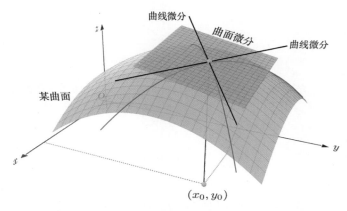

图 10.48　能近似曲面的微分，必然包含能近似曲线的微分

- 通过这两个微分计算出我们要寻找的平面，即某曲面在 (x_0, y_0) 点的微分。

接下来让我们逐一完成前面提到的这三件事情。

10.3.2　偏微分和偏导数

先找到某曲面上方便计算的两条曲线。设某曲面的函数为 $f(x, y)$，为了寻找该曲面在 (x_0, y_0) 点的微分，出于简化计算的目的，一般会借助位于该曲面上，且

- 过 $\left(x_0, y_0, f(x_0, y_0)\right)$ 点、平行于 x 轴的空间曲线[1]，如图 10.49 中的红色曲线。
- 过 $\left(x_0, y_0, f(x_0, y_0)\right)$ 点、平行于 y 轴的空间曲线[2]，如图 10.49 中的蓝色曲线。

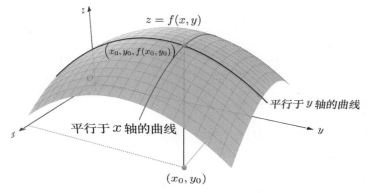

图 10.49　位于曲面上、过 (x_0, y_0) 点、平行于 x 轴和 y 轴的两条空间曲线

这两条曲线在 (x_0, y_0) 点的微分，即图 10.50 中的两条黑色直线，显然是不重合的。在数学中，它们分别被称为曲面 $f(x, y)$ 在 (x_0, y_0) 点对 x 的偏微分，及曲面 $f(x, y)$ 在 (x_0, y_0) 点对 y 的偏微分，或笼统地称为曲面 $f(x, y)$ 在 (x_0, y_0) 点的偏微分。

---

[1]　在图 10.51 中会解释该空间曲线位于平面 $y = y_0$ 上，该平面与 x 轴不相交，故说该平面与 x 轴平行；还有一个值得注意的特点是，该平面垂直于 xOy 面。为方便解说，我们说该曲线平行于 x 轴。

[2]　类似地，该空间曲线位于平面 $x = x_0$ 上，该平面与 y 轴平行。为方便解说，我们说该曲线平行于 y 轴。

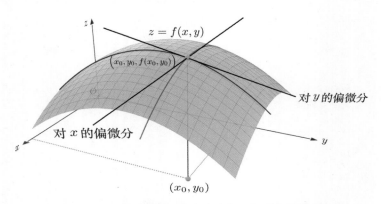

图 10.50   这两条空间曲线的微分，也称为偏微分

接着的任务就是求出上述偏微分，这需要把这两条空间曲线用代数表示出来。以其中位于曲面上、过 (x_0, y_0) 点、平行于 x 轴的空间曲线为例，该空间曲线可以看作平面 $y = y_0$ 与曲面 $z = f(x, y)$ 的交线，如图 10.51 所示。根据空间曲线的一般方程（定理 119），所以该空间曲线的方程为 $\begin{cases} z = f(x, y) \\ y = y_0 \end{cases}$ 。

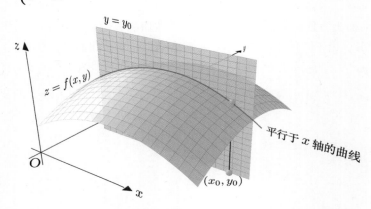

图 10.51 $y = y_0$ 与 $z = f(x, y)$ 的交线，就是过 $\left(x_0, y_0, f(x_0, y_0)\right)$ 点、平行于 x 轴的空间曲线

该空间曲线的微分，即曲面 $f(x, y)$ 在 (x_0, y_0) 点对 x 的偏微分，也在平面 $y = y_0$ 上，如图 10.52 所示。

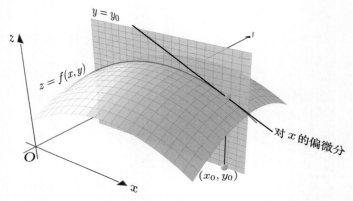

图 10.52 $f(x, y)$ 在 (x_0, y_0) 点对 x 的偏微分，是 $y = y_0$ 平面上的空间直线

上述空间曲线及其微分都在平面 $y = y_0$ 上，所以两者都可转到 xOz 面上去处理，如图 10.53 所示，

- 对于上述空间曲线，其方程为 $\begin{cases} z = f(x, y) \\ y = y_0 \end{cases}$ ，将 $y = y_0$ 代入 $f(x, y)$ 就得到了该空间曲线在 xOz 面上的函数 $f(x, y_0)$，如此就将该空间曲线转为了 xOz 面上的平面曲线。
- 而上述空间曲线的微分，转为了平面曲线 $f(x, y_0)$ 在 x_0 点的微分。

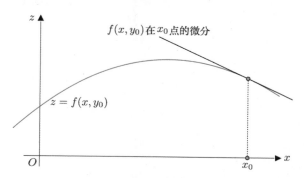

图 10.53　空间曲线可看作 xOz 面上的平面曲线，其微分可看作平面曲线的微分

要求出 $f(x, y_0)$ 在 x_0 点的微分，自然需要先求出 $f(x, y_0)$ 在 x_0 点的导数 $f'(x, y_0)|_{x=x_0}$。根据单变量函数导数的定义（定义 35），所以有：

$$f'(x, y_0)|_{x=x_0} = \lim_{h \to 0} \frac{f(x_0 + h, y_0) - f(x_0, y_0)}{h}$$

在多元函数的微积分中，上述导数也称为偏导数。其具体定义如下：

定义 98. 若如下极限存在，则该极限称为函数 $z = f(x, y)$ 在 (x_0, y_0) 点对 x 的偏导数，记作：

$$\frac{\partial z}{\partial x}\bigg|_{\substack{x=x_0 \\ y=y_0}} = \frac{\partial f}{\partial x}\bigg|_{\substack{x=x_0 \\ y=y_0}} = z_x|_{\substack{x=x_0 \\ y=y_0}} = f_x(x_0, y_0) = \lim_{h \to 0} \frac{f(x_0 + h, y_0) - f(x_0, y_0)}{h}$$

或若如下极限存在，则该极限称为函数 $z = f(x, y)$ 在 (x_0, y_0) 点对 y 的偏导数，记作：

$$\frac{\partial z}{\partial y}\bigg|_{\substack{x=x_0 \\ y=y_0}} = \frac{\partial f}{\partial y}\bigg|_{\substack{x=x_0 \\ y=y_0}} = z_y|_{\substack{x=x_0 \\ y=y_0}} = f_y(x_0, y_0) = \lim_{h \to 0} \frac{f(x_0, y_0 + h) - f(x_0, y_0)}{h}$$

上述两个极限也笼统地称为函数 $z = f(x, y)$ 在 (x_0, y_0) 点的偏导数。

所以 $f(x, y_0)$ 在 x_0 点的导数就是定义 98 中的 $z = f(x, y)$ 在 (x_0, y_0) 点对 x 的偏导数，即：

$$f'(x, y_0)|_{x=x_0} = f_x(x_0, y_0) = \frac{\partial z}{\partial x}\bigg|_{\substack{x=x_0 \\ y=y_0}} = \frac{\mathrm{d}}{\mathrm{d}x}f(x, y_0)\bigg|_{x=x_0} = \lim_{h \to 0} \frac{f(x_0 + h, y_0) - f(x_0, y_0)}{h}$$

而 $f(x_0, y)$ 在 y_0 点的导数就是定义 98 中的 $z = f(x, y)$ 在 (x_0, y_0) 点对 y 的偏导数[①]，即：

$$f'(x_0, y)|_{y=y_0} = f_y(x_0, y_0) = \frac{\partial z}{\partial y}\bigg|_{\substack{x=x_0 \\ y=y_0}} = \frac{\mathrm{d}}{\mathrm{d}y}f(x_0, y)\bigg|_{y=y_0} = \lim_{h \to 0} \frac{f(x_0, y_0 + h) - f(x_0, y_0)}{h}$$

---

① 如果想求出 $f(x, y)$ 在 (x_0, y_0) 点对 y 的偏微分，就会用到这个偏导数。

有了偏导数后，结合单变量函数微分的定义（定义 34），就可得平面曲线 $z = f(x, y_0)$ 在 x_0 点的微分为 $\mathrm{d}z = f_x(x_0, y_0)\mathrm{d}x$，这是在 $\big(x_0, f(x_0, y_0)\big)$ 点建立的 $\mathrm{d}x\mathrm{d}z$ 坐标系中过原点的直线，如图 10.54 所示[1]。

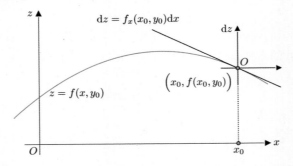

图 10.54 在 $\big(x_0, f(x_0, y_0)\big)$ 点建立 $\mathrm{d}x\mathrm{d}z$ 坐标系，$\mathrm{d}z = f_x(x_0, y_0)\mathrm{d}x$ 为该坐标系中的直线

若在空间中的 $\big(x_0, y_0, f(x_0, y_0)\big)$ 点建立 $\mathrm{d}x\mathrm{d}y\mathrm{d}z$ 坐标系，如图 10.55 所示。

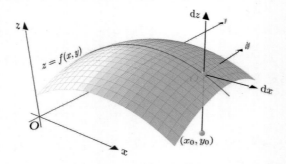

图 10.55 在 $\big(x_0, y_0, f(x_0, y_0)\big)$ 点建立 $\mathrm{d}x\mathrm{d}y\mathrm{d}z$ 坐标系

将 $\mathrm{d}z = f_x(x_0, y_0)\mathrm{d}x$ 变换到 $\mathrm{d}x\mathrm{d}y\mathrm{d}z$ 坐标系下，空间曲线 $\begin{cases} z = f(x, y) \\ y = y_0 \end{cases}$ 在 (x_0, y_0) 点的微分，也就是曲面 $z = f(x, y)$ 在 (x_0, y_0) 点对 x 的偏微分，这是在 $\mathrm{d}y = 0$ 平面（即 $y = y_0$ 平面）上的直线，如图 10.56 所示。

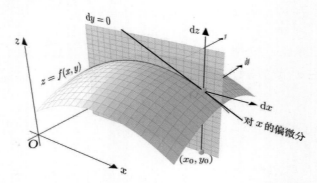

图 10.56 $f(x, y)$ 在 (x_0, y_0) 点对 x 的偏微分，是 $\mathrm{d}y = 0$ 平面上的直线

---

[1] 更多知识可以查看"马同学图解"系列图书《微积分（上）》中介绍单变量函数微分的定义（定义 34）的讲解。

所以，空间曲线 $\begin{cases} z = f(x,y) \\ y = y_0 \end{cases}$ 在 (x_0, y_0) 点的微分，也就是曲面 $z = f(x,y)$ 在 (x_0, y_0)

点对 x 的偏微分，在 $\mathrm{d}x\mathrm{d}y\mathrm{d}z$ 坐标系下的方程为 $\begin{cases} \mathrm{d}z = f_x(x_0, y_0)\mathrm{d}x \\ \mathrm{d}y = 0 \end{cases}$ 。

　　同理，空间曲线 $\begin{cases} z = f(x,y) \\ x = x_0 \end{cases}$ 在 (x_0, y_0) 点的微分，也就是曲面 $z = f(x,y)$ 在 (x_0, y_0)

点对 y 的偏微分，在 $\mathrm{d}x\mathrm{d}y\mathrm{d}z$ 坐标系下的方程为 $\begin{cases} \mathrm{d}z = f_y(x_0, y_0)\mathrm{d}y \\ \mathrm{d}x = 0 \end{cases}$ 。

10.3.3　求出全微分

将 $\mathrm{d}x\mathrm{d}y\mathrm{d}z$ 坐标系下曲面 $z = f(x,y)$ 在 (x_0, y_0) 点对 x、对 y 的偏微分改写一下可得：

$$\begin{cases} \mathrm{d}z = f_x(x_0, y_0)\mathrm{d}x \\ \mathrm{d}y = 0 \end{cases} \implies \begin{cases} \mathrm{d}x = \mathrm{d}x \\ \mathrm{d}y = 0 \cdot \mathrm{d}x \\ \mathrm{d}z = f_x(x_0, y_0)\mathrm{d}x \end{cases} \implies \begin{pmatrix} \mathrm{d}x \\ \mathrm{d}y \\ \mathrm{d}z \end{pmatrix} = \mathrm{d}x \begin{pmatrix} 1 \\ 0 \\ f_x(x_0, y_0) \end{pmatrix}$$

$$\begin{cases} \mathrm{d}z = f_y(x_0, y_0)\mathrm{d}y \\ \mathrm{d}x = 0 \end{cases} \implies \begin{cases} \mathrm{d}x = 0 \cdot \mathrm{d}y \\ \mathrm{d}y = \mathrm{d}y \\ \mathrm{d}z = f_y(x_0, y_0)\mathrm{d}y \end{cases} \implies \begin{pmatrix} \mathrm{d}x \\ \mathrm{d}y \\ \mathrm{d}z \end{pmatrix} = \mathrm{d}y \begin{pmatrix} 0 \\ 1 \\ f_y(x_0, y_0) \end{pmatrix}$$

　　结合空间直线的点向式方程（定理 115）可知，在 $\mathrm{d}x\mathrm{d}y\mathrm{d}z$ 坐标系下，对 x 的偏微分的

方向向量为 $\boldsymbol{m} = \begin{pmatrix} 1 \\ 0 \\ f_x(x_0, y_0) \end{pmatrix}$，对 y 的偏微分的方向向量为 $\boldsymbol{n} = \begin{pmatrix} 0 \\ 1 \\ f_y(x_0, y_0) \end{pmatrix}$，如图 10.57

所示[①]。

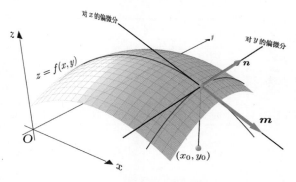

图 10.57　偏微分的方向向量 $\boldsymbol{m}$ 和 $\boldsymbol{n}$

　　$\boldsymbol{m}$ 和 $\boldsymbol{n}$ 位于曲面 $z = f(x,y)$ 在 (x_0, y_0) 点的全微分上，其叉积 $\boldsymbol{m} \times \boldsymbol{n}$ 是全微分的法向

---

① 这些代数表达式都是在 $\mathrm{d}x\mathrm{d}y\mathrm{d}z$ 坐标系下的，为了展示方便，这里隐去了 $\mathrm{d}x\mathrm{d}y\mathrm{d}z$ 坐标系。

量，如图 10.58 所示。

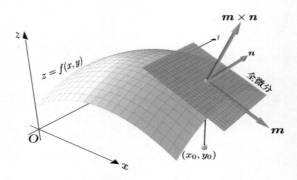

图 10.58　全微分的法向量为 $\boldsymbol{m} \times \boldsymbol{n}$

根据叉积的定义（定义 79），可得：

$$\boldsymbol{m} \times \boldsymbol{n} = \begin{vmatrix} \boldsymbol{i} & 1 & 0 \\ \boldsymbol{j} & 0 & 1 \\ \boldsymbol{k} & f_x(x_0,y_0) & f_y(x_0,y_0) \end{vmatrix}$$

$$= \begin{vmatrix} 0 & 1 \\ f_x(x_0,y_0) & f_y(x_0,y_0) \end{vmatrix} \boldsymbol{i} - \begin{vmatrix} 1 & 0 \\ f_x(x_0,y_0) & f_y(x_0,y_0) \end{vmatrix} \boldsymbol{j} + \begin{vmatrix} 1 & 0 \\ 0 & 1 \end{vmatrix} \boldsymbol{k}$$

$$= -f_x(x_0,y_0)\boldsymbol{i} - f_y(x_0,y_0)\boldsymbol{j} + \boldsymbol{k} = \begin{pmatrix} -f_x(x_0,y_0) \\ -f_y(x_0,y_0) \\ 1 \end{pmatrix}$$

知道了曲面 $z = f(x,y)$ 在 (x_0,y_0) 点的全微分的法向量 $\boldsymbol{m} \times \boldsymbol{n}$，该全微分又会过 $\mathrm{d}x\mathrm{d}y\mathrm{d}z$ 坐标系的 $(0,0,0)$ 点，所以根据平面的点法式方程（定理 108），可得全微分 $\mathrm{d}z$ 的方程为：

$$-f_x(x_0,y_0)\mathrm{d}x - f_y(x_0,y_0)\mathrm{d}y + \mathrm{d}z = 0 \implies \mathrm{d}z = f_x(x_0,y_0)\mathrm{d}x + f_y(x_0,y_0)\mathrm{d}y$$

至此，我们求出了曲面的线性近似，也就是某曲面在 (x_0,y_0) 点的全微分。但涉及 xyz、xz、yz 以及 $\mathrm{d}x\mathrm{d}y\mathrm{d}z$、$\mathrm{d}x\mathrm{d}z$、$\mathrm{d}y\mathrm{d}z$ 这些坐标系，所以代数看上去特别复杂，这里总结如下：

	方程	微分
曲面	$z = f(x,y)$	$\mathrm{d}z = f_x(x_0,y_0)\mathrm{d}x + f_y(x_0,y_0)\mathrm{d}y$
平行于 x 轴的空间曲线	$\begin{cases} z = f(x,y) \\ y = y_0 \end{cases}$	$\begin{cases} \mathrm{d}z = f_x(x_0,y_0)\mathrm{d}x \\ \mathrm{d}y = 0 \end{cases}$
xOz 面上的平面曲线	$z = f(x,y_0)$	$\mathrm{d}z = f_x(x_0,y_0)\mathrm{d}x$
平行于 y 轴的空间曲线	$\begin{cases} z = f(x,y) \\ x = x_0 \end{cases}$	$\begin{cases} \mathrm{d}z = f_y(x_0,y_0)\mathrm{d}y \\ \mathrm{d}x = 0 \end{cases}$
yOz 面上的平面曲线	$z = f(x_0,y)$	$\mathrm{d}z = f_y(x_0,y_0)\mathrm{d}y$

10.3.4 偏导数的例题

在之前的讲解中引入了偏导数的定义（定义 98），该定义看上去有点儿复杂，实际计算时将其中一个变量视作常量，转为单变量函数的求导问题即可，下面看几道例题。

例 234. 请求出 $z = x^2 + 3xy + y^2$ 在点 $(1, 2)$ 处的偏导数。

解. 把 y 看作常量可得 $\dfrac{\partial z}{\partial x} = 2x + 3y$；把 x 看作常量可得 $\dfrac{\partial z}{\partial y} = 3x + 2y$。然后将 $(1, 2)$ 点代入可得：

$$\frac{\partial z}{\partial x}\bigg|_{\substack{x=1 \\ y=2}} = 2 \cdot 1 + 3 \cdot 2 = 8, \quad \frac{\partial z}{\partial y}\bigg|_{\substack{x=1 \\ y=2}} = 3 \cdot 1 + 2 \cdot 2 = 7$$

例 235. 请求出 $z = x^2 \sin 2y$ 的偏导数。

解. 本题没有指明具体的点，只需要求出偏导函数即可。分别把 x、y 看作常量可得：

$$\frac{\partial z}{\partial x} = 2x \sin 2y, \quad \frac{\partial z}{\partial y} = 2x^2 \cos 2y$$

例 236. 请求出 $r = \sqrt{x^2 + y^2 + z^2}$ 的偏导数。

解. 把 y 和 z 看作常量可得 $\dfrac{\partial r}{\partial x} = \dfrac{x}{\sqrt{x^2 + y^2 + z^2}} = \dfrac{x}{r}$。由于本题中的函数关于自变量的对称性，即将其自变量对调后还是原来的函数，所以 $\dfrac{\partial r}{\partial y} = \dfrac{y}{r}$，$\dfrac{\partial r}{\partial z} = \dfrac{z}{r}$。

10.3.5 高阶偏导数和混合偏导数

偏导数也是函数，也可求其偏导数，所得结果可以称为二阶偏导数。根据求导次序不同，有下列四种二阶偏导数，其中的第二个和第三个又称为混合偏导数：

$$\frac{\partial}{\partial x}\left(\frac{\partial z}{\partial x}\right) = \frac{\partial^2 z}{\partial x^2} = f_{xx}(x, y), \quad \frac{\partial}{\partial y}\left(\frac{\partial z}{\partial x}\right) = \frac{\partial^2 z}{\partial x \partial y} = f_{xy}(x, y)$$

$$\frac{\partial}{\partial x}\left(\frac{\partial z}{\partial y}\right) = \frac{\partial^2 z}{\partial y \partial x} = f_{yx}(x, y), \quad \frac{\partial}{\partial y}\left(\frac{\partial z}{\partial y}\right) = \frac{\partial^2 z}{\partial y^2} = f_{yy}(x, y)$$

例 237. 试证函数 $z = \ln \sqrt{x^2 + y^2}$ 满足方程 $\dfrac{\partial^2 z}{\partial x^2} + \dfrac{\partial^2 z}{\partial y^2} = 0$。

证明. 因为 $z = \ln \sqrt{x^2 + y^2} = \dfrac{1}{2} \ln(x^2 + y^2)$，所以：

$$\frac{\partial z}{\partial x} = \frac{\partial}{\partial x}\left(\frac{1}{2} \ln(x^2 + y^2)\right) = \frac{x}{x^2 + y^2}, \quad \frac{\partial^2 z}{\partial x^2} = \frac{(x^2 + y^2) - x \cdot 2x}{(x^2 + y^2)^2} = \frac{y^2 - x^2}{(x^2 + y^2)^2}$$

由本题中的函数关于自变量的对称性可知：

$$\frac{\partial z}{\partial y} = \frac{y}{x^2 + y^2}, \quad \frac{\partial^2 z}{\partial y^2} = \frac{x^2 - y^2}{(x^2 + y^2)^2}$$

因此证得 $\dfrac{\partial^2 z}{\partial x^2} + \dfrac{\partial^2 z}{\partial y^2} = \dfrac{y^2 - x^2}{(x^2 + y^2)^2} + \dfrac{x^2 - y^2}{(x^2 + y^2)^2} = 0$。 ∎

例 238. 请求出 $z = -x^2 - y^2$ 的混合偏导数 f_{xy}。

解. 根据题目条件, 有:

$$f_{xy} = \frac{\partial}{\partial y}\left(\frac{\partial z}{\partial x}\right) = \frac{\partial}{\partial y}(-2x) = 0$$

借此题可以来理解一下二阶混合偏导数 f_{xy} 的几何直观。在图 10.59 中, 沿着 y 方向作出了函数 $z = -x^2 - y^2$ 在 x 方向上的四个偏微分, 也就是其中的四条黑色空间直线[①]。因为 f_x 是这些偏微分的斜率, 所以 f_{xy} 就是这些偏微分的斜率变化率。

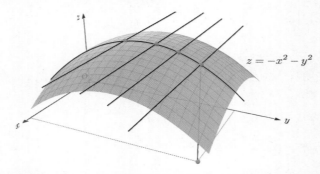

图 10.59　f_{xy} 是 x 方向的偏微分在 y 方向上的斜率变化率

本题求出 $f_{xy} = 0$, 说明在 y 方向上, x 方向上的偏微分的斜率没有发生变化, 这也符合我们对图 10.59 的观察, 因为这四条黑色直线看上去是平行的。

混合偏导数满足下列条件时相等, 或者说满足下列条件时与求导顺序无关 (证明略):

定理 122 (克莱罗定理, 或施瓦兹定理). 若函数 $f(x, y)$ 的两个二阶混合偏导数在区域 D 内连续, 则有:

$$f_{xy}(x, y) = f_{yx}(x, y), \quad (x, y) \in D$$

例 239. 设 $z = x^3 y^2 - 3xy^3 - xy + 1$, 求 $\dfrac{\partial^2 z}{\partial x^2}$、$\dfrac{\partial^2 z}{\partial y \partial x}$、$\dfrac{\partial^2 z}{\partial x \partial y}$ 以及 $\dfrac{\partial^2 z}{\partial y^2}$。

解. 要求的偏导数分别为:

$$\frac{\partial z}{\partial x} = 3x^2 y^2 - 3y^3 - y, \qquad \frac{\partial z}{\partial y} = 2x^3 y - 9xy^2 - x$$

$$\frac{\partial^2 z}{\partial x^2} = 6xy^2, \qquad\qquad \frac{\partial^2 z}{\partial y \partial x} = 6x^2 y - 9y^2 - 1$$

$$\frac{\partial^2 z}{\partial x \partial y} = 6x^2 y - 9y^2 - 1, \quad \frac{\partial^2 z}{\partial y^2} = 2x^3 - 18xy$$

从上述结果中可以看到, 其中标红的两个二阶混合偏导数是连续的, 两者也是相等的。

同样可得三阶、四阶、……、n 阶偏导数, 二阶及二阶以上的偏导数统称为高阶偏导数。并且高阶混合偏导数在连续的情况下, 也与求导的顺序无关。

---

① 这里为了方便观察, 将坐标轴进行了一些平移, 但不会影响之后的结论。

10.4　全微分

上一节已经求出可近似某曲面在 (x_0, y_0) 点及其附近图像的平面了，也就是求出全微分了。本节要介绍另外一种全微分的定义、求解方式，这也是很多教科书中采用的方式。同学们在学习本节内容时，可对比参照"马同学图解"系列图书《微积分（上）》中对单变量函数的微分定义（定义 34）的讲解。

10.4.1　全微分的定义

已知函数曲面 $z = f(x, y)$ 以及 (x_0, y_0) 点，若某平面可近似该曲面在 (x_0, y_0) 点及其附近的图像，那么该平面就称为该曲面在 (x_0, y_0) 点的全微分，如图 10.60 所示。

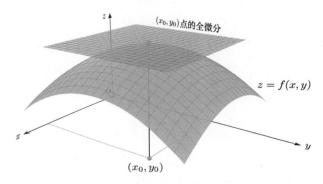

图 10.60　某曲面在 (x_0, y_0) 点的全微分

作出 (x_0, y_0) 点的全微分与曲面 $f(x, y)$ 的差值，在图 10.61 中用 4 组红点及其连线来表示。可以看出，越靠近 (x_0, y_0) 点这些差值（连线）越小。

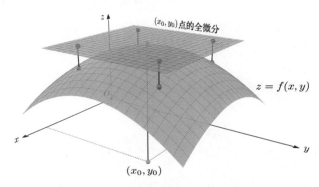

图 10.61　越靠近 (x_0, y_0) 点，全微分与曲面 $f(x, y)$ 的差值（连线）越小

或换一个角度来理解，上述现象说的是，在 (x_0, y_0) 点附近，全微分和曲面非常接近，如图 10.62 所示。

有了直观理解之后，下面来看看数学家给出的全微分定义：

定义 99. 设函数 $z = f(x, y)$ 在 (x_0, y_0) 点的某邻域内有定义，令：

$$\Delta x = \mathrm{d}x = x - x_0, \quad \Delta y = \mathrm{d}y = y - y_0$$

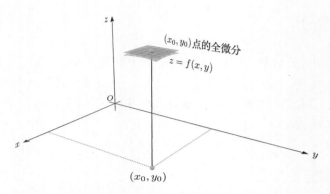

图 10.62 在 (x_0, y_0) 点附近，全微分和曲面非常接近

若函数 $z = f(x, y)$ 在 (x_0, y_0) 点的全增量：

$$\Delta z = f(x_0 + \Delta x, y_0 + \Delta y) - f(x_0, y_0)$$

可表示为：

$$\Delta z = A\Delta x + B\Delta y + o(\rho)$$

其中 A、B 不依赖于 Δx 和 Δy 而仅与 x 和 y 相关，且：

$$\rho = \sqrt{(\Delta x)^2 + (\Delta y)^2}$$

那么称 $z = f(x, y)$ 在 (x_0, y_0) 点可微分，而 $A\Delta x + B\Delta y$ 称为 $z = f(x, y)$ 在 (x_0, y_0) 点的全微分，此时通常改写为 $A\mathrm{d}x + B\mathrm{d}y$，并记作 $\mathrm{d}z$，即：

$$\mathrm{d}z = A\mathrm{d}x + B\mathrm{d}y$$

全微分定义（定义 99）看起来很复杂，但重点是其中的三个式子：

- $\Delta z = f(x_0 + \Delta x, y_0 + \Delta y) - f(x_0, y_0)$，这是曲面的表达式。
- $\mathrm{d}z = A\mathrm{d}x + B\mathrm{d}y$，这是平面的表达式，也就是曲面在 (x_0, y_0) 点的全微分的表达式。
- $\Delta z = A\Delta x + B\Delta y + o(\rho)$，该式可改写为 $o(\rho) = \Delta z - (A\Delta x + B\Delta y)$，所以该式说的是曲面 Δz 和全微分 $\mathrm{d}z$ 相差 $o(\rho)$。

上述三个式子以及彼此的关系，如图 10.63 所示。

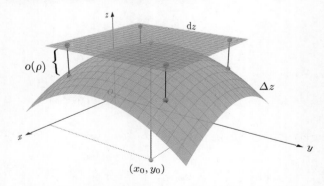

图 10.63 曲面 Δz 和全微分 $\mathrm{d}z$ 相差 $o(\rho)$

所以全微分定义（定义 99）其实说的就是：

若曲面 − 平面 $= o(\rho)$ $\implies$ 该平面就是曲面的全微分

下面来解释全微分定义（定义 99）中的细节，也就是解释之前提到的三个式子，

- $\Delta z = f(x_0 + \Delta x, y_0 + \Delta y) - f(x_0, y_0)$，为什么说这是曲面的表达式？
- $\mathrm{d}z = A\mathrm{d}x + B\mathrm{d}y$，为什么说这是平面的表达式，也就是曲面在 (x_0, y_0) 点的全微分的表达式？
- $\Delta z = A\Delta x + B\Delta y + o(\rho)$，该式又在说什么？

已知函数曲面 $z = f(x, y)$、(x_0, y_0) 点以及 $\Big(x_0, y_0, f(x_0, y_0)\Big)$ 点，如图 10.64 所示。

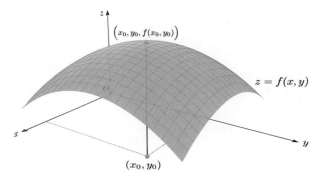

图 10.64　曲面 $z = f(x, y)$、(x_0, y_0) 点以及 $\Big(x_0, y_0, f(x_0, y_0)\Big)$ 点

根据平面的点法式方程（定理 108），过 $\Big(x_0, y_0, f(x_0, y_0)\Big)$ 点的平面的方程可假设为 $z = A(x - x_0) + B(y - y_0) + f(x_0, y_0)$[①]，如图 10.65 所示。

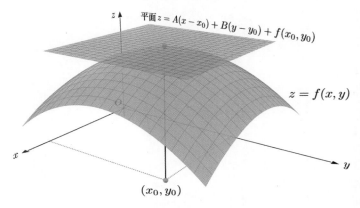

图 10.65　设过 $\Big(x_0, y_0, f(x_0, y_0)\Big)$ 点的平面的方程为 $z = A(x - x_0) + B(y - y_0) + f(x_0, y_0)$

如果在 $\Big(x_0, y_0, f(x_0, y_0)\Big)$ 点处建立空间坐标系 $\mathrm{d}x\mathrm{d}y\mathrm{d}z$，如图 10.66 所示。

---

① 之所以这么假设，是因为 (x_0, y_0) 点的全微分必然过 $\Big(x_0, y_0, f(x_0, y_0)\Big)$ 点。

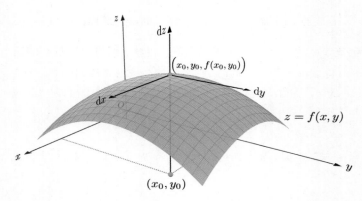

图 10.66　在 $\left(x_0, y_0, f(x_0, y_0)\right)$ 点处建立空间坐标系 $\mathrm{d}x\mathrm{d}y\mathrm{d}z$

在 xyz 坐标系中，曲面方程为 $z = f(x, y)$，平面方程为 $z = A(x - x_0) + B(y - y_0) + f(x_0, y_0)$，变换到 $\mathrm{d}x\mathrm{d}y\mathrm{d}z$ 坐标系后，它们的方程如下表所示[①]：

	xyz 坐标系	$\mathrm{d}x\mathrm{d}y\mathrm{d}z$ 坐标系
平面	$z = A(x - x_0) + B(y - y_0) + f(x_0, y_0)$	$\mathrm{d}z = A\mathrm{d}x + B\mathrm{d}y$
曲面	$z = f(x, y)$	$\Delta z = f(x_0 + \Delta x, y_0 + \Delta y) - f(x_0, y_0)$

在图 10.67 中[②]展示了在 $\mathrm{d}x\mathrm{d}y\mathrm{d}z$ 坐标系下曲面的方程以及平面的方程。

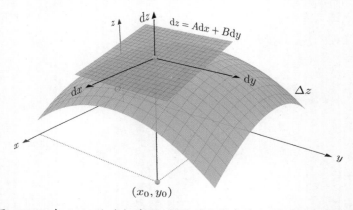

图 10.67　在 $\mathrm{d}x\mathrm{d}y\mathrm{d}z$ 坐标系下，曲面的方程为 Δz，平面的方程为 $\mathrm{d}z$

将 $\Delta z = A\Delta x + B\Delta y + o(\rho)$ 改写为 $o(\rho) = \Delta z - (A\Delta x + B\Delta y)$，所以该式说的是曲面 Δz 和全微分 $\mathrm{d}z$ 之间相差 $o(\rho)$，如图 10.63 所示。为了展示方便，图 10.63 中没有绘制出 $\mathrm{d}x\mathrm{d}y\mathrm{d}z$ 坐标系，这不会影响后面的结论。接下来解释一下差距 $o(\rho)$ 的含义，以图 10.68 中的一组红点和连线为例。设这组红点在 xOy 面的坐标为 (x, y)，因为 $\rho = \sqrt{(\Delta x)^2 + (\Delta y)^2} = \sqrt{(x - x_0)^2 + (y - y_0)^2}$，所以 ρ 就是 (x, y) 点和 (x_0, y_0) 点的距离。

---

① 关于这个转换不清楚的，可以再看看 "马同学图解" 系列图书《微积分（上）》中对单变量函数的微分定义（定义 34）的讲解，两者是非常类似的。

② 这里为了方便展示，调整了一下 (x_0, y_0) 点的位置，以及观察的角度。

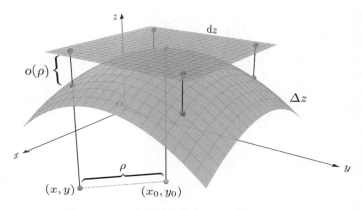

图 10.68 ρ 是 (x, y) 点和 (x_0, y_0) 点的距离

根据高阶无穷小的定义（定义 24）可知有 $\lim\limits_{\rho \to 0} o(\rho) = 0$，所以 (x, y) 点逼近 (x_0, y_0) 点（$\rho \to 0$）时，曲面 Δz 和全微分 dz 之间的差值在缩小（$o(\rho) \to 0$）。这说明越接近 (x_0, y_0) 点，曲面 Δz 和全微分 dz 越相似，且由于 $o(\rho)$ 是高阶无穷小，曲面 Δz 和全微分 dz 最相似（与所有过 $\left(x_0, y_0, f(x_0, y_0)\right)$ 点的平面相比），所以说全微分 dz 就是可近似曲面 Δz 在 (x_0, y_0) 点及其附近图像的平面。关于最相似这一点，同学们可以参考"马同学图解"系列图书《微积分（上）》中讲解的"割线与切线"。

可近似曲面 $z = f(x, y)$ 在 (x_0, y_0) 点及其附近图像的平面也称为切平面，该切平面会经过曲面上的 $\left(x_0, y_0, f(x_0, y_0)\right)$ 点，所以 $\left(x_0, y_0, f(x_0, y_0)\right)$ 点也称为切点，如图 10.69 所示。根据前面的分析可知，切平面在 xyz 坐标系中的方程为 $z = A(x - x_0) + B(y - y_0) + f(x_0, y_0)$，在 $dxdydz$ 坐标系中的方程为 $dz = Adx + Bdy$，此时才能称为全微分。

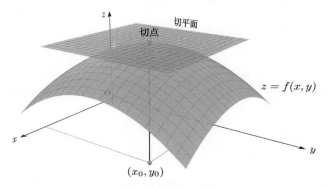

图 10.69 切平面以及切点

10.4.2 全微分的计算

前面学习了全微分的表达式为 $dz = Adx + Bdy$，下面来讨论一下其中 A 和 B 的求解方法。没有悬念，必然和上一节"偏导数、偏微分和全微分"求出的结果相同。

定理 123. 若函数 $z = f(x, y)$ 在 (x_0, y_0) 点可微分，则偏导数 $f_x(x_0, y_0)$、$f_y(x_0, y_0)$ 必定存在，且 $z = f(x, y)$ 在点 (x_0, y_0) 的全微分为 $dz = f_x(x_0, y_0)dx + f_y(x_0, y_0)dy$。

证明. 因为 $z = f(x, y)$ 在 (x_0, y_0) 点可微分，所以对于 (x_0, y_0) 点某邻域内任意的 $(x_0 + \Delta x, y + \Delta y)$ 点，有：

$$\Delta z = A\Delta x + B\Delta y + o(\rho) = A\Delta x + B\Delta y + o(\sqrt{(\Delta x)^2 + (\Delta y)^2})$$

当 $\Delta y = 0$ 时上式也成立，即有 $\Delta z = A\Delta x + o(|\Delta x|)$。该式两边同时除以 Δx，再令 $\Delta x \to 0$，可得：

$$\frac{\Delta z}{\Delta x} = A + \frac{o(|\Delta x|)}{\Delta x} \implies A = \frac{\Delta z}{\Delta x} - \frac{o(|\Delta x|)}{\Delta x} \implies A = \lim_{\Delta x \to 0} \frac{\Delta z}{\Delta x} - \lim_{\Delta x \to 0} \frac{o(|\Delta x|)}{\Delta x}$$

$$\implies A = \lim_{\Delta x \to 0} \frac{f(x_0 + \Delta x, y_0) - f(x_0, y_0)}{\Delta x} = f_x(x_0, y_0)$$

同理可得：

$$B = \lim_{\Delta y \to 0} \frac{f(x_0, y_0 + \Delta y) - f(x_0, y_0)}{\Delta y} = f_y(x_0, y_0)$$

所以偏导数 $f_x(x_0, y_0)$、$f_y(x_0, y_0)$ 存在，且这两个偏导数就是 A 和 B，所以 $\mathrm{d}z = f_x(x_0, y_0)\mathrm{d}x + f_y(x_0, y_0)\mathrm{d}y$。∎

将定理 123 中的 $\mathrm{d}z = z - z_0$、$\mathrm{d}y = y - y_0$ 及 $\mathrm{d}x = x - x_0$ 进行替换，就可得切平面在 xyz 坐标系下的方程：

$$z - z_0 = f_x(x_0, y_0)(x - x_0) + f_y(x_0, y_0)(y - y_0)$$

另外，定理 123 也适用于二元以上的函数，例如，若三元函数 $u = f(x, y, z)$ 可微分，则其全微分为：

$$\mathrm{d}u = \frac{\partial u}{\partial x}\mathrm{d}x + \frac{\partial u}{\partial y}\mathrm{d}y + \frac{\partial u}{\partial z}\mathrm{d}z$$

例 240. 请求出 $z = \mathrm{e}^{xy}$ 在 $(2, 1)$ 点的全微分。

解. 因为：

$$\frac{\partial z}{\partial x} = y\mathrm{e}^{xy} \implies \left.\frac{\partial z}{\partial x}\right|_{\substack{x=2 \\ y=1}} = \mathrm{e}^2, \quad \frac{\partial z}{\partial y} = x\mathrm{e}^{xy} \implies \left.\frac{\partial z}{\partial y}\right|_{\substack{x=2 \\ y=1}} = 2\mathrm{e}^2$$

所以 $\mathrm{d}z|_{\substack{x=2 \\ y=1}} = \mathrm{e}^2\mathrm{d}x + 2\mathrm{e}^2\mathrm{d}y$。

例 241. 请求出 $u = x + \sin\dfrac{y}{2} + \mathrm{e}^{yz}$ 的全微分。

解. 因为 $\dfrac{\partial u}{\partial x} = 1$，$\dfrac{\partial u}{\partial y} = \dfrac{1}{2}\cos\dfrac{y}{2} + z\mathrm{e}^{yz}$ 以及 $\dfrac{\partial u}{\partial z} = y\mathrm{e}^{yz}$，所以 $\mathrm{d}u = \mathrm{d}x + \left(\dfrac{1}{2}\cos\dfrac{y}{2} + z\mathrm{e}^{yz}\right)\mathrm{d}y + y\mathrm{e}^{yz}\mathrm{d}z$。

例 242. 若函数 $f(x, y)$ 在 (x_0, y_0) 点的两个偏导数都存在，能否推出其在 (x_0, y_0) 点可微分？

解. 不可以。来看一个反例，比如函数 $f(x, y) = \begin{cases} \dfrac{xy}{\sqrt{x^2 + y^2}}, & x^2 + y^2 \neq 0 \\ 0, & x^2 + y^2 = 0 \end{cases}$，

（1）在 $(0, 0)$ 点，该函数的两个偏导数都是存在的：

$$f_x(0, 0) = \lim_{\Delta x \to 0} \frac{f(0 + \Delta x, 0) - f(0, 0)}{\Delta x} = \lim_{\Delta x \to 0} \frac{0 - 0}{\Delta x} = 0$$

$$f_y(0,0) = \lim_{\Delta y \to 0} \frac{f(0, 0 + \Delta y) - f(0, 0)}{\Delta y} = \lim_{\Delta y \to 0} \frac{0 - 0}{\Delta y} = 0$$

（2）证明该函数在 (x_0, y_0) 点不是可微分的。用反证法，设 $z = f(x, y)$ 在 $(0, 0)$ 点可微分，根据全微分的计算方法（定理 123），所以在 $(0, 0)$ 点的邻域内有：

$$\Delta z = f_x(0,0)\Delta x + f_y(0,0)\Delta y + o(\rho)$$

进而可以推出：

$$o(\rho) = \Delta z - f_x(0,0)\Delta x - f_y(0,0)\Delta y = \Delta z = f(0 + \Delta x, 0 + \Delta y) - f(0,0) = \frac{\Delta x \Delta y}{\sqrt{(\Delta x)^2 + (\Delta y)^2}}$$

所以：

$$\frac{o(\rho)}{\rho} = \frac{\frac{\Delta x \Delta y}{\sqrt{(\Delta x)^2 + (\Delta y)^2}}}{\sqrt{(\Delta x)^2 + (\Delta y)^2}} = \frac{\Delta x \Delta y}{(\Delta x)^2 + (\Delta y)^2}$$

考虑 $\rho \to 0$ 的一种情况，即考虑 $(\Delta x, \Delta y)$ 点沿 $y = x$ 趋于 $(0, 0)$ 点，那么：

$$\lim_{\substack{(\Delta x, \Delta y) \to (0,0) \\ \Delta y = \Delta x}} \frac{o(\rho)}{\rho} = \lim_{\substack{(\Delta x, \Delta y) \to (0,0) \\ \Delta y = \Delta x}} \frac{\Delta x \Delta y}{(\Delta x)^2 + (\Delta y)^2} = \lim_{\Delta x \to 0} \frac{\Delta x \Delta x}{(\Delta x)^2 + (\Delta x)^2} = \frac{1}{2}$$

这与 $\lim_{\rho \to 0} \frac{o(\rho)}{\rho} = 0$ 矛盾，所以之前的假设 "$z = f(x, y)$ 在 $(0, 0)$ 点可微分" 是错误的。

（3）还可以从几何角度来感受一下，该函数曲面如图 10.70 所示。

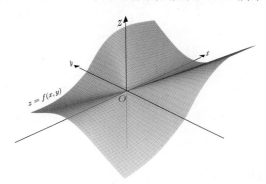

图 10.70　曲面 $z = f(x, y)$ 的图像在 $(0, 0)$ 点附近有起伏，无法用平面来近似

可以看出，该曲面在 $(0, 0)$ 点附近的 x、y 方向还比较柔和、光滑，所以两个偏导数存在；但在 $(0, 0)$ 点各方向起伏不一，所以无法用一个平面来近似，即不是可微分的。

10.4.3　可微分与连续

定理 124. 已知函数 $z = f(x, y)$，那么 $f(x, y)$ 在 (x_0, y_0) 点可微分 $\implies$ $f(x, y)$ 在 (x_0, y_0) 点连续。

证明. 因为 $z = f(x, y)$ 在 (x_0, y_0) 点可微分，所以对于 (x_0, y_0) 点某邻域内任意的 $(x_0 + \Delta x, y_0 + \Delta y)$ 点，有：

$$\Delta z = A\Delta x + B\Delta y + o(\rho) = A\Delta x + B\Delta y + o(\sqrt{(\Delta x)^2 + (\Delta y)^2})$$

显然：

$$\lim_{\rho \to 0} \Delta z = \lim_{(\Delta x, \Delta y) \to (0,0)} \left(A\Delta x + B\Delta y + o(\sqrt{(\Delta x)^2 + (\Delta y)^2}) \right) = 0$$

结合 $\Delta x = x - x_0$、$\Delta y = y - y_0$ 以及 $\Delta z = f(x_0 + \Delta x, y_0 + \Delta y) - f(x_0, y_0)$，所以：

$$\lim_{(\Delta x, \Delta y) \to (0,0)} \Delta z = \lim_{(\Delta x, \Delta y) \to (0,0)} \left(f(x_0 + \Delta x, y_0 + \Delta y) - f(x_0, y_0) \right) = 0$$

$$\implies \lim_{(\Delta x, \Delta y) \to (0,0)} f(x_0 + \Delta x, y_0 + \Delta y) = f(x_0, y_0)$$

$$\implies \lim_{(x, y) \to (x_0, y_0)} f(x, y) = f(x_0, y_0)$$

也就是证得 $f(x, y)$ 在 (x_0, y_0) 点连续。 ■

也可以这么来理解定理 124，$f(x, y)$ 在 (x_0, y_0) 点可微分意味着，存在可近似曲面 $f(x, y)$ 在 (x_0, y_0) 点及其附近图像的平面。而平面一定是连续的，所以曲面 $f(x, y)$ 在 (x_0, y_0) 点也是连续的，如图 10.71 所示。

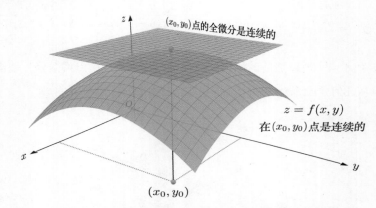

图 10.71　全微分是连续的，其所近似的曲面也是连续的

10.4.4　可微分的充分条件

定理 123 介绍了求解全微分的方法，前提是可微分。下面给出一个判断可微分的充分条件：

定理 125. 已知函数 $z = f(x, y)$ 的偏导数为 $\dfrac{\partial f}{\partial x}$、$\dfrac{\partial f}{\partial y}$，那么：

$$\frac{\partial f}{\partial x}、\frac{\partial f}{\partial y} \text{ 在 } (x_0, y_0) \text{ 点连续} \implies f(x, y) \text{ 在 } (x_0, y_0) \text{ 点可微分。}$$

证明. 根据偏导数 $\dfrac{\partial f}{\partial x}$、$\dfrac{\partial f}{\partial y}$ 在 (x_0, y_0) 点连续，可知偏导数 $\dfrac{\partial f}{\partial x}$、$\dfrac{\partial f}{\partial y}$ 在 (x_0, y_0) 点的某邻域内存在。设点 $(x_0 + \Delta x, y_0 + \Delta y)$ 为该邻域内任意一点，则：

$$\Delta z = f(x_0 + \Delta x, y_0 + \Delta y) - f(x_0, y_0)$$
$$= [f(x_0 + \Delta x, y_0 + \Delta y) - f(x_0, y_0 + \Delta y)] + [f(x_0, y_0 + \Delta y) - f(x_0, y_0)]$$

(10-1)

对于式 (10-1) 中第一个方括号内的表达式，由于 $y_0 + \Delta y$ 不变，所以可看作是 x 的一元函数 $f(x, y_0 + \Delta y)$ 的增量，应用拉格朗日中值定理（定理 56），得到：

$$f(x_0 + \Delta x, y_0 + \Delta y) - f(x_0, y_0 + \Delta y) = f_x(x_0 + \theta_1 \Delta x, y_0 + \Delta y) \Delta x, \quad 0 < \theta_1 < 1$$

因为偏导数 $f_x(x, y)$ 在 (x_0, y_0) 点连续，又多元函数的极限也有类似于极限与无穷小的关系，即类似有 $\lim f(x) = L \implies f(x) = L + \alpha$，其中 α 为无穷小，所以：

$$\lim_{(x,y) \to (x_0, y_0)} f_x(x_0 + \theta_1 \Delta x, y_0 + \Delta y) = f_x(x_0, y_0) \implies f_x(x_0 + \theta_1 \Delta x, y_0 + \Delta y) = f_x(x_0, y_0) + \varepsilon_1$$

其中 ε_1 满足 $\lim\limits_{(x,y) \to (x_0, y_0)} \varepsilon_1 = 0$，所以式 (10-1) 中第一个方括号内的表达式最终可以写作：

$$f(x_0 + \Delta x, y_0 + \Delta y) - f(x_0, y_0 + \Delta y) = f_x(x_0, y_0) \Delta x + \varepsilon_1 \Delta x$$

同样的道理，式 (10-1) 中第二个方括号中的表示式可以写作：

$$f(x_0, y_0 + \Delta y) - f(x_0, y_0) = f_y(x_0, y_0) \Delta y + \varepsilon_2 \Delta y$$

其中 ε_2 满足 $\lim\limits_{y \to y_0} \varepsilon_2 = 0$，所以式 (10-1) 可以改写为：

$$\Delta z = f_x(x_0, y_0) \Delta x + f_y(x_0, y_0) \Delta y + \varepsilon_1 \Delta x + \varepsilon_2 \Delta y$$

设 $\rho = \sqrt{(\Delta x)^2 + (\Delta y)^2}$，容易看出：

$$\left| \frac{\varepsilon_1 \Delta x + \varepsilon_2 \Delta y}{\rho} \right| = \left| \frac{\varepsilon_1 \Delta x}{\rho} + \frac{\varepsilon_2 \Delta y}{\rho} \right| \leqslant \left| \frac{\varepsilon_1 \Delta x}{\rho} \right| + \left| \frac{\varepsilon_2 \Delta y}{\rho} \right| \leqslant |\varepsilon_1| + |\varepsilon_2|$$

类似于单变量微积分中的夹逼定理（定理 23），根据上式可推出：

$$\left| \frac{\varepsilon_1 \Delta x + \varepsilon_2 \Delta y}{\rho} \right| \leqslant |\varepsilon_1| + |\varepsilon_2| \implies -|\varepsilon_1| - |\varepsilon_2| \leqslant \frac{\varepsilon_1 \Delta x + \varepsilon_2 \Delta y}{\rho} \leqslant |\varepsilon_1| + |\varepsilon_2|$$

$$\implies \lim_{\rho \to 0} \frac{\varepsilon_1 \Delta x + \varepsilon_2 \Delta y}{\rho} = 0 \implies \varepsilon_1 \Delta x + \varepsilon_2 \Delta y = o(\rho)$$

所以：

$$\Delta z = f_x(x_0, y_0) \Delta x + f_y(x_0, y_0) \Delta y + \varepsilon_1 \Delta x + \varepsilon_2 \Delta y = f_x(x_0, y_0) \Delta x + f_y(x_0, y_0) \Delta y + o(\rho)$$

这也就证明了 $f(x, y)$ 在 (x_0, y_0) 点可微分。∎

定理 125 并非可微分的充要条件，也就是说反过来不成立：

$$\frac{\partial f}{\partial x}、\frac{\partial f}{\partial y} \text{ 在 } (x_0, y_0) \text{ 点连续} \impliedby f(x, y) \text{ 在 } (x_0, y_0) \text{ 点可微分}。$$

例 243. 已知函数如下：

$$f(x, y) = \begin{cases} (x^2 + y^2) \sin \dfrac{1}{x^2 + y^2}, & x^2 + y^2 \neq 0 \\ 0, & x^2 + y^2 = 0, \end{cases}$$

请证明函数 $f(x, y)$ 的偏导数在 $(0, 0)$ 点不是连续的，但其在 $(0, 0)$ 点可微分。

证明. 函数 $f(x, y)$ 在例 231 中出现过,其图像可参看图 10.37。下面来完成题目要求的证明。

（1）在 $(0, 0)$ 点,该函数的两个偏导数都是存在的:

$$f_x(0, 0) = \lim_{\Delta x \to 0} \frac{f(0 + \Delta x, 0) - f(0, 0)}{\Delta x} = \lim_{\Delta x \to 0} \frac{(\Delta x)^2 \sin \frac{1}{(\Delta x)^2}}{\Delta x} = \lim_{\Delta x \to 0} \Delta x \sin \frac{1}{(\Delta x)^2} = 0$$

$$f_y(0, 0) = \lim_{\Delta y \to 0} \frac{f(0, 0 + \Delta y) - f(0, 0)}{\Delta y} = \lim_{\Delta y \to 0} \frac{(\Delta y)^2 \sin \frac{1}{(\Delta y)^2}}{\Delta y} = \lim_{\Delta y \to 0} \Delta y \sin \frac{1}{(\Delta y)^2} = 0$$

（2）证明函数 $f(x, y)$ 的偏导数在 $(0, 0)$ 点不是连续的。求出 $f(x, y)$ 在非 $(0, 0)$ 点的偏导数,分别为:

$$f_x(x, y) = \frac{\partial f}{\partial x} = \frac{\partial}{\partial x} \left((x^2 + y^2) \sin \frac{1}{x^2 + y^2} \right) = 2x \left(\sin \frac{1}{x^2 + y^2} - \frac{1}{x^2 + y^2} \cos \frac{1}{x^2 + y^2} \right)$$

$$f_y(x, y) = \frac{\partial f}{\partial y} = \frac{\partial}{\partial y} \left((x^2 + y^2) \sin \frac{1}{x^2 + y^2} \right) = 2y \left(\sin \frac{1}{x^2 + y^2} - \frac{1}{x^2 + y^2} \cos \frac{1}{x^2 + y^2} \right)$$

当 $(x, y) \to (0, 0)$ 时,上述两个偏导数的极限都是不存在的,所以函数 $f(x, y)$ 的偏导数在 $(0, 0)$ 点不是连续的。

（3）证明函数 $z = f(x, y)$ 在 $(0, 0)$ 点可微分。根据全微分的定义（定义 99）,实际上就是要证 $\Delta z - A \Delta x - B \Delta y$ 是 $o(\rho)$,其中 $\rho = \sqrt{(\Delta x)^2 + (\Delta y)^2}$。为了减小证明的难度,结合全微分的计算方法（定理 123）,可以将 A、B 替换为 $f_x(0, 0) = 0$ 和 $f_y(0, 0) = 0$,即:

$$\Delta z - A \Delta x - B \Delta y = \Delta z - f_x(0, 0) \Delta x - f_y(0, 0) \Delta y = \Delta z$$

写出 Δz 在 $(0, 0)$ 点的表达式:

$$\Delta z = f(0 + \Delta x, 0 + \Delta y) - f(0, 0) = ((\Delta x)^2 + (\Delta y)^2) \sin \frac{1}{(\Delta x)^2 + (\Delta y)^2}$$

所以:

$$\frac{\Delta z - A \Delta x - B \Delta y}{\rho} = \frac{\Delta z}{\rho} = \sqrt{(\Delta x)^2 + (\Delta y)^2} \sin \frac{1}{(\Delta x)^2 + (\Delta y)^2}$$

当 $\rho \to 0$ 时,$\sqrt{(\Delta x)^2 + (\Delta y)^2}$ 是无穷小,$\sin \frac{1}{(\Delta x)^2 + (\Delta y)^2}$ 是有界函数,类似于单变量函数的无穷小乘以有界函数是无穷小（定理 18）,所以:

$$\lim_{\rho \to 0} \frac{\Delta z - A \Delta x - B \Delta y}{\rho} = \lim_{\rho \to 0} \frac{\Delta z}{\rho} = \lim_{\rho \to 0} \left(\sqrt{(\Delta x)^2 + (\Delta y)^2} \sin \frac{1}{(\Delta x)^2 + (\Delta y)^2} \right) = 0$$

所以 $\Delta z - A \Delta x - B \Delta y$ 是 $o(\rho)$,所以函数 $z = f(x, y)$ 在 $(0, 0)$ 点可微分。　■

10.5　多元复合函数的求导法则

之前学习过,若曲面 $f(x, y)$ 在 (x_0, y_0) 点存在全微分,则其上平行于 x 轴的曲线 C_0、平行于 y 轴的曲线 C_1 在 (x_0, y_0) 点存在微分（即偏微分）,并且这些微分都在曲面 $f(x, y)$ 的全微分上,如图 10.72 所示。

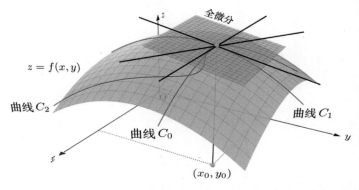

图 10.72 C_0、C_1、C_2 都是曲面 $f(x,y)$ 上的曲线，其微分都在 $f(x,y)$ 的全微分上

其实曲面 $f(x,y)$ 上的其他一些曲线也在 (x_0,y_0) 点存在微分，该微分也在曲面 $f(x,y)$ 的全微分上，比如图 10.72 中的曲线 C_2，这就是本节将要讨论的问题。

10.5.1 一元函数与二元函数的复合

定理 126. 如果函数 $x = \varphi(t)$ 及 $y = \psi(t)$ 都在 t_0 点可导，函数 $z = f(x,y)$ 在 $t = t_0$ 时对应的 (x_0,y_0) 点有连续的偏导数，那么复合函数 $z = f\big(\varphi(t),\psi(t)\big)$ 在 t_0 点可导，且有[①]：

$$\frac{\mathrm{d}z}{\mathrm{d}t} = \frac{\partial z}{\partial x}\frac{\mathrm{d}x}{\mathrm{d}t} + \frac{\partial z}{\partial y}\frac{\mathrm{d}y}{\mathrm{d}t}$$

其中 $\dfrac{\mathrm{d}z}{\mathrm{d}t}$ 也被称为全导数。

证明. 设有 t_0 的增量 Δt，这时 $x = \varphi(t)$、$y = \psi(t)$ 的对应增量为 Δx、Δy，以及函数 $z = f(x,y)$ 的对应增量为 Δz。因为函数 $z = f(x,y)$ 在 (x_0,y_0) 点有连续的偏导数，所以有[②]：

$$\Delta z = \frac{\partial z}{\partial x}\Delta x + \frac{\partial z}{\partial y}\Delta y + \varepsilon_1\Delta x + \varepsilon_2\Delta y$$

其中当 $\Delta x \to 0$、$\Delta y \to 0$ 时有 $\varepsilon_1 \to 0$、$\varepsilon_2 \to 0$。将上式两边同时除以 Δt，可得：

$$\frac{\Delta z}{\Delta t} = \frac{\partial z}{\partial x}\frac{\Delta x}{\Delta t} + \frac{\partial z}{\partial y}\frac{\Delta y}{\Delta t} + \varepsilon_1\frac{\Delta x}{\Delta t} + \varepsilon_2\frac{\Delta y}{\Delta t}$$

因为当 $\Delta t \to 0$ 时，有 $\Delta x \to 0$、$\Delta y \to 0$，从而有 $\varepsilon_1 \to 0$、$\varepsilon_2 \to 0$ 以及 $\dfrac{\Delta x}{\Delta t} \to \dfrac{\mathrm{d}x}{\mathrm{d}t}$、$\dfrac{\Delta y}{\Delta t} \to \dfrac{\mathrm{d}y}{\mathrm{d}t}$，所以：

$$\begin{aligned}
\frac{\mathrm{d}z}{\mathrm{d}t} &= \lim_{\Delta t \to 0}\frac{\Delta z}{\Delta t} = \lim_{\Delta t \to 0}\left(\frac{\partial z}{\partial x}\frac{\Delta x}{\Delta t} + \frac{\partial z}{\partial y}\frac{\Delta y}{\Delta t} + \varepsilon_1\frac{\Delta x}{\Delta t} + \varepsilon_2\frac{\Delta y}{\Delta t}\right) \\
&= \frac{\partial z}{\partial x}\frac{\mathrm{d}x}{\mathrm{d}t} + \frac{\partial z}{\partial y}\frac{\mathrm{d}y}{\mathrm{d}t} + 0\cdot\frac{\mathrm{d}x}{\mathrm{d}t} + 0\cdot\frac{\mathrm{d}y}{\mathrm{d}t} = \frac{\partial z}{\partial x}\frac{\mathrm{d}x}{\mathrm{d}t} + \frac{\partial z}{\partial y}\frac{\mathrm{d}y}{\mathrm{d}t}
\end{aligned}$$

∎

下面来解释一下定理 126，先来理解其中的代数式：

---

① t_0 实际上代表了任意 t，所以下面省略了 $|_{t=t_0}$。
② 下述结论出自可微分充分条件（定理 125）的证明。

- 构造参数方程 $\begin{cases} x = \varphi(t) \\ y = \psi(t) \\ z = 0 \end{cases}$ ，这是 xOy 面上的曲线 C_1，如图 10.73 所示。

- 复合函数 $z = f\big(\varphi(t), \psi(t)\big)$ 可改写为空间曲线的参数方程 $\begin{cases} x = \varphi(t) \\ y = \psi(t) \\ z = f\big(\varphi(t), \psi(t)\big) \end{cases}$ ，这

  是以曲线 C_1 为自变量、位于曲面 $z = f(x, y)$ 上的曲线 C_2，如图 10.73 所示。

- 或可理解为，曲线 C_2 是曲面 $z = f(x, y)$ 上的空间曲线，其在 xOy 面上的投影是曲线 C_1，如图 10.73 所示。

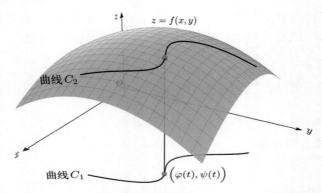

图 10.73　C_2 是曲面 $f(x, y)$ 上的空间曲线，其在 xOy 面上的投影是 C_1

再来理解定理 126 中的条件[①]：

- "$t = t_0$ 时对应的 (x_0, y_0) 点"，意思就是 $\big(\varphi(t_0), \psi(t_0)\big) = (x_0, y_0)$，如图 10.74 所示。

- "$x = \varphi(t)$ 及 $y = \psi(t)$ 都在 t_0 点可导"，该条件保证了曲线 C_1 在 t_0 点，或者说在 (x_0, y_0) 点是顺滑的[②]，如图 10.74 所示。

- "$z = f(x, y)$ 在 $t = t_0$ 时对应的 (x_0, y_0) 点有连续的偏导数"，该条件保证了曲面 $z = f(x, y)$ 在 (x_0, y_0) 点存在全微分，也保证了曲面 $z = f(x, y)$ 在 (x_0, y_0) 点是顺滑的，如图 10.74 所示。

- 曲线 C_2 的投影为曲线 C_1，所在平面为曲面 $z = f(x, y)$，曲线 C_1 和曲面 $z = f(x, y)$ 都是顺滑的，所以曲线 C_2 也是顺滑的，如图 10.74 所示。

曲面 $z = f(x, y)$ 在 (x_0, y_0) 点的全微分可近似曲面 $z = f(x, y)$ 在 (x_0, y_0) 点及其附近的图像，而顺滑的曲线 C_2 是曲面 $z = f(x, y)$ 的一部分，所以该全微分也能近似曲线 C_2，所以曲线 C_2 在 t_0 点存在微分，如图 10.74 所示。并且也容易理解，曲线 C_2 的微分在曲面 $z = f(x, y)$ 的全微分上。

综合一下，定理 126 说的就是，当满足其中的条件时，

- 曲线 C_2 在 t_0 点，或者说在 (x_0, y_0) 点存在微分。

- 曲面 $z = f(x, y)$ 在 (x_0, y_0) 点存在全微分。

---

① 此处的解释较为直观，不太严格。另，这里反复提到顺滑，因为这是能被"线性近似"的曲线、曲面的特点。
② 比如 $y = |x|$ 在 0 点是不可导的，其图像可参见图 3.27，它是一条折线，并不顺滑。

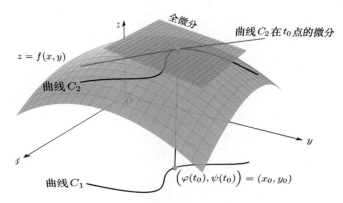

图 10.74 C_2 的微分在曲面 $f(x, y)$ 的全微分上

- 曲线 C_2 的微分在曲面 $z = f(x, y)$ 的全微分上。

让我们通过一道例题来继续说明上述结论，以及展示曲线 C_2 的微分的求法，其中会用到全导数 $\dfrac{\mathrm{d}z}{\mathrm{d}t}$。

例 244. 已知 $x = \cos t$、$y = \sin t$ 以及 $z = xy$，请求出全导数 $\dfrac{\mathrm{d}z}{\mathrm{d}t}$。

解.（1）了解曲面 $z = xy$，其图像如图 10.75 所示。

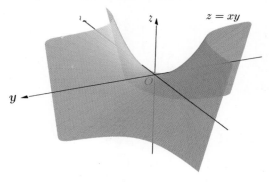

图 10.75 曲面 $z = xy$ 的图像

（2）求出全导数 $\dfrac{\mathrm{d}z}{\mathrm{d}t}$。题目给出的条件满足一元函数与二元函数的复合（定理 126，也就是全导数的计算法）的要求，结合倍角公式 $\cos^2 t - \sin^2 t = \cos(2t)$，可得：

$$\frac{\mathrm{d}z}{\mathrm{d}t} = \frac{\partial z}{\partial x}\frac{\mathrm{d}x}{\mathrm{d}t} + \frac{\partial z}{\partial y}\frac{\mathrm{d}y}{\mathrm{d}t} = \frac{\partial}{\partial x}(xy) \cdot \frac{\mathrm{d}}{\mathrm{d}t}(\cos t) + \frac{\partial}{\partial y}(xy) \cdot \frac{\mathrm{d}}{\mathrm{d}t}(\sin t)$$

$$= y(-\sin t) + x\cos t = \sin t(-\sin t) + \cos t\cos t = -\sin^2 t + \cos^2 t = \cos(2t)$$

（3）对全导数 $\dfrac{\mathrm{d}z}{\mathrm{d}t} = \cos(2t)$ 意义的解释。构造参数方程 $\begin{cases} x = \cos t \\ y = \sin t \\ z = 0 \end{cases}, t \in \mathbb{R}$，其图像为 xOy

面上的曲线（圆）C_1；将复合函数 $z = \cos t\sin t$ 改写为空间曲线的参数方程 $\begin{cases} x = \cos t \\ y = \sin t \\ z = \cos t\sin t \end{cases}$,

$t \in \mathbb{R}$，其图像为曲面 $z = xy$ 上的空间曲线 C_2。其中曲线 C_1 是曲线 C_2 在 xOy 面上的投影，如图 10.76 所示。

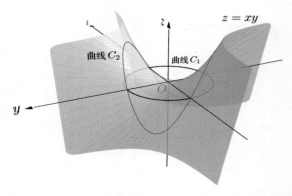

图 10.76 C_2 是曲面 $z = xy$ 上的空间曲线，其在 xOy 面上的投影是 C_1

下面来求曲线 C_1、C_2 的微分，其做法和"马同学图解"系列图书《微积分（上）》中的例 87 类似。首先曲线 C_1、C_2 的参数方程可以如下改写为向量的形式：

$$\begin{cases} x = \cos t \\ y = \sin t \\ z = 0 \end{cases} \implies \begin{pmatrix} x \\ y \\ z \end{pmatrix} = \begin{pmatrix} \cos t \\ \sin t \\ 0 \end{pmatrix}, \quad 0 \leqslant t \leqslant 2\pi$$

$$\begin{cases} x = \cos t \\ y = \sin t \\ z = \cos t \sin t \end{cases} \implies \begin{pmatrix} x \\ y \\ z \end{pmatrix} = \begin{pmatrix} \cos t \\ \sin t \\ \cos t \sin t \end{pmatrix}, \quad 0 \leqslant t \leqslant 2\pi$$

上述两个向量的分量都是可导的，这就说明曲线 C_1、C_2 都是可微的，即曲线 C_1、C_2 在其上任意一点都存在微分。比如图 10.77 所示，曲线 C_1 在 $\boldsymbol{P}_1$ 点、曲线 C_2 在 $\boldsymbol{P}_2$ 点存在微分。

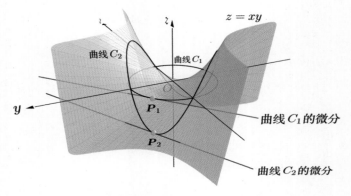

图 10.77   曲线 C_1 和 C_2 都存在微分

对曲线 C_1 改写后的向量的分量求导就可得曲线 C_1 的切向量 $\boldsymbol{s}$：

$$s = \begin{pmatrix} \dfrac{\mathrm{d}x}{\mathrm{d}t} \\ \dfrac{\mathrm{d}y}{\mathrm{d}t} \\ \dfrac{\mathrm{d}z}{\mathrm{d}t} \end{pmatrix} = \begin{pmatrix} (\cos t)' \\ (\sin t)' \\ (0)' \end{pmatrix} = \begin{pmatrix} -\sin t \\ \cos t \\ 0 \end{pmatrix}$$

切向量 s 也就是切线的方向向量，所以曲线 C_1 在 $\boldsymbol{P}_1$ 点的微分在 xyz 坐标系下的表达式如下，即曲线 C_1 在 $\boldsymbol{P}_1$ 点的切线的参数方程如下，这是在 xOy 面上的直线：

$$\boldsymbol{P}_1 + k\boldsymbol{s} = \boldsymbol{P}_1 + k \begin{pmatrix} -\sin t \\ \cos t \\ 0 \end{pmatrix}, \quad k \in \mathbb{R}$$

同样的道理，曲线 C_2 在 $\boldsymbol{P}_2$ 点的微分在 xyz 坐标系下的表达式如下，也就是曲线 C_2 在 $\boldsymbol{P}_2$ 点的切线的参数方程如下：

$$\boldsymbol{P}_2 + k \begin{pmatrix} \dfrac{\mathrm{d}x}{\mathrm{d}t} \\ \dfrac{\mathrm{d}y}{\mathrm{d}t} \\ \dfrac{\mathrm{d}z}{\mathrm{d}t} \end{pmatrix} = \boldsymbol{P}_2 + k \begin{pmatrix} -\sin t \\ \cos t \\ \cos(2t) \end{pmatrix}, \quad k \in \mathbb{R}$$

前面求解中两处用到了 $\dfrac{\mathrm{d}z}{\mathrm{d}t}$，按照定义而言，只有最后用到的那次才能称为全导数。不过可以不用太拘泥于定义，还是以理解为主。

（4）这里再额外讨论一个问题，曲线 C_2 在 $\boldsymbol{P}_2$ 点的微分是否在曲面 $z = xy$ 在 $\boldsymbol{P}_2$ 点的全微分上？为了计算更简单，下面在 $\mathrm{d}x\mathrm{d}y\mathrm{d}z$ 坐标系中讨论该问题。在 $\mathrm{d}x\mathrm{d}y\mathrm{d}z$ 坐标系中，曲线 C_2 在 $\boldsymbol{P}_2$ 点的微分，及其方向向量 s 如下：

$$曲线 C_2 在 P_2 点的微分：k \begin{pmatrix} -\sin t \\ \cos t \\ \cos(2t) \end{pmatrix} (t \in \mathbb{R}) \implies s = \begin{pmatrix} -\sin t \\ \cos t \\ \cos(2t) \end{pmatrix}$$

在 $\mathrm{d}x\mathrm{d}y\mathrm{d}z$ 坐标系中，如下可算出曲面 $z = xy$ 在 $\boldsymbol{P}_2$ 点的全微分 $\mathrm{d}z$ 及其法向量 $\boldsymbol{n}$，并且代入 $x = \cos t$、$y = \sin t$ 后，可得：

$$\mathrm{d}z = f_x \mathrm{d}x + f_y \mathrm{d}y = y\mathrm{d}x + x\mathrm{d}y \implies y\mathrm{d}x + x\mathrm{d}y - \mathrm{d}z = 0 \implies \boldsymbol{n} = \begin{pmatrix} y \\ x \\ -1 \end{pmatrix} \implies \boldsymbol{n} = \begin{pmatrix} \sin t \\ \cos t \\ -1 \end{pmatrix}$$

进行点积运算：

$$s \cdot \boldsymbol{n} = \begin{pmatrix} -\sin t \\ \cos t \\ \cos(2t) \end{pmatrix} \cdot \begin{pmatrix} \sin t \\ \cos t \\ -1 \end{pmatrix} = -\sin t \sin t + \cos t \cos t - \cos(2t) = 0$$

这说明了 $s \perp \boldsymbol{n}$，也说明了曲线 C_2 在 $\boldsymbol{P}_2$ 点的微分在曲面 $z = xy$ 在 $\boldsymbol{P}_2$ 点的全微分上，

如图 10.78 所示。其中用红点表示 $\boldsymbol{P}_2$ 点，用蓝色直线表示曲线 C_2 在 $\boldsymbol{P}_2$ 点的微分，及用蓝色平面表示曲面 $z = xy$ 在 $\boldsymbol{P}_2$ 点的全微分（为了演示方便，此处选择的 $\boldsymbol{P}_2$ 点和（3）中的不同）。

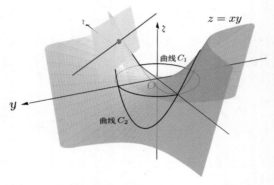

图 10.78   曲线 C_2 的微分在曲面 $z = xy$ 的全微分上

10.5.2   多元函数的复合

可将一元函数与二元函数的复合（定理 126）推广到中间变量多于两个的情况。例如，设 $w = f(x, y, z)$、$x = \varphi(t)$、$y = \psi(t)$ 及 $z = \omega(t)$，可得复合函数 $w = f[\varphi(t), \psi(t), \omega(t)]$，则在和一元函数与二元函数的复合（定理 126）中类似的条件下，该复合函数是 t 的可导函数，有：

$$\frac{\mathrm{d}w}{\mathrm{d}t} = \frac{\partial w}{\partial x}\frac{\mathrm{d}x}{\mathrm{d}t} + \frac{\partial w}{\partial y}\frac{\mathrm{d}y}{\mathrm{d}t} + \frac{\partial w}{\partial z}\frac{\mathrm{d}z}{\mathrm{d}t}$$

可通过图 10.79 和图 10.80 来记忆一元函数与多元函数的复合，从顶上出发，将同一路径上的导数相乘，不同路径上的相加，就可得到最后的结果。

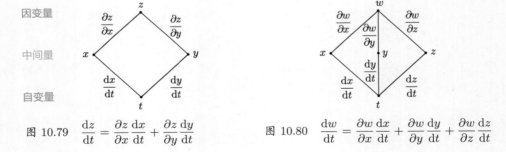

图 10.79 $\dfrac{\mathrm{d}z}{\mathrm{d}t} = \dfrac{\partial z}{\partial x}\dfrac{\mathrm{d}x}{\mathrm{d}t} + \dfrac{\partial z}{\partial y}\dfrac{\mathrm{d}y}{\mathrm{d}t}$ 图 10.80 $\dfrac{\mathrm{d}w}{\mathrm{d}t} = \dfrac{\partial w}{\partial x}\dfrac{\mathrm{d}x}{\mathrm{d}t} + \dfrac{\partial w}{\partial y}\dfrac{\mathrm{d}y}{\mathrm{d}t} + \dfrac{\partial w}{\partial z}\dfrac{\mathrm{d}z}{\mathrm{d}t}$

定理 127. 如果函数 $x = \varphi(s, t)$ 及 $y = \psi(s, t)$ 都在 (s_0, t_0) 点具有对 s 及对 t 的偏导数，函数 $z = f(x, y)$ 在 t_0 点对应的 (x_0, y_0) 点有连续的偏导数，那么复合函数 $z = f[\varphi(s, t), \psi(s, t)]$ 在 (s_0, t_0) 点的两个偏导数都存在，且有：

$$\frac{\partial z}{\partial s} = \frac{\partial z}{\partial x}\frac{\partial x}{\partial s} + \frac{\partial z}{\partial y}\frac{\partial y}{\partial s}, \quad \frac{\partial z}{\partial t} = \frac{\partial z}{\partial x}\frac{\partial x}{\partial t} + \frac{\partial z}{\partial y}\frac{\partial y}{\partial t}$$

定理 127 和之前讨论的基本一样，比如求 $\dfrac{\mathrm{d}z}{\mathrm{d}s}$ 时，其中变化的是 s，故可将 t 视作常量，

从而此时的函数 $x = \varphi(s,t)$、$y = \psi(s,t)$ 只是关于 s 的单变量函数，所以套用前面的定理即可。区别主要在于，上述定理中运用的都是偏导数符号。

定理 127 和之前介绍的一元函数与二元函数的复合（定理 126），以及它们的推广（比如下面的例 246 就会用到一种推广），可以笼统地称为多元复合函数的求导法则。

例 245. 设 $w = xy + z$，其中 $x = \cos t$、$y = \sin t$ 以及 $z = t$，求 $\dfrac{\mathrm{d}w}{\mathrm{d}t}$。

解. 根据多元复合函数的求导法则（定理 127），有：

$$\frac{\mathrm{d}w}{\mathrm{d}t} = \frac{\partial w}{\partial x}\frac{\mathrm{d}x}{\mathrm{d}t} + \frac{\partial w}{\partial y}\frac{\mathrm{d}y}{\mathrm{d}t} + \frac{\partial w}{\partial z}\frac{\mathrm{d}z}{\mathrm{d}t} = (y)(-\sin t) + (x)(\cos t) + (1)(1)$$

$$= (\sin t)(-\sin t) + (\cos t)(\cos t) + 1 = -\sin^2 t + \cos^2 t + 1 = 1 + \cos(2t)$$

这里解读一下 $\dfrac{\mathrm{d}w}{\mathrm{d}t}$ 的意义，在例 221 中学习过 $\begin{cases} x = \cos t \\ y = \sin t \\ z = t \end{cases}$，$t \in \mathbb{R}$ 是螺旋线的参数方程，其图像如图 9.159 所示。若该曲线上 (x, y, z) 点的温度为 $w = xy + z$，那么 $\dfrac{\mathrm{d}w}{\mathrm{d}t}$ 的物理意义就是该曲线上温度的变化率。

例 246. 设 $w = f(x, y, z) = \mathrm{e}^{x^2 + y^2 + z^2}$，其中 $z = x^2 \sin y$，求 $\dfrac{\partial w}{\partial x}$ 以及 $\dfrac{\partial w}{\partial y}$。

解. 下面用到的解法之前没有介绍过，其实就是多元复合函数求导法则（定理 127）的一种推广，或者说是一种特例。在本题中，x 和 y 都是自变量，z 是 x 和 y 的函数，所以：

$$\frac{\partial w}{\partial x} = \frac{\partial f}{\partial x} + \frac{\partial f}{\partial z}\frac{\partial z}{\partial x} = 2xe^{x^2+y^2+z^2} + 2ze^{x^2+y^2+z^2} \cdot 2x\sin y = 2x(1+2x^2\sin^2 y)e^{x^2+y^2+x^4\sin^2 y}$$

$$\frac{\partial w}{\partial y} = \frac{\partial f}{\partial y} + \frac{\partial f}{\partial z}\frac{\partial z}{\partial y} = 2ye^{x^2+y^2+z^2} + 2ze^{x^2+y^2+z^2} \cdot x^2\cos y = 2(y+x^4\sin y\cos y)e^{x^2+y^2+x^4\sin^2 y}$$

例 247. 设 $w = f(r+s+t, rst)$，f 有二阶连续偏导数，求 $\dfrac{\partial w}{\partial r}$ 及 $\dfrac{\partial^2 w}{\partial r\partial t}$。

解. 令 $x = r+s+t$ 以及 $y = rst$，则 $w = f(x,y)$，根据多元复合函数的求导法则（定理 127），有：

$$\frac{\partial w}{\partial r} = \frac{\partial f}{\partial x}\frac{\partial x}{\partial r} + \frac{\partial f}{\partial y}\frac{\partial y}{\partial r} = \frac{\partial f}{\partial x} + st\frac{\partial f}{\partial y} = f_x + st f_y$$

$$\frac{\partial^2 w}{\partial r\partial t} = \frac{\partial}{\partial t}\left(\frac{\partial w}{\partial r}\right) = \frac{\partial}{\partial t}\left(f_x + st f_y\right) = \frac{\partial f_x}{\partial t} + s f_y + st\frac{\partial f_y}{\partial t}$$

注意 $f_x = f_x(x,y)$ 及 $f_y = f_y(x,y)$，其中 x 和 y 是中间变量，根据多元复合函数的求导法则（定理 127），有：

$$\frac{\partial f_x}{\partial t} = \frac{\partial f_x}{\partial x}\frac{\partial x}{\partial t} + \frac{\partial f_x}{\partial y}\frac{\partial y}{\partial t} = f_{xx} + rs f_{xy}, \qquad \frac{\partial f_y}{\partial t} = \frac{\partial f_y}{\partial x}\frac{\partial x}{\partial t} + \frac{\partial f_y}{\partial y}\frac{\partial y}{\partial t} = f_{yx} + rs f_{yy}$$

因为 f 有二阶连续偏导数，根据克莱罗定理（定理 122），所以有 $f_{xy} = f_{yx}$，从而：

$$\frac{\partial^2 w}{\partial r\partial t} = \frac{\partial f_x}{\partial t} + s f_y + st\frac{\partial f_y}{\partial t} = f_{xx} + rs f_{xy} + s f_y + st f_{yx} + rs^2 t f_{yy} = f_{xx} + s(r+t)f_{xy} + rs^2 t f_{yy} + s f_y$$

10.6 微分与雅可比矩阵、行列式

本书学习了形式多样的各种微分，它们其实是有共性的，本节就来介绍一下。

10.6.1 各种微分的共性

单变量函数 $y = f(x)$ 的微分可改写为如下矩阵乘法：

$$\mathrm{d}y = f'(x)\mathrm{d}x \implies \underbrace{\left(\mathrm{d}y\right)}_{\mathbf{d}\boldsymbol{y}} = \underbrace{\left(f'(x)\right)}_{\boldsymbol{T}}\underbrace{\left(\mathrm{d}x\right)}_{\mathbf{d}\boldsymbol{x}} \implies \mathbf{d}\boldsymbol{y} = \boldsymbol{T}\mathbf{d}\boldsymbol{x}$$

类似地，二元函数 $z = f(x, y)$ 的微分可改写为如下矩阵乘法：

$$\mathrm{d}z = \frac{\partial f}{\partial x}\mathrm{d}x + \frac{\partial f}{\partial y}\mathrm{d}y \implies \underbrace{\left(\mathrm{d}z\right)}_{\mathbf{d}\boldsymbol{y}} = \underbrace{\left(\frac{\partial f}{\partial x} \quad \frac{\partial f}{\partial y}\right)}_{\boldsymbol{T}}\underbrace{\begin{pmatrix}\mathrm{d}x \\ \mathrm{d}y\end{pmatrix}}_{\mathbf{d}\boldsymbol{x}} \implies \mathbf{d}\boldsymbol{y} = \boldsymbol{T}\mathbf{d}\boldsymbol{x}$$

更一般地，多元函数 $y = f(x_1, x_2, \cdots, x_n)$ 的微分可改写为如下矩阵乘法：

$$\mathrm{d}y = \frac{\partial f}{\partial x_1}\mathrm{d}x_1 + \frac{\partial f}{\partial x_2}\mathrm{d}x_2 + \cdots + \frac{\partial f}{\partial x_n}\mathrm{d}x_n$$

$$\implies \underbrace{\left(\mathrm{d}y\right)}_{\mathbf{d}\boldsymbol{y}} = \underbrace{\left(\frac{\partial f}{\partial x_1} \quad \frac{\partial f}{\partial x_2} \quad \cdots \quad \frac{\partial f}{\partial x_n}\right)}_{\boldsymbol{T}}\underbrace{\begin{pmatrix}\mathrm{d}x_1 \\ \mathrm{d}x_2 \\ \vdots \\ \mathrm{d}x_b\end{pmatrix}}_{\mathbf{d}\boldsymbol{x}} \implies \mathbf{d}\boldsymbol{y} = \boldsymbol{T}\mathbf{d}\boldsymbol{x}$$

函数 $z = f(x, y)$ 和函数 $z = g(x, y)$ 都是空间曲面，所以方程组 $\begin{cases} z = f(x, y) \\ z = g(x, y) \end{cases}$ 表示的是这两个曲面的交线，比如图 10.81 所示的红色交线。

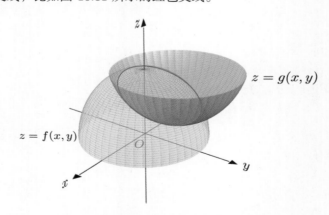

图 10.81　曲面 $f(x, y)$ 和 $g(x, y)$ 的红色交线

该红色交线的微分既在 $z = f(x, y)$ 的全微分上，又在 $z = g(x, y)$ 的全微分上，所以该红

色交线的微分是这两个全微分的交线，即该红色交线的微分为[①] $\begin{cases} \mathrm{d}z = \dfrac{\partial f}{\partial x}\mathrm{d}x + \dfrac{\partial f}{\partial y}\mathrm{d}y \\ \mathrm{d}z = \dfrac{\partial g}{\partial x}\mathrm{d}x + \dfrac{\partial g}{\partial y}\mathrm{d}y \end{cases}$。该

微分也可改写为如下矩阵乘法：

$$
\begin{cases} \mathrm{d}z = \dfrac{\partial f}{\partial x}\mathrm{d}x + \dfrac{\partial f}{\partial y}\mathrm{d}y \\ \mathrm{d}z = \dfrac{\partial g}{\partial x}\mathrm{d}x + \dfrac{\partial g}{\partial y}\mathrm{d}y \end{cases} \implies \underbrace{\begin{pmatrix} \mathrm{d}z \\ \mathrm{d}z \end{pmatrix}}_{\boldsymbol{\mathrm{d}y}} = \underbrace{\begin{pmatrix} \dfrac{\partial f}{\partial x} & \dfrac{\partial f}{\partial y} \\ \dfrac{\partial g}{\partial x} & \dfrac{\partial g}{\partial y} \end{pmatrix}}_{\boldsymbol{T}} \underbrace{\begin{pmatrix} \mathrm{d}x \\ \mathrm{d}y \end{pmatrix}}_{\boldsymbol{\mathrm{d}x}} \implies \boldsymbol{\mathrm{d}y} = \boldsymbol{T}\boldsymbol{\mathrm{d}x}
$$

10.6.2 雅可比矩阵、行列式

于是数学家引入了本节要介绍的定义，从而将各种微分统一了起来。

定义 100. 假设 $f_1, f_2, \cdots, f_n$ 是 $x_1, x_2, \cdots, x_m$ 的函数，且对各个自变量的偏导数都存在，则如下定义函数矩阵：

$$
\boldsymbol{J}(x_1, x_2, \cdots, x_m) = \frac{\partial(f_1, f_2, \cdots, f_n)}{\partial(x_1, x_2, \cdots, x_m)} = \begin{pmatrix} \dfrac{\partial f_1}{\partial x_1} & \dfrac{\partial f_1}{\partial x_2} & \cdots & \dfrac{\partial f_1}{\partial x_m} \\ \dfrac{\partial f_2}{\partial x_1} & \dfrac{\partial f_2}{\partial x_2} & \cdots & \dfrac{\partial f_2}{\partial x_m} \\ \vdots & \vdots & \ddots & \vdots \\ \dfrac{\partial f_n}{\partial x_1} & \dfrac{\partial f_n}{\partial x_2} & \cdots & \dfrac{\partial f_n}{\partial x_m} \end{pmatrix}
$$

该函数矩阵 $\boldsymbol{J}$ 称为雅可比矩阵，若其为方阵，则对应的行列式称为雅可比行列式，记作：

$$
|\boldsymbol{J}(x_1, x_2, \cdots, x_n)| = \left| \frac{\partial(f_1, f_2, \cdots, f_n)}{\partial(x_1, x_2, \cdots, x_n)} \right| = \begin{vmatrix} \dfrac{\partial f_1}{\partial x_1} & \dfrac{\partial f_1}{\partial x_2} & \cdots & \dfrac{\partial f_1}{\partial x_n} \\ \dfrac{\partial f_2}{\partial x_1} & \dfrac{\partial f_2}{\partial x_2} & \cdots & \dfrac{\partial f_2}{\partial x_n} \\ \vdots & \vdots & \ddots & \vdots \\ \dfrac{\partial f_n}{\partial x_1} & \dfrac{\partial f_n}{\partial x_2} & \cdots & \dfrac{\partial f_n}{\partial x_n} \end{vmatrix}
$$

有了定义 100 后，再将自变量、因变量通过向量来表示，各种微分就有了统一的形式（其中将 $\dfrac{\mathrm{d}f}{\mathrm{d}x}$ 看作一种特殊的偏导数，本课程后面也会这么处理）：

在单变量函数的情况下，有"可导即可微"的说法，即若导数 $\dfrac{\mathrm{d}f}{\mathrm{d}x}$ 存在则微分 $\mathrm{d}y = \dfrac{\mathrm{d}f}{\mathrm{d}x}\mathrm{d}x$ 也存在，两者互为充要条件：

$$\text{可导} \iff \text{可微}$$

在多变量函数的情况下，雅可比矩阵有点儿类似于"导数"，借助它就可得到对应的微分。但不能说雅可比矩阵存在，对应的微分就存在，需要通过别的条件来判断是否可微，比如可微分的充分条件（定理 125）。

[①] 在后面的讲解中有一道相关的例题，也就是例 255，感兴趣的同学可以参考一下。

	变量	雅可比矩阵	微分
一元函数 $y = f(x)$	$\mathrm{d}\boldsymbol{y} = \left(\mathrm{d}y\right), \mathrm{d}\boldsymbol{x} = \left(\mathrm{d}x\right)$	$\boldsymbol{J} = \dfrac{\partial(f)}{\partial(x)} = \left(\dfrac{\mathrm{d}f}{\mathrm{d}x}\right)$	$\mathrm{d}\boldsymbol{y} = \boldsymbol{J}\mathrm{d}\boldsymbol{x}$
二元函数 $z = f(x, y)$	$\mathrm{d}\boldsymbol{y} = \left(\mathrm{d}z\right), \mathrm{d}\boldsymbol{x} = \begin{pmatrix}\mathrm{d}x \\ \mathrm{d}y\end{pmatrix}$	$\boldsymbol{J} = \dfrac{\partial(f)}{\partial(x, y)} = \left(\dfrac{\partial f}{\partial x} \quad \dfrac{\partial f}{\partial y}\right)$	$\mathrm{d}\boldsymbol{y} = \boldsymbol{J}\mathrm{d}\boldsymbol{x}$
多元函数 $y = f(x_1, x_2, \cdots, x_n)$	$\mathrm{d}\boldsymbol{y} = \left(\mathrm{d}y\right), \mathrm{d}\boldsymbol{x} = \begin{pmatrix}\mathrm{d}x_1 \\ \mathrm{d}x_2 \\ \vdots \\ \mathrm{d}x_n\end{pmatrix}$	$\boldsymbol{J} = \dfrac{\partial(f)}{\partial(x_1, x_2, \cdots, x_n)}$ $= \left(\dfrac{\partial f}{\partial x_1} \quad \dfrac{\partial f}{\partial x_2} \quad \cdots \quad \dfrac{\partial f}{\partial x_n}\right)$	$\mathrm{d}\boldsymbol{y} = \boldsymbol{J}\mathrm{d}\boldsymbol{x}$
方程组 $\begin{cases} z = f(x, y) \\ z = g(x, y) \end{cases}$	$\mathrm{d}\boldsymbol{y} = \begin{pmatrix}\mathrm{d}z \\ \mathrm{d}z\end{pmatrix}, \mathrm{d}\boldsymbol{x} = \begin{pmatrix}\mathrm{d}x \\ \mathrm{d}y\end{pmatrix}$	$\boldsymbol{J} = \dfrac{\partial(f, g)}{\partial(x, y)} = \begin{pmatrix}\dfrac{\partial f}{\partial x} & \dfrac{\partial f}{\partial y} \\ \dfrac{\partial g}{\partial x} & \dfrac{\partial g}{\partial y}\end{pmatrix}$	$\mathrm{d}\boldsymbol{y} = \boldsymbol{J}\mathrm{d}\boldsymbol{x}$

10.6.3　链式法则

有了雅可比矩阵，多元复合函数的求导法则（定理 126、定理 127 以及它们的推广）就可以和单变量函数的链式法则（定理 51）统一起来，下面是具体的细节。

假设有函数 $y = f(x)$ 及 $x = g(t)$，根据单变量函数的链式法则（定理 51）以及雅可比矩阵，对于复合函数 $y = f[g(t)]$ 有：

$$\frac{\mathrm{d}y}{\mathrm{d}t} = \frac{\mathrm{d}y}{\mathrm{d}x}\frac{\mathrm{d}x}{\mathrm{d}t} = \frac{\partial(f)}{\partial(x)}\frac{\partial(x)}{\partial(t)}$$

若有函数 $z = f(x, y)$ 及 $x = \varphi(t)$、$y = \psi(t)$，根据多元复合函数的求导法则以及雅可比矩阵，对于复合函数 $z = f[\varphi(t), \psi(t)]$ 有：

$$\frac{\mathrm{d}z}{\mathrm{d}t} = \frac{\partial z}{\partial x}\frac{\mathrm{d}x}{\mathrm{d}t} + \frac{\partial z}{\partial y}\frac{\mathrm{d}y}{\mathrm{d}t} = \left(\frac{\partial z}{\partial x} \quad \frac{\partial z}{\partial y}\right)\begin{pmatrix}\dfrac{\partial x}{\partial t} \\ \dfrac{\partial y}{\partial t}\end{pmatrix} = \frac{\partial(z)}{\partial(x, y)}\frac{\partial(x, y)}{\partial(t)}$$

或者，若有函数 $w = f(x, y, z)$ 及 $x = \varphi(t)$、$y = \psi(t)$、$z = \omega(t)$，根据多元复合函数的求导法则以及雅可比矩阵，对于复合函数 $w = f[\varphi(t), \psi(t), \omega(t)]$ 有：

$$\frac{\mathrm{d}w}{\mathrm{d}t} = \frac{\partial w}{\partial x}\frac{\mathrm{d}x}{\mathrm{d}t} + \frac{\partial w}{\partial y}\frac{\mathrm{d}y}{\mathrm{d}t} + \frac{\partial w}{\partial z}\frac{\mathrm{d}z}{\mathrm{d}t} = \left(\frac{\partial w}{\partial x} \quad \frac{\partial w}{\partial y} \quad \frac{\partial w}{\partial z}\right)\begin{pmatrix}\dfrac{\partial x}{\partial t} \\ \dfrac{\partial y}{\partial t} \\ \dfrac{\partial z}{\partial t}\end{pmatrix} = \frac{\partial(w)}{\partial(x, y, z)}\frac{\partial(x, y, z)}{\partial(t)}$$

再或者，若有函数 $z = f(x, y)$ 及 $x = \varphi(s, t)$、$y = \psi(s, t)$，对于复合函数 $z = f[\varphi(s, t), \psi(s, t)]$ 有：

$$\frac{\partial(z)}{\partial(s, t)} = \frac{\partial(z)}{\partial(x, y)}\frac{\partial(x, y)}{\partial(s, t)}$$

上式的推导过程如下，根据多元复合函数的求导法则，有：

$$\frac{\partial z}{\partial s} = \frac{\partial z}{\partial x}\frac{\partial x}{\partial s} + \frac{\partial z}{\partial y}\frac{\partial y}{\partial s}, \quad \frac{\partial z}{\partial t} = \frac{\partial z}{\partial x}\frac{\partial x}{\partial t} + \frac{\partial z}{\partial y}\frac{\partial y}{\partial t}$$

借助雅可比矩阵，上述结论可改写为如下矩阵乘法：

$$\underbrace{\begin{pmatrix} \dfrac{\partial z}{\partial s} & \dfrac{\partial z}{\partial t} \end{pmatrix}}_{\frac{\partial(z)}{\partial(s,t)}} = \begin{pmatrix} \dfrac{\partial z}{\partial x}\dfrac{\partial x}{\partial s} + \dfrac{\partial z}{\partial y}\dfrac{\partial y}{\partial s} & \dfrac{\partial z}{\partial x}\dfrac{\partial x}{\partial t} + \dfrac{\partial z}{\partial y}\dfrac{\partial y}{\partial t} \end{pmatrix} = \underbrace{\begin{pmatrix} \dfrac{\partial z}{\partial x} & \dfrac{\partial z}{\partial y} \end{pmatrix}}_{\frac{\partial(z)}{\partial(x,y)}} \underbrace{\begin{pmatrix} \dfrac{\partial x}{\partial s} & \dfrac{\partial x}{\partial t} \\ \dfrac{\partial y}{\partial s} & \dfrac{\partial y}{\partial t} \end{pmatrix}}_{\frac{\partial(x,y)}{\partial(s,t)}}$$

　　小结一下，借助雅可比矩阵和矩阵乘法，各种复合函数求导法则（定理 126、定理 127 以及它们的推广）就统一起来了，形式上都比较像单变量函数的链式法则（定理 51）：

	求导法则	雅可比矩阵
$y = f(x)$、$x = x(t)$	$\dfrac{\mathrm{d}y}{\mathrm{d}t} = \dfrac{\mathrm{d}y}{\mathrm{d}x}\dfrac{\mathrm{d}x}{\mathrm{d}t}$	$\dfrac{\partial(y)}{\partial(t)} = \dfrac{\partial(f)}{\partial(x)}\dfrac{\partial(x)}{\partial(t)}$
$z = f(x,y)$ $x = \varphi(t)$、$y = \psi(t)$	$\dfrac{\mathrm{d}z}{\mathrm{d}t} = \dfrac{\partial z}{\partial x}\dfrac{\mathrm{d}x}{\mathrm{d}t} + \dfrac{\partial z}{\partial y}\dfrac{\mathrm{d}y}{\mathrm{d}t}$	$\dfrac{\partial(z)}{\partial(t)} = \dfrac{\partial(f)}{\partial(x,y)}\dfrac{\partial(x,y)}{\partial(t)}$
$w = f(x,y,z)$ $x = \varphi(t)$、$y = \psi(t)$、$z = \omega(t)$	$\dfrac{\mathrm{d}w}{\mathrm{d}t} = \dfrac{\partial w}{\partial x}\dfrac{\mathrm{d}x}{\mathrm{d}t} + \dfrac{\partial w}{\partial y}\dfrac{\mathrm{d}y}{\mathrm{d}t} + \dfrac{\partial w}{\partial z}\dfrac{\mathrm{d}z}{\mathrm{d}t}$	$\dfrac{\partial(w)}{\partial(t)} = \dfrac{\partial(f)}{\partial(x,y,z)}\dfrac{\partial(x,y,z)}{\partial(t)}$
$z = f(x,y)$ $x = \varphi(s,t)$、$y = \psi(s,t)$	$\dfrac{\partial z}{\partial s} = \dfrac{\partial z}{\partial x}\dfrac{\partial x}{\partial s} + \dfrac{\partial z}{\partial y}\dfrac{\partial y}{\partial s}$ $\dfrac{\partial z}{\partial t} = \dfrac{\partial z}{\partial x}\dfrac{\partial x}{\partial t} + \dfrac{\partial z}{\partial y}\dfrac{\partial y}{\partial t}$	$\dfrac{\partial(z)}{\partial(s,t)} = \dfrac{\partial(z)}{\partial(x,y)}\dfrac{\partial(x,y)}{\partial(s,t)}$

例 248. 设 $w = f(x,y,z) = \mathrm{e}^{x^2+y^2+z^2}$，其中 $z = x^2\sin y$，求 $\dfrac{\partial w}{\partial x}$ 和 $\dfrac{\partial w}{\partial y}$。

解. 这是之前做过的例 246，这里借助雅可比矩阵，或者说借助之前介绍的链式法则，重新计算一下。本题中 x 和 y 都是自变量，z 是 x 和 y 的函数，所以：

$$\frac{\partial w}{\partial x} = \frac{\partial(f)}{\partial(x,z)}\frac{\partial(x,z)}{\partial(x)} = \begin{pmatrix} \dfrac{\partial f}{\partial x} & \dfrac{\partial f}{\partial z} \end{pmatrix}\begin{pmatrix} \dfrac{\partial x}{\partial x} \\ \dfrac{\partial z}{\partial x} \end{pmatrix} = \frac{\partial f}{\partial x} + \frac{\partial f}{\partial z}\frac{\partial z}{\partial x}$$

$$= 2x\mathrm{e}^{x^2+y^2+z^2} + 2z\mathrm{e}^{x^2+y^2+z^2} \cdot 2x\sin y = 2x(1 + 2x^2\sin^2 y)\mathrm{e}^{x^2+y^2+x^4\sin^2 y}$$

$$\frac{\partial w}{\partial y} = \frac{\partial(f)}{\partial(y,z)}\frac{\partial(y,z)}{\partial(y)} = \begin{pmatrix} \dfrac{\partial f}{\partial y} & \dfrac{\partial f}{\partial z} \end{pmatrix}\begin{pmatrix} \dfrac{\partial y}{\partial y} \\ \dfrac{\partial z}{\partial y} \end{pmatrix} = \frac{\partial f}{\partial y} + \frac{\partial f}{\partial z}\frac{\partial z}{\partial y}$$

$$= 2y\mathrm{e}^{x^2+y^2+z^2} + 2z\mathrm{e}^{x^2+y^2+z^2} \cdot x^2\cos y = 2(y + x^4\sin y\cos y)\mathrm{e}^{x^2+y^2+x^4\sin^2 y}$$

例 249. 设 $z = f(u,v,t) = uv + \sin t$，其中 $u = \mathrm{e}^t$ 以及 $v = \cos t$，求 $\dfrac{\mathrm{d}z}{\mathrm{d}t}$。

解. 本题中 t 是自变量，u 和 v 是 t 的函数，所以：

$$\frac{\mathrm{d}z}{\mathrm{d}t} = \frac{\partial(f)}{\partial(u,v,t)}\frac{\partial(u,v,t)}{\partial(t)} = \begin{pmatrix}\dfrac{\partial f}{\partial u} & \dfrac{\partial f}{\partial v} & \dfrac{\partial f}{\partial t}\end{pmatrix}\begin{pmatrix}\dfrac{\mathrm{d}u}{\mathrm{d}t}\\[6pt]\dfrac{\mathrm{d}v}{\mathrm{d}t}\\[6pt]\dfrac{\mathrm{d}t}{\mathrm{d}t}\end{pmatrix} = \frac{\partial f}{\partial u}\frac{\mathrm{d}u}{\mathrm{d}t} + \frac{\partial f}{\partial v}\frac{\mathrm{d}v}{\mathrm{d}t} + \frac{\partial f}{\partial t}$$

$$= v\mathrm{e}^t - u\sin t + \cos t = \mathrm{e}^t\cos t - \mathrm{e}^t\sin t + \cos t$$

10.7　隐函数的求导公式

在"马同学图解"系列图书《微积分（上）》的"隐函数的导函数"一节提到过，对于圆而言，从全局看不是函数，如图 10.82 所示；从局部看是函数，如图 10.83 所示，也就是所谓的隐函数。

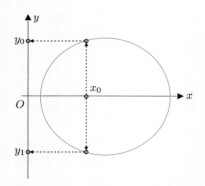

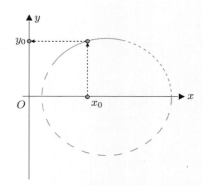

图 10.82　从全局看圆，不是函数　　　　图 10.83　从局部看圆，是函数

但在"马同学图解"系列图书《微积分（上）》中，局部指的是 x_0 点的邻域，该邻域在 x 轴上，在该邻域内圆不是函数，如图 10.84 所示；而在本书中，我们学习了 (x_0,y_0) 点的邻域，在该邻域内圆才是函数，如图 10.85 所示。

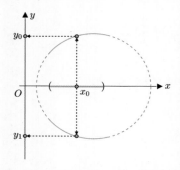

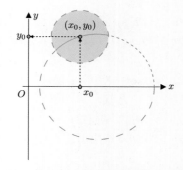

图 10.84　在 x_0 点的邻域内，圆不是函数　　　图 10.85　在 (x_0,y_0) 点的邻域内，圆是函数

也就是说，在"马同学图解"系列图书《微积分（上）》中，还无法严格地处理上述隐函数，本节就来完成此未竟之事。

定理 128 (隐函数存在定理 1). 设函数 $F(x,y)$ 在 (x_0,y_0) 点的某一邻域内有连续的偏导数，且：

$$F(x_0, y_0) = 0, \quad F_y(x_0, y_0) \neq 0$$

则方程 $F(x, y) = 0$ 在 (x_0, y_0) 点的某一邻域内恒能唯一确定一个连续且具有连续导数的函数 $y = f(x)$，它满足条件 $y_0 = f(x_0)$，并有：

$$\frac{\mathrm{d}y}{\mathrm{d}x} = -\frac{F_x}{F_y}$$

对定理 128 不做证明，只通过举例来说明。让我们从该定理中的"$F(x, y) = 0$"说起，该条件的作用是：

$$将\ xOy\ 面上的平面曲线 \xrightarrow{\text{转换为}} 三维空间中\ z = 0\ 平面上的空间曲线$$

如图 10.86 所示，在 xOy 面上有一个红色的圆，该圆也可看作曲面 $z = F(x, y)$ 和平面 $z = 0$ 相交而成的空间曲线。根据空间曲线的一般方程可知，该空间曲线的方程为 $\begin{cases} z = F(x, y) \\ z = 0 \end{cases}$，或简写为 $F(x, y) = 0$。

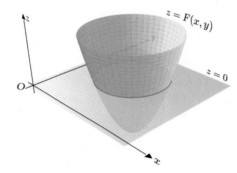

图 10.86　xOy 面上的红色圆，可看作曲面 $z = F(x, y)$ 和平面 $z = 0$ 相交而成的空间曲线

而上述定理中的"$F(x_0, y_0) = 0$"意味着 (x_0, y_0) 点在红色的圆上，再结合"$F_y(x_0, y_0) \neq 0$"（关于这一点之后会给出解释），从而在 (x_0, y_0) 点的某一邻域就存在一个隐函数，如图 10.87 所示。

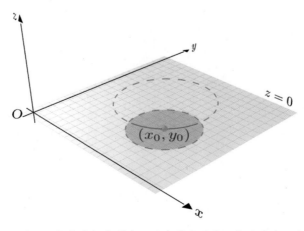

图 10.87　(x_0, y_0) 点在红色圆上，且在该点的某一邻域存在一个隐函数

将该隐函数记作"$y = f(x)$",这是在 xOy 面上的函数,并且根据条件有"$y_0 = f(x_0)$",如图 10.88 所示。

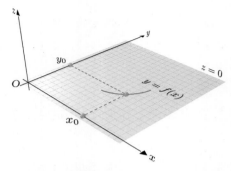

图 10.88   设隐函数为 $y = f(x)$,则有 $y_0 = f(x_0)$

所以在 (x_0, y_0) 点的某一邻域内有:

$$F(x, y) = 0 \implies F\Big(x, f(x)\Big) = 0$$

根据多元复合函数的求导法则(定理 126),对上式两侧求 x 的偏导数可得:

$$\frac{\partial}{\partial x} F\Big(x, f(x)\Big) = \frac{\partial 0}{\partial x} \implies \frac{\partial F}{\partial x} + \frac{\partial F}{\partial f} \frac{\mathrm{d}f}{\mathrm{d}x} = 0 \implies \frac{\partial F}{\partial x} + \frac{\partial F}{\partial y} \frac{\mathrm{d}y}{\mathrm{d}x} = 0$$

根据"$F(x, y)$ 在 (x_0, y_0) 点的某一邻域内有连续的偏导数",可知在该邻域内 F_y 是连续的,这意味着在该邻域内 F_y 的值变化不大;又上述定理中有"$F_y(x_0, y_0) \neq 0$",结合 F_y 的值变化不大,所以存在 (x_0, y_0) 点的某一邻域使得 $F_y \neq 0$,从而可得出在该邻域内有:

$$\frac{\partial F}{\partial x} + \frac{\partial F}{\partial y} \frac{\mathrm{d}y}{\mathrm{d}x} = 0 \implies \frac{\partial F}{\partial y} \frac{\mathrm{d}y}{\mathrm{d}x} = -\frac{\partial F}{\partial x} \implies \frac{\mathrm{d}y}{\mathrm{d}x} = -\frac{F_x}{F_y}$$

定理 128 大体上解释完了,但其中的"$F_y(x_0, y_0) \neq 0$"还需要进行进一步说明。对于红色交线上的 (x_0, y_0) 点,函数 $z = F(x, y)$ 在 (x_0, y_0) 点有关于 y 的偏微分,红色交线在 (x_0, y_0) 点有微分,如图 10.89 所示。

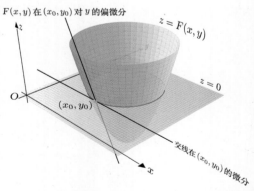

图 10.89   在 (x_0, y_0) 点,$F(x, y)$ 关于 y 的偏微分,及红色交线的微分

恰当地选择 (x_0, y_0) 点使得 $F_y(x_0, y_0) = 0$,此时 $z = F(x, y)$ 在 (x_0, y_0) 点关于 y 的偏微分和红色交线在 (x_0, y_0) 点的微分会重合在一起,如图 10.90 所示。

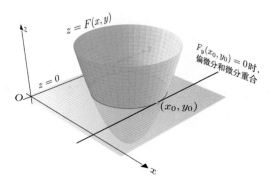

图 10.90 $F_y(x_0, y_0) = 0$ 时, $F(x, y)$ 关于 y 的偏微分与红色交线的微分重合

为什么说偏微分和微分会重合在一起, 下面是具体的解释。首先要理解, 在 $F_y(x_0, y_0) = 0$ 时, $z = F(x, y)$ 在 (x_0, y_0) 点关于 y 的偏微分就是 $z = F(x, y)$ 在 (x_0, y_0) 点的全微分和平面 $z = 0$ 的交线, 如图 10.91 所示, 这是因为:

- 对于函数 $z = F(x, y)$ 而言, $F_y(x_0, y_0) = 0$ 意味着此时在 y 方向上 z 的变化率为 0, 或者说沿着 $z = F(x, y)$ 在 (x_0, y_0) 点关于 y 的偏微分运动, z 不会发生变化。
- (x_0, y_0) 点在平面 $z = 0$ 上, $z = F(x, y)$ 在 (x_0, y_0) 点关于 y 的偏微分过 (x_0, y_0) 点且 z 不会发生变化, 所以该偏微分一定在平面 $z = 0$ 上。
- $z = F(x, y)$ 在 (x_0, y_0) 点关于 y 的偏微分在平面 $z = 0$ 上, 也在 $z = F(x, y)$ 在 (x_0, y_0) 点的全微分上, 故该偏微分是 $z = F(x, y)$ 在 (x_0, y_0) 点的全微分和平面 $z = 0$ 的交线。

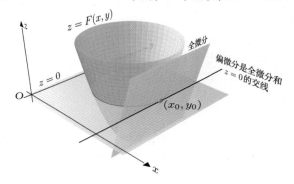

图 10.91 偏微分是 $F(x, y)$ 在 (x_0, y_0) 点的全微分和平面 $z = 0$ 的交线

在后面例 255 中会解释, 两个曲面交线的微分就是这两个曲面的全微分的交线, 结合平面 $z = 0$ 的全微分就是自身, 所以:

$$\left. \begin{array}{l} \text{红色交线是 } F(x, y) \text{ 和 } z = 0 \text{ 的交线} \\[1em] \text{红色交线的微分是} \\ F(x, y) \text{ 的全微分和 } z = 0 \text{ 的交线} \\[1em] F_y(x_0, y_0) = 0 \text{ 时, } F(x, y) \text{ 对 } y \text{ 的偏微分} \\ \text{是 } F(x, y) \text{ 的全微分和 } z = 0 \text{ 的交线} \end{array} \right\} \implies \begin{array}{l} F_y(x_0, y_0) = 0 \text{ 时, } F(x, y) \text{ 对 } y \text{ 的偏微分} \\ \text{是红色交线的微分} \end{array}$$

综上, 我们就得出了在 $F_y(x_0, y_0) = 0$ 时, $z = F(x, y)$ 在 (x_0, y_0) 点关于 y 的偏微分是

红色圆在 (x_0, y_0) 点的微分，从而也可得出该微分平行于 y 轴，如图 10.92 所示。直观地理解，平行于 y 轴的微分不是函数，所以被该微分所近似的圆在 (x_0, y_0) 点附近的图像也不是函数，如图 10.93 所示。

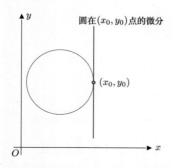

图 10.92　(x_0, y_0) 点的微分平行于 y 轴　　　　图 10.93　微分不是函数，其近似的圆也不是函数

所以在定理 128 中给出了条件"$F_y(x_0, y_0) \neq 0$"，这样才能保证"方程 $F(x, y) = 0$ 在 (x_0, y_0) 点的某一邻域内恒能唯一确定一个函数 $y = f(x)$"。

例 250. 验证方程 $x^2 + y^2 - 1 = 0$ 在 $(0, 1)$ 点的某一邻域内能唯一确定一个连续且具有连续导数的函数 $y = f(x)$，且有 $f(0) = 1$。并求出该函数的一阶、二阶导数在 $x = 0$ 的值。

解.（1）验证存在 $y = f(x)$，且有 $f(0) = 1$。设 $F(x, y) = x^2 + y^2 - 1$，则：

$$F_x = 2x, \quad F_y = 2y, \quad F(0, 1) = 0, \quad F_y(0, 1) = 2 \neq 0$$

根据隐函数存在定理 1（定理 128），所以方程 $x^2 + y^2 - 1 = 0$ 在 $(0, 1)$ 点的某一邻域内能唯一确定一个连续且具有连续导数的函数 $y = f(x)$，且有 $f(0) = 1$。还可通过图 10.94 来理解一下，方程 $x^2 + y^2 - 1 = 0$ 是圆心在原点、半径为 1 的圆。在 $(0, 1)$ 点存在的函数为 $f(x) = \sqrt{1 - x^2}$，容易验证确实有 $f(0) = 1$。

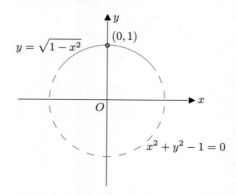

图 10.94　圆心在原点、半径为 1 的圆，其在 $(0, 1)$ 点存在函数

（2）根据隐函数存在定理 1（定理 128）以及函数商的求导法则（定理 50），所以：

$$\frac{\mathrm{d}y}{\mathrm{d}x} = -\frac{F_x}{F_y} = -\frac{x}{y} \implies \left.\frac{\mathrm{d}y}{\mathrm{d}x}\right|_{\substack{x=0 \\ y=1}} = 0$$

$$\frac{\mathrm{d}^2 y}{\mathrm{d}x^2} = \frac{\mathrm{d}}{\mathrm{d}x}\left(-\frac{x}{y}\right) = -\frac{y - xy'}{y^2} = -\frac{y - x\left(-\dfrac{x}{y}\right)}{y^2} = -\frac{1}{y^3} \implies \frac{\mathrm{d}^2 y}{\mathrm{d}x^2}\bigg|_{\substack{x=0 \\ y=1}} = -1$$

其中 $\dfrac{\mathrm{d}y}{\mathrm{d}x}\bigg|_{\substack{x=0 \\ y=1}} = 0$ 是函数 $f(x) = \sqrt{1-x^2}$ 在 $x = 0$ 处的导数，也是在 $x = 0$ 处的微分的斜率，如图 10.95 所示，该微分是平行于 x 轴的直线。

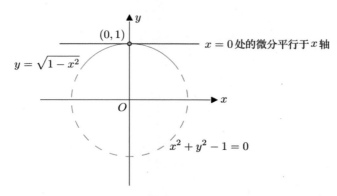

图 10.95　圆心在原点、半径为 1 的圆，其在 $x = 0$ 处的微分平行于 x 轴

可以将隐函数存在定理 1（定理 128）推广到三元函数 $F(x, y, z)$，也就是如下定理：

定理 129 (隐函数存在定理 2). 设函数 $F(x, y, z)$ 在 (x_0, y_0, z_0) 点的某一邻域内有连续的偏导数，且：

$$F(x_0, y_0, z_0) = 0, \quad F_z(x_0, y_0, z_0) \neq 0$$

则方程 $F(x, y, z) = 0$ 在 (x_0, y_0, z_0) 点的某一邻域内恒能唯一确定一个连续且具有连续导数的函数 $z = f(x, y)$，它满足条件 $z_0 = f(x_0, y_0)$，并有：

$$\frac{\partial z}{\partial x} = -\frac{F_x}{F_z}, \quad \frac{\partial z}{\partial y} = -\frac{F_y}{F_z}$$

定理 129 涉及到四维，无法进行图解了，这里试推导一下其中的代数式。根据定理 129 可知，在 (x_0, y_0, z_0) 点的某一邻域内，有：

$$F(x, y, z) = 0 \implies F\Big(x, y, f(x, y)\Big) = 0$$

根据多元复合函数的求导法则（定理 126 的推广），对上式两侧分别求 x、y 的偏导数，可得：

$$F_x + F_z \frac{\partial z}{\partial x} = 0, \quad F_y + F_z \frac{\partial z}{\partial y} = 0$$

根据"函数 $F(x, y, z)$ 在 (x_0, y_0, z_0) 点的某一邻域内有连续的偏导数"，可知在该邻域内 F_z 是连续的，这意味着在该邻域内 F_z 的值变化不大；又定理 129 中有"$F_z(x_0, y_0, z_0) \neq 0$"，结合 F_z 的值变化不大，所以存在 (x_0, y_0, z_0) 点的某一邻域使得 $F_z \neq 0$，从而可得出在该邻域内有 $\dfrac{\partial z}{\partial x} = -\dfrac{F_x}{F_z}$，$\dfrac{\partial z}{\partial y} = -\dfrac{F_y}{F_z}$。

例 251. 设 $x^2 + y^2 + z^2 - 4z = 0$，请求出 $\dfrac{\partial^2 z}{\partial x^2}$。

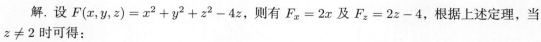

解. 设 $F(x, y, z) = x^2 + y^2 + z^2 - 4z$, 则有 $F_x = 2x$ 及 $F_z = 2z - 4$, 根据上述定理, 当 $z \neq 2$ 时可得:

$$\frac{\partial z}{\partial x} = -\frac{F_x}{F_z} = \frac{x}{2 - z}$$

根据函数商的求导法则 (定理 50), 所以:

$$\frac{\partial^2 z}{\partial x^2} = \frac{(2 - z) + x\dfrac{\partial z}{\partial x}}{(2 - z)^2} = \frac{(2 - z) + x\dfrac{x}{2 - z}}{(2 - z)^2} = \frac{(2 - z)^2 + x^2}{(2 - z)^3}$$

定理 130 (隐函数存在定理 3). 设 $F(x, y, u, v)$、$G(x, y, u, v)$ 在 (x_0, y_0, u_0, v_0) 点的某一邻域内有连续的偏导数, 又:

$$F(x_0, y_0, u_0, v_0) = 0, \quad G(x_0, y_0, u_0, v_0) = 0$$

且雅可比行列式:

$$|\boldsymbol{J}(u, v)| = \left| \frac{\partial(F, G)}{\partial(u, v)} \right| = \begin{vmatrix} F_u & F_v \\ G_u & G_v \end{vmatrix}$$

在 (x_0, y_0, u_0, v_0) 点不等于 0, 则方程组 $\begin{cases} F(x, y, u, v) = 0 \\ G(x, y, u, v) = 0 \end{cases}$ 在 (x_0, y_0, u_0, v_0) 点的某一邻域内恒能唯一确定一组连续且具有连续导数的函数 $u = u(x, y)$ 及 $v = v(x, y)$, 它们满足条件 $u_0 = u(x_0, y_0)$ 及 $v_0 = v(x_0, y_0)$, 并有:

$$\frac{\partial u}{\partial x} = -\frac{1}{|\boldsymbol{J}|}\left|\frac{\partial(F, G)}{\partial(x, v)}\right| = -\frac{\begin{vmatrix} F_x & F_v \\ G_x & G_v \end{vmatrix}}{\begin{vmatrix} F_u & F_v \\ G_u & G_v \end{vmatrix}}, \quad \frac{\partial v}{\partial x} = -\frac{1}{|\boldsymbol{J}|}\left|\frac{\partial(F, G)}{\partial(u, x)}\right| = -\frac{\begin{vmatrix} F_u & F_x \\ G_u & G_x \end{vmatrix}}{\begin{vmatrix} F_u & F_v \\ G_u & G_v \end{vmatrix}}$$

$$\frac{\partial u}{\partial y} = -\frac{1}{|\boldsymbol{J}|}\left|\frac{\partial(F, G)}{\partial(y, v)}\right| = -\frac{\begin{vmatrix} F_y & F_v \\ G_y & G_v \end{vmatrix}}{\begin{vmatrix} F_u & F_v \\ G_u & G_v \end{vmatrix}}, \quad \frac{\partial v}{\partial y} = -\frac{1}{|\boldsymbol{J}|}\left|\frac{\partial(F, G)}{\partial(u, y)}\right| = -\frac{\begin{vmatrix} F_u & F_y \\ G_u & G_y \end{vmatrix}}{\begin{vmatrix} F_u & F_v \\ G_u & G_v \end{vmatrix}}$$

对定理 130 不做证明, 这里试推导一下其中的 $\dfrac{\partial u}{\partial x}$ 和 $\dfrac{\partial v}{\partial x}$, 关于 y 的偏导数可自行举一反三。根据定理 130 可知, 在 (x_0, y_0, u_0, v_0) 点的某一邻域内, 有:

$$\begin{cases} F\Big(x, y, u(x, y), v(x, y)\Big) = 0 \\ G\Big(x, y, u(x, y), v(x, y)\Big) = 0 \end{cases}$$

借助雅可比矩阵来运用多元复合函数的求导法则, 可以对上述方程组两侧分别求 x 的偏导数, 即:

$$\begin{cases} \dfrac{\partial(F)}{\partial(x, u, v)}\dfrac{\partial(x, u, v)}{\partial(x)} = F_x + F_u\dfrac{\partial u}{\partial x} + F_v\dfrac{\partial v}{\partial x} = 0 \\ \dfrac{\partial(G)}{\partial(x, u, v)}\dfrac{\partial(x, u, v)}{\partial(x)} = G_x + G_u\dfrac{\partial u}{\partial x} + G_v\dfrac{\partial v}{\partial x} = 0 \end{cases}$$

稍微整理一下，可以看出这是关于 $\dfrac{\partial u}{\partial x}$ 以及 $\dfrac{\partial v}{\partial x}$ 的非齐次线性方程组 $\begin{pmatrix} F_u & F_v \\ G_u & G_v \end{pmatrix}\begin{pmatrix} \dfrac{\partial u}{\partial x} \\ \dfrac{\partial v}{\partial x} \end{pmatrix} =$

$-\begin{pmatrix} F_x \\ G_x \end{pmatrix}$，其系数矩阵为 $\begin{pmatrix} F_u & F_v \\ G_u & G_v \end{pmatrix}$，对应的行列式就是雅可比行列式 $|\boldsymbol{J}(u,v)| = \begin{vmatrix} F_u & F_v \\ G_u & G_v \end{vmatrix}$。

根据克拉默法则[①]，当 $|\boldsymbol{J}| \neq 0$ 时有：

$$\frac{\partial u}{\partial x} = -\frac{1}{|\boldsymbol{J}|}\left|\frac{\partial(F,G)}{\partial(x,v)}\right| = -\frac{\begin{vmatrix} F_x & F_v \\ G_x & G_v \end{vmatrix}}{\begin{vmatrix} F_u & F_v \\ G_u & G_v \end{vmatrix}}, \quad \frac{\partial v}{\partial x} = -\frac{1}{|\boldsymbol{J}|}\left|\frac{\partial(F,G)}{\partial(u,x)}\right| = -\frac{\begin{vmatrix} F_u & F_x \\ G_u & G_x \end{vmatrix}}{\begin{vmatrix} F_u & F_v \\ G_u & G_v \end{vmatrix}}$$

隐函数存在定理 3（定理 130）中的关键代数解释了，下面尝试通过几何来直观理解一下。首先，可认为方程组 $\begin{cases} F(x,y,u,v) = 0 \\ G(x,y,u,v) = 0 \end{cases}$ 表示的是两个空间曲面的交线，如图 10.96 中的红色交线。

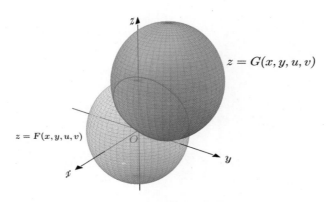

图 10.96　两个圆的红色交线

如果可以证明该红色交线还是函数曲面 $u(x,y)$ 以及 $v(x,y)$ 的交线，那么该红色曲线就是函数了，如图 10.97 所示。这就是隐函数存在定理 3（定理 130）完成的最重要的事情。

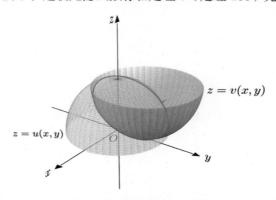

图 10.97　两个半圆的红色交线，即两个函数曲面的交线

---

① 请查看《马同学图解线性代数》中的相关章节。

那么此时红色交线就可以表示为 $\begin{cases} F\big(x,y,u(x,y),v(x,y)\big)=0 \\ G\big(x,y,u(x,y),v(x,y)\big)=0 \end{cases}$ ，接着就可利用多元复合函数的求导法则求解该方程组的偏导数，进而计算出该红色交线的微分，具体的应用可以查看后面的例 255。

例 252. 设 $xu-yv=0$ 以及 $yu+xv=1$，请求出 $\dfrac{\partial u}{\partial x}$、$\dfrac{\partial u}{\partial y}$、$\dfrac{\partial v}{\partial x}$ 和 $\dfrac{\partial v}{\partial y}$。

解.（1）这种题目一般默认存在 $u=u(x,y)$ 以及 $v=v(x,y)$，不过还是可以根据隐函数存在定理 3（定理 130）来证明一下。根据题目列出下列方程组 $\begin{cases} F(x,y,u,v)=xu-yv=0 \\ G(x,y,u,v)=yu+xv-1=0 \end{cases}$，计算其雅可比行列式：

$$|\boldsymbol{J}(u,v)|=\left|\frac{\partial(F,G)}{\partial(u,v)}\right|=\begin{vmatrix} F_u & F_v \\ G_u & G_v \end{vmatrix}=\begin{vmatrix} x & -y \\ y & x \end{vmatrix}=x^2+y^2$$

根据隐函数存在定理 3（定理 130），在 $x\neq 0$ 且 $y\neq 0$ 时有 $|\boldsymbol{J}(u,v)|>0$，此时在 (x,y,u,v) 点的某一邻域内恒能唯一确定一组连续且具有连续导数的函数 $u=u(x,y)$ 及 $v=v(x,y)$。

（2）求解 $\dfrac{\partial u}{\partial x}$、$\dfrac{\partial u}{\partial y}$、$\dfrac{\partial v}{\partial x}$ 和 $\dfrac{\partial v}{\partial y}$。此时可直接套用隐函数存在定理 3（定理 130），或像下面这样推导。

令 $\begin{cases} xu-yv=0 \\ yu+xv=1 \end{cases}$，因为存在 $u=u(x,y)$ 以及 $v=v(x,y)$，根据多元复合函数的求导法则（定理 127），对该方程组两侧分别求 x 的偏导数，可得：

$$\begin{cases} u+x\dfrac{\partial u}{\partial x}-y\dfrac{\partial v}{\partial x}=0 \\[2mm] y\dfrac{\partial u}{\partial x}+v+x\dfrac{\partial v}{\partial x}=0 \end{cases} \implies \begin{cases} x\dfrac{\partial u}{\partial x}-y\dfrac{\partial v}{\partial x}=-u \\[2mm] y\dfrac{\partial u}{\partial x}+x\dfrac{\partial v}{\partial x}=-v \end{cases}$$

根据克拉默法则，当雅可比行列式 $|\boldsymbol{J}|=\begin{vmatrix} x & -y \\ y & x \end{vmatrix}=x^2+y^2\neq 0$ 时有：

$$\frac{\partial u}{\partial x}=\frac{\begin{vmatrix} -u & -y \\ -v & x \end{vmatrix}}{\begin{vmatrix} x & -y \\ y & x \end{vmatrix}}=-\frac{xu+yv}{x^2+y^2},\quad \frac{\partial v}{\partial x}=\frac{\begin{vmatrix} x & -u \\ y & -v \end{vmatrix}}{\begin{vmatrix} x & -y \\ y & x \end{vmatrix}}=\frac{yu-xv}{x^2+y^2}$$

对方程组 $\begin{cases} xu-yv=0 \\ yu+xv=1 \end{cases}$ 两侧分别求 y 的偏导数，可得：

$$\begin{cases} x\dfrac{\partial u}{\partial y}-v-y\dfrac{\partial v}{\partial y}=0 \\[2mm] u+y\dfrac{\partial u}{\partial y}+x\dfrac{\partial v}{\partial y}=0 \end{cases} \implies \begin{cases} x\dfrac{\partial u}{\partial y}-y\dfrac{\partial v}{\partial y}=v \\[2mm] y\dfrac{\partial u}{\partial y}+x\dfrac{\partial v}{\partial y}=-u \end{cases}$$

根据克拉默法则，当雅可比行列式 $|J| = \begin{vmatrix} x & -y \\ y & x \end{vmatrix} = x^2 + y^2 \neq 0$ 时有：

$$\frac{\partial u}{\partial y} = \frac{\begin{vmatrix} v & -y \\ -u & x \end{vmatrix}}{\begin{vmatrix} x & -y \\ y & x \end{vmatrix}} = \frac{xv - yu}{x^2 + y^2}, \quad \frac{\partial v}{\partial y} = \frac{\begin{vmatrix} x & v \\ y & -u \end{vmatrix}}{\begin{vmatrix} x & -y \\ y & x \end{vmatrix}} = -\frac{xu + yv}{x^2 + y^2}$$

10.8 多元函数微分学的几何应用

为了给之后的学习做好铺垫，本节将会引入"向量函数"这个概念。

10.8.1 向量函数

定义 101. 设 $D \subset \mathbb{R}^n$，则称映射 $\boldsymbol{f}: D \to \mathbb{R}^m$ 为向量函数，通常记作：

$$\boldsymbol{y} = \boldsymbol{f}(\boldsymbol{x}), \quad \boldsymbol{x} \in D$$

其中 D 为该函数的定义域，$\mathbb{R}^m$ 为到达域，$\boldsymbol{x}$ 为自变量，$\boldsymbol{y}$ 为因变量，$\boldsymbol{f}$ 为映射法则。

定义 101 的重点是自变量 $\boldsymbol{x}$ 和因变量 $\boldsymbol{y}$ 都是向量，这样定义起码有以下两个好处：

（1）第一个好处是整合了一元、二元甚至各种多元函数。比如之前学习过的一元函数 $f(x) = \sqrt{1 - x^2}$，其图像为图 10.98 中的半圆形。该函数的定义域为 $[-1, 1]$，值域为 $[0, 1]$，到达域为实数 $\mathbb{R}$，所以这也是向量函数 $\boldsymbol{f}: D \to \mathbb{R}, D \subset \mathbb{R}$。

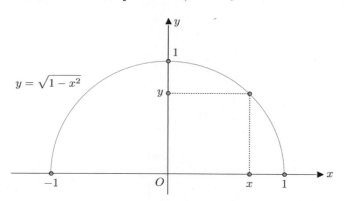

图 10.98 一元函数 $f(x) = \sqrt{1 - x^2}$，是向量函数 $\boldsymbol{f}: D \to \mathbb{R}, D \subset \mathbb{R}$

再比如二元函数 $z = f(x, y)$，其定义域为 $D \subset \mathbb{R}^2$，到达域为实数 $\mathbb{R}$，所以这也是向量函数 $\boldsymbol{f}: D \to \mathbb{R}, D \subset \mathbb{R}^2$。令 $\boldsymbol{x} = \begin{pmatrix} x \\ y \end{pmatrix}$，则该函数可改写为 $z = \boldsymbol{f}(\boldsymbol{x}), \boldsymbol{x} \in D$，其图像如图 10.99 所示。

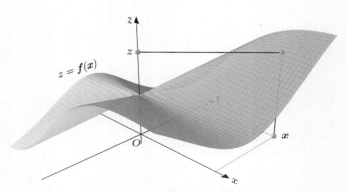

图 10.99　二元函数 $z = f(x, y)$，是向量函数 $\boldsymbol{f} : D \to \mathbb{R}, D \subset \mathbb{R}^2$

（2）第二个好处是有更强的处理问题的能力。下面来看三个例子，这些例子都无法通过一元、二元甚至各种多元函数来处理。之前学习过圆的参数方程 $\begin{cases} x = \cos t \\ y = \sin t \end{cases}, t \in \mathbb{R}$，该参数方程可看成将某夹角 t 映射为 xOy 面上的一点 (x, y)，如图 10.100 所示。所以该参数方程可以视作自变量为 t、因变量为 $\boldsymbol{y} = \begin{pmatrix} x \\ y \end{pmatrix}$ 的向量函数 $\boldsymbol{y} = \boldsymbol{f}(t)$，或记作 $\boldsymbol{f} : D \to \mathbb{R}^2, D \subset \mathbb{R}$。

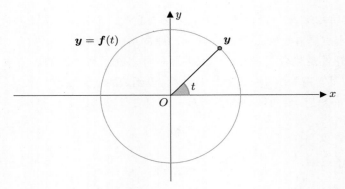

图 10.100　圆的参数方程 $\begin{cases} x = \cos t \\ y = \sin t \end{cases}, t \in \mathbb{R}$，是向量函数 $\boldsymbol{f} : D \to \mathbb{R}^2, D \subset \mathbb{R}$

还有在例 221 中学习过的螺旋线的参数方程 $\begin{cases} x = a \cos \omega t \\ y = a \sin \omega t \\ z = vt \end{cases}, t \in \mathbb{R}$，该参数方程可以视作自变量为 t、因变量为 $\boldsymbol{y} = \begin{pmatrix} x \\ y \\ z \end{pmatrix}$ 的向量函数 $\boldsymbol{y} = \boldsymbol{f}(t)$，或记作 $\boldsymbol{f} : D \to \mathbb{R}^3, D \subset \mathbb{R}$，如图 10.101 所示。

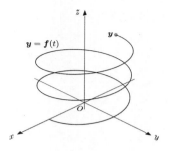

图 10.101 螺旋线的参数方程 $\begin{cases} x = a\cos\omega t \\ y = a\sin\omega t \\ z = vt \end{cases}, t \in \mathbb{R}$，是向量函数 $\boldsymbol{f}: D \to \mathbb{R}^3, D \subset \mathbb{R}$

以及在例 223 中学习过的球面的参数方程 $\begin{cases} x = r\sin\varphi\cos\theta \\ y = r\sin\varphi\sin\theta \\ z = r\cos\varphi \end{cases}, \begin{pmatrix} \varphi \in [0, \pi], \\ \theta \in [0, 2\pi] \end{pmatrix}$，该参数方

程可以视作自变量为 $\boldsymbol{x} = (\varphi, \theta)$、因变量为 $\boldsymbol{y} = \begin{pmatrix} x \\ y \\ z \end{pmatrix}$ 的向量函数 $\boldsymbol{y} = \boldsymbol{f}(\boldsymbol{x})$，或记作 $\boldsymbol{f}: D \to$

$\mathbb{R}^3, D \subset \mathbb{R}^2$，如图 10.102 所示。

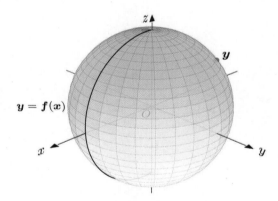

图 10.102 球面的参数方程 $\begin{cases} x = r\sin\varphi\cos\theta \\ y = r\sin\varphi\sin\theta \\ z = r\cos\varphi \end{cases}, \begin{pmatrix} \varphi \in [0, \pi], \\ \theta \in [0, 2\pi] \end{pmatrix}$，是向量函数 $\boldsymbol{f}: D \to \mathbb{R}^3, D \subset \mathbb{R}^2$

10.8.2 向量函数的极限

定义 102. 设向量函数 $\boldsymbol{f}(\boldsymbol{x})$ 的定义域为 $D \subset \mathbb{R}^n$，到达域为 $\mathbb{R}^m$，$\boldsymbol{x}_0$ 是 D 的聚点。如果 $\forall \epsilon > 0, \exists \delta > 0, \forall \boldsymbol{x} \in D \cap \mathring{U}(\boldsymbol{x}_0, \delta)$，有：

$$\|\boldsymbol{f}(\boldsymbol{x}) - \boldsymbol{L}\| < \epsilon, \quad \boldsymbol{L} \in \mathbb{R}^m$$

那么就称 $\boldsymbol{L}$ 是向量函数 $\boldsymbol{f}(\boldsymbol{x})$ 当 $\boldsymbol{x} \to \boldsymbol{x}_0$ 时的极限，或者称当 $\boldsymbol{x} \to \boldsymbol{x}_0$ 时向量函数 $\boldsymbol{f}(\boldsymbol{x})$ 收敛于 $\boldsymbol{L}$，记作：

$$\lim_{\boldsymbol{x} \to \boldsymbol{x}_0} \boldsymbol{f}(\boldsymbol{x}) = \boldsymbol{L} \quad 或 \quad \boldsymbol{f}(\boldsymbol{x}) \to \boldsymbol{L}(\boldsymbol{x} \to \boldsymbol{x}_0)$$

若不存在这样的常向量 $\boldsymbol{L}$，就说当 $\boldsymbol{x} \to \boldsymbol{x}_0$ 时向量函数 $\boldsymbol{f}(\boldsymbol{x})$ 没有极限，或说当 $\boldsymbol{x} \to \boldsymbol{x}_0$ 时向量函数 $\boldsymbol{f}(\boldsymbol{x})$ 是发散的，也可以说 $\lim\limits_{\boldsymbol{x} \to \boldsymbol{x}_0} \boldsymbol{f}(\boldsymbol{x})$ 不存在。

定义 102 和多元函数极限的定义（定义 95）差不多，这里还是直观地解释一下。比如前面介绍过的圆的向量函数 $\boldsymbol{y} = \boldsymbol{f}(t)$，如图 10.103 所示，其中的 $\|\boldsymbol{f}(t) - \boldsymbol{L}\|$ 表示的是向量 $\boldsymbol{f}(t)$ 和某常向量 $\boldsymbol{L}$ 的距离。

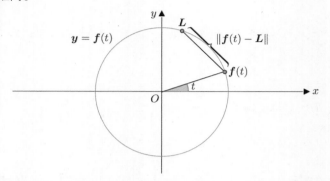

图 10.103　$\|\boldsymbol{f}(t) - \boldsymbol{L}\|$ 表示的是向量 $\boldsymbol{f}(t)$ 和常向量 $\boldsymbol{L}$ 的距离

$t \to t_0$ 时 $\|\boldsymbol{f}(t) - \boldsymbol{L}\|$ 不断缩小，如图 10.104 所示，此时我们就说 $\lim\limits_{t \to t_0} \boldsymbol{f}(t) = \boldsymbol{L}$。

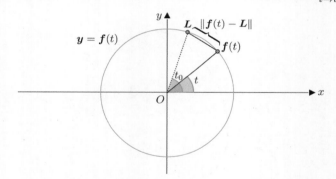

图 10.104　$\lim\limits_{t \to t_0} \boldsymbol{f}(t) = \boldsymbol{L}$，意味着 $t \to t_0$ 时有 $\boldsymbol{f}(t) \to \boldsymbol{L}$

若有 $\boldsymbol{L} = \boldsymbol{f}(t_0)$，如图 10.105 所示，从而上述极限可改写为 $\lim\limits_{t \to t_0} \boldsymbol{f}(t) = \boldsymbol{f}(t_0)$，此时我们就说向量函数 $\boldsymbol{y} = \boldsymbol{f}(t)$ 在 t_0 连续。

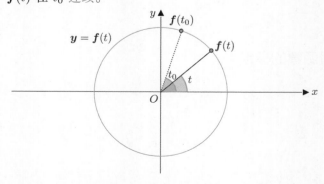

图 10.105　$\boldsymbol{y} = \boldsymbol{f}(t)$ 在 t_0 连续，意味着 $t \to t_0$ 时有 $\boldsymbol{f}(t) \to \boldsymbol{f}(t_0)$

例 253. 设 $\boldsymbol{f}(t) = (\cos t)\boldsymbol{i} + (\sin t)\boldsymbol{j} + t\boldsymbol{k}$，请求出 $\lim\limits_{t\to\frac{\pi}{4}} \boldsymbol{f}(t)$。

解. 分别求出各分量的极限就可以得到答案，即：

$$\lim_{t\to\frac{\pi}{4}} \boldsymbol{f}(t) = \left(\lim_{t\to\frac{\pi}{4}} \cos t\right)\boldsymbol{i} + \left(\lim_{t\to\frac{\pi}{4}} \sin t\right)\boldsymbol{j} + \left(\lim_{t\to\frac{\pi}{4}} t\right)\boldsymbol{k} = \frac{\sqrt{2}}{2}\boldsymbol{i} + \frac{\sqrt{2}}{2}\boldsymbol{j} + \frac{\pi}{4}\boldsymbol{k}$$

所以有 $\lim\limits_{t\to\frac{\pi}{4}} \boldsymbol{f}(t) = \boldsymbol{f}(\frac{\pi}{4})$，所以 $\boldsymbol{f}(t)$ 在 $t = \frac{\pi}{4}$ 相应的点处连续。$\boldsymbol{f}(t)$ 就是图 10.101 中的螺旋线，可以证明整条螺旋线都是连续的。

10.8.3 向量函数的导数与微分

向量函数的导数和微分比较复杂，这里就不给出严格定义了，通过举例来说明一下。以圆的向量函数 $\boldsymbol{y} = \boldsymbol{f}(t) = \begin{cases} x = \cos t \\ y = \sin t \end{cases}, t \in \mathbb{R}$ 为例，其导向量函数就是雅可比矩阵：

$$\boldsymbol{f}'(t) = \frac{\partial(x,y)}{\partial t} = \begin{pmatrix} \dfrac{\partial x}{\partial t} \\ \dfrac{\partial y}{\partial t} \end{pmatrix} = \begin{pmatrix} -\sin t \\ \cos t \end{pmatrix}$$

所以该圆在 t_0 点的导向量为 $\begin{pmatrix} -\sin t_0 \\ \cos t_0 \end{pmatrix}$，这也是该圆在 t_0 点的切向量，即切线上的向量，如图 10.106 所示。

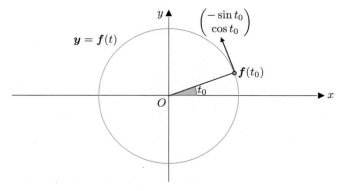

图 10.106 圆在 t_0 点的切向量为 $\begin{pmatrix} -\sin t_0 \\ \cos t_0 \end{pmatrix}$

以 $\mathrm{d}t$ 为自变量，$\mathrm{d}\boldsymbol{y} = \begin{pmatrix} \mathrm{d}x \\ \mathrm{d}y \end{pmatrix}$ 为因变量，就可以得到该圆在 t_0 点的微分向量函数：

$$\mathrm{d}\boldsymbol{y} = \boldsymbol{f}'(t_0)\mathrm{d}t \implies \begin{pmatrix} \mathrm{d}x \\ \mathrm{d}y \end{pmatrix} = \begin{pmatrix} -\sin t_0 \\ \cos t_0 \end{pmatrix} \mathrm{d}t$$

将上式转为参数方程，结合空间直线的参数方程（定理 116），可看出这是 $\mathrm{d}x\mathrm{d}y$ 坐标系中的直线：

$$\begin{pmatrix} \mathrm{d}x \\ \mathrm{d}y \end{pmatrix} = \begin{pmatrix} -\sin t_0 \\ \cos t_0 \end{pmatrix} \mathrm{d}t = \begin{pmatrix} -\sin t_0 \mathrm{d}t \\ \cos t_0 \mathrm{d}t \end{pmatrix} \implies \begin{cases} \mathrm{d}x = -\sin t_0 \mathrm{d}t \\ \mathrm{d}y = \cos t_0 \mathrm{d}t \end{cases}$$

上述直线就是该圆在 t_0 点的微分（切线），如图 10.107 所示，为了方便展示，这里没有画出 $\mathrm{d}x\mathrm{d}y$ 坐标系。

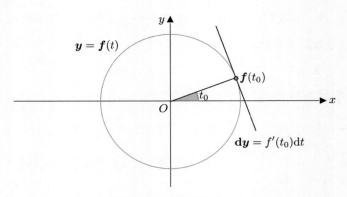

图 10.107　圆在 t_0 点的切线为 $\mathbf{d}\boldsymbol{y} = \boldsymbol{f}'(t_0)$

例 254. 设 $\boldsymbol{f}(t) = \begin{pmatrix} t^2 + 1 \\ 4t - 3 \\ 2t^2 - 6t \end{pmatrix}, t \in \mathbb{R}$，请求出其在 $t = 2$ 相应的点处的微分。

解. 根据前面的分析，令 $\mathbf{d}\boldsymbol{y} = \begin{pmatrix} \mathrm{d}x \\ \mathrm{d}y \\ \mathrm{d}z \end{pmatrix}$，有：

$$\mathbf{d}\boldsymbol{y} = \boldsymbol{f}'(2)\mathrm{d}t \implies \begin{pmatrix} \mathrm{d}x \\ \mathrm{d}y \\ \mathrm{d}z \end{pmatrix} = \begin{pmatrix} (t^2 + 1)' \\ (4t - 3)' \\ (2t^2 - 6t)' \end{pmatrix}_{t=2} \mathrm{d}t = \begin{pmatrix} 4 \\ 4 \\ 2 \end{pmatrix} \mathrm{d}t$$

图 10.108 所示的就是向量函数 $\boldsymbol{f}(t)$，及其在 $t = 2$ 相应的 M 点处的微分 $\mathbf{d}\boldsymbol{y} = \boldsymbol{f}'(2)\mathrm{d}t$ 的图像。

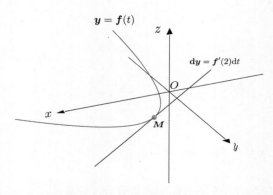

图 10.108　向量函数 $\boldsymbol{f}(t)$，及其在 M 点处的微分 $\mathbf{d}\boldsymbol{y} = \boldsymbol{f}'(2)\mathrm{d}t$

10.8.4 切线与法平面

过切点，以切向量为法向量的平面，称为法平面，下面来看一道例题。

例 255. 已知曲线 C 的表达式为 $\begin{cases} x^2 + y^2 + z^2 = 6 \\ x + y + z = 0 \end{cases}$，请求出其在 $(1, -2, 1)$ 点处的切线及法平面。

解. 曲线 C 是球面 $x^2 + y^2 + z^2 = 6$ 和平面 $x + y + z = 0$ 的交线，即图 10.109 中的红色曲线。

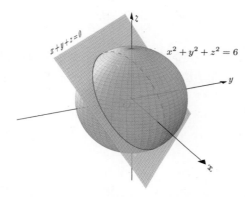

图 10.109　红色曲线 C 是球面 $x^2 + y^2 + z^2 = 6$ 和平面 $x + y + z = 0$ 的交线

本题就是要求出该红色曲线的切线及法平面，下面介绍两种方法，其中第二种更通用。

（1）曲线 C 是球面和平面的交线，容易理解，其切线是球面切平面和平面切平面的交线，或者说其微分是球面微分和平面微分的交线。举例解释一下，在图 10.110 中作出了曲线 C 上的一个红点：

- 球面 $x^2 + y^2 + z^2 = 6$ 在红点的切平面为图 10.110 中的金色平面。
- 平面 $x + y + z = 0$ 在红点的切平面就是自身，即平面在红点的切平面就是 $x + y + z = 0$。
- 曲线 C 在红点的切线 l 就是上述两个切平面的交线，如图 10.110 所示。

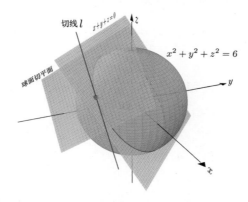

图 10.110　曲线 C 在红点的切线 l 是球面切平面和平面 $x + y + z = 0$ 的交线

下面就按照上述思路来解题，先求出球面 $x^2 + y^2 + z^2 = 6$ 在 $(1, -2, 1)$ 点的全微分。注意球面 $x^2 + y^2 + z^2 = 6$ 并非函数，不过因为 $(1, -2, 1)$ 点在上半球面，故只需上半球面的函

数 $z = \sqrt{6 - x^2 - y^2}$ 即可。该上半球面在 $(1, -2)$ 点的全微分 $\mathrm{d}z$ 及该全微分的法向量 $\boldsymbol{n}_1$ 为:

$$\mathrm{d}z\Big|_{\substack{x=1 \\ y=-2}} = \frac{\partial z}{\partial x}\Big|_{\substack{x=1 \\ y=-2}} \mathrm{d}x + \frac{\partial z}{\partial y}\Big|_{\substack{x=1 \\ y=-2}} \mathrm{d}y = -\frac{x}{\sqrt{6 - x^2 - y^2}}\Big|_{\substack{x=1 \\ y=-2}} \mathrm{d}x - \frac{y}{\sqrt{6 - x^2 - y^2}}\Big|_{\substack{x=1 \\ y=-2}} \mathrm{d}y$$

$$= -\mathrm{d}x + 2\mathrm{d}y \implies -\mathrm{d}x + 2\mathrm{d}y - \mathrm{d}z = 0 \implies \boldsymbol{n}_1 = \begin{pmatrix} -1 \\ 2 \\ -1 \end{pmatrix}$$

而平面 $x + y + z = 0$ 的全微分和自身是重叠的,所以其全微分的法向量 $\boldsymbol{n}_2 = \begin{pmatrix} 1 \\ 1 \\ 1 \end{pmatrix}$。

接着来求曲线 C 在 $(1, -2, 1)$ 点的切线 l。根据前面的分析可知,曲线 C 的微分是球面微分和平面微分的交线,所以曲线 C 的微分的方向向量 $\boldsymbol{s}$ 正交于 $\boldsymbol{n}_1$ 和 $\boldsymbol{n}_2$,所以:

$$\boldsymbol{s} = \boldsymbol{n}_1 \times \boldsymbol{n}_2 = \begin{vmatrix} \boldsymbol{i} & -1 & 1 \\ \boldsymbol{j} & 2 & 1 \\ \boldsymbol{k} & -1 & 1 \end{vmatrix} = \begin{vmatrix} 2 & 1 \\ -1 & 1 \end{vmatrix} \boldsymbol{i} - \begin{vmatrix} -1 & 1 \\ -1 & 1 \end{vmatrix} \boldsymbol{j} + \begin{vmatrix} -1 & 1 \\ 2 & 1 \end{vmatrix} \boldsymbol{k} = 3\boldsymbol{i} - 0\boldsymbol{j} - 3\boldsymbol{k} = \begin{pmatrix} 3 \\ 0 \\ -3 \end{pmatrix}$$

$\boldsymbol{s}$ 也是曲线 C 的切线 l 的方向向量,由于切线 l 要过点 $\boldsymbol{M} = \begin{pmatrix} 1 \\ -2 \\ 1 \end{pmatrix}$,令 $\boldsymbol{x} = \begin{pmatrix} x \\ y \\ z \end{pmatrix}$,根据空间直线的参数方程(定理 116),所以切线 l 的参数方程为:

$$\boldsymbol{x} = \boldsymbol{M} + k\boldsymbol{s} \implies \begin{pmatrix} x \\ y \\ z \end{pmatrix} = \begin{pmatrix} 1 \\ -2 \\ 1 \end{pmatrix} + k \begin{pmatrix} 3 \\ 0 \\ -3 \end{pmatrix} \implies \begin{cases} x = 1 + 3k \\ y = -2 \\ z = 1 - 3k \end{cases}, \quad k \in \mathbb{R}$$

以 $\boldsymbol{s}$ 为法向量且过 $(1, -2, 1)$ 点的平面,就是曲线 C 在 $(1, -2, 1)$ 点的法平面,根据平面的点法式方程(定理 108),可写出其方程为:

$$3(x - 1) + 0(y + 2) - 3(z - 1) = 0 \implies 3x - 3z = 0 \implies x - z = 0$$

(2)或者,先求出曲线 C 的参数方程 $\begin{cases} x = \varphi(t) \\ y = \psi(t) \\ z = \omega(t) \end{cases}, t \in T$,据此求出点 $\boldsymbol{M} = \begin{pmatrix} \varphi(t_0) \\ \psi(t_0) \\ \omega(t_0) \end{pmatrix}$ 的

导向量 $\begin{pmatrix} \varphi'(t_0) \\ \psi'(t_0) \\ \omega'(t_0) \end{pmatrix}$,然后就可以得到 $\boldsymbol{M}$ 点的切线 l 了,如图 10.111 所示。

其实不需要求出曲线 C 的参数方程,可借助隐函数存在定理直接得到导向量函数 $\begin{pmatrix} \varphi'(t) \\ \psi'(t) \\ \omega'(t) \end{pmatrix}$,

下面是具体的解题过程。令 $F(x, y, z) = x^2 + y^2 + z^2 - 6$ 以及 $G(x, y, z) = x + y + z$,所以曲

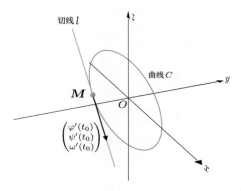

图 10.111 曲线 C 在 M 点的切线 l

线 C 可以改写为:

$$\begin{cases} x^2 + y^2 + z^2 = 6 \\ x + y + z = 0 \end{cases} \implies \begin{cases} F(x) = x^2 + y^2 + z^2 - 6 = 0 \\ G(x) = x + y + z = 0 \end{cases}$$

因为有:

$$\left.\left|\frac{\partial(F,G)}{\partial(y,z)}\right|\right|_{\substack{x=1 \\ y=-2 \\ z=1}} = \left.\begin{vmatrix} F_y & F_z \\ G_y & G_z \end{vmatrix}\right|_{\substack{x=1 \\ y=-2 \\ z=1}} = \left.\begin{vmatrix} 2y & 2z \\ 1 & 1 \end{vmatrix}\right|_{\substack{x=1 \\ y=-2 \\ z=1}} = -6 \neq 0$$

根据隐函数存在定理 3(定理 130),所以在 $(1,-2,1)$ 点的某一邻域内可以确定一组连续且具有连续导数的函数 $y = \varphi(x)$ 及 $z = \psi(x)$,这也可以理解为,曲线 C 在 $(1,-2,1)$ 点的某一邻域内的参数方程为 $\begin{cases} x = x \\ y = \varphi(x) \\ z = \psi(x) \end{cases}$,令 $\boldsymbol{y} = \begin{pmatrix} x \\ y \\ z \end{pmatrix}$,所以这也是向量函数 $\boldsymbol{y} = \boldsymbol{f}(x)$,其导向量函数为:

$$\boldsymbol{f}'(x) = \begin{pmatrix} \dfrac{\mathrm{d}x}{\mathrm{d}x} \\ \dfrac{\mathrm{d}y}{\mathrm{d}x} \\ \dfrac{\mathrm{d}z}{\mathrm{d}x} \end{pmatrix} = \begin{pmatrix} 1 \\ \dfrac{\mathrm{d}y}{\mathrm{d}x} \\ \dfrac{\mathrm{d}z}{\mathrm{d}x} \end{pmatrix}$$

下面来求上式中未知的 $\dfrac{\mathrm{d}y}{\mathrm{d}x}$ 和 $\dfrac{\mathrm{d}z}{\mathrm{d}x}$,对曲线 C 的方程组的两侧分别求 x 的偏导数,可得:

$$\begin{cases} 2x + 2y\dfrac{\partial y}{\partial x} + 2z\dfrac{\partial z}{\partial x} = 0 \\ 1 + \dfrac{\partial y}{\partial x} + \dfrac{\partial z}{\partial x} = 0 \end{cases} \implies \begin{cases} y\dfrac{\mathrm{d}y}{\mathrm{d}x} + z\dfrac{\mathrm{d}z}{\mathrm{d}x} = -x \\ \dfrac{\mathrm{d}y}{\mathrm{d}x} + \dfrac{\mathrm{d}z}{\mathrm{d}x} = -1 \end{cases}$$

根据克拉默法则,当 $\begin{vmatrix} y & z \\ 1 & 1 \end{vmatrix} = y - z \neq 0$ 时,有:

$$\frac{\mathrm{d}y}{\mathrm{d}x} = \frac{\begin{vmatrix} -x & z \\ -1 & 1 \end{vmatrix}}{\begin{vmatrix} y & z \\ 1 & 1 \end{vmatrix}} = \frac{z - x}{y - z}, \quad \frac{\mathrm{d}z}{\mathrm{d}x} = \frac{\begin{vmatrix} y & -x \\ 1 & -1 \end{vmatrix}}{\begin{vmatrix} y & z \\ 1 & 1 \end{vmatrix}} = \frac{x - y}{y - z}$$

所以向量函数 $\boldsymbol{y} = \boldsymbol{f}(x)$ 的导向量函数为：

$$\boldsymbol{f}'(x) = \begin{pmatrix} 1 \\ \dfrac{\mathrm{d}y}{\mathrm{d}x} \\ \dfrac{\mathrm{d}z}{\mathrm{d}x} \end{pmatrix} = \begin{pmatrix} 1 \\ \dfrac{z - x}{y - z} \\ \dfrac{x - y}{y - z} \end{pmatrix}$$

所以曲线 C 在 $(1, -2, 1)$ 点的导向量为：

$$\boldsymbol{f}'(1) = \begin{pmatrix} 1 \\ \dfrac{z - x}{y - z} \\ \dfrac{x - y}{y - z} \end{pmatrix}_{\substack{x=1 \\ y=-2 \\ z=1}} = \begin{pmatrix} 1 \\ \dfrac{1 - 1}{-2 - 1} \\ \dfrac{1 - (-2)}{-2 - 1} \end{pmatrix} = \begin{pmatrix} 1 \\ 0 \\ -1 \end{pmatrix}$$

（1）中得出的 $\boldsymbol{s} = \begin{pmatrix} 3 \\ 0 \\ -3 \end{pmatrix}$ 是上述导向量 $\begin{pmatrix} 1 \\ 0 \\ -1 \end{pmatrix}$ 的 3 倍，两者在一个方向上，所以最终得到的切线以及法平面都是一样的，这里就不再赘述了。

10.8.5   法线与切平面

曲面切平面的法线也称为该曲面的法线，下面来看两道例题。

例 256. 请求出球面 $x^2 + y^2 + z^2 = 14$ 在 $(1, 2, 3)$ 点的切平面和法线。

解. 下面介绍两种求解方法，其中第二种更通用。

（1）直接求解球面 $x^2 + y^2 + z^2 = 14$ 在 $(1, 2, 3)$ 点的全微分，因为 $(1, 2, 3)$ 点在上半球面，所以给出上半球面的函数 $z = \sqrt{14 - x^2 - y^2}$，该上半球面在 $(1, 2)$ 点的全微分 $\mathrm{d}z$ 及该全微分的法向量 $\boldsymbol{n}$ 为：

$$\mathrm{d}z|_{\substack{x=1 \\ y=2}} = \frac{\partial z}{\partial x}\bigg|_{\substack{x=1 \\ y=2}} \mathrm{d}x + \frac{\partial z}{\partial y}\bigg|_{\substack{x=1 \\ y=2}} \mathrm{d}y = -\frac{x}{\sqrt{14 - x^2 - y^2}}\bigg|_{\substack{x=1 \\ y=2}} \mathrm{d}x - \frac{y}{\sqrt{14 - x^2 - y^2}}\bigg|_{\substack{x=1 \\ y=2}} \mathrm{d}y$$

$$= -\frac{1}{3}\mathrm{d}x - \frac{2}{3}\mathrm{d}y \implies 1\mathrm{d}x + 2\mathrm{d}y + 3\mathrm{d}z = 0 \implies \boldsymbol{n} = \begin{pmatrix} 1 \\ 2 \\ 3 \end{pmatrix}$$

根据平面的点法式方程（定理 108），所以球面 $x^2 + y^2 + z^2 = 14$ 在 $(1, 2, 3)$ 点的切平面的方程为：

$$(x - 1) + 2(y - 2) + 3(z - 3) = 0 \implies x + 2y + 3z - 14 = 0$$

根据直线的点向式方程（定理 115），所以球面 $x^2 + y^2 + z^2 = 14$ 在 $(1, 2, 3)$ 点的法线方程，即切平面在 $(1, 2, 3)$ 点的法线方程如下，化简后还可看出这是过原点的直线：

$$\frac{x - 1}{1} = \frac{y - 2}{2} = \frac{z - 3}{3} \implies \frac{x}{1} = \frac{y}{2} = \frac{z}{3}$$

如图 10.112 所示，其中标出了点 $\boldsymbol{M} = \begin{pmatrix} 1 \\ 2 \\ 3 \end{pmatrix}$，以及 $\boldsymbol{M}$ 点的切平面、法线。

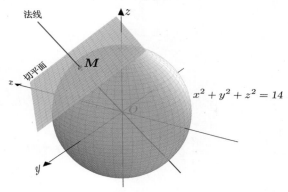

图 10.112　球面在 $\boldsymbol{M}$ 点的切平面、法线

（2）或借助多元复合函数的求导法则来求解。首先令 $F(x, y, z) = x^2 + y^2 + z^2 - 14$，则球面的方程可改写为：

$$x^2 + y^2 + z^2 = 14 \implies F(x, y, z) = 0$$

我们知道过 $\boldsymbol{M}$ 点且在球面 $F(x, y, z) = 0$ 上的曲线是无穷多的，比如图 10.113 所示的两条红色曲线。

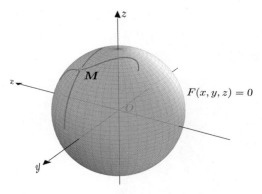

图 10.113　过 $\boldsymbol{M}$ 点且在球面 $F(x, y, z) = 0$ 上的两条曲线

设这些红色曲线的参数方程为 $\begin{cases} x = \varphi(t) \\ y = \psi(t) \\ z = \omega(t) \end{cases}, t \in T$，且 $t = t_0$ 时对应于 $\boldsymbol{M}$ 点，即：

$$M = \begin{pmatrix} 1 \\ 2 \\ 3 \end{pmatrix} = \begin{pmatrix} \varphi(t_0) \\ \psi(t_0) \\ \omega(t_0) \end{pmatrix}$$

因这些红色曲线在球面上，所以有：

$$F(x, y, z) = 0 \implies F\big(\varphi(t), \psi(t), \omega(t)\big) = 0$$

可合理假设存在 $\varphi'(t)$、$\psi'(t)$ 及 $\omega'(t)$，这是因为过 M 点且在球面 $F(x, y, z) = 0$ 上的曲线无穷多，其中肯定有光滑的曲线，也就是有满足 $\varphi'(t)$、$\psi'(t)$ 及 $\omega'(t)$ 存在的曲线。所以根据多元复合函数的求导法则（定理 126 的推广），在上式两侧对 t 求导可得：

$$\frac{\mathrm{d}}{\mathrm{d}t} F\big(\varphi(t), \psi(t), \omega(t)\big) = 0 \implies F_x(x, y, z)\varphi'(t) + F_y(x, y, z)\psi'(t) + F_z(x, y, z)\omega'(t) = 0$$

所以在 $t = t_0$ 时有：

$$F_x(1, 2, 3)\varphi'(t_0) + F_y(1, 2, 3)\psi'(t_0) + F_z(1, 2, 3)\omega'(t_0) = 0$$

令 $n = \begin{pmatrix} F_x(1, 2, 3) \\ F_y(1, 2, 3) \\ F_z(1, 2, 3) \end{pmatrix}$ 以及 $T = \begin{pmatrix} \varphi'(t_0) \\ \psi'(t_0) \\ \omega'(t_0) \end{pmatrix}$，则上式可以改写为：

$$F_x(1, 2, 3)\varphi'(t_0) + F_y(1, 2, 3)\psi'(t_0) + F_z(1, 2, 3)\omega'(t_0) = 0 \implies n \cdot T = 0$$

根据上式可以分析出，

- $\begin{cases} x = \varphi(t) \\ y = \psi(t) \\ z = \omega(t) \end{cases}$ 代表了一些过 M 点且在球面 $F(x, y, z) = 0$ 上的曲线，故 T 是这些曲线的导向量，如图 10.114 所示。

- 由于 M 点的切平面存在，所以这些 T 都在该切平面上，如图 10.114 所示。

- 根据正交的充要条件（定理 103）可知 n 正交于这些 T，也就正交于 M 点的切平面，所以 n 是该切平面的法向量，如图 10.114 所示。

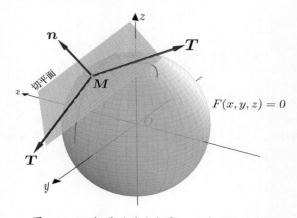

图 10.114　切平面的法向量 n 正交于这些 T

下面将 n 求出来，因为 $F(x, y, z) = x^2 + y^2 + z^2 - 14$，所以：

$$F_x(x, y, z) = 2x, \quad F_y(x, y, z) = 2y, \quad F_z(x, y, z) = 2z$$

所以 $n = \begin{pmatrix} F_x(1, 2, 3) \\ F_y(1, 2, 3) \\ F_z(1, 2, 3) \end{pmatrix} = \begin{pmatrix} 2 \\ 4 \\ 6 \end{pmatrix}$，这是（1）中得出的法向量 $\begin{pmatrix} 1 \\ 2 \\ 3 \end{pmatrix}$ 的 2 倍，两者在一个方向上，所以最终得到的切平面以及法线都是一样的，这里就不再赘述了。

例 257. 请求出旋转抛物面 $z = x^2 + y^2 - 1$ 在 $(2, 1, 4)$ 点的切平面和法线。

解. 令 $F(x, y, z) = z - x^2 - y^2 + 1$，所以：

$$F_x(x, y, z) = -2x, \quad F_y(x, y, z) = -2y, \quad F_z(x, y, z) = 1$$

所以 $z = x^2 + y^2 - 1$ 在 $(2, 1, 4)$ 点的切平面的法向量 $n = \begin{pmatrix} F_x(2, 1, 4) \\ F_y(2, 1, 4) \\ F_z(2, 1, 4) \end{pmatrix} = \begin{pmatrix} -4 \\ -2 \\ 1 \end{pmatrix}$。根据平面的点法式方程（定理 108），所以 $z = x^2 + y^2 - 1$ 在 $(2, 1, 4)$ 点的切平面方程为：

$$-4(x - 2) - 2(y - 1) + 1(z - 4) = 0 \implies 4x + 2y - z - 6 = 0$$

根据直线的点向式方程（定理 115），所以 $z = x^2 + y^2 - 1$ 在 $(2, 1, 4)$ 点的法线方程为：

$$-\frac{x - 2}{4} = -\frac{y - 1}{2} = \frac{z - 4}{1}$$

10.9 方向导数与梯度

在现实中会遇到这样一类问题，比如图 10.115 是某台风的图像，我们想分析该台风在各个方向的强度，那么就需要借助本节将要介绍的概念，方向导数以及梯度。

图 10.115 台风的图像

10.9.1 方向导数

定义 103. 设向量 u 的单位方向向量 $e_u = \begin{pmatrix} \cos\alpha \\ \cos\beta \end{pmatrix}$，若如下极限存在，则该极限称为函数 $z = f(x,y)$ 在 (x_0, y_0) 点沿方向 u 的方向导数，记作：

$$\left.\frac{\partial f}{\partial u}\right|_{\substack{x=x_0 \\ y=y_0}} = \lim_{t \to 0^+} \frac{f(x_0 + t\cos\alpha, y_0 + t\cos\beta) - f(x_0, y_0)}{t}$$

下面直观地来解释一下定义 103。让我们在 xOy 面上的 (x_0, y_0) 点建立平面坐标系，u 为该坐标系中的向量，其与该坐标系中的两个坐标轴的夹角分别为 α 和 β，所以 u 在该坐标系中的单位方向向量 $e_u = \begin{pmatrix} \cos\alpha \\ \cos\beta \end{pmatrix}$，如图 10.116 所示。

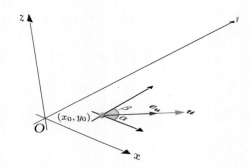

图 10.116   向量 u，及其单位方向向量 $e_u = \begin{pmatrix} \cos\alpha \\ \cos\beta \end{pmatrix}$

所以定义 103 中的 $(x_0 + t\cos\alpha, y_0 + t\cos\beta)$ 可以如下改写：

$$(x_0 + t\cos\alpha, y_0 + t\cos\beta) = \begin{pmatrix} x_0 + t\cos\alpha \\ y_0 + t\cos\beta \end{pmatrix} = \begin{pmatrix} x_0 \\ y_0 \end{pmatrix} + t\begin{pmatrix} \cos\alpha \\ \cos\beta \end{pmatrix} = \begin{pmatrix} x_0 \\ y_0 \end{pmatrix} + te_u$$

所以 $(x_0 + t\cos\alpha, y_0 + t\cos\beta)$ 表示的就是一个动点，$t \to 0^+$ 时，该动点沿着 e_u 所在射线 l 不断地逼近 (x_0, y_0) 点，如图 10.117 所示。

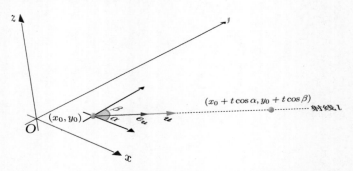

图 10.117 $t \to 0^+$ 时，$(x_0 + t\cos\alpha, y_0 + t\cos\beta)$ 会沿 e_u 所在射线 l 趋近于 (x_0, y_0) 点

所以 $t \to 0^+$ 时，动点 $f(x_0 + t\cos\alpha, y_0 + t\cos\beta)$ 会沿着射线 l 对应的曲线 C 不断地逼

近 $f(x_0, y_0)$ 点，如图 10.118 所示。由于射线 l、曲线 C 都在 $\boldsymbol{u}$ 指定的方向上，所以定义 103 中的方向导数 $\dfrac{\partial f}{\partial \boldsymbol{u}}\bigg|_{\substack{x=x_0 \\ y=y_0}}$ 就是函数 $z = f(x, y)$ 在 (x_0, y_0) 点沿方向 $\boldsymbol{u}$ 的变化率。

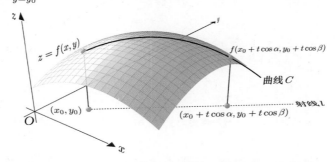

图 10.118　$t \to 0^+$ 时，$f(x_0 + t\cos\alpha, y_0 + t\cos\beta)$ 会沿曲线 C 不断地逼近 $f(x_0, y_0)$ 点

令 $\boldsymbol{y} = \begin{pmatrix} x \\ y \\ z \end{pmatrix}$，根据前面的分析可得出曲线 C 的向量函数：

$$\boldsymbol{y} = \boldsymbol{f}(t) = \begin{cases} x = x_0 + t\cos\alpha \\ y = y_0 + t\cos\beta \\ z = f(x_0 + t\cos\alpha, y_0 + t\cos\beta) \end{cases}, \quad t \geqslant 0$$

其导向量函数如下，需要注意的是，这里用 $\partial_+ t$ 表示求的是 $t \to t_0^+$ 时的偏导数，类似于单变量函数中的右导数（定义 36）；且其中 $\dfrac{\partial z}{\partial_+ t}$ 就是方向导数 $\dfrac{\partial f}{\partial \boldsymbol{u}}$：

$$\boldsymbol{f}'(t) = \frac{\partial(x, y, z)}{\partial_+ t} = \begin{pmatrix} \dfrac{\partial x}{\partial_+ t} \\ \dfrac{\partial y}{\partial_+ t} \\ \dfrac{\partial z}{\partial_+ t} \end{pmatrix} = \begin{pmatrix} \cos\alpha \\ \cos\beta \\ \dfrac{\partial f}{\partial \boldsymbol{u}} \end{pmatrix}$$

所以 $\boldsymbol{f}'(0) = \begin{pmatrix} \cos\alpha \\ \cos\beta \\ \dfrac{\partial f}{\partial \boldsymbol{u}}\bigg|_{\substack{x=x_0 \\ y=y_0}} \end{pmatrix}$，这是曲线 C 在 $t = 0$ 点的切向量，或说这是曲线 C 在

(x_0, y_0) 点的切向量，如图 10.119 所示，其中曲线 C 用向量函数 $\boldsymbol{y} = \boldsymbol{f}(t)$ 来表示。

以 $\mathrm{d}t$ 为自变量，$\mathrm{d}\boldsymbol{y} = \begin{pmatrix} \mathrm{d}x \\ \mathrm{d}y \\ \mathrm{d}z \end{pmatrix}$ 为因变量，就可以得到曲线 C 在 $t = 0$ 点的微分向量函数：

$$\mathrm{d}\boldsymbol{y} = \boldsymbol{f}'(0)\mathrm{d}t \implies \begin{pmatrix} \mathrm{d}x \\ \mathrm{d}y \\ \mathrm{d}z \end{pmatrix} = \begin{pmatrix} \cos\alpha \\ \cos\beta \\ \dfrac{\partial f}{\partial \boldsymbol{u}}\bigg|_{\substack{x=x_0 \\ y=y_0}} \end{pmatrix} \mathrm{d}t, \quad \mathrm{d}t \geqslant 0$$

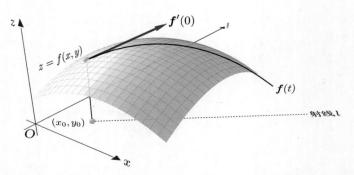

图 10.119　曲线 $\boldsymbol{f}(t)$ 在 $t=0$ 点的切向量 $\boldsymbol{f}'(0)$，即曲线 C 在 (x_0,y_0) 点的切向量

例 258. 请求出函数 $f(x,y)=xy$ 在 $(1,2)$ 点沿向量 $\boldsymbol{u}=\begin{pmatrix}1\\1\end{pmatrix}$ 的方向导数 $\left.\dfrac{\partial f}{\partial \boldsymbol{u}}\right|_{\substack{x=1\\y=2}}$。

解.（1）求方向导数。首先求出向量 $\boldsymbol{u}$ 的单位方向向量：

$$\boldsymbol{e_u}=\begin{pmatrix}\cos\alpha\\\cos\beta\end{pmatrix}=\begin{pmatrix}\dfrac{u_1}{\|\boldsymbol{u}\|}\\[2mm]\dfrac{u_2}{\|\boldsymbol{u}\|}\end{pmatrix}=\begin{pmatrix}\dfrac{1}{\sqrt{2}}\\[2mm]\dfrac{1}{\sqrt{2}}\end{pmatrix}$$

根据方向导数的定义（定义 103），所以有：

$$\left.\frac{\partial f}{\partial \boldsymbol{u}}\right|_{\substack{x=1\\y=2}}=\lim_{t\to 0^+}\frac{f\left(1+t\cdot\dfrac{1}{\sqrt{2}},2+t\cdot\dfrac{1}{\sqrt{2}}\right)-f(1,2)}{t}=\lim_{t\to 0^+}\frac{\left(1+\dfrac{1}{\sqrt{2}}t\right)\left(2+\dfrac{1}{\sqrt{2}}t\right)-1\cdot 2}{t}$$

$$=\lim_{t\to 0^+}\frac{\dfrac{3}{\sqrt{2}}t+\dfrac{1}{2}t^2}{t}=\lim_{t\to 0^+}\left(\frac{3}{\sqrt{2}}+\frac{t}{2}\right)=\frac{3}{\sqrt{2}}$$

（2）求导向量。以 $(1,2)$ 点为起点、沿向量 $\boldsymbol{u}=\begin{pmatrix}1\\1\end{pmatrix}$ 方向、在 xOy 面上的射线 l 的参数方程为：

$$\begin{cases}x=x_0+t\cos\alpha=1+\dfrac{1}{\sqrt{2}}t\\[2mm]y=y_0+t\cos\beta=2+\dfrac{1}{\sqrt{2}}t\end{cases},\quad t\geqslant 0$$

令 $\boldsymbol{y}=\begin{pmatrix}x\\y\\z\end{pmatrix}$，则射线 l 对应的、在曲面 $z=xy$ 上的曲线 C 的向量函数为：

$$\boldsymbol{y}=\boldsymbol{f}(t)=\begin{cases}x=1+\dfrac{1}{\sqrt{2}}t\\[2mm]y=2+\dfrac{1}{\sqrt{2}}t\\[2mm]z=f\left(1+\dfrac{1}{\sqrt{2}}t,2+\dfrac{1}{\sqrt{2}}t\right)\end{cases}=\begin{cases}x=1+\dfrac{1}{\sqrt{2}}t\\[2mm]y=2+\dfrac{1}{\sqrt{2}}t\\[2mm]z=2+\dfrac{3}{\sqrt{2}}t+\dfrac{1}{2}t^2\end{cases},\quad t\geqslant 0$$

其在 $t = 0$ 点的导向量如下：

$$\boldsymbol{f}'(0) = \begin{pmatrix} \left.\dfrac{\partial x}{\partial_+ t}\right|_{t=0} \\ \left.\dfrac{\partial y}{\partial_+ t}\right|_{t=0} \\ \left.\dfrac{\partial z}{\partial_+ t}\right|_{t=0} \end{pmatrix} = \begin{pmatrix} \left.\dfrac{\partial x}{\partial_+ t}\right|_{t=0} \\ \left.\dfrac{\partial y}{\partial_+ t}\right|_{t=0} \\ \left.\dfrac{\partial f}{\partial \boldsymbol{u}}\right|_{\substack{x=1 \\ y=2}} \end{pmatrix} = \begin{pmatrix} \dfrac{1}{\sqrt{2}} \\ \dfrac{1}{\sqrt{2}} \\ \dfrac{3}{\sqrt{2}} \end{pmatrix}$$

函数 $f(x, y) = xy$、射线 l、曲线 $\boldsymbol{f}(t)$ 及其在 $t = 0$ 点的导向量 $\boldsymbol{f}'(0)$ 等如图 10.120 所示。

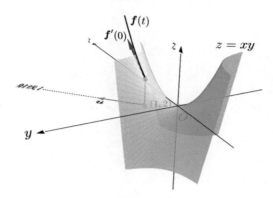

图 10.120 曲面 $f(x, y) = xy$、射线 l、曲线 $\boldsymbol{f}(t)$ 及其在 $t = 0$ 点的导向量 $\boldsymbol{f}'(0)$

10.9.2 可微分时的方向导数

定理 131. 如果函数 $f(x, y)$ 在 (x_0, y_0) 点可微分，那么函数 $f(x, y)$ 在该点沿任意方向 $\boldsymbol{u}$ 的方向导数存在。设 $\boldsymbol{u}$ 的单位方向向量 $\boldsymbol{e_u} = \begin{pmatrix} \cos \alpha \\ \cos \beta \end{pmatrix}$，则有：

$$\left.\frac{\partial f}{\partial \boldsymbol{u}}\right|_{\substack{x=x_0 \\ y=y_0}} = f_x(x_0, y_0) \cos \alpha + f_y(x_0, y_0) \cos \beta$$

证明. 因为函数 $f(x, y)$ 在 (x_0, y_0) 点可微分，根据可微分的定义（定义 99），所以有：

$$f(x_0 + \Delta x, y_0 + \Delta y) - f(x_0, y_0) = f_x(x_0, y_0)\Delta x + f_y(x_0, y_0)\Delta y + o(\sqrt{(\Delta x)^2 + (\Delta y)^2})$$

若 $(x_0 + \Delta x, y_0 + \Delta y)$ 在以 (x_0, y_0) 点为起点、方向为 $\boldsymbol{u}$ 的射线 l 上时，有：

$$\Delta x = t \cos \alpha, \quad \Delta y = t \cos \beta, \quad \sqrt{(\Delta x)^2 + (\Delta y)^2} = t$$

结合方向导数的定义（定义 103），所以：

$$\begin{aligned}
\left.\frac{\partial f}{\partial \boldsymbol{u}}\right|_{\substack{x=x_0 \\ y=y_0}} &= \lim_{t \to 0^+} \frac{f(x_0 + t\cos\alpha, y_0 + t\cos\beta) - f(x_0, y_0)}{t} \\
&= \lim_{t \to 0^+} \frac{f(x_0 + \Delta x, y_0 + \Delta y) - f(x_0, y_0)}{t} \\
&= \lim_{t \to 0^+} \frac{f_x(x_0, y_0)\Delta x + f_y(x_0, y_0)\Delta y + o(\sqrt{(\Delta x)^2 + (\Delta y)^2})}{t}
\end{aligned}$$

$$= \lim_{t \to 0^+} \frac{f_x(x_0, y_0) \cdot t \cos\alpha + f_y(x_0, y_0) \cdot t \cos\beta + o(t)}{t}$$

$$= f_x(x_0, y_0) \cos\alpha + f_y(x_0, y_0) \cos\beta \qquad \blacksquare$$

定理 131 说的是：

$$f(x, y) \text{ 在 } (x_0, y_0) \text{ 点可微分} \implies (x_0, y_0) \text{ 点各方向的方向导数都存在}$$

如图 10.121 所示，其中 $\boldsymbol{u}$ 表示任意方向，对应的切向量 $\boldsymbol{f}'(0)$ 表示沿方向 $\boldsymbol{u}$ 的方向导数存在。结合之前的学习，容易理解这些切向量都在全微分上。

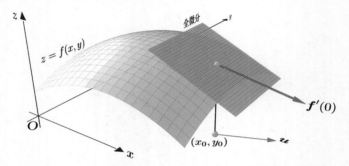

图 10.121　任意方向 $\boldsymbol{u}$ 上的切向量 $\boldsymbol{f}'(0)$ 都存在，且在全微分上

定理 131 中还给出了 $\left.\dfrac{\partial f}{\partial \boldsymbol{u}}\right|_{\substack{x=x_0 \\ y=y_0}}$ 的计算方法。先来看两个特殊的方向导数，函数 $f(x, y)$

在 (x_0, y_0) 点沿方向 $\boldsymbol{i} = \begin{pmatrix} 1 \\ 0 \\ 0 \end{pmatrix}$ 以及沿方向 $\boldsymbol{j} = \begin{pmatrix} 0 \\ 1 \\ 0 \end{pmatrix}$ 的方向导数分别为：

$$\left.\frac{\partial f}{\partial \boldsymbol{i}}\right|_{\substack{x=x_0 \\ y=y_0}} = f_x(x_0, y_0), \qquad \left.\frac{\partial f}{\partial \boldsymbol{j}}\right|_{\substack{x=x_0 \\ y=y_0}} = f_y(x_0, y_0)$$

这是因为，

- 方向 $\boldsymbol{i}$ 平行于 x 轴，曲线在该方向上的变化率就是偏导数 $f_x(x_0, y_0)$；或这样理解，方向 $\boldsymbol{i}$ 对应的曲面 $f(x, y)$ 上的曲线平行于 x 轴，根据"偏导数、偏微分和全微分"一节的计算，其对应的切向量 $\boldsymbol{m} = \begin{pmatrix} 1 \\ 0 \\ f_x(x_0, y_0) \end{pmatrix}$，如图 10.122 所示。

- 方向 $\boldsymbol{j}$ 平行于 y 轴，曲线在该方向上的变化率就是偏导数 $f_y(x_0, y_0)$；或这样理解，方向 $\boldsymbol{j}$ 对应的曲面 $f(x, y)$ 上的曲线平行于 y 轴，根据"偏导数、偏微分和全微分"这一节的计算，其对应的切向量 $\boldsymbol{n} = \begin{pmatrix} 0 \\ 1 \\ f_y(x_0, y_0) \end{pmatrix}$，如图 10.122 所示。

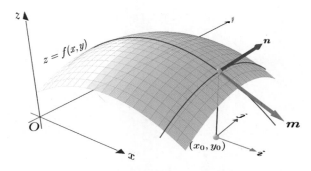

图 10.122　方向 i 上的切向量 m，以及方向 j 上的切向量 n

根据定理 131 中的条件可知，方向 u 与方向 i 的夹角为 α，与方向 j 的夹角为 β。且这些方向上的切向量都在全微分上，如图 10.123 所示。这些切向量都在全微分上，可以想象，这意味着从 m 开始贴着切平面平滑地转动就可到达 n，途中会经过 $f'(0)$。

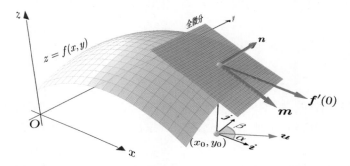

图 10.123　u 与 i、j 的夹角分别为 α、β，其切向量 $f'(0)$ 在全微分上

平滑地转动意味着，方向 i 上的变化率会逐渐过渡到方向 j 上的变化率，而方向 u 上的变化率介于两者之间，也就是在 $f_x(x_0, y_0)$ 及 $f_y(x_0, y_0)$ 之间，所以不难理解上述定理中的结论：

$$\left.\frac{\partial f}{\partial u}\right|_{\substack{x=x_0 \\ y=y_0}} = f_x(x_0, y_0) \cos\alpha + f_y(x_0, y_0) \cos\beta$$

同样可证明，如果函数 $f(x,y,z)$ 在 (x_0, y_0, z_0) 点可微分，那么函数 $f(x,y,z)$ 在该点沿

方向 $e_u = \begin{pmatrix} \cos\alpha \\ \cos\beta \\ \cos\gamma \end{pmatrix}$ 的方向导数为：

$$\left.\frac{\partial f}{\partial e_u}\right|_{\substack{x=x_0 \\ y=y_0 \\ z=z_0}} = f_x(x_0, y_0, z_0) \cos\alpha + f_y(x_0, y_0, z_0) \cos\beta + f_z(x_0, y_0, z_0) \cos\gamma$$

定理 131 反过来不一定对，也就是说，方向导数都存在但不一定可微分，即：

$$f(x,y) \text{ 在 } (x_0, y_0) \text{ 点可微分} \Longleftarrow (x_0, y_0) \text{ 点各方向的方向导数都存在}$$

比如图 10.124 中看上去像屋顶的函数 $z = f(x,y)$，其中绕 $(0,0)$ 点转动的 u 表示任意方向，对应的切向量 $f'(0)$ 表示沿方向 u 的方向导数存在。但这些切向量上下起伏，不在一个

平面上，所以函数 $z = f(x, y)$ 在 $(0, 0)$ 点不是可微分的。

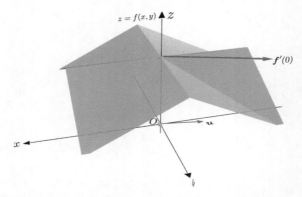

图 10.124　"屋顶"曲面 $f(x, y)$ 各个方向上的导数都存在，但该曲面在 $(0, 0)$ 点不可微分

例 259. 请求出函数 $f(x, y) = xe^{2y}$ 在 $(1, 0)$ 点沿从 $(1, 0)$ 点到 $(2, -1)$ 点的方向的方向导数。

解. 函数 $f(x, y) = xe^{2y}$ 的偏导数如下：

$$f_x(x, y) = e^{2y}, \quad f_y(x, y) = 2xe^{2y}$$

因为上述偏导数连续，根据可微分的充分条件（定理 125），所以函数 $f(x, y) = xe^{2y}$ 在 $(1, 0)$ 点可微分，所以可利用定理 131 来求解。先求出方向 $\boldsymbol{u}$ 以及单位方向向量 $\mathbf{e_u}$：

$$\boldsymbol{u} = \begin{pmatrix} 2 \\ -1 \end{pmatrix} - \begin{pmatrix} 1 \\ 0 \end{pmatrix} = \begin{pmatrix} 1 \\ -1 \end{pmatrix} \implies \mathbf{e_u} = \begin{pmatrix} \cos\alpha \\ \cos\beta \end{pmatrix} = \begin{pmatrix} \dfrac{u_1}{\|\boldsymbol{u}\|} \\ \dfrac{u_2}{\|\boldsymbol{u}\|} \end{pmatrix} = \begin{pmatrix} \dfrac{1}{\sqrt{2}} \\ -\dfrac{1}{\sqrt{2}} \end{pmatrix}$$

再计算出 $(1, 0)$ 点的偏导数：

$$f_x(1, 0) = e^{2y}\big|_{\substack{x=1 \\ y=0}} = 1, \quad f_y(x, y) = 2xe^{2y}\big|_{\substack{x=1 \\ y=0}} = 2$$

所以，根据定理 131 有 $\dfrac{\partial f}{\partial \boldsymbol{u}}\bigg|_{\substack{x=1 \\ y=0}} = f_x(1, 0)\cos\alpha + f_y(1, 0)\cos\beta = 1 \cdot \dfrac{1}{\sqrt{2}} + 2 \cdot \left(-\dfrac{1}{\sqrt{2}}\right) = -\dfrac{1}{\sqrt{2}}$。

10.9.3　梯度与方向导数

定义 104. 如果函数 $f(x, y)$ 在 (x_0, y_0) 点可微分，那么可定义一个向量：

$$f_x(x_0, y_0)\boldsymbol{i} + f_y(x_0, y_0)\boldsymbol{j}$$

该向量称为函数 $f(x, y)$ 在 (x_0, y_0) 点的梯度，记作 $\mathbf{grad}f(x_0, y_0)$，即：

$$\mathbf{grad}f(x_0, y_0) = f_x(x_0, y_0)\boldsymbol{i} + f_y(x_0, y_0)\boldsymbol{j}$$

引入（二维的）向量微分算子 $\nabla = \dfrac{\partial}{\partial x}\boldsymbol{i} + \dfrac{\partial}{\partial y}\boldsymbol{j}$，也称为 Nabla 算子，则上式也可记作：

$$\nabla f(x_0, y_0) = \left[\left(\frac{\partial}{\partial x}\boldsymbol{i} + \frac{\partial}{\partial y}\boldsymbol{j}\right)f(x, y)\right]_{\substack{x=x_0\\y=y_0}} = f_x(x_0, y_0)\boldsymbol{i} + f_y(x_0, y_0)\boldsymbol{j} = \begin{pmatrix} f_x(x_0, y_0) \\ f_y(x_0, y_0) \end{pmatrix}$$

引入梯度定义（定义 104）后，则可微分时方向导数的计算方法（定理 131）可改写如下：

$$\left.\frac{\partial f}{\partial \boldsymbol{u}}\right|_{\substack{x=x_0\\y=y_0}} = f_x(x_0, y_0)\cos\alpha + f_y(x_0, y_0)\cos\beta = \begin{pmatrix} f_x(x_0, y_0) \\ f_y(x_0, y_0) \end{pmatrix} \cdot \begin{pmatrix} \cos\alpha \\ \cos\beta \end{pmatrix}$$

$$= \nabla f(x_0, y_0) \cdot \boldsymbol{e_u} = \|\nabla f(x_0, y_0)\|\cos\theta$$

其中 $\cos\theta$ 是梯度 $\nabla f(x_0, y_0)$ 与单位方向向量 $\boldsymbol{e_u}$ 的夹角，根据投影的定义（定义 78）可知，该式意味着方向导数 $\left.\dfrac{\partial f}{\partial \boldsymbol{u}}\right|_{\substack{x=x_0\\y=y_0}}$ 是梯度 $\nabla f(x_0, y_0)$ 在单位方向向量 $\boldsymbol{e_u}$ 上的投影，如图 10.125 所示。

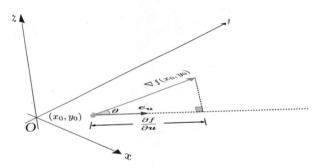

图 10.125　$\nabla f(x_0, y_0)$ 在 $\boldsymbol{e_u}$ 上的投影是 $\dfrac{\partial f}{\partial \boldsymbol{u}}$

整理前面的式子可得 $\left.\dfrac{\partial f}{\partial \boldsymbol{u}}\right|_{\substack{x=x_0\\y=y_0}} = \|\nabla f(x_0, y_0)\|\cos\theta$，从而可以分析出，

- $\theta = 0$ 时，即方向 $\boldsymbol{u}$ 与梯度 $\nabla f(x_0, y_0)$ 相同时，或者说沿着梯度方向时，方向导数取得最大值：

$$\left.\frac{\partial f}{\partial \boldsymbol{u}}\right|_{\substack{x=x_0\\y=y_0}} = \|\nabla f(x_0, y_0)\|\cos 0 = \|\nabla f(x_0, y_0)\|$$

- $\theta = \pi$ 时，即方向 $\boldsymbol{u}$ 与梯度 $\nabla f(x_0, y_0)$ 相反时，或者说逆着梯度方向时，方向导数取得最小值：

$$\left.\frac{\partial f}{\partial \boldsymbol{u}}\right|_{\substack{x=x_0\\y=y_0}} = \|\nabla f(x_0, y_0)\|\cos\pi = -\|\nabla f(x_0, y_0)\|$$

- $\theta = \dfrac{\pi}{2}$ 时，即方向 $\boldsymbol{u}$ 与梯度 $\nabla f(x_0, y_0)$ 正交时，方向导数为 0：

$$\left.\frac{\partial f}{\partial \boldsymbol{u}}\right|_{\substack{x=x_0\\y=y_0}} = \|\nabla f(x_0, y_0)\|\cos\frac{\pi}{2} = 0$$

综上可知，梯度 $\nabla f(x_0, y_0)$ 是这么一个向量：

$$\nabla f(x_0, y_0) \begin{cases} \text{方向：沿着该方向，可取得方向导数的最大值} \\ \text{模长：是方向导数的最大值} \end{cases}$$

根据前面的分析，可进一步直观地来理解梯度。如图 10.126 所示，若将曲面 $f(x,y)$ 想象成山峰，则

- $\nabla f(x_0, y_0)$ 方向对应的切向量 $\boldsymbol{f}'(0)$ 指向山顶，这是上升最快的方向。
- $\nabla f(x_0, y_0)$ 反方向对应的切向量 $-\boldsymbol{f}'(0)$ 指向山谷，这是下降最快的方向。
- 和 $\nabla f(x_0, y_0)$ 正交的方向是山间的平路，没有坡度上的起伏，见图 10.126 中的黑色虚线。

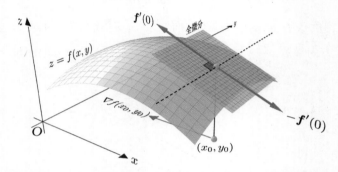

图 10.126　$\nabla f(x_0, y_0)$ 方向对应的切向量 $\boldsymbol{f}'(0)$ 指向山顶，这是上升最快的方向

借助图 10.126 还可以直观地、不做证明地得到一个结论。图中的全微分是一个平面，根据我们的常识，在该平面上放置一个静止的球体，球体会沿着某个方向滚动，并且这个方向是固定的，也就是说，下降最快的方向只有一个，就是 $-\nabla f(x_0, y_0)$ 方向；同样地，上升最快的方向只能是 $\nabla f(x_0, y_0)$ 方向，方向导数为 0 的方向必然正交于上述两个方向，所以在可微分时有：

$$\boldsymbol{u} \text{ 与 } \nabla f \text{ 方向相同} \iff \frac{\partial f}{\partial \boldsymbol{u}} \text{ 取得最大值}$$

$$\boldsymbol{u} \text{ 与 } \nabla f \text{ 方向相反} \iff \frac{\partial f}{\partial \boldsymbol{u}} \text{ 取得最小值}$$

$$\boldsymbol{u} \perp \nabla f \iff \frac{\partial f}{\partial \boldsymbol{u}} = 0$$

同样地，如果函数 $f(x, y, z)$ 在 (x_0, y_0, z_0) 点可微分，那么可定义一个向量：

$$f_x(x_0, y_0, z_0)\boldsymbol{i} + f_y(x_0, y_0, z_0)\boldsymbol{j} + f_z(x_0, y_0, z_0)\boldsymbol{k}$$

该向量称为函数 $f(x, y, z)$ 在 (x_0, y_0, z_0) 点的梯度，记作 $\mathbf{grad}f(x_0, y_0, z_0)$，即：

$$\mathbf{grad}f(x_0, y_0, z_0) = f_x(x_0, y_0, z_0)\boldsymbol{i} + f_y(x_0, y_0, z_0)\boldsymbol{j} + f_z(x_0, y_0, z_0)\boldsymbol{k}$$

引入（三维的）向量微分算子 $\nabla = \dfrac{\partial}{\partial x}\boldsymbol{i} + \dfrac{\partial}{\partial y}\boldsymbol{j} + \dfrac{\partial}{\partial z}\boldsymbol{k}$，也称为 Nabla 算子，则上式也可记作：

$$\nabla f(x_0, y_0, z_0) = f_x(x_0, y_0, z_0)\boldsymbol{i} + f_y(x_0, y_0, z_0)\boldsymbol{j} + f_z(x_0, y_0, z_0)\boldsymbol{k} = \begin{pmatrix} f_x(x_0, y_0, z_0) \\ f_y(x_0, y_0, z_0) \\ f_z(x_0, y_0, z_0) \end{pmatrix}$$

例 260. 设 $f(x, y) = \dfrac{1}{2}(x^2 + y^2)$，请求出：

（1）$f(x, y)$ 在 $(1, 1)$ 点增大最快的方向，及 $f(x, y)$ 在 $(1, 1)$ 点沿该方向的方向导数。

（2）$f(x, y)$ 在 $(1, 1)$ 点减小最快的方向，及 $f(x, y)$ 在 $(1, 1)$ 点沿该方向的方向导数。

（3）$f(x, y)$ 在 $(1, 1)$ 点变化率为 0 的方向。

解. 函数 $f(x, y) = \dfrac{1}{2}(x^2 + y^2)$ 具有连续的偏导数 $f_x(x, y) = x$ 及 $f_y(x, y) = y$，根据可微分的充分条件（定理 125），可知该函数在 $(1, 1)$ 点可微分，所以可利用梯度来求解。

（1）$f(x, y)$ 在 $(1, 1)$ 点的梯度为：

$$\nabla f(1, 1) = \Big(f_x\boldsymbol{i} + f_y\boldsymbol{j}\Big)_{\substack{x=1 \\ y=1}} = \Big(x\boldsymbol{i} + y\boldsymbol{j}\Big)_{\substack{x=1 \\ y=1}} = \boldsymbol{i} + \boldsymbol{j} = \begin{pmatrix} 1 \\ 1 \end{pmatrix}$$

根据之前的分析可知，$f(x, y)$ 在 $(1, 1)$ 点沿 $\nabla f(1, 1)$ 方向，或者说沿 $\begin{pmatrix} 1 \\ 1 \end{pmatrix}$ 增大最快，此时方向导数为：

$$\|\nabla f(1, 1)\| = \|\begin{pmatrix} 1 \\ 1 \end{pmatrix}\| = \sqrt{1^2 + 1^2} = \sqrt{2}$$

（2）$f(x, y)$ 在 $(1, 1)$ 点沿 $\nabla f(1, 1)$ 的反方向，或者说沿 $\begin{pmatrix} -1 \\ -1 \end{pmatrix}$ 减小最快，此时方向导数为：

$$-\|\nabla f(1, 1)\| = -\|\begin{pmatrix} 1 \\ 1 \end{pmatrix}\| = -\sqrt{2}$$

（3）可观察出 $\begin{pmatrix} 1 \\ -1 \end{pmatrix}$ 或 $\begin{pmatrix} -1 \\ 1 \end{pmatrix}$ 与 $\nabla f(1, 1)$ 正交，$f(x, y)$ 在 $(1, 1)$ 点沿这两个方向的方向导数为 0，或者说沿这两个方向的变化率为 0。

（4）综上可作出图 10.127，其中有梯度 $\nabla f(1, 1)$ 及其对应的切向量 $\boldsymbol{f}'(0)$。可看到 $\boldsymbol{f}'(0)$ 指向增大最快的方向，切向量 $\boldsymbol{f}'(0)$ 的反方向指向减小最快的方向；还可看到 $\begin{pmatrix} -1 \\ 1 \end{pmatrix} \perp \nabla f(1, 1)$，

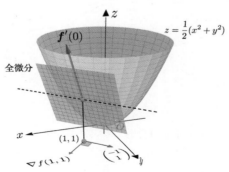

图 10.127　梯度 $\nabla f(1, 1)$，及其对应的切向量 $\boldsymbol{f}'(0)$

$\begin{pmatrix} -1 \\ 1 \end{pmatrix}$ 对应的黑色虚线没有高低起伏，即变化率为 0。

例 261. 设 $f(x, y, z) = x^3 - xy^2 - z$，问 $f(x, y, z)$ 在 $(1, 1, 0)$ 点沿什么方向变化最快，在这个方向的变化率是多少？

解. 函数 $f(x, y, z) = x^3 - xy^2 - z$ 具有连续的偏导数，即：

$$f_x(x, y, z) = 3x^2 - y^2, \quad f_y(x, y, z) = -2xy, \quad f_z(x, y, z) = -1$$

根据可微分的充分条件（定理 125），可知该函数在 $(1, 1, 0)$ 点可微分，所以可利用梯度来求解。先计算出梯度：

$$\nabla f(1, 1, 0) = \left((3x^2 - y^2)\boldsymbol{i} - 2xy\boldsymbol{j} - \boldsymbol{k} \right)_{\substack{x=1 \\ y=1 \\ z=0}} = 2\boldsymbol{i} - 2\boldsymbol{j} - \boldsymbol{k} = \begin{pmatrix} 2 \\ -2 \\ -1 \end{pmatrix}$$

所以 $f(x, y, z)$ 在 $(1, 1, 0)$ 点沿 $\nabla f(1, 1, 0) = \begin{pmatrix} 2 \\ -2 \\ -1 \end{pmatrix}$ 增大最快，沿 $-\nabla f(1, 1, 0) = \begin{pmatrix} -2 \\ 2 \\ 1 \end{pmatrix}$ 减小最快，变化率分别为：

$$\|\nabla f(1, 1, 0)\| = \sqrt{2^2 + (-2)^2 + (-1)^2} = 3, \quad -\|\nabla f(1, 1, 0)\| = -3$$

10.9.4　等值线

等高线地图可以把立体的地形绘制到平面中去，如图 10.128 所示。下面就来介绍一下等高线地图的绘制方法，以及梯度在其中的应用。

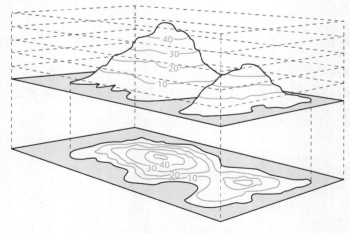

图 10.128　等高线地图

比如函数 $z = f(x, y)$，其对应的曲面如图 10.129 所示，看上去比较像起伏的群山。

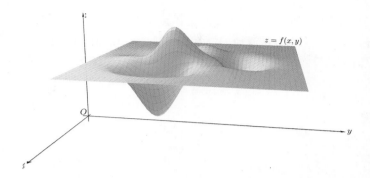

图 10.129 曲面 $f(x,y)$ 酷似起伏的群山

函数 $z = f(x,y)$ 和平面 $z = c_0, c_0 \in \mathbb{R}$ 的交线为 $\begin{cases} z = f(x,y) \\ z = c_0 \end{cases}$，该交线包含了该函数曲面上高度为 c_0 的所有点，如图 10.130 所示。若将该交线投影到 xOy 面上，并标注上 c_0，就得到了 c_0 等高线，其在 xOy 面上的方程为 $f(x,y) = c_0$。

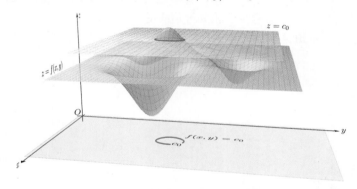

图 10.130 将曲面 $z = f(x,y)$ 和平面 $z = c_0$ 的交线投影到 xOy 面上，得到 c_0 等高线

上下移动平面可得不同高度的等高线，比如图 10.131 中用不同颜色标注出来的 c_0、c_1、c_2 和 c_3 等高线，最终作出等高线图。

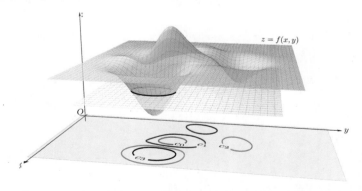

图 10.131 上下移动平面可得不同的等高线，最终作出等高线图

c 并非总表示高度，还可以是深度、温度、价格等，所以更一般地称 $f(x,y) = c$ 为等值线。如果引入三元函数 $f(x,y,z)$，那么称 $f(x,y,z) = c$ 为等值面。

下面来看三个函数的等值线。图 10.132 是函数 $z = -xy\mathrm{e}^{-x^2-y^2}$ 的三维图像,其中有 4 处山峰或者山谷,但有一个山谷被遮挡了。图 10.133 就是该曲面的等值线图,其中有 4 处同心曲线,可以更清楚地反映三维图像中的起伏。

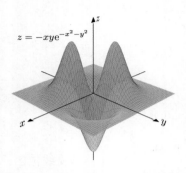

图 10.132　函数 $z = -xy\mathrm{e}^{-x^2-y^2}$ 的三维图像　　图 10.133　函数 $z = -xy\mathrm{e}^{-x^2-y^2}$ 的等值线图

再比如,图 10.134 是函数 $z = (1-x^2)(1-y^2)$ 的图像,图 10.135 是该函数的等值线图。该等值线没有标注高度,这意味着相邻等值线的差值都是相同的,所以中心等高线比较稀疏,这说明中心比较平坦,高度变化很小;而边缘等值线密集,说明高度变化较快,有较大的起伏。

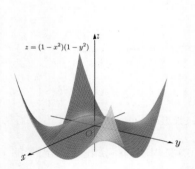

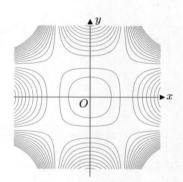

图 10.134　函数 $z = (1-x^2)(1-y^2)$ 的三维图像　图 10.135　函数 $z = (1-x^2)(1-y^2)$ 的等值线图

最后比如,图 10.136 是函数 $z = \sin(xy)$ 的图像,图 10.137 是该函数的等值线图。右侧的等值线时而紧密、时而疏松,如同波浪一样起伏、扩散。

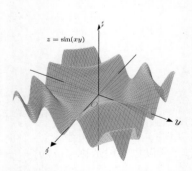

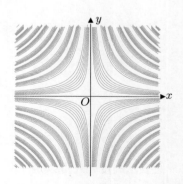

图 10.136　函数 $z = \sin(xy)$ 的三维图像　　　图 10.137　函数 $z = \sin(xy)$ 的等值线图

10.9.5　梯度与等值线

下面来学习一下梯度与等值线的关系。以图 10.138 为例，其中有函数 $z = -xy\mathrm{e}^{-x^2-y^2}$ 对应的曲面及其等值线图、某些等值线上的点及该点的梯度，从中可解读出，

- 因为梯度指向上升最快的方向，所以一、三象限对应的图形是山谷，二、四象限对应的图形是山峰。
- 因为梯度模长是方向导数的最大值，所以较长者对应的地形较为陡峭，周围的等值线比较密；而较短者对应的地形比较平缓，周围的等值线较为稀疏。

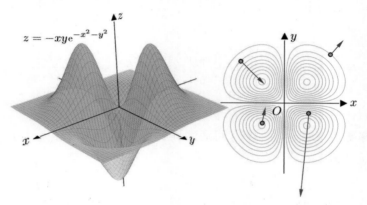

图 10.138　曲面 $z = -xy\mathrm{e}^{-x^2-y^2}$，及其等值线图上某些点的梯度

若总是沿梯度的方向前进，很快就可到达山顶。如图 10.139 所示，

- 右侧等值线图中的蓝线的切向量就是梯度，这里用两个红色箭头来表示。
- 右侧等值线图中的蓝线对应左侧三维图形中的蓝线。
- 在左右两侧，当红点沿蓝线前进时，即沿梯度的方向前进时，很快就会到达山顶。

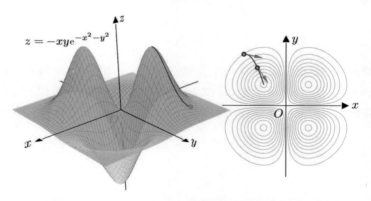

图 10.139　沿梯度的方向前进，即沿蓝线前进，很快就可到达山顶

设函数 $z = f(x,y)$ 的等值线为 $f(x,y) = c$，假设在 (x_0, y_0) 点满足隐函数存在定理 1（定理 128）的条件，则在 (x_0, y_0) 点的某一邻域内有函数 $y = g(x)$[①]，所以等值线 $f(x,y) = c$

---

① 也可以写作 $x = h(y)$，不妨碍后面得到相同的结论，同学们可自行推导。

在 (x_0, y_0) 点的某一邻域内可写作参数方程 $\begin{cases} x = x \\ y = g(x) \end{cases}$ ，所以等值线 $f(x, y) = c$ 在该点的

切向量 $\boldsymbol{s}$ 为：

$$
\boldsymbol{s} = \begin{pmatrix} \dfrac{\mathrm{d}x}{\mathrm{d}x}\bigg|_{\substack{x=x_0 \\ y=y_0}} \\ \dfrac{\mathrm{d}y}{\mathrm{d}x}\bigg|_{\substack{x=x_0 \\ y=y_0}} \end{pmatrix} = \begin{pmatrix} 1 \\ -\dfrac{f_x(x_0, y_0)}{f_y(x_0, y_0)} \end{pmatrix}
$$

而函数 $z = f(x, y)$ 在 (x_0, y_0) 点的梯度 $\nabla f(x_0, y_0) = \begin{pmatrix} f_x(x_0, y_0) \\ f_y(x_0, y_0) \end{pmatrix}$，所以有：

$$
\boldsymbol{s} \cdot \nabla f(x_0, y_0) = \begin{pmatrix} 1 \\ -\dfrac{f_x(x_0, y_0)}{f_y(x_0, y_0)} \end{pmatrix} \cdot \begin{pmatrix} f_x(x_0, y_0) \\ f_y(x_0, y_0) \end{pmatrix} = f_x(x_0, y_0) - \dfrac{f_x(x_0, y_0)}{f_y(x_0, y_0)} \cdot f_y(x_0, y_0) = 0
$$

根据正交的充要条件（定理 103）可知 $\boldsymbol{s} \perp \nabla f(x_0, y_0)$，即等值线 $f(x, y) = c$ 在 (x_0, y_0) 点的法向量是梯度 $\nabla f(x_0, y_0)$。该结论可通过图 10.140 来理解，在 (x_0, y_0) 点等值线的切向量 $\boldsymbol{s}$ 和梯度 ∇f 正交。

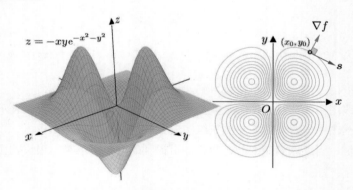

图 10.140　等值线的切向量 $\boldsymbol{s}$ 和梯度 ∇f 正交

或这么来理解上述结论，以图 10.141 为例，左侧三维图像中的蓝线对应右侧等值线图中的蓝线。若沿该蓝色等值线的切向量 $\boldsymbol{s}$ 的方向行走，实际就是在该等值上行走，根据等值线的定义，或从左侧三维图像可以看出，这样的行走是没有高度变化的。

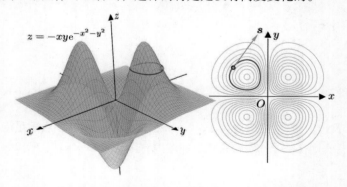

图 10.141　沿蓝色等值线的切向量 $\boldsymbol{s}$ 前进，即在该等值线上行走

在学习梯度时解释过，在可微分时有 $\boldsymbol{u} \perp \nabla f \iff \dfrac{\partial f}{\partial \boldsymbol{u}} = 0$，即在可微分时有：

$$\text{沿正交于梯度 } \nabla f \text{ 的方向前进} \iff \text{没有高度变化}$$

综上，所以：

$$\left.\begin{array}{l}\text{沿等值线切向量 } \boldsymbol{s} \text{ 方向前进，没有高度变化}\\[4pt]\text{没有高度变化，则沿正交于梯度 } \nabla f \text{ 的方向前进}\end{array}\right\} \implies \boldsymbol{s} \perp \nabla f$$

上述结论在现实中也可以观察到，图 10.142 是一张地形图，其中有一条清凉河穿过，两侧山上有小溪（蓝色的线条）汇入此河。仔细观察这几条小溪，根据水的特性，这些小溪都顺着高度下降最快的方向流下来，也就是顺着梯度的反方向流下来。所以小溪也是等高线的法线，为了便于观察，这里作出小溪和等高线某交点处的切线，即图 10.142 中的红点及紫色的切线，大致可以看出小溪和该切线垂直。

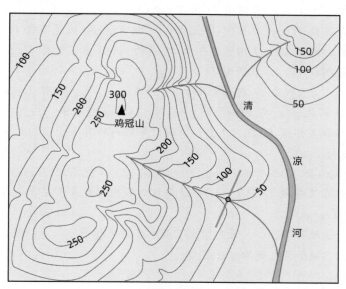

图 10.142　小溪和等高线的切线垂直

例 262. 求曲面 $x^2 + y^2 + z = 9$ 在 $(1, 2, 4)$ 点的切平面和法线方程。

解. 设 $f(x, y, z) = x^2 + y^2 + z$，那么本题中的曲面 $x^2 + y^2 + z = 9$ 就是函数 $f(x, y, z)$ 的一个等值面。类似于前面的解释，该等值面在 $(1, 2, 4)$ 点的法向量 $\boldsymbol{n}$ 就是梯度 $\nabla f(1, 2, 4)$，即：

$$\nabla f(1, 2, 4) = \left(f_x \boldsymbol{i} + f_y \boldsymbol{j} + f_z \boldsymbol{k}\right)_{\substack{x=1\\y=2\\z=4}} = 2\boldsymbol{i} + 4\boldsymbol{j} + \boldsymbol{k} \implies \boldsymbol{n} = \begin{pmatrix} 2 \\ 4 \\ 1 \end{pmatrix}$$

根据平面的点法式方程（定理 108），所以曲面 $x^2 + y^2 + z = 9$ 在 $(1, 2, 4)$ 点的切平面为：

$$2(x - 1) + 4(y - 2) + (z - 4) = 0 \implies 2x + 4y + z = 14$$

根据空间直线的参数方程（定理 116），所以曲面 $x^2 + y^2 + z = 9$ 在 $(1, 2, 4)$ 点的法线方程为：

$$
\begin{cases}
x = 1 + 2t \\
y = 2 + 4t, \quad t \in \mathbb{R} \\
z = 4 + t
\end{cases}
$$

本题还可将曲面 $x^2 + y^2 + z = 9$ 改写为函数 $z = 9 - x^2 - y^2$，然后根据全微分的定义（定义 99）来求解，答案肯定是一样的，同学们可自行尝试。

10.10 多元函数的极值及其求法

10.10.1 最值和极值

定义 105. 设函数 $f(x, y)$ 在区间 D 上有定义，$P_0(x_0, y_0)$ 点是 D 的内点，则：

- $f(x_0, y_0)$ 是函数 $f(x, y)$ 在区间 D 上的最大值，(x_0, y_0) 点是函数 $f(x, y)$ 在区间 D 上的最大值点，当且仅当 D 内所有异于 P_0 点的 (x, y) 点，都有 $f(x, y) < f(x_0, y_0)$。

- $f(x_0, y_0)$ 是函数 $f(x, y)$ 在区间 D 上的最小值，(x_0, y_0) 点是函数 $f(x, y)$ 在区间 D 上的最小值点，当且仅当 D 内所有异于 P_0 点的 (x, y) 点，都有 $f(x, y) > f(x_0, y_0)$。

- $f(x_0, y_0)$ 是函数 $f(x, y)$ 的一个极大值，(x_0, y_0) 点是函数 $f(x, y)$ 的一个极大值点，当且仅当存在某邻域 $U(P_0) \subset D$，使得该邻域内所有异于 P_0 点的 (x, y) 点，都有 $f(x, y) < f(x_0, y_0)$。

- $f(x_0, y_0)$ 是函数 $f(x, y)$ 的一个极小值，(x_0, y_0) 点是函数 $f(x, y)$ 的一个极小值点，当且仅当存在某邻域 $U(P_0) \subset D$，使得该邻域内所有异于 P_0 点的 (x, y) 点，都有 $f(x, y) > f(x_0, y_0)$。

最大值、最小值统称为最值，最大值点、最小值点统称为最值点；极大值、极小值统称为极值，极大值点、极小值点统称为极值点。

定义 105 类似于"马同学图解"系列图书《微积分（上）》中学习的最值（定义 32）和极值（定义 33），前者是区间 D 上的全局概念，后者是邻域 $U(P_0)$ 上的局部概念，如图 10.143 所示。

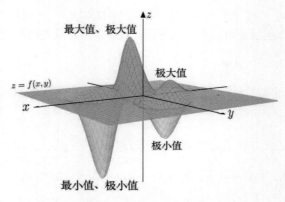

图 10.143 曲面 $f(x, y)$ 上的最值和极值

10.10.2 函数极值的必要条件

定理 132. 设函数 $f(x,y)$ 在 (x_0,y_0) 点处具有偏导数，且 (x_0,y_0) 点为该函数的一个极值点，则有：

$$f_x(x_0,y_0) = f_y(x_0,y_0) = 0$$

证明. 不妨设 $P_0(x_0,y_0)$ 点是函数 $f(x,y)$ 的一个极大值点，依照极大值点的定义（定义 105），某邻域 $U(P_0)$ 内异于 (x_0,y_0) 点的 (x,y) 点都符合下列不等式，即：

$$f(x,y) < f(x_0,y_0), \quad (x,y) \in U(P_0) \text{ 且 } (x,y) \neq (x_0,y_0)$$

在该邻域 $U(P_0)$ 内满足 $x \neq x_0$ 及 $y = y_0$ 的点是异于 (x_0,y_0) 点的，所以也符合上述不等式，即：

$$f(x,y) < f(x_0,y_0), \quad (x,y) \in U(P_0) \text{ 且 } x \neq x_0, y = y_0$$

上式说明一元函数 $f(x,y_0)$ 在 x_0 点处取得极大值，又由于偏导数存在，根据费马引理（定理 54），所以：

$$\left. \begin{array}{l} f(x,y_0) \text{ 在 } x_0 \text{ 点处取得极值} \\ f_x(x_0,y_0) \text{ 存在，即} f(x,y_0) \text{ 在 } x_0 \text{ 点处可导} \end{array} \right\} \Longrightarrow f_x(x_0,y_0) = 0$$

同理可证 $f_y(x_0,y_0) = 0$。 ∎

定理 132 简单来说就是：

$$f(x,y) \text{ 在 } (x_0,y_0) \text{ 点处取得极值} \Longrightarrow f_x(x_0,y_0) = f_y(x_0,y_0) = 0$$

定理 132 还是很容易理解的，既然 (x_0,y_0) 点是函数 $f(x,y)$ 的一个极值点，那么 (x_0,y_0) 点也是平行于 x 轴、y 轴的空间曲线的一个极值点，如图 10.144 所示。

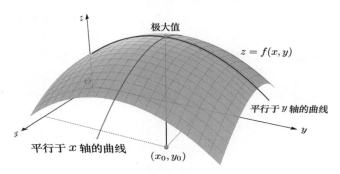

图 10.144　(x_0,y_0) 点是函数 $f(x,y)$ 的极值点，也是平行于 x 轴、y 轴的曲线的极值点

进一步研究图 10.144 中平行于 x 轴的曲线，

- 这是三维空间中的空间曲线，(x_0,y_0) 点是该曲线的一个极大值点，如图 10.144 所示。
- 这又是 xOz 面上的平面曲线，此时其函数为 $f(x,y_0)$，其一个极大值点为 x_0 点，如图 10.145 所示[①]。

---

① 具体细节在"偏导数、偏微分和全微分"一节解释过。

- 函数 $f(x, y_0)$ 在 x_0 点的导数就是偏导数 $f_x(x_0, y_0)$，根据费马引理（定理 54）此时有 $f_x(x_0, y_0) = 0$，即函数 $f(x, y_0)$ 在 x_0 点的微分平行于 x 轴，如图 10.145 所示。

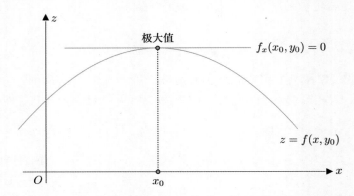

图 10.145　(x_0, y_0) 点是平行于 x 轴的曲线的极值点，有 $f_x(x_0, y_0) = 0$

举例说明一下，函数 $f(x, y) = \sqrt{4 - (x-3)^2 - (y-3)^2} + 2$ 在 $(3, 3)$ 点处取得极大值，如图 10.146 所示。

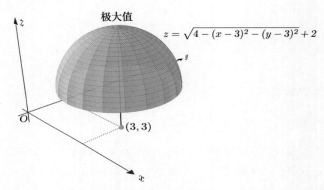

图 10.146　$f(x, y) = \sqrt{4 - (x-3)^2 - (y-3)^2} + 2$ 在 $(3, 3)$ 点处取得极大值

该函数在 $(3, 3)$ 点处具有偏导数，因此是符合上述定理的，验证一下：

$$f_x(3, 3) = -\left.\frac{x - 3}{\sqrt{4 - (x-3)^2 - (y-3)^2}}\right|_{\substack{x=3 \\ y=3}} = 0,$$

$$f_y(3, 3) = -\left.\frac{y - 3}{\sqrt{4 - (x-3)^2 - (y-3)^2}}\right|_{\substack{x=3 \\ y=3}} = 0$$

值得注意的是，定理 132 只是函数极值的必要条件，即反过来是不成立的：

$$f(x, y) \text{ 在 } (x_0, y_0) \text{ 点处取得极值} \Longleftarrow f_x(x_0, y_0) = f_y(x_0, y_0) = 0$$

比如函数 $f(x, y) = xy$ 在 $(0, 0)$ 点处有 $f_x(0, 0) = 0$ 及 $f_y(0, 0) = 0$，但 $(0, 0)$ 点不是该函数的一个极值点，如图 10.147 所示。这里为了方便观察，在图 10.147 中还作出了过 $(0, 0)$ 点且在函数 $f(x, y) = xy$ 上的两条空间曲线。可看出 $(0, 0)$ 点是其中红色曲线的一个极小值点，又是其中蓝色曲线的一个极大值点，所以 $(0, 0)$ 点不可能是函数 $f(x, y) = xy$ 的一个极值点。

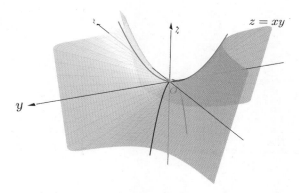

图 10.147 $f_x(0,0) = 0$ 及 $f_y(0,0) = 0$，但 $(0,0)$ 点不是该曲面的极值点

类似地，若三元函数 $f(x, y, z)$ 在 (x_0, y_0, z_0) 点处具有偏导数，且 (x_0, y_0, z_0) 点为该函数的一个极值点，则有：

$$f_x(x_0, y_0, z_0) = f_y(x_0, y_0, z_0) = f_z(x_0, y_0, z_0) = 0$$

定义 106. 若 (x_0, y_0) 点使得 $f_x(x, y) = 0$ 及 $f_y(x, y) = 0$ 同时成立，则称该点为函数 $f(x, y)$ 的一个驻点或稳定点。

图 10.146 和图 10.147 中的 (x_0, y_0) 点虽然不一定是函数 $f(x, y)$ 的一个极值点，但都是函数 $f(x, y)$ 的一个驻点。从图像上看，它们对应的函数曲面上的点或者位于山顶，或者位于山腰平地，都有停驻的感觉，这或许是其被称为"驻点"的原因。类似地，若 (x_0, y_0, z_0) 点使得 $f_x(x, y, z) = 0$、$f_y(x, y, z) = 0$ 及 $f_z(x, y, z) = 0$ 同时成立，则称该点为函数 $f(x, y, z)$ 的一个驻点或稳定点。

10.10.3 函数极值的充分条件

在"马同学图解"系列图书《微积分（上）》中学习过函数极值的第二充分条件（定理 69）。该定理通过计算某点的二阶导数来判断该点是否为极值点。在二元函数中也有类似的方法，下面是具体的讲解。

定义 107. 对二元函数 $z = f(x, y)$ 运用两次雅可比矩阵，可得：

$$\frac{\partial^2 z}{\partial(x, y)^2} = \frac{\partial}{\partial(x, y)}\left(\frac{\partial z}{\partial(x, y)}\right) = \begin{pmatrix} f_{xx} & f_{xy} \\ f_{yx} & f_{yy} \end{pmatrix}$$

上述所得矩阵又称为海森矩阵，又译作黑塞矩阵，常用 H 来表示该矩阵，即 $H = \frac{\partial^2 z}{\partial(x, y)^2} = \begin{pmatrix} f_{xx} & f_{xy} \\ f_{yx} & f_{yy} \end{pmatrix}$。

之前解释过，雅可比矩阵（定义 100）类似于一阶导数，以此类推，上述定义的海森矩阵就类似于二阶导数。不光形式上类似，作用上也类似。在"马同学图解"系列图书《微积分（上）》中学习过，二阶导数的正负可以决定函数的凹凸性，如图 10.148 和图 10.149 所示。

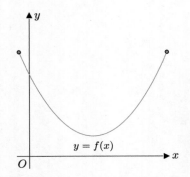
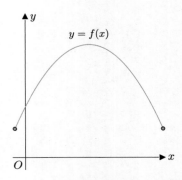

图 10.148 $f''(x) > 0$ 说明 $f(x)$ 是凹的   图 10.149 $f''(x) < 0$ 说明 $f(x)$ 是凸的

类似地,当海森矩阵正定[1] 时,即 $f_{xx} > 0$ 且 $|H| > 0$ 时,那么函数 $f(x, y)$ 是凹的,如图 10.150 所示;当海森矩阵负定时,即 $f_{xx} < 0$ 且 $|H| > 0$ 时,那么函数 $f(x, y)$ 是凸的,如图 10.151 所示。

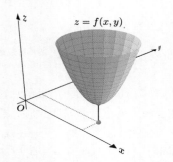

图 10.150 $f_{xx} > 0$ 且 $|H| > 0$ 时函数 $f(x, y)$ 是   图 10.151 $f_{xx} < 0$ 且 $|H| > 0$ 时函数 $f(x, y)$ 是
凹的   凸的

例 263. 请判断函数 $f(x, y) = (x - 4)^2 + (y - 1)^2 + 1$ 的凹凸性。

解. 该函数的图像就是图 10.150 中的曲面,可看出这是凹的,下面通过海森矩阵来验证一下。首先求出偏导数:

$$f_x = 2(x - 4), \quad f_y = 2(y - 1)$$

然后求出二阶偏导数和混合偏导数:

$$f_{xx} = 2, \quad f_{xy} = 0, \quad f_{yx} = 0, \quad f_{yy} = 2$$

所以有:

$$f_{xx} = 2 > 0, \quad |H| = \begin{vmatrix} f_{xx} & f_{xy} \\ f_{yx} & f_{yy} \end{vmatrix} = \begin{vmatrix} 2 & 0 \\ 0 & 2 \end{vmatrix} = 4 > 0$$

根据前面的介绍,所以函数 $f(x, y) = (x - 4)^2 + (y - 1)^2 + 1$ 是凹的。

定理 133 (函数极值的充分条件). 设函数 $z = f(x, y)$ 在 (x_0, y_0) 点的某邻域内连续且有一阶及二阶连续的偏导数,其海森矩阵为:

---

[1] 这个概念在《马同学图解线性代数》中进行了讲解,感兴趣的同学可以到这本书的相关章节去查阅。

$$H = \frac{\partial^2 z}{\partial(x,y)^2} = \begin{pmatrix} f_{xx} & f_{xy} \\ f_{yx} & f_{yy} \end{pmatrix}$$

如果又有 $f_x(x_0, y_0) = f_y(x_0, y_0) = 0$，那么：

（1）$f(x_0, y_0)$ 为极小值，当 $f_{xx}(x_0, y_0) > 0$ 且 $|H||_{(x_0, y_0)} > 0$[①]。

（2）$f(x_0, y_0)$ 为极大值，当 $f_{xx}(x_0, y_0) < 0$ 且 $|H||_{(x_0, y_0)} > 0$。

（3）$f(x_0, y_0)$ 非极值，当 $|H||_{(x_0, y_0)} < 0$。

（4）$f(x_0, y_0)$ 无法判断是否为极值，当 $|H||_{(x_0, y_0)} = 0$。

对定理 133 不做证明，这里直观地解释一下。$f_x(x_0, y_0) = f_y(x_0, y_0) = 0$ 说明 (x_0, y_0) 点是函数 $f(x, y)$ 的一个驻点，(x_0, y_0) 点对应的函数 $f(x, y)$ 上的点在图 10.152～图 10.154 中用红点来表示：

- 当 $f_{xx}(x_0, y_0) > 0$ 且 $|H||_{(x_0, y_0)} > 0$ 时，可认为函数 $f(x, y)$ 在红点附近的曲面是凹的，红点停驻在山谷，如图 10.152 所示，所以 (x_0, y_0) 点是函数 $f(x, y)$ 的一个极小值点。
- 当 $f_{xx}(x_0, y_0) < 0$ 且 $|H||_{(x_0, y_0)} > 0$ 时，可认为函数 $f(x, y)$ 在红点附近的曲面是凸的，红点停驻在山顶，如图 10.153 所示，所以 (x_0, y_0) 点是函数 $f(x, y)$ 的一个极大值点。

图 10.152　$f_{xx}(x_0, y_0) > 0$ 且 $|H||_{(x_0, y_0)} > 0$　　图 10.153　$f_{xx}(x_0, y_0) < 0$ 且 $|H||_{(x_0, y_0)} > 0$

- 当 $|H||_{(x_0, y_0)} < 0$ 时，可认为函数 $f(x, y)$ 在红点附近的曲面起伏不定，如图 10.154 所示，所以 (x_0, y_0) 点不是函数 $f(x, y)$ 的一个极值点。

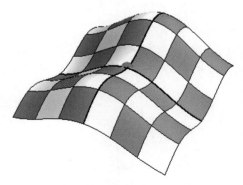

图 10.154　$|H||_{(x_0, y_0)} < 0$

比如在图 10.147 中介绍过的函数 $f(x, y) = xy$，虽然 $(0, 0)$ 点是该函数的一个驻点，但其在 $(0, 0)$ 点附近的曲面起伏不定。所以 $(0, 0)$ 点不是该函数的一个极值点。其海森矩阵 H 在 $(0, 0)$ 点小于 0，即：

---

① $|H||_{(x_0, y_0)}$ 就是 $|H||_{\substack{x=x_0 \\ y=y_0}}$。

$$|H|_{(0,0)} = \begin{vmatrix} f_{xx} & f_{xy} \\ f_{yx} & f_{yy} \end{vmatrix}_{(0,0)} = \begin{vmatrix} 0 & 1 \\ 1 & 0 \end{vmatrix}_{(0,0)} = -1 < 0$$

例 264. 求函数 $f(x,y) = x^3 - y^3 + 3x^2 + 3y^2 - 9x$ 的极值。

解. 求出函数 $f(x,y)$ 的偏导数：

$$f_x = 3x^2 + 6x - 9, \quad f_y = -3y^2 + 6y$$

以及二阶偏导数和混合偏导数：

$$f_{xx} = 6x + 6, \quad f_{xy} = f_{yx} = 0, \quad f_{yy} = -6y + 6$$

根据二元函数极值的必要条件（定理 132），所以先解下列方程组，以便求出函数 $f(x,y)$ 的驻点：

$$\begin{cases} f_x = 3x^2 + 6x - 9 = 0 \implies x = 1, -3 \\ f_y = -3y^2 + 6y = 0 \implies y = 0, 2 \end{cases}$$

所以驻点为 $(1,0)$、$(1,2)$、$(-3,0)$ 以及 $(-3,2)$。接着运用二元函数极值的充分条件（定理 133）来判断这些驻点是否为函数 $f(x,y)$ 的极值点。先写出海森矩阵及其行列式：

$$H = \begin{pmatrix} f_{xx} & f_{xy} \\ f_{yx} & f_{yy} \end{pmatrix} = \begin{pmatrix} 6x+6 & 0 \\ 0 & -6y+6 \end{pmatrix} \implies |H| = 36(-xy + x - y + 1)$$

根据二元函数极值的充分条件（定理 133），有

- $f_{xx}(1,0) = 12 > 0$ 且 $|H|_{(1,0)} = 72 > 0$，所以 $(1,0)$ 点是函数 $f(x,y)$ 的一个极小值点，该点对应的函数 $f(x,y)$ 上的点为图 10.155 中的红点。

- $|H|_{(1,2)} = -72 < 0$，所以 $(1,2)$ 点不是函数 $f(x,y)$ 的极值点，该点对应的函数 $f(x,y)$ 上的点为图 10.155 中的黄点。

- $|H|_{(-3,0)} = -72 < 0$，所以 $(-3,0)$ 点不是函数 $f(x,y)$ 的极值点，该点对应的函数 $f(x,y)$ 上的点为图 10.155 中的紫点。

- $f_{xx}(-3,2) = -12 < 0$ 且 $|H|_{(-3,2)} = 72 > 0$，所以 $(-3,2)$ 点是函数 $f(x,y)$ 的一个极大值点，该点对应的函数 $f(x,y)$ 上的点为图 10.155 中的蓝点。

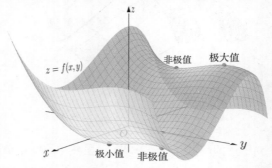

图 10.155   函数 $f(x,y) = x^3 - y^3 + 3x^2 + 3y^2 - 9x$ 的极值

为了更好地观察上述结果，图 10.156 换了一个角度，并用黑线勾勒出各个点周围的起伏。可以看到极值周围的起伏是一致的，或者向上，或者向下；而非极值周围起伏不定。

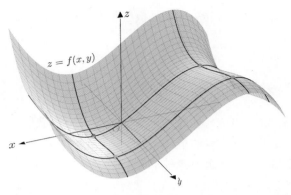

图 10.156 函数 $f(x, y) = x^3 - y^3 + 3x^2 + 3y^2 - 9x$ 极值周围的起伏

10.11 条件极值和拉格朗日乘数法

10.11.1 条件极值

图 10.157 中函数 $f(x, y)$ 的极大值在顶部，该极值除了被限制在函数的定义域内，再无其他条件，所以也称为无条件极值。而图 10.158 中增加了一个条件，要求极值还必须在其中的灰色平面上，这就是条件极值。

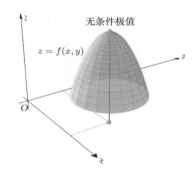

图 10.157 无条件极值

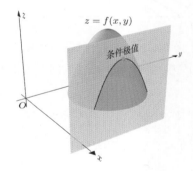

图 10.158 条件极值

有时条件极值很容易转为无条件极值，比如图 10.159 所示的条件极值，其中 $f(x, y) = -(x-4)^2 - (y-2)^2 + 4$，灰色平面为 $x = 5$。将 $x = 5$ 代入 $f(x, y)$ 就得到 $g(y) = -(y-2)^2 + 3$，这样就转为了无条件极值，如图 10.160 所示。

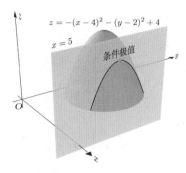

图 10.159 条件极值

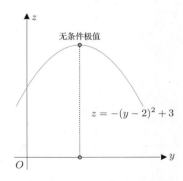

图 10.160 无条件极值

但在很多情况下，将条件极值转为无条件极值并不简单，此时可能就需要接下来要介绍的拉格朗日乘数法。

10.11.2　可转为无条件极值的例题

先介绍一道可转为无条件极值来处理的例题，该例题能帮助我们进一步理解条件极值，以及为之后介绍拉格朗日乘数法做一些铺垫。

例 265. 请求出方程 $x^2y = 3$ 上的点到原点最短的距离。

解.（1）第一种解法。xOy 面上的 (x, y) 点到原点的距离为 $\sqrt{x^2 + y^2}$，如图 10.161 所示，求该距离的极小值是一个无条件极值的问题。但本题要求 (x, y) 点在方程 $x^2y = 3$ 上，如图 10.162 所示，此时求该距离的最小值就是一个条件极值的问题。

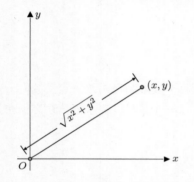

图 10.161　(x, y) 点到原点的距离

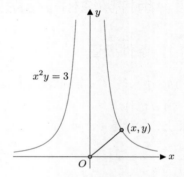

图 10.162　方程 $x^2y = 3$ 上的 (x, y) 点到原点的距离

可转为一个无条件极值的问题后再求解。因为方程 $x^2y = 3$ 可改写为 $y = \dfrac{3}{x^2}$，所以：

$$\left.\begin{array}{l} (x, y) \text{ 点到原点的距离：} \sqrt{x^2 + y^2} \\ \text{方程 } x^2y = 3 \text{ 上的点满足：} y = \dfrac{3}{x^2} \end{array}\right\} \implies \begin{array}{l} \text{方程 } x^2y = 3 \text{ 上的点到原点的距离：} \\ \sqrt{x^2 + \left(\dfrac{3}{x^2}\right)^2} = \sqrt{x^2 + \dfrac{9}{x^4}} \end{array}$$

从而本题就转为了求 $f(x) = \sqrt{x^2 + \dfrac{9}{x^4}}$ 的无条件极小值。容易理解，该函数的极小值点和 $g(x) = x^2 + \dfrac{9}{x^4}$ 的极小值点是一样的，如图 10.163 和图 10.164 所示。显然后者因为脱去

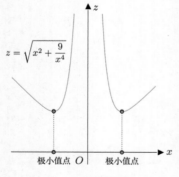

图 10.163　$f(x) = \sqrt{x^2 + \dfrac{9}{x^4}}$ 及其极小值点

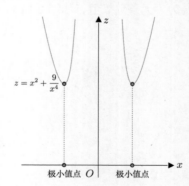

图 10.164　$g(x) = x^2 + \dfrac{9}{x^4}$ 及其极小值点

了根号，所以后续的计算要简化一些。

先求出 $g(x)$ 的一阶和二阶导数：

$$g'(x) = \frac{2x^6 - 36}{x^5}, \quad g''(x) = 2 + \frac{180}{x^6}$$

再求出驻点（这里只关心实数解）：

$$g'(x) = 0 \implies \frac{2x^6 - 36}{x^5} = 0 \implies x^6 = 18 \implies x = \pm\sqrt[6]{18}$$

然后根据函数极值的第二充分条件（定理 69），验证 $g''(\pm\sqrt[6]{18}) = 2 + \dfrac{180}{18} = 12 > 0$，所以 $x = \pm\sqrt[6]{18}$ 是 $f(x) = \sqrt{x^2 + \dfrac{9}{x^4}}$ 的极小值点，对应的极小值为：

$$f(\pm\sqrt[6]{18}) = \sqrt{\sqrt[3]{18} + \frac{9}{18^{\frac{2}{3}}}} \approx 1.98$$

又方程 $x^2 y = 3$ 可改写为 $y = \dfrac{3}{x^2}$，所以 $x = \pm\sqrt[6]{18}$ 对应的 y 为：

$$y = \frac{3}{\left(\pm\sqrt[6]{18}\right)^2} = \frac{3}{\sqrt[3]{18}}$$

综上，方程 $x^2 y = 3$ 上的点到原点最短的距离约为 1.98，在 $\left(\pm\sqrt[6]{18}, \dfrac{3}{\sqrt[3]{18}}\right)$ 点处取得，如图 10.165 所示。

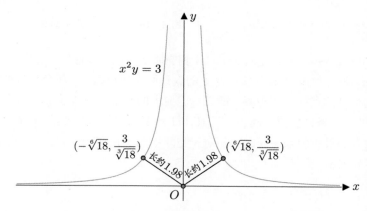

图 10.165 在 $\left(\pm\sqrt[6]{18}, \dfrac{3}{\sqrt[3]{18}}\right)$ 点处，$x^2 y = 3$ 上的点到原点的距离取得最小值

（2）第二种解法可以认为是第一种解法的几何形式。xOy 面上的 (x, y) 点到原点的距离为 $\sqrt{x^2 + y^2}$，如图 10.166 所示。该距离可以用二元函数 $h(x, y) = \sqrt{x^2 + y^2}$ 来表示，其图像如图 10.167 所示。求该二元函数的极小值是一个无条件极值的问题。

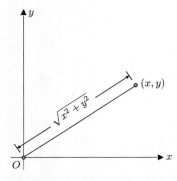

图 10.166　(x,y) 点到原点的距离

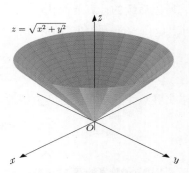

图 10.167　函数 $h(x,y) = \sqrt{x^2 + y^2}$

而方程 $x^2y = 3$ 可看作三维空间中的柱面 $x^2y = 3$ 的准线，如图 10.168 和图 10.169 所示，其中用红线标出了该柱面的准线，也就是标注出了 xOy 面上的方程 $x^2y = 3$。

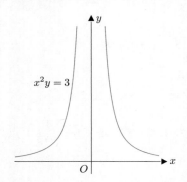

图 10.168　xOy 面上的方程 $x^2y = 3$

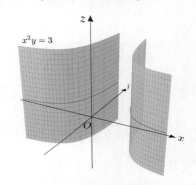

图 10.169　三维空间中的柱面 $x^2y = 3$ 及其准线

函数 $h(x,y) = \sqrt{x^2 + y^2}$ 和柱面 $x^2y = 3$ 相交所形成的空间曲线，在图 10.170 中用黑线标出，其表示了 xOy 面上的方程 $x^2y = 3$ 上的点到原点的距离，该黑色交线的最小值就是方程 $x^2y = 3$ 上的点到原点的最短距离。所以本题要求的就是函数 $h(x,y) = \sqrt{x^2 + y^2}$ 在柱面 $x^2y = 3$ 限制下的一个条件极值的问题。图 10.171 绘制出了该黑色交线在 zOx 面上的红色投影，容易理解两者的最小值是一样的。相对于空间中的黑色交线而言，显然平面上的红色投影的最小值更容易求出。

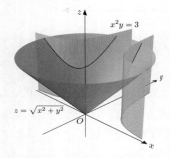

图 10.170　曲面和柱面的黑色交线

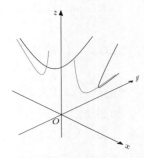

图 10.171　黑色交线在 zOx 面上的红色投影

按照前面的分析我们来求解。根据空间曲线的一般方程（定理 119）可知，上述黑色交线

的方程为 $\begin{cases} h(x,y)=\sqrt{x^2+y^2} \\ x^2y=3 \end{cases}$，消去 y 后就可以得到其在 zOx 面上投影的函数 $f(x)$：

$$\begin{cases} h(x,y)=\sqrt{x^2+y^2} \\ x^2y=3 \implies y=\dfrac{3}{x^2} \end{cases} \implies f(x)=\sqrt{x^2+\dfrac{9}{x^4}}$$

这又变为了（1）中求解过的无条件极值问题，这里就不再重复了。

根据例 265 的分析可知，其中主要涉及方程 $x^2y=3$ 和描述距离的函数 $h(x,y)=\sqrt{x^2+y^2}$。我们可以将方程 $x^2y=3$ 升维到三维空间后来求解，这就是例 265 给出的求解方法；其实也可利用等值线将函数 $h(x,y)=\sqrt{x^2+y^2}$ 降维到二维平面中来求解，这就是例 266 将要介绍的方法。

例 266. 请求出方程 $x^2y=3$ 上的点到原点的最短距离。

解. 描述距离的函数 $h(x,y)=\sqrt{x^2+y^2}$ 的图像如图 10.172 所示，其等值线图是一些同心圆，如图 10.173 所示，每个圆的半径都代表了该圆上的点到原点的距离。

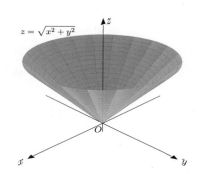

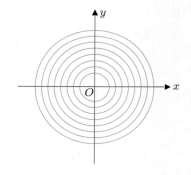

图 10.172　$h(x,y)=\sqrt{x^2+y^2}$ 的三维图像　　图 10.173　$h(x,y)=\sqrt{x^2+y^2}$ 的等值线图

如果将函数 $h(x,y)=\sqrt{x^2+y^2}$ 的等值线图和方程 $x^2y=3$ 重叠在一起，两者显然会反复相交，如图 10.174 所示。其中等值线 $h(x,y)=c$ 和方程 $x^2y=3$ 的交点到原点的距离最短，如图 10.175 所示。

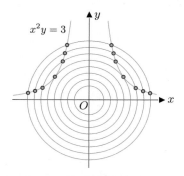

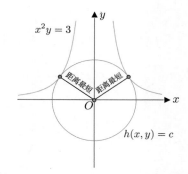

图 10.174　$h(x,y)$ 的等值线图和 $x^2y=3$ 的交点　　图 10.175　$h(x,y)=c$ 和 $x^2y=3$ 的交点

容易观察出[1]，相比于其他的等值线，在交点处，$h(x,y)=c$ 和方程 $x^2y=3$ 正好相切，

---

① 这里就不做证明了，下面的结论应该不违背直觉。

也就是说，$h(x, y) = c$、方程 $x^2 y = 3$ 在交点处的切线是重合的，这也意味着 $h(x, y) = c$、方程 $x^2 y = 3$ 在交点处的法线是重合的，如图 10.176 所示。

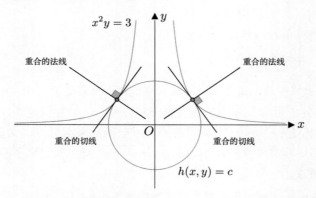

图 10.176　在 $h(x, y) = c$ 和方程 $x^2 y = 3$ 的相切点处，$h(x, y) = c$ 和 $x^2 y = 3$ 的切线、法线重合

根据等值线与梯度的关系，
- 等值线 $h(x, y) = c$ 的法线的方向向量就是函数 $h(x, y)$ 的梯度 ∇h。
- 令 $g(x, y) = x^2 y$，那么 $x^2 y = 3$ 就是等值线 $g(x, y) = 3$，所以其法线的方向向量就是函数 $g(x, y)$ 的梯度 ∇g。

因为 $h(x, y) = c$、方程 $x^2 y = 3$ 在交点处的法线是重合的，所以在交点处 ∇h 和 ∇g 共线，或者说 ∇h 和 ∇g 平行，如图 10.177 所示。

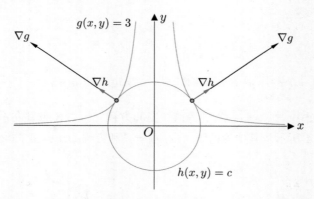

图 10.177　在 $h(x, y) = c$ 和方程 $x^2 y = 3$ 的相切点处，∇h 和 ∇g 平行（重合）

根据 $h(x, y) = \sqrt{x^2 + y^2}$ 以及 $g(x, y) = x^2 y$ 计算出各自的梯度 ∇h 以及 ∇g：

$$\nabla h = \begin{pmatrix} h_x \\ h_y \end{pmatrix} = \begin{pmatrix} \dfrac{x}{\sqrt{x^2 + y^2}} \\ \dfrac{y}{\sqrt{x^2 + y^2}} \end{pmatrix}, \quad \nabla g = \begin{pmatrix} g_x \\ g_y \end{pmatrix} = \begin{pmatrix} 2xy \\ x^2 \end{pmatrix}$$

设等值线 $h(x, y) = c$ 和方程 $x^2 y = 3$ 的交点为 (x_0, y_0)，根据前面的分析可知 $\nabla h(x_0, y_0)$ 和 $\nabla g(x_0, y_0)$ 平行，结合平行的定义（定义 75），存在数 λ 使得 $\nabla h(x_0, y_0) = \lambda \nabla g(x_0, y_0)$。综上，在 (x_0, y_0) 点有：

$$\begin{cases} g(x_0, y_0) = 3 \\ \nabla h(x_0, y_0) = \lambda \nabla g(x_0, y_0) \end{cases} \Longrightarrow \begin{cases} x_0^2 y_0 = 3 \\ \begin{pmatrix} \dfrac{x_0}{\sqrt{x_0^2 + y_0^2}} \\ \dfrac{y_0}{\sqrt{x_0^2 + y_0^2}} \end{pmatrix} = \lambda \begin{pmatrix} 2x_0 y_0 \\ x_0^2 \end{pmatrix} \end{cases} \Longrightarrow \begin{cases} x_0^2 y_0 = 3 \\ \dfrac{x_0}{\sqrt{x_0^2 + y_0^2}} = \lambda 2x_0 y_0 \\ \dfrac{y_0}{\sqrt{x_0^2 + y_0^2}} = \lambda x_0^2 \end{cases}$$

$$\Longrightarrow x_0 = \pm \sqrt[6]{18}, \quad y_0 = \frac{3}{\sqrt[3]{18}}, \quad \lambda \approx 0.22$$

上述结论和例 265 是一致的。另外，观察图 10.177 中 ∇h 与 ∇g 的长度比，基本上是符合 $\lambda \approx 0.22$ 的。

例 266 中使用的方法也称为拉格朗日乘数法，其具体的描述如下：

定理 134. 要寻找函数 $z = f(x, y)$ 在附加条件 $g(x, y) = 0$ 下的可能极值点，可列出下列方程组：

$$\begin{cases} \nabla f = \lambda \nabla g \\ g(x, y) = 0 \end{cases} \Longrightarrow \begin{cases} f_x(x, y) = \lambda g_x(x, y) \\ f_y(x, y) = \lambda g_y(x, y) \\ g(x, y) = 0 \end{cases}$$

由上述方程组解出 x、y 和 λ，这样得到的 (x, y) 点就是函数 $z = f(x, y)$ 在附加条件 $g(x, y) = 0$ 下的可能极值点。

若引进辅助函数[①]：

$$L(x, y) = f(x, y) - \lambda g(x, y)$$

该辅助函数 $L(x, y)$ 称为拉格朗日函数，参数 λ 称为拉格朗日乘子，求拉格朗日函数 $L(x, y)$ 关于 x、y 以及 λ 的偏导数就可以得到想要的方程组：

$$\begin{cases} L_x(x, y) = f_x(x, y) - \lambda g_x(x, y) = 0 \\ L_y(x, y) = f_y(x, y) - \lambda g_y(x, y) = 0 \\ L_\lambda(x, y) = -g(x, y) = 0 \end{cases} \Longrightarrow \begin{cases} f_x(x, y) = \lambda g_x(x, y) \\ f_y(x, y) = \lambda g_y(x, y) \\ g(x, y) = 0 \end{cases}$$

若要寻找函数 $z = f(x, y, z)$ 在附加条件 $g_1(x, y, z) = 0$ 以及 $g_2(x, y, z) = 0$ 下的可能极值点，这两个约束条件可以看作空间中两个曲面的交线 C，在极值点处，∇g_1、∇g_2 以及 ∇f 在同一个平面上，如图 10.178 所示，其中没有画出 $f(x, y, z)$。

所以可列出如下方程组来求出可能的极值点：

$$\begin{cases} \nabla f = \lambda \nabla g_1 + \mu \nabla g_2 \\ g_1(x, y, z) = 0 \\ g_2(x, y, z) = 0 \end{cases}$$

或引入拉格朗日函数[②]：

---

① 更多教材给出的辅助函数是 $L(x, y) = f(x, y) + \lambda g(x, y)$，这并不影响计算结果，只是算出来的 λ 可能是相反数。

② 更多教材给出的辅助函数是 $L(x, y, z) = f(x, y, z) + \lambda g_1(x, y, z) + \mu g_2(x, y, z)$，这并不影响计算结果，只是算出来的 λ 可能是相反数。

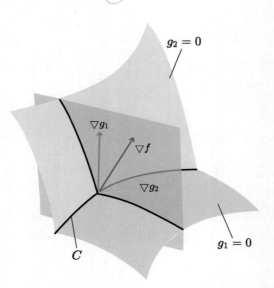

图 10.178   在极值点处，∇g_1、∇g_2 以及 ∇f 在同一个平面上

$$L(x, y, z) = f(x, y, z) - \lambda g_1(x, y, z) - \mu g_2(x, y, z)$$

求拉格朗日函数 $L(x, y, z)$ 关于 x、y、z、λ 以及 μ 的偏导数就可以得到想要的方程组。

例 267. 求表面积为 a^2 而体积为最大的长方体的体积。

解.（1）通过拉格朗日乘数法（定理 134）求解。设长方体的三棱长为 x、y 和 z，如图 10.179 所示。则本题就是在条件

$$g(x, y, z) = 2xy + 2yz + 2xz - a^2 = 0, \quad x > 0, y > 0, z > 0$$

下求体积函数 $f(x, y, z) = xyz$ 的最大值。作拉格朗日函数：

$$L(x, y, z) = f(x, y, z) - \lambda g(x, y, z) = xyz - \lambda(2xy + 2yz + 2xz - a^2)$$

求拉格朗日函数 $L(x, y, z)$ 关于 x、y、z 以及 λ 的偏导数就可以得到想要的方程组：

$$\begin{cases} L_x(x, y, z) = yz - 2\lambda(y + z) = 0 \\ L_y(x, y, z) = xz - 2\lambda(x + z) = 0 \\ L_z(x, y, z) = xy - 2\lambda(y + x) = 0 \\ L_\lambda(x, y, z) = 2xy + 2yz + 2xz - a^2 = 0 \end{cases} \implies x = y = z = \frac{\sqrt{6}}{6}a$$

则 $P_0\left(\dfrac{\sqrt{6}}{6}a, \dfrac{\sqrt{6}}{6}a, \dfrac{\sqrt{6}}{6}a\right)$ 点是函数 $f(x, y, z)$ 在条件 $g(x, y, z) = 0$ 下唯一可能的极值点。由本题可知最大值一定存在，所以最大值也就在这个可能的极值点处取得。也就是说，在三棱长为 x、y、z 且表面积为 a^2 的长方体中，棱长为 $\dfrac{\sqrt{6}}{6}a$ 的正方体的体积最大，最大体积为 $\dfrac{\sqrt{6}}{36}a^3$，如图 10.180 所示。

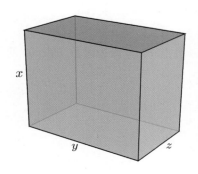

图 10.179 棱长为 x、y、z，表面积为 a^2 的长方体

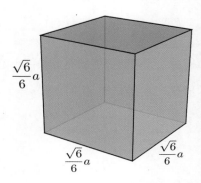

图 10.180 棱长为 $\dfrac{\sqrt{6}}{6}a$ 的正方体

（2）严格来说，还需要验证 $P_0\left(\dfrac{\sqrt{6}}{6}a, \dfrac{\sqrt{6}}{6}a, \dfrac{\sqrt{6}}{6}a\right)$ 点是否为极值点，下面就是验证的细节。根据隐函数存在定理 2（定理 129），因为有：

$$g(x,y,z) = 0, \quad g_z(x,y,z) = 2y + 2x \neq 0$$

所以条件 $g(x,y,z) = 0$ 确定有隐函数 $z = h(x,y)$，函数 $f(x,y,z)$ 在条件 $g(x,y,z) = 0$ 下的条件极值可如下改写为无条件极值：

$$F(x,y) = f\Big(x,y,h(x,y)\Big) = xyh(x,y)$$

那么问题就转为验证 P_0 点是否为函数 $F(x,y)$ 的一个极值点。根据二元函数极值的充分条件（定理 133），这个验证需要分两步进行：

- 判断 P_0 点是否为函数 $F(x,y)$ 的一个驻点。根据隐函数存在定理 2（定理 129），可以求出隐函数 $z = h(x,y)$ 的偏导数：

$$z_x = -\frac{g_x}{g_z} = -\frac{2y+2z}{2x+2y} = -\frac{y+z}{x+y}, \quad z_y = -\frac{g_y}{g_z} = -\frac{2x+2z}{2x+2y} = -\frac{x+z}{x+y}$$

以及其二阶偏导数和混合偏导数：

$$z_{xx} = \frac{2(y+z)}{(x+y)^2}, \quad z_{xy} = z_{yx} = \frac{2z}{(x+y)^2}, \quad z_{yy} = \frac{2(x+z)}{(x+y)^2}$$

再求出函数 $F(x,y) = xyz = xyh(x,y)$ 的偏导数：

$$F_x = yz + xyz_x, \quad F_y = xz + xyz_y$$

以及二阶偏导数和混合偏导数：

$$F_{xx} = 2yz_x + xyz_{xx}, \quad F_{xy} = F_{yx} = z + xz_x + yz_y + xyz_{xy}, \quad F_{yy} = 2xz_y + xyz_{yy}$$

在 P_0 点有 $x = y = z = \dfrac{\sqrt{6}}{6}a$，所以可如下验证 P_0 点为函数 $F(x,y)$ 的一个驻点：

$$z_x|_{P_0} = -\frac{y+z}{x+y}\bigg|_{x=y=z=\frac{\sqrt{6}}{6}a} = -1, \quad z_y|_{P_0} = -\frac{x+z}{x+y}\bigg|_{x=y=z=\frac{\sqrt{6}}{6}a} = -1$$

$$F_x\big|_{\substack{P_0 \\ z_x=-1}} = (yz+xyz_x)_{\substack{x=y=z=\frac{\sqrt{6}}{6}a \\ z_x=-1}} = 0, \quad F_y\big|_{\substack{P_0 \\ z_y=-1}} = (xz+xyz_y)_{\substack{x=y=z=\frac{\sqrt{6}}{6}a \\ z_y=-1}} = 0$$

● 通过二元函数极值的充分条件（定理 133）判断驻点 P_0 是否为函数 $F(x,y)$ 的一个极值点。因为在 P_0 点有 $x=y=z=\dfrac{\sqrt{6}}{6}a$，所以有：

$$z_x\big|_{P_0} = -1, \quad z_y\big|_{P_0} = -1, \quad z_{xx}\big|_{P_0} = z_{yy}\big|_{P_0} = \frac{6}{\sqrt{6}a}, \quad z_{xy}\big|_{P_0} = z_{yx}\big|_{P_0} = \frac{3}{\sqrt{6}a}$$

$$F_{xx}\big|_{P_0} = F_{yy}\big|_{P_0} = -\frac{\sqrt{6}}{6}a, \quad F_{xy}\big|_{P_0} = F_{yx}\big|_{P_0} = -\frac{\sqrt{6}}{12}a$$

从而可算出函数 $F(x,y)$ 在 P_0 点的海森矩阵及其行列式：

$$H\big|_{P_0} = \begin{pmatrix} F_{xx} & F_{xy} \\ F_{yx} & F_{yy} \end{pmatrix}_{P_0} = \begin{pmatrix} -\dfrac{\sqrt{6}}{6}a & -\dfrac{\sqrt{6}}{12}a \\ -\dfrac{\sqrt{6}}{12}a & -\dfrac{\sqrt{6}}{6}a \end{pmatrix} \implies |H|_{P_0} = \frac{1}{8}a^2$$

根据二元函数极值的充分条件（定理 133），因为 $F_{xx}\big|_{P_0} = -\dfrac{\sqrt{6}}{6}a < 0$ 且 $|H|_{P_0} = \dfrac{1}{8}a^2 > 0$，所以 $P_0\left(\dfrac{\sqrt{6}}{6}a, \dfrac{\sqrt{6}}{6}a, \dfrac{\sqrt{6}}{6}a\right)$ 点是函数 $F(x,y)$ 的一个极大值点。

例 268. 平面 $x+y+z=1$ 和圆柱 $x^2+y^2=1$ 的交线为一椭圆，如图 10.181 所示，求该椭圆到原点最近和最远的点。

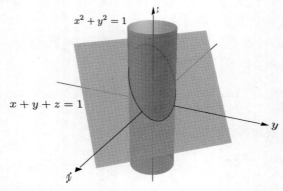

图 10.181 平面 $x+y+z=1$ 和圆柱 $x^2+y^2=1$ 的交线为图中的蓝色椭圆

解. (x,y,z) 点到原点的距离的平方可以表示为函数 $f(x,y,z) = x^2+y^2+z^2$[①]，那么本题要求的就是函数 $f(x,y,z)$ 在下列两个条件下的条件极值：

$$g_1(x,y,z) = x+y+z-1 = 0, \quad g_2(x,y,z) = x^2+y^2-1 = 0$$

作拉格朗日函数：

$$L(x,y,z) = f(x,y,z) - \lambda g_1(x,y,z) - \mu g_2(x,y,z) = x^2+y^2+z^2 - \lambda(x+y+z-1) - \mu(x^2+y^2-1)$$

求拉格朗日函数 $L(x,y,z)$ 关于 x、y、z、λ 以及 μ 的偏导数就可以得到想要的方程组：

---

① 使用距离的平方函数可以简化运算，也不会影响最终的结果。

$$
\begin{cases}
L_x(x,y,z) = 2x - \lambda - 2\mu x = 0 \\
L_y(x,y,z) = 2y - \lambda - 2\mu y = 0 \\
L_z(x,y,z) = 2z - \lambda = 0 \\
L_\lambda(x,y,z) = x + y + z - 1 = 0 \\
L_\mu(x,y,z) = x^2 + y^2 - 1 = 0
\end{cases}
$$

$$P_1(x_1,y_1,z_1) = (1,0,0)$$

$$P_2(x_2,y_2,z_2) = (0,1,0)$$

$$\implies P_3(x_3,y_3,z_3) = \left(\frac{\sqrt{2}}{2}, \frac{\sqrt{2}}{2}, 1-\sqrt{2}\right)$$

$$P_4(x_4,y_4,z_4) = \left(-\frac{\sqrt{2}}{2}, -\frac{\sqrt{2}}{2}, 1+\sqrt{2}\right)$$

这 4 个点都是局部的极值点[①]。比较这 4 个点到原点的距离，可知椭圆上离原点最近的点为 $P_1(1,0,0)$ 点和 $P_2(0,1,0)$ 点，最远的点为 $P_4\left(-\frac{\sqrt{2}}{2}, -\frac{\sqrt{2}}{2}, 1+\sqrt{2}\right)$ 点，如图 10.182 所示。

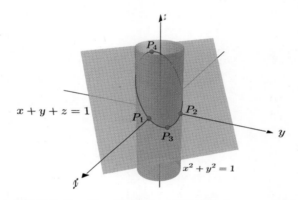

图 10.182　4 个极值点 P_1、P_2、P_3 和 P_4，最近的点是 P_1、P_2，最远的点是 P_4

感兴趣的同学可以尝试去验证，∇f、∇g_1 以及 ∇g_2 与这 4 个点是共面的。

---

① 本题就不对这 4 个点进行验证了，验证的过程相当烦琐，就考试而言是可以不验证的。

第 11 章　重积分

本章和下一章是多元函数积分学的内容。

11.1　二重积分的概念和性质

图 11.1　手机扫码观看本节的讲解视频

在"马同学图解"系列图书《微积分（上）》中介绍一元函数的积分学时，先是介绍了曲边梯形，如图 11.2 所示。然后介绍了曲边梯形的面积可通过黎曼和来逼近，如图 11.3 所示，从而引入了定积分的定义（定义 47）。

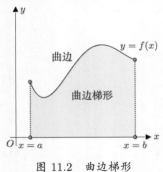

图 11.2　曲边梯形

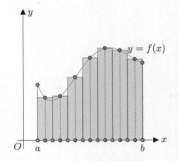

图 11.3　通过黎曼和来逼近曲边梯形

类似地，让我们从曲顶柱体的定义、体积计算开始，从而引入多元函数的积分。

11.1.1　曲顶柱体

定义 108. 如下描述的立体叫作曲顶柱体：

- 它的底是 xOy 面上的闭区域 D。[①]
- 它的侧面是以 D 的边界曲线为准线而母线平行于 z 轴的柱面。
- 它的顶是曲面 $f(x,y)$，这里 $f(x,y) \geqslant 0$ 且在 D 上连续。

比如图 11.4 所示的就是一个曲顶柱体。

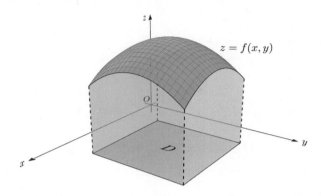

图 11.4　以曲面 $f(x,y)$ 为顶、D 为底的曲顶柱体

曲顶柱体的体积 V 可以这样计算：先把闭区域 D 均分成 n 个小闭区域，记作 $\Delta\sigma_1$，$\Delta\sigma_2$，$\cdots$，$\Delta\sigma_n$。观察其中的第 i 个小闭区域 $\Delta\sigma_i$，如图 11.5 左侧所示。以该小闭区域 $\Delta\sigma_i$ 的边界曲线为准线作母线平行于 z 轴的柱面，可得一个小的曲顶柱体，如图 11.5 右侧所示，显然该小曲顶柱体是大曲顶柱体的一部分。

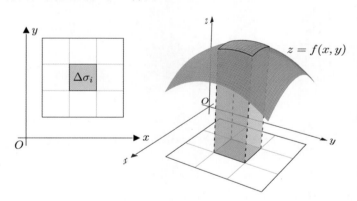

图 11.5　以曲面 $f(x,y)$ 为顶、$\Delta\sigma_i$ 为底的曲顶柱体

由于顶面 $z = f(x,y)$ 是连续的，因此上述小曲顶柱体的顶面起伏不大，所以可在小闭区域 $\Delta\sigma_i$ 上任意选择一点作为 (ξ_i, η_i) 点。比如像图 11.6 左侧一样选择 $\Delta\sigma_i$ 的中心点作为 (ξ_i, η_i) 点。以小闭区域 $\Delta\sigma_i$ 为底、$f(\xi_i, \eta_i)$ 为高作一平顶柱体（长方体），去近似上述的小曲顶柱体，如图 11.6 右侧所示。容易算出该平顶柱体的体积 $V_i = f(\xi_i, \eta_i)\Delta\sigma_i$。[②]

---

① 为简便起见，本章之后除特别说明，都假定平面闭区域、空间闭区域是有界的，且平面闭区域的面积有限、空间闭区域的体积有限。

② 小闭区域 $\Delta\sigma_i$ 的面积也用 $\Delta\sigma_i$ 来表示。

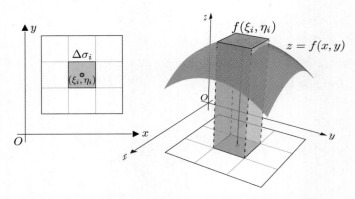

图 11.6　以 $f(\xi_i, \eta_i)$ 为高、$\Delta\sigma_i$ 为底的平顶柱体

按照上述方法，作出所有以小闭区域为底、小闭区域中心点的函数值为高的小平顶柱体，就可以近似整个曲顶柱体，如图 11.7 所示。此时所有小平顶柱体的体积和为 $\displaystyle\sum_{i=1}^{n} V_i = \sum_{i=1}^{n} f(\xi_i, \eta_i)\Delta\sigma_i$。

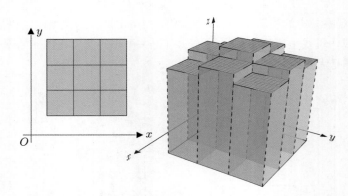

图 11.7　作出所有的小平顶柱体，可以近似整个曲顶柱体

将闭区域 D 均分成更多的小闭区域，即不断增加 n，n 越大，这些小平顶柱体对曲顶柱体的近似效果越好，如图 11.8 所示。

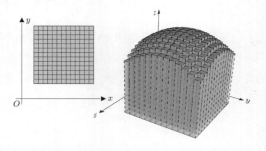

图 11.8　作出更多的小平顶柱体，可以更好地近似整个曲顶柱体

所以可定义当 $n \to \infty$ 时，这些小平顶柱体的体积和就是曲顶柱体的体积 V，即：

$$V = \lim_{n \to \infty} \sum_{i=1}^{n} V_i = \lim_{n \to \infty} \sum_{i=1}^{n} f(\xi_i, \eta_i) \Delta \sigma_i$$

11.1.2 二重积分的定义

前面将曲顶柱体的体积定义为 $V = \lim\limits_{n \to \infty} \sum\limits_{i=1}^{n} f(\xi_i, \eta_i) \Delta \sigma_i$，其更严格的形式要由将要介绍的二重积分给出。

定义 109. 设 $f(x, y)$ 是有界闭区域 D 上的有界函数，将闭区域 D 任意分成 n 个小闭区域：

$$\Delta \sigma_1, \Delta \sigma_2, \cdots, \Delta \sigma_i, \cdots, \Delta \sigma_n$$

其中 $\Delta \sigma_i$ 表示第 i 个小闭区域，也表示它的面积，在每个 $\Delta \sigma_i$ 上任取一点 (ξ_i, η_i)，可作出如下和：

$$\sum_{i=1}^{n} f(\xi_i, \eta_i) \Delta \sigma_i = f(\xi_1, \eta_1) \Delta \sigma_1 + f(\xi_2, \eta_2) \Delta \sigma_2 + \cdots + f(\xi_n, \eta_n) \Delta \sigma_n$$

规定所有 $\Delta \sigma_i$ 的直径[①] 中的最大值为 λ，如果当 $\lambda \to 0$ 时，无论如何划分闭区域 D，无论怎样选取 (ξ_i, η_i)，上述和的极限总是存在，那么称此极限为函数 $f(x, y)$ 在闭区域 D 上的二重积分，记作 $\iint\limits_{D} f(x, y) \mathrm{d}\sigma$，即：

$$\iint\limits_{D} f(x, y) \mathrm{d}\sigma = \lim_{\lambda \to 0} \sum_{i=1}^{n} f(\xi_i, \eta_i) \Delta \sigma_i$$

其中 $f(x, y)$ 称为被积函数，$f(x, y) \mathrm{d}\sigma$ 称为被积表达式，$\mathrm{d}\sigma$ 称为面积元素，x 与 y 称为积分变量，D 称为积分区域，$\sum\limits_{i=1}^{n} f(\xi_i, \eta_i) \Delta \sigma_i$ 称为积分和。

二重积分的定义（定义 109）简单来说就是，当满足下列两个要求时，

- 将闭区域 D 任意分成 n 个小闭区域，需要保证 $n \to \infty$ 时有 $\lambda \to 0$。
- 任意选择 (ξ_i, η_i) 点，需要保证 (ξ_i, η_i) 点在小闭区域 $\Delta \sigma_i$ 上。

若下列极限存在，就称此极限为函数 $f(x, y)$ 在闭区域 D 上的二重积分 $\iint\limits_{D} f(x, y) \mathrm{d}\sigma$，即：

$$\iint\limits_{D} f(x, y) \mathrm{d}\sigma = \lim_{\lambda \to 0} \sum_{i=1}^{n} f(\xi_i, \eta_i) \Delta \sigma_i$$

这么说还是比较抽象，下面通过再次讨论曲顶柱体的体积定义来理解一下定义 109。先解释一下其中的 "$n \to \infty$ 时有 $\lambda \to 0$"。之前给出曲顶柱体的体积定义时，将方形闭区域 D 进行了均分，每个 $\Delta \sigma_i$ 都是同样的小正方形。因此在这里所有 $\Delta \sigma_i$ 的最大直径 λ 就是其中某个 $\Delta \sigma_i$ 的对角线，如图 11.9 所示。随着 n 增大，$\Delta \sigma_i$ 随之减小，λ 也随之减小，如图 11.10 所示。容易理解，这种划分方式可以保证 $n \to \infty$ 时有 $\lambda \to 0$。

---

① 某 $\Delta \sigma_i$ 的直径，指的是该小闭区域上任意两点间距离的最大者。

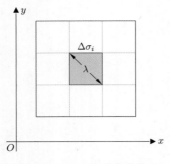

图 11.9 $\Delta\sigma_i$ 的对角线是 λ

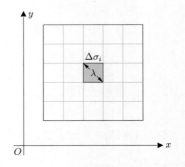

图 11.10 n 增大，λ 随之缩小

除了上述的平均划分方式，根据二重积分的定义（定义 109），我们还需要考虑所有可以保证 $n \to \infty$ 时有 $\lambda \to 0$ 的划分，比如图 11.11 和图 11.12 所示的两种不规则划分。

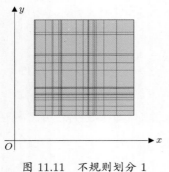

图 11.11   不规则划分 1

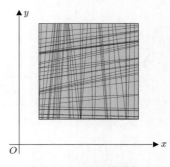

图 11.12   不规则划分 2

而如图 11.13 所示，虽然 n 在不断增大，但由于其中红色的格子始终保持不变，所以并没有 $\lambda \to 0$，这样的划分是不满足要求的。

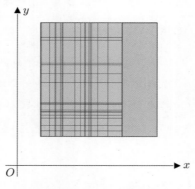

图 11.13 n 增大，λ 没有趋于 0

再解释一下其中的"任意选择 (ξ_i, η_i) 点，需要保证 (ξ_i, η_i) 点在小闭区域 $\Delta\sigma_i$ 上"。除了像图 11.6 那样选择 $\Delta\sigma_i$ 的中心点作为 (ξ_i, η_i) 点，我们还需要考虑所有在小闭区域 $\Delta\sigma_i$ 上的点都可以选为 (ξ_i, η_i) 点，比如图 11.14 和图 11.15 中的两种选取方式。

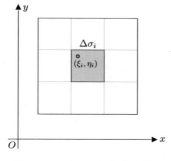

图 11.14 (ξ_i, η_i) 点的选择 1

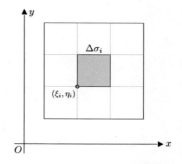

图 11.15 (ξ_i, η_i) 点的选择 2

综上，考虑到任意划分、任意选取 (ξ_i, η_i) 点，之前给出曲顶柱体的体积定义 $V = \lim\limits_{n \to \infty} \sum\limits_{i=1}^{n} f(\xi_i, \eta_i)\Delta\sigma_i$ 需要修正为：

$$V = \iint\limits_{D} f(x, y)\mathrm{d}\sigma = \lim_{\lambda \to 0} \sum_{i=1}^{n} f(\xi_i, \eta_i)\Delta\sigma_i$$

直观来说就是，任意划分、任意选取 (ξ_i, η_i) 点，最终构成的这些小平顶柱体也是可以近似曲顶柱体的，如图 11.16 所示。

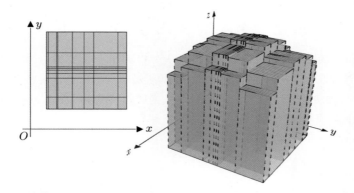

图 11.16 任意划分、任意选取 (ξ_i, η_i) 点，所得小平顶柱体也可近似曲顶柱体

这里有一点需要解释，根据曲顶柱体的定义（定义 108）可知其顶面函数 $f(x, y)$ 在闭区域 D 上连续。可以证明，在这个条件下函数 $f(x, y)$ 在闭区域 D 上的二重积分必定存在。[1] 所以不用考虑任意划分、任意选取 (ξ_i, η_i) 点，只考虑均分、选择 $\Delta\sigma_i$ 的中心点作为 (ξ_i, η_i) 点的情况就可以了，所以定义曲顶柱体的体积为 $V = \lim\limits_{n \to \infty} \sum\limits_{i=1}^{n} f(\xi_i, \eta_i)\Delta\sigma_i$ 也是正确的。

前面对闭区域 D 进行图示时用的都是矩形，实际上也是存在非矩形闭区域 D 的，如图 11.17 所示。二重积分的定义在非矩形闭区域 D 上也是适用的，这里不再赘述。

---

[1] 类似于"马同学图解"系列图书《微积分（上）》中学习过的可积的充分条件 1（定理 78）。

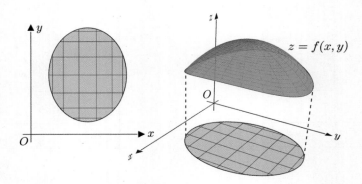

图 11.17 以非矩形 D 为底的曲顶柱体，也适用二重积分的定义

11.1.3 二重积分的齐次性与可加性

定理 135. 设 α、β 为常数，则有：

- 齐次性：$\displaystyle\iint\limits_{D} \alpha f(x,y)\mathrm{d}\sigma = \alpha \iint\limits_{D} f(x,y)\mathrm{d}\sigma$

- 可加性：$\displaystyle\iint\limits_{D} \Big(f(x,y) \pm g(x,y)\Big)\mathrm{d}\sigma = \iint\limits_{D} f(x,y)\mathrm{d}\sigma \pm \iint\limits_{D} g(x,y)\mathrm{d}\sigma$

以及通过两个性质可得 $\displaystyle\iint\limits_{D} \Big(\alpha f(x,y) \pm \beta g(x,y)\Big)\mathrm{d}\sigma = \alpha \iint\limits_{D} f(x,y)\mathrm{d}\sigma \pm \beta \iint\limits_{D} g(x,y)\mathrm{d}\sigma$。

定理 135 类似于定积分的齐次性（定理 80）与可加性（定理 81），让我们通过举例来说明一下。首先是齐次性。图 11.18 中的函数 $\alpha f(x,y)$ 是图 11.19 中的函数 $f(x,y)$ 的 α 倍。根据定理 135 中的齐次性可知，在同样以闭区域 D 为底的情况下，图 11.18 中的曲顶柱体的体积是图 11.19 中的曲顶柱体的体积的 α 倍。

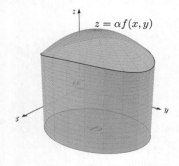

图 11.18 函数 $\alpha f(x,y)$ 及对应的曲顶柱体

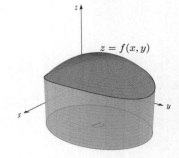

图 11.19 函数 $f(x,y)$ 及对应的曲顶柱体

再来说说可加性。已知在闭区域 D 上的两个函数 $f(x,y)$ 及 $g(x,y)$，如图 11.20 和图 11.21 所示。

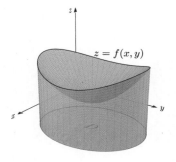

图 11.20 函数 $f(x,y)$ 及对应的曲顶柱体

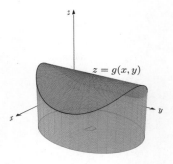

图 11.21 函数 $g(x,y)$ 及对应的曲顶柱体

那么根据定理 135 中的可加性,在同样以闭区域 D 为底的情况下,函数 $f(x,y)+g(x,y)$ 的曲顶柱体的体积,如图 11.22 所示,就是上面两个曲顶柱体的体积之和。

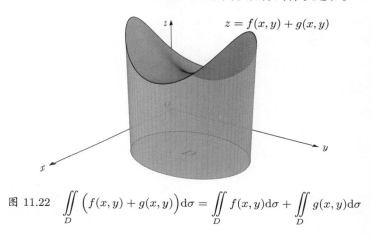

图 11.22 $\displaystyle\iint\limits_{D}\Big(f(x,y)+g(x,y)\Big)\mathrm{d}\sigma = \iint\limits_{D}f(x,y)\mathrm{d}\sigma + \iint\limits_{D}g(x,y)\mathrm{d}\sigma$

11.1.4 平顶柱体的体积

定理 136. 如果在闭区域 D 上 $f(x,y)=1$,σ 为 D 的面积,那么 $\sigma = \displaystyle\iint\limits_{D}1\cdot\mathrm{d}\sigma = \iint\limits_{D}\mathrm{d}\sigma$。

定理 136 说明了,

- 如图 11.23 所示的以闭区域 D 为底、高为 1 的平顶柱体,其体积在数值上等于该柱体的底面积。
- 该柱体的底面积,或者说闭区域 D 的面积 σ,也是通过二重积分定义的,即 $\sigma = \displaystyle\iint\limits_{D}\mathrm{d}\sigma$。

设 h 为某正实数,结合二重积分的齐次性(定理 135)以及定理 136,可得 $\displaystyle\iint\limits_{D}h\cdot\mathrm{d}\sigma = h\displaystyle\iint\limits_{D}\mathrm{d}\sigma = h\sigma$。该式的几何意义是,对于闭区域 D 为底、高为 h 的平顶柱体而言,有:

$$平顶柱体的体积 = 底面积 \times 高$$

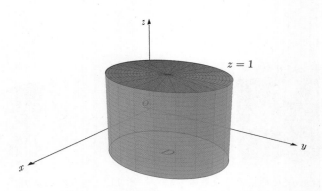

图 11.23   以 1 为高、D 为底的平顶柱体

11.1.5   二重积分的区域可加性

定理 137. 如果闭区域 D 被有限条曲线分为有限个部分闭区域，那么 D 上的二重积分等于各部分闭区域上的二重积分的和。

举例说明一下定理 137，图 11.24 所示的是闭区域 D 以及其上的函数 $f(x,y)$，而图 11.25 将闭区域 D 分为两个闭区域 D_1、D_2。根据定理 137，那么有 $\displaystyle\iint\limits_{D} f(x,y)\mathrm{d}\sigma = \iint\limits_{D_1} f(x,y)\mathrm{d}\sigma +$ $\displaystyle\iint\limits_{D_2} f(x,y)\mathrm{d}\sigma$。

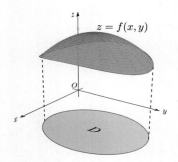

图 11.24   以闭区域 D 为底

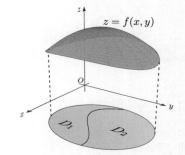

图 11.25   以闭区域 D_1、D_2 为底

11.1.6   二重积分的不等式

定理 138. 如果在闭区域 D 上始终满足 $f(x,y) \leqslant g(x,y)$，那么有：

$$\iint\limits_{D} f(x,y)\mathrm{d}\sigma \leqslant \iint\limits_{D} g(x,y)\mathrm{d}\sigma$$

特殊地，由于有 $-|f(x,y)| \leqslant f(x,y) \leqslant |f(x,y)|$，所以有：

$$-\iint\limits_{D} |f(x,y)|\mathrm{d}\sigma \leqslant \iint\limits_{D} f(x,y)\mathrm{d}\sigma \leqslant \iint\limits_{D} |f(x,y)|\mathrm{d}\sigma \implies \left|\iint\limits_{D} f(x,y)\mathrm{d}\sigma\right| \leqslant \iint\limits_{D} |f(x,y)|\mathrm{d}\sigma$$

举例说明一下定理 138，如图 11.26 和图 11.27 所示，闭区域 D 上始终有 $f(x,y) \leqslant g(x,y)$。从而在同样以闭区域 D 为底的情况下，图 11.26 中的曲顶柱体的体积小于图 11.27 中的曲顶柱体的体积。

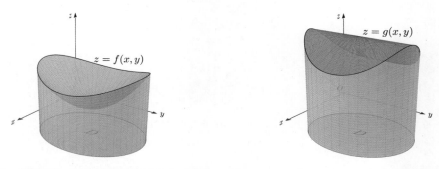

图 11.26　函数 $f(x,y)$ 及对应的更矮的曲顶柱体　图 11.27　函数 $g(x,y)$ 及对应的更高的曲顶柱体

上述几何意义可表示为不等式 $\iint\limits_{D} f(x,y)\mathrm{d}\sigma \leqslant \iint\limits_{D} g(x,y)\mathrm{d}\sigma$，这就是定理 138 所阐述的内容。

11.1.7　二重积分估值的不等式

定理 139. 设 m 和 M 是 $f(x,y)$ 在闭区域 D 上的最小值和最大值，σ 是闭区域 D 的面积，则有：

$$m\sigma \leqslant \iint\limits_{D} f(x,y)\mathrm{d}\sigma \leqslant M\sigma$$

证明. 因为在闭区域 D 上有 $m \leqslant f(x,y) \leqslant M$，根据二重积分的不等式（定理 138），结合二重积分的齐次性（定理 135）以及平顶柱体的体积公式（定理 136），可得：

$$\iint\limits_{D} m\mathrm{d}\sigma \leqslant \iint\limits_{D} f(x,y)\mathrm{d}\sigma \leqslant \iint\limits_{D} M\mathrm{d}\sigma \implies m\iint\limits_{D} \mathrm{d}\sigma \leqslant \iint\limits_{D} f(x,y)\mathrm{d}\sigma \leqslant M\iint\limits_{D} \mathrm{d}\sigma$$

$$\implies m\sigma \leqslant \iint\limits_{D} f(x,y)\mathrm{d}\sigma \leqslant M\sigma \qquad \blacksquare$$

举例说明一下定理 139，如图 11.28 所示，其中标出了函数 $f(x,y)$ 在闭区域 D 上的最小值 m 和最大值 M。

根据定理 139，那么就有 $m\sigma \leqslant \iint\limits_{D} f(x,y)\mathrm{d}\sigma \leqslant M\sigma$。该不等式的几何意义就是，同样以闭区域 D 为底的情况下，函数 $f(x,y)$ 对应的曲顶柱体（图 11.28 中的曲顶柱体）的体积，大于或等于图 11.29 中高为 m 的平顶柱体的体积，小于或等于图 11.30 中高为 M 的平顶柱体的体积。

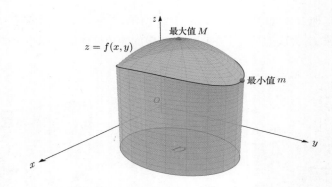

图 11.28   函数 $f(x,y)$ 及其在 D 上的最值

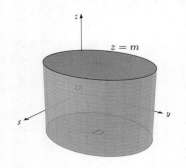

图 11.29   底为 D、高为 m 的平顶柱体

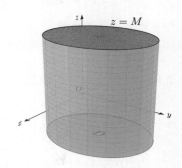

图 11.30   底为 D、高为 M 的平顶柱体

11.1.8   二重积分的中值定理

定理 140. 设函数 $f(x,y)$ 在有界闭区域 D 上连续，σ 是 D 的面积，则在 D 上至少存在一点 (ξ, η)，使得：

$$\iint\limits_{D} f(x,y)\mathrm{d}\sigma = f(\xi, \eta)\sigma$$

证明. 根据多元连续函数的最大值最小值定理（定理 120），$f(x,y)$ 在有界闭区域 D 上存在最小值 m 和最大值 M。又根据二重积分估值的不等式（定理 139），所以有：

$$m\sigma \leqslant \iint\limits_{D} f(x,y)\mathrm{d}\sigma \leqslant M\sigma$$

显然 $\sigma > 0$，所以把上述不等式各除以 σ，有 $m \leqslant \dfrac{1}{\sigma}\iint\limits_{D} f(x,y)\mathrm{d}\sigma \leqslant M$。该不等式说明

$\dfrac{1}{\sigma}\iint\limits_{D} f(x,y)\mathrm{d}\sigma$ 是介于最小值 m 和最大值 M 之间的值，根据多元连续函数的介值定理（定理 121），所以在 D 上至少存在一点 (ξ, η)，使得：

$$\frac{1}{\sigma}\iint\limits_{D} f(x,y)\mathrm{d}\sigma = f(\xi, \eta) \implies \iint\limits_{D} f(x,y)\mathrm{d}\sigma = f(\xi, \eta)\sigma$$

■

举例说明一下定理 140，因为函数 $f(x,y)$ 在有界闭区域 D 上连续，所以函数 $f(x,y)$ 在

闭区域 D 上存在最小值 m 和最大值 M，如图 11.28 所示。根据二重积分估值的不等式（定理 139）可知，同样在以闭区域 D 为底的情况下，有：

高为 m 的平顶柱体的体积 $\leqslant$ 函数 $f(x,y)$ 对应的曲顶柱体的体积 $\leqslant$ 高为 M 的平顶柱体的体积

上述结论用代数式表示即为 $m\sigma \leqslant \iint\limits_{D} f(x,y)\mathrm{d}\sigma \leqslant M\sigma$，所以在 m 和 M 之间存在一个 μ，如图 11.31 所示。作以闭区域 D 为底、高为 μ 的平顶柱体，如图 11.32 所示，其体积和函数 $f(x,y)$ 对应的曲顶柱体的体积相等，也就是有 $\mu\sigma = \iint\limits_{D} f(x,y)\mathrm{d}\sigma$。

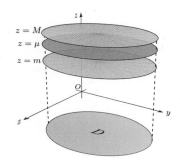

图 11.31　$m \leqslant \mu \leqslant M$

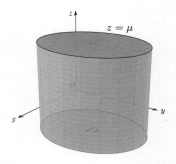

图 11.32　底为 D、高为 μ 的平顶柱体的体积为 $\mu\sigma$

由于 μ 是介于 m 和 M 之间的，根据多元连续函数的介值定理（定理 121），所以有 $\mu = f(\xi,\eta)$，其中 $(\xi,\eta) \in D$，如图 10.43 所示。综上，有 $\mu\sigma = f(\xi,\eta)\sigma = \iint\limits_{D} f(x,y)\mathrm{d}\sigma$，也就是图 11.33 中平顶柱体的体积等于图 11.34 中曲顶柱体的体积。

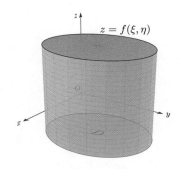

图 11.33　底为 D、高为 $f(\xi,\eta)$ 的平顶柱体

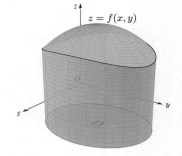

图 11.34　底为 D、高为 $f(x,y)$ 的曲顶柱体

11.2　直角坐标系下的二重积分计算

按照二重积分的定义（定义 109）进行计算会很麻烦，下面三节就来讨论一些可行的计算方法。这些计算方法大同小异，只是在不同坐标系下有一些细微的区别，先来看看直角坐标系下的二重积分计算。

11.2.1   直角坐标系下的二重积分

根据二重积分的定义（定义 109）来计算，最麻烦的就是要考虑积分区域 D 的任意划分。不过如果已知二重积分存在的话，那么可以选择一种容易计算的划分方式进行求解。在直角坐标系中，当二重积分存在时，通常用平行于坐标轴的直线网来划分积分区域 D：

- 对于矩形闭区域 D 而言，如图 11.35 所示，划分后的小闭区域 $\Delta\sigma_i$ 都是矩形，设其边长为 Δx_i 和 Δy_i，则有 $\Delta\sigma_i = \Delta x_i \cdot \Delta y_i$。
- 对于非矩形闭区域 D 而言，如图 11.36 所示，进行划分后，忽略掉边缘不规则的白色部分[①]，其余灰色部分的小闭区域 $\Delta\sigma_i$ 都是矩形，设其边长为 Δx_i 和 Δy_i，则有 $\Delta\sigma_i = \Delta x_i \cdot \Delta y_i$。

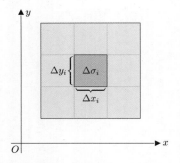   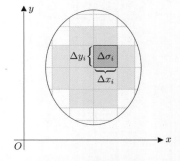

图 11.35   矩形闭区域中的 $\Delta\sigma_i = \Delta x_i \cdot \Delta y_i$　　图 11.36   非矩形闭区域中的 $\Delta\sigma_i = \Delta x_i \cdot \Delta y_i$

若在小闭区域 $\Delta\sigma_i$ 中任取一点 (ξ_i, η_i)，那么此时二重积分的定义式（定义 109）可改写如下：

$$\lim_{\lambda\to 0}\sum_{i=1}^{n} f(\xi_i, \eta_i)\Delta\sigma_i = \lim_{\lambda\to 0}\sum_{i=1}^{n} f(\xi_i, \eta_i)\Delta x_i \cdot \Delta y_i$$

所以此时的二重积分也可记作：

$$\iint\limits_{D} f(x,y)\mathrm{d}\sigma = \iint\limits_{D} f(x,y)\mathrm{d}x\mathrm{d}y$$

类似于 $\mathrm{d}\sigma$ 被称为二重积分的面积元素，$\mathrm{d}x\mathrm{d}y$ 被称为二重积分在直角坐标系中的面积元素。

例 269. 请求出 $f(x,y) = -(x-0.5)^2 - (y-0.5)^2 + 1$ 在积分区域 $D = \{(x,y)|0 \leqslant x \leqslant 1,\ 0 \leqslant y \leqslant 1\}$ 上的二重积分。

图 11.37   手机扫码观看本例题的讲解视频

解. 本题中的 $f(x,y) = -(x-0.5)^2 - (y-0.5)^2 + 1$ 在积分区域 D 上连续，所以其在积

---

① 这些部分在 $\lambda \to 0$ 时是可以忽略的，具体的证明此处略去。

分区域 D 上的二重积分存在，因此可选择方便计算的划分方式及 (ξ_i, η_i) 点，下面是具体的求解过程。

先观察一下本题中的积分区域 D，如图 11.38 左侧所示。要求的 $f(x, y) = -(x - 0.5)^2 - (y - 0.5)^2 + 1$ 在积分区域 D 上的二重积分也就是图 11.38 右侧所示的曲顶柱体的体积。

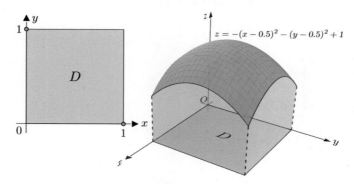

图 11.38 积分区域 D 及以此为底的曲顶柱体

按照下面的方法构造出直线网：

- 在 x 所属区间 $[0, 1]$ 中均匀插入若干个分点将其分成 n 个长度为 $\frac{1}{n}$ 的小区间，易知这些分点为：

$$0 = x_0 < \cdots < x_{j-1} = (j-1)\frac{1}{n} < x_j = j\frac{1}{n} < \cdots < x_n = 1$$

- 在 y 所属区间 $[0, 1]$ 中均匀插入若干个分点将其分成 n 个长度为 $\frac{1}{n}$ 的小区间，易知这些分点为：

$$0 = y_0 < \cdots < y_{k-1} = (k-1)\frac{1}{n} < y_k = k\frac{1}{n} < \cdots < y_n = 1$$

- 过 x 的分点作平行于 y 轴的直线，过 y 的分点作平行于 x 轴的直线，这样就得到了直线网。

上述直线网将积分区域 D 划分为 n^2 个边长 Δx_j 和 Δy_k 皆为 $\frac{1}{n}$ 的正方形小闭区域，如图 11.39 左侧所示，其中小闭区域 $\Delta\sigma_i$ 右上角的坐标为 (x_j, y_k)，这里选择该点作为 (ξ_i, η_i) 点。以小闭区域 $\Delta\sigma_i$ 为底、$f(\xi_i, \eta_i) = f(x_j, y_k)$ 为高作一小平顶柱体，如图 11.39 右侧所示。

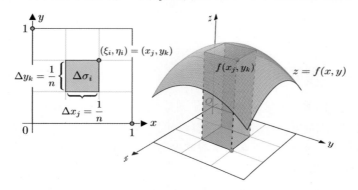

图 11.39 以 $\Delta\sigma_i$ 为底、$f(x_j, y_k)$ 为高的小平顶柱体

根据前面的分析，及 $f(x,y) = -(x-0.5)^2 - (y-0.5)^2 + 1$、$x_j = \dfrac{j}{n}$、$y_k = \dfrac{k}{n}$、$\Delta x_j = \Delta y_k = \dfrac{1}{n}$，可得上述小平顶柱体的体积 V_i 为：

$$V_i = f(\xi_i, \eta_i)\Delta\sigma_i = f(x_j, y_k)\Delta x_j\Delta y_k = \Big(-(x_j-0.5)^2 - (y_k-0.5)^2 + 1\Big)\frac{1}{n^2}$$

$$= (-x_j^2 - y_k^2 + x_j + y_k + 0.5)\frac{1}{n^2} = \Big(-\frac{j^2}{n^2} - \frac{k^2}{n^2} + \frac{j}{n} + \frac{k}{n} + 0.5\Big)\frac{1}{n^2}$$

$$= -\frac{j^2}{n^4} - \frac{k^2}{n^4} + \frac{j}{n^3} + \frac{k}{n^3} + \frac{1}{2n^2}$$

结合如下的高斯求和公式以及平方和公式：

$$\sum_{i=1}^{n} i = 1 + 2 + 3 + \cdots + n = \frac{n(n+1)}{2},$$

$$\sum_{i=1}^{n} i^2 = 1^2 + 2^2 + 3^2 + \cdots + n^2 = \frac{n(n+1)(2n+1)}{6}$$

根据二重积分的定义（定义 109）及有理分式趋于无穷时的极限（定理 22），所以 $f(x,y) = -(x-0.5)^2 - (y-0.5)^2 + 1$ 在积分区域 D 上的二重积分为：

$$\iint\limits_{D} f(x,y)\mathrm{d}\sigma = \lim_{\lambda\to 0}\sum_{i=1}^{n} f(\xi_i, \eta_i)\Delta\sigma_i = \lim_{n\to\infty}\sum_{j=1}^{n}\sum_{k=1}^{n} f(x_j, y_k)\Delta x_j\Delta y_k$$

$$= \lim_{n\to\infty}\sum_{j=1}^{n}\sum_{k=1}^{n}\Big(-\frac{j^2}{n^4} - \frac{k^2}{n^4} + \frac{j}{n^3} + \frac{k}{n^3} + \frac{1}{2n^2}\Big)$$

$$= \lim_{n\to\infty}\sum_{j=1}^{n}\Big(-\frac{1}{n^4}\sum_{k=1}^{n} j^2 - \frac{1}{n^4}\sum_{k=1}^{n} k^2 + \frac{1}{n^3}\sum_{k=1}^{n} j + \frac{1}{n^3}\sum_{k=1}^{n} k + \sum_{k=1}^{n}\frac{1}{2n^2}\Big)$$

$$= \lim_{n\to\infty}\sum_{j=1}^{n}\Big(-\frac{j^2}{n^3} - \frac{(n+1)(2n+1)}{6n^3} + \frac{j}{n^2} + \frac{n+1}{2n^2} + \frac{1}{2n}\Big)$$

$$= \lim_{n\to\infty}\sum_{j=1}^{n}\Big(-\frac{j^2}{n^3} + \frac{j}{n^2} + \frac{4n^2-1}{6n^3}\Big)$$

$$= \lim_{n\to\infty}\Big(-\frac{(n+1)(2n+1)}{6n^2} + \frac{n+1}{2n} + \frac{4n^2-1}{6n^2}\Big)$$

$$= -\frac{2}{6} + \frac{1}{2} + \frac{4}{6} = \frac{5}{6}$$

11.2.2　X、Y 型区域

例 269 通过直线网将积分区域 D 进行了划分，然后求出了所需的二重积分。虽然该例题特意进行了简化，但还是可以看出计算的复杂程度。如果积分区域 D 有一些特殊性，那么会有更简便的计算方法，这就是接下来要学习的内容。让我们从积分区域的类型开始。

定义 110. 若积分区域 D 可以表示为：

$$D = \{(x,y) | a \leqslant x \leqslant b,\ \varphi_1(x) \leqslant y \leqslant \varphi_2(x)\}$$

其中函数 $\varphi_1(x)$、$\varphi_2(x)$ 在区间 $[a,b]$ 上连续，则称 D 为 X 型区域。

图 11.40 所示的就是三种属于 X 型区域的积分区域 D。

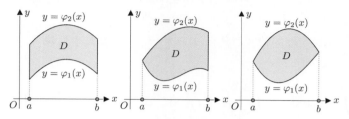

图 11.40　三种属于 X 型区域的积分区域 D

定义 111. 若积分区域 D 可以表示为：

$$D = \{(x,y)|\psi_1(y) \leqslant x \leqslant \psi_2(y),\ c \leqslant y \leqslant d\}$$

其中函数 $\psi_1(y)$、$\psi_2(y)$ 在区间 $[c,d]$ 上连续，则称 D 为 Y 型区域。

图 11.41 所示的就是两种属于 Y 型区域的积分区域 D。

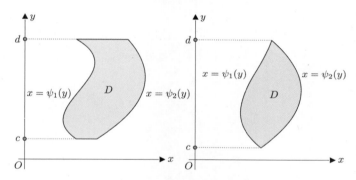

图 11.41　两种属于 Y 型区域的积分区域 D

例 270. 请问图 11.42 所示的积分区域 D 是 X 型区域还是 Y 型区域？

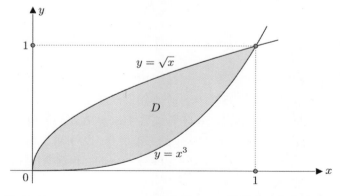

图 11.42　$x = 0$、$x = 1$、$y = x^3$ 及 $y = \sqrt{x}$ 围成的积分区域 D

解. 图 11.42 所示的积分区域 D，若表示为 $D = \{(x,y)|0 \leqslant x \leqslant 1, x^3 \leqslant y \leqslant \sqrt{x}\}$，则是 X 型区域；若表示为 $D = \{(x,y)|y^2 \leqslant x \leqslant \sqrt[3]{y}, 0 \leqslant y \leqslant 1\}$，则是 Y 型区域。

11.2.3　直角坐标系下的富比尼定理

最简单的 X、Y 型区域就是矩形区域 $D = \{(x,y)|a \leqslant x \leqslant b, c \leqslant y \leqslant d\}$，其上的二重积分的计算方法为：

定理 141 (富比尼定理的较弱形式). 若函数 $f(x,y)$ 在矩形区域 $D = \{(x,y)|a \leqslant x \leqslant b, c \leqslant y \leqslant d\}$ 上连续，则：

$$\iint\limits_{D} f(x,y)\mathrm{d}\sigma = \int_c^d \left[\int_a^b f(x,y)\mathrm{d}x \right] \mathrm{d}y = \int_a^b \left[\int_c^d f(x,y)\mathrm{d}y \right] \mathrm{d}x$$

或记作 $\iint\limits_{D} f(x,y)\mathrm{d}\sigma = \int_c^d \mathrm{d}y \int_a^b f(x,y)\mathrm{d}x = \int_a^b \mathrm{d}x \int_c^d f(x,y)\mathrm{d}y$，其中

- $\int_c^d \left[\int_a^b f(x,y)\mathrm{d}x \right] \mathrm{d}y = \int_c^d \mathrm{d}y \int_a^b f(x,y)\mathrm{d}x$ 称为先对 x、后对 y 的二次积分。

- $\int_a^b \left[\int_c^d f(x,y)\mathrm{d}y \right] \mathrm{d}x = \int_a^b \mathrm{d}x \int_c^d f(x,y)\mathrm{d}y$ 称为先对 y、后对 x 的二次积分。

对定理 141 不做证明，我们举例说明一下。其中提到的"函数 $f(x,y)$ 在矩形区域 $D = \{(x,y)|a \leqslant x \leqslant b, c \leqslant y \leqslant d\}$ 上连续"，如图 11.43 所示，这符合二重积分存在的充分条件[①]，所以接下来只需要对某一种划分、取点方式进行计算即可。

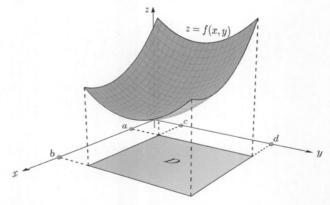

图 11.43　函数 $f(x,y)$ 在矩形区域 $D = \{(x,y)|a \leqslant x \leqslant b, c \leqslant y \leqslant d\}$ 上连续

在"马同学图解"系列图书《微积分（上）》中学习过如何计算"截面积已知的立体图形的体积"（参见图 7.43），这里计算函数 $f(x,y)$ 在矩形区域 D 上的二重积分运用的也是相同的思路，下面将该思路再重复一遍。图 11.44 是函数 $f(x,y)$ 在矩形区域 D 上的曲顶柱体，其体积就是要求的函数 $f(x,y)$ 在矩形区域 D 上的二重积分。为了求出该体积，我们将 x 轴上的区间 $[a,b]$ 任意分为 n 份，$[x_{i-1}, x_i]$ 是其中的一个小区间。作该曲顶柱体过 x_i 点、平行于 y 轴的截面积 $A(x_i)$，如图 11.45 所示。

[①]　之前介绍二重积分定义（定义 109）时提到过的，若函数 $f(x,y)$ 在闭区域 D 上连续，则其在闭区域 D 上的二重积分必定存在。

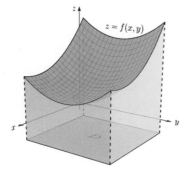

图 11.44　函数 $f(x,y)$ 及对应的曲顶柱体

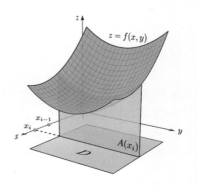

图 11.45　曲顶柱体的截面积 $A(x_i)$

　　然后以截面积 $A(x_i)$ 为底、$\Delta x_i = x_i - x_{i-1}$ 为高可作出一柱体，如图 11.46 所示。用同样的方法，分别以截面积 $A(x_1)$，$A(x_2)$，$\cdots$，$A(x_n)$ 为底，以 Δx_1，Δx_2，$\cdots$，Δx_n 为高可作出 n 个柱体，这些柱体可以近似所要求的曲顶柱体，如图 11.47 所示。并且通过求这些柱体的体积和的极限，最终可得到该曲顶柱体的体积。

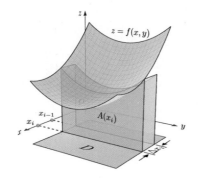

图 11.46　以 $A(x_i)$ 为底、Δx_i 为高的柱体

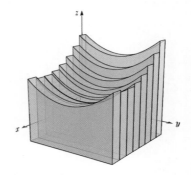

图 11.47　n 个柱体

　　根据前面的分析思路，让我们先求出截面积 $A(x_i)$。由图 11.48 的标注可知，截面积 $A(x_i)$ 位于平面 $x = x_i$ 上，在平面 $x = x_i$ 上建立 yOz 坐标系，在该坐标系中截面积 $A(x_i)$ 可看作由直线 $y = c$、$y = d$、$z = 0$ 及曲边 $z = f(x_i, y)$ 所围成的曲边梯形的面积，从而可通过定积分求出截面积 $A(x_i) = \int_c^d f(x_i, y)\mathrm{d}y$。这里讨论的 x_i 并非某个特定的数值，所以可将截面积

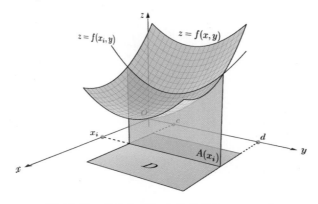

图 11.48　截面积 $A(x_i)$ 位于平面 $x = x_i$ 上

$A(x_i)$ 中的 x_i 用自变量 x 替换，这样就得到了截面积函数 $A(x)$，即：

$$A(x) = \int_c^d f(x,y)\mathrm{d}y$$

根据定理 141 中的"函数 $f(x,y)$ 在矩形区域 D 上连续"，可得截面积函数 $A(x)$ 在区间 $[a,b]$ 上连续。因为以截面积 $A(x_i)$ 为底、Δx_i 为高的柱体的体积为 $V_i = A(x_i)\Delta x_i$，所以分别以截面积 $A(x_1)$，$A(x_2)$，$\cdots$，$A(x_n)$ 为底，以 Δx_1，Δx_2，$\cdots$，Δx_n 为高作出的 n 个柱体的体积和为：

$$\sum_{i=1}^n V_i = \sum_{i=1}^n A(x_i)\Delta x_i$$

也就是说，我们得到了单个柱体的体积，以及 n 个柱体的体积和，如图 11.49 和图 11.50 所示。

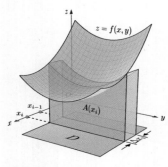

图 11.49　$V_i = A(x_i)\Delta x_i$

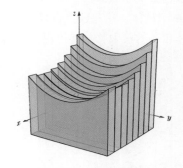

图 11.50　$\displaystyle\sum_{i=1}^n V_i = \sum_{i=1}^n A(x_i)\Delta x_i$

下面要对 n 个柱体的体积和求极限，从而得出函数 $f(x,y)$ 在矩形区域 D 上的曲顶柱体的体积 V。令 $\lambda = \max\{\Delta x_1, \Delta x_2, \cdots, \Delta x_n\}$，因为截面积函数 $A(x)$ 在区间 $[a,b]$ 上连续，根据可积的充分条件 1（定理 78），所以 $\lambda \to 0$ 时上述黎曼和的极限存在，也就是可积。所以：

$$V = \lim_{\lambda \to 0} \sum_{i=1}^n A(x_i)\Delta x_i = \int_a^b A(x)\mathrm{d}x$$

所以要求的函数 $f(x,y)$ 在矩形区域 D 上的二重积分为：

$$\iint\limits_D f(x,y)\mathrm{d}\sigma = \int_a^b A(x)\mathrm{d}x = \int_a^b \left[\int_c^d f(x,y)\mathrm{d}y\right]\mathrm{d}x$$

在上述推论过程中，如果划分 y 轴上的区间 $[c,d]$，那么就可以得到：

$$\iint\limits_D f(x,y)\mathrm{d}\sigma = \int_c^d A(y)\mathrm{d}y = \int_c^d \left[\int_a^b f(x,y)\mathrm{d}x\right]\mathrm{d}y$$

例 271. 请求出 $f(x,y) = -(x-0.5)^2 - (y-0.5)^2 + 1$ 在积分区域 $D = \{(x,y)|0 \leqslant x \leqslant 1,\ 0 \leqslant y \leqslant 1\}$ 上的二重积分。

解. 本题是之前计算过的例 269，这里通过富比尼定理的较弱形式（定理 141）再求一次:

$$\iint\limits_{D} f(x,y)\mathrm{d}\sigma = \int_0^1 \left[\int_0^1 \left(-(x-0.5)^2 - (y-0.5)^2 + 1 \right) \mathrm{d}x \right] \mathrm{d}y$$

$$= \int_0^1 \left[\int_0^1 \left(-x^2 - y^2 + x + y + 0.5 \right) \mathrm{d}x \right] \mathrm{d}y$$

$$= \int_0^1 \left[-\frac{x^3}{3} + \frac{x^2}{2} - xy^2 + xy + \frac{x}{2} \right]_0^1 \mathrm{d}y$$

$$= \int_0^1 \left(-y^2 + y + \frac{2}{3} \right) \mathrm{d}y = \left[-\frac{y^3}{3} + \frac{y^2}{2} + \frac{2y}{3} \right]_0^1 = \frac{5}{6}$$

定理 142 (富比尼定理的较强形式). 函数 $f(x,y)$ 在区域 D 上连续,

- 若区域 D 为 X 型区域, 即 $D = \{(x,y) | a \leqslant x \leqslant b,\ \varphi_1(x) \leqslant y \leqslant \varphi_2(x)\}$, 其中 $\varphi_1(x)$、$\varphi_2(x)$ 在区间 $[a,b]$ 上连续, 则下列二重积分可转为先对 y、后对 x 的二次积分, 即:

$$\iint\limits_{D} f(x,y)\mathrm{d}\sigma = \int_a^b \left[\int_{\varphi_1(x)}^{\varphi_2(x)} f(x,y)\mathrm{d}y \right] \mathrm{d}x = \int_a^b \mathrm{d}x \int_{\varphi_1(x)}^{\varphi_2(x)} f(x,y)\mathrm{d}y$$

- 若区域 D 为 Y 型区域, 即 $D = \{(x,y) | \psi_1(y) \leqslant x \leqslant \psi_2(y),\ c \leqslant y \leqslant d\}$, 其中函数 $\psi_1(y)$、$\psi_2(y)$ 在区间 $[c,d]$ 上连续, 则下列二重积分可转为先对 x、后对 y 的二次积分, 即:

$$\iint\limits_{D} f(x,y)\mathrm{d}\sigma = \int_c^d \left[\int_{\psi_1(y)}^{\psi_2(y)} f(x,y)\mathrm{d}x \right] \mathrm{d}y = \int_c^d \mathrm{d}y \int_{\psi_1(y)}^{\psi_2(y)} f(x,y)\mathrm{d}x$$

下面举例说明定理 142 中的第一种情况, 即解释一下二重积分在 X 型区域 D 上的计算方法。而第二种情况, 也就是二重积分在 Y 型区域 D 上的计算方法, 同学们可以自行举一反三, 不再赘述。如图 11.51 所示, 其中的函数 $f(x,y)$ 在某 X 型区域 D 上连续。

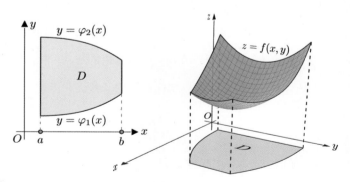

图 11.51 函数 $f(x,y)$ 在 X 型区域 $D = \{(x,y) | a \leqslant x \leqslant b,\ \varphi_1(x) \leqslant y \leqslant \varphi_2(x)\}$ 上连续

我们的目标是求出函数 $f(x,y)$ 在区域 D 上的二重积分, 下面是具体的推导细节, 其中运用的方法和富比尼定理的较弱形式（定理 141）类似, 主要差别在于截面积函数 $A(x)$。图 11.52 是函数 $f(x,y)$ 在区域 D 上的曲顶柱体, 其体积就是要求的函数 $f(x,y)$ 在区域 D 上的二重积分。为了求出该体积, 我们将 x 轴上的区间 $[a,b]$ 任意分为 n 份, $[x_{i-1}, x_i]$ 是其

中的一个小区间。作该曲顶柱体过 x_i 点、平行于 y 轴的截面积 $A(x_i)$，如图 11.53 所示。

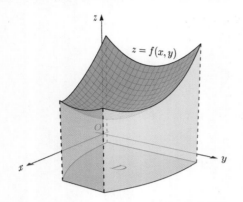

图 11.52　函数 $f(x,y)$ 及对应的曲顶柱体

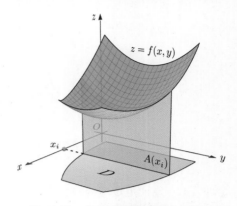

图 11.53　曲顶柱体的截面积 $A(x_i)$

截面积 $A(x_i)$ 可看作由直线 $y = \varphi_1(x_i)$、$y = \varphi_2(x_i)$、$x = x_i$ 及曲边 $z = f(x_i, y)$ 所围成的曲边梯形的面积，如图 11.54 所示。

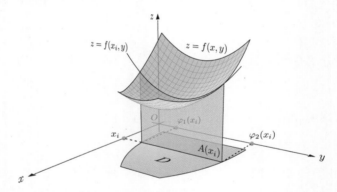

图 11.54　截面积 $A(x_i)$ 位于平面 $x = x_i$ 上

同样地，在平面 $x = x_i$ 上建立 yOz 坐标系，在该坐标系中，截面积 $A(x_i)$ 可看作由直线 $y = \varphi_1(x_i)$、$y = \varphi_2(x_i)$、$z = 0$ 及曲边 $z = f(x_i, y)$ 所围成的曲边梯形的面积，从而可通过定积分求出截面积 $A(x_i) = \displaystyle\int_{\varphi_1(x_i)}^{\varphi_2(x_2)} f(x_i, y)\mathrm{d}y$。这里讨论的 x_i 并非某个特定的数值，所以可将截面积 $A(x_i)$ 中的 x_i 用自变量 x 替换，这样就得到了截面积函数 $A(x)$，即：

$$A(x) = \int_{\varphi_1(x)}^{\varphi_2(x)} f(x,y)\mathrm{d}y$$

根据上述定理中的"函数 $f(x,y)$ 在区域 D 上连续"，可得截面积函数 $A(x)$ 在区间 $[a,b]$ 上连续。

因为以截面积 $A(x_i)$ 为底、$\Delta x_i = x_i - x_{i-1}$ 为高的柱体的体积为 $V_i = A(x_i)\Delta x_i$，所以分别以截面积 $A(x_1)$，$A(x_2)$，$\cdots$，$A(x_n)$ 为底，以 Δx_1，Δx_2，$\cdots$，Δx_n 为高作出的 n 个柱体的体积和为：

$$\sum_{i=1}^{n} V_i = \sum_{i=1}^{n} A(x_i)\Delta x_i$$

也就是说，我们得到了单个柱体的体积，以及 n 个柱体的体积和，如图 11.55 和图 11.56 所示。

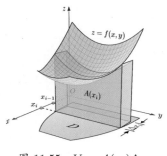

图 11.55　$V_i = A(x_i)\Delta x_i$

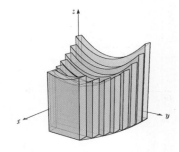

图 11.56　$\sum_{i=1}^{n} V_i = \sum_{i=1}^{n} A(x_i)\Delta x_i$

下面要对 n 个柱体的体积和求极限，从而得出函数 $f(x,y)$ 在区域 D 上的曲顶柱体的体积 V。令 $\lambda = \max\{\Delta x_1, \Delta x_2, \cdots, \Delta x_n\}$，因为截面积函数 $A(x)$ 在区间 $[a,b]$ 上连续，根据可积的充分条件 1（定理 78），所以 $\lambda \to 0$ 时上述黎曼和的极限存在，也就是可积。所以：

$$V = \lim_{\lambda \to 0} \sum_{i=1}^{n} A(x_i)\Delta x_i = \int_a^b A(x)\mathrm{d}x$$

所以要求的函数 $f(x,y)$ 在区域 D 上的二重积分为：

$$\iint\limits_{D} f(x,y)\mathrm{d}\sigma = \int_a^b A(x)\mathrm{d}x = \int_a^b \left[\int_{\varphi_1(x)}^{\varphi_2(x)} f(x,y)\mathrm{d}y \right] \mathrm{d}x$$

例 272. 计算 $\iint\limits_{D} xy\mathrm{d}\sigma$，其中 D 是由直线 $y=1$、$x=2$ 以及 $y=x$ 围成的闭区域。

解.（1）作出草图。求解这类题的关键在于画出闭区域 D 的草图，本题中的闭区域 D 的构成较为简单，只要对函数 $y=x$ 的图像较为熟悉就可轻松作出图 11.57，其中包含一些关键交点。

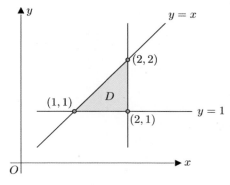

图 11.57　由直线 $y=1$、$x=2$ 以及 $y=x$ 围成的闭区域 D

根据图 11.57 我们可以分析出，本题中的闭区域 D 既是 X 型区域，如图 11.58 所示；也是 Y 型区域，如图 11.59 所示。

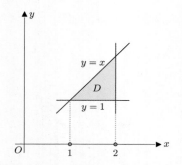
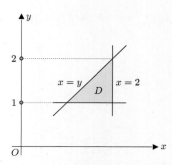

图 11.58 X 型：$D=\{(x,y)|1\leqslant x\leqslant 2,\ 1\leqslant y\leqslant x\}$ 图 11.59 Y 型：$D=\{(x,y)|y\leqslant x\leqslant 2,\ 1\leqslant y\leqslant 2\}$

（2）将 D 视作 X 型区域，即令 $D=\{(x,y)|1\leqslant x\leqslant 2,\ 1\leqslant y\leqslant x\}$，此时根据富比尼定理[①]，有：

$$\iint\limits_{D}xy\mathrm{d}\sigma=\int_{1}^{2}\left[\int_{1}^{x}xy\mathrm{d}y\right]\mathrm{d}x=\int_{1}^{2}\left[x\cdot\frac{y^2}{2}\right]_{1}^{x}\mathrm{d}x=\int_{1}^{2}\left(\frac{x^3}{2}-\frac{x}{2}\right)\mathrm{d}x=\left[\frac{x^4}{8}-\frac{x^2}{4}\right]_{1}^{2}=\frac{9}{8}$$

（3）将 D 视作 Y 型区域，即令 $D=\{(x,y)|y\leqslant x\leqslant 2,\ 1\leqslant y\leqslant 2\}$，此时根据富比尼定理（定理 142），有：

$$\iint\limits_{D}xy\mathrm{d}\sigma=\int_{1}^{2}\left[\int_{y}^{2}xy\mathrm{d}x\right]\mathrm{d}y=\int_{1}^{2}\left[y\cdot\frac{x^2}{2}\right]_{y}^{2}\mathrm{d}y=\int_{1}^{2}\left(2y-\frac{y^3}{2}\right)\mathrm{d}y=\left[y^2-\frac{y^4}{8}\right]_{1}^{2}=\frac{9}{8}$$

例 273. 计算 $\displaystyle\iint\limits_{D}xy\mathrm{d}\sigma$，其中 D 是由抛物线 $y^2=x$、直线 $y=x-2$ 围成的闭区域。

解.（1）作出草图及求解。本题求解的关键还是作出闭区域 D 的草图，可以尝试联立下列方程组，解出抛物线 $y^2=x$、直线 $y=x-2$ 的交点：

$$\begin{cases}y^2=x\\y=x-2\end{cases}\Longrightarrow\begin{array}{l}x_1=1,y_1=-1\\x_2=4,y_2=2\end{array}$$

直线 $y=x-2$ 必然过上述两个交点，结合我们对抛物线 $y^2=x$ 图像[②] 的了解，可以作出闭区域 D 的草图，如图 11.60 所示。根据这个草图我们可知闭区域 D 是 Y 型区域，如图 11.61 所示。

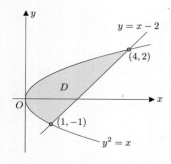
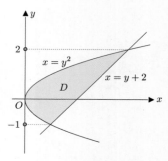

图 11.60   区域 D 的草图   图 11.61 $D=\{(x,y)|y^2\leqslant x\leqslant y+2,\ -1\leqslant y\leqslant 2\}$

----

① 从这里开始不再区分富比尼定理的较弱形式（定理 141）和较强形式（定理 142）了。因为较强形式包含较弱形式，所以可认为说的都是较强形式。

② 这是以 y 为自变量的抛物线函数。

因为 $D = \{(x,y)|y^2 \leqslant x \leqslant y+2,\ -1 \leqslant y \leqslant 2\}$，根据富比尼定理（定理 142），所以有：

$$\iint\limits_{D} xy\mathrm{d}\sigma = \int_{-1}^{2}\left[\int_{y^2}^{y+2} xy\mathrm{d}x\right]\mathrm{d}y = \int_{-1}^{2}\left[y\cdot\frac{x^2}{2}\right]_{y^2}^{y+2}\mathrm{d}y$$

$$= \frac{1}{2}\int_{-1}^{2}\left(y(y+2)^2 - y^5\right)\mathrm{d}y = \frac{1}{2}\left[\frac{y^4}{4} + \frac{4}{3}y^3 + 2y^2 - \frac{y^6}{6}\right]_{-1}^{2} = \frac{45}{8}$$

（2）闭区域 D 也可认为是由 $y = \sqrt{x}$、$y = -\sqrt{x}$ 以及 $y = x - 2$ 围成的，如图 11.62 所示。因此闭区域 D 可以分为两个 X 型区域 D_1、D_2，如图 11.63 所示。

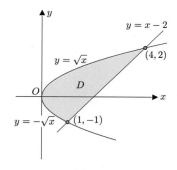

图 11.62　区域 D 的另外一种构成

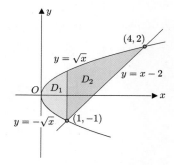

图 11.63　D 可以分为 D_1、D_2

根据图 11.63，可得出这两个区域的表达式为：

$$D_1 = \{(x,y)|0 \leqslant x \leqslant 1,\ -\sqrt{x} \leqslant y \leqslant \sqrt{x}\},\quad D_2 = \{(x,y)|1 \leqslant x \leqslant 4,\ x-2 \leqslant y \leqslant \sqrt{x}\}$$

根据富比尼定理（定理 142），结合二重积分的区域可加性（定理 137），所以有：

$$\iint\limits_{D} xy\mathrm{d}\sigma = \iint\limits_{D_1} xy\mathrm{d}\sigma + \iint\limits_{D_2} xy\mathrm{d}\sigma = \int_{0}^{1}\left[\int_{-\sqrt{x}}^{\sqrt{x}} xy\mathrm{d}y\right]\mathrm{d}x + \int_{1}^{4}\left[\int_{x-2}^{\sqrt{x}} xy\mathrm{d}y\right]\mathrm{d}x$$

$$= \int_{0}^{1}\left[x\cdot\frac{y^2}{2}\right]_{-\sqrt{x}}^{\sqrt{x}}\mathrm{d}x + \int_{1}^{4}\left[x\cdot\frac{y^2}{2}\right]_{x-2}^{\sqrt{x}}\mathrm{d}x$$

$$= \int_{0}^{1}\left(x\cdot\frac{\sqrt{x}^2}{2} - x\cdot\frac{(-\sqrt{x})^2}{2}\right)\mathrm{d}x + \int_{1}^{4}\left(x\cdot\frac{\sqrt{x}^2}{2} - x\cdot\frac{(x-2)^2}{2}\right)\mathrm{d}x$$

$$= \frac{1}{2}\int_{1}^{4}\left(-x^3 + 5x^2 - 4x\right)\mathrm{d}x = \frac{1}{2}\left[-\frac{x^4}{4} + \frac{5x^3}{3} - 2x^2\right]_{1}^{4} = \frac{45}{8}$$

例 274. 计算 $\iint\limits_{D} y\sqrt{1 + x^2 - y^2}\mathrm{d}\sigma$，其中 D 是由直线 $y = x$、$x = -1$ 和 $y = 1$ 围成的闭区域。

解. 本题中的闭区域 D 的构成还是比较简单的，容易分析出闭区域 D 既是 X 型区域，如图 11.64 所示；也是 Y 型区域，如图 11.65 所示。

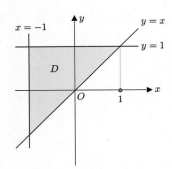 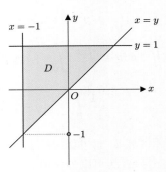

图 11.64 $D = \{(x,y)|-1 \leqslant x \leqslant 1,\ x \leqslant y \leqslant 1\}$ 图 11.65 $D = \{(x,y)|-1 \leqslant x \leqslant y,\ -1 \leqslant y \leqslant 1\}$

本题在 X 型区域上的计算比较容易，即 $D = \{(x,y)|-1 \leqslant x \leqslant 1,\ x \leqslant y \leqslant 1\}$ 时，根据富比尼定理（定理 142），结合不定积分的第一类换元法（定理 74），可得：

$$\iint\limits_{D} y\sqrt{1+x^2-y^2}\mathrm{d}\sigma = \int_{-1}^{1}\left[\int_{x}^{1} y\sqrt{1+x^2-y^2}\mathrm{d}y\right]\mathrm{d}x = \frac{1}{2}\int_{-1}^{1}\left[\int_{x}^{1}\sqrt{1+x^2-y^2}\mathrm{d}(y^2)\right]\mathrm{d}x$$

$$= -\frac{1}{3}\int_{-1}^{1}\left[(1+x^2-y^2)^{\frac{3}{2}}\right]_{x}^{1}\mathrm{d}x = -\frac{1}{3}\int_{-1}^{1}(|x|^3-1)\mathrm{d}x$$

$$= -\frac{2}{3}\int_{0}^{1}(x^3-1)\mathrm{d}x = \frac{1}{2}$$

如果在 Y 型区域上计算就会比较麻烦，即 $D = \{(x,y)|-1 \leqslant x \leqslant y,\ -1 \leqslant y \leqslant 1\}$ 时，根据富比尼定理（定理 142）有：

$$\iint\limits_{D} y\sqrt{1+x^2-y^2}\mathrm{d}\sigma = \int_{-1}^{1} y\mathrm{d}y\int_{-1}^{y}\sqrt{1+x^2-y^2}\mathrm{d}x$$

其中的 $\int_{-1}^{y}\sqrt{1+x^2-y^2}\mathrm{d}x$ 比较难计算，需要用到不定积分的第二类换元法（定理 75），类似于例 146，这里就不再赘述了。

根据前面三道例题的学习可知，对于复杂的闭区域 D，如图 11.66 所示，可将之划分为 X 型区域、Y 型区域的组合，如图 11.67 所示，其中 D_1 既是 X 型区域又是 Y 型区域，D_2、D_3 是 X 型区域。

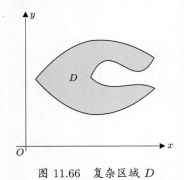 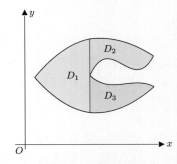

图 11.66 复杂区域 D 图 11.67 划为 D_1、D_2、D_3 三个区域

分别对这三个区域运用富比尼定理（定理 142），再结合二重积分的区域可加性（定理 137），就可算出曲面 $z = f(x,y)$ 在闭区域 D 上的二重积分：

$$\iint\limits_{D} f(x,y)\mathrm{d}\sigma = \iint\limits_{D_1} f(x,y)\mathrm{d}\sigma + \iint\limits_{D_2} f(x,y)\mathrm{d}\sigma + \iint\limits_{D_3} f(x,y)\mathrm{d}\sigma$$

前面三道例题还说明，应用富比尼定理时对二次积分次序①的选择，需要综合考虑积分区域 D 的形状和被积函数 $f(x,y)$ 的特性，恰当的选择可以减小计算难度。

例 275. 在图 11.68 中有两个底圆半径都等于 R 的圆柱面垂直相交，其所围成的立体也称为牟合方盖，如图 11.69 所示。请求出该牟合方盖的体积。

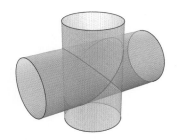

图 11.68 底圆半径为 R 的直交圆柱面

图 11.69 牟合方盖

解. 如图 11.70 所示，建立 xyz 坐标系，两个圆柱面的方程分别为 $x^2 + y^2 = R^2$ 和 $y^2 + z^2 = R^2$。

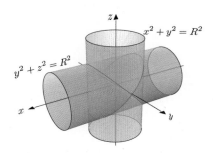

图 11.70 圆柱面 $x^2 + y^2 = R^2$ 和 $y^2 + z^2 = R^2$ 围成的牟合方盖

可以观察到，这两个圆柱面围成的牟合方盖在 8 个卦限的体积是相等的，所以可以只考虑牟合方盖在第一卦限的部分，如图 11.71 所示。这一部分的牟合方盖是一个曲顶柱体，其曲顶就是图 11.71 中的紫色曲面，该曲顶是圆柱面 $y^2 + z^2 = R^2$ 的一部分，所以其函数为 $z = \sqrt{R^2 - y^2}$。该曲顶柱体的积分区域 D 为四分之一圆，如图 11.72 所示。在这里我们将 D 视作 Y 型区域会比较好计算，即令 $D = \{(x,y)|0 \leqslant x \leqslant \sqrt{R^2 - y^2},\ 0 \leqslant y \leqslant R\}$。

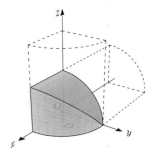

图 11.71 第一卦限中的牟合方盖

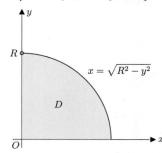

图 11.72 $D = \{(x,y)|0 \leqslant x \leqslant \sqrt{R^2 - y^2},\ 0 \leqslant y \leqslant R\}$

① 即转换为先对 x、后对 y 的二次积分，还是转换为先对 y、后对 x 的二次积分。

根据富比尼定理（定理 142），所以第一卦限中的牟合方盖的体积 V_1 为：

$$V_1 = \iint\limits_D \sqrt{R^2 - y^2}\mathrm{d}\sigma = \int_0^R \left[\int_0^{\sqrt{R^2-y^2}} \sqrt{R^2 - y^2}\mathrm{d}x\right] \mathrm{d}y$$

$$= \int_0^R \left[\sqrt{R^2 - y^2}x\right]_0^{\sqrt{R^2-y^2}} \mathrm{d}y = \int_0^R (R^2 - y^2)\mathrm{d}y = \left[R^2 y - \frac{y^3}{3}\right]_0^R = \frac{2}{3}R^3$$

从而所求的牟合方盖的体积 $V = 8V_1 = \dfrac{16}{3}R^3$。

11.3　极坐标系下的二重积分计算

11.3.1　极坐标系下的二重积分

在极坐标系下，当二重积分存在时，往往如下来划分积分区域 D，

- 作一些以 O 点（极点）为中心的同心圆及从 O 点出发的射线，这些同心圆和射线的交线会构造出一些小闭区域，其中完整包含在积分区域 D 内的小闭区域可用来近似积分区域 D，即图 11.73 中的 n 个蓝色闭区域。
- 增加同心圆及射线，可增加蓝色闭区域的个数，也就是增大了 n，这样会得到更好的近似效果，如图 11.74 所示。

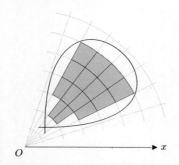

图 11.73　用 n 个蓝色闭区域来近似区域 D

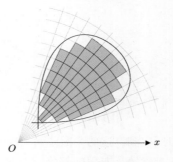

图 11.74　n 越大近似效果越好

观察其中的某个小闭区域 $\Delta\sigma_i$，如图 11.75 所示，可以看到这是一个小扇环，设其两侧边长为 $\Delta\rho_i$，圆心角为 $\Delta\theta_i$。该小扇环可看作圆心角为 $\Delta\theta_i$、半径分别为 ρ_i 和 ρ_{i-1} 的两个同心的大、小扇形之差，如图 11.76 所示。

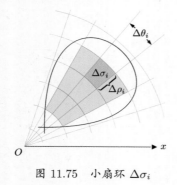

图 11.75　小扇环 $\Delta\sigma_i$

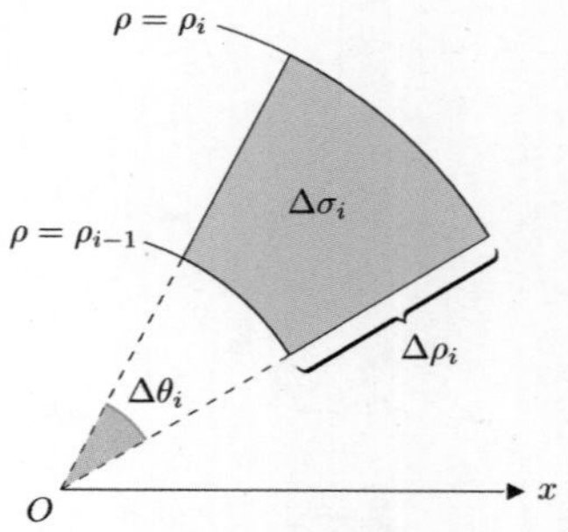

图 11.76　放大观察小扇环 $\Delta\sigma_i$

由图 11.76 可知有 $\Delta\rho_i = \rho_i - \rho_{i-1}$，令 $\overline{\rho_i} = \dfrac{\rho_i + \rho_{i-1}}{2}$，由于小扇环 $\Delta\sigma_i$ 是两个大、小扇形之差，所以其面积 $\Delta\sigma_i$ 可计算如下：

$$\Delta\sigma_i = \overbrace{\frac{1}{2}\rho_i^2\Delta\theta_i}^{\text{大扇形}} - \overbrace{\frac{1}{2}\rho_{i-1}^2\Delta\theta_i}^{\text{小扇形}} = \frac{1}{2}\Delta\theta_i(\rho_i^2 - \rho_{i-1}^2) = \frac{\rho_i + \rho_{i-1}}{2}\cdot(\rho_i - \rho_{i-1})\cdot\Delta\theta_i = \overline{\rho_i}\cdot\Delta\rho_i\cdot\Delta\theta_i$$

在极坐标系下，$\rho = \overline{\rho_i}$ 是过小扇环 $\Delta\sigma_i$ 的一段圆弧，在该圆弧上、小扇环 $\Delta\sigma_i$ 内选择一点 $(\overline{\rho_i}, \overline{\theta_i})$，如图 11.77 所示。

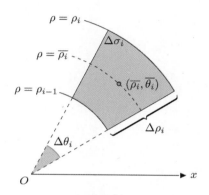

图 11.77　在圆弧 $\overline{\rho_i}$ 上、小扇环 $\Delta\sigma_i$ 内选择一点 $(\overline{\rho_i}, \overline{\theta_i})$

设该点在直角坐标系下的坐标为 (ξ_i, η_i)，根据直角坐标系和极坐标系的关系有 $\xi_i = \overline{\rho_i}\cos\overline{\theta_i}$ 以及 $\eta_i = \overline{\rho_i}\sin\overline{\theta_i}$。所以在极坐标系下，二重积分的定义式（定义 109）可以改写如下：

$$\lim_{\lambda\to 0}\sum_{i=1}^{n}f(\xi_i, \eta_i)\Delta\sigma_i = \lim_{\lambda\to 0}\sum_{i=1}^{n}f(\overline{\rho_i}\cos\overline{\theta_i}, \overline{\rho_i}\sin\overline{\theta_i})\overline{\rho_i}\cdot\Delta\rho_i\cdot\Delta\theta_i$$

所以此时的二重积分也可记作：

$$\iint\limits_{D}f(x,y)\mathrm{d}\sigma = \iint\limits_{D}f(\rho\cos\theta, \rho\sin\theta)\rho\mathrm{d}\rho\mathrm{d}\theta$$

其中的 $\rho\mathrm{d}\rho\mathrm{d}\theta$ 称为二重积分在极坐标系下的面积元素。

11.3.2　θ 型区域

有些区域确实更适合在极坐标系下来划分，比如图 11.78 所示的积分区域 D，如果在直角坐标系中一般会考虑将其分作三个区域，如图 11.79 所示，然后运用直角坐标系下的富比尼定理[①]进行计算。

但如果借助下面介绍的 θ 型区域，那么图 11.78 中的积分区域 D 的划分会更简单。

---

① 也就是前面学习过的富比尼定理（定理 142）。

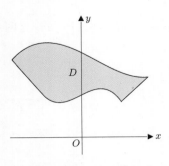

图 11.78　积分区域 D

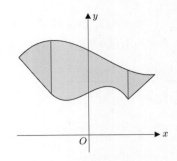

图 11.79　划为三个区域

定义 112. 若积分区域 D 可以表示为：

$$D = \{(\rho, \theta) | \varphi_1(\theta) \leqslant \rho \leqslant \varphi_2(\theta),\ \alpha \leqslant \theta \leqslant \beta\}$$

其中函数 $\varphi_1(\theta)$、$\varphi_2(\theta)$ 在区间 $[\alpha, \beta]$ 上连续，则称 D 为 θ 型区域。

　　定义 112 就是通过极坐标系来表示积分区域 D 的，这样图 11.78 中的积分区域 D 就可表示为 θ 型区域，如图 11.80 所示。图 11.81 中的积分区域 D 也是一个 θ 型区域，其特殊之处在于 O 点在该积分区域的内部。

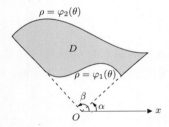

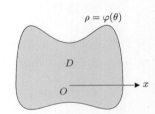

图 11.80　$D = \{(\rho, \theta) | \varphi_1(\theta) \leqslant \rho \leqslant \varphi_2(\theta),\ \alpha \leqslant \theta \leqslant \beta\}$　图 11.81　$D = \{(\rho, \theta) | 0 \leqslant \rho \leqslant \varphi(\theta),\ 0 \leqslant \theta \leqslant 2\pi\}$

　　还有形如 $D = \{(\rho, \theta) | a \leqslant \rho \leqslant b,\ \psi_1(\rho) \leqslant \theta \leqslant \psi_2(\rho)\}$ 的 ρ 型区域，不过本书没有涉及，故不讲解了。

11.3.3　极坐标系下的富比尼定理

定理 143. 函数 $f(\rho\cos\theta, \rho\sin\theta)$ 在区域 D 上连续，当区域 D 为 θ 型区域时，即：

$$D = \{(\rho, \theta) | \varphi_1(\theta) \leqslant \rho \leqslant \varphi_2(\theta),\ \alpha \leqslant \theta \leqslant \beta\}$$

其中 $\varphi_1(\theta)$、$\varphi_2(\theta)$ 在区间 $[\alpha, \beta]$ 上连续，则下列二重积分可转为先对 ρ、后对 θ 的二次积分，即：

$$\iint\limits_{D} f(\rho\cos\theta, \rho\sin\theta)\mathrm{d}\sigma = \int_{\alpha}^{\beta} \left[\int_{\varphi_1(\theta)}^{\varphi_2(\theta)} f(\rho\cos\theta, \rho\sin\theta)\rho\mathrm{d}\rho \right] \mathrm{d}\theta$$

$$= \int_{\alpha}^{\beta} \mathrm{d}\theta \int_{\varphi_1(\theta)}^{\varphi_2(\theta)} f(\rho\cos\theta, \rho\sin\theta)\rho\mathrm{d}\rho$$

　　极坐标系下的富比尼定理（定理 143）和直角坐标系下的富比尼定理（定理 142）非常类似，主要差异是，极坐标系下的富比尼定理多出一个 ρ：

	直角坐标系下的富比尼定理	极坐标系下的富比尼定理
被积函数	$f(x, y)$	$f(\rho\cos\theta, \rho\sin\theta)$
二次积分	$\int_a^b \left[\int_{\varphi_1(x)}^{\varphi_2(x)} f(x, y)\mathrm{d}y \right] \mathrm{d}x$	$\int_\alpha^\beta \left[\int_{\varphi_1(\theta)}^{\varphi_2(\theta)} f(\rho\cos\theta, \rho\sin\theta)\rho\mathrm{d}\rho \right] \mathrm{d}\theta$

下面来简单推导一下极坐标系下的富比尼定理（定理 143）。之前学习过极坐标系下的二重积分为：

$$\iint\limits_D f(x, y)\mathrm{d}\sigma = \iint\limits_D f(\rho\cos\theta, \rho\sin\theta)\rho\mathrm{d}\rho\mathrm{d}\theta$$

令 $g(\rho, \theta) = f(\rho\cos\theta, \rho\sin\theta)\rho$，则上式可改写为：

$$\iint\limits_D f(\rho\cos\theta, \rho\sin\theta)\rho\mathrm{d}\rho\mathrm{d}\theta = \iint\limits_D g(\rho, \theta)\mathrm{d}\rho\mathrm{d}\theta$$

对改写后的式子运用直角坐标系下的富比尼定理（定理 142），再结合 $g(\rho, \theta) = f(\rho\cos\theta, \rho\sin\theta)\rho$，可得：

$$\iint\limits_D g(\rho, \theta)\mathrm{d}\rho\mathrm{d}\theta = \int_\alpha^\beta \left[\int_{\varphi_1(\theta)}^{\varphi_2(\theta)} g(\rho, \theta)\mathrm{d}\rho \right] \mathrm{d}\theta = \int_\alpha^\beta \left[\int_{\varphi_1(\theta)}^{\varphi_2(\theta)} f(\rho\cos\theta, \rho\sin\theta)\rho\mathrm{d}\rho \right] \mathrm{d}\theta$$

综上可得 $\iint\limits_D f(\rho\cos\theta, \rho\sin\theta)\mathrm{d}\sigma = \int_\alpha^\beta \left[\int_{\varphi_1(\theta)}^{\varphi_2(\theta)} f(\rho\cos\theta, \rho\sin\theta)\rho\mathrm{d}\rho \right] \mathrm{d}\theta$。

例 276. 已知两个圆柱面的方程分别为 $x^2 + y^2 = R^2$ 和 $y^2 + z^2 = R^2$，如图 11.70 所示，请求出这两个柱面所围成的牟合方盖的体积。

解. 本题在例 275 中运用直角坐标系下的富比尼定理（定理 142）求解过，这里用极坐标系下的富比尼定理（定理 143）再做一次。

容易观察到，这两个圆柱面围成的牟合方盖在 8 个卦限的体积是相等的，所以可只考虑牟合方盖在第一卦限的部分，如图 11.82 所示。这一部分的牟合方盖是一个曲顶柱体，其曲顶就是图 11.82 中的紫色曲面，该曲顶是圆柱面 $y^2 + z^2 = R^2$ 的一部分，所以其函数为 $z = \sqrt{R^2 - y^2} = \sqrt{R^2 - \rho^2\sin^2\theta}$。该曲顶柱体的积分区域 D 为四分之一圆，如图 11.83 所示。将 D 视作 θ 型区域，即令 $D = \left\{ (\rho, \theta) | 0 \leqslant \rho \leqslant R,\ 0 \leqslant \theta \leqslant \frac{\pi}{2} \right\}$。

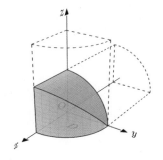

图 11.82 第一卦限中的牟合方盖

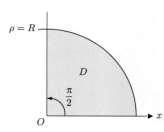

图 11.83 $D = \left\{ (\rho, \theta) | 0 \leqslant \rho \leqslant R,\ 0 \leqslant \theta \leqslant \frac{\pi}{2} \right\}$

根据极坐标系下的富比尼定理（定理 143），所以第一卦限中的牟合方盖的体积 V_1 为：

$$V_1 = \iint\limits_D \sqrt{R^2 - \rho^2 \sin^2\theta}\,\mathrm{d}\sigma = \int_0^{\frac{\pi}{2}} \left[\int_0^R \sqrt{R^2 - \rho^2\sin^2\theta}\,\rho\mathrm{d}\rho \right] \mathrm{d}\theta$$

$$= \int_0^{\frac{\pi}{2}} \left[\int_0^R \frac{1}{2}\sqrt{R^2-\rho^2\sin^2\theta}\,\mathrm{d}(\rho^2) \right] \mathrm{d}\theta = \int_0^{\frac{\pi}{2}} \left[-\frac{1}{3}\frac{1}{\sin^2\theta}(R^2-\rho^2\sin^2\theta)^{\frac{3}{2}} \right]_0^R \mathrm{d}\theta$$

$$= \int_0^{\frac{\pi}{2}} \frac{R^3(1-\cos^3\theta)}{3\sin^2\theta}\mathrm{d}\theta = \left[\frac{R^3}{3}\left(\sin\theta + \tan\frac{\theta}{2} \right) \right]_0^{\frac{\pi}{2}} = \frac{2}{3}R^3$$

其中：

$$\int \frac{R^3(1-\cos^3\theta)}{3\sin^2\theta}\mathrm{d}\theta = \frac{R^3}{3}\int (1-\cos^3\theta)\csc^2\theta\mathrm{d}\theta = \frac{R^3}{3}\left[\int \csc^2\theta\mathrm{d}\theta - \int \cos\theta\cot^2\theta\mathrm{d}\theta \right]$$

$$= \frac{R^3}{3}\left[-\cot\theta - \int \cos\theta(\csc^2\theta - 1)\mathrm{d}\theta \right]$$

$$= \frac{R^3}{3}\left[-\cot\theta - \int \cot\theta\csc\theta\mathrm{d}\theta + \int \cos\theta\mathrm{d}\theta \right]$$

$$= \frac{R^3}{3}(-\cot\theta + \csc\theta + \sin\theta) + C = \frac{R^3}{3}\left(\sin\theta + \tan\frac{\theta}{2} \right) + C$$

从而所求的牟合方盖的体积 $V = 8V_1 = \dfrac{16}{3}R^3$。

例 277. 计算 $\iint\limits_D \mathrm{e}^{-x^2-y^2}\mathrm{d}\sigma$，其中 D 是由圆心在原点、半径为 R 的圆周所围成的闭区域。

解. 本题中的积分区域 D 如图 11.84 左侧所示，所求的 $\iint\limits_D \mathrm{e}^{-x^2-y^2}\mathrm{d}\sigma$ 是图 11.84 右侧中的曲顶柱体的体积。

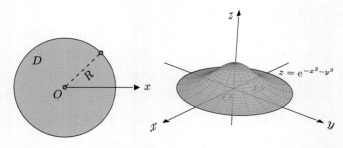

图 11.84　积分区域 D 及以 D 为底、$\mathrm{e}^{-x^2-y^2}$ 为顶的曲顶柱体

在极坐标系下，积分区域 D 可以表示为 θ 型区域，即令 $D = \{(\rho,\theta)|0 \leqslant \rho \leqslant R,\, 0 \leqslant \theta \leqslant 2\pi\}$。根据极坐标系下的富比尼定理（定理 143），所以：

$$\iint\limits_D \mathrm{e}^{-x^2-y^2}\mathrm{d}\sigma = \int_0^{2\pi}\left[\int_0^R \mathrm{e}^{-\rho^2}\rho\mathrm{d}\rho \right]\mathrm{d}\theta = \int_0^{2\pi}\left[\int_0^R \frac{1}{2}\mathrm{e}^{-\rho^2}\mathrm{d}(\rho^2) \right]\mathrm{d}\theta$$

$$= \int_0^{2\pi}\left[-\frac{1}{2}\mathrm{e}^{-\rho^2} \right]_0^R \mathrm{d}\theta = \frac{1}{2}(1-\mathrm{e}^{-R^2})\int_0^{2\pi}\mathrm{d}\theta = \pi(1-\mathrm{e}^{-R^2})$$

因为 $\int e^{-x^2}dx$ 不能用初等函数来表示，因此例 277 在直角坐标系下算不出来。

例 278. 请计算 $\int_0^{+\infty} e^{-x^2}dx$，这是工程中常用的一个反常积分。

解. 设 $D_1 = \{(x,y)|x^2+y^2 \leqslant R^2,\ x \geqslant 0,\ y \geqslant 0\}$，$D_2 = \{(x,y)|0 \leqslant x \leqslant R,\ 0 \leqslant y \leqslant R\}$，以及 $D_3 = \{(x,y)|x^2+y^2 \leqslant 2R^2,\ x \geqslant 0,\ y \geqslant 0\}$。显然有 $D_1 \subset D_2 \subset D_3$，如图 11.85 所示。

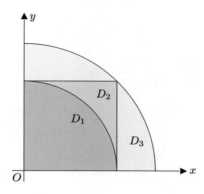

图 11.85 $\quad D_1 \subset D_2 \subset D_3$

由于 $e^{-x^2-y^2} > 0$，从而有如下的不等式：

$$\iint\limits_{D_1} e^{-x^2-y^2}d\sigma < \iint\limits_{D_2} e^{-x^2-y^2}d\sigma < \iint\limits_{D_3} e^{-x^2-y^2}d\sigma$$

根据例 277 的结果可以计算出：

$$\iint\limits_{D_1} e^{-x^2-y^2}d\sigma = \frac{\pi}{4}(1-e^{-R^2}), \quad \iint\limits_{D_3} e^{-x^2-y^2}d\sigma = \frac{\pi}{4}(1-e^{-2R^2})$$

以及根据直角坐标系下的富比尼定理（定理 142）可以计算出：

$$\iint\limits_{D_2} e^{-x^2-y^2}d\sigma = \int_0^R \left[\int_0^R e^{-x^2-y^2}dx\right]dy = \int_0^R \left[\int_0^R e^{-x^2}\cdot e^{-y^2}dx\right]dy$$

$$= \int_0^R e^{-y^2}\left[\int_0^R e^{-x^2}dx\right]dy = \int_0^R e^{-x^2}dx \cdot \int_0^R e^{-y^2}dy = \left(\int_0^R e^{-x^2}dx\right)^2$$

再解释一下前面计算过程中的三个细节：

- $\int_0^R \left[\int_0^R e^{-x^2}\cdot e^{-y^2}dx\right]dy = \int_0^R e^{-y^2}\left[\int_0^R e^{-x^2}dx\right]dy$，对 x 积分时 e^{-y^2} 相当于常数，所以可提到积分符号外。

- $\int_0^R e^{-y^2}\left[\int_0^R e^{-x^2}dx\right]dy = \int_0^R e^{-x^2}dx \cdot \int_0^R e^{-y^2}dy$，定积分的计算结果是常数，所以可提到积分符号外。

- $\int_0^R e^{-x^2}dx \cdot \int_0^R e^{-y^2}dy = \left(\int_0^R e^{-x^2}dx\right)^2$，这是因为 $\int_0^R e^{-x^2}dx$ 和 $\int_0^R e^{-y^2}dy$ 相比，只是符号上有区别，所以计算结果是一样的。

所以前面的不等式可以改写为：

$$\frac{\pi}{4}(1 - e^{-R^2}) < \left(\int_0^R e^{-x^2} dx\right)^2 < \frac{\pi}{4}(1 - e^{-2R^2})$$

当 $R \to +\infty$ 时，上式左右两侧都趋于 $\dfrac{\pi}{4}$，根据夹逼定理（定理 23），所以有：

$$\lim_{R \to +\infty} \left(\int_0^R e^{-x^2} dx\right)^2 = \frac{\pi}{4} \implies \int_0^{+\infty} e^{-x^2} dx = \frac{\sqrt{\pi}}{2}$$

例 279. 求球体 $x^2 + y^2 + z^2 \leqslant 4R^2$ 被圆柱面 $x^2 + y^2 = 2Rx$ $(R > 0)$ 所截得的立体的体积。

解. 球体 $x^2 + y^2 + z^2 \leqslant 4R^2$ 的球心在原点，半径为 $2R$；而圆柱面整理后为 $(x-R)^2 + y^2 = R^2$，所以该圆柱面的准线为圆心在 $(R, 0, 0)$ 点、半径为 R 的圆周，两者的图像如图 11.86 所示。两者所围成的立体如图 11.87 所示。

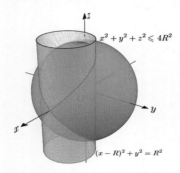

图 11.86　球体和圆柱面相交　　　　　图 11.87　球体和圆柱面所围成的立体

两者所围成的立体分布在 xyz 坐标系的第一、四、五、八卦限，每个卦限内包含的体积是相同的，所以可只考虑该立体在第一卦限的部分，如图 11.88 所示。这部分立体是一个曲顶柱体，其曲顶就是图 11.88 中的紫色曲面，该曲顶是球面 $x^2 + y^2 + z^2 = 4R^2$ 的一部分，所以其函数为 $z = \sqrt{4R^2 - x^2 - y^2}$。该曲顶柱体的积分区域 D 为半圆，如图 11.89 所示。将 D 视作 θ 型区域，即令 $D = \left\{(\rho, \theta) \mid 0 \leqslant \rho \leqslant 2R\cos\theta,\ 0 \leqslant \theta \leqslant \dfrac{\pi}{2}\right\}$。

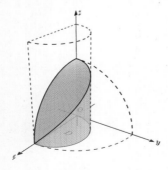

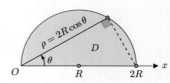

图 11.88　第一卦限中的立体　　　　图 11.89　$D = \left\{(\rho, \theta) \mid 0 \leqslant \rho \leqslant 2R\cos\theta,\ 0 \leqslant \theta \leqslant \dfrac{\pi}{2}\right\}$

根据极坐标系下的富比尼定理（定理 143），所以第一卦限中的立体的体积 V_1 为：

$$V_1 = \iint\limits_{D} \sqrt{4R^2 - x^2 - y^2} \mathrm{d}\sigma$$

$$= \int_0^{\frac{\pi}{2}} \left[\int_0^{2R\cos\theta} \sqrt{4R^2 - \rho^2} \rho \mathrm{d}\rho \right] \mathrm{d}\theta = \int_0^{\frac{\pi}{2}} \left[-\frac{1}{3}(4R^2 - \rho^2)^{\frac{3}{2}} \right]_0^{2R\cos\theta} \mathrm{d}\theta$$

$$= \frac{8}{3}R^3 \int_0^{\frac{\pi}{2}} (1 - \sin^3\theta) \mathrm{d}\theta = \frac{8}{3}R^3 \left[\theta + \frac{3\cos\theta}{4} - \frac{1}{12}\cos(3\theta) \right]_0^{\frac{\pi}{2}} = \frac{8}{3}R^3 \left(\frac{\pi}{2} - \frac{2}{3} \right)$$

从而所求的球体和圆柱面所围成的立体的体积 $V = 4V_1 = \dfrac{32}{3}R^3 \left(\dfrac{\pi}{2} - \dfrac{2}{3} \right)$。

11.4 各种坐标系下的二重积分计算

前两节学习了在直角坐标系下和在极坐标系下计算二重积分的方法，其本质是对积分区域 D 进行了两种不同的划分。图 11.90 是在直角坐标系下进行的划分，其中的 $\Delta\sigma_i = \Delta x_i \cdot \Delta y_i$；图 11.91 是在极坐标系下进行的划分，其中的 $\Delta\sigma_i = \overline{\rho_i}\Delta\rho_i \cdot \Delta\theta_i$。

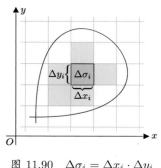
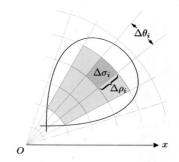

图 11.90　$\Delta\sigma_i = \Delta x_i \cdot \Delta y_i$　　　　图 11.91　$\Delta\sigma_i = \overline{\rho_i}\Delta\rho_i \cdot \Delta\theta_i$

从而得出了在两个坐标系下的二重积分：

$$\iint\limits_{D} f(x,y)\mathrm{d}\sigma = \iint\limits_{D} f(x,y)\mathrm{d}x\mathrm{d}y = \iint\limits_{D} f(\rho\cos\theta, \rho\sin\theta)\rho\mathrm{d}\rho\mathrm{d}\theta$$

上述过程可以总结为如下步骤，其中的关键在于对积分区域 D 进行了不同划分：

$$\text{对积分区域 } D \text{ 进行不同划分} \longrightarrow \text{计算 } \Delta\sigma_i \longrightarrow \text{求出二重积分}$$

但上述方法并不通用，尤其是计算 $\Delta\sigma_i$ 时需要很多几何技巧。所以本节将介绍更简易、普适的方法，让我们从一道例题开始。

例 280. 计算 $\displaystyle\iint\limits_{D} f(x,y)\mathrm{d}\sigma$，其中积分区域 D 是由圆心在原点、半径为 R 的圆周所围成的闭区域，如图 11.92 左侧所示，所求的二重积分 $\displaystyle\iint\limits_{D} f(x,y)\mathrm{d}\sigma$，我们将之图示为图 11.92 右侧中的曲顶柱体的体积。

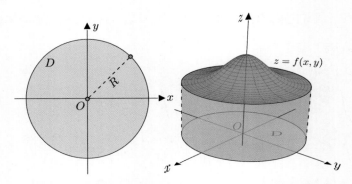

图 11.92　积分区域 D 及以 D 为底、$f(x, y)$ 为顶的曲顶柱体

解. 本题可将积分区域 D 视作 θ 型区域，即令 $D = \{(\rho, \theta) | 0 \leqslant \rho \leqslant R,\ 0 \leqslant \theta \leqslant 2\pi\}$，然后在极坐标系下对其进行划分，如图 11.93 所示，其中标注出了划分后的小扇环 $\Delta\sigma_i$。

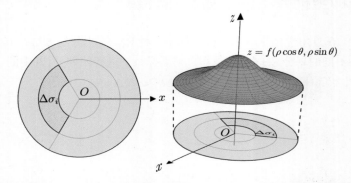

图 11.93　在极坐标系下对 θ 型积分区域 D 进行划分，标注出小扇环 $\Delta\sigma_i$

解题的关键是求出小扇环 $\Delta\sigma_i$ 的面积，下面会引入 $\rho\theta$ 坐标系，借此求出小扇环 $\Delta\sigma_i$ 面积的线性近似解，这种近似解对于求二重积分已经够用了。

（1）引入 $\rho\theta$ 坐标系和向量函数 $\boldsymbol{T}$。以 ρ 为横坐标、θ 为纵坐标建立直角坐标系，该坐标系也称为 $\rho\theta$ 坐标系。积分区域 $D = \{(\rho, \theta) | 0 \leqslant \rho \leqslant R,\ 0 \leqslant \theta \leqslant 2\pi\}$ 在 $\rho\theta$ 坐标系下是一个矩形，如图 11.94 所示。为了以示区别，这里将该矩形闭区域记作 D'。

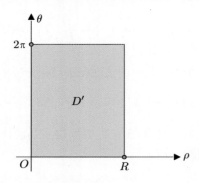

图 11.94　$\rho\theta$ 坐标系下的矩形积分区域 $D' = \{(\rho, \theta) | 0 \leqslant \rho \leqslant R,\ 0 \leqslant \theta \leqslant 2\pi\}$

借助方程组 $T:\begin{cases} x = \rho\cos\theta \\ y = \rho\sin\theta \end{cases}$，$\rho\theta$ 坐标系下的矩形区域 D' 可以变换为 xy 坐标系下的圆

形区域 D:

$$\overbrace{\begin{cases} 0 \leqslant \rho \leqslant R \\ 0 \leqslant \theta \leqslant 2\pi \end{cases}}^{\rho\theta \text{ 坐标系下矩形区域 } D' \text{ 的参数方程}} \xrightarrow{\quad T \quad} \overbrace{\begin{cases} x = \rho\cos\theta \qquad 0 \leqslant \rho \leqslant R \\ y = \rho\sin\theta \qquad 0 \leqslant \theta \leqslant 2\pi \end{cases}}^{xy \text{ 坐标系下圆形区域 } D \text{ 的参数方程}},$$

上述变换，即 $\rho\theta$ 坐标系下的矩形区域 D' 借助方程组 T 变换到 xy 坐标系下的圆形区域 D，如图 11.95 所示。

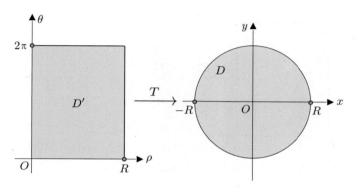

图 11.95 $\rho\theta$ 坐标系下的 D'，借助 T，变换到 xy 坐标系下的 D

根据 $\rho\theta$ 坐标系下的矩形区域 D' 的参数方程，可写出其在 $\rho\theta$ 坐标系下的向量形式：

$$D' = \left\{ \begin{pmatrix} \rho \\ \theta \end{pmatrix} \Big| 0 \leqslant \rho \leqslant R,\ 0 \leqslant \theta \leqslant 2\pi \right\}$$

如果将方程组 $T: \begin{cases} x = \rho\cos\theta \\ y = \rho\sin\theta \end{cases}$ 改写为向量函数，即：

$$T: \begin{cases} x = \rho\cos\theta \\ y = \rho\sin\theta \end{cases} \iff \boldsymbol{T}\begin{pmatrix} \rho \\ \theta \end{pmatrix} = \begin{pmatrix} x \\ y \end{pmatrix} = \begin{pmatrix} \rho\cos\theta \\ \rho\sin\theta \end{pmatrix}$$

那么 D' 到 D 的变换可借助向量函数 $\boldsymbol{T}$ 表示如下：

$$D = \left\{ \begin{pmatrix} x \\ y \end{pmatrix} \Big| \begin{pmatrix} x \\ y \end{pmatrix} = \boldsymbol{T}\begin{pmatrix} \rho \\ \theta \end{pmatrix}, \begin{pmatrix} \rho \\ \theta \end{pmatrix} \in D' \right\}$$

前面的形式，同学们可能不太熟悉，将集合 D 的内部进行如下展开可能会更清楚：

$$\begin{pmatrix} x \\ y \end{pmatrix} = \boldsymbol{T}\begin{pmatrix} \rho \\ \theta \end{pmatrix}, \begin{pmatrix} \rho \\ \theta \end{pmatrix} \in D' \implies \begin{pmatrix} x \\ y \end{pmatrix} = \boldsymbol{T}\begin{pmatrix} \rho \\ \theta \end{pmatrix} = \begin{pmatrix} \rho\cos\theta \\ \rho\sin\theta \end{pmatrix}, \begin{matrix} 0 \leqslant \rho \leqslant R \\ 0 \leqslant \theta \leqslant 2\pi \end{matrix}$$

$$\implies \underbrace{\begin{cases} x = \rho\cos\theta \qquad 0 \leqslant \rho \leqslant R \\ y = \rho\sin\theta \qquad 0 \leqslant \theta \leqslant 2\pi \end{cases}}_{xy \text{ 坐标系下圆形区域 } D \text{ 的参数方程}}$$

综上可知，$\rho\theta$ 坐标系下的矩形区域 D' 借助向量函数 $\boldsymbol{T}$ 变换到 xy 坐标系下的圆形区域 D：

$$\rho\theta \text{ 坐标系下的矩形区域 } D' \xrightarrow{\ \boldsymbol{T}\ } xy \text{ 坐标系下的圆形区域 } D$$

（2）D' 和 D 的划分。若将 $\rho\theta$ 坐标系下的矩形区域 D' 划分为 n 个小矩形，在向量函数 $\boldsymbol{T}$ 的作用下，每一个小矩形都会变为 xy 坐标系下的小扇环，从而将 xy 坐标系下的圆形区域 D 划分为 n 个小扇环，如图 11.96 所示（为了展示方便，这里只保留 xy 坐标系的 x 轴）。

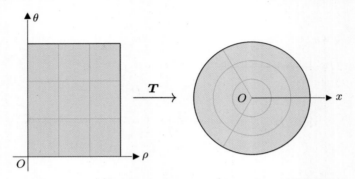

图 11.96　D' 的矩形划分，借助 $\boldsymbol{T}$，变换到 D 的小扇环划分

前面说的"每一个小矩形都会变为 xy 坐标系中的小扇环"，这里再详细解释一下。观察 D' 中的某小矩形 $\Delta\sigma_i' = \{(\rho,\theta)|\rho_{i-1}\leqslant\rho\leqslant\rho_i,\ \theta_{i-1}\leqslant\theta\leqslant\theta_i\}$，如图 11.97 左侧所示。在向量函数 $\boldsymbol{T}$ 的作用下，该小矩形会变为 xy 坐标系下的小扇环 $\Delta\sigma_i$，如图 11.97 右侧所示，该小扇环的内径、外径分别为 ρ_{i-1} 和 ρ_i，两侧边界分别为 $\theta=\theta_{i-1}$ 和 $\theta=\theta_i$。

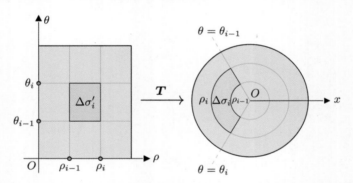

图 11.97　D' 中的小矩形 $\Delta\sigma_i'$，借助 $\boldsymbol{T}$，变换到 D 中的小扇环 $\Delta\sigma_i$

根据图 11.97 的标注可以得到 $\Delta\sigma_i'$ 在 $\rho\theta$ 坐标系下的向量形式：

$$\Delta\sigma_i' = \left\{ \begin{pmatrix} \rho \\ \theta \end{pmatrix} \middle| \rho_{i-1}\leqslant\rho\leqslant\rho_i,\ \theta_{i-1}\leqslant\theta\leqslant\theta_i \right\}$$

所以 $\Delta\sigma_i'$ 借助向量函数 $\boldsymbol{T}$ 变换到 $\Delta\sigma_i$ 的代数过程可以表示如下：

$$\Delta\sigma_i = \left\{ \begin{pmatrix} x \\ y \end{pmatrix} \middle| \begin{pmatrix} x \\ y \end{pmatrix} = \boldsymbol{T}\begin{pmatrix} \rho \\ \theta \end{pmatrix},\ \begin{pmatrix} \rho \\ \theta \end{pmatrix} \in \Delta\sigma_i' \right\}$$

为了帮助理解，还是将集合 $\Delta\sigma_i$ 的内部展开一下：

$$\begin{pmatrix} x \\ y \end{pmatrix} = \boldsymbol{T} \begin{pmatrix} \rho \\ \theta \end{pmatrix}, \begin{pmatrix} \rho \\ \theta \end{pmatrix} \in \Delta\sigma_i' \implies \begin{pmatrix} x \\ y \end{pmatrix} = \boldsymbol{T} \begin{pmatrix} \rho \\ \theta \end{pmatrix} = \begin{pmatrix} \rho\cos\theta \\ \rho\sin\theta \end{pmatrix}, \begin{matrix} \rho_{i-1} \leqslant \rho \leqslant \rho_i \\ \theta_{i-1} \leqslant \theta \leqslant \theta_i \end{matrix}$$

$$\implies \underbrace{\begin{cases} x = \rho\cos\theta & \rho_{i-1} \leqslant \rho \leqslant \rho_i \\ y = \rho\sin\theta & \theta_{i-1} \leqslant \theta \leqslant \theta_i \end{cases}}_{xy \text{ 坐标系下圆形区域 } \Delta\sigma_i \text{ 的参数方程}}$$

总结起来，（1）、（2）就是通过引入 $\rho\theta$ 坐标系和向量函数 $\boldsymbol{T}$，将 $\rho\theta$ 坐标系下的矩形区域 D' 划分为 n 个小矩形，从而使得 xy 坐标系下的圆形区域 D 被划分为 n 个小扇环。这里没有借助极坐标系，但达到了同样的划分效果。

（3）求出 $\Delta\sigma_i$ 的线性近似，为之后计算二重积分做好准备。先解释一下这里所说的"线性近似"，根据（1）、（2）的讲解可知，$\Delta\sigma_i'$ 借助向量函数 $\boldsymbol{T}$ 变换到了 $\Delta\sigma_i$，如图 11.98 所示。这里把无关的部分隐藏掉了，只观察小矩形 $\Delta\sigma_i'$ 和小扇环 $\Delta\sigma_i$，还标注了将要用到的向量 $\boldsymbol{M}_i' = \begin{pmatrix} \rho_{i-1} \\ \theta_{i-1} \end{pmatrix}$ 及向量 $\boldsymbol{M}_i = \begin{pmatrix} \rho_{i-1}\cos\theta_{i-1} \\ \rho_{i-1}\sin\theta_{i-1} \end{pmatrix}$。

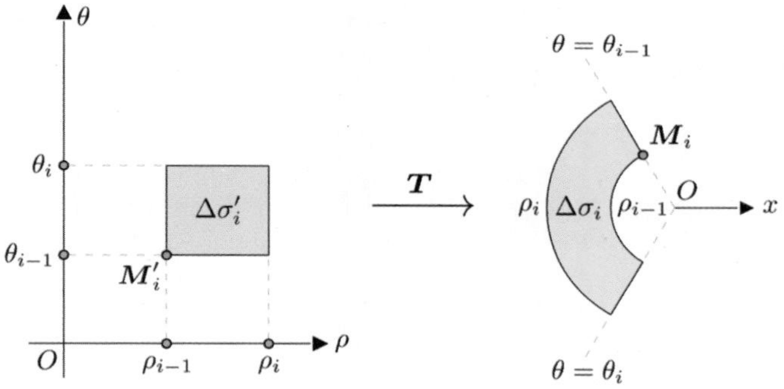

图 11.98 D' 中的 $\Delta\sigma_i'$、$\boldsymbol{M}_i'$，借助 $\boldsymbol{T}$，变换到 D 中的 $\Delta\sigma_i$、$\boldsymbol{M}_i$

实际上可作出小平行四边形 $\Delta\sigma_i''$ 来线性近似小扇环 $\Delta\sigma_i$，如图 11.99 所示。

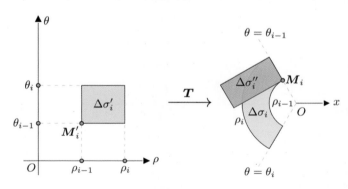

图 11.99 通过小平行四边形 $\Delta\sigma_i''$ 来线性近似小扇环 $\Delta\sigma_i$

接下来需要推导小平行四边形 $\Delta\sigma_i''$ 的代数式，为了帮助理解，我们会介绍两种方法。

- 求小平行四边形 $\Delta\sigma_i''$ 的方法一。在"马同学图解"系列图书《微积分（上）》中就介绍过，函数 $f(x)$ 在 x_0 点附近的曲线，可用其在 x_0 点的切线来线性近似。再说具体一些就是，x_0 点附近的某邻域 $U(x_0)$ 被映射为了图 11.100 中的蓝色曲线，该蓝色曲线可用红色的切线来近似。

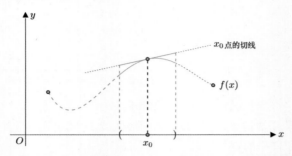

图 11.100 $U(x_0)$ 被映射为蓝色曲线，该蓝色曲线可用红色的切线来近似

上述线性近似用代数的语言来描述就是，在 x_0 点的某邻域 $U(x_0)$ 内，函数 $f(x)$ 约等于其在 x_0 点的切线 $f'(x_0)(x - x_0) + f(x_0)$，即：

$$f(x) \approx f'(x_0)(x - x_0) + f(x_0), \quad x \in U(x_0)$$

这里不进行严格论证，通过类比上式就可以推导出小平行四边形 $\Delta\sigma_i''$ 的代数式。首先 $\boldsymbol{M}_i'$ 点借助向量函数 $\boldsymbol{T}$ 映射为了 $\boldsymbol{M}_i$ 点，可以类比为 x_0 点被映射为 $f(x_0)$，即：

$$\boldsymbol{M}_i = \boldsymbol{T}(\boldsymbol{M}_i') \quad 类比为 \quad f(x_0)$$

$\boldsymbol{M}_i'$ 点附近的小矩形 $\Delta\sigma_i'$ 被映射为 $\boldsymbol{M}_i$ 点附近的小扇环 $\Delta\sigma_i$，可类比为 $U(x_0)$ 被映射为 $f(x)$，即

$$\Delta\sigma_i = \boldsymbol{T}\begin{pmatrix}\rho \\ \theta\end{pmatrix}, \begin{pmatrix}\rho \\ \theta\end{pmatrix} \in \Delta\sigma_i' \quad 类比为 \quad f(x), x \in U(x_0)$$

计算出 $\boldsymbol{T}$ 的雅可比矩阵，即：

$$\boldsymbol{T}'\begin{pmatrix}\rho \\ \theta\end{pmatrix} = \frac{\partial(x, y)}{\partial(\rho, \theta)} = \begin{pmatrix}\dfrac{\partial x}{\partial \rho} & \dfrac{\partial x}{\partial \theta} \\ \dfrac{\partial y}{\partial \rho} & \dfrac{\partial y}{\partial \theta}\end{pmatrix} = \begin{pmatrix}\cos\theta & -\rho\sin\theta \\ \sin\theta & \rho\cos\theta\end{pmatrix}$$

那么 $\boldsymbol{T}'(\boldsymbol{M}_i') = \boldsymbol{T}'\begin{pmatrix}\rho_{i-1} \\ \theta_{i-1}\end{pmatrix} = \begin{pmatrix}\cos\theta_{i-1} & -\rho_{i-1}\sin\theta_{i-1} \\ \sin\theta_{i-1} & \rho_{i-1}\cos\theta_{i-1}\end{pmatrix}$ 可以类比为 $f'(x_0)$，综上有：

$\boldsymbol{M}_i'$		x_0
$\boldsymbol{M}_i = \boldsymbol{T}(\boldsymbol{M}_i')$		$f(x_0)$
$\Delta\sigma_i'$	类比为	$U(x_0)$
$\Delta\sigma_i = \boldsymbol{T}\begin{pmatrix}\rho \\ \theta\end{pmatrix}, \begin{pmatrix}\rho \\ \theta\end{pmatrix} \in \Delta\sigma_i'$		$f(x), x \in U(x_0)$
$\boldsymbol{T}'(\boldsymbol{M}_i')$		$f'(x_0)$

为了帮助理解，我们将上表中的一些类比标注在图 11.101 中，括号中的部分就是相应的类比。

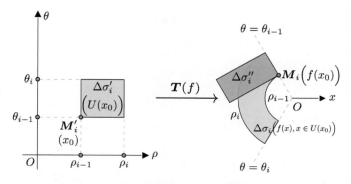

图 11.101 单变量的线性近似，对比多变量的线性近似

参考上表及图 11.101，根据 $f(x) \approx f'(x_0)(x - x_0) + f(x_0), x \in U(x_0)$，可类比得到下列约等式，该约等式的左侧是小扇环 $\Delta\sigma_i$，右侧是该小扇环的线性近似，也就是小平行四边形 $\Delta\sigma_i''$：

$$\underbrace{\boldsymbol{T}\begin{pmatrix} \rho \\ \theta \end{pmatrix}}_{\text{小扇环 } \Delta\sigma_i} \approx \underbrace{\boldsymbol{T}'(\boldsymbol{M}_i')\left[\begin{pmatrix} \rho \\ \theta \end{pmatrix} - \begin{pmatrix} \rho_{i-1} \\ \theta_{i-1} \end{pmatrix}\right] + \boldsymbol{T}(\boldsymbol{M}_i')}_{\text{小平行四边形 } \Delta\sigma_i''}, \quad \begin{pmatrix} \rho \\ \theta \end{pmatrix} \in \Delta\sigma'$$

让我们进一步展开上述约等式的右侧，这样可以更清楚地看出其对应的是小平行四边形 $\Delta\sigma_i''$：

$$\begin{aligned}
\Delta\sigma_i'' &= \boldsymbol{T}'(\boldsymbol{M}_i')\left[\begin{pmatrix} \rho \\ \theta \end{pmatrix} - \begin{pmatrix} \rho_{i-1} \\ \theta_{i-1} \end{pmatrix}\right] + \boldsymbol{T}(\boldsymbol{M}_i') \\
&= \begin{pmatrix} \cos\theta_{i-1} & -\rho_{i-1}\sin\theta_{i-1} \\ \sin\theta_{i-1} & \rho_{i-1}\cos\theta_{i-1} \end{pmatrix}\begin{pmatrix} \rho - \rho_{i-1} \\ \theta - \theta_{i-1} \end{pmatrix} + \begin{pmatrix} \rho_{i-1}\cos\theta_{i-1} \\ \rho_{i-1}\sin\theta_{i-1} \end{pmatrix} \\
&= \begin{pmatrix} (\rho - \rho_{i-1})\cos\theta_{i-1} - (\theta - \theta_{i-1})\rho_{i-1}\sin\theta_{i-1} \\ (\rho - \rho_{i-1})\sin\theta_{i-1} + (\theta - \theta_{i-1})\rho_{i-1}\cos\theta_{i-1} \end{pmatrix} + \begin{pmatrix} \rho_{i-1}\cos\theta_{i-1} \\ \rho_{i-1}\sin\theta_{i-1} \end{pmatrix} \\
&= (\rho - \rho_{i-1})\begin{pmatrix} \cos\theta_{i-1} \\ \sin\theta_{i-1} \end{pmatrix} + (\theta - \theta_{i-1})\begin{pmatrix} -\rho_{i-1}\sin\theta_{i-1} \\ \rho_{i-1}\cos\theta_{i-1} \end{pmatrix} + \begin{pmatrix} \rho_{i-1}\cos\theta_{i-1} \\ \rho_{i-1}\sin\theta_{i-1} \end{pmatrix}
\end{aligned}$$

上式中的 $\begin{pmatrix} \rho \\ \theta \end{pmatrix} \in \Delta\sigma_i'$，所以有 $\rho_{i-1} \leqslant \rho \leqslant \rho_i$ 以及 $\theta_{i-1} \leqslant \theta \leqslant \theta_i$，令 $\Delta\rho_i = \rho_i - \rho_{i-1}$ 以及 $\Delta\theta_i = \theta_i - \theta_{i-1}$，所以有：

$$0 \leqslant \rho - \rho_{i-1} \leqslant \Delta\rho_i, \quad 0 \leqslant \theta - \theta_{i-1} \leqslant \Delta\theta_i$$

令 $k_1 = \rho - \rho_{i-1}$、$k_2 = \theta - \theta_{i-1}$、$\boldsymbol{u}_i = \begin{pmatrix} \cos\theta_{i-1} \\ \sin\theta_{i-1} \end{pmatrix}$ 以及 $\boldsymbol{v}_i = \begin{pmatrix} -\rho_{i-1}\sin\theta_{i-1} \\ \rho_{i-1}\cos\theta_{i-1} \end{pmatrix}$，那么上述约等式的右侧可以改写为：

$$\Delta\sigma_i'' = \overbrace{(\rho - \rho_{i-1})}^{k_1}\overbrace{\begin{pmatrix} \cos\theta_{i-1} \\ \sin\theta_{i-1} \end{pmatrix}}^{\boldsymbol{u}_i} + \overbrace{(\theta - \theta_{i-1})}^{k_2}\overbrace{\begin{pmatrix} -\rho_{i-1}\sin\theta_{i-1} \\ \rho_{i-1}\cos\theta_{i-1} \end{pmatrix}}^{\boldsymbol{v}_i} + \overbrace{\begin{pmatrix} \rho_{i-1}\cos\theta_{i-1} \\ \rho_{i-1}\sin\theta_{i-1} \end{pmatrix}}^{\boldsymbol{M}_i}$$

$$= k_1\boldsymbol{u}_i + k_2\boldsymbol{v}_i + \boldsymbol{M}_i, \quad 0 \leqslant k_1 \leqslant \Delta\rho_i, 0 \leqslant k_2 \leqslant \Delta\theta_i$$

根据上式可知，$\Delta\sigma_i''$ 就是由以 $\boldsymbol{M}_i$ 点为起点的两个向量 $\boldsymbol{u}_i$、$\boldsymbol{v}_i$ 通过线性组合而成的小平行四边形①；或者说，$\Delta\sigma_i''$ 是由向量 $\Delta\rho_i\boldsymbol{u}_i$、$\Delta\theta_i\boldsymbol{v}_i$ 围成的小平行四边形，如图 11.102 所示。

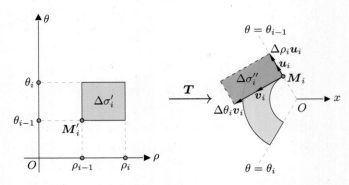

图 11.102　$\Delta\sigma_i''$ 是以 $\boldsymbol{M}_i$ 点为起点的 $\boldsymbol{u}_i$ 和 $\boldsymbol{v}_i$ 的线性组合

因为 $\Delta\sigma_i''$ 是由向量 $\Delta\rho_i\boldsymbol{u}_i$、$\Delta\theta_i\boldsymbol{v}_i$ 围成的小平行四边形，根据二阶行列式的几何意义，所以 $\Delta\sigma_i''$ 的面积就是行列式 $\left|\Delta\rho_i\boldsymbol{u}_i \quad \Delta\theta_i\boldsymbol{v}_i\right|$ 的绝对值，结合行列式数乘的性质，以及 $\Delta\rho_i > 0$、$\Delta\theta_i > 0$，所以有（这里也用符号 $\Delta\sigma_i''$ 来表示面积）：

$$\Delta\sigma_i'' = \left|\left|\Delta\rho_i\boldsymbol{u}_i \quad \Delta\theta_i\boldsymbol{v}_i\right|\right| = \left|\left|\begin{matrix}\Delta\rho_i \cdot \cos\theta_{i-1} & \Delta\rho_i \cdot (-\rho_{i-1}\sin\theta_{i-1}) \\ \Delta\theta_i \cdot \sin\theta_{i-1} & \Delta\theta_i \cdot \rho_{i-1}\cos\theta_{i-1}\end{matrix}\right|\right|$$

$$= \Delta\rho_i\Delta\theta_i\underbrace{\left|\left|\begin{matrix}\cos\theta_{i-1} & -\rho_{i-1}\sin\theta_{i-1} \\ \sin\theta_{i-1} & \rho_{i-1}\cos\theta_{i-1}\end{matrix}\right|\right|}_{||\boldsymbol{T}'(\boldsymbol{M}_i')||} = \Delta\rho_i\Delta\theta_i||\boldsymbol{T}'(\boldsymbol{M}_i')||$$

其中的 $||\boldsymbol{T}'(\boldsymbol{M}_i')||$ 是雅可比行列式 $|\boldsymbol{T}'(\boldsymbol{M}_i')|$ 的绝对值。根据二阶行列式的计算方法，有：

$$||\boldsymbol{T}'(\boldsymbol{M}_i')|| = \left|\left|\begin{matrix}\cos\theta_{i-1} & -\rho_{i-1}\sin\theta_{i-1} \\ \sin\theta_{i-1} & \rho_{i-1}\cos\theta_{i-1}\end{matrix}\right|\right| = |\cos\theta_{i-1} \cdot \rho_{i-1}\cos\theta_{i-1} + \rho_{i-1}\sin\theta_{i-1} \cdot \sin\theta_{i-1}|$$

$$= |\rho_{i-1}\cos^2\theta_{i-1} + \rho_{i-1}\sin^2\theta_{i-1}| = |\rho_{i-1}| = \rho_{i-1}$$

所以最终有：

$$\Delta\sigma_i'' = \Delta\rho_i\Delta\theta_i||\boldsymbol{T}'(\boldsymbol{M}_i')|| = \rho_{i-1}\Delta\rho_i\Delta\theta_i$$

- 求小平行四边形 $\Delta\sigma_i''$ 的方法二。该方法实际上是方法一的简化，简化的原因在于将两个坐标系的原点分别设置在 $\boldsymbol{M}_i'$ 点和 $\boldsymbol{M}_i$ 点，也就是建立 $\mathrm{d}\rho\mathrm{d}\theta$ 坐标系和 $\mathrm{d}x\mathrm{d}y$ 坐标系，如图 11.103 所示。

---

① 对于这点不清楚的，可以参看之前解释过的平面的参数方程（定理 111）。

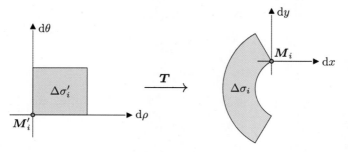

图 11.103 在 $\boldsymbol{M}_i'$、$\boldsymbol{M}_i$ 点处，分别建立 $\mathrm{d}\rho\mathrm{d}\theta$、$\mathrm{d}x\mathrm{d}y$ 坐标系

此时只需要借助雅可比矩阵 $\boldsymbol{T}'(\boldsymbol{M}_i')$，就可将小矩形 $\Delta\sigma_i'$ 变换到小平行四边形 $\Delta\sigma_i''$，如图 11.104 所示，其中还标出了之后会用到的向量 $\Delta\rho_i\boldsymbol{i}$、$\Delta\theta_i\boldsymbol{j}$ 以及 $\Delta\rho_i\boldsymbol{u}_i$、$\Delta\theta_i\boldsymbol{v}_i$。

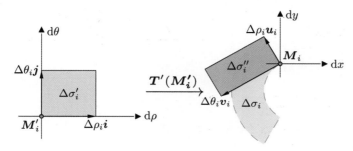

图 11.104 $\mathrm{d}\rho\mathrm{d}\theta$ 中的 $\Delta\sigma_i'$，借助 $\boldsymbol{T}'(\boldsymbol{M}_i')$，变换到 $\mathrm{d}x\mathrm{d}y$ 中的 $\Delta\sigma_i''$

因为二阶行列式的意义是映射后和映射前的有向面积之比，所以 $\Delta\sigma_i''$ 和 $\Delta\sigma_i'$ 的面积之比就是雅可比行列式 $|\boldsymbol{T}'(\boldsymbol{M}_i')|$ 的绝对值 $||\boldsymbol{T}'(\boldsymbol{M}_i')||$，结合 $\Delta\sigma_i' = \Delta\rho_i\Delta\theta_i$ 和 $||\boldsymbol{T}'(\boldsymbol{M}_i')|| = \rho_{i-1}$，最终有：

$$\frac{\Delta\sigma_i''}{\Delta\sigma_i'} = ||\boldsymbol{T}'(\boldsymbol{M}_i')|| \implies \Delta\sigma_i'' = ||\boldsymbol{T}'(\boldsymbol{M}_i')||\Delta\sigma_i' = \rho_{i-1}\Delta\rho_i\Delta\theta_i$$

图 11.104 中提到的 "$\mathrm{d}\rho\mathrm{d}\theta$ 中的 $\Delta\sigma_i'$，借助 $\boldsymbol{T}'(\boldsymbol{M}_i')$，变换到 $\mathrm{d}x\mathrm{d}y$ 中的 $\Delta\sigma_i''$"，这里再进一步解释一下。如图 11.104 所示，在 $\mathrm{d}\rho\mathrm{d}\theta$ 坐标系下的 $\Delta\sigma_i'$ 是由向量 $\Delta\rho_i\boldsymbol{i}$ 和 $\Delta\theta_i\boldsymbol{j}$ 围成的，即：

$$\Delta\sigma_i' = \left\{ \begin{pmatrix} \rho \\ \theta \end{pmatrix} \middle| \begin{pmatrix} \rho \\ \theta \end{pmatrix} = k_1 \cdot \Delta\rho_i\boldsymbol{i} + k_2 \cdot \Delta\theta_i\boldsymbol{j},\ 0 \leqslant k_1 \leqslant 1, 0 \leqslant k_2 \leqslant 1 \right\}$$

借助雅可比矩阵 $\boldsymbol{T}'(\boldsymbol{M}_i')$，通过矩阵乘法，向量 $\Delta\rho_i\boldsymbol{i}$、$\Delta\theta_i\boldsymbol{j}$ 变化为 $\Delta\rho_i\boldsymbol{u}_i$、$\Delta\theta_i\boldsymbol{v}_i$：

$$\boldsymbol{T}'(\boldsymbol{M}_i')\Delta\rho_i\boldsymbol{i} = \begin{pmatrix} \cos\theta_{i-1} & -\rho_{i-1}\sin\theta_{i-1} \\ \sin\theta_{i-1} & \rho_{i-1}\cos\theta_{i-1} \end{pmatrix} \begin{pmatrix} \Delta\rho_i \\ 0 \end{pmatrix} = \Delta\rho_i \overbrace{\begin{pmatrix} \cos\theta_{i-1} \\ \sin\theta_{i-1} \end{pmatrix}}^{\boldsymbol{u}_i} = \Delta\rho_i\boldsymbol{u}_i$$

$$\boldsymbol{T}'(\boldsymbol{M}_i')\Delta\theta_i\boldsymbol{j} = \begin{pmatrix} \cos\theta_{i-1} & -\rho_{i-1}\sin\theta_{i-1} \\ \sin\theta_{i-1} & \rho_{i-1}\cos\theta_{i-1} \end{pmatrix} \begin{pmatrix} 0 \\ \Delta\theta_i \end{pmatrix} = \Delta\theta_i \overbrace{\begin{pmatrix} -\rho_{i-1}\sin\theta_{i-1} \\ \rho_{i-1}\cos\theta_{i-1} \end{pmatrix}}^{\boldsymbol{v}_i} = \Delta\theta_i\boldsymbol{v}_i$$

结合矩阵的齐次性与可加性，所以有：

$$\Delta\sigma_i'' = \boldsymbol{T}'(\boldsymbol{M_i'})\Delta\sigma_i' = \boldsymbol{T}'(\boldsymbol{M_i'})(k_1 \cdot \Delta\rho_i\boldsymbol{i} + k_2 \cdot \Delta\theta_i\boldsymbol{j})$$

$$= k_1 \cdot \Big(\boldsymbol{T}'(\boldsymbol{M_i'})\Delta\rho_i\boldsymbol{i}\Big) + k_2 \cdot \Big(\boldsymbol{T}'(\boldsymbol{M_i'})\Delta\theta_i\boldsymbol{j}\Big)$$

$$= k_1 \cdot \Delta\rho_i\boldsymbol{u_i} + k_2 \cdot \Delta\theta_i\boldsymbol{v_i}, \quad 0 \leqslant k_1 \leqslant 1, 0 \leqslant k_2 \leqslant 1$$

上式说的就是"$\mathrm{d}\rho\mathrm{d}\theta$ 中的 $\Delta\sigma_i'$，借助 $\boldsymbol{T}'(\boldsymbol{M_i'})$，变换到 $\mathrm{d}x\mathrm{d}y$ 中的 $\Delta\sigma_i''$"。

（4）计算 $\iint\limits_{D} f(x,y)\mathrm{d}\sigma$。$\rho\theta$ 坐标系下的矩形区域 D' 划分出的小矩形越多，即 n 越大，$\Delta\sigma_i'$ 越小，相应的 $\Delta\sigma_i$ 和 $\Delta\sigma_i''$ 也越小，且近似程度也越高，如图 11.105 所示。

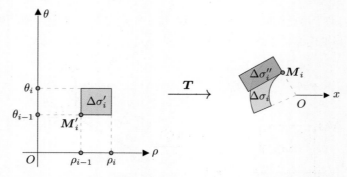

图 11.105　$\Delta\sigma_i'$ 越小，相应的 $\Delta\sigma_i$ 和 $\Delta\sigma_i''$ 近似程度越高

所以在 $n \to \infty$ 时，即 $\lambda \to 0$ 时有 $\Delta\sigma_i \approx \Delta\sigma_i''$，从而在极坐标系下二重积分的定义式可以改写如下：

$$\lim_{\lambda\to 0}\sum_{i=1}^{n} f(\xi_i,\eta_i)\Delta\sigma_i = \lim_{\lambda\to 0}\sum_{i=1}^{n} f(\overline{\rho_i}\cos\overline{\theta_i}, \overline{\rho_i}\sin\overline{\theta_i})\Delta\sigma_i = \lim_{\lambda\to 0}\sum_{i=1}^{n} f(\overline{\rho_i}\cos\overline{\theta_i}, \overline{\rho_i}\sin\overline{\theta_i})\Delta\sigma_i''$$

$$= \lim_{\lambda\to 0}\sum_{i=1}^{n} f(\overline{\rho_i}\cos\overline{\theta_i}, \overline{\rho_i}\sin\overline{\theta_i})||\boldsymbol{T}'(\boldsymbol{M'})||\Delta\rho_i\Delta\theta_i$$

$$= \lim_{\lambda\to 0}\sum_{i=1}^{n} f(\overline{\rho_i}\cos\overline{\theta_i}, \overline{\rho_i}\sin\overline{\theta_i})\rho_{i-1}\Delta\rho_i\Delta\theta_i$$

所以此时的二重积分也可记作 $\iint\limits_{D} f(x,y)\mathrm{d}\sigma = \iint\limits_{D'} f(\rho\cos\theta, \rho\sin\theta)\rho\mathrm{d}\rho\mathrm{d}\theta$，该结论和之前得到的极坐标系下的二重积分是一样的。

例 280 中用的方法其实就是下列定理的运用，同学们可自行比对一下。

定理 144. 设 $f(x,y)$ 在 xOy 平面上的闭区域 D 上连续，若变换 $T : x = x(u,v), y = y(u,v)$ 满足

（1）$x = x(u,v), y = y(u,v)$ 在 D' 上具有一阶连续偏导数。

（2）在 D' 上雅可比行列式 $|\boldsymbol{J}(u,v)| = \left|\dfrac{\partial(x,y)}{\partial(u,v)}\right| \neq 0$。

（3）变换 $T : D' \to D$ 是一对一的。

则有：

$$\iint\limits_{D} f(x,y)\mathrm{d}\sigma = \iint\limits_{D'} f\Big(x(u,v), y(u,v)\Big)||\boldsymbol{J}(u,v)||\mathrm{d}u\mathrm{d}v$$

注意上式中的 $||\boldsymbol{J}(u,v)||$ 是雅可比行列式 $|\boldsymbol{J}(u,v)|$ 的绝对值。

对二重积分的换元法（定理 144）不做证明，只进行一下直观说明。首先可以将变换 T 改写为向量函数，即：

$$T: \begin{cases} x = x(u,v) \\ y = y(u,v) \end{cases} \iff \boldsymbol{T}\begin{pmatrix} u \\ v \end{pmatrix} = \begin{pmatrix} x \\ y \end{pmatrix} = \begin{pmatrix} x(u,v) \\ y(u,v) \end{pmatrix}$$

以 u 为横坐标、v 为纵坐标建立直角坐标系，该坐标系也称为 uv 坐标系（uOv 坐标系）。借助向量函数 $\boldsymbol{T}$，uv 坐标系下的闭区域 D' 可以变换为 xy 坐标系（xOy 坐标系）下的闭区域 D，如图 11.106 所示。

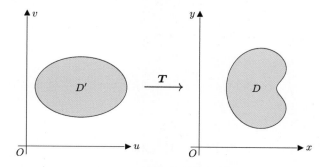

图 11.106　uv 坐标系下的 D'，借助 $\boldsymbol{T}$，变换到 xy 坐标系下的 D

将 uv 坐标系下的 D' 划分为 n 个小矩形，如图 11.107 所示，其中标注出了 D' 中的某小矩形 $\Delta\sigma_i'$ 及其边长 Δu_i、Δv_i。在向量函数 $\boldsymbol{T}$ 的作用下，每一个小矩形都可以变换为 D 中的小闭区域，比如 $\Delta\sigma_i'$ 就变换为了 $\Delta\sigma_i$，从而 D 被划分为了 n 个小闭区域。

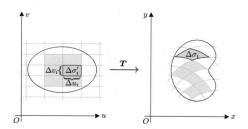

图 11.107　D' 中的 $\Delta\sigma_i'$，借助 $\boldsymbol{T}$，变换到 D 中的 $\Delta\sigma_i$

借助向量函数 $\boldsymbol{T}$ 的雅可比矩阵 $\boldsymbol{T}'$，可以得到小平行四边形 $\Delta\sigma_i''$，如图 11.108 所示。

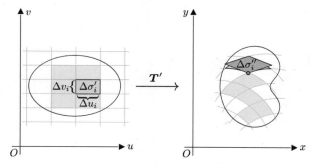

图 11.108　D' 中的 $\Delta\sigma_i'$，借助 $\boldsymbol{T}'$，变换到 D 中的 $\Delta\sigma_i''$

通过雅可比行列式 $|\boldsymbol{T}'|$ 就可以算出 $\Delta\sigma_i''$ 的面积：

$$\Delta\sigma_i'' = ||\boldsymbol{T}'||\Delta\sigma_i' = ||\boldsymbol{T}'||\Delta u_i \Delta v_i$$

小平行四边形 $\Delta\sigma_i''$ 是小闭区域 $\Delta\sigma_i$ 的线性近似，所以在 $n \to \infty$ 时，即 $\lambda \to 0$ 时有 $\Delta\sigma_i \approx \Delta\sigma_i''$。令 $\xi_i = x(u_{\xi_i}, v_{\eta_i})$，$\eta_i = y(u_{\xi_i}, v_{\eta_i})$，从而在 uv 坐标系下二重积分的定义式可以改写如下：

$$\iint\limits_{D} f(x,y)\mathrm{d}\sigma = \lim_{\lambda\to 0}\sum_{i=1}^{n} f\Big(x(u_{\xi_i}, v_{\eta_i}), y(u_{\xi_i}, v_{\eta_i})\Big)\Delta\sigma_i$$

$$= \lim_{\lambda\to 0}\sum_{i=1}^{n} f\Big(x(u_{\xi_i}, v_{\eta_i}), y(u_{\xi_i}, v_{\eta_i})\Big)||\boldsymbol{T}'||\Delta u_i \Delta v_i$$

所以此时的二重积分也可以表示如下，其中的 $||\boldsymbol{T}'||$ 就是二重积分的换元法（定理 144）中的 $||\boldsymbol{J}(u,v)||$：

$$\iint\limits_{D} f(x,y)\mathrm{d}\sigma = \iint\limits_{D'} f\Big(x(u,v), y(u,v)\Big)||\boldsymbol{T}'||\mathrm{d}u\mathrm{d}v$$

二重积分的换元法（定理 144）在形式上和"马同学图解"系列图书《微积分（上）》中学习过的定积分换元法（定理 90）很类似，这里对比一下：

$$\text{定积分的换元法：} \int_{a}^{b} f(x)dx = \int_{\alpha}^{\beta} f[\psi(t)] \cdot \psi'(t)\mathrm{d}t$$

$$\text{二重积分的换元法：} \iint\limits_{D} f(x,y)\mathrm{d}\sigma = \iint\limits_{D'} f\Big(x(u,v), y(u,v)\Big) \cdot ||\boldsymbol{T}'||\mathrm{d}u\mathrm{d}v$$

下面来看几道借助二重积分的换元法（定理 144）来完成求解的例题，通过该换元法，
- 例 281 可以简化积分区域 D 的表示。
- 例 282 可以简化被积函数 $f(x,y)$ 的表示。
- 例 283 可以简化积分区域 D 以及被积函数 $f(x,y)$ 的表示。

例 281. 请求出由直线 $x+y=c$、$x+y=d$、$y=ax$ 及 $y=bx$（$0<c<d$，$0<a<b$）所围成的闭区域 D 的面积。

解.（1）分析。闭区域 D 的图像如图 11.109 所示。若想运用直角坐标系下的富比尼定理（定理 142）来求解，需要把闭区域 D 划分为三个闭区域，如图 11.110 所示。

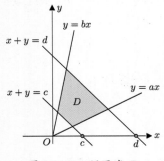

图 11.109　闭区域 D

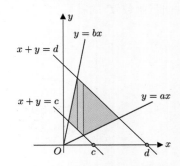

图 11.110　划分为三个小闭区域

所以尝试运用二重积分的换元法（定理 144）来求解。令 $u = x + y$ 及 $v = \dfrac{y}{x}$，则闭区域 D 可以表示为：

$$D' = \{(u, v) | c \leqslant u \leqslant d,\ a \leqslant v \leqslant b\}$$

所以 D' 是 uv 坐标系下的矩形区域，根据 $u = x + y$ 及 $v = \dfrac{y}{x}$ 写出变换 T：

$$T : x = \frac{u}{1+v}, \quad y = \frac{uv}{1+v}$$

在变换 T 的作用下，uv 坐标系下的矩形区域 D' 变换为了 xy 坐标系下的闭区域 D，如图 11.111 所示。

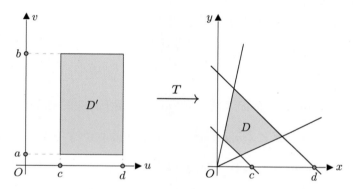

图 11.111　uv 坐标系下的 D'，借助 T，变换到 xy 坐标系下的 D

分析到这里已经可以求解闭区域 D 的面积，不过出于图解的考虑，可以观察一下 D' 和 D 的划分。还是将 D' 划分为 n 个小矩形，则在变换 T 的作用下，D 也随之被划分为 n 个小的闭区域，如图 11.112 所示。

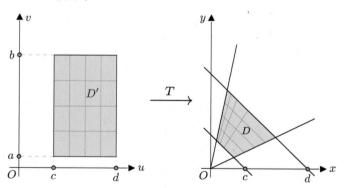

图 11.112　uv 坐标系下的 D' 的矩形划分，借助 T，变换到 xy 坐标系下的 D 的划分

（2）运用二重积分的换元法（定理 144）来求解。计算出雅可比行列式：

$$|\boldsymbol{J}(u, v)| = \left| \frac{\partial(x, y)}{\partial(u, v)} \right| = \begin{vmatrix} \dfrac{\partial x}{\partial u} & \dfrac{\partial x}{\partial v} \\[2mm] \dfrac{\partial y}{\partial u} & \dfrac{\partial y}{\partial v} \end{vmatrix} = \begin{vmatrix} \dfrac{1}{1+v} & -\dfrac{u}{(1+v)^2} \\[3mm] \dfrac{v}{1+v} & \dfrac{u}{(1+v)^2} \end{vmatrix}$$

$$= \frac{1}{1+v} \cdot \frac{u}{(1+v)^2} + \frac{u}{(1+v)^2} \cdot \frac{v}{1+v} = \frac{u}{(1+v)^2} > 0, \quad (u, v) \in D'$$

所以闭区域 D 的面积为:

$$\iint\limits_{D} \mathrm{d}\sigma = \iint\limits_{D'} ||\boldsymbol{J}(u,v)|| \mathrm{d}u\mathrm{d}v = \iint\limits_{D'} \frac{u}{(1+v)^2} \mathrm{d}u\mathrm{d}v = \int_c^d u\mathrm{d}u \int_a^b \frac{1}{(1+v)^2} \mathrm{d}v$$

$$= \left[\frac{1}{2}u^2\right]_c^d \cdot \left[-\frac{1}{(1+v)}\right]_a^b = \frac{(b-a)(d^2-c^2)}{2(1+a)(1+b)}$$

例 282. 计算 $\iint\limits_{D} \mathrm{e}^{\frac{y-x}{y+x}} \mathrm{d}x\mathrm{d}y$,其中 D 是由 x 轴、y 轴及直线 $x+y=2$ 所围成的闭区域。

解.（1）分析。本题的难点在于被积函数 $\mathrm{e}^{\frac{y-x}{y+x}}$ 较为复杂,尤其是指数部分。所以令 $u = y-x$ 及 $v = y+x$,这样在 uv 坐标系下该被积函数就可以简化为 $\mathrm{e}^{\frac{u}{v}}$。

（2）运用二重积分的换元法（定理 144）来求解。根据（1）的分析可得变换 T:

$$T: x = \frac{v-u}{2}, \quad y = \frac{v+u}{2}$$

由此可换算出 xy 坐标系下的闭区域 D 在 uv 坐标系下对应的闭区域 D':

$$D' = \{(u,v)| -v \leqslant u \leqslant v, \; 0 \leqslant v \leqslant 2\}$$

图 11.113 中作出了 uv 坐标系下的闭区域 D' 和 xy 坐标系下的闭区域 D。

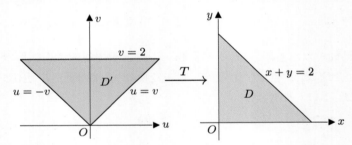

图 11.113　uv 坐标系下的 D',借助 T,变换到 xy 坐标系下的 D

计算出雅可比行列式 $|\boldsymbol{J}(u,v)| = \left|\dfrac{\partial(x,y)}{\partial(u,v)}\right| = \begin{vmatrix} \dfrac{\partial x}{\partial u} & \dfrac{\partial x}{\partial v} \\ \dfrac{\partial y}{\partial u} & \dfrac{\partial y}{\partial v} \end{vmatrix} = \begin{vmatrix} -\dfrac{1}{2} & \dfrac{1}{2} \\ \dfrac{1}{2} & \dfrac{1}{2} \end{vmatrix} = -\dfrac{1}{2}$,所以:

$$\iint\limits_{D} \mathrm{e}^{\frac{y-x}{y+x}} \mathrm{d}x\mathrm{d}y = \iint\limits_{D'} \mathrm{e}^{\frac{u}{v}} ||\boldsymbol{J}(u,v)|| \mathrm{d}u\mathrm{d}v = \iint\limits_{D'} \mathrm{e}^{\frac{u}{v}} \left|-\frac{1}{2}\right| \mathrm{d}u\mathrm{d}v = \frac{1}{2}\int_0^2 \left[\int_{-v}^v \mathrm{e}^{\frac{u}{v}} \mathrm{d}u\right] \mathrm{d}v$$

$$= \frac{1}{2}\int_0^2 \left[v\mathrm{e}^{\frac{u}{v}}\right]_{-v}^v \mathrm{d}v = \frac{1}{2}\int_0^2 v(\mathrm{e}^1 - \mathrm{e}^{-1})\mathrm{d}v = \mathrm{e} - \mathrm{e}^{-1}$$

例 283. 计算 $\iint\limits_{D} \sqrt{1-\dfrac{x^2}{a^2}-\dfrac{y^2}{b^2}} \mathrm{d}x\mathrm{d}y$,其中 D 为椭圆 $\dfrac{x^2}{a^2}+\dfrac{y^2}{b^2}=1$ 所围成的闭区域。

解.（1）分析。本题中的积分区域 D 如图 11.114 左侧所示,而所求的二重积分

$\iint\limits_{D} \sqrt{1-\dfrac{x^2}{a^2}-\dfrac{y^2}{b^2}} \mathrm{d}x\mathrm{d}y$ 是半个椭球体的体积,如图 11.114 右侧所示。

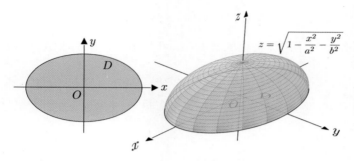

图 11.114 积分区域 D,以及以 D 为底、$\sqrt{1-\dfrac{x^2}{a^2}-\dfrac{y^2}{b^2}}$ 为顶的曲顶柱体

本题的积分区域和被积函数都与椭圆有关,所以考虑找一个方便表示椭圆的坐标系。首先需要知道的是,由椭圆 $\dfrac{x^2}{a^2}+\dfrac{y^2}{b^2}=1$ 围成的闭区域 D 可通过如下参数方程来表示:

$$\begin{cases} x = \rho \cdot a\cos\theta \\ y = \rho \cdot b\sin\theta \end{cases}, \quad a>0, b>0, 0 \leqslant \rho \leqslant 1, 0 \leqslant \theta \leqslant 2\pi$$

解释一下上述参数方程,我们知道闭区域 D 的椭圆边界 $\dfrac{x^2}{a^2}+\dfrac{y^2}{b^2}=1$ 对应的参数方程为:

$$\frac{x^2}{a^2}+\frac{y^2}{b^2}=1 \iff \begin{cases} x = \rho \cdot a\cos\theta \\ y = \rho \cdot b\sin\theta \end{cases}, 0 \leqslant \theta \leqslant 2\pi$$

在此基础上增加 $0 \leqslant \rho \leqslant 1$ 就可得闭区域 D 的参数方程,这是因为当 ρ 取不同值时,闭区域 D 的参数方程对应了 D 中大小不一的椭圆,如图 11.115 所示,

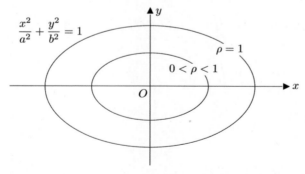

图 11.115 $\begin{cases} x = \rho \cdot a\cos\theta \\ y = \rho \cdot b\sin\theta \end{cases}, 0 \leqslant \theta \leqslant 2\pi, 0 < \rho < 1$ 对应的椭圆区域

- 当 $\rho = 0$ 时,该参数方程对应的是原点 $(0,0)$。

- 当 $\rho = 1$ 时,该参数方程对应的是闭区域 D 的椭圆边界 $\dfrac{x^2}{a^2}+\dfrac{y^2}{b^2}=1$。

- 当 $0 < \rho < 1$ 时,该参数方程对应的是介于原点和椭圆边界 $\dfrac{x^2}{a^2}+\dfrac{y^2}{b^2}=1$ 之间的小椭圆。

那么为了方便表示椭圆的坐标系,就将 D 的参数方程看作变换 T,即:

$$T: x = \rho \cdot a \cos\theta, \quad y = \rho \cdot b \sin\theta$$

由此可换算出 xy 坐标系下的闭区域 D 在 $\rho\theta$ 坐标系下对应的闭区域 D'：

$$D' = \{(\rho, \theta) | 0 \leqslant \rho \leqslant 1, \ 0 \leqslant \theta \leqslant 2\pi\}$$

图 11.116 中作出了 $\rho\theta$ 坐标系下的闭区域 D' 和 xy 坐标系下的闭区域 D。

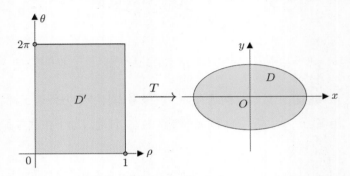

图 11.116　$\rho\theta$ 坐标系下的 D'，借助 T，变换到 xy 坐标系下的 D

（2）运用二重积分的换元法（定理 144）来求解。计算出雅可比行列式：

$$|\boldsymbol{J}(\rho, \theta)| = \left| \frac{\partial(x, y)}{\partial(\rho, \theta)} \right| = \begin{vmatrix} \dfrac{\partial x}{\partial \rho} & \dfrac{\partial x}{\partial \theta} \\ \dfrac{\partial y}{\partial \rho} & \dfrac{\partial y}{\partial \theta} \end{vmatrix} = \begin{vmatrix} a\cos\theta & -a\rho\sin\theta \\ b\sin\theta & b\rho\cos\theta \end{vmatrix} = ab\rho$$

上述 $|\boldsymbol{J}(\rho, \theta)|$ 在 D' 内仅当 $\rho = 0$ 时为 0，根据（1）中的分析可知，此时对应了原点 $(0, 0)$，把这个单独的点排除掉不会影响下面的计算：

$$\iint\limits_{D} \sqrt{1 - \frac{x^2}{a^2} - \frac{y^2}{b^2}} \mathrm{d}x\mathrm{d}y = \iint\limits_{D'} \sqrt{1 - \rho^2} ||\boldsymbol{J}(\rho, \theta)|| \mathrm{d}\rho\mathrm{d}\theta = \iint\limits_{D'} \sqrt{1 - \rho^2} ab\rho \mathrm{d}\rho\mathrm{d}\theta$$

$$= ab \int_0^{2\pi} \left[\int_0^1 \sqrt{1 - \rho^2} \rho \mathrm{d}\rho \right] \mathrm{d}\theta = ab \int_0^{2\pi} \left[-\frac{1}{3}(1 - \rho^2)^{\frac{3}{2}} \right]_0^1 \mathrm{d}\theta$$

$$= \frac{1}{3} ab \int_0^{2\pi} \mathrm{d}\theta = \frac{2}{3}\pi ab$$

11.5　三重积分及其计算

我们已经学习了定积分，也就是一重积分，其几何意义可以理解为曲边梯形的面积，如图 11.2 所示；以及二重积分，其几何意义可以理解为曲顶柱体的体积，如图 11.4 所示。本节来学习三重积分，先来看看其定义。

11.5.1 三重积分的定义

定义 113. 设 $f(x,y,z)$ 是空间有界闭区域 Ω 上的有界函数，将闭区域 Ω 任意分成 n 个小闭区域：

$$\Delta v_1, \Delta v_2, \cdots, \Delta v_i, \cdots, \Delta v_n$$

其中 Δv_i 表示第 i 个小闭区域，也表示它的体积。在每个 Δv_i 内任取一点 (ξ_i, η_i, ζ_i)，作乘积 $f(\xi_i, \eta_i, \zeta_i)\Delta v_i$ $(i = 1, 2, \cdots, n)$，并作和 $\sum\limits_{i=1}^{n} f(\xi_i, \eta_i, \zeta_i)\Delta v_i$。如果当各小闭区域的直径中的最大值 $\lambda \to 0$ 时，这和的极限总是存在，且与闭区域 Ω 的分法和 (ξ_i, η_i, ζ_i) 点的取法无关，那么称此极限为函数 $f(x,y,z)$ 在闭区域 Ω 上的三重积分，记作 $\iiint\limits_{\Omega} f(x,y,z)\mathrm{d}v$，即：

$$\iiint\limits_{\Omega} f(x,y,z)\mathrm{d}v = \lim_{\lambda \to 0} \sum_{i=1}^{n} f(\xi_i, \eta_i, \zeta_i)\Delta v_i$$

其中 $f(x,y,z)$ 称为被积函数，$\mathrm{d}v$ 称为体积元素，Ω 称为积分区域。

根据本节开始的介绍，一重积分、二重积分可通过面积、体积来理解，而这里定义的三重积分或许可借助质量来理解。设有一个密度不均匀的铁块，如图 11.117 所示，该铁块 (x,y,z) 点处的密度为 $f(x,y,z)$，且 $f(x,y,z)$ 是一个连续函数。为了计算该铁块的质量，我们将其切成 n 个小铁块，如图 11.118 所示。

图 11.117　密度不均匀的铁块

图 11.118　切成 n 个小铁块

用 Δv_i 表示其中第 i 个小铁块，也表示该小铁块的体积。因为密度函数 $f(x,y,z)$ 是连续的，可认为 Δv_i 各点处的密度都差不多，所以随机取 Δv_i 上的一点 (ξ_i, η_i, ζ_i)，把该点的密度 $f(\xi_i, \eta_i, \zeta_i)$ 作为 Δv_i 的密度，那么 Δv_i 的质量 M_i 约等于 $M_i \approx f(\xi_i, \eta_i, \zeta_i)\Delta v_i$，从而整个铁块的质量 M 约等于：

$$M \approx \sum_{i=1}^{n} f(\xi_i, \eta_i, \zeta_i)\Delta v_i$$

当尽可能地去切分整个铁块从而使得各小铁块都越来越小时，即 $\lambda \to 0$ 时，整个铁块的质量 M 就是如下的三重积分：

$$M = \iiint\limits_{\Omega} f(x,y,z)\mathrm{d}v = \lim_{\lambda \to 0} \sum_{i=1}^{n} f(\xi_i, \eta_i, \zeta_i)\Delta v_i$$

前面划分出来的小铁块都是小长方体，设第 i 个小铁块 Δv_i 的边长分别为 Δx_i、Δy_i 和 Δz_i，如图 11.119 所示。

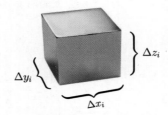

图 11.119 长方体小铁块 Δv_i 的边长分别为 Δx_i、Δy_i 和 Δz_i

则 Δv_i 的体积为 $\Delta v_i = \Delta x_i \Delta y_i \Delta z_i$，所以上述整个铁块的质量 M 约等于：

$$M \approx \sum_{i=1}^{n} f(\xi_i, \eta_i, \zeta_i) \Delta v_i = \sum_{i=1}^{n} f(\xi_i, \eta_i, \zeta_i) \Delta x_i \Delta y_i \Delta z_i$$

从而整个铁块的质量 M 的计算式可改写为：

$$M = \iiint\limits_{\Omega} f(x, y, z) \mathrm{d}v = \lim_{\lambda \to 0} \sum_{i=1}^{n} f(\xi_i, \eta_i, \zeta_i) \Delta v_i = \lim_{\lambda \to 0} \sum_{i=1}^{n} f(\xi_i, \eta_i, \zeta_i) \Delta x_i \Delta y_i \Delta z_i$$

所以在将大铁块划分为小长方体时，三重积分 $\iiint\limits_{\Omega} f(x, y, z) \mathrm{d}v$ 也常表示如下，因为这种划分是在直角坐标系中进行的，所以其中的 $\mathrm{d}x\mathrm{d}y\mathrm{d}z$ 称为直角坐标系中的体积元素：

$$\iiint\limits_{\Omega} f(x, y, z) \mathrm{d}v = \iiint\limits_{\Omega} f(x, y, z) \mathrm{d}x\mathrm{d}y\mathrm{d}z = \lim_{\lambda \to 0} \sum_{i=1}^{n} f(\xi_i, \eta_i, \zeta_i) \Delta x_i \Delta y_i \Delta z_i$$

如果将一重、二重、三重积分的积分区域都表示为闭区域 Ω，会发现它们的定义式非常相似，区别在于分别使用了长度元素 $\mathrm{d}x$、面积元素 $\mathrm{d}\sigma$ 以及体积元素 $\mathrm{d}v$：

一重积分：$\displaystyle\int\limits_{\Omega} f(x)\mathrm{d}x = \lim_{\lambda \to 0} \sum_{i=1}^{n} f(\xi_i) \Delta x_i$

二重积分：$\displaystyle\iint\limits_{\Omega} f(x, y)\mathrm{d}\sigma = \lim_{\lambda \to 0} \sum_{i=1}^{n} f(\xi_i, \eta_i) \Delta \sigma_i$

三重积分：$\displaystyle\iiint\limits_{\Omega} f(x, y, z)\mathrm{d}v = \lim_{\lambda \to 0} \sum_{i=1}^{n} f(\xi_i, \eta_i, \zeta_i) \Delta v_i$

11.5.2 三重积分的富比尼定理

定理 145. 函数 $f(x, y, z)$ 在空间有界闭区域 Ω 上连续，若 Ω 表示为：

$$\Omega = \{(x, y, z) | (x, y) \in D,\ z_1(x, y) \leqslant z \leqslant z_2(x, y)\}$$

那么有 $\displaystyle\iiint\limits_{\Omega} f(x,y,z)\mathrm{d}v = \iint\limits_{D}\Big[\int_{z_1(x,y)}^{z_2(x,y)} f(x,y,z)\mathrm{d}z\Big]\mathrm{d}\sigma$。

对定理 145 不做证明，这里借助下面的例子直观地说明一下。首先，该定理中的"函数 $f(x,y,z)$ 在空间有界闭区域 Ω 上连续"，这是三重积分存在的充分条件，类似于"马同学图解"系列图书《微积分（上）》中学习过的可积的充分条件 1（定理 78）。在该条件下，只需对某一种划分、取点方式进行计算即可。

然后，该定理中的闭区域 $\Omega = \{(x,y,z)|(x,y) \in D,\ z_1(x,y) \leqslant z \leqslant z_2(x,y)\}$ 是一个柱体，如图 11.120 所示，其底部为曲面 $z_1(x,y)$，其顶部为曲面 $z_2(x,y)$，其在 xOy 面上的投影为平面闭区域 D。这样的闭区域 Ω 也常称为类型 I 区域。

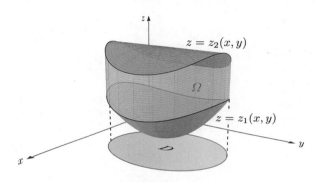

图 11.120　Ω 为类型 I 区域

根据之前的介绍，三重积分 $\displaystyle\iiint\limits_{\Omega} f(x,y,z)\mathrm{d}v$ 可看作求空间闭区域 Ω 的质量，其中 $f(x,y,z)$ 是闭区域 Ω 的密度函数。按照微积分一贯的思想，可以划分后再求解。

（1）先求出小线段的质量。比如在空间闭区域 D 上任选一点 (x,y)，作出 (x,y) 点对应的在 Ω 内的小线段 Δl，如图 11.121 所示。

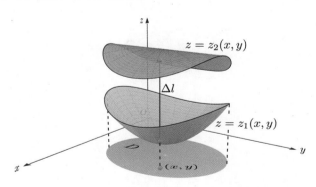

图 11.121　(x,y) 点对应的在 Ω 内的小线段 Δl

观察小线段 Δl 中长为 Δz 的部分，其中心点的坐标为 (x,y,z)，如图 11.122 所示。

因为密度函数 $f(x,y,z)$ 是连续的，长为 Δz 的线段又足够短，所以可认为长为 Δz 的线段的密度就是 $f(x,y,z)$，所以其质量约等于 $f(x,y,z)\Delta z$，从而可通过积分算出小线段 Δl 的质量 $\Delta m_l = \displaystyle\int_{z_1(x,y)}^{z_2(x,y)} f(x,y,z)\mathrm{d}z$。

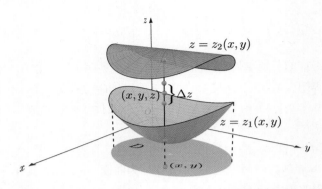

图 11.122　Δl 中长为 Δz 的部分，中心点的坐标为 (x, y, z)

（2）再求出小柱体的质量。作出 (x, y) 点附近的平面小区域 $\Delta \sigma$ 及其对应的在 Ω 内的空间小区域 Δv，如图 11.123 所示。

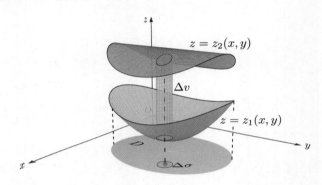

图 11.123　(x, y) 点附近的空间小区域 Δv

Δv 可以用上、下底为 $\Delta \sigma$、高为 Δl 的小柱体 $\Delta v'$ 来近似，如图 11.124 所示。

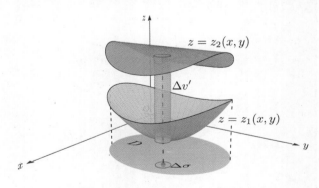

图 11.124　(x, y) 点附近的小柱体 $\Delta v'$

可认为小柱体 $\Delta v'$ 中的每条线的质量都约为 Δl 的质量 Δm_l，所以小柱体 $\Delta v'$ 的质量约为 $\Delta m_l \Delta \sigma$，所以空间小区域 Δv 的质量 $\Delta m_v \approx \Delta m_l \Delta \sigma = \displaystyle\int_{z_1(x,y)}^{z_2(x,y)} f(x, y, z) \mathrm{d}z \Delta \sigma$。

（3）算出三重积分。对闭区域 D 进行划分，按照（2）中的方法可得无数的空间小区域，将这些空间小区域的质量累加起来就得到了 Ω 的质量，所以有：

$$\underbrace{\iiint\limits_{\Omega} f(x,y,z)\mathrm{d}v}_{\Omega \text{ 的质量}} = \iint\limits_{D} \underbrace{\overbrace{\left[\int_{z_1(x,y)}^{z_2(x,y)} f(x,y,z)\mathrm{d}z\right]}^{\text{小线段 } \Delta l \text{ 的质量}}}_{\substack{\text{小空间区域 } \Delta v \text{ 的质量} \\ \text{累加 } \Delta v \text{ 的质量}}}\mathrm{d}\sigma$$

上式最里面对 z 积分的这部分，是将 x、y 看作定值，将 $f(x,y,z)$ 看作 z 的函数，其积分的结果是 x、y 的函数 $F(x,y)$，即：

$$F(x,y) = \int_{z_1(x,y)}^{z_2(x,y)} f(x,y,z)\mathrm{d}z$$

若 D 是 X 型区域，即 $D = \{(x,y)|a \leqslant x \leqslant b,\ y_1(x) \leqslant y \leqslant y_2(x)\}$。此时可根据直角坐标系下的富比尼定理（定理 142）来计算 $F(x,y)$ 在 D 上的二重积分，这样就将三重积分化为先对 z、次对 y、最后对 x 的三次积分：

$$\iiint\limits_{\Omega} f(x,y,z)\mathrm{d}v = \iint\limits_{D} F(x,y)\mathrm{d}\sigma = \iint\limits_{D} \left[\int_{z_1(x,y)}^{z_2(x,y)} f(x,y,z)\mathrm{d}z\right]\mathrm{d}\sigma$$

$$= \int_a^b \mathrm{d}x \int_{y_1(x)}^{y_2(x)} \mathrm{d}y \int_{z_1(x,y)}^{z_2(x,y)} f(x,y,z)\mathrm{d}z$$

若 D 是 Y 型区域，或还需要划分、换元等，可以酌情处理，最后化为三次积分来完成计算。除了上述类型 I 区域，还有

- 类型 II 区域，即 $\Omega = \{(x,y,z)|(y,z) \in D,\ x_1(y,z) \leqslant x \leqslant x_2(y,z)\}$，这是一个柱体，其底部为曲面 $x_1(y,z)$，其顶部为曲面 $x_2(y,z)$，其在 yOz 面上的投影为平面闭区域 D，如图 11.125 所示。
- 类型 III 区域，即 $\Omega = \{(x,y,z)|(x,z) \in D,\ y_1(x,z) \leqslant y \leqslant y_2(x,z)\}$，这是一个柱体，其底部为曲面 $y_1(x,z)$，其顶部为曲面 $y_2(x,z)$，其在 zOx 面上的投影为平面闭区域 D，如图 11.126 所示。

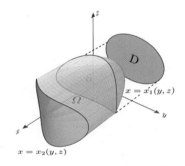

图 11.125 Ω 为类型 II 区域

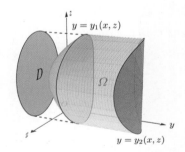

图 11.126 Ω 为类型 III 区域

类型 II、类型 III 区域的计算和类型 I 区域的计算类似，同学们可自行举一反三，这里就不赘述了。

例 284. 计算三重积分 $\iiint\limits_{\Omega} z\mathrm{d}v$，其中 Ω 为三个坐标面和平面 $x+y+z=1$ 所围成的闭区域。

解. 作出 Ω 的图像, 如图 11.127 左侧所示, 这是一个顶点为 A、B、C 及 O 的四面体。再作出 Ω 在 xOy 面上的投影 D, 如图 11.127 右侧所示, 该投影 D 是由 x 轴、y 轴及直线 $x + y = 1$ [即平面 $x + y + z = 1$ 与 xOy 面 (平面 $z = 0$) 的交线] 所围成的三角形闭区域 OAB。

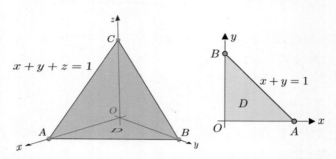

图 11.127　顶点为 A、B、C 及 O 的四面体, 以及其在 xOy 面上的投影 D

Ω 可视作类型 I 区域, 即 $\Omega = \{(x, y, z) | (x, y) \in D, \ 0 \leqslant z \leqslant 1 - x - y\}$, 其中 D 可视作 X 型区域, 即 $D = \{(x, y) | 0 \leqslant x \leqslant 1, \ 0 \leqslant y \leqslant 1 - x\}$。根据三重积分的富比尼定理 (定理 145), 所以有:

$$
\iiint\limits_{\Omega} z \mathrm{d}v = \iint\limits_{D} \left[\int_0^{1-x-y} z \mathrm{d}z \right] \mathrm{d}\sigma = \iint\limits_{D} \frac{z^2}{2} \Big|_0^{1-x-y} \mathrm{d}\sigma = \frac{1}{2} \iint\limits_{D} (1 - x - y)^2 \mathrm{d}\sigma
$$

$$
= \frac{1}{2} \int_0^1 \int_0^{1-x} (1 - x - y)^2 \mathrm{d}y \mathrm{d}x = \frac{1}{2} \int_0^1 \left[-\frac{(1 - x - y)^3}{3} \right]_0^{1-x} \mathrm{d}x
$$

$$
= \frac{1}{6} \int_0^1 (1 - x)^3 \mathrm{d}x = \frac{1}{6} \left[-\frac{(1-x)^4}{4} \right]_0^1 = \frac{1}{24}
$$

例 285. 计算三重积分 $\iiint\limits_{\Omega} z^2 \mathrm{d}v$, 其中 Ω 是由椭球面 $\dfrac{x^2}{a^2} + \dfrac{y^2}{b^2} + \dfrac{z^2}{c^2} = 1$ 所围成的空间闭区域。

解. (1) 思路。作出 Ω 的图像及其在 xOy 面上的投影 D, 该投影 D 是椭圆 $\dfrac{x^2}{a^2} + \dfrac{y^2}{b^2} = 1$ 所围成的闭区域, 如图 11.128 所示。

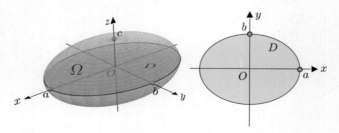

图 11.128　椭球面 $\dfrac{x^2}{a^2} + \dfrac{y^2}{b^2} + \dfrac{z^2}{c^2} = 1$ 围成的空间闭区域, 及其在 xOy 面上的投影 D

Ω 可视作类型 I 区域, 即:

$$\Omega = \left\{(x,y,z)|(x,y) \in D, \ -\sqrt{c^2 - \frac{c^2 x^2}{a^2} + \frac{c^2 y^2}{b^2}} \leqslant z \leqslant \sqrt{c^2 - \frac{c^2 x^2}{a^2} + \frac{c^2 y^2}{b^2}}\right\}$$

若按照之前介绍的三重积分的富比尼定理（定理 145）来计算会非常复杂，我们换一种思路来求解，这种思路其实是三重积分富比尼定理的一种变形。把三重积分 $\iiint\limits_{\Omega} z^2 \mathrm{d}v$ 视作求椭球体 Ω 的质量，其中 z^2 是该椭球体的密度函数。和之前分析三重积分的富比尼定理（定理 145）类似，让我们划分后再求解该质量，

- 在 z 轴的区间 $[-c, c]$ 中任选一点 z，过 z 点作椭球体的截面积 D_z，如图 11.129 所示，D_z 的质量为 $\iint\limits_{D_z} z^2 \mathrm{d}\sigma$。

- 作出上、下底为 D_z、高为 Δz 的小柱体，如图 11.129 所示，该小柱体的质量约为 $\iint\limits_{D_z} z^2 \mathrm{d}\sigma \Delta z$。

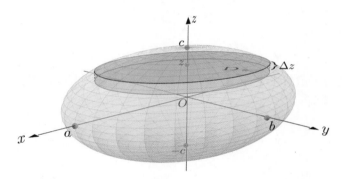

图 11.129　以截面积 D_z 为底、Δz 为高的小柱体

对区间 $[-c, c]$ 进行划分，按照同样的方法可得无数个小柱体，将这些小柱体的质量通过积分累加起来就得到了椭球体 Ω 的质量，即：

$$\underbrace{\iiint\limits_{\Omega} z^2 \mathrm{d}v}_{\Omega \text{ 的质量}} = \int_{-c}^{c} \underbrace{\left[\overbrace{\iint\limits_{D_z} z^2 \mathrm{d}\sigma}^{D_z \text{ 的质量}}\right] \mathrm{d}z}_{\substack{\text{小柱体的质量} \\ \text{累加小柱体的质量}}}$$

（2）计算。前面提到的 $D_z = \left\{(x,y)|\frac{x^2}{a^2} + \frac{y^2}{b^2} \leqslant 1 - \frac{z^2}{c^2}\right\}$，所以椭球体 Ω 可以表示为：

$$\Omega = \{(x,y,z)|(x,y) \in D_z, \ -c \leqslant z \leqslant c\}$$

根据（1）中的分析，从而有：

$$\iiint\limits_{\Omega} z^2 \mathrm{d}v = \int_{-c}^{c}\left[\iint\limits_{D_z} z^2 \mathrm{d}\sigma\right]\mathrm{d}z = \int_{-c}^{c} z^2\left[\iint\limits_{D_z} \mathrm{d}\sigma\right]\mathrm{d}z = \pi ab \int_{-c}^{c}\left(1 - \frac{z^2}{c^2}\right)z^2 \mathrm{d}z = \frac{4}{15}\pi abc^3$$

11.6 三重积分的换元法

11.6.1 柱面坐标系

三维空间中的 P 点，可用直角坐标 $P(x,y,z)$ 来表示；也可通过 xOy 平面上的极坐标结合 z 轴来表示，此时有 $P(\rho,\theta,z)$，如图 11.130 所示，这样的坐标系称为柱面坐标系。

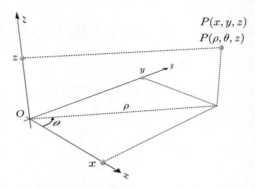

图 11.130　柱面坐标系中的 $P(\rho,\theta,z)$ 点

柱面坐标系适合表示某些柱面，比如图 11.131 中的母线平行于 z 轴的柱面；又如图 11.132 中的包含 z 轴的半平面。

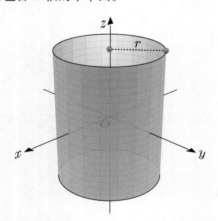

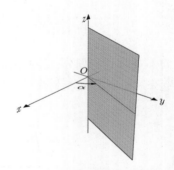

图 11.131　母线平行于 z 轴的柱面：$\rho = r$　　　　图 11.132　包含 z 轴的半平面：$\theta = \alpha$

定理 146. 设 $f(x,y,z)$ 在空间闭区域 Ω 上连续，则：

$$\iiint\limits_{\Omega} f(x,y,z)\mathrm{d}v = \iiint\limits_{\Omega} f(\rho\cos\theta, \rho\sin\theta, z)\rho\mathrm{d}\rho\mathrm{d}\theta\mathrm{d}z$$

证明. 根据前面对柱面坐标系的介绍，可知柱面坐标系和直角坐标系的坐标变换函数为：

$$\begin{cases} x = \rho\cos\theta \\ y = \rho\sin\theta \\ z = z \end{cases}, \quad 0 \leqslant \rho < +\infty,\ 0 \leqslant \theta \leqslant 2\pi,\ -\infty < z < +\infty$$

类似于二重积分的换元法（定理 144），计算出雅可比行列式：

$$|\boldsymbol{J}(\rho,\theta,z)| = \left|\frac{\partial(x,y,z)}{\partial(\rho,\theta,z)}\right| = \begin{vmatrix} \dfrac{\partial x}{\partial \rho} & \dfrac{\partial x}{\partial \theta} & \dfrac{\partial x}{\partial z} \\ \dfrac{\partial y}{\partial \rho} & \dfrac{\partial y}{\partial \theta} & \dfrac{\partial y}{\partial z} \\ \dfrac{\partial z}{\partial \rho} & \dfrac{\partial z}{\partial \theta} & \dfrac{\partial z}{\partial z} \end{vmatrix} = \begin{vmatrix} \cos\theta & -\rho\sin\theta & 0 \\ \sin\theta & \rho\cos\theta & 0 \\ 0 & 0 & 1 \end{vmatrix} = \rho$$

因为 $\rho \geqslant 0$，所以 $\|\boldsymbol{J}\| = \rho$，从而：

$$\iiint\limits_{\Omega} f(x,y,z)\mathrm{d}v = \iiint\limits_{\Omega} f(\rho\cos\theta,\rho\sin\theta,z)\,\|\boldsymbol{J}\|\,\mathrm{d}\rho\mathrm{d}\theta\mathrm{d}z = \iiint\limits_{\Omega} f(\rho\cos\theta,\rho\sin\theta,z)\rho\mathrm{d}\rho\mathrm{d}\theta\mathrm{d}z$$

■

例 286. 请通过柱面坐标系求出 $\displaystyle\iiint\limits_{\Omega} z\mathrm{d}x\mathrm{d}y\mathrm{d}z$，其中 Ω 由曲面 $z = x^2 + y^2$ 与平面 $z = 4$ 围成。

解. 将曲面 $z = x^2 + y^2$ 变换到柱面坐标系下，可得 $z = \rho^2$。联立下面方程组，求出曲面 $z = \rho^2$ 与平面 $z = 4$ 的交线：

$$\begin{cases} z = \rho^2 \\ z = 4 \end{cases} \implies \rho = 2, z = 4$$

根据上述分析作出 Ω 及其在 xOy 面上的投影 D 的图像，如图 11.133 所示，可知 D 由半径为 2 的圆围成。

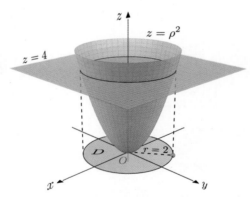

图 11.133　$z = x^2 + y^2$ 与 $z = 4$ 围成的 Ω，及其在 xOy 面上的投影 D

所以 $\Omega = \{(\rho,\theta,z)\,|\,0 \leqslant \rho \leqslant 2,\ 0 \leqslant \theta \leqslant 2\pi,\ \rho^2 \leqslant z \leqslant 4\}$，根据柱面坐标系下的三重积分（定理 146），有：

$$\iiint\limits_{\Omega} z\mathrm{d}x\mathrm{d}y\mathrm{d}z = \iiint\limits_{\Omega} z\rho\mathrm{d}\rho\mathrm{d}\theta\mathrm{d}z = \int_0^{2\pi}\int_0^2\int_{\rho^2}^4 z\rho\mathrm{d}z\mathrm{d}\rho\mathrm{d}\theta = \int_0^{2\pi}\int_0^2 \rho\left[\frac{z^2}{2}\right]_{\rho^2}^4 \mathrm{d}\rho\mathrm{d}\theta$$

$$= \frac{1}{2}\int_0^{2\pi}\int_0^2 \rho(16 - \rho^4)\mathrm{d}\rho\mathrm{d}\theta = \frac{1}{2}\int_0^{2\pi}\left[8\rho^2 - \frac{1}{6}\rho^6\right]_0^2 \mathrm{d}\theta = \frac{1}{2}\int_0^{2\pi}\frac{64}{3}\mathrm{d}\theta = \frac{64}{3}\pi$$

11.6.2 球面坐标系

在例 223 中求出球面的参数方程为 $\begin{cases} x = r \sin\varphi\cos\theta \\ y = r\sin\varphi\sin\theta \ , 0 \leqslant \varphi \leqslant \pi, 0 \leqslant \theta \leqslant 2\pi, \ \text{这说明} \\ z = r\cos\varphi \end{cases}$

通过 r、θ、φ 可定位到半径为 r 的球面上的某一点，如图 11.134 所示。同样的道理，若将空间中的任意一点 $P(x,y,z)$ 看成在半径为 r 的球面上，那么该点也可表示为 $P(r,\varphi,\theta)$，如图 11.135 所示，这样的坐标系称为球面坐标系。

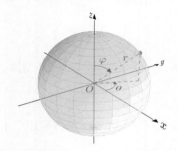

图 11.134　球面上由 r、θ、φ 定位的某一点

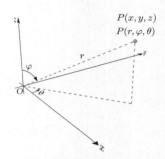

图 11.135　球面坐标系中的 $P(r,\varphi,\theta)$ 点

球面坐标系适合表示某些图形，比如图 11.136 中的球体的一部分；又如图 11.137 中的半锥面。

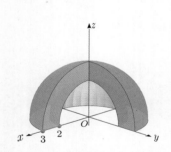

图 11.136　$2 \leqslant r \leqslant 3, 0 \leqslant \varphi \leqslant \frac{\pi}{2}, \frac{\pi}{2} \leqslant \theta \leqslant 2\pi$

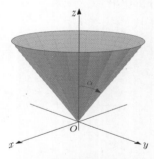

图 11.137　半锥面：$\varphi = \alpha$

定理 147. 设 $f(x,y,z)$ 在空间闭区域 Ω 上连续，则：

$$\iiint\limits_{\Omega} f(x,y,z)\mathrm{d}v = \iiint\limits_{\Omega} F(r,\varphi,\theta)r^2\sin\varphi\,\mathrm{d}r\mathrm{d}\varphi\mathrm{d}\theta$$

其中 $F(r,\varphi,\theta) = f(r\sin\varphi\cos\theta, r\sin\varphi\sin\theta, r\cos\varphi)$。

证明. 根据前面对球面坐标系的介绍，可知球面坐标系和直角坐标系的坐标变换函数为：

$$\begin{cases} x = r\sin\varphi\cos\theta \\ y = r\sin\varphi\sin\theta \ , \quad 0 \leqslant \varphi \leqslant \pi, 0 \leqslant \theta \leqslant 2\pi \\ z = r\cos\varphi \end{cases}$$

类似于二重积分的换元法（定理 144），计算出雅可比行列式：

$$|\boldsymbol{J}(r,\varphi,\theta)| = \left|\frac{\partial(x,y,z)}{\partial(r,\varphi,\theta)}\right| = \begin{vmatrix} \dfrac{\partial x}{\partial r} & \dfrac{\partial x}{\partial \varphi} & \dfrac{\partial x}{\partial \theta} \\ \dfrac{\partial y}{\partial r} & \dfrac{\partial y}{\partial \varphi} & \dfrac{\partial y}{\partial \theta} \\ \dfrac{\partial z}{\partial r} & \dfrac{\partial z}{\partial \varphi} & \dfrac{\partial z}{\partial \theta} \end{vmatrix} = \begin{vmatrix} \sin\varphi\cos\theta & r\cos\varphi\cos\theta & -r\sin\varphi\sin\theta \\ \sin\varphi\sin\theta & r\cos\varphi\sin\theta & r\sin\varphi\cos\theta \\ \cos\varphi & -r\sin\varphi & 0 \end{vmatrix} = r^2\sin\varphi$$

因为 $r^2 \geqslant 0$ 以及 $0 \leqslant \varphi \leqslant \pi$，所以 $\|\boldsymbol{J}\| = r^2\sin\varphi$，从而：

$$\iiint\limits_{\Omega} f(x,y,z)\mathrm{d}v = \iiint\limits_{\Omega} F(r,\varphi,\theta)\,\|\boldsymbol{J}\|\,\mathrm{d}r\mathrm{d}\varphi\mathrm{d}\theta = \iiint\limits_{\Omega} F(r,\varphi,\theta)r^2\sin\varphi\mathrm{d}r\mathrm{d}\varphi\mathrm{d}\theta \qquad \blacksquare$$

例 287. 设 Ω 为半锥面 $z = \sqrt{3(x^2+y^2)}$ 与半球面 $z = \sqrt{4-x^2-y^2}$ 所围成的空间闭区域，请求出 Ω 的体积。

解. 根据球面坐标系和直角坐标系的转换函数 $\begin{cases} x = r\sin\varphi\cos\theta \\ y = r\sin\varphi\sin\theta \\ z = r\cos\varphi \end{cases}$，改写半锥面：

$$z = \sqrt{3(x^2+y^2)} \implies r\cos\varphi = \sqrt{3}r\sin\varphi \implies \tan\varphi = \frac{1}{\sqrt{3}} \implies \varphi = \frac{\pi}{6}$$

以及改写半球面：

$$z = \sqrt{4-x^2-y^2} \implies x^2+y^2+z^2 = 4 \implies r^2 = 4 \implies r = 2$$

根据上述分析作出 Ω 的图像，如图 11.138 所示。

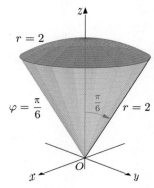

图 11.138 $z = \sqrt{3(x^2+y^2)}$ 与 $z = \sqrt{4-x^2-y^2}$ 围成的 Ω

所以 $\Omega = \left\{(r,\varphi,\theta)\,\middle|\,0 \leqslant r \leqslant 2,\ 0 \leqslant \varphi \leqslant \dfrac{\pi}{6},\ 0 \leqslant \theta \leqslant 2\pi\right\}$，根据球面坐标系下的三重积分（定理 147），可求出 Ω 的体积为：

$$\iiint\limits_{\Omega} \mathrm{d}x\mathrm{d}y\mathrm{d}z = \iiint\limits_{\Omega} r^2\sin\varphi\mathrm{d}r\mathrm{d}\varphi\mathrm{d}\theta = \int_0^{2\pi}\int_0^{\frac{\pi}{6}}\int_0^2 r^2\sin\varphi\mathrm{d}r\mathrm{d}\varphi\mathrm{d}\theta = \int_0^{2\pi}\int_0^{\frac{\pi}{6}} \sin\varphi\left[\frac{r^3}{3}\right]_0^2\mathrm{d}\varphi\mathrm{d}\theta$$

$$= \frac{8}{3}\int_0^{2\pi}\int_0^{\frac{\pi}{6}} \sin\varphi\mathrm{d}\varphi\mathrm{d}\theta = \frac{8}{3}\int_0^{2\pi} [-\cos\varphi]_0^{\frac{\pi}{6}}\,\mathrm{d}\theta = \frac{8}{3}\int_0^{2\pi}\left(1-\frac{\sqrt{3}}{2}\right)\mathrm{d}\theta$$

$$= \frac{16}{3}\pi - \frac{8\sqrt{3}}{3}\pi$$

11.7   重积分的应用

11.7.1   曲面的面积

定理 148. 设曲面 S 对应的函数为 $f(x, y)$，D 为曲面 S 在 xOy 面上的投影区域，函数 $f(x, y)$ 在 D 上具有连续偏导数 $f_x(x, y)$ 和 $f_y(x, y)$，则曲面 S 在 D 上的面积 A 为：

$$A = \iint\limits_{D} \sqrt{1 + f_x^2 + f_y^2}\,\mathrm{d}\sigma$$

记其中的 $\sqrt{1 + f_x^2 + f_y^2}\,\mathrm{d}\sigma$ 为 $\mathrm{d}A$，即 $\mathrm{d}A = \sqrt{1 + f_x^2 + f_y^2}\,\mathrm{d}\sigma$，我们称 $\mathrm{d}A$ 为 曲面 S 的面积元素。

对定理 148 不进行严格证明，还是通过举例来说明。先解释一下思路，已知曲面 S 对应的函数为 $f(x, y)$，D 为曲面 S 在 xOy 面上的投影区域，如图 11.139 所示。

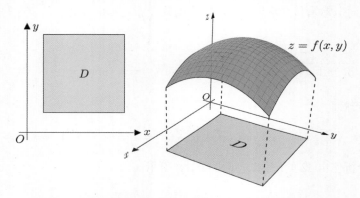

图 11.139   曲面 $f(x, y)$ 及其在 xOy 面上的投影 D

将区域 D 划分为 n 个小矩形，观察第 i 个小矩形 $\Delta\sigma_i$ 及其对应的小曲面 ΔA_i，如图 11.140 所示。

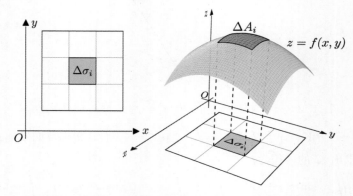

图 11.140   第 i 个小矩形 $\Delta\sigma_i$，及其对应的小曲面 ΔA_i

可用 $\Delta\sigma_i$ 对应的、切点位于 (ξ_i, η_i) 点的小切平面 $\mathrm{d}A_i$ 来近似 ΔA_i，如图 11.141 所示。

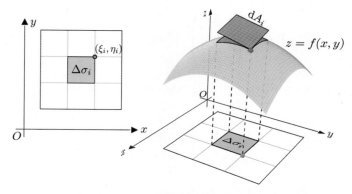

图 11.141 用小切平面 $\mathrm{d}A_i$ 来近似 ΔA_i

按照相同的方法，将区域 D 划分得越来越细，对应的小切平面也越来越多且越来越小，如图 11.142 所示。此时这些小切平面可很好地近似曲面 S，从而这些小切平面的面积也可以很好地近似曲面 S 的面积，这就是接下来的求解思路。

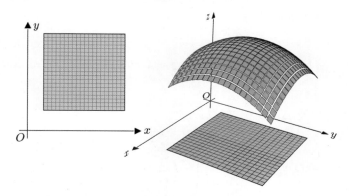

图 11.142 越来越多且越来越小的小切平面，可近似整个曲面

下面来求小切平面 $\mathrm{d}A_i$ 的面积。小矩形 $\Delta\sigma_i$ 可看作由向量 $\mathrm{d}\boldsymbol{x}_i$ 及 $\mathrm{d}\boldsymbol{y}_i$ 围成，小切平面 $\mathrm{d}A_i$ 可看作由向量 $\mathbf{T}\boldsymbol{x}_i$ 及 $\mathbf{T}\boldsymbol{y}_i$ 围成，如图 11.143 所示。

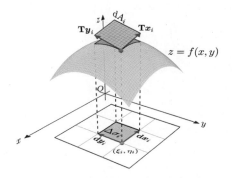

图 11.143 小切平面 $\mathrm{d}A_i$ 由 $\mathbf{T}\boldsymbol{x}_i$ 及 $\mathbf{T}\boldsymbol{y}_i$ 围成

记小矩形 $\Delta\sigma_i$ 的边长为 Δx_i 和 Δy_i，则围成小矩形 $\Delta\sigma_i$ 的两个向量可表示为：

$$\mathbf{d}\boldsymbol{x}_i = \begin{pmatrix} -\Delta x_i \\ 0 \\ 0 \end{pmatrix}, \quad \mathbf{d}\boldsymbol{y}_i = \begin{pmatrix} 0 \\ -\Delta y_i \\ 0 \end{pmatrix}$$

围成小切平面 $\mathrm{d}A_i$ 的两个向量实际上就是偏微分的方向向量[1]，所以有：

$$\mathbf{T}\boldsymbol{x}_i = \begin{pmatrix} -\Delta x_i \\ 0 \\ -f_x(\xi_i, \eta_i)\Delta x_i \end{pmatrix}, \quad \mathbf{T}\boldsymbol{y}_i = \begin{pmatrix} 0 \\ -\Delta y_i \\ -f_y(\xi_i, \eta_i)\Delta y_i \end{pmatrix}$$

所以 $\mathrm{d}A_i$ 的面积可通过叉积求出，即 $\mathrm{d}A_i = |\mathbf{T}\boldsymbol{x}_i \times \mathbf{T}\boldsymbol{y}_i|$，其中[2]：

$$\mathbf{T}\boldsymbol{x}_i \times \mathbf{T}\boldsymbol{y}_i = \begin{vmatrix} \boldsymbol{i} & -\Delta x_i & 0 \\ \boldsymbol{j} & 0 & -\Delta y_i \\ \boldsymbol{k} & -f_x\Delta x_i & -f_y\Delta y_i \end{vmatrix}$$

$$= \begin{vmatrix} 0 & -\Delta y_i \\ -f_x\Delta x_i & -f_y\Delta y_i \end{vmatrix}\boldsymbol{i} - \begin{vmatrix} -\Delta x_i & 0 \\ -f_x\Delta x_i & -f_y\Delta y_i \end{vmatrix}\boldsymbol{j} + \begin{vmatrix} -\Delta x_i & 0 \\ 0 & -\Delta y_i \end{vmatrix}\boldsymbol{k}$$

$$= -f_x\Delta x_i\Delta y_i\boldsymbol{i} - f_y\Delta x_i\Delta y_i\boldsymbol{j} + \Delta x_i\Delta y_i\boldsymbol{k} = \begin{pmatrix} -f_x\Delta x_i\Delta y_i \\ -f_y\Delta x_i\Delta y_i \\ \Delta x_i\Delta y_i \end{pmatrix}$$

注意到 $\Delta x_i > 0$ 以及 $\Delta y_i > 0$，所以：

$$\mathrm{d}A_i = |\mathbf{T}\boldsymbol{x}_i \times \mathbf{T}\boldsymbol{y}_i| = \sqrt{\begin{pmatrix} -f_x\Delta x_i\Delta y_i \\ -f_y\Delta x_i\Delta y_i \\ \Delta x_i\Delta y_i \end{pmatrix} \cdot \begin{pmatrix} -f_x\Delta x_i\Delta y_i \\ -f_y\Delta x_i\Delta y_i \\ \Delta x_i\Delta y_i \end{pmatrix}}$$

$$= \sqrt{f_x^2(\Delta x_i\Delta y_i)^2 + f_y^2(\Delta x_i\Delta y_i)^2 + (\Delta x_i\Delta y_i)^2}$$

$$= \sqrt{1 + f_x^2 + f_y^2}\Delta x_i\Delta y_i = \sqrt{1 + f_x^2 + f_y^2}\Delta\sigma_i$$

计算出小切平面 $\mathrm{d}A_i$ 的面积后，将区域 D 划分后对应的小切平面通过积分累加起来，就得到了曲面 S 在 D 上的面积 $A = \iint\limits_{D} \sqrt{1 + f_x^2 + f_y^2}\mathrm{d}\sigma$。

例 288. 求半径为 a 的球体的表面积。

解. 因为球体是对称图形，所以可先算出上半球体 $f(x,y) = \sqrt{a^2 - x^2 - y^2}$ 的表面积，该上半球体及其在 xOy 面上的投影区域 $D = \{(x,y)|x^2 + y^2 \leqslant a^2\}$，如图 11.144 所示。

求出 $f(x,y) = \sqrt{a^2 - x^2 - y^2}$ 的两个偏导数：

$$f_x = \frac{-x}{\sqrt{a^2 - x^2 - y^2}}, \quad f_y = \frac{-y}{\sqrt{a^2 - x^2 - y^2}}$$

根据上述结果可构造出如下函数：

---

[1] 对这里不清楚的，可以参考"偏导数、偏微分和全微分"一节中的分析。

[2] 为了计算方便，这里将 $f_x(\xi_i, \eta_i)$、$f_y(\xi_i, \eta_i)$ 简记为 f_x、f_y，不会影响之后的结果。

$$g(x,y) = \sqrt{1 + f_x^2 + f_y^2} = \frac{a}{\sqrt{a^2 - x^2 - y^2}}$$

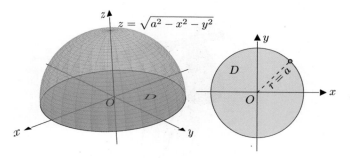

图 11.144 上半球体 $f(x,y) = \sqrt{a^2 - x^2 - y^2}$，及其在 xOy 面上的投影 D

因为函数 $g(x,y)$ 在区域 D 的边界上无定义，也就是当 $x^2 + y^2 = a^2$ 时无定义，所以无法直接套用曲面面积的计算公式（定理 148）。参照在"马同学图解"系列图书《微积分（上）》中介绍过的瑕积分，先构造一个区域 D_1：

$$D_1 = \{(x,y)|x^2 + y^2 \leqslant b^2\}, \quad 0 < b < a$$

函数 $g(x,y)$ 在区域 D_1 上连续有界，所以可根据曲面面积的计算公式（定理 148）算出上半球体 $f(x,y)$ 在区域 D_1 上的曲面面积 A_1：

$$A_1 = \iint\limits_{D_1} g(x,y)\mathrm{d}x\mathrm{d}y = \iint\limits_{D_1} \sqrt{1 + f_x^2 + f_y^2}\mathrm{d}x\mathrm{d}y = \iint\limits_{D_1} \frac{a}{\sqrt{a^2 - x^2 - y^2}}\mathrm{d}x\mathrm{d}y$$

这里要运用极坐标系下的富比尼定理（定理 143）来计算，写出区域 D_1 在极坐标系下的表达式：

$$D_1 = \{(\rho,\theta)|0 \leqslant \rho \leqslant b, \ 0 \leqslant \theta \leqslant 2\pi\}$$

然后在极坐标系下计算下列二重积分：

$$A_1 = \iint\limits_{D_1} \frac{a}{\sqrt{a^2 - x^2 - y^2}}\mathrm{d}x\mathrm{d}y = \iint\limits_{D_1} \frac{a}{\sqrt{a^2 - \rho^2}}\rho\mathrm{d}\rho\mathrm{d}\theta = a\int_0^{2\pi}\int_0^b \frac{\rho\mathrm{d}\rho}{\sqrt{a^2 - \rho^2}}\mathrm{d}\theta$$

$$= a\int_0^{2\pi}\int_0^b -\frac{1}{2}\cdot\frac{\mathrm{d}(a^2 - \rho^2)}{\sqrt{a^2 - \rho^2}}\mathrm{d}\theta = 2\pi a(a - \sqrt{a^2 - b^2})$$

当 $b \to a$ 时，A_1 的极限就是上半球体 $f(x,y)$ 的表面积，乘以 2 就是整个球体的表面积 A，所以：

$$A = 2\lim_{b \to a} A_1 = 4\pi a^2$$

11.7.2 平面质心和空间质心

在"马同学图解"系列图书《微积分（上）》的例 186 中介绍过直线质心，其中有一些接下来需要的前置知识，同学们可以阅读回忆一下。接着来学习平面质心和空间质心，先直观感受一下空间质心。图 11.145 所示的是一种平衡玩具，塑料老鹰的鸟嘴处就是其质心所在。因为塑料老鹰是空间中的立体玩具，所以这是空间质心的一个例子。

图 11.145　塑料老鹰的鸟嘴处就是其质心所在

定理 149 (平面质心). 占有平面闭区域 D、在 (x, y) 点处的密度为 $\mu(x, y)$（$\mu(x, y)$ 在 D 上连续）的物体的质心坐标为：

$$\overline{x} = \frac{\iint\limits_{D} x\mu(x, y)\mathrm{d}\sigma}{\iint\limits_{D} \mu(x, y)\mathrm{d}\sigma}, \quad \overline{y} = \frac{\iint\limits_{D} y\mu(x, y)\mathrm{d}\sigma}{\iint\limits_{D} \mu(x, y)\mathrm{d}\sigma}$$

举例说明一下定理 149，比如图 11.146 中的平面闭区域 D，我们将之想象为一个平面薄片。该薄片具有连续的面密度函数 $\mu(x, y)$，设其质心为 $(\overline{x}, \overline{y})$，且在其上选择一点 (x_i, y_i)，以该点为中心作蓝色小矩形 $\Delta\sigma_i$。

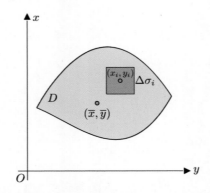

图 11.146　平面薄片的质心为 $(\overline{x}, \overline{y})$，及以 (x_i, y_i) 为中心作蓝色小矩形 $\Delta\sigma_i$

因为面密度函数 $\mu(x, y)$ 在闭区域 D 上连续，当 $\Delta\sigma_i$ 足够小时，可认为该蓝色小矩形的面密度就是 $\mu(x_i, y_i)$，所以该蓝色小矩形的质量 Δm_i 可近似计算如下：

$$\Delta m_i \approx \mu(x_i, y_i)\Delta\sigma_i$$

将该薄片平放，当 $\Delta\sigma_i$ 足够小时蓝色小矩形可视作质点 N_i，该质点的质量为 Δm_i。所以质点 N_i 受到的重力大小为 $g\Delta m_i \approx g\mu(x_i, y_i)\Delta\sigma_i$，如图 11.147 所示。

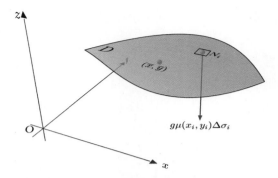

图 11.147 平面薄片上的质点 N_i，所受重力为 $g\Delta m_i \approx g\mu(x_i, y_i)\Delta\sigma_i$

代表蓝色小矩形的质点 N_i 在重力的作用下，会对质心 $(\overline{x}, \overline{y})$ 产生力矩 $\Delta\tau_i$。类似于力的分解，该力矩可以分解到 x、y 方向，大小分别为[①]：

$$\Delta\tau_{ix} = g(x_i - \overline{x})\mu(x_i, y_i)\Delta\sigma_i, \quad \Delta\tau_{iy} = g(y_i - \overline{y})\mu(x_i, y_i)\Delta\sigma_i$$

按照前面的方法，平面薄片 D 可以划分为 n 个蓝色小矩形，从而构造出如下的两个黎曼和，分别代表这 n 个蓝色小矩形在 x 方向上的力矩之和，以及在 y 方向上的力矩之和。因为 $(\overline{x}, \overline{y})$ 是质心，所以这两个黎曼和约等于 0：

$$\sum_{i=1}^{n} g(x_i - \overline{x})\mu(x_i, y_i)\Delta\sigma_i \approx 0, \quad \sum_{i=1}^{n} g(y_i - \overline{y})\mu(x_i, y_i)\Delta\sigma_i \approx 0$$

当 $\Delta\sigma_i \to 0$ 时，即 $\lambda \to 0$ 时，可以推出如下的质心公式，其中的分母 $\iint\limits_{D} \mu(x, y)\mathrm{d}\sigma$ 就是平面薄片 D 的质量：

$$\lim_{\lambda \to 0} \sum_{i=1}^{n} g(x_i - \overline{x})\mu(x_i, y_i)\Delta\sigma_i = 0 \implies \overline{x} = \frac{\iint\limits_{D} x\mu(x, y)\mathrm{d}\sigma}{\iint\limits_{D} \mu(x, y)\mathrm{d}\sigma}$$

$$\lim_{\lambda \to 0} \sum_{i=1}^{n} g(y_i - \overline{y})\mu(x_i, y_i)\Delta\sigma_i = 0 \implies \overline{y} = \frac{\iint\limits_{D} y\mu(x, y)\mathrm{d}\sigma}{\iint\limits_{D} \mu(x, y)\mathrm{d}\sigma}$$

若在质心 $(\overline{x}, \overline{y})$ 处架设支点，该平面薄片可以保持平衡。

定理 150 (空间质心). 占有空间闭区域 Ω、在 (x, y, z) 点处的密度为 $\mu(x, y, z)$（$\mu(x, y, z)$ 在 Ω 上连续）的物体的质心坐标为：

$$\overline{x} = \frac{\iiint\limits_{\Omega} x\mu(x, y, z)\mathrm{d}v}{\iiint\limits_{\Omega} \mu(x, y, z)\mathrm{d}v}, \overline{y} = \frac{\iiint\limits_{\Omega} y\mu(x, y, z)\mathrm{d}v}{\iiint\limits_{\Omega} \mu(x, y, z)\mathrm{d}v}, \quad \overline{z} = \frac{\iiint\limits_{\Omega} z\mu(x, y, z)\mathrm{d}v}{\iiint\limits_{\Omega} \mu(x, y, z)\mathrm{d}v}$$

[①] 在 x、y 方向上，质点 N_i 与质心 $(\overline{x}, \overline{y})$ 的距离分别为 $x_i - \overline{x}$ 及 $y_i - \overline{y}$。

定理 150 的推导过程和平面质心的计算公式（定理 149）的推导过程类似，这里就不赘述了。

例 289. 一薄板由 x 轴、直线 $x = 1$ 和 $y = 2x$ 围成，该薄板的密度函数为 $\mu(x, y) = 6x + 6y + 6$，请求出该薄板的质心 (x_i, y_i)。

解. 由题意可知，该薄板对应的闭区域 $D = \{(x, y) | 0 \leqslant x \leqslant 1,\ 0 \leqslant y \leqslant 2x\}$，如图 11.148 所示，其中还标出了该薄板的质心 $\left(\dfrac{5}{7}, \dfrac{11}{14}\right)$。接下来看看这个质心的计算过程。

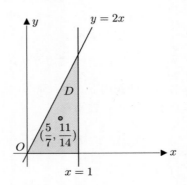

图 11.148　闭区域 $D = \{(x, y) | 0 \leqslant x \leqslant 1,\ 0 \leqslant y \leqslant 2x\}$，及其质心 $\left(\dfrac{5}{7}, \dfrac{11}{14}\right)$

根据平面质心的计算公式（定理 149），先求出公式中的分母，也就是先求出该薄板的质量 M，运用直角坐标系下的富比尼定理（定理 142），有：

$$M = \iint\limits_{D} \mu(x, y)\mathrm{d}\sigma = \int_0^1 \int_0^{2x} \mu(x, y)\mathrm{d}y\mathrm{d}x = \int_0^1 \int_0^{2x} (6x + 6y + 6)\mathrm{d}y\mathrm{d}x$$

$$= \int_0^1 \left[6xy + 3y^2 + 6y\right]_{y=0}^{y=2x}\mathrm{d}x = \int_0^1 (24x^2 + 12x)\mathrm{d}x = \left[8x^3 + 6x^2\right]_{x=0}^{x=1} = 14$$

所以：

$$\overline{x} = \frac{\iint\limits_{D} x\mu(x, y)\mathrm{d}\sigma}{M} = \frac{1}{14} \int_0^1 \int_0^{2x} (6x^2 + 6xy + 6x)\mathrm{d}y\mathrm{d}x = \frac{1}{14} \int_0^1 \left[6x^2y + 3xy^2 + 6xy\right]_0^{2x}\mathrm{d}x$$

$$= \frac{1}{14} \int_0^1 (24x^3 + 12x^2)\mathrm{d}x = \frac{1}{14} \left[6x^4 + 4x^3\right]_0^1 = \frac{1}{14} \cdot 10 = \frac{5}{7}$$

$$\overline{y} = \frac{\iint\limits_{D} y\mu(x, y)\mathrm{d}\sigma}{M} = \frac{1}{14} \int_0^1 \int_0^{2x} (6xy + 6y^2 + 6y)\mathrm{d}y\mathrm{d}x = \frac{11}{14}$$

综上可知该薄板的质心为 $(\overline{x}, \overline{y}) = \left(\dfrac{5}{7}, \dfrac{11}{14}\right)$。

11.7.3　空间中的万有引力

高中物理课学习过万有引力，指的就是在质量为 m_1、m_2 的两物体之间会有一个大小相等、方向相反的吸引力，如 "马同学图解" 系列图书《微积分（上）》中的图 7.63 所示。若将这两个物体看作质点，则两者之间的引力大小为 $F = G\dfrac{m_1 m_2}{r^2}$，其中 G 是引力系数。在"马同学图解"系列图书《微积分（上）》中还根据该公式求解过例 187。

但如果套用上述公式来计算太阳和地球之间的万有引力就会有很大误差，这是因为，

- 太阳和地球的大小相差悬殊，如图 11.149 所示，太阳必须被看作一个球体，地球可以被看作一个质点。
- 太阳是密度相差很大的恒星，在计算的时候需要考虑它的密度函数。
- 两者之间的万有引力存在于三维空间中，需要用向量来描述。

图 11.149　太阳和地球

如果借助三重积分就可以得到更精确的结果，先做一些假设，如图 11.150 所示，

- 太阳可被看作具有连续密度函数 $\mu(x, y, z)$ 的球体 Ω，将 Ω 划分为 n 个小的闭区域，Δv_i 是其中一个小闭区域。
- 在 Δv_i 内任取一点 $P_i(x_i, y_i, z_i)$，当 Δv_i 足够小时，可认为 Δv_i 的质量都集中在 P_i 点，即将 Δv_i 近似为质点 P_i。
- 将地球看作质量为 m 的质点 $P_0(x_0, y_0, z_0)$，从而 Δv_i 对地球的引力，可以近似为质点 P_i 对质点 P_0 的引力 $\boldsymbol{F}_i$。

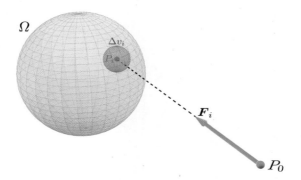

图 11.150　代表太阳的 Ω，划分出的 Δv_i，及 P_i 对 P_0 的引力 $\boldsymbol{F}_i$

下面来计算引力 $\boldsymbol{F}_i$，先计算其大小 F_i。求出 P_i 点与 P_0 点的距离 r_i：

$$r_i = \sqrt{(x_i - x_0)^2 + (y_i - y_0)^2 + (z_i - z_0)^2}$$

当 Δv_i 足够小时，可认为 Δv_i 的密度恒为 P_i 点的密度，即恒为 $\mu(x_i, y_i, z_i)$，所以代表 Δv_i 的质点 P_i 的质量 $M_i \approx \mu(x_i, y_i, z_i)\Delta v_i$，从而：

$$F_i = G\frac{mM_i}{r_i^2} \approx G\frac{m \cdot \mu(x_i, y_i, z_i)\Delta v_i}{r_i^2}$$

注意到引力 $\boldsymbol{F}_i$ 在质点 P_i 和质点 P_0 的连线上，所以其单位方向向量 $\boldsymbol{v}_i = \dfrac{P_i - P_0}{\|P_i - P_0\|} =$

$\dfrac{1}{r_i}\begin{pmatrix} x_i - x_0 \\ y_i - y_0 \\ z_i - z_0 \end{pmatrix}$，从而：

$$\boldsymbol{F}_i = F_i\boldsymbol{v}_i = \begin{pmatrix} G\dfrac{m \cdot \mu(x_i, y_i, z_i)\Delta v_i}{r_i^3}(x_i - x_0) \\ G\dfrac{m \cdot \mu(x_i, y_i, z_i)\Delta v_i}{r_i^3}(y_i - y_0) \\ G\dfrac{m \cdot \mu(x_i, y_i, z_i)\Delta v_i}{r_i^3}(z_i - z_0) \end{pmatrix}$$

按照前面的方法计算出各个小区域对地球的引力，再通过三重积分将这些引力累加起来，就得到了太阳对地球的引力向量：

$$\boldsymbol{F} = \begin{pmatrix} \iiint\limits_{\Omega} G\dfrac{m\mu(x, y, z)(x - x_0)}{r^3}\mathrm{d}v \\ \iiint\limits_{\Omega} G\dfrac{m\mu(x, y, z)(y - y_0)}{r^3}\mathrm{d}v \\ \iiint\limits_{\Omega} G\dfrac{m\mu(x, y, z)(z - z_0)}{r^3}\mathrm{d}v \end{pmatrix}$$

第 12 章　曲线积分与曲面积分

12.1　对弧长的曲线积分

12.1.1　直线积分

根据之前的学习可知，定积分 $\int_a^b f(x)\mathrm{d}x$ 可直观理解为由直线 $x=a$、$x=b$、$y=0$ 及 $y=f(x)$ 围成的曲边梯形的面积，如图 12.1 所示。该面积的具体计算方法是将 $[a,b]$ 划分为 n 份，从而得到 n 个小矩形，如图 12.2 所示，其中第 i 个小矩形（图 12.2 中的红色小矩形）的高为 $f(\xi_i)$，底为 Δx_i，则第 i 个小矩形的面积为 $f(\xi_i)\Delta x_i$。

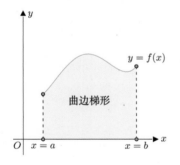　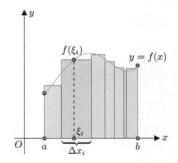

图 12.1　$\int_a^b f(x)\mathrm{d}x$ 是曲边梯形　　　图 12.2　红色小矩形的面积为 $f(\xi_i)\Delta x_i$

将这 n 个小矩形的面积累加起来的结果是黎曼和 $\sum_{i=1}^{n} f(\xi_i)\Delta x_i$，当 $[a,b]$ 被划分得越来越细时，也就是 $\lambda \to 0$ 时就得到了定积分 $\int_a^b f(x)\mathrm{d}x$，即：

$$\int_a^b f(x)\mathrm{d}x = \lim_{\lambda \to 0} \sum_{i=1}^{n} f(\xi_i)\Delta x_i$$

但求解曲边梯形的面积只是定积分的一种应用，为了避免局限思维，可以用一种更抽象的方式来表示定积分。将区间 $[a,b]$ 看作线段 L，该线段上的某点 x 对应函数值 $f(x)$，如图 12.3 所示。将线段 L 划分为 n 份，其中第 i 份的长为 Δx_i，在第 i 份上任取一点 ξ_i，该点对应的

函数值为 $f(\xi_i)$，如图 12.4 所示，据此可以作出乘积 $f(\xi_i)\Delta x_i$。

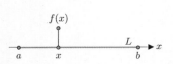

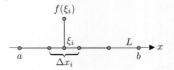

图 12.3　线段 L 上的 x 点，及其对应的函数值 $f(x)$　　　图 12.4　将线段 L 划分为 n 份

将这 n 个乘积加起来的结果是黎曼和 $\sum\limits_{i=1}^{n} f(\xi_i)\Delta x_i$，当 $[a,b]$ 被划分得越来越细时，也就是 $\lambda \to 0$ 时就得到了定积分 $\int_a^b f(x)\mathrm{d}x$，即：

$$\int_a^b f(x)\mathrm{d}x = \lim_{\lambda \to 0} \sum_{i=1}^{n} f(\xi_i)\Delta x_i$$

上述定义过程没有谈到乘积 $f(\xi_i)\Delta x_i$ 的意义，也没有谈到定积分 $\int_a^b f(x)\mathrm{d}x$ 的意义，这些意义随着 $f(x)$ 代表的含义不同而变化，

- $f(x)$ 表示高度时，$\int_a^b f(x)\mathrm{d}x$ 的意义就是以线段 L 为底的曲边梯形的面积。

- $f(x)$ 表示线密度时，$\int_a^b f(x)\mathrm{d}x$ 的意义就是线段 L 的质量。

- $f(x)$ 表示压强时，$\int_a^b f(x)\mathrm{d}x$ 的意义就是线段 L 所承受的压力。

不管怎样，都是在直线段 L 上进行积分，所以定积分又可以称为直线积分。

12.1.2　对弧长的曲线积分的定义

有直线积分自然就有曲线积分，下面就是其定义：

定义 114. 设 L 为 xOy 面内的一条光滑曲线弧，函数 $f(x,y)$ 在 L 上有界。在 L 上任意插入一点列 $M_1, M_2, \cdots, M_{n-1}$，把 L 分成 n 个小段。设第 i 个小段的长度为 Δs_i。又 (ξ_i, η_i) 为第 i 个小段上任意取定的一点，作乘积 $f(\xi_i, \eta_i)\Delta s_i$（$i = 1, 2, \cdots, n$），并作和 $\sum\limits_{i=1}^{n} f(\xi_i, \eta_i)\Delta s_i$，如果当各小弧段的长度的最大值 $\lambda \to 0$ 时，这和的极限总是存在，且与曲线 L 的分法及点 (ξ_i, η_i) 的取法无关，那么称此极限为函数 $f(x,y)$ 在曲线 L 上对弧长的曲线积分或第一类曲线积分，记作：

$$\int_L f(x,y)\mathrm{d}s = \lim_{\lambda \to 0} \sum_{i=1}^{n} f(\xi_i, \eta_i)\Delta s_i$$

其中 $f(x,y)$ 叫作被积函数，L 叫作积分弧段。

通过举例来说明一下定义 114，如图 12.5 所示，L 为 xy 平面坐标系内的位于 A、B 两点之间的一条光滑曲线弧，曲线 L 上的某点 (x,y) 对应的函数值为 $f(x,y)$。

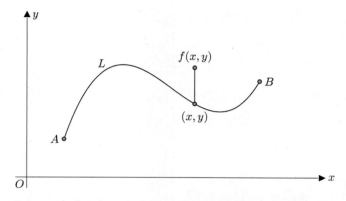

图 12.5　光滑曲线 L 上的 (x,y) 点，及其对应的函数值 $f(x,y)$

在曲线 L 上任意插入一点列 $M_1, M_2, \cdots, M_{n-1}$，把 L 分成 n 个小段，每小段依次记作 $\widehat{\Delta s_1}, \widehat{\Delta s_2}, \cdots, \widehat{\Delta s_n}$，如图 12.6 所示，设每小段的长度依次为 $\Delta s_1, \Delta s_2, \cdots, \Delta s_n$。

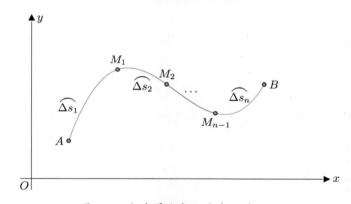

图 12.6　把光滑曲线 L 分成 n 个小段

观察第 i 个小段 $\widehat{\Delta s_i}$ 以及其上的一点 (ξ_i, η_i)，该点对应的函数值为 $f(\xi_i, \eta_i)$，如图 12.7 所示，据此可作乘积 $f(\xi_i, \eta_i)\Delta s_i$。

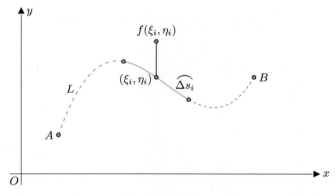

图 12.7　$\widehat{\Delta s_i}$ 上的 (ξ_i, η_i) 点，及其对应的函数值 $f(\xi_i, \eta_i)$

将这 n 个小段对应的乘积累加起来的结果是黎曼和 $\displaystyle\sum_{i=1}^{n} f(\xi_i, \eta_i)\Delta s_i$，当曲线 L 被划分得

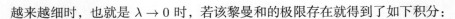

越来越细时，也就是 $\lambda \to 0$ 时，若该黎曼和的极限存在就得到了如下积分：

$$\int_L f(x,y)\mathrm{d}s = \lim_{\lambda \to 0} \sum_{i=1}^{n} f(\xi_i, \eta_i)\Delta s_i$$

上述积分是沿着曲线 L 进行的，又其中的 Δs_i 是弧长，所以该积分称为 $f(x,y)$ 在曲线 L 上对弧长的曲线积分。$f(x)$ 的意义不同则 $\int_L f(x,y)\mathrm{d}s$ 的意义也不同，这在后面的例题中会有所体现。

12.1.3　对弧长的曲线积分的性质

定理 151. 由对弧长的曲线积分的定义可知，它有以下性质：

- 齐次性与可加性：设 α、β 为常数，则 $\int_L [\alpha f(x,y) + \beta g(x,y)]\mathrm{d}s = \alpha \int_L f(x,y)\mathrm{d}s + \beta \int_L g(x,y)\mathrm{d}s$。

- 积分区间的拆分：设积分弧段 L 可分为两段光滑曲线弧 L_1 和 L_2，则：

$$\int_L f(x,y)\mathrm{d}s = \int_{L_1} f(x,y)\mathrm{d}s + \int_{L_2} f(x,y)\mathrm{d}s$$

- 对弧长的曲线积分的不等式：设在 L 上有 $f(x,y) \leqslant g(x,y)$，则 $\int_L f(x,y)\mathrm{d}s \leqslant \int_L g(x,y)\mathrm{d}s$。

  特别地，有 $\left| \int_L f(x,y)\mathrm{d}s \right| \leqslant \int_L |f(x,y)|\mathrm{d}s$。

定积分、二重积分都有类似的性质，这些性质也比较符合直觉，就不再一一证明和额外解释了。

12.1.4　对弧长的曲线积分的计算法

定理 152. 设 $f(x,y)$ 在曲线弧 L 上有定义且连续，L 的参数方程为 $\begin{cases} x(t) = \varphi(t) \\ y(t) = \psi(t) \end{cases}$，$\alpha \leqslant t \leqslant \beta$。若 $\varphi(t)$、$\psi(t)$ 在 $[\alpha, \beta]$ 上具有一阶连续导数，且 $\left(\varphi'(t)\right)^2 + \left(\psi'(t)\right)^2 \neq 0$，则曲线积分 $\int_L f(x,y)\mathrm{d}s$ 存在，且：

$$\int_L f(x,y)\mathrm{d}s = \int_\alpha^\beta f\left(\varphi(t), \psi(t)\right)\sqrt{\left(\varphi'(t)\right)^2 + \left(\psi'(t)\right)^2}\mathrm{d}t, \quad \alpha < \beta$$

证明. 假定当参数 t 由 α 变至 β 时，L 上的 $M(x,y)$ 点依 A 点至 B 点的方向描出曲线弧 L。在 L 上取一列点：

$$A = M_0,\ M_1,\ M_2,\ \cdots,\ M_i,\ \cdots,\ M_{n-1},\ M_n = B$$

它们对应于一列严格单调递增的参数值：

$$\alpha = t_0 < t_1 < t_2 < \cdots < t_i < \cdots < t_{n-1} < t_n = \beta$$

依据对弧长的曲线积分的定义（定义 114），有：

$$\int_L f(x,y)\mathrm{d}s = \lim_{\lambda \to 0} \sum_{i=1}^{n} f(\xi_i, \eta_i)\Delta s_i$$

这里，第 i 个小段 $\widehat{\Delta s_i}$ 两侧的端点分别为 M_{i-1} 点和 M_i 点，对应的参数值分别为 t_{i-1} 和 t_i，根据弧长计算公式（定理 91），可如下计算其长度 Δs_i：

$$\Delta s_i = \int_{t_{i-1}}^{t_i} \sqrt{\left(\varphi'(t)\right)^2 + \left(\psi'(t)\right)^2}\mathrm{d}t$$

令 $\Delta t_i = t_i - t_{i-1}$，根据积分中值定理（定理 87），所以存在 $t_{i-1} \leqslant \tau_i \leqslant t_i$ 使得：

$$\Delta s_i = \sqrt{\left(\varphi'(\tau_i)\right)^2 + \left(\psi'(\tau_i)\right)^2}\Delta t_i$$

设 (ξ_i, η_i) 点对应于参数值 τ_i'，即 $\xi_i = \varphi(\tau_i')$、$\eta_i = \psi(\tau_i')$，这里 $t_{i-1} \leqslant \tau_i' \leqslant t_i$，所以：

$$\int_L f(x,y)\mathrm{d}s = \lim_{\lambda \to 0} \sum_{i=1}^{n} f\left(\varphi(\tau_i'), \psi(\tau_i')\right)\sqrt{\left(\varphi'(\tau_i)\right)^2 + \left(\psi'(\tau_i)\right)^2}\Delta t_i$$

由于函数 $f\left(\varphi(t), \psi(t)\right)$ 在区间 $[\alpha, \beta]$ 上连续，所以可以把上式的 τ_i' 换成 τ_i，从而：

$$\int_L f(x,y)\mathrm{d}s = \lim_{\lambda \to 0} \sum_{i=1}^{n} f\left(\varphi(\tau_i), \psi(\tau_i)\right)\sqrt{\left(\varphi'(\tau_i)\right)^2 + \left(\psi'(\tau_i)\right)^2}\Delta t_i$$

上式等号的右侧就是函数 $f\left(\varphi(t), \psi(t)\right)\sqrt{\left(\varphi'(t)\right)^2 + \left(\psi'(t)\right)^2}$ 在区间 $[\alpha, \beta]$ 上的定积分，因为该函数在区间 $[\alpha, \beta]$ 上连续，所以该定积分是存在的，因此：

$$\int_L f(x,y)\mathrm{d}s = \int_{\alpha}^{\beta} f\left(\varphi(t), \psi(t)\right)\sqrt{\left(\varphi'(t)\right)^2 + \left(\psi'(t)\right)^2}\mathrm{d}t \qquad\blacksquare$$

如果曲线弧 L 是由函数 $\psi(x)$ 给出的，可将之视为特殊的参数方程 $\begin{cases} x = x \\ y = \psi(x) \end{cases}, a \leqslant x \leqslant b$，然后套用定理 152 即可：

$$\int_L f(x,y)\mathrm{d}s = \int_a^b f\left(x, \psi(x)\right)\sqrt{\left(x'\right)^2 + \left(\psi'(x)\right)^2}\mathrm{d}x = \int_a^b f\left(x, \psi(x)\right)\sqrt{1 + \left(\psi'(x)\right)^2}\mathrm{d}x$$

定理 152 还可推广到空间曲线 Γ 对应的参数方程 $\begin{cases} x = \varphi(t) \\ y = \psi(t) \\ z = \omega(t) \end{cases}, \alpha \leqslant t \leqslant \beta$ 的情况，即：

$$\int_{\Gamma} f(x,y,z)\mathrm{d}s = \int_{\alpha}^{\beta} f\left(\varphi(t), \psi(t), \omega(t)\right)\sqrt{\left(\varphi'(t)\right)^2 + \left(\psi'(t)\right)^2 + \left(\omega'(t)\right)^2}\mathrm{d}t$$

以上结论可用表格总结如下，其中最关键的是将 ds 替换为了对应的弧微分：

	$\int_L f(x,y)\mathrm{d}s$ 的计算法
$L: \begin{cases} x = \varphi(t) \\ y = \psi(t) \end{cases}, \alpha \leqslant t \leqslant \beta$	$\int_L f(x,y)\mathrm{d}s = \int_\alpha^\beta f\big(\varphi(t),\psi(t)\big) \underbrace{\sqrt{\big(\varphi'(t)\big)^2 + \big(\psi'(t)\big)^2}\mathrm{d}t}_{\text{参数方程的弧微分 }\mathrm{d}s}$
$L: \begin{cases} x = x \\ y = \psi(x) \end{cases}, a \leqslant x \leqslant b$	$\int_L f(x,y)\mathrm{d}s = \int_a^b f\big(x,\psi(x)\big) \underbrace{\sqrt{1 + \big(\psi'(x)\big)^2}\mathrm{d}x}_{\text{函数的弧微分 }\mathrm{d}s}$
$L: \begin{cases} x = \varphi(t) \\ y = \psi(t) \\ z = \omega(t) \end{cases}, \alpha \leqslant t \leqslant \beta$	$\int_L f(x,y)\mathrm{d}s = \int_\alpha^\beta f\big(\varphi(t),\psi(t),\omega(t)\big) \underbrace{\sqrt{\big(\varphi'(t)\big)^2 + \big(\psi'(t)\big)^2 + \big(\omega'(t)\big)^2}\mathrm{d}t}_{\text{参数方程的弧微分 }\mathrm{d}s}$

关于定理 152 还要说的就是，其中的 "$\varphi(t)$、$\psi(t)$ 在 $[\alpha,\beta]$ 具有一阶连续导数" 表明 L 是一条光滑曲线弧；以及该定理中的 "$\big(\varphi'(t)\big)^2 + \big(\psi'(t)\big)^2 \neq 0$" 以及 "$\alpha < \beta$" 是为了保证弧长 Δs_i 总是正的。

例 290. L 是 $f(x) = x^2$ 在 $(0,0)$ 与 $(1,1)$ 之间的一段光滑曲线弧，其密度函数为 $g(x,y) = \sqrt{y}$，如图 12.8 所示，请求出该曲线的质量。

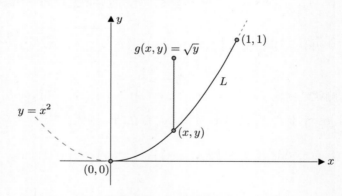

图 12.8　光滑曲线弧 L，及其密度函数 $g(x,y) = \sqrt{y}$

解.（1）求解。根据题意可知曲线 L 是一段光滑曲线弧且具有连续的质量密度函数 $g(x,y) = \sqrt{y}$，符合对弧长的曲线积分的定义（定义 114）中所要求的条件，所以该曲线的质量 m 为：

$$m = \int_L g(x,y)\mathrm{d}s = \int_L \sqrt{y}\,\mathrm{d}s$$

因为曲线 L 对应的函数为 $f(x) = x^2, 0 \leqslant x \leqslant 1$，根据对弧长的曲线积分的计算法（定理 152），上式中的 ds 就是该函数的弧微分，即：

$$\mathrm{d}s = \sqrt{1 + \big(f'(x)\big)^2}\mathrm{d}x = \sqrt{1 + \big((x^2)'\big)^2}\mathrm{d}x = \sqrt{1 + 4x^2}\mathrm{d}x$$

也是因为曲线 L 对应的函数为 $f(x) = x^2, 0 \leqslant x \leqslant 1$，也就是 $y = x^2, 0 \leqslant x \leqslant 1$，所以

曲线 L 的密度函数 $g(x,y) = \sqrt{y}$ 可以改写为：

$$\left.\begin{array}{r} g(x,y) = \sqrt{y} \\ y = x^2, 0 \leqslant x \leqslant 1 \end{array}\right\} \implies g(x,y) = \sqrt{x^2} = x, \quad 0 \leqslant x \leqslant 1$$

综上，从而曲线 L 的质量 m 可以计算如下：

$$m = \int_L \sqrt{y}\,\mathrm{d}s = \int_0^1 \sqrt{x^2}\sqrt{1+((x^2)')^2}\,\mathrm{d}x = \int_0^1 x\sqrt{1+4x^2}\,\mathrm{d}x$$

$$= \left[\frac{1}{12}(1+4x^2)^{\frac{3}{2}}\right]_0^1 = \frac{1}{12}(5\sqrt{5}-1)$$

（2）之前学习对弧长的曲线积分的计算法（定理 152）时说过，可以认为 $\mathrm{d}s$ 就是曲线 L 的弧微分，所以在上述解题过程中直接令 $\mathrm{d}s = \sqrt{1+\left(f'(x)\right)^2}\mathrm{d}x$。这里再结合本题直观解释一下其中的原因，把曲线 L 划分为 n 份，观察第 i 个小段 $\widehat{\Delta s_i}$，如图 12.9 所示，

- $\widehat{\Delta s_i}$ 的左端为 $M_{i-1}(x_{i-1}, x_{i-1}^2)$ 点，右端为 $M_i(x_i, x_i^2)$ 点，显然两端点的 x 坐标分别为 x_{i-1} 和 x_i，记两者的差值为 Δx_i，即 $\Delta x_i = x_i - x_{i-1}$。
- 作出在区间 $[x_{i-1}, x_i]$ 上的、以 M_{i-1} 为切点的切线段 $\mathrm{d}s_i$，根据切线段 $\mathrm{d}s_i$ 的斜率为 $f'(x_{i-1})$，容易求出该切线段的长为 $\sqrt{1+\left(f'(x_{i-1})\right)^2}\Delta x_i$[①]。

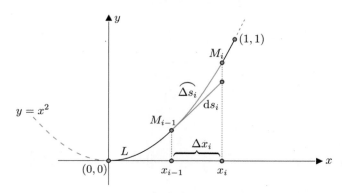

图 12.9   用切线段 $\mathrm{d}s_i$ 来近似弧线段 $\widehat{\Delta s_i}$

对弧长的曲线积分的定义（定义 114）中所需的 $\widehat{\Delta s_i}$ 的长度 Δs_i，根据微积分的思想，该长度可用切线段 $\mathrm{d}s_i$ 的长度 $\sqrt{1+\left(f'(x_{i-1})\right)^2}\Delta x_i$ 来代替，所以在本题中对弧长的曲线积分可以写作：

$$\int_L f(x,y)\mathrm{d}s = \lim_{\lambda \to 0}\sum_{i=1}^n f(\xi_i, \eta_i)\Delta s_i = \lim_{\lambda \to 0}\sum_{i=1}^n f(\xi_i, \eta_i)\sqrt{1+\left(f'(x_{i-1})\right)^2}\Delta x_i$$

$$= \int_0^1 f(x,y)\underbrace{\sqrt{1+\left(f'(x)\right)^2}\mathrm{d}x}_{\text{函数的弧微分 }\mathrm{d}s}$$

---

① 具体计算可以参考"马同学图解"系列图书《微积分（上）》中对弧微分（定义 57）的介绍。

例 291. 已知某半径为 R、中心角为 2α 的圆弧 L 具有的密度函数为 $f(x,y) = y^2$，请求出该曲线的质量。

解.（1）求解。首先选择合适的坐标系，作出圆弧 L 的图像，如图 12.10 所示。

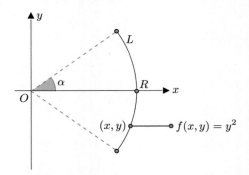

图 12.10　光滑曲线弧 L，及其密度函数 $f(x,y) = y^2$

根据图 12.10 写出圆弧 L 的参数方程 $\begin{cases} x(\theta) = R\cos\theta \\ y(\theta) = R\sin\theta \end{cases}$，$-\alpha \leqslant \theta \leqslant \alpha$，从而该圆弧的密度函数 $f(x,y) = y^2$ 可改写为 $g(\theta) = R^2\sin^2\theta$，所以圆弧 L 的质量 m 为：

$$m = \int_L f(x,y)\mathrm{d}s = \int_L R^2\sin^2\theta\ \mathrm{d}s$$

根据对弧长的曲线积分的计算法（定理 152），上式中的 $\mathrm{d}s$ 就是参数方程的弧微分（定理 91），即：

$$\mathrm{d}s = \sqrt{\left(x'(\theta)\right)^2 + \left(y'(\theta)\right)^2}\mathrm{d}\theta = \sqrt{(-R\sin\theta)^2 + (R\cos\theta)^2}\mathrm{d}\theta = R\mathrm{d}\theta$$

所以圆弧 L 的质量 m 可计算如下：

$$m = \int_L y^2\ \mathrm{d}s = \int_{-\alpha}^{\alpha} R^2\sin^2\theta\cdot R\mathrm{d}\theta = R^3\int_{-\alpha}^{\alpha}\sin^2\theta\mathrm{d}\theta = \frac{R^3}{2}\left[\theta - \frac{\sin 2\theta}{2}\right]_{-\alpha}^{\alpha} = \frac{R^3}{2}(2\alpha - \sin 2\alpha)$$

（2）在前面的解题过程中，把 $\mathrm{d}s$ 当作了圆弧 L 的弧微分，这里再直观解释一下其中的原因。还是把圆弧 L 划分为 n 份，观察第 i 个小段 $\widehat{\Delta s_i}$，如图 12.11 所示，

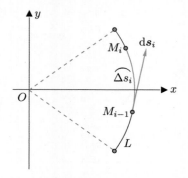

图 12.11　弧线段 $\widehat{\Delta s_i}$，及其切向量段 $\mathrm{d}\boldsymbol{s}_i$

- $\widehat{\Delta s_i}$ 的左端为 $M_{i-1}\Big(x(\theta_{i-1}), y(\theta_{i-1})\Big)$ 点，右端为 $M_i\Big(x(\theta_i), y(\theta_i)\Big)$ 点，记 $\Delta\theta_i = \theta_i - \theta_{i-1}$。

- 作出以 M_{i-1} 为切点的、对应 $\widehat{\Delta s_i}$ 的切向量段 $\mathrm{d}\boldsymbol{s}_i = \begin{pmatrix} x'(\theta_{i-1}) \\ y'(\theta_{i-1}) \end{pmatrix}\Delta\theta_i$，该切向量段的

  长度 $\|\mathrm{d}\boldsymbol{s}_i\| = \sqrt{\Big(x'(\theta_{i-1})\Big)^2 + \Big(y'(\theta_{i-1})\Big)^2}\,\Delta\theta_i$。

对弧长的曲线积分的定义（定义 114）中所需的 $\widehat{\Delta s_i}$ 的长度 Δs_i，根据微积分的思想，该长度可用切向量段 $\mathrm{d}\boldsymbol{s}_i$ 的长度 $\sqrt{\Big(x'(\theta_{i-1})\Big)^2 + \Big(y'(\theta_{i-1})\Big)^2}\,\Delta\theta_i$ 来代替，所以在本题中对弧长的曲线积分可以写作：

$$
\int_L f(x,y)\mathrm{d}s = \lim_{\lambda\to 0}\sum_{i=1}^n f(\xi_i,\eta_i)\Delta s_i = \lim_{\lambda\to 0}\sum_{i=1}^n g(\theta_i')\sqrt{\Big(x'(\theta_{i-1})\Big)^2 + \Big(y'(\theta_{i-1})\Big)^2}\,\Delta\theta_i
$$

$$
= \int_{-\alpha}^{\alpha} g(\theta)\underbrace{\sqrt{\Big(x'(\theta)\Big)^2 + \Big(y'(\theta)\Big)^2}\,\mathrm{d}\theta}_{\text{参数方程的弧微分 }\mathrm{d}s}
$$

其中的 θ_i' 是区间 $[\theta_{i-1}, \theta_i]$ 上任取的一点。

例 292. 已知螺旋线 L 的参数方程为 $\begin{cases} x(t) = a\cos t \\ y(t) = a\sin t \\ z(t) = kt \end{cases}, 0 \leqslant t \leqslant 2\pi$，以及其具有的密度函数为 $f(x,y,z) = x^2 + y^2 + z^2$，请求出该曲线的质量。

解.（1）求解。和例 290 及例 291 类似，可根据对弧长的曲线积分的计算法（定理 152）求出螺旋线 L 的质量 m：

$$
m = \int_L x^2 + y^2 + z^2 \ \mathrm{d}s = \int_0^{2\pi}\Big[(a\cos t)^2 + (a\sin t)^2 + (kt)^2\Big]\sqrt{\Big(x'(t)\Big)^2 + \Big(y'(t)\Big)^2 + \Big(z'(t)\Big)^2}\,\mathrm{d}t
$$

$$
= \int_0^{2\pi}(a^2 + k^2t^2)\sqrt{\Big((a\cos t)'\Big)^2 + \Big((a\sin t)'\Big)^2 + \Big((kt)'\Big)^2}\,\mathrm{d}t = \int_0^{2\pi}(a^2 + k^2t^2)\sqrt{a^2 + k^2}\,\mathrm{d}t
$$

$$
= \sqrt{a^2 + k^2}\left[a^2 t + \frac{k^2}{3}t^3\right]_0^{2\pi} = \frac{2}{3}\pi\sqrt{a^2 + k^2}(3a^2 + 4\pi^2 k^2)
$$

（2）这里还是直观地解释一下令 $\mathrm{d}s = \sqrt{\Big(x'(t)\Big)^2 + \Big(y'(t)\Big)^2 + \Big(z'(t)\Big)^2}\,\mathrm{d}t$ 的原因。把螺旋线 L 划分为 n 份，观察第 i 个小段 $\widehat{\Delta s_i}$，如图 12.12 所示，

- $\widehat{\Delta s_i}$ 的左端为 $M_{i-1}\Big(x(t_{i-1}), y(t_{i-1})\Big)$ 点，右端为 $M_i\Big(x(t_i), y(t_i)\Big)$ 点，记 $\Delta t_i = t_i - t_{i-1}$。

- 作出以 M_{i-1} 为切点的、对应 $\widehat{\Delta s_i}$ 的切向量段 $\mathrm{d}\boldsymbol{s}_i = \begin{pmatrix} x'(t_{i-1}) \\ y'(t_{i-1}) \\ z'(t_{i-1}) \end{pmatrix}\Delta t_i$，该切向量段的

  长度 $\|\mathrm{d}\boldsymbol{s}_i\| = \sqrt{\Big(x'(t_{i-1})\Big)^2 + \Big(y'(t_{i-1})\Big)^2 + \Big(z'(t_{i-1})\Big)^2}\,\Delta t_i$。

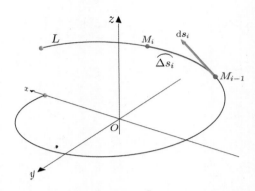

图 12.12 空间中的弧线段 $\widehat{\Delta s_i}$，及其切向量段 $\mathrm{d}\boldsymbol{s}_i$

对弧长的曲线积分的定义（定义 114）中所需的 $\widehat{\Delta s_i}$ 的长度 Δs_i，根据微积分的思想，该长度可用切向量段 $\mathrm{d}\boldsymbol{s}_i$ 的长度 $\sqrt{\left(x'(t_{i-1})\right)^2 + \left(y'(t_{i-1})\right)^2 + \left(z'(t_{i-1})\right)^2}\,\Delta t_i$ 来代替，所以在本题中对弧长的曲线积分可以写作：

$$
\begin{aligned}
\int_L f(x,y,z)\mathrm{d}s &= \lim_{\lambda \to 0} \sum_{i=1}^{n} f(\xi_i, \eta_i, \varphi_i)\Delta s_i \\
&= \lim_{\lambda \to 0} \sum_{i=1}^{n} f(x(t_i'), y(t_i'), z(t_i'))\sqrt{\left(x'(t_{i-1})\right)^2 + \left(y'(t_{i-1})\right)^2 + \left(z'(t_{i-1})\right)^2}\,\Delta t_i \\
&= \int_0^{2\pi} f(x(t), y(t), z(t))\underbrace{\sqrt{\left(x'(t)\right)^2 + \left(y'(t)\right)^2 + \left(z'(t)\right)^2}\,\mathrm{d}t}_{\text{参数方程的弧微分 } \mathrm{d}s}
\end{aligned}
$$

其中的 t_i' 是区间 $[t_{i-1}, t_i]$ 上任取的一点。

12.2 对坐标的曲线积分

上一节学习了对弧长的曲线积分，该积分还有一个名字叫作第一类曲线积分，也就意味着还有第二类曲线积分，这就是本节所要学习的内容。

12.2.1 向量场

之前学习过的向量函数，在物理中有另外一个名字，也就是向量场。举例说明一下，比如在地球表面上的每一点都有空气流动，可用向量来表示每一点上空气流动的大小和方向，如图 12.13 所示。

上述空气流动在物理学中常用下面这个向量场（向量函数）来描述，该向量场也可以称为气流场。借助该气流场，只需给出地球表面上某一点的坐标 (x,y,z)，就可以得到该点空气流动的向量：

$$
\boldsymbol{F}(x,y,z) = P(x,y,z)\boldsymbol{i} + Q(x,y,z)\boldsymbol{j} + R(x,y,z)\boldsymbol{k}
$$

又比如，有质量的物体会在空间中的不同点产生不同的引力向量，这些引力向量就构成了引力场。图 12.14 展示的是两个天体之间的引力场。

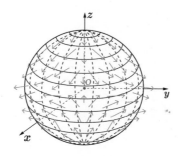

图 12.13 用向量场来表示地球表面上的空气流动

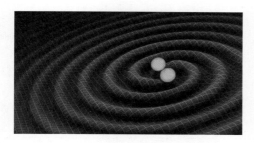

图 12.14 两个天体之间的引力场

再比如我们熟悉的磁场也是一个向量场。图 12.15 所示的是 NASA 绘制的太阳的磁场。

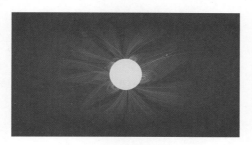

图 12.15 太阳的磁场

因为向量场很常见，所以这是物理学中很重要的研究对象，下面就来看一个例子，研究的是向量场中运动的粒子。设在二维平面中有某种力场（重力场、电力场，或者其他的力场）：

$$\boldsymbol{F}(x,y) = P(x,y)\boldsymbol{i} + Q(x,y)\boldsymbol{j}$$

该力场的图像如图 12.16 所示，其中有某红色粒子在该力场中运动，蓝色曲线 L 是该粒子的运动轨迹，红色向量是力场施加在该粒子上的力。

因为研究的是该粒子在力场中的运动，所以不需要再绘出完整的向量场了，图 12.17 中所示的信息已经足够了，

- 在增加了箭头的蓝色曲线 L 上可以同时表示粒子的运动轨迹和运动方向，其中的 A 点、B 点分别表示运动的起点、终点，这样的曲线也称为有向曲线弧。
- 力场中的粒子在不同位置的受力可以抽象为，该曲线上的某点 (x,y) 对应的一个向量

$$\boldsymbol{F} = P(x,y)\boldsymbol{i} + Q(x,y)\boldsymbol{j}。$$

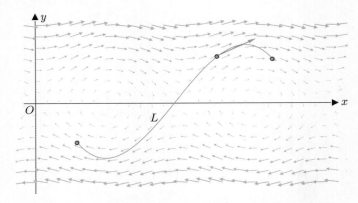

图 12.16　红色粒子在力场中的受力，及其运动轨迹 L

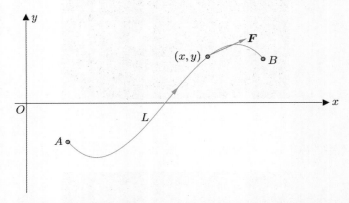

图 12.17　有向曲线弧 L 上的 (x,y) 点，及其对应的向量 $\boldsymbol{F} = P(x,y)\boldsymbol{i} + Q(x,y)\boldsymbol{j}$

在这样一个对应着向量函数 $\boldsymbol{F}$ 的有向曲线弧 L 上积分，就是本节要学习的第二类曲线积分。

12.2.2　对坐标的曲线积分的定义

定义 115. 设 L 为 xOy 面内从 A 点到 B 点的一条有向光滑曲线弧，函数 $P(x,y)$、$Q(x,y)$ 在 L 上有界。在 L 上沿 L 的方向任意插入一点列 $M_1(x_1,y_1)$，$M_2(x_2,y_2)$，$\cdots$，$M_{n-1}(x_{n-1},y_{n-1})$，把 L 分成 n 个有向小弧段：

$$\widehat{M_{i-1}M_i}, \quad (i = 1, 2, \cdots, n; M_0 = A, M_n = B)$$

设 $\Delta x_i = x_i - x_{i-1}$，$\Delta y_i = y_i - y_{i-1}$，点 (ξ_i, η_i) 为 $\widehat{M_{i-1}M_i}$ 上任意取定的点，做乘积 $P(\xi_i, \eta_i)\Delta x_i(i = 1, 2, \cdots, n)$，并作和 $\sum\limits_{k=1}^{n} P(\xi_i, \eta_i)\Delta x_i$，如果当各小弧段长度的最大值 $\lambda \to 0$ 时，这和的极限总是存在，且与曲线弧 L 的分法及点 (ξ_i, η_i) 的取法无关，那么称此极限为函数 $P(x,y)$ 在有向曲线弧 L 上对坐标 x 的曲线积分，记作 $\displaystyle\int_L P(x,y)\mathrm{d}x$。

类似地，如果 $\lim\limits_{\lambda \to 0} \sum\limits_{i=1}^{n} Q(\xi_i, \eta_i) \Delta y_i$ 总存在，且与曲线弧 L 的分法及点 (ξ_i, η_i) 的取法无

关，那么称此极限为函数 $Q(x, y)$ 在有向曲线弧 L 上对坐标 y 的曲线积分，记作 $\displaystyle\int_L Q(x, y)\mathrm{d}y$。

即：

$$\int_L P(x, y)\mathrm{d}x = \lim_{\lambda \to 0} \sum_{i=1}^{n} P(\xi_i, \eta_i) \Delta x_i, \quad \int_L Q(x, y)\mathrm{d}y = \lim_{\lambda \to 0} \sum_{i=1}^{n} Q(\xi_i, \eta_i) \Delta y_i$$

其中 $P(x)$、$Q(x)$ 叫作被积函数，L 叫作积分弧段，以上两个积分也称为第二类曲线积分。

定义 115 到底说的是什么？和图 12.17 提到的向量场中粒子的运动有什么关系？下面就来解释一下。

研究粒子在力场中的运动，目的之一就是计算粒子在从 A 点运动到 B 点的过程中，力场对该粒子的做功。先简单地复习一下高中物理中学习过的做功，如图 12.18 所示，在力 $\boldsymbol{F}$ 的作用下木箱位移了 $\boldsymbol{S}$，那么这个过程中的做功 W 为两个向量的点积，即 $W = \boldsymbol{F} \cdot \boldsymbol{S}$。

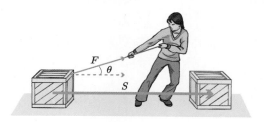

图 12.18 在力 $\boldsymbol{F}$ 的作用下，木箱位移了 $\boldsymbol{S}$

力场对粒子的做功在原理上是一样的，只是计算更复杂。先在 L 上沿 L 的方向任意插入一点列 $M_1(x_1, y_1)$, $M_2(x_2, y_2)$, $\cdots$, $M_{n-1}(x_{n-1}, y_{n-1})$，把 L 分成 n 个有向小弧段，如图 12.19 所示。

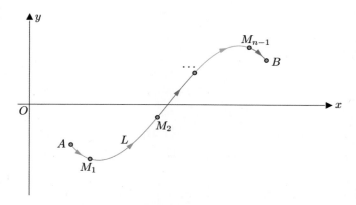

图 12.19 把有向曲线弧 L 分成 n 个有向小弧段

观察第 i 个有向曲线弧 $\widehat{M_{i-1}M_i}$，根据微积分的一贯思想，该有向曲线段可以用小切向量 $\mathrm{d}\boldsymbol{r}_i$ 来线性近似，设该小切向量 $\mathrm{d}\boldsymbol{r}_i$ 的 x 分量为 $\mathrm{d}x_i\boldsymbol{i}$，$y$ 分量为 $\mathrm{d}y_i\boldsymbol{j}$，如图 12.20 所示，那么有 $\mathrm{d}\boldsymbol{r}_i = \begin{pmatrix} \mathrm{d}x_i \\ \mathrm{d}y_i \end{pmatrix}$。

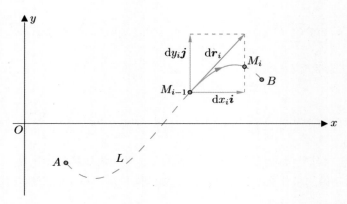

图 12.20　有向曲线弧 $\overset{\frown}{M_{i-1}M_i}$，可用小切向量 $\mathrm{d}\boldsymbol{r}_i = \begin{pmatrix} \mathrm{d}x_i \\ \mathrm{d}y_i \end{pmatrix}$ 来近似

设 L 位于力场 $\boldsymbol{F} = P(x,y)\boldsymbol{i} + Q(x,y)\boldsymbol{j}$ 中，若在 $\overset{\frown}{M_{i-1}M_i}$ 上任取一点 (ξ_i, η_i)，则该点的受力为向量 $\boldsymbol{F}_i = P(\xi_i, \eta_i)\boldsymbol{i} + Q(\xi_i, \eta_i)\boldsymbol{j} = \begin{pmatrix} P(\xi_i, \eta_i) \\ Q(\xi_i, \eta_i) \end{pmatrix}$，即 $\boldsymbol{F}_i$ 在 x 方向的分力为 $P(\xi_i, \eta_i)\boldsymbol{i}$，在 y 方向的分力为 $Q(\xi_i, \eta_i)\boldsymbol{j}$，如图 12.21 所示。可近似认为粒子沿 $\overset{\frown}{M_{i-1}M_i}$ 运动时受到的力都是 $\boldsymbol{F}_i$[①]。

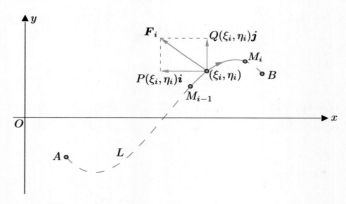

图 12.21　$\overset{\frown}{M_{i-1}M_i}$ 上的 (ξ_i, η_i) 点，及其受力 $\boldsymbol{F}_i = P(\xi_i, \eta_i)\boldsymbol{i} + Q(\xi_i, \eta_i)\boldsymbol{j}$

综合前面两个近似，粒子沿 $\overset{\frown}{M_{i-1}M_i}$ 的运动可近似为沿小切向量 $\mathrm{d}\boldsymbol{r}_i$ 运动，并且在整个运动过程中的受力都是 $\boldsymbol{F}_i$，如图 12.22 所示。

因此粒子从 M_{i-1} 点出发沿 $\overset{\frown}{M_{i-1}M_i}$ 运动到 M_i 点的做功 W_i 可近似计算如下，该计算结果可以理解为在 x 方向上的做功以及在 y 方向上的做功之和：

$$W_i \approx \boldsymbol{F}_i \cdot \mathrm{d}\boldsymbol{r}_i = \begin{pmatrix} P(\xi_i, \eta_i) \\ Q(\xi_i, \eta_i) \end{pmatrix} \cdot \begin{pmatrix} \mathrm{d}x_i \\ \mathrm{d}y_i \end{pmatrix} = \underbrace{P(\xi_i, \eta_i)\mathrm{d}x_i}_{x \text{ 方向上的做功}} + \underbrace{Q(\xi_i, \eta_i)\mathrm{d}y_i}_{y \text{ 方向上的做功}}$$

用同样的方法分别算出粒子经过这 n 个有向小弧段时的做功，累加起来就得到了如下的黎曼和：

$$\sum_{i=1}^{n} W_i \approx \sum_{i=1}^{n} \boldsymbol{F}_i \cdot \mathrm{d}\boldsymbol{r}_i = \sum_{i=1}^{n} P(\xi_i, \eta_i)\mathrm{d}x_i + \sum_{i=1}^{n} Q(\xi_i, \eta_i)\mathrm{d}y_i$$

---

① 上述定义中没有指明函数 $P(x,y)$、$Q(x,y)$ 是连续的，但在曲线积分存在的前提下，这样近似问题也不大。

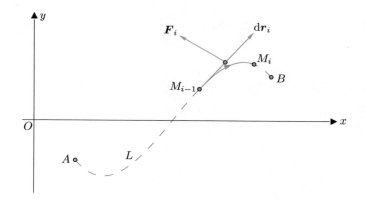

图 12.22　沿 $\overgroup{M_{i-1}M_i}$ 的运动可近似为沿 $\mathrm{d}\boldsymbol{r}_i$ 运动, 全程受力近似为 $\boldsymbol{F}_i$

当有向光滑曲线弧 L 被划分得越来越细时, 也就是 $\lambda \to 0$ 时就得到了如下积分, 也就得到了粒子从 A 点沿 L 运动到 B 点的做功 W, 其中的 $\mathrm{d}\boldsymbol{r} = \begin{pmatrix} \mathrm{d}x \\ \mathrm{d}y \end{pmatrix}$:

$$\int_L \boldsymbol{F}(x,y) \cdot \mathrm{d}\boldsymbol{r} = \lim_{\lambda \to 0} \sum_{i=1}^{n} \boldsymbol{F}_i \cdot \mathrm{d}\boldsymbol{r}_i = \lim_{\lambda \to 0} \sum_{i=1}^{n} P(\xi_i, \eta_i)\mathrm{d}x_i + \lim_{\lambda \to 0} \sum_{i=1}^{n} Q(\xi_i, \eta_i)\mathrm{d}y_i$$

$$= \int_L P(x,y)\mathrm{d}x + \int_L Q(x,y)\mathrm{d}y = W$$

根据之前的分析, 上式中 $\int_L P(x,y)\mathrm{d}x$ 计算的是在 x 方向上的做功, 而 $\int_L Q(x,y)\mathrm{d}y$ 计算的是在 y 方向上的做功, 即:

$$W = \int_L \boldsymbol{F}(x,y) \cdot \mathrm{d}\boldsymbol{r} = \underbrace{\int_L P(x,y)\mathrm{d}x}_{x \text{ 方向上的做功}} + \underbrace{\int_L Q(x,y)\mathrm{d}y}_{y \text{ 方向上的做功}}$$

上式中的 $\int_L P(x,y)\mathrm{d}x$ 和 $\int_L Q(x,y)\mathrm{d}y$ 都是在第二类曲线积分定义中给出的, 并且前面所说的 "x 方向" "y 方向" 也就是 "x 坐标所指方向" "y 坐标所指方向" 的简写, 所以第二类曲线积分又称为对坐标的曲线积分。特别说明一下, 上述积分又常简写如下:

$$\int_L \boldsymbol{F}(x,y) \cdot \mathrm{d}\boldsymbol{r} = \int_L P(x,y)\mathrm{d}x + \int_L Q(x,y)\mathrm{d}y = \int_L P(x,y)\mathrm{d}x + Q(x,y)\mathrm{d}y$$

12.2.3　对坐标的曲线积分的性质

定理 153. 由对坐标的曲线积分的定义可知, 它有以下性质:

- 齐次性与可加性: 设 α、β 为常数, 则 $\int_L [\alpha\boldsymbol{F_1}(x,y) + \beta\boldsymbol{F_2}(x,y)] \cdot \mathrm{d}\boldsymbol{r} = \alpha \int_L \boldsymbol{F_1}(x,y) \cdot \mathrm{d}\boldsymbol{r} + \beta \int_L \boldsymbol{F_2}(x,y) \cdot \mathrm{d}\boldsymbol{r}$。

- 积分区间的拆分: 若有向曲线弧 L 可分为两段有向曲线弧 L_1 和 L_2, 则:

$$\int_L \boldsymbol{F}(x,y) \cdot \mathrm{d}\boldsymbol{r} = \int_{L_1} \boldsymbol{F}(x,y) \cdot \mathrm{d}\boldsymbol{r} + \int_{L_2} \boldsymbol{F}(x,y) \cdot \mathrm{d}\boldsymbol{r}$$

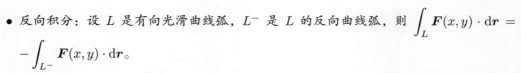

● 反向积分：设 L 是有向光滑曲线弧，L^- 是 L 的反向曲线弧，则 $\displaystyle\int_L \boldsymbol{F}(x,y)\cdot \mathrm{d}\boldsymbol{r} =$
$-\displaystyle\int_{L^-} \boldsymbol{F}(x,y)\cdot \mathrm{d}\boldsymbol{r}$。

这里举例解释一下定理 153 中提到的反向曲线弧，比如图 12.23 中的 L 是有向光滑曲线弧，那么图 12.24 就是 L 的反向曲线弧 L^-。

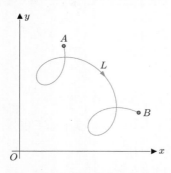

图 12.23　有向光滑曲线弧 L

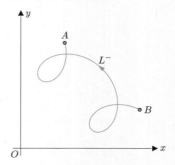

图 12.24　L 的反向曲线弧 L^-

12.2.4　对坐标的曲线积分的计算法

定理 154. 设 $P(x,y)$ 与 $Q(x,y)$ 在有向曲线弧 L 上有定义且连续，L 的参数方程为
$\begin{cases} x(t) = \varphi(t) \\ y(t) = \psi(t) \end{cases}$。当参数 t 单调地由 α 变到 β 时，$M(x,y)$ 点从 L 的起点 A 沿 L 运动到终点 B，若 $\varphi(t)$ 与 $\psi(t)$ 在 $[\alpha,\beta]$ 上具有一阶连续导数，且 $\left(\varphi'(t)\right)^2 + \left(\psi'(t)\right)^2 \neq 0$，则曲线积分 $\displaystyle\int_L P(x,y)\mathrm{d}x + Q(x,y)\mathrm{d}y$ 存在，且：

$$\int_L P(x,y)\mathrm{d}x + Q(x,y)\mathrm{d}y = \int_\alpha^\beta \left[P\left(\varphi(t),\psi(t)\right)\varphi'(t) + Q\left(\varphi(t),\psi(t)\right)\psi'(t) \right]\mathrm{d}t$$

证明. 在 L 上取一列点：

$$A = M_0,\ M_1,\ M_2,\ \cdots,\ M_i,\ \cdots,\ M_{n-1},\ M_n = B$$

它们对应于一列严格单调变化的参数值：

$$\alpha = t_0,\ t_1,\ t_2,\ \cdots,\ t_i,\ \cdots,\ t_{n-1},\ t_n = \beta$$

依据对坐标的曲线积分的定义（定义 115），有：

$$\int_L P(x,y)\mathrm{d}x = \lim_{\lambda \to 0} \sum_{i=1}^n P(\xi_i, \eta_i)\Delta x_i$$

由于 $\Delta x_i = x_i - x_{i-1} = \varphi(t_i) - \varphi(t_{i-1})$，令 $\Delta t_i = t_i - t_{i-1}$，根据拉格朗日中值定理（定理 56），所以存在 $t_{i-1} \leqslant \tau_i \leqslant t_i$ 使得：

$$\Delta x_i = \varphi(t_i) - \varphi(t_{i-1}) = \varphi'(\tau_i)\Delta t_i$$

又设 (ξ_i, η_i) 点对应于参数值 τ_i'，即 $\xi_i = \varphi(\tau_i')$、$\eta_i = \psi(\tau_i')$，这里 $t_{i-1} \leqslant \tau_i' \leqslant t_i$，所以：

$$\int_L P(x,y)\mathrm{d}x = \lim_{\lambda \to 0} \sum_{i=1}^{n} P(\xi_i, \eta_i)\Delta x_i = \lim_{\lambda \to 0} \sum_{i=1}^{n} P\Big(\varphi(\tau_i'), \psi(\tau_i')\Big)\varphi'(\tau_i)\Delta t_i$$

由于函数 $\varphi'(t)$ 在区间 $[\alpha, \beta]$ 上连续，所以可以把上式的 τ_i' 换成 τ_i，从而：

$$\int_L P(x,y)\mathrm{d}x = \lim_{\lambda \to 0} \sum_{i=1}^{n} P\Big(\varphi(\tau_i), \psi(\tau_i)\Big)\varphi'(\tau_i)\Delta t_i$$

上式等号的右侧就是函数 $P\Big(\varphi(t), \psi(t)\Big)\varphi'(t)$ 在区间 $[\alpha, \beta]$ 上的定积分，因为该函数在区间 $[\alpha, \beta]$ 上连续，所以该定积分是存在的，因此：

$$\int_L P(x,y)\mathrm{d}x = \int_\alpha^\beta \Big[P\Big(\varphi(t), \psi(t)\Big)\varphi'(t) \Big]\mathrm{d}t$$

同理可证：

$$\int_L Q(x,y)\mathrm{d}y = \int_\alpha^\beta \Big[Q\Big(\varphi(t), \psi(t)\Big)\psi'(t) \Big]\mathrm{d}t$$

把以上两式相加，得：

$$\int_L P(x,y)\mathrm{d}x + Q(x,y)\mathrm{d}y = \int_\alpha^\beta \Big[P\Big(\varphi(t), \psi(t)\Big)\varphi'(t) + Q\Big(\varphi(t), \psi(t)\Big)\psi'(t) \Big]\mathrm{d}t \qquad \blacksquare$$

定理 154 可这么来记忆，将 $\int_L P(x,y)\mathrm{d}x + Q(x,y)\mathrm{d}y$ 中所有的 x、y 替换为 $\varphi(t)$、$\psi(t)$ 即可：

$$\int_L P(x,y)\mathrm{d}x + Q(x,y)\mathrm{d}y = \int_\alpha^\beta P\Big(\varphi(t), \psi(t)\Big)\mathrm{d}\Big(\varphi(t)\Big) + Q\Big(\varphi(t), \psi(t)\Big)\mathrm{d}\Big(\psi(t)\Big)$$

$$= \int_\alpha^\beta \Big[P\Big(\varphi(t), \psi(t)\Big)\varphi'(t) + Q\Big(\varphi(t), \psi(t)\Big)\psi'(t) \Big]\mathrm{d}t$$

如果曲线弧 L 是由函数 $\psi(x)$ 给出的，可将之视为特殊的参数方程 $\begin{cases} x = x \\ y = \psi(x) \end{cases}$，$x$ 从 a 变到 b，然后套用定理 154 即可：

$$\int_L P(x,y)\mathrm{d}x + Q(x,y)\mathrm{d}y = \int_a^b P\Big(x, \psi(x)\Big)\mathrm{d}x + Q\Big(x, \psi(x)\Big)\mathrm{d}\Big(\psi(x)\Big)$$

$$= \int_a^b \Big[P\Big(x, \psi(x)\Big) + Q\Big(x, \psi(x)\Big)\psi'(x) \Big]\mathrm{d}x$$

定理 154 还可推广到空间曲线 $\varGamma$ 对应参数方程 $\begin{cases} x = \varphi(t) \\ y = \psi(t) \\ z = \omega(t) \end{cases}$ 的情况，t 从 α 变到 β，此时有：

$$\int_{\Gamma} P(x,y,z)\mathrm{d}x + Q(x,y,z)\mathrm{d}y + R(x,y,z)\mathrm{d}z$$

$$= \int_{\alpha}^{\beta} P\big(\varphi(t),\psi(t),\omega(t)\big)\mathrm{d}\big(\varphi(t)\big) + Q\big(\varphi(t),\psi(t),\omega(t)\big)\mathrm{d}\big(\psi(t)\big) + R\big(\varphi(t),\psi(t),\omega(t)\big)\mathrm{d}\big(\omega(t)\big)$$

$$= \int_{\alpha}^{\beta} \Big[P\big(\varphi(t),\psi(t),\omega(t)\big)\varphi'(t) + Q\big(\varphi(t),\psi(t),\omega(t)\big)\psi'(t) + R\big(\varphi(t),\psi(t),\omega(t)\big)\omega'(t) \Big] \mathrm{d}t$$

关于定理 154 还可以说的就是，其中的"$\varphi(t)$、$\psi(t)$ 在 $[\alpha,\beta]$ 具有一阶连续导数"表明 L 是一条光滑曲线弧；以及定理 154 没有要求"$\alpha < \beta$"，这一点和对弧长的曲线积分的计算法（定理 152）不同。

例 293. 计算 $\int_{L} xy\,\mathrm{d}x$，其中 L 为抛物线 $y^2 = x$ 上从点 $A(1,-1)$ 到点 $B(1,1)$ 的一段弧。

解. 为了帮助理解，先讨论一下本题的物理意义。已知 L 为抛物线 $y^2 = x$ 上从点 $A(1,-1)$ 到点 $B(1,1)$ 的一段弧，如图 12.25 所示，想象其中还存在水平力场 $xy\boldsymbol{i}$。某粒子在该力场中从 A 点出发沿 L 运动到 B 点，其在 (x,y) 点的受力为 $\boldsymbol{F} = xy\boldsymbol{i}$，这整个运动过程的做功就是 $\int_{L} xy\,\mathrm{d}x$[①]。

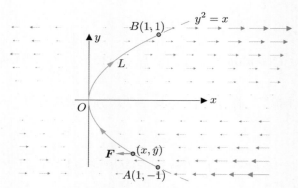

图 12.25　有向曲线弧 L 上的 (x,y) 点，及其受力 $\boldsymbol{F} = xy\boldsymbol{i}$

（1）解法一。将 L 分成 AO 和 OB 这两段有向曲线弧，如图 12.26 所示。易知有向曲线弧 AO 对应函数 $y = -\sqrt{x}$，x 从 1 变到 0；而有向曲线弧 OB 对应函数 $y = \sqrt{x}$，x 从 0 变到 1。

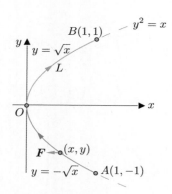

图 12.26　L 分成 AO 和 OB，AO 对应函数 $y = -\sqrt{x}$，OB 对应函数 $y = \sqrt{x}$

---

① 本题只有水平力，所以也只在水平方向上，或者说只在 x 坐标方向上有做功。

根据对坐标的曲线积分的计算法（定理 154），粒子从 A 点沿 AO 运动到 O 点的做功为：

$$\int_{AO} xy\, \mathrm{d}x = \int_1^0 x(-\sqrt{x})\, \mathrm{d}x = \int_1^0 -x^{\frac{3}{2}}\, \mathrm{d}x = \left[-\frac{2}{5}x^{\frac{5}{2}}\right]_1^0 = \frac{2}{5}$$

同样地，粒子从 O 点沿 OB 运动到 B 点的做功为：

$$\int_{OB} xy\, \mathrm{d}x = \int_0^1 x\sqrt{x}\, \mathrm{d}x = \int_0^1 x^{\frac{3}{2}}\, \mathrm{d}x = \left[\frac{2}{5}x^{\frac{5}{2}}\right]_0^1 = \frac{2}{5}$$

根据对坐标的曲线积分中对积分区间拆分的性质（定理 153），所以：

$$\int_L xy\, \mathrm{d}x = \int_{AO} xy\, \mathrm{d}x + \int_{OB} xy\, \mathrm{d}x = \frac{2}{5} + \frac{2}{5} = \frac{4}{5}$$

（2）解法二。也可认为 L 对应函数 $x = y^2$，y 从 -1 变到 1。根据对坐标的曲线积分的计算法（定理 154），所以有 $\int_L xy\, \mathrm{d}x = \int_{-1}^1 y^2 \cdot y\, \mathrm{d}(y^2) = 2\int_{-1}^1 y^4 \mathrm{d}y = 2\left[\frac{y^5}{5}\right]_{-1}^1 = \frac{4}{5}$。

例 294. 计算 $\int_L y^2\, \mathrm{d}x$，其中 L 为：

（1）半径为 a、圆心为原点、按逆时针方向绕行的上半圆周。

（2）从 $A(a,0)$ 点沿 x 轴到 $B(-a,0)$ 点的直线段。

解. 为方便理解，先作出本题中的两个积分弧段，如图 12.27 所示。

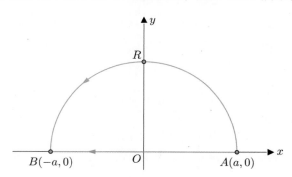

图 12.27　积分弧段 AB 和 $\overset{\frown}{ARB}$

（1）当 L 为半径为 a、圆心为原点、按逆时针方向绕行的上半圆周时，即图 12.27 中蓝色的有向曲线弧，其对应的参数方程为 $\begin{cases} x = a\cos\theta \\ y = a\sin\theta \end{cases}$，$\theta$ 从 0 变到 π。根据对坐标的曲线积分的计算法（定理 154），所以：

$$\int_L y^2\, \mathrm{d}x = \int_0^\pi (a\sin\theta)^2 \mathrm{d}(a\cos\theta) = a^3\int_0^\pi \sin^2\theta(-\sin\theta)\mathrm{d}\theta$$

$$= a^3\int_0^\pi (1-\cos^2\theta)\mathrm{d}(\cos\theta) = a^3\left[\cos\theta - \frac{\cos^3\theta}{3}\right]_0^\pi = -\frac{4}{3}a^3$$

（2）当 L 为从 $A(a,0)$ 点沿 x 轴到 $B(-a,0)$ 点的直线段时，即图 12.27 中红色的有向直线，其对应的函数为 $y = 0$，x 从 a 变到 $-a$。根据对坐标的曲线积分的计算法（定理 154），所以 $\int_L y^2\, \mathrm{d}x = \int_a^{-a} 0\, \mathrm{d}x = 0$。

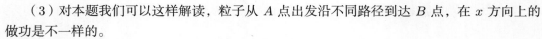

（3）对本题我们可以这样解读，粒子从 A 点出发沿不同路径到达 B 点，在 x 方向上的做功是不一样的。

例 295. 计算 $\displaystyle\int_L 2xy\,\mathrm{d}x + x^2\,\mathrm{d}y$，其中 L 为：

（1）抛物线 $y = x^2$ 上从 $O(0,0)$ 点到 $B(1,1)$ 点的一段弧。

（2）抛物线 $x = y^2$ 上从 $O(0,0)$ 点到 $B(1,1)$ 点的一段弧。

（3）有向折线 OAB，这里 O、A、B 依次为 $(0,0)$ 点、$(1,0)$ 点和 $(1,1)$ 点。

解. 为方便理解，先作出本题中的三个积分弧段，如图 12.28 所示。

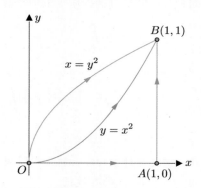

图 12.28　积分弧段 OAB 和抛物线 $y = x^2$、$x = y^2$ 的一部分

（1）当 L 为抛物线 $y = x^2$ 上从 $O(0,0)$ 点到 $B(1,1)$ 点的一段弧，即图 12.28 中绿色的有向曲线弧时，其对应的函数为 $y = x^2$，x 从 0 变到 1。根据对坐标的曲线积分的计算法（定理 154），所以：

$$\int_L 2xy\,\mathrm{d}x + x^2\,\mathrm{d}y = \int_0^1 2x \cdot x^2\,\mathrm{d}x + x^2\,\mathrm{d}(x^2) = \int_0^1 2x^3\,\mathrm{d}x + 2x^3\,\mathrm{d}x = 4\int_0^1 x^3\,\mathrm{d}x = 1$$

（2）当 L 为抛物线 $x = y^2$ 上从 $O(0,0)$ 点到 $B(1,1)$ 点的一段弧，即图 12.28 中橙色的有向曲线弧时，其对应的函数为 $x = y^2$，y 从 0 变到 1。根据对坐标的曲线积分的计算法（定理 154），所以：

$$\int_L 2xy\,\mathrm{d}x + x^2\,\mathrm{d}y = \int_0^1 2 \cdot y^2 \cdot y\,\mathrm{d}(y^2) + (y^2)^2\,\mathrm{d}y = \int_0^1 4y^4\,\mathrm{d}y + y^4\,\mathrm{d}y = 5\int_0^1 y^4\,\mathrm{d}x = 1$$

（3）当 L 为有向折线 OAB，即图 12.28 中红色的折线时，根据对坐标的曲线积分的积分区间拆分的性质（定理 153），此时可以拆分计算：

$$\int_L 2xy\,\mathrm{d}x + x^2\,\mathrm{d}y = \int_{OA} 2xy\,\mathrm{d}x + x^2\,\mathrm{d}y + \int_{AB} 2xy\,\mathrm{d}x + x^2\,\mathrm{d}y$$

其中 OA 对应的函数为 $y = 0$，x 从 0 变到 1，根据对坐标的曲线积分的计算法（定理 154），所以：

$$\int_{OA} 2xy\,\mathrm{d}x + x^2\,\mathrm{d}y = \int_0^1 2x \cdot 0\,\mathrm{d}x + x^2\,\mathrm{d}(0) = \int_0^1 0\,\mathrm{d}x = 0$$

AB 对应的函数为 $x = 1$，y 从 0 变到 1，根据对坐标的曲线积分的计算法（定理 154），所以：

$$\int_{AB} 2xy \, \mathrm{d}x + x^2 \, \mathrm{d}y = \int_0^1 2 \cdot 1 \cdot y \, \mathrm{d}(1) + 1^2 \, \mathrm{d}y = \int_0^1 \mathrm{d}y = 1$$

从而 $\displaystyle\int_L 2xy \, \mathrm{d}x + x^2 \, \mathrm{d}y = \int_{OA} 2xy \, \mathrm{d}x + x^2 \, \mathrm{d}y + \int_{AB} 2xy \, \mathrm{d}x + x^2 \, \mathrm{d}y = 0 + 1 = 1$。

（4）和上一道例题不同，这里的粒子从 O 点出发到达 B 点，虽然路径不同，但整个过程中的做功却是一样的。

例 296. 计算 $\displaystyle\int_\Gamma x^3 \, \mathrm{d}x + 3zy^2 \, \mathrm{d}y - x^2 y \, \mathrm{d}z$，其中 Γ 是从点 $A(3,2,1)$ 到点 $B(0,0,0)$ 的有向直线段。

解. 根据点 $A = \begin{pmatrix} 3 \\ 2 \\ 1 \end{pmatrix}$ 和点 $B = \begin{pmatrix} 0 \\ 0 \\ 0 \end{pmatrix}$，可以写出由这两点决定的直线的一个方向向量：

$$\boldsymbol{s} = A - B = \begin{pmatrix} 3-0 \\ 2-0 \\ 1-0 \end{pmatrix} = \begin{pmatrix} 3 \\ 2 \\ 1 \end{pmatrix}$$

从而得到该直线段的参数方程（根据定理 116）：

$$\begin{pmatrix} x \\ y \\ z \end{pmatrix} = B + k\boldsymbol{s} = \begin{pmatrix} 0+3k \\ 0+2k \\ 0+k \end{pmatrix} \implies \begin{cases} x = 3k \\ y = 2k, \quad 0 \leqslant k \leqslant 1 \\ z = k \end{cases}$$

注意到 Γ 是从点 $A(3,2,1)$ 到点 $B(0,0,0)$ 的有向直线段，所以 k 从 1 变到 0。根据对坐标的曲线积分的计算法（定理 154），从而有：

$$\int_\Gamma x^3 \mathrm{d}x + 3zy^2 \mathrm{d}y - x^2 y \, \mathrm{d}z = \int_1^0 (3k)^3 \mathrm{d}(3k) + 3 \cdot k \cdot (2k)^2 \mathrm{d}(2k) - (3k)^2 \cdot (2k)\mathrm{d}(k)$$

$$= \int_1^0 87k^3 \mathrm{d}k = -\frac{87}{4}$$

例 297. 计算 $\displaystyle\int_\Gamma z \, \mathrm{d}x + x \, \mathrm{d}y + y \, \mathrm{d}z$，其中 Γ 为平面 $x + y + z = 1$ 被三个坐标面所截成的三角形的整个边界，如图 12.29 所示，其中标注了 Γ 所在三角形的顶点 A、B 和 C，以及组成 Γ 的三条有向直线 Γ_1、Γ_2 和 Γ_3。

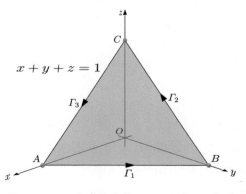

图 12.29 Γ 由有向直线 Γ_1、Γ_2 和 Γ_3 组成

解. 因为 Γ 由 Γ_1、Γ_2 和 Γ_3 组成，所以可分别计算这三个部分的曲线积分再相加起来。

（1）计算 $\displaystyle\int_{\Gamma_1} z\,\mathrm{d}x + x\,\mathrm{d}y + y\,\mathrm{d}z$。容易知道 Γ_1 是从点 $A(1,0,0)$ 到点 $B(0,1,0)$ 的有向直线段，即点 $A = \begin{pmatrix} 1 \\ 0 \\ 0 \end{pmatrix}$ 和点 $B = \begin{pmatrix} 0 \\ 1 \\ 0 \end{pmatrix}$，可以写出这两点决定的直线的一个方向向量：

$$s = B - A = \begin{pmatrix} 0-1 \\ 1-0 \\ 0-0 \end{pmatrix} = \begin{pmatrix} -1 \\ 1 \\ 0 \end{pmatrix}$$

从而得到该直线段的参数方程（根据定理 116）：

$$\begin{pmatrix} x \\ y \\ z \end{pmatrix} = A + ks = \begin{pmatrix} 1-k \\ 0+k \\ 0+0 \end{pmatrix} \implies \begin{cases} x = 1-k \\ y = k \\ z = 0 \end{cases}, \quad 0 \leqslant k \leqslant 1$$

注意到 Γ_1 是从点 $A(1,0,0)$ 到点 $B(0,1,0)$ 的有向直线段，所以 k 从 0 变到 1。根据对坐标的曲线积分的计算法（定理 154），所以：

$$\int_{\Gamma_1} z\,\mathrm{d}x + x\,\mathrm{d}y + y\,\mathrm{d}z = \int_0^1 0\mathrm{d}(1-k) + (1-k)\mathrm{d}k + k\mathrm{d}(0) = \int_0^1 (1-k)\mathrm{d}k = \left[k - \frac{k^2}{2} \right]_0^1 = \frac{1}{2}$$

（2）同理可得 $\displaystyle\int_{\Gamma_2} z\,\mathrm{d}x + x\,\mathrm{d}y + y\,\mathrm{d}z = \int_{\Gamma_3} z\,\mathrm{d}x + x\,\mathrm{d}y + y\,\mathrm{d}z = \frac{1}{2}$，根据对坐标的曲线积分的关于积分区间拆分的性质（定理 153），所以最终有：

$$\int_\Gamma z\,\mathrm{d}x + x\,\mathrm{d}y + y\,\mathrm{d}z = \int_{\Gamma_1+\Gamma_2+\Gamma_3} z\,\mathrm{d}x + x\,\mathrm{d}y + y\,\mathrm{d}z = \frac{3}{2}$$

12.2.5　两类曲线积分的关系

这两节我们学习了对弧长的曲线积分和对坐标的曲线积分，它们也分别称为第一类曲线积分和第二类曲线积分，下面就来比较一下这两类积分的异同。首先，第一类曲线积分（定义 114）和第二类曲线积分（定义 115）的不同在于，

- 第一类曲线积分中的 L 是曲线弧，作用在曲线弧 L 上的是数量（标量）函数 $f(x,y)$，如图 12.30 所示。
- 第二类曲线积分中的 L 是有向曲线弧，作用在有向曲线弧 L 上的是向量函数 $\boldsymbol{F}(x,y)$，如图 12.31 所示。

再来看看这两类积分的联系，对图 12.30 中的曲线弧 L、图 12.31 中的有向曲线弧 L 进行相同的划分，从而得到图 12.32 的小曲线弧 $\widehat{M_{i-1}M_i}$、图 12.33 中的小有向曲线弧 $\widehat{M_{i-1}M_i}$。根据前面的学习可知，图 12.32 的小曲线弧 $\widehat{M_{i-1}M_i}$ 可用小切线段 Δs_i 来线性近似，而图 12.33 中的小有向曲线弧 $\widehat{M_{i-1}M_i}$ 可用小切向量 $\mathrm{d}\boldsymbol{r}_i$ 来线性近似。

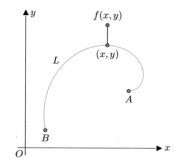

图 12.30 第一类曲线积分：$\int_L f(x,y)\mathrm{d}s$

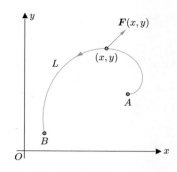

图 12.31 第二类曲线积分：$\int_L \boldsymbol{F}(x,y)\cdot\mathrm{d}\boldsymbol{r}$

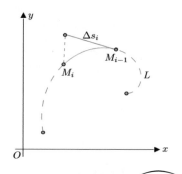

图 12.32 用 Δs_i 来近似 $\widehat{M_{i-1}M_i}$

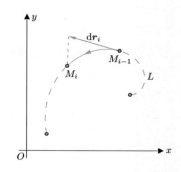

图 12.33 用 $\mathrm{d}\boldsymbol{r}_i$ 来近似 $\widehat{M_{i-1}M_i}$

Δs_i 和 $\mathrm{d}\boldsymbol{r}_i$ 的长度是相同的，只是后者是向量，设其单位方向向量为 $\boldsymbol{\tau}_i$，那么有 $\mathrm{d}\boldsymbol{r}_i = \boldsymbol{\tau}_i\mathrm{d}s_i$。根据对坐标的曲线积分的定义（定义 115），可得：

$$\int_L \boldsymbol{F}(x,y)\cdot\mathrm{d}\boldsymbol{r} = \lim_{\lambda\to0}\sum_{i=1}^n \boldsymbol{F}_i\cdot\mathrm{d}\boldsymbol{r}_i = \lim_{\lambda\to0}\sum_{i=1}^n \boldsymbol{F}_i\cdot\boldsymbol{\tau}_i\mathrm{d}s_i = \int_L \boldsymbol{F}(x,y)\cdot\boldsymbol{\tau}\mathrm{d}s$$

上式中的 $\boldsymbol{F}(x,y)\cdot\boldsymbol{\tau}$ 是向量函数 $\boldsymbol{F}(x,y)$ 在单位切向量 $\boldsymbol{\tau}$ 上的投影，其结果是一个数量函数，所以上式的左侧是第二类曲线积分，右侧是第一类曲线积分。整理一下会看得更清楚：

$$\underbrace{\int_L \overbrace{\boldsymbol{F}(x,y)}^{\text{向量函数}}\cdot\mathrm{d}\boldsymbol{r}}_{\text{第二类曲线积分}} = \underbrace{\int_L \overbrace{\boldsymbol{F}(x,y)}^{\text{标量函数}}\cdot\boldsymbol{\tau}\,\mathrm{d}s}_{\text{第一类曲线积分}}$$

所以第一类曲线积分（定义 114）和第二类曲线积分（定义 115）是可以相互转化的。

12.3　曲线积分的基本定理

12.3.1　从直线积分的基本定理到曲线积分的基本定理

之前学习过微积分第二基本定理（定理 89），也就是牛顿-莱布尼茨公式，即：

$$\int_a^b f(x)\mathrm{d}x = F(b) - F(a)$$

用图来解释的话，上述公式说的是，对于定义在线段 L 上的函数 $f(x)$，如图 12.34 所示。在一定条件下有定义在线段 L 上的函数 $F(x)$，如图 12.35 所示，只需要知道两端的 $F(a)$ 和 $F(b)$，就可求出定积分 $\int_a^b f(x)\mathrm{d}x$。

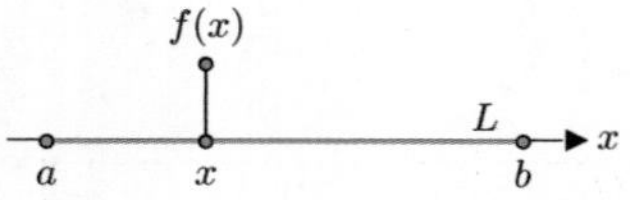

图 12.34　定义在线段 L 上的函数 $f(x)$ 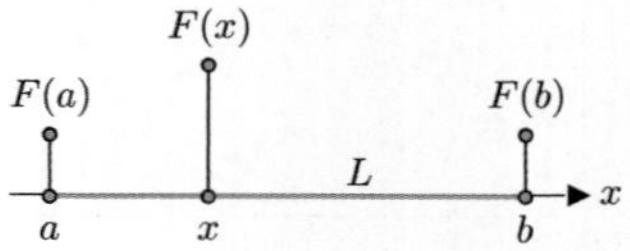　　　图 12.35　定义在线段 L 上的函数 $F(x)$

微积分第二基本定理（定理 89）无疑大大简化了定积分的计算，或者说大大简化了直线积分的计算，所以该定理也称为直线积分的基本定理。实际上曲线积分也有类似的定理：

定理 155 (曲线积分的基本定理). 设 $\boldsymbol{F} = P(x,y)\boldsymbol{i} + Q(x,y)\boldsymbol{j}$ 是平面区域 G 内的一个向量函数，若 $P(x,y)$ 与 $Q(x,y)$ 都在 G 内连续，且存在一个数量函数 $f(x,y)$ 使得 $\boldsymbol{F} = \nabla f$，则曲线积分 $\int_L \boldsymbol{F} \cdot \mathrm{d}\boldsymbol{r}$ 在 G 内与路径无关，且

$$\int_L \boldsymbol{F} \cdot \mathrm{d}\boldsymbol{r} = f(B) - f(A)$$

其中 L 是位于 G 内的起点为 A、终点为 B 的任一分段有向光滑曲线弧。

证明. 设 L 对应的向量函数及参数方程如下，其中起点 A 对应参数 $t = \alpha$，终点 B 对应参数 $t = \beta$：

$$\boldsymbol{r} = \varphi(t)\boldsymbol{i} + \psi(t)\boldsymbol{j} \iff \begin{cases} x = \varphi(t) \\ y = \psi(t) \end{cases}, \quad t \in [\alpha, \beta]$$

根据上式可推出上述向量函数的导数为：

$$\frac{\mathrm{d}\boldsymbol{r}}{\mathrm{d}t} = \frac{\mathrm{d}\varphi(t)}{\mathrm{d}t}\boldsymbol{i} + \frac{\mathrm{d}\psi(t)}{\mathrm{d}t}\boldsymbol{j} = \frac{\mathrm{d}x}{\mathrm{d}t}\boldsymbol{i} + \frac{\mathrm{d}y}{\mathrm{d}t}\boldsymbol{j}$$

根据题意，数量函数 $f(x,y)$ 的梯度为 $\boldsymbol{F}$，即：

$$\nabla f = \boldsymbol{F} \implies \nabla f = f_x\boldsymbol{i} + f_y\boldsymbol{j} = P(x,y)\boldsymbol{i} + Q(x,y)\boldsymbol{j}$$

因为 $P(x,y)$ 与 $Q(x,y)$ 都在 G 内连续，也就是 f_x 与 f_y 都在 G 内连续，根据可微分的充分条件（定理 125），所以 $f(x,y)$ 是可微的，从而可运用多元复合函数的求导法则（定理 126），得到：

$$\frac{\mathrm{d}f\big(\varphi(t), \psi(t)\big)}{\mathrm{d}t} = \frac{\partial f}{\partial x}\frac{\mathrm{d}x}{\mathrm{d}t} + \frac{\partial f}{\partial y}\frac{\mathrm{d}y}{\mathrm{d}t} = f_x\frac{\mathrm{d}x}{\mathrm{d}t} + f_y\frac{\mathrm{d}y}{\mathrm{d}t} = \nabla f \cdot \left(\frac{\mathrm{d}x}{\mathrm{d}t}\boldsymbol{i} + \frac{\mathrm{d}y}{\mathrm{d}t}\boldsymbol{j}\right) = \nabla f \cdot \frac{\mathrm{d}\boldsymbol{r}}{\mathrm{d}t}$$

综上，所以：

$$\int_L \boldsymbol{F} \cdot \mathrm{d}\boldsymbol{r} = \int_\alpha^\beta \boldsymbol{F} \cdot \frac{\mathrm{d}\boldsymbol{r}}{\mathrm{d}t}\mathrm{d}t = \int_\alpha^\beta \frac{\mathrm{d}f\big(\varphi(t), \psi(t)\big)}{\mathrm{d}t}\mathrm{d}t = \left[f\big(\varphi(t), \psi(t)\big)\right]_\alpha^\beta = f(B) - f(A) \quad \blacksquare$$

定理 155 可从两个方面来理解。先说第一个方面，L 是某有向光滑曲线弧，在其上有向量

函数 $\boldsymbol{F}$，如图 12.36 所示。还有数量函数 $f(x,y)$，如图 12.37 所示，该数量函数满足 $\boldsymbol{F} = \nabla f$。

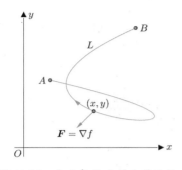

图 12.36 定义在 L 上的向量函数 $\boldsymbol{F}$

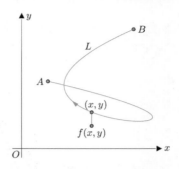

图 12.37 定义在 L 上的标量函数 $f(x,y)$

那么定理 155 说的就是，只要知道两端的 $f(A)$ 和 $f(B)$ 就可求出曲线积分 $\displaystyle\int_L \boldsymbol{F} \cdot \mathrm{d}\boldsymbol{r}$，即：

$$\int_L \boldsymbol{F} \cdot \mathrm{d}\boldsymbol{r} = f(B) - f(A)$$

上式还常改写如下[①]，改写后看上去和微积分第二基本定理非常相似，所以定理 155 也称为曲线积分的基本定理：

$$\int_L \boldsymbol{F} \cdot \mathrm{d}\boldsymbol{r} = \int_L \nabla f \cdot \mathrm{d}\boldsymbol{r} = \int_L \mathrm{d}f = f(B) - f(A)$$

再来看第二个方面，定理 155 意味着从 A 点出发沿任一分段有向光滑曲线弧到达 B 点，如图 12.38 所示，曲线积分 $\displaystyle\int_L \boldsymbol{F} \cdot \mathrm{d}\boldsymbol{r}$ 的值都为 $f(B) - f(A)$，这就叫作与路径无关。

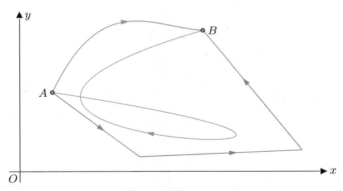

图 12.38 从 A 点沿任一分段有向光滑曲线弧到 B 点，始终有 $\displaystyle\int_L \boldsymbol{F} \cdot \mathrm{d}\boldsymbol{r} = f(B) - f(A)$

定理 155 还可推广到 $\boldsymbol{F} = P(x,y,z)\boldsymbol{i} + Q(x,y,z)\boldsymbol{j} + R(x,y,z)\boldsymbol{k}$ 的情况，若 $P(x,y,z)$、$G(x,y,z)$ 和 $R(x,y,z)$ 都连续，且存在一个数量函数 $f(x,y,z)$ 使得 $\boldsymbol{F} = \nabla f$，则 $\displaystyle\int_L \boldsymbol{F} \cdot \mathrm{d}\boldsymbol{r} = f(B) - f(A)$。

---

① 其中 $\mathrm{d}f = \nabla f \cdot \mathrm{d}\boldsymbol{r} = \begin{pmatrix} f_x \\ f_y \end{pmatrix} \cdot \begin{pmatrix} \mathrm{d}x \\ \mathrm{d}y \end{pmatrix} = f_x \mathrm{d}x + f_y \mathrm{d}y$，就是全微分。另外，这里用到的 $\mathrm{d}\boldsymbol{r} = \begin{pmatrix} \mathrm{d}x \\ \mathrm{d}y \end{pmatrix}$，是之前介绍对坐标的曲线积分的定义（定义 115）时得出过的结论。

12.3.2　重力场与重力势能

曲线积分的基本定理（定理 155）看上去有点儿神奇，但其实这是物理学中的常见现象，这里通过举例来说明一下。如图 12.39 所示，某登山者从山脚出发，沿不同路径到达山顶。

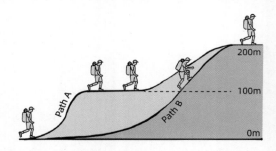

图 12.39　登山者从山脚出发，沿不同路径到达山顶

图 12.39 所描述的内容可抽象为图 12.40，其中 $A(x_1, y_1)$ 点、$B(x_2, y_2)$ 点分别代表山脚的出发点、山顶的终点，而有向曲线弧 L_1 代表登山的 "Path A" 路径，L_2 代表登山的 "Path B" 路径。若登山者的质量为 m，则登山者在整个登山过程中的受力就是 $\boldsymbol{F} = mg\boldsymbol{j}$。这在图 12.40 中展示为，有向曲线弧 L_1、L_2 处于重力场 $\boldsymbol{F} = mg\boldsymbol{j}$ 中，或 L_1、L_2 上的某点对应向量函数 $\boldsymbol{F} = mg\boldsymbol{j}$。

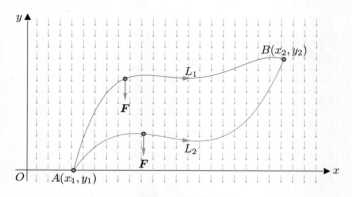

图 12.40　登山者处于重力场 $\boldsymbol{F} = mg\boldsymbol{j}$ 中

那么曲线积分 $\displaystyle\int_{L_1} \boldsymbol{F} \cdot \mathrm{d}\boldsymbol{r}$、$\displaystyle\int_{L_2} \boldsymbol{F} \cdot \mathrm{d}\boldsymbol{r}$ 分别计算的就是从 A 点出发，沿路径 L_1 或沿路径 L_2，到达 B 点过程中为了克服重力所做的功 W_1、W_2，即：

$$W_1 = \int_{L_1} \boldsymbol{F} \cdot \mathrm{d}\boldsymbol{r}, \quad W_2 = \int_{L_2} \boldsymbol{F} \cdot \mathrm{d}\boldsymbol{r}$$

根据高中物理学知识，克服重力所做的功与路径是无关的，只和起点、终点的重力势能有关，所以这里先计算出所需的重力势能。重力势能可以表示为函数 $f(x, y) = mgy$，这里的 y 其实就是高度，所以 $A(x_1, y_1)$ 点、$B(x_2, y_2)$ 点的重力势能 E_1、E_2 分别为：

$$E_1 = f(A) = f(x_1, y_1) = mgy_1, \quad E_2 = f(B) = f(x_2, y_2) = mgy_2$$

则有：

$$W_1 = W_2 = E_2 - E_1 \implies \int_{L_1} \boldsymbol{F} \cdot \mathrm{d}\boldsymbol{r} = \int_{L_2} \boldsymbol{F} \cdot \mathrm{d}\boldsymbol{r} = f(B) - f(A)$$

所以，上述计算登山中克服重力做功的例子就很好地展示了曲线积分的基本定理（定理 155），即曲线积分的计算只和两端点有关，以及曲线积分的计算与路径无关。

最后再验证一下上述计算是否满足条件，这里涉及了重力势能函数 $f(x, y) = mgy$ 以及重力场 $\boldsymbol{F} = mg\boldsymbol{j}$，有：

$$\boldsymbol{F} = \nabla f = f_x \boldsymbol{i} + f_y \boldsymbol{j} = 0\boldsymbol{i} + mg\boldsymbol{j} = mg\boldsymbol{j}$$

并且重力场 $\boldsymbol{F} = mg\boldsymbol{j}$ 中的分量函数 $Q(x, y) = mg$ 是连续的常数函数，所以满足曲线积分的基本定理（定理 155）中的条件，可以运用该定理。

12.3.3　保守场及其充要条件

从前面的讲解可知，曲线积分的基本定理（定理 155）在计算上很好用，但要运用的话有一个重要的前提条件：存在数量函数 f 使得 $\boldsymbol{F} = \nabla f$。这里介绍一个定理，可以帮助我们判断该前提条件是否成立。先引入几个新概念。不和自己相交的曲线称为简单曲线，头尾相接的曲线称为闭曲线。这两个概念是可以组合的，如图 12.41、图 12.42、图 12.43 和图 12.44 所示。

图 12.41　简单、非闭曲线

图 12.42　不简单、非闭曲线

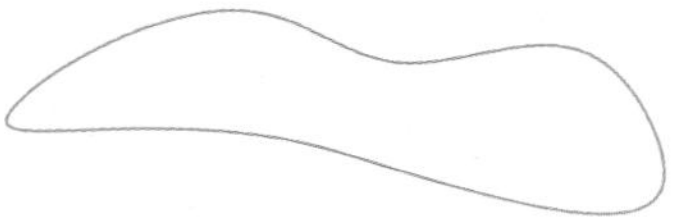

图 12.43　简单、闭曲线

图 12.44　不简单、闭曲线

对于某平面区域，若其中任一简单闭曲线所围成的部分都属于该区域，则称该区域为简单连通域，或简称为单连通域，如图 12.45 所示。否则称该区域为复杂连通域，或简称为复连通域，如图 12.46 所示。直观来理解就是，单连通域不包含"洞"，而复连通域包含"洞"。

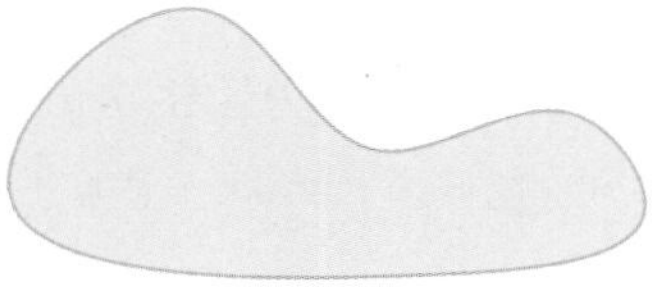

图 12.45　单连通域

图 12.46　复连通域

定义 116. *若有 $\boldsymbol{F} = \nabla f$，则其中的数量函数 f 称为向量场 $\boldsymbol{F}$ 的势函数，而向量场 $\boldsymbol{F}$ 称为保守场。*

比如之前提到的重力势能函数 $f(x,y) = mgy$ 和重力场 $\boldsymbol{F} = mg\boldsymbol{j}$，因为有 $\boldsymbol{F} = \nabla f$，所以重力势能函数 $f(x,y) = mgy$ 是重力场 $\boldsymbol{F} = mg\boldsymbol{j}$ 的势函数，这一点在该函数的名字上也有体现；而重力场 $\boldsymbol{F}$ 是一个保守场。

定理 156. 设平面区域 G 为一个单连通域，向量场 $\boldsymbol{F}(x,y) = P(x,y)\boldsymbol{i} + Q(x,y)\boldsymbol{j}$ 在 G 上有定义，若 $P(x,y)$ 与 $Q(x,y)$ 都在 G 上具有一阶连续偏导数，且：

$$\boldsymbol{F} \text{ 是保守场} \iff \frac{\partial P}{\partial y} = \frac{\partial Q}{\partial x}$$

证明.（1）证明 "$\boldsymbol{F}$ 是保守场 $\implies \dfrac{\partial P}{\partial y} = \dfrac{\partial Q}{\partial x}$"。因为 $\boldsymbol{F}$ 是保守场，所以存在数量函数 f 使得 $\boldsymbol{F} = \nabla f$，从而可得：

$$\boldsymbol{F} = P\boldsymbol{i} + Q\boldsymbol{j} = \frac{\partial f}{\partial x}\boldsymbol{i} + \frac{\partial f}{\partial y}\boldsymbol{j} \implies P = \frac{\partial f}{\partial x}, Q = \frac{\partial f}{\partial y}$$

由于 $P(x,y)$ 与 $Q(x,y)$ 都在 G 上具有一阶连续偏导数，根据克莱罗定理（定理 122），所以：

$$\frac{\partial P}{\partial y} = \frac{\partial}{\partial y}\left(\frac{\partial f}{\partial x}\right) = \overbrace{\frac{\partial^2 f}{\partial y \partial x} = \frac{\partial^2 f}{\partial x \partial y}}^{\text{克莱罗定理}} = \frac{\partial}{\partial x}\left(\frac{\partial f}{\partial y}\right) = \frac{\partial Q}{\partial x}$$

（2）证明 "$\dfrac{\partial P}{\partial y} = \dfrac{\partial Q}{\partial x} \implies \boldsymbol{F}$ 是保守场"，这很容易通过之后要学习的格林公式（定理 158）推出，具体证明过程请查看例 299。∎

例 298. 已知 $\boldsymbol{F}(x,y) = (3 + 2xy)\boldsymbol{i} + (x^2 - 3y^2)\boldsymbol{j}$，请求出 $\displaystyle\int_L \boldsymbol{F} \cdot \mathrm{d}\boldsymbol{r}$，其中 L 的起点为 $A(2,3)$ 点，终点为 $B(3,2)$ 点。

解. 令 $P(x,y) = 3 + 2xy$ 及 $Q(x,y) = x^2 - 3y^2$，根据保守场存在的充要条件（定理 156），因为 $P(x,y)$ 与 $Q(x,y)$ 在 $\mathbb{R}^2$ 上具有一阶连续偏导数，且：

$$\frac{\partial P}{\partial y} = 2x = \frac{\partial Q}{\partial x}, \quad (x,y) \in \mathbb{R}^2$$

所以 $\boldsymbol{F}$ 为保守场，也就是存在 f 使得：

$$\boldsymbol{F} = \nabla F \implies f_x\boldsymbol{i} + f_y\boldsymbol{j} = P(x,y)\boldsymbol{i} + Q(x,y)\boldsymbol{j}$$

所以有 $f_x = P(x,y) = 3 + 2xy$ 以及 $f_y = Q(x,y) = x^2 - 3y^2$，据此先求出 f_x：

$$f_x = P(x,y) = 3 + 2xy \implies f(x,y) = \int (3 + 2xy)\mathrm{d}x = 3x + x^2 y + C_1$$

这里值得注意的是，上式中的常数 C_1 应该看作函数 $g(y)$，这是因为函数 $g(y)$ 在对 x 求偏导数时就是常数，从而可以把上式改写为 $f(x,y) = 3x + x^2 y + C_1 = 3x + x^2 y + g(y)$。根据改写后的式子以及 $f_y = Q(x,y) = x^2 - 3y^2$，可得：

$$f_y = x^2 + g'(y) = x^2 - 3y^2 \implies g'(y) = -3y^2 \implies g(y) = -y^3 + C$$

综上可得 $f(x,y) = 3x + x^2 y - y^3 + C$，根据曲线积分的基本定理（定理 155），所以：

$$\int_L \boldsymbol{F} \cdot \mathrm{d}\boldsymbol{r} = f(B) - f(A) = \left[3x + x^2 y - y^3 + C\right]_A^B = 28$$

12.3.4　与路径无关的定义

在曲线积分的基本定理（定理 155）中提到了"与路径无关"这个词，该词是有严格定义的：

定义 117. 曲线积分 $\displaystyle\int_L \boldsymbol{F}\cdot\mathrm{d}\boldsymbol{r}$ 在区域 G 上是与路径无关的，当且仅当对于区域 G 上的任意闭曲线 C，有：

$$\int_C \boldsymbol{F}\cdot\mathrm{d}\boldsymbol{r}=0, \quad C\in G$$

特别地，为强调 C 是闭曲线，常在积分符号上加圈，即将上式写作 $\displaystyle\oint_C \boldsymbol{F}\cdot\mathrm{d}\boldsymbol{r}=0$。

定义 117 简单来说就是：

$$\int_L \boldsymbol{F}\cdot\mathrm{d}\boldsymbol{r} \text{ 与路径无关} \iff \oint_C \boldsymbol{F}\cdot\mathrm{d}\boldsymbol{r}=0$$

先来理解其中的 " $\displaystyle\int_L \boldsymbol{F}\cdot\mathrm{d}\boldsymbol{r}$ 与路径无关 $\implies \displaystyle\oint_C \boldsymbol{F}\cdot\mathrm{d}\boldsymbol{r}=0$"。如图 12.47 所示，其中的 L_1、L_2 代表了从 A 点到 B 点的任意光滑有向曲线弧。之前解释过，如果有 $\displaystyle\int_{L_1} \boldsymbol{F}\cdot\mathrm{d}\boldsymbol{r}=\int_{L_2} \boldsymbol{F}\cdot\mathrm{d}\boldsymbol{r}$，那么就说 $\displaystyle\int_L \boldsymbol{F}\cdot\mathrm{d}\boldsymbol{r}$ 是与路径无关的。

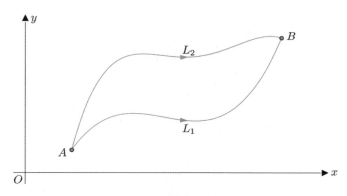

图 12.47　A 点、B 点之间的光滑有向曲线弧：L_1、L_2

将 L_2 掉转方向就得到其反向曲线弧 L_2^-，如图 12.48 所示，此时 L_1 和 L_2^- 构成了闭曲线 C。

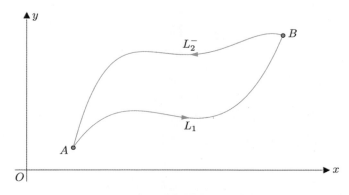

图 12.48　L_1、L_2^- 构成了闭曲线 C

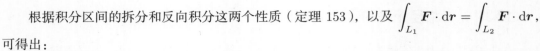

根据积分区间的拆分和反向积分这两个性质（定理 153），以及 $\displaystyle\int_{L_1} \boldsymbol{F}\cdot\mathrm{d}\boldsymbol{r}=\int_{L_2}\boldsymbol{F}\cdot\mathrm{d}\boldsymbol{r}$，可得出：

$$\oint_C \boldsymbol{F}\cdot\mathrm{d}\boldsymbol{r}=\int_{L_1}\boldsymbol{F}\cdot\mathrm{d}\boldsymbol{r}+\int_{L_2^-}\boldsymbol{F}\cdot\mathrm{d}\boldsymbol{r}=\int_{L_1}\boldsymbol{F}\cdot\mathrm{d}\boldsymbol{r}-\int_{L_2}\boldsymbol{F}\cdot\mathrm{d}\boldsymbol{r}=0$$

再来理解其中的"$\displaystyle\oint_C \boldsymbol{F}\cdot\mathrm{d}\boldsymbol{r}=0 \implies \int_L \boldsymbol{F}\cdot\mathrm{d}\boldsymbol{r}$ 与路径无关"，其实就是刚才的过程反过来，假设有 $\displaystyle\oint_C \boldsymbol{F}\cdot\mathrm{d}\boldsymbol{r}=0$，可以在闭曲线 C 上任意取两个点作为 A 点和 B 点，将 C 分为两条光滑曲线弧 L_1 和 L_2^-，那么可得：

$$\oint_C \boldsymbol{F}\cdot\mathrm{d}\boldsymbol{r}=\int_{L_1}\boldsymbol{F}\cdot\mathrm{d}\boldsymbol{r}+\int_{L_2^-}\boldsymbol{F}\cdot\mathrm{d}\boldsymbol{r}=0$$

只要取 L_2^- 的反向曲线弧 L_2，根据上式就可以推出 $\displaystyle\int_{L_1}\boldsymbol{F}\cdot\mathrm{d}\boldsymbol{r}=\int_{L_2}\boldsymbol{F}\cdot\mathrm{d}\boldsymbol{r}$，也就是推出了 $\displaystyle\int_L \boldsymbol{F}\cdot\mathrm{d}\boldsymbol{r}$ 是与路径无关的。

12.3.5 保守场以及与路径无关

在满足一些条件的情况下，保守场和与路径无关基本就是一回事：

定理 157. 设 G 是开区域且是单连通域，$\boldsymbol{F}=P(x,y)\boldsymbol{i}+Q(x,y)\boldsymbol{j}$ 是 G 内的一个向量函数，若 $P(x,y)$ 与 $Q(x,y)$ 都在 G 内连续，则：

$$\boldsymbol{F}\ \text{是保守场} \iff \int_L \boldsymbol{F}\cdot\mathrm{d}\boldsymbol{r}\ \text{与路径无关}$$

证明.（1）证明"$\boldsymbol{F}$ 是保守场 $\implies \displaystyle\int_L \boldsymbol{F}\cdot\mathrm{d}\boldsymbol{r}$ 与路径无关"。因为 $\boldsymbol{F}$ 是保守场，即存在一个数量函数 $f(x,y)$ 使得 $\boldsymbol{F}=\nabla f$，结合定理中给出的条件，根据曲线积分的基本定理（定理 155），可推出曲线积分 $\displaystyle\int_L \boldsymbol{F}\cdot\mathrm{d}\boldsymbol{r}$ 在 G 内与路径无关。

（2）证明"$\displaystyle\int_L \boldsymbol{F}\cdot\mathrm{d}\boldsymbol{r}$ 与路径无关 $\implies \boldsymbol{F}$ 是保守场"。设 (a,b) 点为 G 内的固定点，而 (x,y) 点是 G 内的任意一点，构造如下曲线积分，该曲线积分类似于"马同学图解"系列图书《微积分（上）》中介绍过的积分上限函数：

$$f(x,y)=\int_{(a,b)}^{(x,y)}\boldsymbol{F}\cdot\mathrm{d}\boldsymbol{r}$$

因为 G 是开区域，所以 (x,y) 点的某邻域必然在 G 内，在该邻域内选取 (x_1,y) 点，其中 $x_1<x$，如图 12.49 所示。图 12.49 中还作出了从 (a,b) 点到 (x_1,y) 点的一条有向光滑曲线弧 L_1，以及从 (x_1,y) 点到 (x,y) 点的有向直线 L_2。

因为 $\displaystyle\int_L \boldsymbol{F}\cdot\mathrm{d}\boldsymbol{r}$ 与路径无关，所以：

$$f(x,y)=\int_{(a,b)}^{(x,y)}\boldsymbol{F}\cdot\mathrm{d}\boldsymbol{r}=\int_{L_1}\boldsymbol{F}\cdot\mathrm{d}\boldsymbol{r}+\int_{L_2}\boldsymbol{F}\cdot\mathrm{d}\boldsymbol{r}=\int_{(a,b)}^{(x_1,y)}\boldsymbol{F}\cdot\mathrm{d}\boldsymbol{r}+\int_{(x_1,y)}^{(x,y)}\boldsymbol{F}\cdot\mathrm{d}\boldsymbol{r}$$

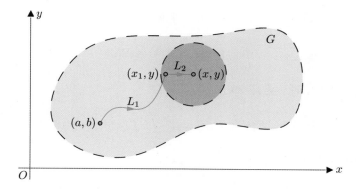

图 12.49 从 (a,b) 点到 (x_1,y) 点的 L_1，以及从 (x_1,y) 点到 (x,y) 点的 L_2

对上式求关于 x 的偏导数，注意其中的 x_1 是常数：

$$\frac{\partial}{\partial x}f(x,y) = \frac{\partial}{\partial x}\int_{(a,b)}^{(x_1,y)} \boldsymbol{F}\cdot\mathrm{d}\boldsymbol{r} + \frac{\partial}{\partial x}\int_{(x_1,y)}^{(x,y)} \boldsymbol{F}\cdot\mathrm{d}\boldsymbol{r} = 0 + \frac{\partial}{\partial x}\int_{(x_1,y)}^{(x,y)} \boldsymbol{F}\cdot\mathrm{d}\boldsymbol{r}$$

因为 $\boldsymbol{F} = P(x,y)\boldsymbol{i} + Q(x,y)\boldsymbol{j}$，所以：

$$\frac{\partial}{\partial x}\int_{(x_1,y)}^{(x,y)} \boldsymbol{F}\cdot\mathrm{d}\boldsymbol{r} = \frac{\partial}{\partial x}\int_{(x_1,y)}^{(x,y)} P(x,y)\mathrm{d}x + Q(x,y)\mathrm{d}y$$

因为从 (x_1,y) 点到 (x,y) 点，y 没有发生变化，所以 $\mathrm{d}y = 0$，从而：

$$\frac{\partial}{\partial x}f(x,y) = \frac{\partial}{\partial x}\int_{(x_1,y)}^{(x,y)} \boldsymbol{F}\cdot\mathrm{d}\boldsymbol{r} = \frac{\partial}{\partial x}\int_{(x_1,y)}^{(x,y)} P(x,y)\mathrm{d}x = \frac{\partial}{\partial x}\int_{x_1}^{x} P(t,y)\mathrm{d}t = P(x,y)$$

同理可得 $\dfrac{\partial}{\partial y}f(x,y) = Q(x,y)$，因此有：

$$\boldsymbol{F} = P(x,y)\boldsymbol{i} + Q(x,y)\boldsymbol{j} = \frac{\partial f}{\partial x}\boldsymbol{i} + \frac{\partial f}{\partial y}\boldsymbol{j} = \nabla f \implies \boldsymbol{F} \text{ 是保守场} \qquad \blacksquare$$

定理 157 指出保守场通常与路径无关，所以在保守场中运动并回到起点时的做功为 0，或者说在这个过程中能量是守恒的，可能 "保守场" 名字就来源于此。比如之前举的登山的例子，如图 12.39 所示，从山脚出发最后回到起点，这个过程中重力对人的做功为 0，重力势能守恒。

顺便说一句，也可能由于定理 157 的存在，和本书中的保守场的定义不同，同济大学数学系编写的《高等数学（下册）》（第七版）中给出的定义为：若 $\displaystyle\int_L \boldsymbol{F}\cdot\mathrm{d}\boldsymbol{r}$ 与路径无关，则称 $\boldsymbol{F}$ 为保守场。

12.3.6 本节小结

这里小结一下本节涉及的知识，主要学习了曲线积分的基本定理（定理 155），大意是若 $\boldsymbol{F}$ 的分量连续且为保守场，即存在数量函数 f 使得 $\boldsymbol{F} = \nabla f$，那么有：

$$\int_L \boldsymbol{F}\cdot\mathrm{d}\boldsymbol{r} = f(B) - f(A)$$

上式非常类似于微积分第二基本定理（定理 89），也就是牛顿-莱布尼茨公式，即：

$$\int_a^b f(x)\mathrm{d}x = F(b) - F(a)$$

将微积分第二基本定理（定理 89）改写如下：

$$\int_a^b f(x)\mathrm{d}x = F(b) - F(a) \implies \int_a^b f'(x)\mathrm{d}x = f(b) - f(a)$$

以及将曲线积分的基本定理（定理 155）改写如下：

$$\int_L \boldsymbol{F} \cdot \mathrm{d}\boldsymbol{r} = f(B) - f(A) \implies \int_L \nabla f \cdot \mathrm{d}\boldsymbol{r} = f(B) - f(A)$$

改写之后更容易理解这两者之间的异同，

- 对于定义在线段 L 上的函数 $f'(x)$，其直线积分 $\int_a^b f'(x)\mathrm{d}x$ 只和两端的 $f(a)$ 和 $f(b)$ 有关，如图 12.50 所示。

- 对于定义在有向曲线弧 L 上的向量函数 ∇f，其曲线积分 $\int_L \nabla f \cdot \mathrm{d}\boldsymbol{r}$ 只和两端的 $f(A)$ 和 $f(B)$ 有关，如图 12.51 所示。

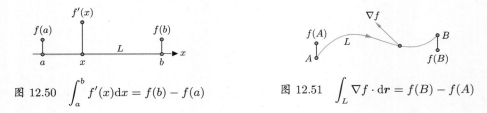

图 12.50　$\int_a^b f'(x)\mathrm{d}x = f(b) - f(a)$　　　　图 12.51　$\int_L \nabla f \cdot \mathrm{d}\boldsymbol{r} = f(B) - f(A)$

要应用曲线积分的基本定理（定理 155）需要判断出 $\boldsymbol{F}$ 为保守场，所以介绍了两个充要条件（定理 156 和定理 157），如下所示：

$$\frac{\partial P}{\partial y} = \frac{\partial Q}{\partial x} \overset{(1)}{\Longleftrightarrow} \boldsymbol{F} = \nabla f,\ \text{即 } \boldsymbol{F} \text{ 是保守场}$$

$$\overset{(2)}{\Longleftrightarrow} \int_L \boldsymbol{F} \cdot \mathrm{d}\boldsymbol{r} \text{ 与路径无关，即 } \oint_c \boldsymbol{F} \cdot \mathrm{d}\boldsymbol{r} = 0$$

其中的序号代表的是充要条件成立的条件，这些条件分别为：

序号	条件
(1)	定义在单连通域 G 上，$\boldsymbol{F}$ 的分量的一阶偏导数连续
(2)	定义在开的、单连通域 G 上，$\boldsymbol{F}$ 的分量连续

12.4　格林公式

我们学习过微积分第二基本定理（定理 89），它说的是直线积分的值只和两端点有关，如图 12.50 所示；又学习了曲线积分的基本定理（定理 155），它说的是曲线积分的值只和两端点有关，如图 12.51 所示。其实二重积分也有类似的定理，这就是本节将要学习的格林公式。

12.4.1 平面积分

之前解释过，可以将二重积分直观地理解为曲顶柱体的体积，如图 12.52 所示。为避免局限思维，如同之前将定积分视作直线积分一样，这里也去掉其中的几何意义，简单地将 $f(x,y)$ 看作定义在区域 D 上的函数，如图 12.53 所示。从而二重积分 $\iint\limits_{D} f(x,y)\mathrm{d}\sigma$ 可以视作在平面区域 D 上的积分，简称为平面积分。

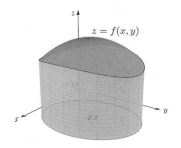

图 12.52 函数 $f(x,y)$ 及对应的曲顶柱体

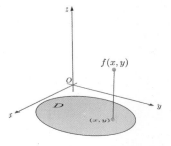

图 12.53 定义在 D 上的函数 $f(x,y)$

研究平面积分要先搞清楚边界，之前介绍过它的严格定义，也就是定义 89，这里通过例子来重复一下。对于如图 12.54 所示的单连通域 D，其边界是周围的黑实线，通常记作 ∂D。而对于如图 12.55 所示的复连通域 D，其边界 ∂D 包含外部黑实线 L_1 和内部黑实线 L_2。

图 12.54 单连通域 D 及其边界 ∂D

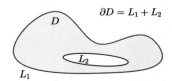

图 12.55 复连通域 D 及其边界 ∂D

平面区域 D 的边界 ∂D 也可看作有向曲线，其正向规定如下：想象一个小人儿沿 ∂D 行走，若其左边为 D 内部则该行走方向就是正向。据此，图 12.56 中的箭头所指的方向就是单连通域 D 的边界 ∂D 的正向。同样地，可据此标出图 12.57 中复连通域 D 的边界 ∂D 的组成部分 L_1 和 L_2 的正向，这里为了帮助理解 L_2 的正向，也画出了帮助判断的小人儿。

图 12.56 单连通域 D 及其有向边界 ∂D

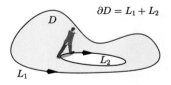

图 12.57 复连通域 D 及其有向边界 ∂D

12.4.2 平面积分的基本定理：格林公式

定理 158 (格林公式). 设闭区域 D 的边界由分段光滑的曲线构成，若函数 $P(x,y)$ 及 $Q(x,y)$ 在 D 上具有一阶连续偏导数，则有：

$$\iint\limits_{D}\left(\frac{\partial Q}{\partial x}-\frac{\partial P}{\partial y}\right)\mathrm{d}x\mathrm{d}y=\oint_{\partial D}P\mathrm{d}x+Q\mathrm{d}y$$

其中 ∂D 为 D 取正向的边界曲线。

证明. (1) 先考虑闭区域 D 既是 X 型区域也是 Y 型区域的情况。比如某闭区域 D，

- 根据图 12.58 的标注可得 $D=\{(x,y)|a\leqslant x\leqslant b,\ \varphi_1(x)\leqslant y\leqslant\varphi_2(x)\}$，此时 D 是 X 型区域，这里还标出了之后会用到的 A、B、C、E 点。
- 根据图 12.59 的标注可得 $D=\{(x,y)|\psi_1(y)\leqslant x\leqslant\psi_2(y),\ c\leqslant y\leqslant d\}$，其中分段光滑弧 $\overset{\frown}{GEAF}$ 对应函数 $x=\psi_1(y)$，$\overset{\frown}{FBCG}$ 对应函数 $x=\psi_2(y)$，此时 D 是 Y 型区域。

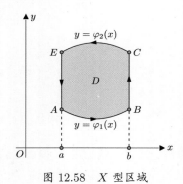

图 12.58 X 型区域

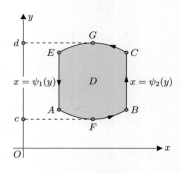

图 12.59 Y 型区域

令 $D=\{(x,y)|a\leqslant x\leqslant b,\ \varphi_1(x)\leqslant y\leqslant\varphi_2(x)\}$，即对应图 12.58，结合直角坐标系下的富比尼定理（定理 142）可得：

$$\iint\limits_{D}\frac{\partial P}{\partial y}\mathrm{d}x\mathrm{d}y=\int_{a}^{b}\left[\int_{\varphi_1(x)}^{\varphi_2(x)}\frac{\partial P(x,y)}{\partial y}\mathrm{d}y\right]\mathrm{d}x=\int_{a}^{b}\left[P(x,y)\Big|_{\varphi_1(x)}^{\varphi_2(x)}\right]\mathrm{d}x$$

$$=\int_{a}^{b}\left[P\big(x,\varphi_2(x)\big)-P\big(x,\varphi_1(x)\big)\right]\mathrm{d}x$$

或者，按照图 12.58 的标注来计算 $P(x,y)$ 在 D 的正向边界 ∂D 上对坐标的曲线积分，结合对坐标的曲线积分的性质（定理 153）以及计算法（定理 154），可得：

$$\oint_{\partial D}P\mathrm{d}x=\int_{\overset{\frown}{AB}}P\mathrm{d}x+\int_{\overset{\frown}{BC}}P\mathrm{d}x+\int_{\overset{\frown}{CE}}P\mathrm{d}x+\int_{\overset{\frown}{EA}}P\mathrm{d}x$$

$$=\int_{a}^{b}P\big(x,\varphi_1(x)\big)\mathrm{d}x+\int_{b}^{b}P(x,y)\mathrm{d}x+\int_{b}^{a}P\big(x,\varphi_2(x)\big)\mathrm{d}x+\int_{a}^{a}P(x,y)\mathrm{d}x$$

$$=\int_{a}^{b}P\big(x,\varphi_1(x)\big)\mathrm{d}x+\int_{b}^{a}P\big(x,\varphi_2(x)\big)\mathrm{d}x=\int_{a}^{b}\left[P\big(x,\varphi_1(x)\big)-P\big(x,\varphi_2(x)\big)\right]\mathrm{d}x$$

综合前面两式可得 $\iint\limits_{D}\dfrac{\partial P}{\partial y}\mathrm{d}x\mathrm{d}y=-\oint_{\partial D}P\mathrm{d}x$。又令 $D=\{(x,y)|\psi_1(x)\leqslant x\leqslant\psi_2(x),\ c\leqslant y\leqslant d\}$，即对应图 12.59，结合直角坐标系下的富比尼定理（定理 142）可得：

$$\iint\limits_{D}\frac{\partial Q}{\partial x}\mathrm{d}x\mathrm{d}y=\int_{c}^{d}\left[\int_{\psi_1(y)}^{\psi_2(y)}\frac{\partial Q(x,y)}{\partial x}\mathrm{d}x\right]\mathrm{d}y=\int_{c}^{d}\left[Q(x,y)\Big|_{\psi_1(y)}^{\psi_2(y)}\right]\mathrm{d}y$$

$$= \int_c^d \left[Q\big(\psi_2(y), y\big) - Q\big(\psi_1(y), y\big) \right] \mathrm{d}y$$

或者，按照图 12.59 的标注来计算 $Q(x, y)$ 在 D 的正向边界 ∂D 上对坐标的曲线积分，结合对坐标的曲线积分的性质（定理 153）以及计算法（定理 154），可得：

$$\oint_{\partial D} Q\mathrm{d}y = \int_{\widehat{GEAF}} Q\mathrm{d}y + \int_{\widehat{FBCG}} Q\mathrm{d}y = \int_d^c Q\big(\psi_1(y), y\big)\mathrm{d}y + \int_c^d Q\big(\psi_2(y), y\big)\mathrm{d}y$$

$$= \int_c^d \left[Q\big(\psi_2(y), y\big) - Q\big(\psi_1(y), y\big) \right] \mathrm{d}y$$

综合前面两式可得 $\displaystyle\iint\limits_D \frac{\partial Q}{\partial x}\mathrm{d}x\mathrm{d}y = \oint_{\partial D} Q\mathrm{d}y$，最终可得 $\displaystyle\iint\limits_D \frac{\partial Q}{\partial x} - \frac{\partial P}{\partial y}\mathrm{d}x\mathrm{d}y = \oint_{\partial D} P\mathrm{d}x + Q\mathrm{d}y$。

（2）再考虑一般的闭区域 D，此时 D 总能被划分为有限个闭区域，每个闭区域都满足（1）中的要求。比如图 12.60 中的闭区域 D，就可以划分为图 12.61 中的 D_1、D_2、D_3，划分后的每一部分都既是 X 型区域也是 Y 型区域，这里还标出了边界的正向及之后会用到的点。

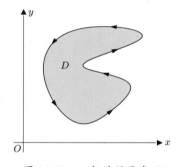

图 12.60　一般的闭区域 D

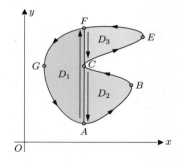

图 12.61　划分为 D_1、D_2、D_3

按照图 12.61 的标注，根据（1）中的结论，可得：

$$\iint\limits_{D_1} \frac{\partial Q}{\partial x} - \frac{\partial P}{\partial y}\mathrm{d}x\mathrm{d}y = \oint_{\partial D_1} P\mathrm{d}x + Q\mathrm{d}y = \int_{\widehat{FGA}} P\mathrm{d}x + Q\mathrm{d}y + \int_{\overline{AF}} P\mathrm{d}x + Q\mathrm{d}y$$

$$\iint\limits_{D_2} \frac{\partial Q}{\partial x} - \frac{\partial P}{\partial y}\mathrm{d}x\mathrm{d}y = \oint_{\partial D_2} P\mathrm{d}x + Q\mathrm{d}y = \int_{\widehat{ABC}} P\mathrm{d}x + Q\mathrm{d}y + \int_{\overline{CA}} P\mathrm{d}x + Q\mathrm{d}y$$

$$\iint\limits_{D_3} \frac{\partial Q}{\partial x} - \frac{\partial P}{\partial y}\mathrm{d}x\mathrm{d}y = \oint_{\partial D_3} P\mathrm{d}x + Q\mathrm{d}y = \int_{\widehat{CEF}} P\mathrm{d}x + Q\mathrm{d}y + \int_{\overline{FC}} P\mathrm{d}x + Q\mathrm{d}y$$

上述三个等式的红色部分沿着直线 AF 来回积分，所以将这三个等式相加时红色部分会相互抵消，从而：

$$\iint\limits_D \frac{\partial Q}{\partial x} - \frac{\partial P}{\partial y}\mathrm{d}x\mathrm{d}y = \iint\limits_{D_1} \frac{\partial Q}{\partial x} - \frac{\partial P}{\partial y}\mathrm{d}x\mathrm{d}y + \iint\limits_{D_2} \frac{\partial Q}{\partial x} - \frac{\partial P}{\partial y}\mathrm{d}x\mathrm{d}y + \iint\limits_{D_3} \frac{\partial Q}{\partial x} - \frac{\partial P}{\partial y}\mathrm{d}x\mathrm{d}y$$

$$= \int_{\widehat{FGA}} P\mathrm{d}x + Q\mathrm{d}y + \int_{\widehat{ABC}} P\mathrm{d}x + Q\mathrm{d}y + \int_{\widehat{CEF}} P\mathrm{d}x + Q\mathrm{d}y$$

$$= \oint_{\partial D} P\mathrm{d}x + Q\mathrm{d}y$$

（3）复连通域也可以按照（2）中的分析来处理。比如图 12.62 中的复连通域 D，其外边界记作 L_1，内边界记作 L_2。在图 12.63 中，我们将 D 划分为闭区域 D_1、D_2，这里还标出了边界的正向及之后会用到的点。

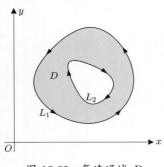

图 12.62　复连通域 D

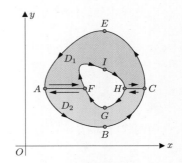

图 12.63　划分为闭区域 D_1、D_2

按照图 12.63 的标注，根据（2）中的结论，可得：

$$\iint\limits_{D_1}\frac{\partial Q}{\partial x}-\frac{\partial P}{\partial y}\mathrm{d}x\mathrm{d}y=\oint_{\partial D_1}P\mathrm{d}x+Q\mathrm{d}y$$

$$=\int_{\widehat{AF}}P\mathrm{d}x+Q\mathrm{d}y+\int_{\widehat{FIH}}P\mathrm{d}x+Q\mathrm{d}y+\int_{\widehat{HC}}P\mathrm{d}x+Q\mathrm{d}y+\int_{\widehat{CEA}}P\mathrm{d}x+Q\mathrm{d}y$$

$$\iint\limits_{D_2}\frac{\partial Q}{\partial x}-\frac{\partial P}{\partial y}\mathrm{d}x\mathrm{d}y=\oint_{\partial D_2}P\mathrm{d}x+Q\mathrm{d}y$$

$$=\int_{\widehat{FA}}P\mathrm{d}x+Q\mathrm{d}y+\int_{\widehat{ABC}}P\mathrm{d}x+Q\mathrm{d}y+\int_{\widehat{CH}}P\mathrm{d}x+Q\mathrm{d}y+\int_{\widehat{HGF}}P\mathrm{d}x+Q\mathrm{d}y$$

前面两式中的红色部分沿着直线 AF 来回积分，紫色部分沿着直线 HC 来回积分，所以将前面等式相加时，这两个部分会分别相互抵消，从而：

$$\iint\limits_{D}\frac{\partial Q}{\partial x}-\frac{\partial P}{\partial y}\mathrm{d}x\mathrm{d}y$$

$$=\iint\limits_{D_1}\frac{\partial Q}{\partial x}-\frac{\partial P}{\partial y}\mathrm{d}x\mathrm{d}y+\iint\limits_{D_2}\frac{\partial Q}{\partial x}-\frac{\partial P}{\partial y}\mathrm{d}x\mathrm{d}y$$

$$=\int_{\widehat{FIH}}P\mathrm{d}x+Q\mathrm{d}y+\int_{\widehat{CEA}}P\mathrm{d}x+Q\mathrm{d}y+\int_{\widehat{ABC}}P\mathrm{d}x+Q\mathrm{d}y+\int_{\widehat{HGF}}P\mathrm{d}x+Q\mathrm{d}y$$

其中 $\widehat{CEA}$ 和 $\widehat{ABC}$ 合起来就是复连通域 D 的正向外边界 L_1，$\widehat{FIH}$ 和 $\widehat{HGF}$ 合起来就是 D 的正向内边界 L_2，并且 L_1 和 L_2 合起来就是 D 的正向边界 ∂D，所以：

$$\iint\limits_{D}\frac{\partial Q}{\partial x}-\frac{\partial P}{\partial y}\mathrm{d}x\mathrm{d}y=\overbrace{\int_{\widehat{CEA}}P\mathrm{d}x+Q\mathrm{d}y+\int_{\widehat{ABC}}P\mathrm{d}x+Q\mathrm{d}y}^{L_1=\widehat{CEA}+\widehat{ABC}}+\overbrace{\int_{\widehat{FIH}}P\mathrm{d}x+Q\mathrm{d}y+\int_{\widehat{HGF}}P\mathrm{d}x+Q\mathrm{d}y}^{L_2=\widehat{FIH}+\widehat{HGF}}$$

$$=\underbrace{\int_{L_1}P\mathrm{d}x+Q\mathrm{d}y+\int_{L_2}P\mathrm{d}x+Q\mathrm{d}y}_{\partial D=L_1+L_2}=\int_{\partial D}P\mathrm{d}x+Q\mathrm{d}y\qquad\blacksquare$$

格林公式（定理 158）看起来很复杂，这里再图解一下该公式。设在闭区域 D 上定义有函数 $\dfrac{\partial Q}{\partial x} - \dfrac{\partial P}{\partial y}$，在其正向边界 ∂D 上定义有向量函数 $\boldsymbol{F} = P\boldsymbol{i} + Q\boldsymbol{j}$，如图 12.64 所示。

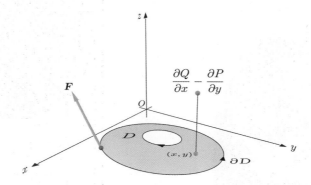

图 12.64　闭区域 D 上的函数 $\dfrac{\partial Q}{\partial x} - \dfrac{\partial P}{\partial y}$，及 ∂D 上的向量函数 $\boldsymbol{F} = P\boldsymbol{i} + Q\boldsymbol{j}$

那么格林公式说的就是，闭区域 D 上的平面积分可通过其边界 ∂D 上的曲线积分来计算，所以格林公式也称为平面积分的基本定理：

$$\underbrace{\iint\limits_{D} \frac{\partial Q}{\partial x} - \frac{\partial P}{\partial y}\mathrm{d}x\mathrm{d}y}_{D \text{ 上的平面积分}} = \oint_{\partial D} P\mathrm{d}x + Q\mathrm{d}y = \underbrace{\int_{\partial D} \boldsymbol{F}(x,y) \cdot \mathrm{d}\boldsymbol{r}}_{\partial D \text{ 上的曲线积分}}$$

12.4.3　窗户上的格林公式

图 12.65　手机扫码观看本节的讲解视频

前面严谨地介绍了格林公式，但缺少一些直觉性。为了弥补这一缺陷，下面将深入挖掘该公式的发明背景及发明者的思考过程，以期帮助同学们建立更为直观的印象。让我们从格林公式的发明人乔治·格林说起，如图 12.66 所示。乔治·格林 40 岁才成为剑桥大学的本科生，后来留任在剑桥大学的凯斯学院。为了纪念他以及这个重要的公式，凯斯学院有一扇窗户上画了关于格林公式的一幅图，如图 12.67 所示。

窗户上的这幅图虽简约却巧妙地展现了乔治·格林推导公式时的思路。接下来，我们将帮助同学们理解这幅图，并借此展示格林公式的直观意义。在乔治·格林生活的那个时代，电磁学正方兴未艾，格林公式正是在解决这门学科的具体问题中诞生的。当时电磁学的一个研究热点是电磁效应，为了研究这一效应，物理学家们将通电的线圈放入磁场之中，如图 12.68 所示，此时线圈会受到磁力的作用，从而产生旋转。

上述通电线圈可抽象为平面中的封闭有向曲线 ∂D，其方向代表的是电流的方向，而磁场可以表示为向量场 $\boldsymbol{F} = P(x,y)\boldsymbol{i} + Q(x,y)\boldsymbol{j}$，如图 12.69 所示。

图 12.66　乔治·格林（1793—1841）

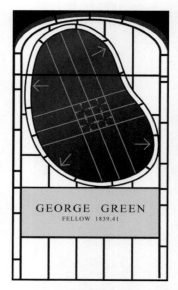

图 12.67　格林公式的推导思路

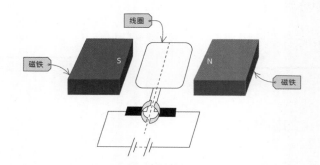

图 12.68　磁场中的通电线圈

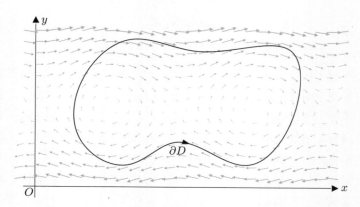

图 12.69　位于磁场中的有向曲线 ∂D，其方向代表的是电流的方向

物理学家往往需要计算磁场对该线圈所做的功，也就是计算如下的对坐标的曲线积分：

$$\oint_{\partial D} \boldsymbol{F}(x,y) \cdot \mathrm{d}\boldsymbol{r} = \oint_{\partial D} P\mathrm{d}x + Q\mathrm{d}y$$

有时候上述积分是比较难计算的，格林公式就给出了该积分的一个计算方法。假设封闭有向曲线 ∂D 所围的闭区域为 D，如图 12.70 所示。

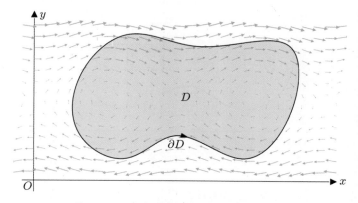

图 12.70　有向曲线 ∂D 所围的闭区域 D

那么根据格林公式，在有向曲线 ∂D 上的对坐标的曲线积分可转为在闭区域 D 上的二重积分，即：

$$\underbrace{\oint_{\partial D} P\mathrm{d}x + Q\mathrm{d}y}_{\partial D \text{ 上的曲线积分}} = \underbrace{\iint_D \frac{\partial Q}{\partial x} - \frac{\partial P}{\partial y}\mathrm{d}x\mathrm{d}y}_{D \text{ 上的二重积分}}$$

下面来看看乔治·格林是如何推导出上述结论的。他将闭区域 D 划分为很多个小格子，如图 12.71 所示。

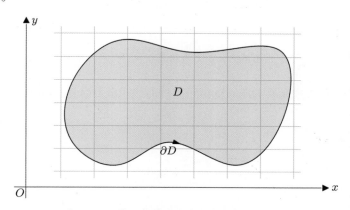

图 12.71　将闭区域 D 划分为很多个小格子

这么做的原因是乔治·格林发现，如果在每个格子的边界上计算曲线积分，相邻的边界会相互抵消。以图 12.72 中的 4 个蓝色格子为例，内部灰色边界上有一对方向相反的积分，也就是黑色箭头所指方向上的积分，这两者会相互抵消；而外部黑色边界上只有一个方向的积分，也就是红色箭头所指方向上的积分，该积分会被保留下来。

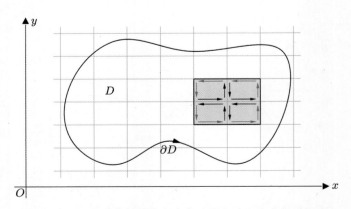

图 12.72 4 个蓝色格子内部灰色边界上的积分会相互抵消

也就是说，在这 4 个蓝色格子上计算曲线积分并且相加起来，得到的是外部正向边界上的曲线积分，如图 12.73 所示，这里用红色描出了外部正向边界。

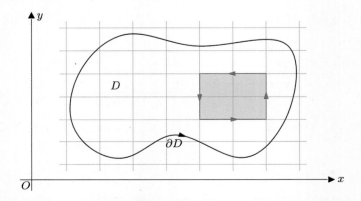

图 12.73 4 个蓝色格子边界上的积分相加，得到红色边界上的积分

如果计算闭区域 D 内所有的小矩形格子上的曲线积分并且相加起来，就会得到图 12.74 中红色边界上的曲线积分。

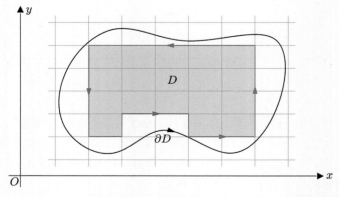

图 12.74 D 内所有的小矩形格子边界上的积分相加，可得到红色边界上的积分

如果将闭区域 D 划分为更多个小格子，然后计算闭区域 D 内所有的小矩形格子上的曲线积分并相加，就会得到图 12.75 中红色边界上的曲线积分。

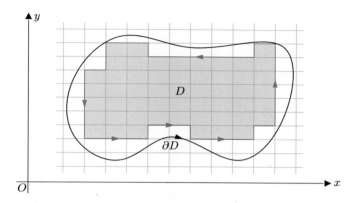

图 12.75　将 D 划分为更多个小格子，可得到红色边界上的积分

可以看到，随着小矩形格子的增多，红色边界会逐渐逼近有向曲线 ∂D，相应的红色边界上的曲线积分也会逼近乔治·格林想要的计算结果，最终当小矩形格子的个数 $n \to \infty$，并且这些小矩形格子的最大直径 $\lambda \to 0$ 时，可以求出 $\oint_{\partial D} \boldsymbol{F}(x, y) \cdot \mathrm{d}\boldsymbol{r} = \oint_{\partial D} P\mathrm{d}x + Q\mathrm{d}y$。

思路解释清楚了，下面来计算单个小矩形格子的曲线积分，以图 12.76 中的小矩形格子 D_i 为例，4 个顶点分别为 $A_i(x_{i-1}, y_{i-1})$、$B_i(x_i, y_{i-1})$、$C_i(x_i, y_i)$ 和 $E_i(x_{i-1}, y_i)$。

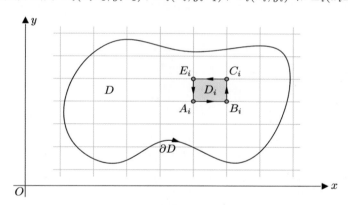

图 12.76　小矩形格子 D_i，及其正向边界

注意到力场 $\boldsymbol{F}$ 在 x 方向的分力 P 与有向直线 $\overline{B_iC_i}$、$\overline{E_iA_i}$ 垂直，从而 P 在这两条直线上不做功；力场 $\boldsymbol{F}$ 在 y 方向的分力 Q 与有向直线 $\overline{A_iB_i}$、$\overline{C_iE_i}$ 垂直，从而 Q 在这两条直线上不做功。结合对坐标的曲线积分的计算法（定理 154），可如下计算在 D_i 正向边界 ∂D_i 上的曲线积分：

$$
\begin{aligned}
\oint_{\partial D_i} P\mathrm{d}x + Q\mathrm{d}y &= \int_{\overline{A_iB_i}} P\mathrm{d}x + \int_{\overline{B_iC_i}} Q\mathrm{d}y + \int_{\overline{C_iE_i}} P\mathrm{d}x + \int_{\overline{E_iA_i}} Q\mathrm{d}y \\
&= \int_{x_{i-1}}^{x_i} P(x, y_{i-1})\mathrm{d}x + \int_{y_{i-1}}^{y_i} Q(x_i, y)\mathrm{d}y + \int_{x_i}^{x_{i-1}} P(x, y_i)\mathrm{d}x + \int_{y_i}^{y_{i-1}} Q(x_{i-1}, y)\mathrm{d}y \\
&= \int_{y_{i-1}}^{y_i} \Big(Q(x_i, y) - Q(x_{i-1}, y)\Big)\mathrm{d}y + \int_{x_{i-1}}^{x_i} \Big(P(x, y_{i-1}) - P(x, y_i)\Big)\mathrm{d}x \\
&= \int_{y_{i-1}}^{y_i} \int_{x_{i-1}}^{x_i} \frac{\partial Q}{\partial x}\mathrm{d}x\mathrm{d}y - \int_{x_{i-1}}^{x_i} \int_{y_{i-1}}^{y_i} \frac{\partial P}{\partial y}\mathrm{d}y\mathrm{d}x
\end{aligned}
$$

$$= \int_{y_{i-1}}^{y_i} \int_{x_{i-1}}^{x_i} \frac{\partial Q}{\partial x} \mathrm{d}x \mathrm{d}y - \int_{y_{i-1}}^{y_i} \int_{x_{i-1}}^{x_i} \frac{\partial P}{\partial y} \mathrm{d}x \mathrm{d}y$$

$$= \int_{y_{i-1}}^{y_i} \int_{x_{i-1}}^{x_i} \left(\frac{\partial Q}{\partial x} - \frac{\partial P}{\partial y} \right) \mathrm{d}x \mathrm{d}y = \iint\limits_{D_i} \left(\frac{\partial Q}{\partial x} - \frac{\partial P}{\partial y} \right) \mathrm{d}x \mathrm{d}y$$

简写一下，前面的推导得到了如下结果：

$$\oint_{\partial D_i} P \mathrm{d}x + Q \mathrm{d}y = \iint\limits_{D_i} \left(\frac{\partial Q}{\partial x} - \frac{\partial P}{\partial y} \right) \mathrm{d}x \mathrm{d}y$$

按照前面解释的思路，将闭区域 D 划分为更多的小矩形格子，当这些小矩形格子的最大直径 $\lambda \to 0$ 时，结合单个小矩形格子 D_i 的计算结果，就可以得到格林公式：

$$\oint_{\partial D} \boldsymbol{F}(x,y) \cdot \mathrm{d}\boldsymbol{r} = \oint_{\partial D} P \mathrm{d}x + Q \mathrm{d}y = \iint\limits_{D} \left(\frac{\partial Q}{\partial x} - \frac{\partial P}{\partial y} \right) \mathrm{d}x \mathrm{d}y$$

12.4.4　格林公式的例题

之前学习过保守场的充要条件（定理 156），其中有一部分还没有证明，下面来补上这部分的证明。

例 299. 设平面区域 G 为一个单连通域，向量场 $\boldsymbol{F}(x,y) = P(x,y)\boldsymbol{i} + Q(x,y)\boldsymbol{j}$ 在 G 上有定义，若 $P(x,y)$ 与 $Q(x,y)$ 在 G 上都具有一阶连续偏导数，请证明：

$$\frac{\partial P}{\partial y} = \frac{\partial Q}{\partial x} \implies \boldsymbol{F} \text{ 是保守场}$$

证明. 在 G 内任取一条闭曲线 C，因为 G 为单连通域，所以闭曲线 C 所围成的闭区域 D 全部在 G 内。又由于在 G 内恒有 $\frac{\partial P}{\partial y} = \frac{\partial Q}{\partial x}$，运用格林公式（定理 158）可得：

$$\iint\limits_{D} \frac{\partial Q}{\partial x} - \frac{\partial P}{\partial y} \mathrm{d}x \mathrm{d}y = \oint_C P \mathrm{d}x + Q \mathrm{d}y = \oint_C \boldsymbol{F} \cdot \mathrm{d}\boldsymbol{r} = 0$$

上式说明了 $\int_L \boldsymbol{F} \cdot \mathrm{d}\boldsymbol{r}$ 在 G 内与路径无关，根据与路径无关和保守场的关系（定理 157），可知在 G 上 $\boldsymbol{F}$ 是保守场。∎

例 300. 请计算 $\oint_L x^2 y \mathrm{d}x - xy^2 \mathrm{d}y$，其中 L 为正向圆周 $x^2 + y^2 = a^2$。

解. 令 $P = x^2 y$，$Q = -xy^2$，则 $\frac{\partial Q}{\partial x} - \frac{\partial P}{\partial y} = -y^2 - x^2$。根据格林公式 $\iint\limits_{D} \frac{\partial Q}{\partial x} - \frac{\partial P}{\partial y} \mathrm{d}x \mathrm{d}y = \oint_{\partial D} P \mathrm{d}x + Q \mathrm{d}y$，所以有：

$$\oint_L x^2 y \mathrm{d}x - xy^2 \mathrm{d}y = \iint\limits_{D} (-y^2 - x^2) \mathrm{d}x \mathrm{d}y = - \iint\limits_{D} (y^2 + x^2) \mathrm{d}x \mathrm{d}y$$

这里，D 是由有向曲线 L 围成的闭区域，即由正向圆周 $x^2 + y^2 = a^2$ 围成的闭区域，所

以 D 对应的参数方程为 $\begin{cases} x = \rho\cos\theta \\ y = \rho\sin\theta \end{cases}$，$0 \leqslant \rho \leqslant a,\ 0 \leqslant \theta \leqslant 2\pi$。根据极坐标系下的富比尼定理（定理 143），所以：

$$\oint_L x^2 y\mathrm{d}x - xy^2\mathrm{d}y = -\iint\limits_D (y^2 + x^2)\mathrm{d}x\mathrm{d}y = -\int_0^{2\pi}\left[\int_0^a \rho^3\mathrm{d}\rho\right]\mathrm{d}\theta = -\frac{\pi}{2}a^4$$

例 301. 请计算 $\iint\limits_D \mathrm{e}^{-y^2}\mathrm{d}x\mathrm{d}y$，其中 D 是点 $O(0,0)$、$A(1,1)$、$B(0,1)$ 围成的三角形闭区域。

解. 令 $P = 0$，$Q = x\mathrm{e}^{-y^2}$，则 $\dfrac{\partial Q}{\partial x} - \dfrac{\partial P}{\partial y} = \mathrm{e}^{-y^2}$。根据格林公式 $\iint\limits_D \dfrac{\partial Q}{\partial x} - \dfrac{\partial P}{\partial y}\mathrm{d}x\mathrm{d}y = \oint_{\partial D} P\mathrm{d}x + Q\mathrm{d}y$，所以有 $\iint\limits_D \mathrm{e}^{-y^2}\mathrm{d}x\mathrm{d}y = \oint_{\partial D} x\mathrm{e}^{-y^2}\mathrm{d}y$。这里 ∂D 是闭区域 D 的正向边界，如图 12.77 所示，可见 ∂D 由有向直线 $\overline{OA}$、$\overline{AB}$ 和 $\overline{BO}$ 组成。

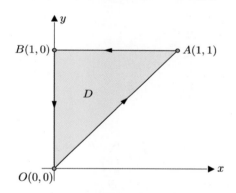

图 12.77　∂D 由有向直线 $\overline{OA}$、$\overline{AB}$ 和 $\overline{BO}$ 组成，∂D 是 D 的正向边界

结合对坐标的曲线积分的计算法（定理 154），所以：

$$\iint\limits_D \mathrm{e}^{-y^2}\mathrm{d}x\mathrm{d}y = \oint_{\partial D} x\mathrm{e}^{-y^2}\mathrm{d}y = \int_{OA} x\mathrm{e}^{-y^2}\mathrm{d}y + \int_{AB} x\mathrm{e}^{-y^2}\mathrm{d}y + \int_{BO} x\mathrm{e}^{-y^2}\mathrm{d}y$$

$$= \int_{OA} x\mathrm{e}^{-y^2}\mathrm{d}y = \int_0^1 x\mathrm{e}^{-x^2}\mathrm{d}x = \left[-\frac{\mathrm{e}^{-x^2}}{2}\right]_0^1 = \frac{1}{2}(1 - \mathrm{e}^{-1})$$

例 302. 请计算椭圆 $\begin{cases} x = a\cos\theta \\ y = b\sin\theta \end{cases}$，$0 \leqslant \theta \leqslant 2\pi$ 所围成图形的面积 A。

解. 图 12.78 所示的就是题目中椭圆所围成的图形，这是一个闭区域，我们将之记作 D，而 D 的边界 ∂D 就是该椭圆的正向。

题目中要求的面积 A 就是闭区域 D 的面积，所以有：

$$A = \iint\limits_D \mathrm{d}\sigma = \iint\limits_D \mathrm{d}x\mathrm{d}y$$

令 $P = -y$, $Q = x$, 则 $\dfrac{\partial Q}{\partial x} - \dfrac{\partial P}{\partial y} = 2$。根据格林公式 $\displaystyle\iint\limits_{D} \dfrac{\partial Q}{\partial x} - \dfrac{\partial P}{\partial y} \mathrm{d}x\mathrm{d}y = \oint_{\partial D} P\mathrm{d}x + Q\mathrm{d}y$，所以有：

$$\iint\limits_{D} 2\mathrm{d}x\mathrm{d}y = \oint_{\partial D} x\mathrm{d}y - y\mathrm{d}x \implies A = \frac{1}{2}\oint_{\partial D} x\mathrm{d}y - y\mathrm{d}x$$

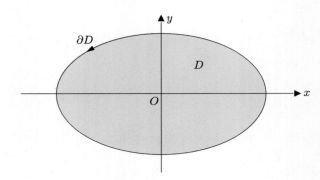

图 12.78　椭圆 $\begin{cases} x = a\cos\theta \\ y = b\sin\theta \end{cases}$, $0 \leqslant \theta \leqslant 2\pi$ 围成的 D, 及其正向边界 ∂D

因为 ∂D 对应的参数方程为 $\begin{cases} x = a\cos\theta \\ y = b\sin\theta \end{cases}$, θ 从 0 变到 2π, 根据对坐标的曲线积分的计算法（定理 154），可得：

$$A = \frac{1}{2}\oint_{\partial D} x\mathrm{d}y - y\mathrm{d}x = \frac{1}{2}\int_{0}^{2\pi} a\cos\theta\mathrm{d}(b\sin\theta) - b\sin\theta\mathrm{d}(a\cos\theta)$$

$$= \frac{1}{2}\int_{0}^{2\pi}(ab\cos^2\theta + ab\sin^2\theta)\mathrm{d}\theta = \frac{1}{2}ab\int_{0}^{2\pi}\mathrm{d}\theta = \pi ab$$

本题就是在计算椭圆面积，之前在《马同学图解线性代数》一书中，在介绍二阶行列式时计算过一次，又在"马同学图解"系列图书《微积分（上）》中通过定积分计算过一次（例 181），得到的结果是一样的。

例 303. 已知 $\boldsymbol{F} = \dfrac{-y\boldsymbol{i} + x\boldsymbol{j}}{x^2 + y^2}$, 请计算 $\displaystyle\oint_{L} \boldsymbol{F} \cdot \mathrm{d}\boldsymbol{r}$, 其中 L 为不经过原点的、正向简单闭曲线。

解. 根据题意有 $\displaystyle\oint_{L} \boldsymbol{F} \cdot \mathrm{d}\boldsymbol{r} = \oint_{L} \dfrac{-y\mathrm{d}x + x\mathrm{d}y}{x^2 + y^2}$。令 $P = \dfrac{-y}{x^2 + y^2}$, $Q = \dfrac{x}{x^2 + y^2}$, 则当 $x^2 + y^2 \neq 0$ 时, 有：

$$\frac{\partial Q}{\partial x} = \frac{y^2 - x^2}{(x^2 + y^2)^2} = \frac{\partial P}{\partial y}$$

记 L 围成的闭区域 D, 下面分情况讨论。

（1）当 $(0,0) \notin D$ 时, 对于 $(x, y) \in D$ 始终有 $x^2 + y^2 \neq 0$, 从而 $(x, y) \in D$ 时有 $\dfrac{\partial Q}{\partial x} = \dfrac{\partial P}{\partial y}$, 根据格林公式（定理 158），可得 $\displaystyle\oint_{L} \boldsymbol{F} \cdot \mathrm{d}\boldsymbol{r} = \oint_{L} \dfrac{-y\mathrm{d}x + x\mathrm{d}y}{x^2 + y^2} = \iint\limits_{D} \dfrac{\partial Q}{\partial x} - \dfrac{\partial P}{\partial y}\mathrm{d}x\mathrm{d}y =$

$$\iint\limits_{D} 0\mathrm{d}x\mathrm{d}y = 0\text{。}$$

（2）当 $(0,0) \in D$ 时，作半径为 r 且位于 D 内的圆周 $l : x^2 + y^2 = r^2$，记 L 和 l 所围成的闭区域为 D_1，如图 12.79 所示，其中 L 和 l 的方向都是关于 D_1 的正向。

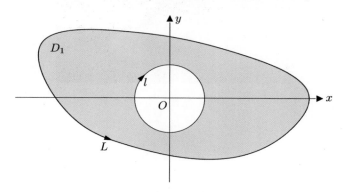

图 12.79　闭区域 D_1，及其正向边界 L 和 l

当 $(x,y) \in D_1$ 时有 $x^2 + y^2 \neq 0$，从而 $(x,y) \in D_1$ 时有 $\dfrac{\partial Q}{\partial x} = \dfrac{\partial P}{\partial y}$，根据格林公式（定理 158），可得：

$$\iint\limits_{D_1} \frac{\partial Q}{\partial x} - \frac{\partial P}{\partial y} \mathrm{d}x\mathrm{d}y = \oint_{\partial D_1} \frac{-y\mathrm{d}x + x\mathrm{d}y}{x^2 + y^2} = \oint_L \frac{-y\mathrm{d}x + x\mathrm{d}y}{x^2 + y^2} + \oint_l \frac{-y\mathrm{d}x + x\mathrm{d}y}{x^2 + y^2} = 0$$

$$\Longrightarrow \oint_L \frac{-y\mathrm{d}x + x\mathrm{d}y}{x^2 + y^2} = -\oint_l \frac{-y\mathrm{d}x + x\mathrm{d}y}{x^2 + y^2}$$

因为 l 对应的参数方程为 $\begin{cases} x = r\cos\theta \\ y = r\sin\theta \end{cases}$，$\theta$ 从 2π 变到 0，所以：

$$\oint_L \frac{-y\mathrm{d}x + x\mathrm{d}y}{x^2 + y^2} = -\oint_l \frac{-y\mathrm{d}x + x\mathrm{d}y}{x^2 + y^2} = -\int_{2\pi}^0 \frac{-r\sin\theta\,\mathrm{d}(r\cos\theta) + r\cos\theta\,\mathrm{d}(r\sin\theta)}{r^2\cos^2\theta + r^2\sin^2\theta}$$

$$= -\int_{2\pi}^0 \frac{r^2\sin^2\theta\,\mathrm{d}\theta + r^2\cos^2\theta\,\mathrm{d}\theta}{r^2} = \int_0^{2\pi} \mathrm{d}\theta = 2\pi$$

12.4.5　旋度与环流量

下面通过物理知识再来理解一下格林公式（定理 158），毕竟"数学没有物理是瞎子，物理没有数学是跛子"。在特定的条件下，河流、湖泊的水面上会形成圆形的冰块，这也称为冰圈，如图 12.80 所示，这个冰圈还会随着水流缓缓地转动。

下面就来研究冰圈在水流中的旋转。首先介绍一下，在物理学中通常用一个速度场 $\boldsymbol{F} = P\boldsymbol{i} + Q\boldsymbol{j}$ 来表示水流，如图 12.81 所示，场中的每个向量表示的是水流在该向量起点位置的速度，其中的圆圈代表了冰圈。冰圈中的每一点都受到了水流的冲刷而旋转[①]，这些点的旋转

---

① 显然冰圈上的点是不可能单独旋转的，所以这里说的"旋转"可理解为"旋转的倾向"，或者理解为"受到了使之旋转的力"。

叠加在一起后最终导致了整个冰圈的旋转。

图 12.80　水面上旋转的冰圈

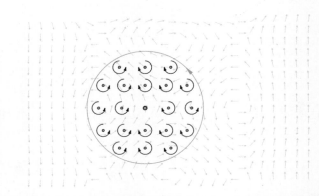

图 12.81　冰圈中的每一个点都受到了使之旋转的力，叠加起来得到最终的旋转效果

　　所以接下来需要分析单点的旋转，注意下面的分析并不严谨，同学们领会精神即可。将要研究的点标记为 A_i，想象从 A_i 点出发有一长为 Δx_i 的水平刚性杆，因为该刚性杆位于速度场 $\boldsymbol{F} = P\boldsymbol{i} + Q\boldsymbol{j}$ 中，所以水平刚性杆上的每个点会在竖直水流的冲击下获得竖直速度 Q_0，$Q_1, \cdots, Q_i, \cdots, Q_n$，如图 12.82 所示。

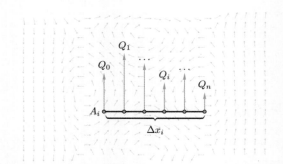

图 12.82　从 A_i 点出发的水平刚性杆上的每一点都会受到竖直水流的冲击

　　如果水平刚性杆上的每个点获得的竖直速度都是一样的，如图 12.83 所示，此时水平刚性杆会有向上运动的倾向；如果每个点获得的竖直速度如图 12.84 所示，此时水平刚性杆会有逆时针绕 A_i 点旋转的倾向。

　　或者这么说，从水平刚性杆的最右侧到 A_i 点，这个过程中垂直速度变化越大则水平刚性杆逆时针绕 A_i 点旋转的倾向也越大。再说具体一点儿，这里提到的"这个过程中垂直速度变

化"指的就是 Q_n 到 Q_0 的变化率，该变化率可计算如下，根据之前的学习可知，这其实计算的就是函数 $Q(x, y)$ 在 A_i 点的偏导数，所以可用偏导数 $\left.\dfrac{\partial Q(x,y)}{\partial x}\right|_{A_i}$ 来描述 A_i 点被垂直水流冲击时的旋转倾向：

$$\lim_{\triangle x_i \to 0} \frac{Q_n - Q_0}{\triangle x_i} = \left.\frac{\partial Q(x,y)}{\partial x}\right|_{A_i}$$

图 12.83　水平刚性杆有向上运动的倾向　图 12.84　水平刚性杆有逆时针绕 A_i 点旋转的倾向

同样地，还可以想象从 A_i 点出发有一长为 $\triangle y_i$ 的竖直刚性杆，该竖直刚性杆上的每个点会在水平水流的冲击下获得水平速度 $P_0, P_1, \cdots, P_i, \cdots, P_n$，如图 12.85 所示。

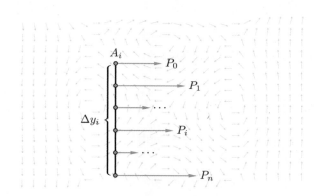

图 12.85　从 A_i 点出发的竖直刚性杆上的每一点都会受到水平水流的冲击

如果竖直刚性杆上的每个点获得的水平速度都是一样的，如图 12.86 所示，此时竖直刚性杆会有向前运动的倾向；如果每个点获得的水平速度如图 12.87 所示，此时竖直刚性杆会有逆时针绕 A_i 点旋转的倾向。

图 12.86　竖直刚性杆有向前运动的倾向　图 12.87　竖直刚性杆有逆时针绕 A_i 点旋转的倾向

或者这么说，从竖直刚性杆的最下侧到 A_i 点，这个过程中水平速度变化越大则竖直刚性杆逆时针绕 A_i 点旋转的倾向也越大。再说具体一点儿，这里提到的"这个过程中水平速度变

化"指的就是 P_n 到 P_0 的变化率, 该变化率可计算如下, 根据之前的学习可知, 这其实计算的就是函数 $P(x,y)$ 在 A_i 点的偏导数[①], 所以可用偏导数 $-\left.\dfrac{\partial P(x,y)}{\partial y}\right|_{A_i}$ 来描述 A_i 点被水平水流冲击时的旋转倾向:

$$\lim_{\Delta y_i \to 0} \frac{P_n - P_0}{-\Delta y_i} = -\left.\frac{\partial P(x,y)}{\partial y}\right|_{A_i}$$

实际上, A_i 点同时受到竖直水流和水平水流的冲击, 如图 12.88 所示。

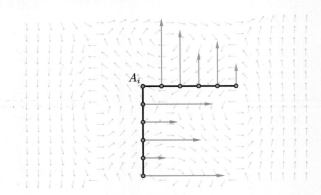

图 12.88 A_i 点同时受到竖直水流和水平水流的冲击

所以要计算在水流冲击下 A_i 点的旋转倾向, 需要叠加竖直水流冲击带来的旋转倾向 $\left.\dfrac{\partial Q(x,y)}{\partial x}\right|_{A_i}$, 以及水平水流冲击带来的旋转倾向 $-\left.\dfrac{\partial P(x,y)}{\partial y}\right|_{A_i}$, 从而有:

$$A_i \text{ 点的旋转倾向:} \left[\frac{\partial Q(x,y)}{\partial x} - \frac{\partial P(x,y)}{\partial y}\right]_{A_i}$$

根据前面的分析, 将冰圈上各个点的旋转倾向累加起来就可得到冰圈的旋转。具体来说, 就是设冰圈对应闭区域 D, 则冰圈的旋转可以计算如下, 再结合格林公式 (定理 158) 可进一步推出如下的等式, 这就是格林公式的一种物理意义:

$$\underbrace{\iint\limits_{D} \overbrace{\frac{\partial Q}{\partial x} - \frac{\partial P}{\partial y}}^{\text{各个点的旋转倾向}} \mathrm{d}x\mathrm{d}y}_{\text{累加} } = \underbrace{\oint_{\partial D} P\mathrm{d}x + Q\mathrm{d}y}_{\text{冰圈的旋转}}$$

根据前面的讲解可知, 对于向量场 $\boldsymbol{F} = P\boldsymbol{i} + Q\boldsymbol{j}$ 而言,

- $\left.\dfrac{\partial Q}{\partial x} - \dfrac{\partial P}{\partial y}\right|_{A_i}$ 描述的是在 $\boldsymbol{F}$ 中 A_i 点的旋转, 称为 $\boldsymbol{F}$ 在 A_i 点的旋度。

- $\oint_{\partial D} P\mathrm{d}x + Q\mathrm{d}y$ 描述的是在 $\boldsymbol{F}$ 中闭区域 D 的旋转, 称为 $\boldsymbol{F}$ 对有向曲线 ∂D 的环流量。

旋度和环流量的关系可通过格林公式 (定理 158) 来描述, 即:

$$\iint\limits_{D} \underbrace{\frac{\partial Q}{\partial x} - \frac{\partial P}{\partial y}}_{\text{旋度}} \mathrm{d}x\mathrm{d}y = \underbrace{\oint_{\partial D} P\mathrm{d}x + Q\mathrm{d}y}_{\text{环流量}}$$

[①] 下式中出现负数是因为这里计算的是从最下侧到 A_i 点的水平速度变化率。

12.4.6 保守场无旋

根据保守场存在的充要条件（定理 156）可知，对于保守场有 $\dfrac{\partial P}{\partial y} = \dfrac{\partial Q}{\partial x}$，所以有：

$$\frac{\partial Q}{\partial x} - \frac{\partial P}{\partial y} = 0 \implies \text{保守场的旋度为 } 0 \implies \text{保守场无旋}$$

比如之前解释过重力场是保守场，它就是无旋的。如果重力场旋度不为 0，那么图 12.89 中的荒诞场景就有可能成为现实，其中的队伍看上去在上下移动，但也一直在转圈。

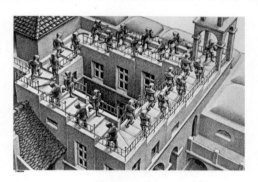

图 12.89 一直在上下移动的队伍，也一直在转圈

12.5 对面积的曲面积分

上一节介绍了二重积分也称为平面积分，那么自然有曲面积分。并且和曲线积分类似，曲面积分也分为两类，这就是接下来两节要学习的内容。

12.5.1 对面积的曲面积分的定义

定义 118. 设曲面 Σ 是光滑的[①]，函数 $f(x,y,z)$ 在 Σ 上有界。把 Σ 任意分成 n 个小曲面，其中第 i 个小曲面记作 ΔS_i（ΔS_i 同时也代表第 i 个小曲面的面积）。设 (ξ_i, η_i, ζ_i) 是 ΔS_i 上任意取定的一点，作乘积 $f(\xi_i, \eta_i, \zeta_i)\Delta S_i$ $(i = 1, 2, \cdots, n)$，并作和 $\sum\limits_{i=1}^{n} f(\xi_i, \eta_i, \zeta_i)\Delta S_i$。如果当各小曲面的直径的最大值 $\lambda \to 0$ 时，这和的极限总是存在，且与曲面 Σ 的分法及点 (ξ_i, η_i, ζ_i) 的取法无关，就称此极限为函数 $f(x,y,z)$ 在曲面 Σ 上的对面积的曲面积分或第一类曲面积分：

$$\iint\limits_{\Sigma} f(x,y,z)\mathrm{d}S = \lim_{\lambda \to 0} \sum_{i=1}^{n} f(\xi_i, \eta_i, \zeta_i)\Delta S_i$$

其中 $f(x,y,z)$ 称为被积函数，Σ 称为积分曲面。

通过举例来说明一下定义 118，如图 12.90 所示。Σ 为 xyz 空间坐标系内的一光滑曲面，曲面 Σ 上某点 (x,y,z) 对应的函数值为 $f(x,y,z)$。

---

① 所谓曲面光滑，可以理解为该曲面各点处都具有切平面，且当点在曲面上连续移动时，切平面也连续转动。

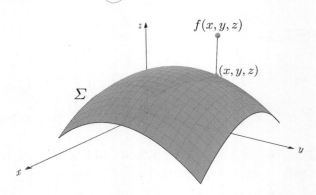

图 12.90　光滑曲面 Σ 上的 (x, y, z) 点，及其对应的函数值 $f(x, y, z)$

把 Σ 任意分成 n 个小曲面，其中第 i 个小曲面记作 ΔS_i，如图 12.91 所示，ΔS_i 同时也代表第 i 个小曲面的面积。

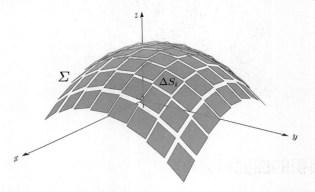

图 12.91　把 Σ 任意分成 n 个小曲面，其中第 i 个小曲面记作 ΔS_i

观察 ΔS_i 以及其上的一点 (ξ_i, η_i, ζ_i)，该点对应的函数值为 $f(\xi_i, \eta_i, \zeta_i)$，如图 12.92 所示，据此可作乘积 $f(\xi_i, \eta_i, \zeta_i)\Delta S_i$。

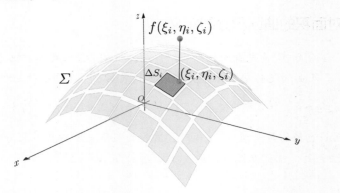

图 12.92　ΔS_i 上的 (ξ_i, η_i, ζ_i) 点，及其对应的函数值 $f(\xi_i, \eta_i, \zeta_i)$

将这 n 个小曲面对应的乘积累加起来的结果是黎曼和 $\sum\limits_{i=1}^{n} f(\xi_i, \eta_i, \zeta_i)\Delta S_i$，当曲面 Σ 被划分得越来越细时，也就是 $\lambda \to 0$ 时，若该黎曼和的极限存在就得到了如下积分：

$$\iint\limits_{\Sigma} f(x, y, z)\mathrm{d}S = \lim_{\lambda \to 0} \sum_{k=1}^{n} f(\xi_i, \eta_i, \zeta_i)\Delta S_i$$

上述积分是在曲面 Σ 上进行的，又其中的 ΔS_i 是面积，所以该积分称为 $f(x,y,z)$ 在曲面 Σ 上的对面积的曲面积分。$f(x,y,z)$ 的意义不同则 $\iint\limits_{\Sigma} f(x,y,z)\mathrm{d}S$ 的意义也不同，比如如果 $f(x,y,z)$ 为曲面 Σ 的面密度时，那么曲面 Σ 的质量 $m = \iint\limits_{\Sigma} f(x,y,z)\mathrm{d}S$。

定理 159. 设积分曲面 Σ 可分为两个光滑曲面 Σ_1 和 Σ_2，则

$$\iint\limits_{\Sigma} f(x,y,z)\mathrm{d}S = \iint\limits_{\Sigma_1} f(x,y,z)\mathrm{d}S + \iint\limits_{\Sigma_2} f(x,y,z)\mathrm{d}S$$

12.5.2 对面积的曲面积分的计算法

前面给出了对面积的曲面积分的定义（定义 118），即 $\iint\limits_{\Sigma} f(x,y,z)\mathrm{d}S = \lim_{\lambda \to 0} \sum_{i=1}^{n} f(\xi_i, \eta_i, \zeta_i)\Delta S_i$。但该极限是无法计算的，这是因为不知道光滑曲面 Σ 对应的代数形式。下面讨论一下当光滑曲面 Σ 由函数 $z(x,y)$ 给出时的计算法。设积分曲面 Σ 由函数 $z(x,y)$ 给出，该函数具有一阶连续偏导数，这说明 Σ 是一个光滑曲面。设 Σ 在 xOy 面上的投影为 D_{xy}，如图 12.93 所示，其上定义有连续函数 $f(x,y,z)$。

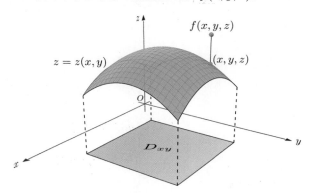

图 12.93　光滑曲面 Σ 对应的投影 D_{xy}，及对应的函数 $f(x,y,z)$

把 Σ 任意分成 n 个小曲面，其第 i 个小曲面 ΔS_i 在 xOy 面上的投影为 $(\Delta\sigma_i)_{xy}$，如图 12.94 所示，$(\Delta\sigma_i)_{xy}$ 同时也代表该投影的面积。

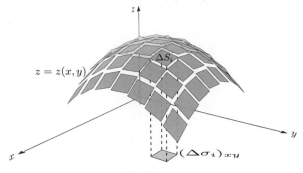

图 12.94　ΔS_i 在 xOy 面上的投影 $(\Delta\sigma_i)_{xy}$

根据之前学习过的曲面面积的计算公式（定理 148）可知，

$$\Delta S_i = \iint\limits_{(\Delta\sigma_i)_{xy}} \sqrt{1 + z_x(x,y)^2 + z_y(x,y)^2}\mathrm{d}\sigma$$

根据二重积分的中值定理（定理 140），在投影 $(\sigma_i)_{xy}$ 上存在 (ξ_i', η_i') 点，使得该式可以改写为：

$$\Delta S_i = \sqrt{1 + z_x(\xi_i', \eta_i')^2 + z_y(\xi_i', \eta_i')^2}(\Delta\sigma_i)_{xy}$$

在 ΔS_i 上任取一点 (ξ_i, η_i, ζ_i)，该点在 xOy 面的投影 $(\xi_i, \eta_i, 0)$ 必然落在 $(\Delta\sigma_i)_{xy}$ 上，如图 12.95 所示。

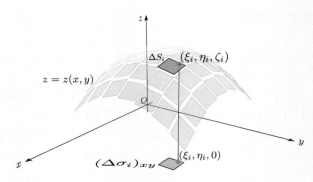

图 12.95　(ξ_i, η_i, ζ_i) 在 xOy 面上的投影 $(\xi_i, \eta_i, 0)$

根据图 12.95，结合 ΔS_i 是函数曲面 $z(x,y)$ 的一部分，所以 (ξ_i, η_i, ζ_i) 点可以改写为 $\left(\xi_i, \eta_i, z(\xi_i, \eta_i)\right)$，所以该点对应的函数值为 $f\left(\xi_i, \eta_i, z(\xi_i, \eta_i)\right)$，如图 12.96 所示。

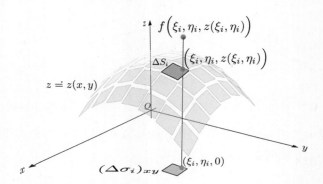

图 12.96　(ξ_i, η_i, ζ_i) 点可改写为 $\left(\xi_i, \eta_i, z(\xi_i, \eta_i)\right)$，对应的函数值为 $f\left(\xi_i, \eta_i, z(\xi_i, \eta_i)\right)$

综上，所以对面积的曲面积分的定义（定义 118）中提到的黎曼和 $\sum\limits_{i=1}^{n} f(\xi_i, \eta_i, \zeta_i)\Delta S_i$ 此时可改写如下：

$$\sum_{i=1}^{n} f(\xi_i, \eta_i, \zeta_i)\Delta S_i = \sum_{i=1}^{n} f\left(\xi_i, \eta_i, z(\xi_i, \eta_i)\right)\sqrt{1 + z_x(\xi_i', \eta_i')^2 + z_y(\xi_i', \eta_i')^2}(\Delta\sigma_i)_{xy}$$

由于函数 $f\left(x, y, z(x,y)\right)$ 以及函数 $\sqrt{1 + z_x(x,y)^2 + z_y(x,y)^2}$ 都在闭区域 D_{xy} 上连续，

可以证明，当 $\lambda \to 0$ 时，上式等号右侧的极限与下式的极限相等：

$$\sum_{i=1}^{n} f\Big(\xi_i, \eta_i, z(\xi_i, \eta_i)\Big) \sqrt{1 + z_x(\xi_i, \eta_i)^2 + z_y(\xi_i, \eta_i)^2}(\Delta\sigma_i)_{xy}$$

并且这个极限在这里所给的条件下是存在的，因此 $\sum_{i=1}^{n} f(\xi_i, \eta_i, \zeta_i)\Delta S_i$ 的极限也是存在的，根据对面积的曲面积分的定义（定义 118）以及二重积分的定义（定义 109），所以：

$$\iint\limits_{\Sigma} f(x, y, z)\mathrm{d}S = \iint\limits_{D_{xy}} f\Big(x, y, z(x, y)\Big) \sqrt{1 + z_x(x, y)^2 + z_y(x, y)^2}\mathrm{d}\sigma$$

上式就是积分曲面 Σ 由函数 $z(x, y)$ 给 $\iint\limits_{\Sigma} f(x, y, z)\mathrm{d}S$ 的计算法，从记忆的角度来说，就是将 z 替换为曲面 Σ 对应的函数 $z(x, y)$，以及将 $\mathrm{d}S$ 替换为曲面 Σ 的面积元素，即：

$$\iint\limits_{\Sigma} f(x, y, z)\mathrm{d}S = \iint\limits_{D_{xy}} f\Big(x, y, \underbrace{z(x, y)}_{\Sigma\ 对应的函数}\Big) \underbrace{\sqrt{1 + z_x(x, y)^2 + z_y(x, y)^2}\mathrm{d}\sigma}_{\Sigma\ 的面积元素}$$

当曲面 Σ 由函数 $x(y, z)$ 给出时，或者由函数 $y(x, z)$ 给出时，也可以类似地去计算 $\iint\limits_{\Sigma} f(x, y, z)\mathrm{d}S$，这里就不再赘述了。

例 304. 计算曲面积分 $\iint\limits_{\Sigma} \dfrac{\mathrm{d}S}{z}$，这里的积分曲面 Σ 是球面 $x^2 + y^2 + z^2 = a^2$ 被平面 $z = h, (0 < h < a)$ 截出的顶部，如图 12.97 所示，其中还绘出了 Σ 在 xoy 面上的投影 D_{xy}。

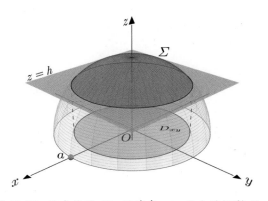

图 12.97　积分曲面 Σ，及其在 xoy 面上的投影 D_{xy}

解. 根据题目中的条件可得投影 D_{xy} 的半径为 $\sqrt{a^2 - h^2}$，所以投影 $D_{xy} = \{(x, y)|x^2 + y^2 \leqslant a^2 - h^2\}$，从而可得 Σ 对应的函数为 $z = \sqrt{a^2 - x^2 - y^2}, (x, y) \in D_{xy}$。这样我们就可以算出 Σ 的面积元素 $\mathrm{d}S$ 为：

$$\mathrm{d}S = \sqrt{1 + z_x^2 + z_y^2}\mathrm{d}\sigma = \frac{a\mathrm{d}\sigma}{\sqrt{a^2 - x^2 - y^2}}$$

根据对面积的曲面积分的计算法，所以：

$$\iint_{\Sigma} \frac{\mathrm{d}S}{z} = \iint_{D_{xy}} \frac{\sqrt{1+z_x^2+z_y^2}\mathrm{d}\sigma}{\sqrt{a^2-x^2-y^2}} = \iint_{D_{xy}} \frac{a\mathrm{d}\sigma}{a^2-x^2-y^2}$$

这里要将上式转到极坐标系下去计算，也就是先将 D_{xy} 转到极坐标系下，即：

$$D_{xy} = \{(\rho,\theta)|0 \leqslant \rho \leqslant \sqrt{a^2-h^2}, 0 \leqslant \theta \leqslant 2\pi\}$$

再将被积函数转到极坐标系下，就可根据极坐标系下的富比尼定理（定理 143）来计算了，即：

$$\iint_{\Sigma} \frac{\mathrm{d}S}{z} = \iint_{D_{xy}} \frac{a\mathrm{d}\sigma}{a^2-x^2-y^2} = \iint_{D_{xy}} \frac{a\rho\mathrm{d}\rho\mathrm{d}\theta}{a^2-\rho^2} = a\int_0^{2\pi} \left[\int_0^{\sqrt{a^2-h^2}} \frac{\rho\mathrm{d}\rho}{a^2-\rho^2}\right]\mathrm{d}\theta$$

$$= a\int_0^{2\pi} \left[-\frac{1}{2}\ln(a^2-\rho^2)\right]_0^{\sqrt{a^2-h^2}} \mathrm{d}\theta = 2\pi a\ln\frac{a}{h}$$

例 305. 计算曲面积分 $\iint_{\Sigma} xyz\mathrm{d}S$，其中 Σ 为三个坐标面和 $x+y+z=1$ 所围成的四面体的整个边界曲面。

解.（1）划分为多个积分曲面来计算。根据题意作图，作出三个坐标面和 $x+y+z=1$ 所围成的四面体，即图 12.98 中以 A、B、C 及 O 点为顶点的四面体。该四面体的整个边界曲面就是积分曲面 Σ，由在坐标面上的 Σ_1、Σ_2、Σ_3，以及以 A、B、C 为顶点的三角平面 Σ_4 构成。

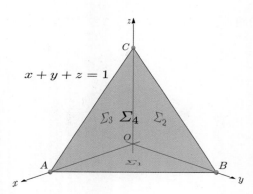

图 12.98   将积分曲面 Σ 划分为 Σ_1、Σ_2、Σ_3 及 Σ_4

根据对面积的曲面积分关于积分区间拆分的性质（定理 159），所以有：

$$\iint_{\Sigma} xyz\mathrm{d}S = \iint_{\Sigma_1} xyz\mathrm{d}S + \iint_{\Sigma_2} xyz\mathrm{d}S + \iint_{\Sigma_3} xyz\mathrm{d}S + \iint_{\Sigma_4} xyz\mathrm{d}S$$

（2）计算 Σ_1、Σ_2、Σ_3 上的对面积的曲面积分。因为 Σ_1 在 $z=0$ 的坐标面上，Σ_2 在 $x=0$ 的坐标面上，Σ_3 在 $y=0$ 的坐标面上，所以在这三个曲面上的被积函数 $xyz=0$，于是：

$$\iint_{\Sigma_1} xyz\mathrm{d}S = \iint_{\Sigma_2} xyz\mathrm{d}S = \iint_{\Sigma_3} xyz\mathrm{d}S = 0$$

（3）计算 Σ_4 上的对面积的曲面积分。Σ_4 在 xOy 面上的投影为由 x 轴、y 轴及直线 $x+y=1$ 所围成的三角形闭区域 OAB，如图 12.99 所示。

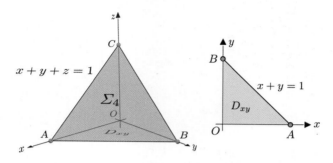

图 12.99　$\Sigma 4$，及其在 xoy 面上的投影 D_{xy}

所以投影 $D_{xy} = \{(x,y)|0 \leqslant x \leqslant 1,\ 0 \leqslant y \leqslant 1-x\}$，从而可以得出 Σ_4 对应的函数为 $z = 1-x-y, (x,y) \in D_{xy}$。这样我们就可以算出 Σ_4 的面积元素 $\mathrm{d}S$ 为：

$$\mathrm{d}S = \sqrt{1+z_x^2+z_y^2}\mathrm{d}\sigma = \sqrt{1+(-1)^2+(-1)^2}\mathrm{d}\sigma = \sqrt{3}\mathrm{d}\sigma$$

根据直角坐标系下的富比尼定理（定理 142）可得：

$$\iint\limits_{\Sigma_4} xyz\mathrm{d}S = \iint\limits_{D_{xy}} xy(1-x-y)\cdot\sqrt{3}\mathrm{d}\sigma = \sqrt{3}\int_0^1 x\left[\int_0^{1-x} y(1-x-y)\mathrm{d}y\right]\mathrm{d}x$$

$$= \sqrt{3}\int_0^1 x\left[(1-x)\frac{y^2}{2} - \frac{y^3}{3}\right]_0^{1-x}\mathrm{d}x = \sqrt{3}\int_0^1 x\cdot\frac{(1-x)^3}{6}\mathrm{d}x$$

$$= \frac{\sqrt{3}}{6}\int_0^1 (x-3x^2+3x^3-x^4)\mathrm{d}x = \frac{\sqrt{3}}{120}$$

（4）综上，所以 $\displaystyle\iint\limits_{\Sigma} xyz\mathrm{d}S = \iint\limits_{\Sigma_4} xyz\mathrm{d}S = \frac{\sqrt{3}}{120}$。

12.6　对坐标的曲面积分

12.6.1　有向曲面和不可定向

一般来说，我们遇到的曲面都是双侧的，并且有时也希望分清楚曲面的这一侧和那一侧，比如：

- 观察磁场穿过平板时，如图 12.100 所示，需要知道磁场是从哪一侧进入的，这样才能弄清楚激发出来的电场的方向。
- 观察宇宙射线轰击地球时，如图 12.101 所示，需要知道地球的内部和外部，也就是需要知道地球表面的外侧和内侧，这样才能弄清楚宇宙射线到底是穿过地球了，还是停在了地球内部。

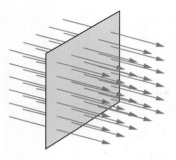

图 12.100 磁力线穿过平板

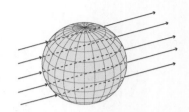

图 12.101 宇宙射线轰击地球

在数学上可以这么来区分曲面的两侧，先从曲面上的某一点 (x, y, z) 开始，如果可以作出曲面在 (x, y, z) 点处的单位法向量 n 及 $-n$，如图 12.102 所示，显然这两个单位法向量的方向是相反的。那么可选定其中之一作为曲面在 (x, y, z) 点的正方向，比如可以选定单位法向量 n 作为曲面在 (x, y, z) 点的正方向，如图 12.103 所示，那么单位法向量 $-n$ 自然就是曲面在 (x, y, z) 点的负方向。这个过程称为定向，此时 n 称为曲面在 (x, y, z) 点处的单位方向向量。

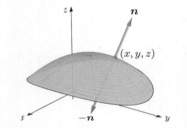

图 12.102 方向相反的单位法向量 n 和 $-n$

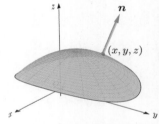

图 12.103 定向：选定 n 为曲面在 (x, y, z) 点的正方向

然后再来分析整个曲面，若曲面的各个点都可定向，如图 12.104 所示，那么就称该曲面为有向曲面。

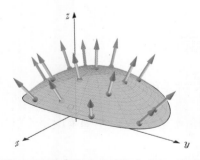

图 12.104 有向曲面的各个点都可定向

为了进一步理解有向曲面，这里再介绍一种特殊的曲面。如图 12.105 所示，将一个纸带旋转半圈再把两端粘上，可以得到一个莫比乌斯环。

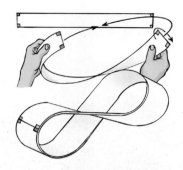

图 12.105　将一个纸带旋转半圈再把两端粘上，可以得到莫比乌斯环

莫比乌斯环是不分正反面的，关于这一点我们可以想象有一只蚂蚁在莫比乌斯环上爬行。蚂蚁爬行一圈后会从"正面"爬到"反面"，再爬行一圈又会回到"正面"，如图 12.106 所示。

图 12.106　在莫比乌斯环上爬行的蚂蚁，它爬行一圈后会从"正面"爬到"反面"

可将莫比乌斯环看作空间曲面，如果选定该曲面上某点的法向量，该法向量沿莫比乌斯环转一圈后会朝向和之前相反的方向，如图 12.107 所示。一般来说，在曲面的一侧连续运动的法向量不应该可以到曲面的另外一侧，所以我们说莫比乌斯环这样的曲面是不可定向的。

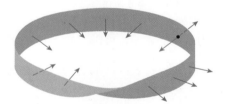

图 12.107　莫比乌斯环上某点的法向量，沿环转一圈后会朝向和之前相反的方向

12.6.2　光照强度

同学们对有向曲面这个概念可能还比较陌生，主要是很少接触到相关的应用。所以下面介绍一个具体的例子来帮助同学们理解，也为之后的讲解进行铺垫。以图 12.108 为例，这是电脑制作的一幅动画，山脉上的光影随着太阳、云朵的运动而变化，这样的效果可以通过有向曲面来实现。

为了说明其中的一些细节，可以用曲面 Σ 来模拟动画中的山脉，如图 12.109 所示，其中的红色球体就是太阳。可以看到山脉向阳的部分会更明亮，其余部分会暗淡一些。因为太阳距离地球非常遥远，我们一般将之视作平行光源。也就是说，太阳射出来的光可以用一些方向相同的、长度[①]差不多的向量来表示。

---

① 这里的长度表示了阳光的强度。

图 12.108　山脉上的光影随着太阳、云朵的运动而变化

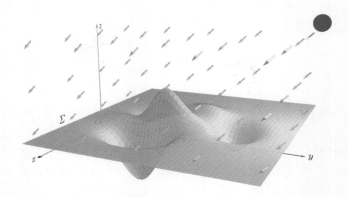

图 12.109　太阳光可用一些方向相同、长度差不多的向量来表示

这些表示阳光的向量也称为阳光的光场，可以用如下向量函数 $\boldsymbol{F}(x,y,z)$ 来表示：

$$\boldsymbol{F}(x,y,z) = P(x,y,z)\boldsymbol{i} + Q(x,y,z)\boldsymbol{j} + R(x,y,z)\boldsymbol{k}$$

然后对整个曲面 Σ 定向，也就是将该曲面看作有向曲面，如图 12.110 所示。

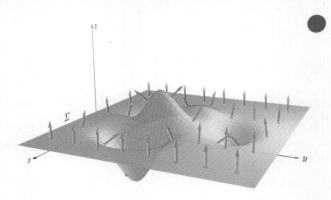

图 12.110　有向曲面 Σ

让我们来观察有向曲面 Σ 上的两个点，一点位于山脉中背阳的位置，其单位方向向量为 $\boldsymbol{n}_1$；另一点位于山脉中向阳的位置，其单位方向向量为 $\boldsymbol{n}_2$，如图 12.111 所示。

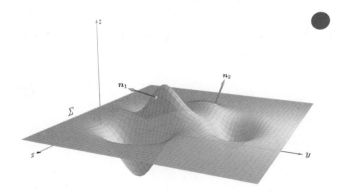

图 12.111 有向曲面 Σ 在背阳点的单位方向向量为 $\boldsymbol{n}_1$，在向阳点的单位方向向量为 $\boldsymbol{n}_2$

这两个点都受到阳光的照射，结合之前解释过阳光场 $\boldsymbol{F}(x,y,z)$ 是平行的一些向量，所以，

- 背阳点受到的光照为向量 $\boldsymbol{F}_1$，该光照向量 $\boldsymbol{F}_1$ 和此处的单位方向向量 $\boldsymbol{n}_1$ 的夹角为 θ_1，这是一个锐角，如图 12.112 所示，这里为了方便观察隐去了代表山脉的曲面。
- 向阳点受到的光照为向量 $\boldsymbol{F}_2$，该光照向量 $\boldsymbol{F}_2$ 和此处的单位方向向量 $\boldsymbol{n}_2$ 的夹角为 θ_2，这是一个钝角，如图 12.113 所示，这里为了方便观察也隐去了代表山脉的曲面。
- 夹角为直角可以认为或者是向阳，或者是背阳，不用特意去区分。

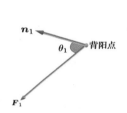

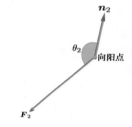

图 12.112 背阳点：$(\widehat{\boldsymbol{F}_1,\boldsymbol{n}_1})=\theta_1\leqslant\frac{\pi}{2}$ 图 12.113 向阳点：$(\widehat{\boldsymbol{F}_2,\boldsymbol{n}_2})=\theta_2\geqslant\frac{\pi}{2}$

背阳点的夹角 $\theta_1\leqslant\dfrac{\pi}{2}$，从而有 $0\leqslant\cos\theta_1\leqslant 1$；而向阳点的夹角 $\theta_2\geqslant\dfrac{\pi}{2}$，从而有 $-1\leqslant\cos\theta_2\leqslant 0$。根据这一特点，可通过点积来计算这两个点的光照强度，注意到 $\boldsymbol{n}_1$、$\boldsymbol{n}_2$ 都是单位方向向量，所以光照强度可计算如下：

背阳点的光照强度：$\boldsymbol{F}_1\cdot\boldsymbol{n}_1=\|\boldsymbol{F}_1\|\cos\theta_1\geqslant 0$，   向阳点的光照强度：$\boldsymbol{F}_2\cdot\boldsymbol{n}_2=\|\boldsymbol{F}_2\|\cos\theta_2\leqslant 0$

前面所说的可用一张表来总结：

	夹角	光照强度（点积）
背阳点	$(\widehat{\boldsymbol{F}_1,\boldsymbol{n}_1})=\theta_1\leqslant\dfrac{\pi}{2}$	$\boldsymbol{F}_1\cdot\boldsymbol{n}_1\geqslant 0$
向阳点	$(\widehat{\boldsymbol{F}_2,\boldsymbol{n}_2})=\theta_2\geqslant\dfrac{\pi}{2}$	$\boldsymbol{F}_2\cdot\boldsymbol{n}_2\leqslant 0$

于是我们可以根据计算出来的光照强度来绘制对应点的明亮度，光照强度越大则说明是背阳点，从而可以绘制得越暗淡；光照强度越小则说明是向阳点，从而可以绘制得越明亮。如果对有向曲面上的每个点都计算光照强度 $\boldsymbol{F}_i\cdot\boldsymbol{n}_i$，并据此绘制明亮度，最终就可得到图 12.108

中的图像[①]。

在上述背阳点附近划分出一个小曲面，让我们用 ΔS_1 来表示该小曲面，如图 12.114 所示，同时 ΔS_1 也代表该小曲面的面积。

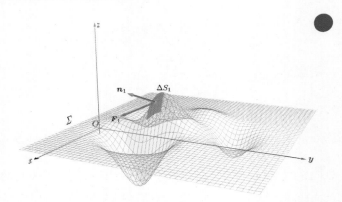

图 12.114　背阳点附近的小曲面 ΔS_1

一般来说，某点附近的光照强度是差不多的，所以可认为小曲面 ΔS_1 上每个点的光照强度约为 $\boldsymbol{F}_1 \cdot \boldsymbol{n}_1$，从而可认为小曲面 ΔS_1 的光照强度约为 $\boldsymbol{F}_1 \cdot \boldsymbol{n}_1 \Delta S_1$，即：

小曲面 ΔS_1 的光照强度约为：$\boldsymbol{F}_1 \cdot \boldsymbol{n}_1 \Delta S_1$

按照前面的方法，计算出曲面 Σ 上每一个小曲面的光照强度，并且将对面积的曲面积分累加起来，就可以得到整块曲面 Σ 的光照强度：

曲面 Σ 的光照强度：$\displaystyle\iint\limits_{\Sigma} \boldsymbol{F} \cdot \boldsymbol{n}\mathrm{d}S$

上述操作就是在有向曲面上进行积分，下面来看看这种积分的严格定义。

12.6.3　有向曲面的积分的定义

定义 119. 设曲面 Σ 是光滑的有向曲面，向量函数 $\boldsymbol{F}(x,y,z)$ 的各个分量函数在 Σ 上有界。把 Σ 任意分成 n 个小曲面，其中第 i 个小曲面记作 ΔS_i（ΔS_i 同时也代表第 i 个小曲面的面积）。设 (ξ_i, η_i, ζ_i) 是 ΔS_i 上任意取定的一点，$\boldsymbol{n}_i$ 为曲面 Σ 在 (ξ_i, η_i, ζ_i) 点处的单位法向量，作乘积 $\boldsymbol{F}(\xi_i, \eta_i, \zeta_i) \cdot \boldsymbol{n}_i \Delta S_i\ (i = 1, 2, \cdots, n)$，并作和：

$$\sum_{i=1}^{n} \boldsymbol{F}(\xi_i, \eta_i, \zeta_i) \cdot \boldsymbol{n}_i \Delta S_i$$

如果当各小曲面的直径的最大值 $\lambda \to 0$ 时，这和的极限总是存在，且与曲面 Σ 的分法及点 (ξ_i, η_i, ζ_i) 的取法无关，就称此极限为向量函数 $\boldsymbol{F}(x, y, z)$ 在有向曲面 Σ 上的积分，也称为第二类曲面积分：

[①]　其实计算出光照强度只完成了一小部分工作，要得到完全相同的效果还有很多工作要做，比如还要考虑不同材质的明亮度不一样、环境会对光进行反射等。

$$\iint\limits_{\Sigma} \boldsymbol{F}(x,y,z) \cdot \boldsymbol{n} \, \mathrm{d}S = \lim_{\lambda \to 0} \sum_{i=1}^{n} \boldsymbol{F}(\xi_i, \eta_i, \zeta_i) \cdot \boldsymbol{n}_i \Delta S_i$$

也可令 $\mathrm{d}\boldsymbol{S} = \boldsymbol{n} \, \mathrm{d}S$，则上述积分可以改写如下：

$$\iint\limits_{\Sigma} \boldsymbol{F}(x,y,z) \cdot \boldsymbol{n} \, \mathrm{d}S = \iint\limits_{\Sigma} \boldsymbol{F}(x,y,z) \cdot \mathrm{d}\boldsymbol{S}$$

举例说明一下定义 119。已知某光滑的有向曲面 Σ 位于某向量场 $\boldsymbol{F}(x,y,z)$ 中，也就是说，该曲面上的每个点都是可定向的，且该曲面上的 (x,y,z) 点对应向量函数 $\boldsymbol{F}(x,y,z)$，如图 12.115 所示。

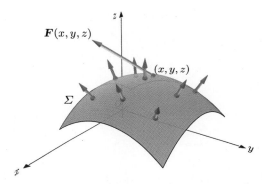

图 12.115　有向曲面 Σ 上的 (x,y,z) 点，及其对应的向量函数 $\boldsymbol{F}(x,y,z)$

把 Σ 任意分成 n 个小曲面，观察其中第 i 个小曲面 ΔS_i，这也是可定向的有向小曲面，如图 12.116 所示。

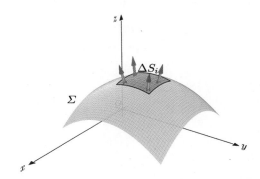

图 12.116　把 Σ 任意分成 n 个小曲面，其中第 i 个有向小曲面记作 ΔS_i

在有向小曲面 ΔS_i 上任取一点 (ξ_i, η_i, ζ_i)，曲面 Σ 在 (ξ_i, η_i, ζ_i) 点的单位法向量 $\boldsymbol{n}_i$[①]，以及 (ξ_i, η_i, ζ_i) 对应的向量 $\boldsymbol{F}_i = F(\xi_i, \eta_i, \zeta_i)$，如图 12.117 所示，据此可作乘积 $\boldsymbol{F}(\xi_i, \eta_i, \zeta_i) \cdot \boldsymbol{n}_i \Delta S_i$。

将这 n 个小曲面对应的乘积累加起来的结果是黎曼和 $\sum\limits_{i=1}^{n} \boldsymbol{F}(\xi_i, \eta_i, \zeta_i) \cdot \boldsymbol{n}_i \Delta S_i$，当曲面 Σ 被划分得越来越细时，也就是 $\lambda \to 0$ 时，若该黎曼和的极限存在就得到了如下积分：

① 这里将单位法向量 $\boldsymbol{n}_i$ 作为单位方向向量。

$$\iint\limits_{\Sigma} \boldsymbol{F}(x,y,z) \cdot \boldsymbol{n}\ \mathrm{d}S = \lim_{\lambda \to 0} \sum_{i=1}^{n} \boldsymbol{F}(\xi_i, \eta_i, \zeta_i) \cdot \boldsymbol{n}_i \Delta S_i$$

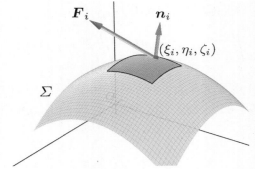

图 12.117 ΔS_i 上的 (ξ_i, η_i, ζ_i) 点，Σ 在该点的方向为 $\boldsymbol{n}_i$，及该点的向量函数 $\boldsymbol{F}_i$

定义 119 其实已经说清楚第一类曲面积分（定义 118）和第二类曲面积分（定义 119）的关系了，即：

$$\underbrace{\iint\limits_{\Sigma} \boldsymbol{F} \cdot \boldsymbol{n}\mathrm{d}S}_{\text{第一类曲面积分}} = \underbrace{\iint\limits_{\Sigma} \boldsymbol{F} \cdot \mathrm{d}\boldsymbol{S}}_{\text{第二类曲面积分}}$$

上式左侧可以解读为 $\boldsymbol{F} \cdot \boldsymbol{n}$ 在曲面 Σ 上的积分，而右侧可以解读为 $\boldsymbol{F}$ 在有向曲面 Σ 上的积分，即：

$$\underbrace{\iint\limits_{\Sigma} \boldsymbol{F} \cdot \boldsymbol{n}\mathrm{d}S}_{\boldsymbol{F} \cdot \boldsymbol{n}\ \text{在曲面 } \Sigma \text{ 上的积分}} = \underbrace{\iint\limits_{\Sigma} \boldsymbol{F} \cdot \mathrm{d}\boldsymbol{S}}_{\boldsymbol{F}\ \text{在有向曲面 } \Sigma \text{ 上的积分}}$$

根据上述的第一类曲面积分（定义 118）和第二类曲面积分（定义 119）的关系，如果要计算第二类曲面积分 $\iint\limits_{\Sigma} \boldsymbol{F} \cdot \mathrm{d}\boldsymbol{S}$，转为第一类曲面积分 $\iint\limits_{\Sigma} \boldsymbol{F} \cdot \boldsymbol{n}\mathrm{d}S$ 后再计算即可。

定理 160. 由有向曲面的积分的定义可知，它有以下性质：

● 齐次性与可加性：设 α、β 为常数，则：

$$\iint\limits_{\Sigma} [\alpha\boldsymbol{F_1}(x,y,z) + \beta\boldsymbol{F_2}(x,y,z)] \cdot \mathrm{d}\boldsymbol{S} = \alpha \iint\limits_{\Sigma} \boldsymbol{F_1}(x,y,z) \cdot \mathrm{d}\boldsymbol{S} + \beta \iint\limits_{\Sigma} \boldsymbol{F_2}(x,y,z) \cdot \mathrm{d}\boldsymbol{S}$$

● 积分区间的拆分：若有向曲面 Σ 可分为两个有向曲面 Σ_1 和 Σ_2，则：

$$\iint\limits_{\Sigma} \boldsymbol{F}(x,y,z) \cdot \mathrm{d}\boldsymbol{S} = \iint\limits_{\Sigma_1} \boldsymbol{F}(x,y,z) \cdot \mathrm{d}\boldsymbol{S} + \iint\limits_{\Sigma_2} \boldsymbol{F}(x,y,z) \cdot \mathrm{d}\boldsymbol{S}$$

● 反向积分：设 Σ 是有向曲面，Σ^- 是 Σ 的反向曲面，则 $\iint\limits_{\Sigma} \boldsymbol{F}(x,y,z) \cdot \mathrm{d}\boldsymbol{S} = -\iint\limits_{\Sigma^-} \boldsymbol{F}(x,y,z) \cdot \mathrm{d}\boldsymbol{S}$。

这里举例解释一下定理 160 中的反向曲面。比如图 12.118 中的 Σ 是有向曲面，那么图 12.119 所示的就是 Σ 的反向曲面 Σ^-，也就是选择了相反的法向量进行定向。

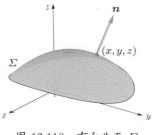

图 12.118　有向曲面 Σ

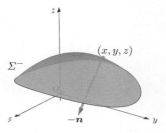

图 12.119　反向曲面 Σ^-

例 306. 请求出 $\displaystyle\iint\limits_{\Sigma} \boldsymbol{F} \cdot \mathrm{d}\boldsymbol{S}$，其中 $\boldsymbol{F} = y\boldsymbol{i} + x\boldsymbol{j} + z\boldsymbol{k}$，$\Sigma$ 为抛物面 $f(x,y) = 1 - x^2 - y^2$ 外侧在 $z \geqslant 0$ 的部分。

解. 根据前面的解释，可将 $\displaystyle\iint\limits_{\Sigma} \boldsymbol{F} \cdot \mathrm{d}\boldsymbol{S}$ 转为第一类曲面积分 $\displaystyle\iint\limits_{\Sigma} \boldsymbol{F} \cdot \boldsymbol{n}\mathrm{d}S$ 后再计算。

（1）转为第一类曲面积分。首先根据题意作出曲面 Σ 和其方向，以及其在 xOy 面上的投影区域 $D_{xy} = \{(x,y)|x^2 + y^2 \leqslant 1\}$，如图 12.120 所示。

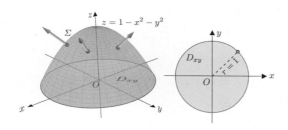

图 12.120　有向曲面 Σ，及其在 xoy 面上的投影 $D_{xy} = \{(x,y)|x^2 + y^2 \leqslant 1\}$

从而可得出 $\Sigma : f(x,y) = 1 - x^2 - y^2, (x,y) \in D_{xy}$ 的外侧，这样就可根据之前学习过的法向量求解方法（见"偏导数、偏微分和全微分"一节中的讲解），得出 Σ 的法向量 $\boldsymbol{N}$ 为：

$$\boldsymbol{N} = \begin{vmatrix} \boldsymbol{i} & 1 & 0 \\ \boldsymbol{j} & 0 & 1 \\ \boldsymbol{k} & f_x(x,y) & f_y(x,y) \end{vmatrix} = \begin{pmatrix} -f_x(x,y) \\ -f_y(x,y) \\ 1 \end{pmatrix}$$

其中 $f_x(x,y) = -2x$ 以及 $f_y(x,y) = -2y$，所以根据上式可以推出：

$$\boldsymbol{N} = \begin{pmatrix} -f_x(x,y) \\ -f_y(x,y) \\ 1 \end{pmatrix} = \begin{pmatrix} 2x \\ 2y \\ 1 \end{pmatrix}$$

图 12.120 中绘制出来的曲面 Σ 的方向都是往上翘的，而这里计算出来的法向量 $\boldsymbol{N}$ 的 z 分量为 1，这说明 $\boldsymbol{N}$ 也是往上翘的，所以 $\boldsymbol{N}$ 是曲面 Σ 的方向，曲面 Σ 的单位方向向量 $\boldsymbol{n}$ 为：

$$n = \frac{N}{\|N\|} = \frac{1}{\sqrt{1 + 4x^2 + 4y^2}} \begin{pmatrix} 2x \\ 2y \\ 1 \end{pmatrix}$$

结合 $F = yi + xj + zk$，所以：

$$F \cdot n = \begin{pmatrix} y \\ x \\ z \end{pmatrix} \cdot \frac{1}{\sqrt{1 + 4x^2 + 4y^2}} \begin{pmatrix} 2x \\ 2y \\ 1 \end{pmatrix} = \frac{2xy + 2xy + z}{\sqrt{1 + 4x^2 + 4y^2}} = \frac{4xy + z}{\sqrt{1 + 4x^2 + 4y^2}}$$

所以 $\iint\limits_{\Sigma} F \cdot \mathrm{d}S = \iint\limits_{\Sigma} F \cdot n \mathrm{d}S = \iint\limits_{\Sigma} \frac{4xy + z}{\sqrt{1 + 4x^2 + 4y^2}} \mathrm{d}S$。

（2）计算对面积的曲面积分（定义 118）。根据 Σ 对应的函数可以算出 Σ 的面积元素 $\mathrm{d}S$ 为：

$$\mathrm{d}S = \sqrt{1 + f_x^2 + f_y^2} \mathrm{d}\sigma = \sqrt{1 + 4x^2 + 4y^2} \mathrm{d}\sigma$$

根据对面积的曲面积分的计算法，所以：

$$\iint\limits_{\Sigma} F \cdot \mathrm{d}S = \iint\limits_{\Sigma} \frac{4xy + z}{\sqrt{1 + 4x^2 + 4y^2}} \mathrm{d}S = \iint\limits_{\Sigma} \frac{4xy + (1 - x^2 - y^2)}{\sqrt{1 + 4x^2 + 4y^2}} \sqrt{1 + 4x^2 + 4y^2} \mathrm{d}\sigma$$

$$= \iint\limits_{\Sigma} (4xy + 1 - x^2 - y^2) \mathrm{d}\sigma = \iint\limits_{D_{xy}} (1 + 4xy - x^2 - y^2) \mathrm{d}x\mathrm{d}y$$

这里要将上式转到极坐标系下去计算，也就是先将 D_{xy} 转到极坐标系下，即 $D_{xy} = \{(\rho, \theta) | 0 \leqslant \rho \leqslant 1,\ 0 \leqslant \theta \leqslant 2\pi\}$。再将被积函数转到极坐标系下，就可根据极坐标系下的富比尼定理（定理 143）来计算了，即：

$$\iint\limits_{\Sigma} F \cdot \mathrm{d}S = \iint\limits_{D_{xy}} (1 + 4xy - x^2 - y^2) \mathrm{d}x\mathrm{d}y = \int_0^{2\pi} \int_0^1 (1 + 4\rho^2 \cos\theta \sin\theta - \rho^2) \rho \mathrm{d}\rho \mathrm{d}\theta$$

$$= \int_0^{2\pi} \int_0^1 (\rho + 4\rho^3 \cos\theta \sin\theta - \rho^3) \mathrm{d}\rho \mathrm{d}\theta = \int_0^{2\pi} \left[\frac{\rho^2}{2} + \rho^4 \cos\theta \sin\theta - \frac{\rho^4}{4} \right]_0^1 \mathrm{d}\theta$$

$$= \int_0^{2\pi} \left(\frac{1}{4} + \cos\theta \sin\theta \right) \mathrm{d}\theta = \left[\frac{\theta}{4} - \frac{1}{2} \cos^2\theta \right]_0^{2\pi} = \frac{\pi}{2}$$

12.6.4 对坐标的曲面积分的定义

国内有一些教材还给出了第二类曲面积分的另外一种定义方式：

定义 120. 设曲面 Σ 是光滑的有向曲面，函数 $R(x, y, z)$ 在 Σ 上有界。把 Σ 任意分成 n 个小曲面，其中第 i 个小曲面记作 ΔS_i（ΔS_i 同时也代表第 i 个小曲面的面积），ΔS_i 在 xOy 面上的投影为 $(\Delta S_i)_{xy}$，(ξ_i, η_i, ζ_i) 是 ΔS_i 上任意取定的一点，作乘积 $R(\xi_i, \eta_i, \zeta_i)(\Delta S_i)_{xy}$（$i = 1, 2, \cdots, n$），并作和：

$$\sum_{i=1}^{n} R(\xi_i, \eta_i, \zeta_i)(\Delta S_i)_{xy}$$

如果当各小曲面的直径的最大值 $\lambda \to 0$ 时，这和的极限总是存在，且与曲面 Σ 的分法及点 (ξ_i, η_i, ζ_i) 的取法无关，就称此极限为函数 $R(x, y, z)$ 在有向曲面 Σ 上对坐标 x、y 的曲面积分：

$$\iint\limits_{\Sigma} R(x, y, z)\mathrm{d}x\mathrm{d}y = \lim_{\lambda \to 0} \sum_{i=1}^{n} R(\xi_i, \eta_i, \zeta_i)(\Delta S_i)_{xy}$$

类似地，可以定义函数 $P(x, y, z)$ 在有向曲面 Σ 上对坐标 y、z 的曲面积分，以及函数 $Q(x, y, z)$ 在有向曲面 Σ 上对坐标 z、x 的曲面积分：

$$\iint\limits_{\Sigma} P(x, y, z)\mathrm{d}y\mathrm{d}z = \lim_{\lambda \to 0} \sum_{i=1}^{n} P(\xi_i, \eta_i, \zeta_i)(\Delta S_i)_{yz}$$

$$\iint\limits_{\Sigma} Q(x, y, z)\mathrm{d}z\mathrm{d}x = \lim_{\lambda \to 0} \sum_{i=1}^{n} Q(\xi_i, \eta_i, \zeta_i)(\Delta S_i)_{zx}$$

其中 $P(x, y, z)$、$Q(x, y, z)$ 和 $R(x, y, z)$ 称为被积函数，Σ 称为积分曲面。以上三个曲面积分也称为第二类曲面积分。

定义 120 看起来和之前给出的有向曲面的积分的定义（定义 119）天差地别，实际上两者是完全等价的，这里通过举例来说明一下。

先解释一下定义 120 中提到的 ΔS_i 的投影 $(\Delta S_i)_{xy}$，这是之前没有出现过的概念。把曲面 Σ 任意分成 n 个小曲面，观察第 i 个有向小曲面 ΔS_i 及其在 xOy 面的投影 $(\Delta\sigma_i)_{xy}$，如图 12.121 所示。对 ΔS_i 及 $(\Delta\sigma_i)_{xy}$ 定向，因为投影 $(\Delta\sigma_i)_{xy}$ 为 xOy 面上的平面，所以定其方向为 $\boldsymbol{k}$。

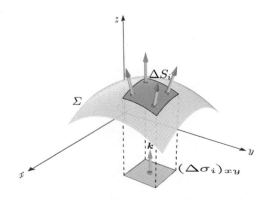

图 12.121 有向小曲面 ΔS_i，及其方向为 $\boldsymbol{k}$ 的投影 $(\Delta\sigma_i)_{xy}$

设 ΔS_i 上各点处的方向向量为 $\boldsymbol{n}_i$，若 $\boldsymbol{n}_i$ 与 $\boldsymbol{k}$ 的点积 $\boldsymbol{n}_i \cdot \boldsymbol{k}$ 都有着相同的符号[①]，则规定 $(\Delta S_i)_{xy}$ 为：

$$(\Delta S_i)_{xy} = \begin{cases} (\Delta\sigma_i)_{xy}, & \boldsymbol{n}_i \cdot \boldsymbol{k} > 0 \\ -(\Delta\sigma_i)_{xy}, & \boldsymbol{n}_i \cdot \boldsymbol{k} < 0 \\ 0, & \boldsymbol{n}_i \cdot \boldsymbol{k} = 0 \end{cases}$$

类似于 $(\Delta S_i)_{xy}$，还可以规定 $(\Delta S_i)_{yz}$ 以及 $(\Delta S_i)_{zx}$，这里通过列表总结如下：

---

① 对于光滑有向曲面 Σ 而言，ΔS_i 划分得足够小时总能做到这一点。

$(\Delta S_i)_{yz}$	$(\Delta S_i)_{zx}$	$(\Delta S_i)_{xy}$
$= \begin{cases} (\Delta\sigma_i)_{yz}, & \boldsymbol{n}_i \cdot \boldsymbol{i} > 0 \\ -(\Delta\sigma_i)_{yz}, & \boldsymbol{n}_i \cdot \boldsymbol{i} < 0 \\ 0, & \boldsymbol{n}_i \cdot \boldsymbol{i} = 0 \end{cases}$	$= \begin{cases} (\Delta\sigma_i)_{zx}, & \boldsymbol{n}_i \cdot \boldsymbol{j} > 0 \\ -(\Delta\sigma_i)_{zx}, & \boldsymbol{n}_i \cdot \boldsymbol{j} < 0 \\ 0, & \boldsymbol{n}_i \cdot \boldsymbol{j} = 0 \end{cases}$	$= \begin{cases} (\Delta\sigma_i)_{xy}, & \boldsymbol{n}_i \cdot \boldsymbol{k} > 0 \\ -(\Delta\sigma_i)_{xy}, & \boldsymbol{n}_i \cdot \boldsymbol{k} < 0 \\ 0, & \boldsymbol{n}_i \cdot \boldsymbol{k} = 0 \end{cases}$

讲清楚了 $(\Delta S_i)_{xy}$、$(\Delta S_i)_{yz}$ 以及 $(\Delta S_i)_{zx}$ 的定义后，让我们接着理解上述定义。之前介绍有向曲面的积分的定义（定义 119）时提到过，需要把 Σ 任意分成 n 个小曲面，然后在第 i 个小曲面 ΔS_i 上任取一点 (ξ_i, η_i, ζ_i)，也就是图 12.122 中的红点，再作出曲面 Σ 在 (ξ_i, η_i, ζ_i) 点的单位法向量 $\boldsymbol{n}_i$，以及 (ξ_i, η_i, ζ_i) 对应的向量函数 $\boldsymbol{F}_i = F(\xi_i, \eta_i, \zeta_i)$，最后据此作乘积 $\boldsymbol{F}(\xi_i, \eta_i, \zeta_i) \cdot \boldsymbol{n}_i \Delta S_i$。

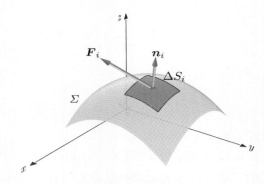

图 12.122　ΔS_i 上的 (ξ_i, η_i, ζ_i) 点，Σ 在该点的方向 $\boldsymbol{n}_i$，及该点的向量函数 $\boldsymbol{F}_i$

根据微积分一贯的思想，可用 Σ 在 (ξ_i, η_i, ζ_i) 点的切平面 $\mathrm{d}S_i$ 来近似小曲面 ΔS_i，如图 12.123 所示。

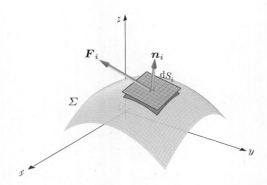

图 12.123　用 Σ 在 (ξ_i, η_i, ζ_i) 点的切平面 $\mathrm{d}S_i$ 来近似小曲面 ΔS_i

也就是说，有下面的约等式成立：

$$\boldsymbol{F}(\xi_i, \eta_i, \zeta_i) \cdot \boldsymbol{n}_i \Delta S_i \approx \boldsymbol{F}(\xi_i, \eta_i, \zeta_i) \cdot \boldsymbol{n}_i \mathrm{d}S_i$$

可以把 $\boldsymbol{n}_i \mathrm{d}S_i$ 看作一个向量，这就是在"向量积（叉积）和混合积"那一节中介绍过的可用来代表空间平面的向量，如图 12.124 所示，其方向为切平面 $\mathrm{d}S_i$ 的方向，其长度为切平面 $\mathrm{d}S_i$ 的面积。引入 $\boldsymbol{n}_i \mathrm{d}S_i$ 是为了计算上的方便，具体来说就是，设切平面 $\mathrm{d}S_i$ 在 xOy 面

上的投影为 $(\Delta\sigma_i)_{xy}$[①]，其方向为 $\boldsymbol{k}$；在 yOz 面上的投影为 $(\Delta\sigma_i)_{yz}$，其方向为 $\boldsymbol{i}$；在 zOx 面上的投影为 $(\Delta\sigma_i)_{zx}$，其方向为 $\boldsymbol{j}$。

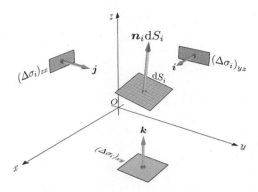

图 12.124　$\boldsymbol{n}_i\mathrm{d}S_i$ 所代表的空间平面，以及该空间平面在各个坐标面上的有向投影

根据在"向量积（叉积）和混合积"那一节中介绍过的 $\boldsymbol{n}_i\mathrm{d}S_i$ 的计算法可知，$\boldsymbol{n}_i\mathrm{d}S_i$ 是由 $(\Delta\sigma_i)_{yz}\boldsymbol{i}$、$(\Delta\sigma_i)_{zx}\boldsymbol{j}$ 和 $(\Delta\sigma_i)_{xy}\boldsymbol{k}$ 组成的，只是这三项前面的系数可能为 1、-1 或者 0，也就是说，可能有：

$$\boldsymbol{n}_i\mathrm{d}S_i = 1\cdot(\Delta\sigma_i)_{yz}\boldsymbol{i} + 1\cdot(\Delta\sigma_i)_{zx}\boldsymbol{j} + 1\cdot(\Delta\sigma_i)_{xy}\boldsymbol{k}$$

也可能有：

$$\boldsymbol{n}_i\mathrm{d}S_i = -1\cdot(\Delta\sigma_i)_{yz}\boldsymbol{i} + 0\cdot(\Delta\sigma_i)_{zx}\boldsymbol{j} + 1\cdot(\Delta\sigma_i)_{xy}\boldsymbol{k}$$

还有很多其他情况。那么这三项前面的系数应该怎么确定呢？判定方法是这样的，

	$(\Delta\sigma_i)_{yz}\boldsymbol{i}$	$(\Delta\sigma_i)_{zx}\boldsymbol{j}$	$(\Delta\sigma_i)_{xy}\boldsymbol{k}$
系数	1，当 $\boldsymbol{n}_i\cdot\boldsymbol{i} > 0$ 时	1，当 $\boldsymbol{n}_i\cdot\boldsymbol{j} > 0$ 时	1，当 $\boldsymbol{n}_i\cdot\boldsymbol{k} > 0$ 时
	0，当 $\boldsymbol{n}_i\cdot\boldsymbol{i} = 0$ 时	0，当 $\boldsymbol{n}_i\cdot\boldsymbol{j} = 0$ 时	0，当 $\boldsymbol{n}_i\cdot\boldsymbol{k} = 0$ 时
	-1，当 $\boldsymbol{n}_i\cdot\boldsymbol{i} < 0$ 时	-1，当 $\boldsymbol{n}_i\cdot\boldsymbol{j} < 0$ 时	-1，当 $\boldsymbol{n}_i\cdot\boldsymbol{k} < 0$ 时

结合之前对 $(\Delta S_i)_{xy}$、$(\Delta S_i)_{yz}$ 以及 $(\Delta S_i)_{zx}$ 的定义，所以有：

$$\boldsymbol{n}_i\mathrm{d}S_i = (\Delta S_i)_{yz}\boldsymbol{i} + (\Delta S_i)_{zx}\boldsymbol{j} + (\Delta S_i)_{xy}\boldsymbol{k} = \begin{pmatrix}(\Delta S_i)_{yz}\\(\Delta S_i)_{zx}\\(\Delta S_i)_{xy}\end{pmatrix}$$

知道 $\boldsymbol{n}_i$ 和 $\boldsymbol{i}$、$\boldsymbol{j}$、$\boldsymbol{k}$ 的点积后，就可将上式展开为由 $(\Delta\sigma_i)_{yz}\boldsymbol{i}$、$(\Delta\sigma_i)_{zx}\boldsymbol{j}$ 和 $(\Delta\sigma_i)_{xy}\boldsymbol{k}$ 组成的式子。

设向量场 $\boldsymbol{F}(x,y,z) = P(x,y,z)\boldsymbol{i} + Q(x,y,z)\boldsymbol{j} + R(x,y,z)\boldsymbol{k}$，则有：

$$\boldsymbol{F}(\xi_i,\eta_i,\zeta_i) = P(\xi_i,\eta_i,\zeta_i)\boldsymbol{i} + Q(\xi_i,\eta_i,\zeta_i)\boldsymbol{j} + R(\xi_i,\eta_i,\zeta_i)\boldsymbol{k} = \begin{pmatrix}P(\xi_i,\eta_i,\zeta_i)\\Q(\xi_i,\eta_i,\zeta_i)\\R(\xi_i,\eta_i,\zeta_i)\end{pmatrix}$$

---

① 之前说 ΔS_i 在 xOy 面上的投影为 $(\Delta\sigma_i)_{xy}$，这是约等于 $\mathrm{d}S_i$ 在 xOy 面上的投影的，因为后面还会有取极限操作，所以这里可认为 $\mathrm{d}S_i$ 在 xOy 面上的投影就是 $(\Delta\sigma_i)_{xy}$。

从而有:

$$\boldsymbol{F}(\xi_i,\eta_i,\zeta_i)\cdot\boldsymbol{n}_i\Delta S_i\approx\boldsymbol{F}(\xi_i,\eta_i,\zeta_i)\cdot\boldsymbol{n}_i\mathrm{d}S_i=\begin{pmatrix}P(\xi_i,\eta_i,\zeta_i)\\Q(\xi_i,\eta_i,\zeta_i)\\R(\xi_i,\eta_i,\zeta_i)\end{pmatrix}\cdot\begin{pmatrix}(\Delta S_i)_{yz}\\(\Delta S_i)_{zx}\\(\Delta S_i)_{xy}\end{pmatrix}$$

$$=P(\xi_i,\eta_i,\zeta_i)(\Delta S_i)_{yz}+Q(\xi_i,\eta_i,\zeta_i)(\Delta S_i)_{zx}+R(\xi_i,\eta_i,\zeta_i)(\Delta S_i)_{xy}$$

结合有向曲面积分的定义（定义 119），可得:

$$\iint\limits_{\Sigma}\boldsymbol{F}(x,y,z)\cdot\mathrm{d}\boldsymbol{S}=\lim_{\lambda\to0}\sum_{i=1}^{n}\boldsymbol{F}(\xi_i,\eta_i,\zeta_i)\cdot\boldsymbol{n}_i\Delta S_i=\lim_{\lambda\to0}\sum_{i=1}^{n}\boldsymbol{F}(\xi_i,\eta_i,\zeta_i)\cdot\boldsymbol{n}_i\mathrm{d}S_i$$

$$=\lim_{\lambda\to0}\sum_{i=1}^{n}[P(\xi_i,\eta_i,\zeta_i)(\Delta S_i)_{yz}+Q(\xi_i,\eta_i,\zeta_i)(\Delta S_i)_{zx}+R(\xi_i,\eta_i,\zeta_i)(\Delta S_i)_{xy}]$$

在这里定义下列积分:

$$\iint\limits_{\Sigma}P(x,y,z)\mathrm{d}y\mathrm{d}z=\lim_{\lambda\to0}\sum_{i=1}^{n}P(\xi_i,\eta_i,\zeta_i)(\Delta S_i)_{yz}$$

$$\iint\limits_{\Sigma}Q(x,y,z)\mathrm{d}z\mathrm{d}x=\lim_{\lambda\to0}\sum_{i=1}^{n}Q(\xi_i,\eta_i,\zeta_i)(\Delta S_i)_{zx}$$

$$\iint\limits_{\Sigma}R(x,y,z)\mathrm{d}x\mathrm{d}y=\lim_{\lambda\to0}\sum_{i=1}^{n}R(\xi_i,\eta_i,\zeta_i)(\Delta S_i)_{xy}$$

那么当上述积分都存在时，则有:

$$\iint\limits_{\Sigma}\boldsymbol{F}(x,y,z)\cdot\mathrm{d}\boldsymbol{S}=\lim_{\lambda\to0}\sum_{i=1}^{n}[P(\xi_i,\eta_i,\zeta_i)(\Delta S_i)_{yz}+Q(\xi_i,\eta_i,\zeta_i)(\Delta S_i)_{zx}+R(\xi_i,\eta_i,\zeta_i)(\Delta S_i)_{xy}]$$

$$=\lim_{\lambda\to0}\sum_{i=1}^{n}P(\xi_i,\eta_i,\zeta_i)(\Delta S_i)_{yz}+\lim_{\lambda\to0}\sum_{i=1}^{n}Q(\xi_i,\eta_i,\zeta_i)(\Delta S_i)_{zx}$$

$$+\lim_{\lambda\to0}\sum_{i=1}^{n}R(\xi_i,\eta_i,\zeta_i)(\Delta S_i)_{xy}$$

$$=\iint\limits_{\Sigma}P(x,y,z)\mathrm{d}y\mathrm{d}z+\iint\limits_{\Sigma}Q(x,y,z)\mathrm{d}z\mathrm{d}x+\iint\limits_{\Sigma}R(x,y,z)\mathrm{d}x\mathrm{d}y$$

上式又常常改写如下:

$$\iint\limits_{\Sigma}\boldsymbol{F}(x,y,z)\cdot\mathrm{d}\boldsymbol{S}=\iint\limits_{\Sigma}P(x,y,z)\mathrm{d}y\mathrm{d}z+\iint\limits_{\Sigma}Q(x,y,z)\mathrm{d}z\mathrm{d}x+\iint\limits_{\Sigma}R(x,y,z)\mathrm{d}x\mathrm{d}y$$

$$=\iint\limits_{\Sigma}P(x,y,z)\mathrm{d}y\mathrm{d}z+Q(x,y,z)\mathrm{d}z\mathrm{d}x+R(x,y,z)\mathrm{d}x\mathrm{d}y$$

因为上式中的 $\boldsymbol{F}=\begin{pmatrix}P(x,y,z)\\Q(x,y,z)\\R(x,y,z)\end{pmatrix}$，所以可以令 $\mathrm{d}\boldsymbol{S}=\begin{pmatrix}\mathrm{d}y\mathrm{d}z\\\mathrm{d}z\mathrm{d}x\\\mathrm{d}x\mathrm{d}y\end{pmatrix}$，这样上式可以改写为:

$$\iint\limits_{\Sigma} \boldsymbol{F}(x,y,z) \cdot \mathrm{d}\boldsymbol{S} = \iint\limits_{\Sigma} \begin{pmatrix} P(x,y,z) \\ Q(x,y,z) \\ R(x,y,z) \end{pmatrix} \cdot \begin{pmatrix} \mathrm{d}y\mathrm{d}z \\ \mathrm{d}z\mathrm{d}x \\ \mathrm{d}x\mathrm{d}y \end{pmatrix}$$

$$= \iint\limits_{\Sigma} P(x,y,z)\mathrm{d}y\mathrm{d}z + Q(x,y,z)\mathrm{d}z\mathrm{d}x + R(x,y,z)\mathrm{d}x\mathrm{d}y$$

所以这里给出的"第二类曲面积分"的定义，或者说"对坐标的曲面积分"的定义，可以看作是对之前给出的有向曲面的积分的定义的改写，或者说给出了有向曲面的积分的各个分量的定义。

同学们注意一下，"有向曲面的积分"以及这里给出的"对坐标的曲面积分"，笼统来说都是"第二类曲面积分"，这三个名词既有很强的联系，又有一些区别，后面的章节中会酌情使用。

12.6.5 对坐标的曲面积分的计算法

在对坐标的曲面积分的定义（定义 120）中给出极限

$$\iint\limits_{\Sigma} R(x,y,z)\mathrm{d}x\mathrm{d}y = \lim_{\lambda \to 0} \sum_{i=1}^{n} R(\xi_i, \eta_i, \zeta_i)(\Delta S_i)_{xy}$$

该极限是无法计算的，这是因为不知道有向光滑曲面 Σ 对应的代数形式。下面讨论一下当有向光滑曲面 Σ 由函数 $z(x,y)$ 给出时的计算法。设有向光滑曲面 Σ 是函数曲面 $z(x,y)$ 的上侧，其在 xOy 面上的投影为 D_{xy}，其上定义有连续函数 $R(x,y,z)$，如图 12.125 所示。

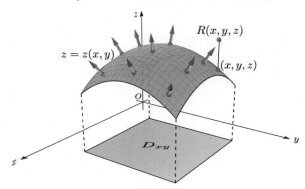

图 12.125 Σ 是函数曲面 $z(x,y)$ 的上侧，其在 xoy 面上的投影为 D_{xy}

因为 Σ 是 $z(x,y)$ 的上侧，所以各个点的方向向量 $\boldsymbol{n}_i$ 和 $\boldsymbol{k}$ 的点积都大于 0，根据对坐标的曲面积分的定义（定义 120）中给出的 $(\Delta S_i)_{xy}$ 的定义，所以此时有 $(\Delta S_i)_{yz} = (\Delta \sigma_i)_{xy}$，结合 $z = z(x,y)$，从而对坐标的曲面积分就可以如下转为二重积分：

$$\iint\limits_{\Sigma} R(x,y,z)\mathrm{d}x\mathrm{d}y = \lim_{\lambda \to 0} \sum_{i=1}^{n} R(\xi_i, \eta_i, \zeta_i)(\Delta S_i)_{xy} = \lim_{\lambda \to 0} \sum_{i=1}^{n} R\Big(\xi_i, \eta_i, z(\xi_i, \eta_i)\Big)(\Delta \sigma_i)_{xy}$$

$$= \iint\limits_{D_{xy}} R\Big(x,y,z(x,y)\Big)\mathrm{d}x\mathrm{d}y$$

如果 Σ 是函数曲面 $z(x,y)$ 的下侧，如图 12.126 所示。

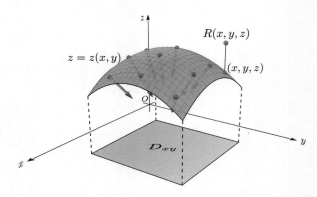

图 12.126 Σ 是函数曲面 $z(x,y)$ 的下侧，其在 xoy 面上的投影为 D_{xy}

因为 Σ 是 $z(x,y)$ 的下侧，所以各个点的方向向量 $\boldsymbol{n}_i$ 和 $\boldsymbol{k}$ 的点积都小于 0，根据对坐标的曲面积分的定义（定义 120）中给出的 $(\Delta S_i)_{xy}$ 的定义，所以此时有 $(\Delta S_i)_{xy} = -(\Delta \sigma_i)_{xy}$，结合 $z = z(x,y)$，从而对坐标的曲面积分就可以如下转为二重积分：

$$\iint\limits_{\Sigma} R(x,y,z)\mathrm{d}x\mathrm{d}y = \lim_{\lambda \to 0} \sum_{i=1}^{n} R(\xi_i, \eta_i, \zeta_i)(\Delta S_i)_{xy} = \lim_{\lambda \to 0} \sum_{i=1}^{n} R\Big(\xi_i, \eta_i, z(\xi_i, \eta_i)\Big)\Big(-(\Delta \sigma_i)_{xy}\Big)$$

$$= -\iint\limits_{D_{xy}} R\Big(x,y,z(x,y)\Big)\mathrm{d}x\mathrm{d}y$$

其余的 $\iint\limits_{\Sigma} P(x,y,z)\mathrm{d}y\mathrm{d}z$ 以及 $\iint\limits_{\Sigma} Q(x,y,z)\mathrm{d}z\mathrm{d}x$ 以此类推，这里不再赘述。

例 307. 计算曲面积分 $\iint\limits_{\Sigma} x^2\mathrm{d}y\mathrm{d}z + y^2\mathrm{d}z\mathrm{d}x + z^2\mathrm{d}x\mathrm{d}y$，其中 Σ 是长方体 Ω 整个表面的外侧，$\Omega = \{(x,y,z)|0 \leqslant x \leqslant a, 0 \leqslant y \leqslant b, 0 \leqslant z \leqslant c\}$。

解. 根据题意作出有向曲面 Σ 的图像，该曲面是长方体 Ω 整个表面的外侧，如图 12.127 所示，其中还标出了 Σ 在不同表面的方向。

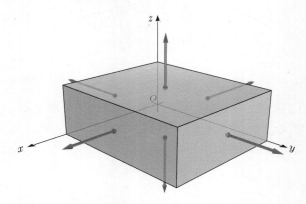

图 12.127 Σ 是长方体 Ω 表面的外侧

为了方便之后的计算，我们将有向曲面 Σ 分作以下六部分，

- $\Sigma_1 : z = c(0 \leqslant x \leqslant a, 0 \leqslant y \leqslant b)$ 的上侧，也就是长方体 Ω 的上表面。
- $\Sigma_2 : z = 0(0 \leqslant x \leqslant a, 0 \leqslant y \leqslant b)$ 的下侧，也就是长方体 Ω 的下表面。
- $\Sigma_3 : x = a(0 \leqslant y \leqslant b, 0 \leqslant z \leqslant c)$ 的前侧，也就是长方体 Ω 的前表面。
- $\Sigma_4 : x = 0(0 \leqslant y \leqslant b, 0 \leqslant z \leqslant c)$ 的后侧，也就是长方体 Ω 的后表面。
- $\Sigma_5 : y = b(0 \leqslant x \leqslant a, 0 \leqslant z \leqslant c)$ 的右侧，也就是长方体 Ω 的右表面。
- $\Sigma_6 : y = 0(0 \leqslant x \leqslant a, 0 \leqslant z \leqslant c)$ 的左侧，也就是长方体 Ω 的左表面。

做好准备之后，下面按照两种方法来解出此题。

（1）通过有向曲面的积分（定义 119）来求解。本题要求的是 $\iint\limits_{\Sigma} x^2 \mathrm{d}z\mathrm{d}y + y^2 \mathrm{d}z\mathrm{d}x + z^2 \mathrm{d}x\mathrm{d}y$，根据之前学习的对坐标的曲面积分的定义（定义 120），可得 $\boldsymbol{F}(x,y,z) = x^2\boldsymbol{i} + y^2\boldsymbol{j} + z^2\boldsymbol{k} = \begin{pmatrix} x^2 \\ y^2 \\ z^2 \end{pmatrix}$。然后要求的积分可以转为有向曲面的积分（定义 119）：

$$\iint\limits_{\Sigma} x^2 \mathrm{d}y\mathrm{d}z + y^2 \mathrm{d}z\mathrm{d}x + z^2 \mathrm{d}x\mathrm{d}y = \iint\limits_{\Sigma} \boldsymbol{F} \cdot \mathrm{d}\boldsymbol{S}$$

下面来计算 $\iint\limits_{\Sigma} \boldsymbol{F} \cdot \mathrm{d}\boldsymbol{S}$，方法是计算出在 Σ 各个组成部分上的积分，然后再加起来。首先是长方体 Ω 的上表面 Σ_1，因为 Σ_1 的单位方向向量为 $\boldsymbol{n}_1 = \begin{pmatrix} 0 \\ 0 \\ 1 \end{pmatrix}$，所以有：

$$\iint\limits_{\Sigma_1} \boldsymbol{F} \cdot \mathrm{d}\boldsymbol{S} = \iint\limits_{\Sigma_1} \boldsymbol{F} \cdot \boldsymbol{n}_1 \mathrm{d}S = \iint\limits_{\Sigma_1} \begin{pmatrix} x^2 \\ y^2 \\ z^2 \end{pmatrix} \cdot \begin{pmatrix} 0 \\ 0 \\ 1 \end{pmatrix} \mathrm{d}S = \iint\limits_{\Sigma_1} z^2 \mathrm{d}S$$

因为 Σ_1 对应的函数为 $z = c(0 \leqslant x \leqslant a, 0 \leqslant y \leqslant b)$，所以[1]：

$$\iint\limits_{\Sigma_1} \boldsymbol{F} \cdot \mathrm{d}\boldsymbol{S} = \iint\limits_{\Sigma_1} z^2 \mathrm{d}S = c^2 \iint\limits_{\Sigma_1} \mathrm{d}S = c^2 ab$$

然后是长方体 Ω 的下表面 Σ_2，其单位方向向量为 $\boldsymbol{n}_2 = \begin{pmatrix} 0 \\ 0 \\ -1 \end{pmatrix}$，所以：

$$\iint\limits_{\Sigma_2} \boldsymbol{F} \cdot \mathrm{d}\boldsymbol{S} = \iint\limits_{\Sigma_1} \boldsymbol{F} \cdot \boldsymbol{n}_2 \mathrm{d}S = \iint\limits_{\Sigma_1} \begin{pmatrix} x^2 \\ y^2 \\ z^2 \end{pmatrix} \cdot \begin{pmatrix} 0 \\ 0 \\ -1 \end{pmatrix} \mathrm{d}S = \iint\limits_{\Sigma_1} -z^2 \mathrm{d}S$$

因为 Σ_2 对应的函数为 $z = 0(0 \leqslant x \leqslant a, 0 \leqslant y \leqslant b)$，所以：

---

[1] 这里的 $\iint\limits_{\Sigma_1} \mathrm{d}S$ 计算的就是 Σ_1 的面积，也就是 $z = c(0 \leqslant x \leqslant a, 0 \leqslant y \leqslant b)$ 这个矩形的面积，其面积就是 ab。

$$\iint\limits_{\Sigma_2} \boldsymbol{F} \cdot \mathrm{d}\boldsymbol{S} = \iint\limits_{\Sigma_2} -z^2 \mathrm{d}S = \iint\limits_{\Sigma_2} 0 \mathrm{d}S = 0$$

同样地，可以求出：

$$\iint\limits_{\Sigma_3} \boldsymbol{F} \cdot \mathrm{d}\boldsymbol{S} = a^2 bc, \quad \iint\limits_{\Sigma_4} \boldsymbol{F} \cdot \mathrm{d}\boldsymbol{S} = 0, \quad \iint\limits_{\Sigma_5} \boldsymbol{F} \cdot \mathrm{d}\boldsymbol{S} = b^2 ac, \quad \iint\limits_{\Sigma_6} \boldsymbol{F} \cdot \mathrm{d}\boldsymbol{S} = 0$$

所以最终有 $\iint\limits_{\Sigma} \boldsymbol{F} \cdot \mathrm{d}\boldsymbol{S} = c^2 ab + a^2 bc + b^2 ac = (a + b + c)abc$。

（2）通过对坐标的曲面积分（定义 120）来求解。还是计算出在 Σ 各个组成部分上的积

分，然后再加起来。首先是长方体 Ω 的上表面 Σ_1，其单位方向向量为 $\boldsymbol{n}_1 = \begin{pmatrix} 0 \\ 0 \\ 1 \end{pmatrix}$，所以：

$$\boldsymbol{n}_1 \cdot \boldsymbol{i} = 0, \quad \boldsymbol{n}_1 \cdot \boldsymbol{j} = 0, \quad \boldsymbol{n}_1 \cdot \boldsymbol{k} = 1$$

又 Σ_1 在 xOy 面的投影 D_{xy1}、在 yOz 面的投影 D_{yz1}、在 zOx 面的投影 D_{zx1} 分别为：

$$D_{xy1} = \{(x, y) | 0 \leqslant x \leqslant a, 0 \leqslant y \leqslant b\},$$

$$D_{yz1} = \{(y, z) | 0 \leqslant y \leqslant b, z = c\},$$

$$D_{zx1} = \{(x, z) | 0 \leqslant x \leqslant a, z = c\}$$

根据对坐标的曲面积分的计算法，所以有：

$$\iint\limits_{\Sigma_1} x^2 \mathrm{d}z\mathrm{d}y + y^2 \mathrm{d}z\mathrm{d}x + z^2 \mathrm{d}x\mathrm{d}y = \iint\limits_{D_{yz1}} x^2 \cdot 0 \mathrm{d}y\mathrm{d}z + \iint\limits_{D_{zx1}} y^2 \cdot 0 \mathrm{d}z\mathrm{d}x + \iint\limits_{D_{xy1}} z^2 \mathrm{d}x\mathrm{d}y$$

$$= \iint\limits_{D_{xy1}} z^2 \mathrm{d}x\mathrm{d}y = c^2 \iint\limits_{D_{xy1}} \mathrm{d}x\mathrm{d}y = c^2 ab$$

然后是长方体 Ω 的下表面 Σ_2，其单位方向向量为 $\boldsymbol{n}_2 = \begin{pmatrix} 0 \\ 0 \\ -1 \end{pmatrix}$，所以：

$$\boldsymbol{n}_2 \cdot \boldsymbol{i} = 0, \quad \boldsymbol{n}_2 \cdot \boldsymbol{j} = 0, \quad \boldsymbol{n}_2 \cdot \boldsymbol{k} = -1$$

又 Σ_2 在 xOy 面的投影 D_{xy2}、在 yOz 面的投影 D_{yz2}、在 zOx 面的投影 D_{zx2} 分别为：

$$D_{xy2} = \{(x, y) | 0 \leqslant x \leqslant a, 0 \leqslant y \leqslant b\},$$

$$D_{yz2} = \{(y, z) | 0 \leqslant y \leqslant b, z = 0\},$$

$$D_{zx2} = \{(x, z) | 0 \leqslant x \leqslant a, z = 0\}$$

根据对坐标的曲面积分的计算法，所以有：

$$\iint\limits_{\Sigma_2} x^2 \mathrm{d}z\mathrm{d}y + y^2 \mathrm{d}z\mathrm{d}x + z^2 \mathrm{d}x\mathrm{d}y = \iint\limits_{D_{yz2}} x^2 \cdot 0 \mathrm{d}y\mathrm{d}z + \iint\limits_{D_{zx2}} y^2 \cdot 0 \mathrm{d}z\mathrm{d}x - \iint\limits_{D_{xy2}} z^2 \mathrm{d}x\mathrm{d}y$$

$$= -\iint\limits_{D_{xy2}} z^2 \mathrm{d}x\mathrm{d}y = -\iint\limits_{D_{xy2}} 0^2 \mathrm{d}x\mathrm{d}y = 0$$

同样地，可以求出：

$$\iint\limits_{\Sigma_3} \boldsymbol{F} \cdot \mathrm{d}\boldsymbol{S} = a^2bc, \quad \iint\limits_{\Sigma_4} \boldsymbol{F} \cdot \mathrm{d}\boldsymbol{S} = 0, \quad \iint\limits_{\Sigma_5} \boldsymbol{F} \cdot \mathrm{d}\boldsymbol{S} = b^2ac, \quad \iint\limits_{\Sigma_6} \boldsymbol{F} \cdot \mathrm{d}\boldsymbol{S} = 0$$

所以最终有 $\displaystyle\iint\limits_{\Sigma} \boldsymbol{F} \cdot \mathrm{d}\boldsymbol{S} = c^2ab + a^2bc + b^2ac = (a+b+c)abc$。

从例 307 中可以看到，通过有向曲面的积分（定义 119）来计算，或者通过对坐标的曲面积分（定义 120）来计算，得到的结果都是一样的。

例 308. 计算曲面积分 $\displaystyle\iint\limits_{\Sigma} xyz\mathrm{d}x\mathrm{d}y$，其中 Σ 是球面 $x^2 + y^2 + z^2 = 1$ 外侧在 $x \geqslant 0$ 以及 $y \geqslant 0$ 的部分。

解. 根据题意作出 Σ，将之分为 Σ_1 和 Σ_2 这两部分，如图 12.128 所示，其中 Σ_1 是 Σ 在 $z \geqslant 0$ 的部分，Σ_2 是 Σ 在 $z < 0$ 的部分，这里还标出了这两部分的方向，以及这两部分在 xOy 面上的投影 $D_{xy} = \{(x,y)|0 \leqslant x \leqslant 1, 0 \leqslant y \leqslant \sqrt{1-x^2}\}$。

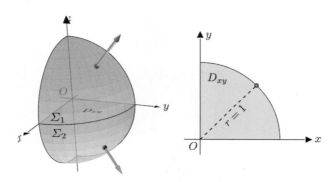

图 12.128　有向曲面 Σ_1 和 Σ_2，及其在 xoy 面上的投影 $D_{xy} = \{(x,y)|0 \leqslant x \leqslant 1, 0 \leqslant y \leqslant \sqrt{1-x^2}\}$

根据题意以及图 12.128，可以写出这两部分的代数式，

- $\Sigma_1: f(x,y) = \sqrt{1-x^2-y^2}, \ (x,y) \in D_{xy}$ 的外侧。
- $\Sigma_2: g(x,y) = -\sqrt{1-x^2-y^2}, \ (x,y) \in D_{xy}$ 的外侧。

做好准备之后，下面按照两种方法来解出此题。

（1）通过有向曲面的积分（定义 119）来求解。本题要求的是 $\displaystyle\iint\limits_{\Sigma} xyz\mathrm{d}x\mathrm{d}y$，根据之前学

习的对坐标的曲面积分的定义（定义 120），可得 $\boldsymbol{F}(x,y,z) = xyz\boldsymbol{k} = \begin{pmatrix} 0 \\ 0 \\ xyz \end{pmatrix}$。然后要求的

积分可以转为有向曲面的积分（定义 119）：

$$\iint\limits_{\Sigma} xyz\mathrm{d}x\mathrm{d}y = \iint\limits_{\Sigma} \boldsymbol{F} \cdot \mathrm{d}\boldsymbol{S}$$

下面来计算 $\iint\limits_{\Sigma} \boldsymbol{F} \cdot \mathrm{d}\boldsymbol{S}$，方法是计算出在 Σ 各个组成部分上的积分，然后再加起来。首先是 Σ_1，因为 Σ_1 对应的函数为 $f(x,y) = \sqrt{1-x^2-y^2}, (x,y) \in D_{xy}$，根据之前学习过的法向量求解方法（见"偏导数、偏微分和全微分"一节中的讲解），得出 Σ_1 的法向量 $\boldsymbol{N}_1$ 为：

$$\boldsymbol{N}_1 = \begin{vmatrix} \boldsymbol{i} & 1 & 0 \\ \boldsymbol{j} & 0 & 1 \\ \boldsymbol{k} & f_x(x,y) & f_y(x,y) \end{vmatrix} = \begin{pmatrix} -f_x(x,y) \\ -f_y(x,y) \\ 1 \end{pmatrix}$$

其中 $f_x(x,y) = -\dfrac{x}{\sqrt{1-x^2-y^2}}$，$f_y(x,y) = -\dfrac{y}{\sqrt{1-x^2-y^2}}$，所以根据上式可以推出：

$$\boldsymbol{N}_1 = \begin{pmatrix} -f_x(x,y) \\ -f_y(x,y) \\ 1 \end{pmatrix} = \begin{pmatrix} \dfrac{x}{\sqrt{1-x^2-y^2}} \\ \dfrac{y}{\sqrt{1-x^2-y^2}} \\ 1 \end{pmatrix}$$

图 12.128 中绘制出来的曲面 Σ_1 的方向是往上翘的，而这里计算出来的法向量 $\boldsymbol{N}_1$ 的 z 分量为 1，这说明 $\boldsymbol{N}_1$ 也是往上翘的，所以 $\boldsymbol{N}_1$ 是曲面 Σ_1 的方向，所以曲面 Σ_1 的单位方向向量 $\boldsymbol{n}_1$ 为：

$$\boldsymbol{n}_1 = \frac{\boldsymbol{N}_1}{\|\boldsymbol{N}_1\|} = \sqrt{1-x^2-y^2} \begin{pmatrix} \dfrac{x}{\sqrt{1-x^2-y^2}} \\ \dfrac{y}{\sqrt{1-x^2-y^2}} \\ 1 \end{pmatrix} = \begin{pmatrix} x \\ y \\ \sqrt{1-x^2-y^2} \end{pmatrix}$$

所以有：

$$\iint\limits_{\Sigma_1} \boldsymbol{F} \cdot \mathrm{d}\boldsymbol{S} = \iint\limits_{\Sigma_1} \boldsymbol{F} \cdot \boldsymbol{n}_1 \mathrm{d}S = \iint\limits_{\Sigma_1} \begin{pmatrix} 0 \\ 0 \\ xyz \end{pmatrix} \cdot \begin{pmatrix} x \\ y \\ \sqrt{1-x^2-y^2} \end{pmatrix} \mathrm{d}S = \iint\limits_{\Sigma_1} xyz\sqrt{1-x^2-y^2}\mathrm{d}S$$

根据 Σ_1 对应的函数可以算出 Σ_1 的面积元素 $\mathrm{d}S = \sqrt{1+f_x^2+f_y^2}\mathrm{d}\sigma = \dfrac{1}{\sqrt{1-x^2-y^2}}\mathrm{d}\sigma$。结合对面积的曲面积分的计算法，所以：

$$\iint\limits_{\Sigma_1} \boldsymbol{F} \cdot \mathrm{d}\boldsymbol{S} = \iint\limits_{\Sigma_1} xyz\sqrt{1-x^2-y^2}\mathrm{d}S = \iint\limits_{D_{xy}} xyz\sqrt{1-x^2-y^2} \cdot \dfrac{1}{\sqrt{1-x^2-y^2}}\mathrm{d}\sigma$$

$$= \iint\limits_{D_{xy}} xyz\mathrm{d}\sigma = \iint\limits_{D_{xy}} xy\sqrt{1-x^2-y^2}\mathrm{d}\sigma = \iint\limits_{D_{xy}} xy\sqrt{1-x^2-y^2}\mathrm{d}x\mathrm{d}y$$

这里要将上式转到极坐标系下去计算，也就是先将 D_{xy} 转到极坐标系下，即 $D_{xy} = \left\{ (\rho,\theta) \,\middle|\, 0 \leqslant \rho \leqslant 1, 0 \leqslant \theta \leqslant \dfrac{\pi}{2} \right\}$，再将被积函数转到极坐标系下，就可根据极坐标系下的富比尼定理（定理 143）来计算了，即：

$$\iint\limits_{\Sigma_1} \boldsymbol{F} \cdot \mathrm{d}\boldsymbol{S} = \iint\limits_{D_{xy}} xy\sqrt{1-x^2-y^2}\mathrm{d}x\mathrm{d}y = \int_0^{\frac{\pi}{2}} \int_0^1 \rho^2 \sin\theta\cos\theta\sqrt{1-\rho^2}\rho\mathrm{d}\rho\mathrm{d}\theta$$

$$= \frac{1}{2}\int_0^{\frac{\pi}{2}}\int_0^1 \sin(2\theta)\rho^3\sqrt{1-\rho^2}\mathrm{d}\rho\mathrm{d}\theta$$

$$= \frac{1}{2}\int_0^{\frac{\pi}{2}}\left[-\frac{1}{15}\sin(2\theta)(1-\rho^2)^{\frac{3}{2}}(3\rho^2+2)\right]_0^1 \mathrm{d}\theta$$

$$= \frac{1}{15}\int_0^{\frac{\pi}{2}}\sin(2\theta)\mathrm{d}\theta = \frac{1}{15}\left[-\frac{1}{2}\cos(2\theta)\right]_0^{\frac{\pi}{2}} = \frac{1}{15}$$

再来看看 Σ_2，因为 Σ_1 对应的函数为 $g(x,y) = -\sqrt{1-x^2-y^2}$, $(x,y) \in D_{xy}$，从而有 $g_x(x,y) = \dfrac{x}{\sqrt{1-x^2-y^2}}$, $g_y(x,y) = \dfrac{y}{\sqrt{1-x^2-y^2}}$，结合之前学习过的法向量求解方法（见"偏导数、偏微分和全微分"一节中的讲解），得出 Σ_2 的法向量 $\boldsymbol{N}_2$ 为：

$$\boldsymbol{N}_2 = \begin{vmatrix} \boldsymbol{i} & 1 & 0 \\ \boldsymbol{j} & 0 & 1 \\ \boldsymbol{k} & g_x(x,y) & g_y(x,y) \end{vmatrix} = \begin{pmatrix} -g_x(x,y) \\ -g_y(x,y) \\ 1 \end{pmatrix} = \begin{pmatrix} -\dfrac{x}{\sqrt{1-x^2-y^2}} \\ -\dfrac{y}{\sqrt{1-x^2-y^2}} \\ 1 \end{pmatrix}$$

图 12.128 中绘制出来的曲面 Σ_2 的方向是往下翘的，而这里计算出来的法向量 $\boldsymbol{N}_2$ 的 z 分量为 1，这说明 $\boldsymbol{N}_2$ 是往上翘的，所以 $-\boldsymbol{N}_2$ 是曲面 Σ_2 的方向，所以曲面 Σ_2 的单位方向向量 $\boldsymbol{n}_2$ 为：

$$\boldsymbol{n}_2 = \frac{-\boldsymbol{N}_2}{\|\boldsymbol{N}_2\|} = \sqrt{1-x^2-y^2}\begin{pmatrix} -\dfrac{x}{\sqrt{1-x^2-y^2}} \\ -\dfrac{y}{\sqrt{1-x^2-y^2}} \\ -1 \end{pmatrix} = \begin{pmatrix} -x \\ -y \\ -\sqrt{1-x^2-y^2} \end{pmatrix}$$

所以有：

$$\iint\limits_{\Sigma_2} \boldsymbol{F} \cdot \mathrm{d}\boldsymbol{S} = \iint\limits_{\Sigma_2} \boldsymbol{F} \cdot \boldsymbol{n}_2\mathrm{d}S = \iint\limits_{\Sigma_2} \begin{pmatrix} 0 \\ 0 \\ xyz \end{pmatrix} \cdot \begin{pmatrix} -x \\ -y \\ -\sqrt{1-x^2-y^2} \end{pmatrix} \mathrm{d}S = -\iint\limits_{\Sigma_2} xyz\sqrt{1-x^2-y^2}\mathrm{d}S$$

根据 Σ_2 对应的函数可以算出 Σ_2 的面积元素 $\mathrm{d}S = \sqrt{1+f_x^2+f_y^2}\mathrm{d}\sigma = \dfrac{1}{\sqrt{1-x^2-y^2}}\mathrm{d}\sigma$。结合对面积的曲面积分的计算法，所以：

$$\iint\limits_{\Sigma_2} \boldsymbol{F} \cdot \mathrm{d}\boldsymbol{S} = -\iint\limits_{\Sigma_2} xyz\sqrt{1-x^2-y^2}\mathrm{d}S = -\iint\limits_{D_{xy}} xyz\sqrt{1-x^2-y^2} \cdot \frac{1}{\sqrt{1-x^2-y^2}}\mathrm{d}\sigma$$

$$= -\iint\limits_{D_{xy}} xyz\mathrm{d}\sigma = -\iint\limits_{D_{xy}} xy \cdot (-\sqrt{1-x^2-y^2})\mathrm{d}\sigma = \iint\limits_{D_{xy}} xy\sqrt{1-x^2-y^2}\mathrm{d}x\mathrm{d}y$$

所以有 $\iint\limits_{\Sigma_1} \boldsymbol{F} \cdot \mathrm{d}\boldsymbol{S} = \iint\limits_{\Sigma_2} \boldsymbol{F} \cdot \mathrm{d}\boldsymbol{S} = \dfrac{1}{15}$，最终可得：

$$\iint\limits_{\Sigma} xyz\mathrm{d}x\mathrm{d}y = \iint\limits_{\Sigma} \boldsymbol{F} \cdot \mathrm{d}\boldsymbol{S} = \iint\limits_{\Sigma_1} \boldsymbol{F} \cdot \mathrm{d}\boldsymbol{S} + \iint\limits_{\Sigma_2} \boldsymbol{F} \cdot \mathrm{d}\boldsymbol{S} = \frac{2}{15}$$

（2）通过对坐标的曲面积分（定义 120）来求解。因为将 Σ 分为了 Σ_1 和 Σ_2，所以有：

$$\iint\limits_{\Sigma} xyz\mathrm{d}x\mathrm{d}y = \iint\limits_{\Sigma_1} xyz\mathrm{d}x\mathrm{d}y + \iint\limits_{\Sigma_2} xyz\mathrm{d}x\mathrm{d}y$$

从图 12.128 中可以知道，Σ_1 的方向是往上翘的，所以该方向和 $\boldsymbol{k}$ 的夹角小于 $\frac{\pi}{2}$，所以两者的点积大于 0；而 Σ_2 的方向是往下翘的，所以该方向和 $\boldsymbol{k}$ 的夹角大于 $\frac{\pi}{2}$，所以两者的点积小于 0。根据对坐标的曲面积分的计算法，结合 Σ_1 和 Σ_2 对应的函数，所以上式可以改写为：

$$\iint\limits_{\Sigma} xyz\mathrm{d}x\mathrm{d}y = \iint\limits_{\Sigma_1} xyz\mathrm{d}x\mathrm{d}y + \iint\limits_{\Sigma_2} xyz\mathrm{d}x\mathrm{d}y$$
$$= \iint\limits_{D_{xy}} xy\sqrt{1-x^2-y^2}\mathrm{d}x\mathrm{d}y - \iint\limits_{D_{xy}} xy(-\sqrt{1-x^2-y^2})\mathrm{d}x\mathrm{d}y$$
$$= 2\iint\limits_{D_{xy}} xy\sqrt{1-x^2-y^2}\mathrm{d}x\mathrm{d}y$$

结合（1）中的计算结果，所以可得 $\iint\limits_{\Sigma} xyz\mathrm{d}x\mathrm{d}y = 2\iint\limits_{D_{xy}} xy\sqrt{1-x^2-y^2}\mathrm{d}x\mathrm{d}y = \frac{2}{15}$。

就例 308 而言，相对于有向曲面的积分（定义 119），对坐标的曲面积分（定义 120）会更容易计算。

12.7　斯托克斯公式和高斯公式

曲面积分、三重积分都有自己的基本定理，这就是本节将要学习的内容。

12.7.1　斯托克斯公式

定理 161. 设 $\partial\Sigma$ 为分段光滑的空间有向闭曲线，Σ 是以 $\partial\Sigma$ 为边界的分片光滑的有向曲面，$\partial\Sigma$ 的正向与 Σ 的正向符合右手定则，若函数 $P(x,y,z)$、$Q(x,y,z)$ 与 $R(x,y,z)$ 在曲面 Σ（连同边界 $\partial\Sigma$）上具有一阶连续偏导数，则有：

$$\iint\limits_{\Sigma} \left(\frac{\partial R}{\partial y} - \frac{\partial Q}{\partial z}\right)\mathrm{d}y\mathrm{d}z + \left(\frac{\partial P}{\partial z} - \frac{\partial R}{\partial x}\right)\mathrm{d}z\mathrm{d}x + \left(\frac{\partial Q}{\partial x} - \frac{\partial P}{\partial y}\right)\mathrm{d}x\mathrm{d}y = \oint_{\partial\Sigma} P\mathrm{d}x + Q\mathrm{d}y + R\mathrm{d}z$$

上述公式称为斯托克斯公式。

证明.（1）设 Σ 为函数曲面 $z = f(x,y)$ 的上侧，其有向边界 $\partial\Sigma$ 的正向与 Σ 的正向符合右手定则，即用右手除拇指的四指顺着 $\partial\Sigma$ 的方向握拳，右手大拇指所指的方向与 Σ 的正向 $\boldsymbol{n}$ 的指向相同，如图 12.129 所示，$\partial\Sigma$ 也称为 Σ 的正向边界曲线。图 12.129 中还绘制出

了 Σ 在 xOy 面上的投影 D_{xy}；以及 $\partial\Sigma$ 在 xOy 面上的投影 ∂D_{xy}，这是 D_{xy} 的边界曲线，也是一条有向曲线。

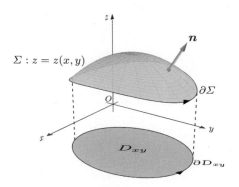

图 12.129　有向曲面 Σ 为函数曲面 $z = f(x,y)$ 的上侧，其正向边界为 $\partial\Sigma$

下面开始证明，先说一下思路，首先只关注斯托克斯公式左侧的一部分，即只关注 $\iint\limits_{\Sigma} \dfrac{\partial P}{\partial z}\mathrm{d}z\mathrm{d}x - \dfrac{\partial P}{\partial y}\mathrm{d}x\mathrm{d}y$。把这个对坐标的曲面积分通过之前学习过的一些计算法转为二重积分，再转为对坐标的曲线积分，如下所示。然后依然用该方法去处理斯托克斯公式左侧的其余部分，就可以完成证明：

$$\overbrace{\iint\limits_{\Sigma} \frac{\partial P}{\partial z}\mathrm{d}z\mathrm{d}x - \frac{\partial P}{\partial y}\mathrm{d}x\mathrm{d}y}^{\text{对坐标的曲面积分}} \xrightarrow{\text{计算法}} \overbrace{-\iint\limits_{D_{xy}} \frac{\partial}{\partial y}P\big(x,y,f(x,y)\big)\mathrm{d}x\mathrm{d}y}^{\text{二重积分}} \xrightarrow{\text{格林公式}} \underbrace{\oint_{\partial\Sigma} P(x,y,z)\mathrm{d}x}_{\text{对坐标的曲线积分}}$$

下面来完成第一步，把对坐标的曲面积分转为二重积分。根据对坐标的曲面积分 $\iint\limits_{\Sigma} \dfrac{\partial P}{\partial z}\mathrm{d}z\mathrm{d}x - \dfrac{\partial P}{\partial y}\mathrm{d}x\mathrm{d}y$ 可知，存在 $\boldsymbol{F}(x,y,z) = \dfrac{\partial P}{\partial z}\boldsymbol{j} - \dfrac{\partial P}{\partial y}\boldsymbol{k} = \begin{pmatrix} 0 \\ \dfrac{\partial P}{\partial z} \\ -\dfrac{\partial P}{\partial y} \end{pmatrix}$。然后要求的积分可以转为：

$$\iint\limits_{\Sigma} \frac{\partial P}{\partial z}\mathrm{d}z\mathrm{d}x - \frac{\partial P}{\partial y}\mathrm{d}x\mathrm{d}y = \iint\limits_{\Sigma} \boldsymbol{F} \cdot \mathrm{d}\boldsymbol{S}$$

根据之前学习过的法向量求解方法（见"偏导数、偏微分和全微分"一节中的讲解），得出 Σ 的法向量 $\boldsymbol{N}$ 为：

$$\boldsymbol{N} = \begin{vmatrix} \boldsymbol{i} & 1 & 0 \\ \boldsymbol{j} & 0 & 1 \\ \boldsymbol{k} & f_x(x,y) & f_y(x,y) \end{vmatrix} = \begin{pmatrix} -f_x(x,y) \\ -f_y(x,y) \\ 1 \end{pmatrix}$$

因为 Σ 为函数曲面 $z = f(x,y)$ 的上侧，观察图 12.129 可知其方向是往上翘的，而这里计算出来的法向量 $\boldsymbol{N}$ 的 z 分量为 1，这说明 $\boldsymbol{N}$ 也是往上翘的，所以 $\boldsymbol{N}$ 是曲面 Σ 的方向，所以曲面 Σ 的单位方向向量 $\boldsymbol{n}$ 为：

$$\boldsymbol{n} = \frac{\boldsymbol{N}}{\|\boldsymbol{N}\|} = \frac{1}{\sqrt{1 + f_x^2 + f_y^2}} \begin{pmatrix} -f_x(x,y) \\ -f_y(x,y) \\ 1 \end{pmatrix} = \begin{pmatrix} \dfrac{-f_x}{\sqrt{1 + f_x^2 + f_y^2}} \\ \dfrac{-f_y}{\sqrt{1 + f_x^2 + f_y^2}} \\ \dfrac{1}{\sqrt{1 + f_x^2 + f_y^2}} \end{pmatrix}$$

所以有：

$$\iint\limits_{\Sigma} \frac{\partial P}{\partial z} \mathrm{d}z\mathrm{d}x - \frac{\partial P}{\partial y} \mathrm{d}x\mathrm{d}y = \iint\limits_{\Sigma} \boldsymbol{F} \cdot \mathrm{d}\boldsymbol{S} = \iint\limits_{\Sigma} \boldsymbol{F} \cdot \boldsymbol{n} \mathrm{d}S = \iint\limits_{\Sigma} \begin{pmatrix} 0 \\ \dfrac{\partial P}{\partial z} \\ -\dfrac{\partial P}{\partial y} \end{pmatrix} \cdot \begin{pmatrix} \dfrac{-f_x}{\sqrt{1 + f_x^2 + f_y^2}} \\ \dfrac{-f_y}{\sqrt{1 + f_x^2 + f_y^2}} \\ \dfrac{1}{\sqrt{1 + f_x^2 + f_y^2}} \end{pmatrix} \mathrm{d}S$$

$$= -\iint\limits_{\Sigma} \left(\frac{\partial P}{\partial y} + \frac{\partial P}{\partial z} f_y \right) \frac{1}{\sqrt{1 + f_x^2 + f_y^2}} \mathrm{d}S$$

因为 Σ 的面积元素 $\mathrm{d}S = \sqrt{1 + f_x^2 + f_y^2}\,\mathrm{d}\sigma$，根据对面积的曲面积分的计算法，所以：

$$\iint\limits_{\Sigma} \frac{\partial P}{\partial z} \mathrm{d}z\mathrm{d}x - \frac{\partial P}{\partial y} \mathrm{d}x\mathrm{d}y = -\iint\limits_{\Sigma} \left(\frac{\partial P}{\partial y} + \frac{\partial P}{\partial z} f_y \right) \frac{1}{\sqrt{1 + f_x^2 + f_y^2}} \mathrm{d}S$$

$$= -\iint\limits_{D_{xy}} \left(\frac{\partial P\big(x,y,f(x,y)\big)}{\partial y} + \frac{\partial P\big(x,y,f(x,y)\big)}{\partial z} f_y \right) \mathrm{d}\sigma$$

上式将 $P(x,y,z)$ 中的 z 用 $f(x,y)$ 代替了，得到 $P\big(x,y,f(x,y)\big)$，对其运用多元复合函数的求导法则可得：

$$\frac{\partial}{\partial y} P\big(x,y,f(x,y)\big) = \frac{\partial P\big(x,y,f(x,y)\big)}{\partial y} + \frac{\partial P\big(x,y,f(x,y)\big)}{\partial z} f_y$$

所以：

$$\iint\limits_{\Sigma} \frac{\partial P}{\partial z} \mathrm{d}z\mathrm{d}x - \frac{\partial P}{\partial y} \mathrm{d}x\mathrm{d}y = -\iint\limits_{D_{xy}} \left(\frac{\partial P\big(x,y,f(x,y)\big)}{\partial y} + \frac{\partial P\big(x,y,f(x,y)\big)}{\partial z} f_y \right) \mathrm{d}\sigma$$

$$= -\iint\limits_{D_{xy}} \frac{\partial}{\partial y} P\big(x,y,f(x,y)\big) \mathrm{d}\sigma$$

根据格林公式，所以有：

$$\iint\limits_{\Sigma} \frac{\partial P}{\partial z} \mathrm{d}z\mathrm{d}x - \frac{\partial P}{\partial y} \mathrm{d}x\mathrm{d}y = -\iint\limits_{D_{xy}} \frac{\partial}{\partial y} P\big(x,y,f(x,y)\big) \mathrm{d}\sigma = \oint_{\partial D_{xy}} P\big(x,y,f(x,y)\big) \mathrm{d}x$$

因为函数 $P\big(x, y, f(x, y)\big)$ 在曲线 ∂D_{xy} 上 (x, y) 点处的值与函数 $P(x, y, z)$ 在曲线 $\partial \Sigma$ 上对应的 (x, y, z) 点处的值是一样的,并且两条曲线上的对应小弧段在 x 轴上的投影也一样,根据对坐标的曲线积分的定义(定义 115),所以有:

$$\iint\limits_{\Sigma} \frac{\partial P}{\partial z} \mathrm{d}z\mathrm{d}x - \frac{\partial P}{\partial y} \mathrm{d}x\mathrm{d}y = \oint_{\partial D_{xy}} P\big(x, y, f(x, y)\big)\mathrm{d}x = \oint_{\partial \Sigma} P(x, y, z)\mathrm{d}x$$

如果 Σ 为函数曲面 $z = f(x, y)$ 的下侧,那么前面的式子都要改变符号,所以依然有:

$$\iint\limits_{\Sigma} \frac{\partial P}{\partial z} \mathrm{d}z\mathrm{d}x - \frac{\partial P}{\partial y} \mathrm{d}x\mathrm{d}y = \oint_{\partial \Sigma} P(x, y, z)\mathrm{d}x$$

(2)如果 Σ 对应的曲面不能通过函数来表示,那么可将 Σ 分成有限个小曲面,使得每个小曲面都可以通过函数来表示,然后套用(1)中的式子计算并相加,将公共部分抵消后依然可以得到(1)中的结论。

(3)同样的道理可得:

$$\iint\limits_{\Sigma} \frac{\partial Q}{\partial x} \mathrm{d}x\mathrm{d}y - \frac{\partial Q}{\partial z} \mathrm{d}y\mathrm{d}z = \oint_{\partial \Sigma} Q(x, y, z)\mathrm{d}y, \quad \iint\limits_{\Sigma} \frac{\partial R}{\partial y} \mathrm{d}y\mathrm{d}z - \frac{\partial R}{\partial x} \mathrm{d}z\mathrm{d}x = \oint_{\partial \Sigma} R(x, y, z)\mathrm{d}z$$

综合起来可得斯托克斯公式:

$$\iint\limits_{\Sigma} \left(\frac{\partial R}{\partial y} - \frac{\partial Q}{\partial z} \right) \mathrm{d}y\mathrm{d}z + \left(\frac{\partial P}{\partial z} - \frac{\partial R}{\partial x} \right) \mathrm{d}z\mathrm{d}x + \left(\frac{\partial Q}{\partial x} - \frac{\partial P}{\partial y} \right) \mathrm{d}x\mathrm{d}y = \oint_{\partial \Sigma} P\mathrm{d}x + Q\mathrm{d}y + R\mathrm{d}z \quad \blacksquare$$

斯托克斯公式(定理 161)实在有点儿难记,为了帮助记忆,让我们引入向量函数 $\boldsymbol{F}(x, y, z) = P(x, y, z)\boldsymbol{i} + Q(x, y, z)\boldsymbol{j} + R(x, y, z)\boldsymbol{k}$,以及引入三维的向量微分算子[①]$\nabla = \frac{\partial}{\partial x}\boldsymbol{i} + \frac{\partial}{\partial y}\boldsymbol{j} + \frac{\partial}{\partial z}\boldsymbol{k}$,借助叉积(定义 79)可得:

$$\nabla \times \boldsymbol{F} = \begin{vmatrix} \boldsymbol{i} & \frac{\partial}{\partial x} & P \\ \boldsymbol{j} & \frac{\partial}{\partial y} & Q \\ \boldsymbol{k} & \frac{\partial}{\partial z} & R \end{vmatrix} = \begin{vmatrix} \frac{\partial}{\partial y} & Q \\ \frac{\partial}{\partial z} & R \end{vmatrix} \boldsymbol{i} - \begin{vmatrix} \frac{\partial}{\partial x} & P \\ \frac{\partial}{\partial z} & R \end{vmatrix} \boldsymbol{j} + \begin{vmatrix} \frac{\partial}{\partial x} & P \\ \frac{\partial}{\partial y} & Q \end{vmatrix} \boldsymbol{k}$$

$$= \left(\frac{\partial R}{\partial y} - \frac{\partial Q}{\partial z} \right) \boldsymbol{i} + \left(\frac{\partial P}{\partial z} - \frac{\partial R}{\partial x} \right) \boldsymbol{j} + \left(\frac{\partial Q}{\partial x} - \frac{\partial P}{\partial y} \right) \boldsymbol{k}$$

又 $\mathrm{d}\boldsymbol{S} = \begin{pmatrix} \mathrm{d}y\mathrm{d}z \\ \mathrm{d}z\mathrm{d}x \\ \mathrm{d}x\mathrm{d}y \end{pmatrix}$,所以斯托克斯公式可以改写为 $\iint\limits_{\Sigma} \nabla \times \boldsymbol{F} \cdot \mathrm{d}\boldsymbol{S} = \oint_{\partial \Sigma} \boldsymbol{F} \cdot \mathrm{d}\boldsymbol{r}$。改写后的斯托克斯公式一方面是更好记忆了,另一方面是意义更加明显了。设在 Σ 上定义有向量函数 $\nabla \times \boldsymbol{F}$,其正向边界曲线 $\partial \sigma$ 上定义有向量函数 $\boldsymbol{F}$,如图 12.130 所示。

---

① 在介绍梯度(定义 104)时引入了二维的向量微分算子,同学们可以交叉参考一下。

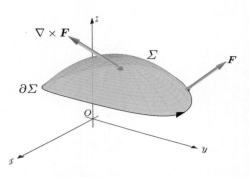

图 12.130　Σ 上定义有向量函数 $\nabla \times \boldsymbol{F}$，$\partial\sigma$ 上定义有向量函数 $\boldsymbol{F}$

那么斯托克斯公式说的就是，Σ 上的曲面积分可通过其正向边界 $\partial\Sigma$ 上的曲线积分来计算，如下所示，所以我们也说斯托克斯公式是曲面积分的基本定理：

$$\underbrace{\iint_{\Sigma} \nabla \times \boldsymbol{F} \cdot \mathrm{d}\boldsymbol{S}}_{\Sigma\ \text{上的曲面积分}} \quad = \quad \underbrace{\oint_{\partial\Sigma} \boldsymbol{F} \cdot \mathrm{d}\boldsymbol{r}}_{\partial\Sigma\ \text{上的曲线积分}}$$

12.7.2　格林公式的改写

根据斯托克斯公式（定理 161）推导时得到的一些结论，可以对格林公式（定理 158）进行改写，经过改写后会发现这两个公式在形式上非常相似。具体改写过程是这样的，在前面的学习中我们知道有：

$$\nabla \times \boldsymbol{F} = \left(\frac{\partial R}{\partial y} - \frac{\partial Q}{\partial z}\right)\boldsymbol{i} + \left(\frac{\partial P}{\partial z} - \frac{\partial R}{\partial x}\right)\boldsymbol{j} + \left(\frac{\partial Q}{\partial x} - \frac{\partial P}{\partial y}\right)\boldsymbol{k}$$

所以可推出 $\nabla \times \boldsymbol{F} \cdot \boldsymbol{k} = \dfrac{\partial Q}{\partial x} - \dfrac{\partial P}{\partial y}$，从而格林公式（定理 158）可以改写如下[1]：

$$\iint_{D} \left(\frac{\partial Q}{\partial x} - \frac{\partial P}{\partial y}\right)\mathrm{d}x\mathrm{d}y = \oint_{\partial D} P\mathrm{d}x + Q\mathrm{d}y \implies \iint_{D} \nabla \times \boldsymbol{F} \cdot \boldsymbol{k}\, \mathrm{d}x\mathrm{d}y = \int_{\partial D} \boldsymbol{F} \cdot \mathrm{d}\boldsymbol{r}$$

之前学习过，格林公式中的 $\mathrm{d}x\mathrm{d}y$ 是二重积分在直角坐标系中的面积元素，为了使讨论更具有普遍性，这里引入二重积分中更一般的面积元素 $\mathrm{d}\sigma$ 对格林公式再进行一下改写，即：

$$\iint_{D} \nabla \times \boldsymbol{F} \cdot \boldsymbol{k}\, \mathrm{d}x\mathrm{d}y = \int_{\partial D} \boldsymbol{F} \cdot \mathrm{d}\boldsymbol{r} \implies \iint_{D} \nabla \times \boldsymbol{F} \cdot \boldsymbol{k}\, \mathrm{d}\sigma = \int_{\partial D} \boldsymbol{F} \cdot \mathrm{d}\boldsymbol{r}$$

$\mathrm{d}\sigma$ 可以认为是闭区域 D 中的一小块平面，如图 12.131 所示，那么可以定 $\boldsymbol{k}$ 为这一小块平面 $\mathrm{d}\sigma$ 的正向，那么 $\mathrm{d}\sigma$ 和其单位方向向量 $\boldsymbol{k}$ 一起构成了一小块有向平面。

令 $\mathrm{d}\boldsymbol{\sigma} = \boldsymbol{k}\mathrm{d}\sigma$，那么 $\mathrm{d}\boldsymbol{\sigma}$ 表示的就是上述的一小块有向平面，此时格林公式可进一步改写如下：

$$\iint_{D} \nabla \times \boldsymbol{F} \cdot \boldsymbol{k}\, \mathrm{d}\sigma = \int_{\partial D} \boldsymbol{F} \cdot \mathrm{d}\boldsymbol{r} \implies \iint_{D} \nabla \times \boldsymbol{F} \cdot \mathrm{d}\boldsymbol{\sigma} = \int_{\partial D} \boldsymbol{F} \cdot \mathrm{d}\boldsymbol{r}$$

---

[1] 这里的向量函数 $\boldsymbol{F}(x, y) = P(x,y)\boldsymbol{i} + Q(x,y)\boldsymbol{j} + 0\boldsymbol{k}$。

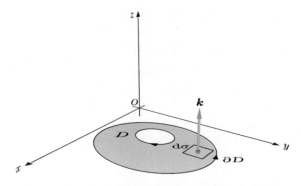

图 12.131 dσ 和其单位方向向量 $\boldsymbol{k}$ 构成有向平面

上述改写之后就可将格林公式中的平面闭区域 D 看作有向闭区域 D，其正向为 $\boldsymbol{k}$。从而格林公式的含义有了一些变化，设在 D 上定义有向量函数 $\nabla \times \boldsymbol{F}$，其正向边界曲线 ∂D 上定义有向量函数 $\boldsymbol{F}$，如图 12.132 所示。

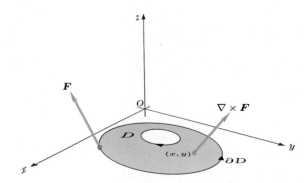

图 12.132 闭区域 D 上的向量函数 $\nabla \times \boldsymbol{F}$，及 ∂D 上的向量函数 $\boldsymbol{F}$

那么格林公式（定理 158）说的就是，D 上的有向平面积分可通过其边界 ∂D 上的曲线积分来计算：

$$\underbrace{\iint\limits_{D} \nabla \times \boldsymbol{F} \cdot \mathrm{d}\boldsymbol{\sigma}}_{D \text{ 上的有向平面积分}} = \underbrace{\int_{\partial D} \boldsymbol{F}(x,y) \cdot \mathrm{d}\boldsymbol{r}}_{\partial D \text{ 上的曲线积分}}$$

和改写后的斯托克斯公式（定理 161）进行对比，会发现两者的形式非常相似，区别就在于 dσ 和 d$\boldsymbol{S}$：

$$\underbrace{\iint\limits_{D} \nabla \times \boldsymbol{F} \cdot \overbrace{\mathrm{d}\boldsymbol{\sigma}}^{\text{有向平面}} = \int_{\partial D} \boldsymbol{F}(x,y) \cdot \mathrm{d}\boldsymbol{r},}_{\text{格林公式}} \quad \underbrace{\iint\limits_{\Sigma} \nabla \times \boldsymbol{F} \cdot \overbrace{\mathrm{d}\boldsymbol{S}}^{\text{有向曲面}} = \oint_{\partial \Sigma} \boldsymbol{F} \cdot \mathrm{d}\boldsymbol{r}}_{\text{斯托克斯公式}}$$

这也说明格林公式（定理 158）是斯托克斯公式（定理 161）的一个特例。关于这一点还可以通过它们的几何意义来理解，格林公式（定理 158）是平面积分的基本定理，斯托克斯公式（定理 161）是曲面积分的基本定理，而平面是曲面的特例，所以前者是后者的特例。

例 309. 利用斯托克斯公式（定理 161）计算对坐标的曲线积分 $\oint_{\Gamma} z \, \mathrm{d}x + x \, \mathrm{d}y + y \, \mathrm{d}z$，

其中 Γ 为平面 $x+y+z=1$ 被三个坐标面所截成的三角形的整个边界。

解. 在例 297 中通过对坐标的曲线积分的计算法（定理 154）求解过本题，这里让我们通过斯托克斯公式（定理 161）再求解一次。根据题意作出 Γ 及其围成的三角形 Σ，如图 12.133 所示，其中定出了 Γ 的正向以及 Σ 的正向 $\boldsymbol{n}$，这两个方向符合右手定则；并且还作出了 Σ 在 xOy 面上的投影 D_{xy}。

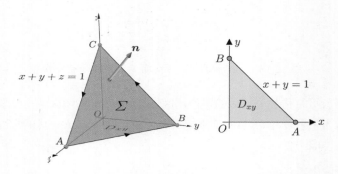

图 12.133　由 Γ 围成的三角形有向曲面 Σ，及其在 xoy 面上的投影 D_{xy}

构造向量函数 $\boldsymbol{F}(x,y,z)=z\boldsymbol{i}+x\boldsymbol{j}+y\boldsymbol{k}$，根据斯托克斯公式（定理 161），可得：

$$I=\oint_{\Gamma} z\,\mathrm{d}x+x\,\mathrm{d}y+y\,\mathrm{d}z=\oint_{\Gamma}\boldsymbol{F}\cdot\mathrm{d}\boldsymbol{r}=\iint_{\Sigma}\nabla\times\boldsymbol{F}\cdot\mathrm{d}\boldsymbol{S}$$

$$=\iint_{\Sigma}\begin{vmatrix}\boldsymbol{i}&\dfrac{\partial}{\partial x}&z\\[2mm]\boldsymbol{j}&\dfrac{\partial}{\partial y}&x\\[2mm]\boldsymbol{k}&\dfrac{\partial}{\partial z}&y\end{vmatrix}\cdot\begin{pmatrix}\mathrm{d}y\mathrm{d}z\\\mathrm{d}z\mathrm{d}x\\\mathrm{d}x\mathrm{d}y\end{pmatrix}=\iint_{\Sigma}\begin{vmatrix}\mathrm{d}y\mathrm{d}z&\dfrac{\partial}{\partial x}&z\\[2mm]\mathrm{d}z\mathrm{d}x&\dfrac{\partial}{\partial y}&x\\[2mm]\mathrm{d}x\mathrm{d}y&\dfrac{\partial}{\partial z}&y\end{vmatrix}$$

$$=\iint_{\Sigma}\left(\dfrac{\partial y}{\partial y}-\dfrac{\partial x}{\partial z}\right)\mathrm{d}y\mathrm{d}z+\left(\dfrac{\partial z}{\partial z}-\dfrac{\partial y}{\partial x}\right)\mathrm{d}z\mathrm{d}x+\left(\dfrac{\partial x}{\partial x}-\dfrac{\partial z}{\partial y}\right)\mathrm{d}x\mathrm{d}y$$

$$=\iint_{\Sigma}\mathrm{d}y\mathrm{d}z+\mathrm{d}z\mathrm{d}x+\mathrm{d}x\mathrm{d}y$$

根据对坐标的曲面积分的计算法，所以有：

$$\oint_{\Gamma} z\,\mathrm{d}x+x\,\mathrm{d}y+y\,\mathrm{d}z=\iint_{\Sigma}\mathrm{d}y\mathrm{d}z+\mathrm{d}z\mathrm{d}x+\mathrm{d}x\mathrm{d}y=\iint_{D_{yz}}\mathrm{d}\sigma+\iint_{D_{zx}}\mathrm{d}\sigma+\iint_{D_{xy}}\mathrm{d}\sigma$$

其中 D_{xy} 是 Σ 在 xOy 面上的投影，如图 12.133 所示。同样地，D_{yz} 是 Σ 在 yOz 面上的投影，D_{zx} 是 Σ 在 zOx 面上的投影，这三个投影是类似的三角形，面积都为 $\dfrac{1}{2}$，所以：

$$\oint_{\Gamma} z\,\mathrm{d}x+x\,\mathrm{d}y+y\,\mathrm{d}z=\iint_{D_{yz}}\mathrm{d}\sigma+\iint_{D_{zx}}\mathrm{d}\sigma+\iint_{D_{xy}}\mathrm{d}\sigma=\dfrac{3}{2}$$

例 310. 利用斯托克斯公式（定理 161）计算对坐标的曲线积分 $\oint_{\Gamma}(y^2-z^2)\,\mathrm{d}x+(z^2-$

$x^2)\,\mathrm{d}y + (x^2 - y^2)\,\mathrm{d}z$，其中 Γ 为平面 $x + y + z = \frac{3}{2}$ 截立方体 $\{(x, y, z)|0 \leqslant x \leqslant 1, 0 \leqslant y \leqslant 1, 0 \leqslant z \leqslant 1\}$ 的表面所得的截痕，若从 Ox 轴的正向看去，取逆时针方向，如图 12.134 所示，其中还作出了由 Γ 围成的六边形 Σ，定 Σ 的上侧为正向，因此 Σ 的单位方向向量 $\boldsymbol{n}$ 和 Γ 的正向符合右手定则；并且还作出了 Σ 在 xOy 面上的投影 D_{xy}。

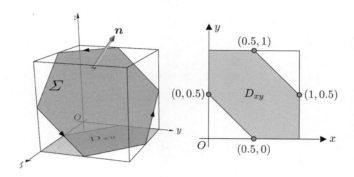

图 12.134　由 Γ 围成的多边形有向曲面 Σ，及其在 xoy 面上的投影 D_{xy}

解. 因为 Σ 的上侧为正向，所以 Σ 的单位方向向量 $\boldsymbol{n} = \dfrac{1}{\sqrt{3}}\begin{pmatrix} 1 \\ 1 \\ 1 \end{pmatrix}$，然后构造向量函数：

$$\boldsymbol{F}(x, y, z) = (y^2 - z^2)\boldsymbol{i} + (z^2 - x^2)\boldsymbol{j} + (x^2 - y^2)\boldsymbol{k}$$

根据斯托克斯公式（定理 161），可得：

$$
\begin{aligned}
I &= \oint_{\Gamma} (y^2 - z^2)\,\mathrm{d}x + (z^2 - x^2)\,\mathrm{d}y + (x^2 - y^2)\,\mathrm{d}z \\
&= \oint_{\Gamma} \boldsymbol{F} \cdot \mathrm{d}\boldsymbol{r} = \iint_{\Sigma} \nabla \times \boldsymbol{F} \cdot \mathrm{d}\boldsymbol{S} = \iint_{\Sigma} \nabla \times \boldsymbol{F} \cdot \boldsymbol{n}\,\mathrm{d}S \\
&= \iint_{\Sigma} \begin{vmatrix} \boldsymbol{i} & \dfrac{\partial}{\partial x} & y^2 - z^2 \\ \boldsymbol{j} & \dfrac{\partial}{\partial y} & z^2 - x^2 \\ \boldsymbol{k} & \dfrac{\partial}{\partial z} & x^2 - y^2 \end{vmatrix} \cdot \frac{1}{\sqrt{3}}\begin{pmatrix} 1 \\ 1 \\ 1 \end{pmatrix}\,\mathrm{d}S \\
&= \iint_{\Sigma} \begin{vmatrix} \dfrac{1}{\sqrt{3}} & \dfrac{\partial}{\partial x} & y^2 - z^2 \\ \dfrac{1}{\sqrt{3}} & \dfrac{\partial}{\partial y} & z^2 - x^2 \\ \dfrac{1}{\sqrt{3}} & \dfrac{\partial}{\partial z} & x^2 - y^2 \end{vmatrix}\,\mathrm{d}S = -\frac{4}{\sqrt{3}} \iint_{\Sigma} (x + y + z)\,\mathrm{d}S
\end{aligned}
$$

因为 Σ 对应的函数为 $x + y + z = \dfrac{3}{2}$，根据对面积的曲面积分的计算法，所以：

$$
I = -\frac{4}{\sqrt{3}} \iint_{\Sigma} (x + y + z)\,\mathrm{d}S = -\frac{4}{\sqrt{3}} \cdot \frac{3}{2} \iint_{\Sigma} \mathrm{d}S = -2\sqrt{3} \iint_{D_{xy}} \sqrt{3}\,\mathrm{d}\sigma = -6 \iint_{D_{xy}} \mathrm{d}\sigma
$$

上式中的 $\displaystyle\iint\limits_{D_{xy}} \mathrm{d}\sigma$ 就是投影 D_{xy} 的面积，根据图 12.134 的标注易得该面积为 $\dfrac{3}{4}$，所以 $I =$
$-6 \displaystyle\iint\limits_{D_{xy}} \mathrm{d}\sigma = -\dfrac{9}{2}$。

12.7.3 高斯公式

定理 162. 设空间闭区域 Ω 是由分片光滑的闭曲面 $\partial\Omega$ 所围成的，$\partial\Omega$ 的正向为 Ω 的外侧。若函数 $P(x,y,z)$、$Q(x,y,z)$ 与 $R(x,y,z)$ 在曲面 Ω（连同边界 $\partial\Omega$）上具有一阶连续偏导数，则有：

$$\iiint\limits_{\Omega}\left(\frac{\partial P}{\partial x} + \frac{\partial Q}{\partial y} + \frac{\partial R}{\partial z}\right)\mathrm{d}v = \oiint\limits_{\partial\Omega} P\mathrm{d}y\mathrm{d}z + Q\mathrm{d}z\mathrm{d}x + R\mathrm{d}x\mathrm{d}y$$

上述公式称为高斯公式。

证明. 已知闭区域 Ω 及其表面外侧 $\partial\Omega$，然后分情况讨论，

（1）设 Ω 在 xOy 面上的投影区域为 D_{xy}，$\partial\Omega$ 由 $\partial\Omega_1$、$\partial\Omega_2$ 以及 $\partial\Omega_3$ 组成，其中 $\partial\Omega_1$ 和 $\partial\Omega_2$ 分别由函数 $z = z_1(x,y)$ 和 $z = z_2(x,y)$ 给定，这里 $z_1(x,y) \leqslant z_2(x,y)$，$\partial\Omega_1$ 取下侧，$\partial\Omega_2$ 取上侧，$\partial\Omega_3$ 是以 D_{xy} 的边界曲线为准线而母线平行于 z 轴的柱面上的一部分，取外侧，如图 12.135 所示。

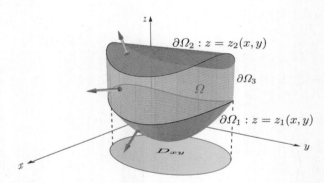

图 12.135　Ω 的边界由 $\partial\Omega_1$、$\partial\Omega_2$ 以及 $\partial\Omega_3$ 组成，其在 xOy 面上的投影为 D_{xy}

根据三重积分的富比尼定理（定理 145），有：

$$\iiint\limits_{\Omega}\frac{\partial R}{\partial z}\mathrm{d}v = \iint\limits_{D_{xy}}\left[\int_{z_1(x,y)}^{z_2(x,y)}\frac{\partial R}{\partial z}\mathrm{d}z\right]\mathrm{d}x\mathrm{d}y = \iint\limits_{D_{xy}}\left[R\Big(x,y,z_2(x,y)\Big) - R\Big(x,y,z_1(x,y)\Big)\right]\mathrm{d}x\mathrm{d}y$$

根据对坐标的曲面积分的计算法，上式等号右侧的代数式可以改写如下：

$$\iint\limits_{\partial\Omega_1} R(x,y,z)\mathrm{d}x\mathrm{d}y = -\iint\limits_{D_{xy}} R\Big(x,y,z_1(x,y)\Big)\mathrm{d}x\mathrm{d}y$$

$$\iint\limits_{\partial\Omega_2} R(x,y,z)\mathrm{d}x\mathrm{d}y = \iint\limits_{D_{xy}} R\Big(x,y,z_2(x,y)\Big)\mathrm{d}x\mathrm{d}y$$

又注意到 $\partial\Omega_3$ 上任意一块曲面在 xOy 面上的投影为 0，根据对坐标的曲面积分的定义（定义 120）可知，有 $\iint\limits_{\partial\Omega_3} R(x,y,z)\mathrm{d}x\mathrm{d}y = 0$。综上可知：

$$\iiint\limits_{\Omega} \frac{\partial R}{\partial z}\mathrm{d}v = \iint\limits_{D_{xy}} \left[R\big(x,y,z_2(x,y)\big) - R\big(x,y,z_1(x,y)\big) \right]\mathrm{d}x\mathrm{d}y$$

$$= \iint\limits_{\partial\Omega_1} R(x,y,z)\mathrm{d}x\mathrm{d}y + \iint\limits_{\partial\Omega_2} R(x,y,z)\mathrm{d}x\mathrm{d}y + \iint\limits_{\partial\Omega_3} R(x,y,z)\mathrm{d}x\mathrm{d}y$$

$$= \oiint\limits_{\partial\Omega} R(x,y,z)\mathrm{d}x\mathrm{d}y$$

（2）和（1）中类似，设 Ω 在 yOz 面上的投影区域为 D_{yz}，外侧表面 $\partial\Omega$ 可由 $\partial\Omega_1$、$\partial\Omega_2$ 以及 $\partial\Omega_3$ 组成，其中 $\partial\Omega_1$ 和 $\partial\Omega_2$ 分别由函数 $x = x_1(y,z)$ 和 $x = x_2(y,z)$ 给定，这里 $x_1(x,y) \leqslant x_2(x,y)$，$\partial\Omega_1$ 取后侧，$\partial\Omega_2$ 取前侧，$\partial\Omega_3$ 是以 D_{yz} 的边界曲线为准线而母线平行于 x 轴的柱面上的一部分，取外侧。那么可得 $\iiint\limits_{\Omega} \frac{\partial P}{\partial x}\mathrm{d}v = \oiint\limits_{\partial\Omega} P(x,y,z)\mathrm{d}y\mathrm{d}z$。

如果 Ω 在 zOx 面上进行投影，外侧表面也是类似的情况，那么可得 $\iiint\limits_{\Omega} \frac{\partial Q}{\partial y}\mathrm{d}v = \oiint\limits_{\partial\Omega} Q(x,y,z)\mathrm{d}z\mathrm{d}x$。

（3）如果 Ω 无法满足（1）、（2）中的要求，那么可将 Ω 分成有限个小的空间闭区域，使得每个小的空间闭区域都可以满足（1）、（2）中的要求，然后套用（1）、（2）中的结论计算并相加，将公共部分抵消后依然可以得到（1）、（2）中的结论。然后将（1）、（2）中的结论相加就可以得到高斯公式 $\iiint\limits_{\Omega} \left(\frac{\partial P}{\partial x} + \frac{\partial Q}{\partial y} + \frac{\partial R}{\partial z} \right)\mathrm{d}v = \oiint\limits_{\partial\Omega} P\mathrm{d}y\mathrm{d}z + Q\mathrm{d}z\mathrm{d}x + R\mathrm{d}x\mathrm{d}y$。 ∎

高斯公式（定理 162）也不好记，为了帮助记忆，让我们引入向量函数 $\boldsymbol{F}(x,y,z) = P(x,y,z)\boldsymbol{i} + Q(x,y,z)\boldsymbol{j} + R(x,y,z)\boldsymbol{k}$，以及引入三维的向量微分算子 $\nabla = \frac{\partial}{\partial x}\boldsymbol{i} + \frac{\partial}{\partial y}\boldsymbol{j} + \frac{\partial}{\partial z}\boldsymbol{k}$，借助点积（定义 76）可得：

$$\nabla \cdot \boldsymbol{F} = \frac{\partial P}{\partial x} + \frac{\partial Q}{\partial y} + \frac{\partial R}{\partial z}$$

所以高斯公式可以改写为 $\iiint\limits_{\Omega} \nabla \cdot \boldsymbol{F}\mathrm{d}v = \oiint\limits_{\partial\Omega} \boldsymbol{F} \cdot \mathrm{d}\boldsymbol{S}$。改写后的高斯公式一方面是更好记忆了，另一方面是意义更加明显了。设在 Ω 上定义有向量函数 $\nabla \cdot \boldsymbol{F}$，其外侧表面 $\partial\Omega$ 上定义有向量函数 $\boldsymbol{F}$，如图 12.136 所示。

那么高斯公式说的就是，Ω 上的三重积分可通过其外侧表面 $\partial\Omega$ 上的曲面积分来计算，如下所示，所以我们也说高斯公式是三重积分的基本定理：

$$\underbrace{\iiint\limits_{\Omega} \nabla \cdot \boldsymbol{F}\mathrm{d}v}_{\Omega \text{ 上的三重积分}} = \underbrace{\oiint\limits_{\partial\Omega} \boldsymbol{F} \cdot \mathrm{d}\boldsymbol{S}}_{\partial\Omega \text{ 上的曲面积分}}$$

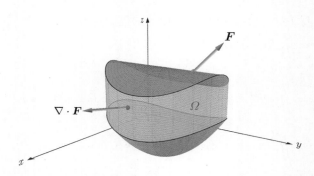

图 12.136 Ω 上定义有向量函数 $\nabla \cdot \boldsymbol{F}$，$\partial\Omega$ 上定义有向量函数 $\boldsymbol{F}$

例 311. 利用高斯公式（定理 162）计算对坐标的曲面积分 $\displaystyle\oiint\limits_{\Sigma}(x-y)\mathrm{d}x\mathrm{d}y+(y-z)x\mathrm{d}y\mathrm{d}z$，其中 Σ 为柱面 $x^2+y^2=1$ 及平面 $z=0$、$z=3$ 所围成的空间闭区域 Ω 的表面的外侧，如图 12.137 所示。

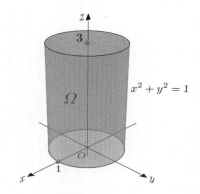

图 12.137   柱面 $x^2+y^2=1$ 及平面 $z=0$、$z=3$ 所围成 Ω，其表面外侧为 Σ

解. 构造向量函数 $\boldsymbol{F}(x,y,z)=(y-z)x\boldsymbol{i}+0\boldsymbol{j}+(x-y)\boldsymbol{k}$，根据高斯公式（定理 162），再利用柱面坐标系（定理 146）计算三重积分，可得：

$$I = \oiint\limits_{\Sigma}(x-y)\mathrm{d}x\mathrm{d}y + (y-z)x\mathrm{d}y\mathrm{d}z = \oiint\limits_{\partial\Omega}\boldsymbol{F}\cdot\mathrm{d}\boldsymbol{S}$$

$$= \iiint\limits_{\Omega}\nabla\cdot\boldsymbol{F}\mathrm{d}v = \iiint\limits_{\Omega}\left(\frac{\partial\big((y-z)x\big)}{x}+\frac{\partial(x-y)}{z}\right)\mathrm{d}v$$

$$= \iiint\limits_{\Omega}(y-z)\mathrm{d}v = \int_0^{2\pi}\int_0^1\int_0^3(\rho\sin\theta-z)\rho\mathrm{d}z\mathrm{d}\rho\mathrm{d}\theta = -\frac{9\pi}{2}$$

12.7.4   积分的基本定理

至此，本书中出现过的积分的基本定理我们都学习过了，在这里总结如下。首先是直线积分的基本定理（微积分第二基本定理，定理 89），如图 12.138 所示；以及曲线积分的基本定理（定理 155），如图 12.139 所示。

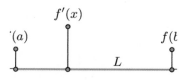

图 12.138　直线积分：$\displaystyle\int_a^b f'(x)\mathrm{d}x = f(b) - f(a)$　图 12.139　曲线积分：$\displaystyle\int_L \nabla f \cdot \mathrm{d}\boldsymbol{r} = f(B) - f(A)$

再就是平面积分的基本定理（格林公式，定理 158），如图 12.140 所示。

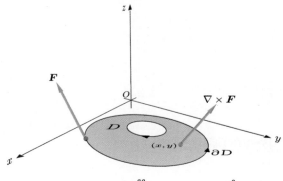

图 12.140　平面积分：$\displaystyle\iint_D \nabla \times \boldsymbol{F} \cdot \mathrm{d}\boldsymbol{\sigma} = \int_{\partial D} \boldsymbol{F} \cdot \mathrm{d}\boldsymbol{r}$

还有曲面积分的基本定理（斯托克斯公式，定理 161），如图 12.141 所示。

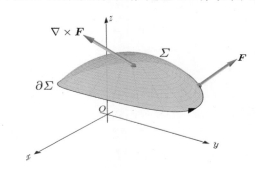

图 12.141　曲面积分：$\displaystyle\iint_\Sigma \nabla \times \boldsymbol{F} \cdot \mathrm{d}\boldsymbol{S} = \oint_{\partial \Sigma} \boldsymbol{F} \cdot \mathrm{d}\boldsymbol{r}$

最后是三重积分的基本定理（高斯公式，定理 162），如图 12.142 所示。

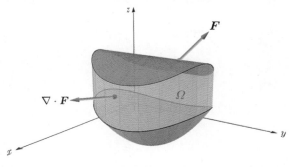

图 12.142　三重积分：$\displaystyle\iiint_\Omega \nabla \cdot \boldsymbol{F} \, \mathrm{d}v = \oiint_{\partial \Omega} \boldsymbol{F} \cdot \mathrm{d}\boldsymbol{S}$

第 13 章   无穷级数

本章我们来学习无穷级数的相关知识，这也是一种非常强大的数学工具。

13.1   常数项级数的概念和性质

定义 121. 给定数列 $\{a_i\} = \{a_1, a_2, a_3, \cdots, a_i, \cdots\}$，由这个数列构成的表达式 $a_1 + a_2 + a_3 + \cdots + a_i + \cdots$ 叫作**常数项无穷级数**，简称为**常数项级数**，记为 $\sum\limits_{i=1}^{\infty} a_i$，即：

$$\sum_{i=1}^{\infty} a_i = a_1 + a_2 + a_3 + \cdots + a_i + \cdots$$

其中第 i 项 a_i 叫作级数的通项。

这里举例说明一下定义 121。在"马同学图解"系列图书《微积分（上）》中介绍过借助内接正多边形来计算圆面积的方法，具体来说就是分别算出内接正四边形的面积 p_4、内接正五边形的面积 p_5、$\cdots\cdots$、内接正 i 边形的面积 p_i 等，如图 13.1 所示，据此构造数列 $\{p_i\} = \{p_4, p_5, p_6, p_7, p_8, \cdots, p_i, \cdots\}$[①]，然后通过数列极限 $\lim\limits_{i \to \infty} p_i$ 得出圆的面积。

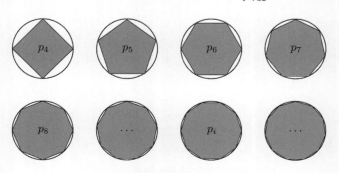

图 13.1   内接正多边形面积的数列

这里再介绍另外一种计算圆面积的方法，先算出内接正四边形的面积 a_1，如图 13.2 所

---

① 虽然该数列不是从 p_1 开始的，但这对于后面求数列极限是没有影响的，或者从严谨性上出发可以给该数列补充前三项，比如补充为 $\{p_i\} = \{0, 0, 0, p_4, p_5, p_6, p_7, p_8, \cdots, p_i, \cdots\}$。

示。再以该内接正四边形的边为底构造 4 个顶点在圆边界上的等腰三角形，这 4 个等腰三角形的面积之和为 a_2，如图 13.3 所示。又以这些等腰三角形的腰为底构造 8 个顶点在圆边界上的小等腰三角形，这 8 个小等腰三角形的面积之和为 a_3，如图 13.4 所示。

图 13.2　内接正四边形的面积 a_1　图 13.3　4 个三角形的面积和 a_2　图 13.4　8 个三角形的面积和 a_3

容易理解，上述面积之和 $a_1 + a_2 + a_3$ 就是该圆的内接正十六边形的面积，如图 13.5 所示。

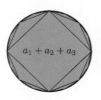

图 13.5　内接正十六边形的面积是 $a_1 + a_2 + a_3$

以此类推作出更多的等腰三角形，然后分别相加就可以构造出数列 $\{a_i\} = \{a_1, a_2, a_3, \cdots, a_i, \cdots\}$，那么所求圆面积 A 就是该数列的级数，即 $A = \sum\limits_{i=1}^{\infty} a_i = a_1 + a_2 + a_3 + \cdots + a_i + \cdots$。

定义 122. 常数项级数 $\sum\limits_{i=1}^{\infty} a_i$ 的前 n 项和 $s_n = \sum\limits_{i=1}^{n} a_i = a_1 + a_2 + a_3 + \cdots + a_n$ 称为级数的部分和，或简称为部分和。当 n 依次取 1，2，3，$\cdots$ 时，即：

$$s_1 = a_1, \quad s_2 = a_1 + a_2, \quad \cdots, \quad s_n = a_1 + a_2 + \cdots + a_n + \cdots, \quad \cdots$$

它们构成一个新的数列 $\{s_n\} = \{s_1, s_2, s_3, \cdots, s_n, \cdots\}$，该数列称为部分和数列。

还是举例说明一下定义 122。前面介绍级数时通过等腰三角形构造出数列 $\{a_i\}$，其部分和 $s_1 = a_1$ 就是内接正四边形的面积，$s_2 = a_1 + a_2$ 就是内接正八边形的面积，$s_3 = a_1 + a_2 + a_3$ 就是内接正十六边形的面积，如图 13.6 所示。这些部分和及更多部分和构成的数列 $\{s_n\}$ 就是部分和数列。

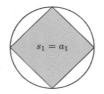

图 13.6　部分和数列 $\{s_1, s_2, s_3, \cdots\}$

定义 123. 如果常数项级数 $\sum\limits_{i=1}^{\infty} a_i$ 的部分和数列 $\{s_n\}$ 有极限，即 $s = \lim\limits_{n \to \infty} s_n$，那么称该级数收敛，$s$ 称为该级数的和。否则称该级数发散。

依然举例说明一下定义 123。前面介绍了通过等腰三角形构造出的数列 $\{a_i\}$，其部分和数列 $\{s_n\}$ 如图 13.7 所示。该部分和数列与图 13.1 中提到的内接正多边形数列 $\{p_i\}$ 非常相似，所以容易理解 $\lim\limits_{n\to\infty} s_n$ 就是图 13.7 中圆的面积，因此级数 $\sum\limits_{i=1}^{\infty} a_i$ 是收敛的，其和是圆的面积。

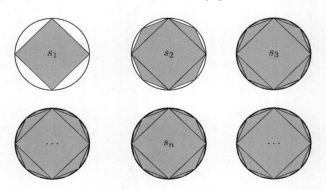

图 13.7　$n \to \infty$ 时，$s_n \to$ 圆的面积

上述的定义 121、定义 122 和定义 123 就是通过部分和、部分和数列的极限来计算常数项级数 $\sum\limits_{i=1}^{\infty} a_i$ 的，即：

$$\text{常数项级数：}\sum_{i=1}^{\infty} a_i \Longrightarrow \begin{cases} \text{部分和：} & \displaystyle\sum_{i=1}^{n} a_i \\ \text{部分和数列的极限：} & \displaystyle\sum_{i=1}^{\infty} a_i = \lim_{n\to\infty}\sum_{i=1}^{n} a_i \end{cases}$$

13.1.1　等比级数

例 312. 常数项级数[①] $\sum\limits_{i=0}^{\infty} aq^i = a + aq + aq^2 + \cdots + aq^i + \cdots$ 叫作等比级数，又称为几何级数，其中 $a \neq 0$，q 叫作级数的公比。试讨论该级数的敛散性。

解．（1）当 $q = 1$ 时，部分和 $s_n = na$，从而 $\lim\limits_{n\to\infty} s_n = \infty$，所以级数 $\sum\limits_{i=0}^{\infty} aq^i$ 发散。

（2）当 $q = -1$ 时，部分和 $s_n = a - a + a - a + \cdots$，从而有 $s_n = \begin{cases} a, & n \text{ 为奇数} \\ 0, & n \text{ 为偶数} \end{cases}$，因此部分和数列 $\{s_n\}$ 发散，因此级数 $\sum\limits_{i=0}^{\infty} aq^i$ 发散。

（3）当 $|q| \neq 1$ 时，首先计算出 $s_n = a + aq + aq^2 + \cdots + aq^{n-1}$ 以及 $qs_n = aq + aq^2 + \cdots + aq^n$，从而可得：

$$s_n - qs_n = a - aq^n \implies s_n = \frac{a - aq^n}{1 - q} = \frac{a}{1 - q} - \frac{aq^n}{1 - q}$$

---

① 值得注意的是，这里 $\sum\limits_{i=0}^{\infty} aq^i$ 的下标是从 $i = 0$ 开始的，主要是为了书写的方便、简洁。

因为当 $|q| < 1$ 时有 $\lim\limits_{n\to\infty} q^n = 0$，所以此时有：

$$\lim_{n\to\infty} s_n = \lim_{n\to\infty}\left(\frac{a}{1-q} - \frac{aq^n}{1-q}\right) = \frac{a}{1-q}$$

而当 $|q| > 1$ 时有 $\lim\limits_{n\to\infty} q^n = \infty$，所以此时 $\lim\limits_{n\to\infty} s_n = \infty$，从而级数 $\sum\limits_{i=0}^{\infty} aq^i$ 发散。

（4）综上，所以有 $\begin{cases} \sum\limits_{i=0}^{\infty} aq^i = \dfrac{a}{1-q}, & |q| < 1 \\ \sum\limits_{i=0}^{\infty} aq^i \text{ 发散}, & |q| \geqslant 1 \end{cases}$

这里再举例说明一下例 312 中提到的等比级数。将底为 2、高为 1 的矩形不断对半划分，可以得到很多小矩形，如图 13.8 所示，其中还标出了每个小矩形的面积。

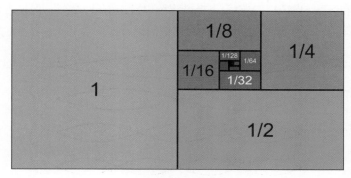

图 13.8　将底为 2、高为 1 的矩形不断对半划分，得到很多小矩形

显然该面积为 2 的矩形可表示为这些小矩形之和，也就是可写作如下 $a = 1$、$q = \dfrac{1}{2}$ 的等比级数：

$$2 = 1 + \frac{1}{2} + \frac{1}{4} + \cdots = \left(\frac{1}{2}\right)^0 + \left(\frac{1}{2}\right)^1 + \left(\frac{1}{2}\right)^2 + \cdots + \left(\frac{1}{2}\right)^i + \cdots = \sum_{i=1}^{\infty} 1 \cdot \left(\frac{1}{2}\right)^i$$

因为等比级数常常会在几何问题中出现，所以也称为几何级数。

13.1.2　调和级数

例 313. 常数项级数 $\sum\limits_{i=1}^{\infty} \dfrac{1}{i} = 1 + \dfrac{1}{2} + \dfrac{1}{3} + \cdots + \dfrac{1}{i} + \cdots$ 叫作调和级数。请证明该级数是发散的。

证明. 用反证法来证明，设该级数收敛，其部分和为 s_n，从而有 $\lim\limits_{n\to\infty} s_n = s$。构造另外一个部分和 s_{2n}：

$$s_{2n} = 1 + \frac{1}{2} + \cdots + \frac{1}{n} + \frac{1}{n+1} + \frac{1}{n+2} + \cdots + \frac{1}{2n}$$

根据级数收敛的定义（定义 123），因为 s_{2n} 也是部分和，所以有 $\lim\limits_{n\to\infty} s_{2n} = s$，进而可得

$\lim\limits_{n\to\infty}(s_{2n}-s_n)=s-s=0$，但：

$$s_{2n}-s_n=\frac{1}{n+1}+\frac{1}{n+2}+\cdots+\frac{1}{2n}>\underbrace{\frac{1}{2n}+\frac{1}{2n}+\cdots+\frac{1}{2n}}_{n\ \text{项}}=\frac{1}{2}$$

根据数列极限的定义（定义 4），可知上述不等式说明了 $\lim\limits_{n\to\infty}(s_{2n}-s_n)\neq0$，至此产生了矛盾，因此"该级数收敛"这个假设是错误的，从而该级数是发散的。 ∎

这里再举例说明例 313 中提到的调和级数。该级数名字源于泛音列（泛音列与调和级数的英文同为 harmonic series），所以先解释一下什么是泛音列。琴弦震动时会发出声音，若震动频率大约为 130 Hz 的话，那么发出的声音差不多就是低音"哆"。而频率是 130 Hz 的 $2,\cdots,n$ 倍的，或者说波长为 $\frac{1}{2},\frac{1}{3},\cdots,\frac{1}{n}$ 的声音，就称为低音"哆"的泛音列。图 13.9 中的第一行代表 130 Hz 震动的琴弦，之下的就是它的泛音列，将这些泛音列排在一起，它们的波长就是一个调和级数。钢琴、吉他、小提琴都可以发出低音"哆"，但是音色听上去不同的原因，就是除了 130 Hz 的基调，混合了不同比例的泛音。

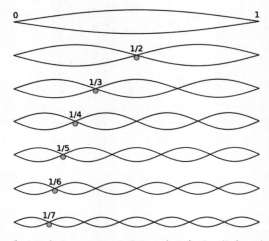

图 13.9   震动频率为 130 Hz 的琴弦及其泛音列，构成一个调和级数

13.1.3   收敛常数项级数的性质

定理 163. 如果级数 $\sum\limits_{i=1}^{\infty}a_i$ 收敛于和 s，那么级数 $\sum\limits_{i=1}^{\infty}ka_i$ 也收敛，且和为 ks。

证明. 设 $\sum\limits_{i=1}^{\infty}a_i$ 的部分和为 s_n，$\sum\limits_{i=1}^{\infty}ka_i$ 的部分和为 σ_n，那么 $\sigma_n=ka_1+ka_2+\cdots+ka_n=ks_n$。根据极限运算法则的推论（定理 21），所以 $\lim\limits_{n\to\infty}\sigma_n=\lim\limits_{n\to\infty}ks_n=k\lim\limits_{n\to\infty}s_n=ks$。这就表明级数 $\sum\limits_{i=1}^{\infty}ka_i$ 也收敛，且和为 ks。 ∎

之前介绍过，由等腰三角形构造的级数 $\sum\limits_{i=1}^{\infty}a_i$ 收敛于圆的面积 s，如图 13.10 所示。那么定理 163 说的就是，这些等腰三角形（包含中心的正方形）的面积都缩放 k 倍的话，那么级数 $\sum\limits_{i=1}^{\infty} ka_i$ 就收敛于缩放了 k 倍圆的面积 ks，如图 13.11 所示。

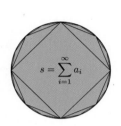

图 13.10　$s = \sum_{i=1}^{\infty} a_i$　　　　　图 13.11　$ks = \sum_{i=1}^{\infty} ka_i$

定理 164. 如果级数 $\sum\limits_{i=1}^{\infty} a_i$ 和 $\sum\limits_{i=1}^{\infty} b_i$ 分别收敛于 s 和 σ，那么级数 $\sum\limits_{i=1}^{\infty} (a_i \pm b_i)$ 也收敛，且和为 $s \pm \sigma$。

证明. 设 $\sum\limits_{i=1}^{\infty} a_i$ 和 $\sum\limits_{i=1}^{\infty} b_i$ 的部分和分别为 s_n 与 σ_n，$\sum\limits_{i=1}^{\infty} (a_i \pm b_i)$ 的部分和为 τ_n，那么：

$$\tau_n = (a_1 \pm b_1) + (a_2 \pm b_2) + \cdots + (a_n \pm b_n) = (a_1 + a_2 + \cdots + a_n) \pm (b_1 + b_2 + \cdots + b_n) = s_n \pm \sigma_n$$

根据极限的运算法则（定理 19），所以 $\lim\limits_{n \to \infty} \tau_n = \lim\limits_{n \to \infty} (s_n \pm \sigma_n) = \lim\limits_{n \to \infty} s_n \pm \lim\limits_{n \to \infty} \sigma_n = s \pm \sigma$，这就表明级数 $\sum\limits_{i=1}^{\infty} (a_i \pm b_i)$ 也收敛，且和为 $s \pm \sigma$。　∎

假设级数 $\sum\limits_{i=1}^{\infty} a_i$ 收敛于圆的面积 s，而 $\sum\limits_{i=1}^{\infty} b_i$ 收敛于另外一个圆的面积 σ，那么定理 164 说的就是，$\sum\limits_{i=1}^{\infty} (a_i \pm b_i)$ 收敛于这两个圆面积之和（差），如图 13.12 所示。

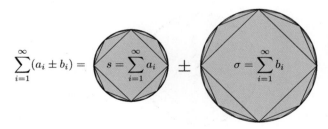

图 13.12　$\sum\limits_{i=1}^{\infty} (a_i \pm b_i)$ 收敛于两个圆面积之和（差）

例 314. 如果级数 $\sum\limits_{i=1}^{\infty} a_i$ 收敛，$\sum\limits_{i=1}^{\infty} b_i$ 发散，那么 $\sum\limits_{i=1}^{\infty} (a_i \pm b_i)$ 是收敛还是发散？

解. 必然是发散的。可用反证法来证明，设 $\sum\limits_{i=1}^{\infty} (a_i + b_i)$ 收敛，那么根据定理 163 可知，

$\sum\limits_{i=1}^{\infty}(-a_i-b_i)$ 是收敛的，再根据定理 164 可以推出下列级数是收敛的：

$$\sum_{i=1}^{\infty}(-a_i-b_i+a_i)=\sum_{i=1}^{\infty}(-b_i)$$

即 $\sum\limits_{i=1}^{\infty}b_i$ 是收敛的，这与条件相矛盾，所以 $\sum\limits_{i=1}^{\infty}(a_i\pm b_i)$ 必然发散。$\sum\limits_{i=1}^{\infty}(a_i-b_i)$ 的情况同理可证。

例 315. 如果级数 $\sum\limits_{i=1}^{\infty}a_i$ 发散，$\sum\limits_{i=1}^{\infty}b_i$ 发散，那么 $\sum\limits_{i=1}^{\infty}(a_i\pm b_i)$ 是收敛还是发散？

解. 答案是都有可能。举两个例子，比如 $a_i=1$、$b_i=-1$，各自构成的级数都是发散的。但两者和构成的级数是收敛的，$\sum\limits_{i=1}^{\infty}(a_i+b_i)=\sum\limits_{i=1}^{\infty}0=0$。

而 $a_i=b_i=1$，各自构成的级数都是发散的。两者和构成的级数也是发散的，$\sum\limits_{i=1}^{\infty}(a_i+b_i)=\sum\limits_{i=1}^{\infty}1+1=\infty$。

定理 165. 在级数中去掉、加上或者改变有限项，不会改变级数的收敛性。

证明. 设级数 $\sum\limits_{i=1}^{\infty}a_i$ 的部分和为 s_n，将该级数的前 k 项去掉，新级数 $\sum\limits_{i=k+1}^{\infty}a_i$ 的部分和为：

$$\sigma_n=a_{k+1}+a_{k+2}+\cdots+a_{k+n}=s_{n+k}-s_k$$

根据极限的运算法则（定理 19），所以 $\lim\limits_{n\to\infty}\sigma_n=\lim\limits_{n\to\infty}(s_{n+k}-s_k)=s-s_k$，这就表明去掉前 k 项的级数依然收敛，其他的情况类似可证。∎

在级数 $\sum\limits_{i=1}^{\infty}a_i$ 中去掉、加上或者改变有限项，相当于该级数加减某个常数 C，如图 13.13 所示，所以显然是收敛的，这就是上述性质所描述的。

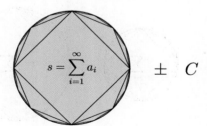

图 13.13　$\sum\limits_{i=1}^{\infty}a_i\pm C$ 不改变收敛性

定理 166. 如果级数 $\sum\limits_{i=1}^{\infty}a_i$ 收敛，那么对该级数的项任意加括号后所成的级数：

$$(a_1+\cdots+a_{n_1})+(a_{n_1+1}+\cdots+a_{n_2})+\cdots+(a_{n_{k-1}+1}+\cdots+a_{n_k})+\cdots$$

依然收敛，且其和不变。或者可以简单表示为：

$$\sum_{i=1}^{\infty} a_i \text{ 收敛于 } s \xrightarrow{\text{任意加括号得}\sum_{i=1}^{\infty} b_i} \sum_{i=1}^{\infty} b_i \text{ 收敛于 } s$$

证明. 设级数 $\sum_{i=1}^{\infty} a_i$ 的部分和数列为 $\{s_n\}$，加括号后所成的级数的部分和数列为 $\{\sigma_n\}$，则：

$$\sigma_1 = a_1 + \cdots + a_{n_1} = s_{n_1},$$

$$\sigma_2 = (a_1 + \cdots + a_{n_1}) + (a_{n_1+1} + \cdots + a_{n_2}) = s_{n_2},$$

$$\cdots\cdots$$

$$\sigma_k = (a_1 + \cdots + a_{n_1}) + (a_{n_1+1} + \cdots + a_{n_2}) + \cdots + (a_{n_{k-1}+1} + \cdots + a_{n_k}) = s_{n_k},$$

$$\cdots\cdots$$

可见 $\{\sigma_n\}$ 是 $\{s_n\}$ 的子数列，根据题意可知，部分和数列 $\{s_n\}$ 是收敛的，结合收敛数列的子数列也收敛（定理 5），所以 $\{\sigma_n\}$ 必然收敛，且有 $\lim\limits_{n\to\infty} \sigma_n = \lim\limits_{n\to\infty} s_n$，即加括号后所成的级数收敛，且其和不变。∎

定理 166 有点儿像 $1+2+3 = 1+(2+3)$ 这样的加法结合律，但又不完全一样。比如级数 $(1-1) + (1-1) + \cdots = \sum_{i}^{\infty}(1-1) = 0$ 是收敛于零的，但去掉括号后得到的如下级数却是发散的，也就是说，任意去括号是不行的：

$$1 - 1 + 1 - 1 + \cdots \Longrightarrow s_n = \begin{cases} 1, & n \text{ 为奇数} \\ 0, & n \text{ 为偶数} \end{cases}$$

例 316. 对级数 $\sum_{i=1}^{\infty} a_i$ 任意加括号后得到级数 $\sum_{i=1}^{\infty} b_i$，如果级数 $\sum_{i=1}^{\infty} b_i$ 发散，那么级数 $\sum_{i=1}^{\infty} a_i$ 是收敛还是发散？

解. 用反证法。设级数 $\sum_{i=1}^{\infty} a_i$ 收敛，那么根据定理 166，任意加括号后得到级数 $\sum_{i=1}^{\infty} b_i$ 也收敛，与条件矛盾，所以 $\sum_{i=1}^{\infty} a_i$ 必然发散。

定理 167 (级数收敛的必要条件). 如果级数 $\sum_{i=1}^{\infty} a_i$ 收敛，则其通项 a_i 趋于零，即 $\lim\limits_{i\to\infty} a_i = 0$。

证明. 设级数 $\sum_{i=1}^{\infty} a_i$ 的部分和为 s_n，且 $\lim\limits_{n\to\infty} s_n = s$，则：

$$\lim_{i\to\infty} a_i = \lim_{i\to\infty} (s_i - s_{i-1}) = \lim_{i\to\infty} s_i - \lim_{i\to\infty} s_{i-1} = s - s = 0$$

∎

定理 167 很好理解，如果 a_i 不为无穷小，哪怕 a_i 非常小，比如 $a_i = 0.00000000000000001$，那么无数个这样的 a_i 累加起来，依然会得到无穷大，也就是说，此时的级数 $\sum\limits_{i=1}^{\infty} a_i$ 是发散的。

值得注意的是，定理 167 只是级数收敛的必要条件。级数 $\sum\limits_{i=1}^{\infty} a_i$ 收敛可以推出 $\lim\limits_{i\to\infty} a_i = 0$，但不能反过来推，即：

$$\sum_{i=1}^{\infty} a_i \text{ 收敛} \implies \lim_{i\to\infty} a_i = 0, \quad \sum_{i=1}^{\infty} a_i \text{ 收敛} \;\Longleftarrow\!\!\!/\; \lim_{i\to\infty} a_i = 0$$

比如例 313 中提到过的调和级数 $\sum\limits_{i=1}^{\infty} \frac{1}{i}$，显然其通项满足 $\lim\limits_{i\to\infty} \frac{1}{i} = 0$，但调和级数是发散的。

13.2　正项级数及其审敛法

研究常数项级数的目的之一是求和，但求和往往是一个高难度操作，所以数学家会考虑先判断是否收敛，然后由此发展出了一系列的判断方法，即所谓的审敛法，这就是接下来两节我们要学习的内容。

13.2.1　正项级数及其收敛的充要条件

定义 124. 如果对于某级数 $\sum\limits_{i=1}^{\infty} a_i$ 始终有 $a_i \geqslant 0$，则该级数称为正项级数。

定理 168 (正项级数收敛的充要条件). 设正项级数 $\sum\limits_{i=1}^{\infty} a_i$ 的部分和数列为 $\{s_n\}$，则：

$$\sum_{i=1}^{\infty} a_i \text{ 收敛} \iff \{s_n\} \text{ 有界}$$

证明.（1）当 $\sum\limits_{i=1}^{\infty} a_i$ 收敛时，即 $\lim\limits_{n\to\infty} s_n$ 存在时，根据收敛数列的有界性（定理 2），所以 $\{s_n\}$ 有界。

（2）当 $\{s_n\}$ 有界时，又正项级数 $\sum\limits_{i=1}^{\infty} a_i$ 满足 $a_i \geqslant 0$，所以 $\{s_n\}$ 是单调递增的数列，即有：

$$s_1 \leqslant s_2 \leqslant \cdots \leqslant s_n \leqslant \cdots$$

根据单调有界准则（定理 26），所以 $\lim\limits_{n\to\infty} s_n$ 存在，即 $\sum\limits_{i=1}^{\infty} a_i$ 收敛。∎

举例说明一下定理 168，比如在例 312 中介绍等比级数时提过的用于计算长方形面积的 $\sum\limits_{i=0}^{\infty} \left(\frac{1}{2}\right)^i$，这就是一个正项级数，如图 13.14 所示，可看到其部分和数列 $\{s_n\}$ 有上界，且当 n 增大时不断趋于 2。

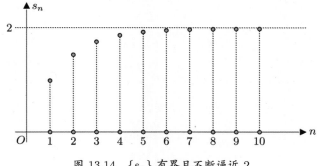

图 13.14 $\{s_n\}$ 有界且不断逼近 2

例 317. 如果某级数 $\sum\limits_{i=1}^{\infty} a_i$ 的部分和数列 $\{s_n\}$ 有界, 是否可以推出该级数收敛?

解. 不可以, 因为当 $\sum\limits_{i=1}^{\infty} a_i$ 为正项级数时才可以根据其部分和数列 $\{s_n\}$ 有界推出该级数收敛。而当 $\sum\limits_{i=1}^{\infty} a_i$ 为非正项级数时, 比如 $\sum\limits_{i=1}^{\infty} a_i = 1 - 1 + 1 - 1 + 1 - \cdots$, 其部分和为

$$s_n = \begin{cases} 1, & n \text{ 为奇数} \\ 0, & n \text{ 为偶数} \end{cases}, \text{ 因此部分和数列 } \{s_n\} \text{ 有界, 但在 1 和 0 之间震荡, 因此没有极限。}$$

13.2.2 正项级数的比较审敛法

定理 169. 设 $\sum\limits_{i=1}^{\infty} a_i$ 和 $\sum\limits_{i=1}^{\infty} b_i$ 都是正项级数, 如果有 $0 \leqslant a_i \leqslant b_i$, 那么:

$$\sum_{i=1}^{\infty} b_i \text{ 收敛} \Longrightarrow \sum_{i=1}^{\infty} a_i \text{ 收敛}, \quad \sum_{i=1}^{\infty} a_i \text{ 发散} \Longrightarrow \sum_{i=1}^{\infty} b_i \text{ 发散}$$

证明.（1）当 $\sum\limits_{i=1}^{\infty} b_i$ 收敛于 σ 时, 根据正项级数收敛的充要条件（定理 168）, 可知其部分和数列 $\{\sigma_n\}$ 有界, 即 $\exists M > 0$ 使得:

$$\sigma_n = b_1 + b_2 + \cdots + b_n \leqslant M$$

结合条件中的 $0 \leqslant a_i \leqslant b_i$, 所以 $\sum\limits_{i=1}^{\infty} a_i$ 的部分和 s_n 满足:

$$s_n = a_1 + a_2 + \cdots + a_n \leqslant b_1 + b_2 + \cdots + b_n \leqslant M$$

即部分和数列 $\{s_n\}$ 有界, 根据正项级数收敛的充要条件（定理 168）, 所以此时 $\sum\limits_{i=1}^{\infty} a_i$ 收敛。

（2）当 $\sum\limits_{i=1}^{\infty} a_i$ 发散时, 用反证法, 若 $\sum\limits_{i=1}^{\infty} b_i$ 收敛, 那么根据（1）的结论, $\sum\limits_{i=1}^{\infty} a_i$ 也要收

敛，与（2）给出的条件矛盾，所以此时 $\sum\limits_{i=1}^{\infty} b_i$ 必发散。

这里图解一下定理 169，因为有 $0 \leqslant a_i \leqslant b_i$，所以部分和 $s_n = \sum\limits_{i=1}^{\infty} a_i$ 在 $\sigma_n = \sum\limits_{i=1}^{\infty} b_i$ 的下方，从而会有 $\sum\limits_{i=1}^{\infty} b_i$ 收敛时 $\sum\limits_{i=1}^{\infty} a_i$ 收敛，如图 13.15 所示；以及 $\sum\limits_{i=1}^{\infty} a_i$ 发散时 $\sum\limits_{i=1}^{\infty} b_i$ 发散，如图 13.16 所示。

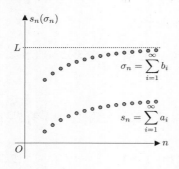

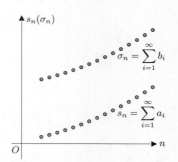

图 13.15　$\sum\limits_{i=1}^{\infty} b_i$ 收敛 $\Longrightarrow \sum\limits_{i=1}^{\infty} a_i$ 收敛　　　图 13.16　$\sum\limits_{i=1}^{\infty} a_i$ 发散 $\Longrightarrow \sum\limits_{i=1}^{\infty} b_i$ 发散

例 318. 级数 $\sum\limits_{i=1}^{\infty} \dfrac{1}{\sqrt{i(i+1)}}$ 的敛散性如何？

解. 因为 $i(i+1) < (i+1)^2$，所以 $\dfrac{1}{\sqrt{i(i+1)}} > \dfrac{1}{i+1}$，而级数 $\sum\limits_{i=1}^{\infty} \dfrac{1}{i+1} = \dfrac{1}{2} + \dfrac{1}{3} + \cdots +$ $\dfrac{1}{i+1} + \cdots$ 就是调和级数去掉了第一项，根据定理 165，所以该级数是发散的。结合正项级数的比较审敛法（定理 169），所以级数 $\sum\limits_{i=1}^{\infty} \dfrac{1}{\sqrt{i(i+1)}}$ 是发散的。

例 319. 正项级数 $\sum\limits_{i=1}^{\infty} \dfrac{1}{i^p} = 1 + \dfrac{1}{2^p} + \dfrac{1}{3^p} + \cdots + \dfrac{1}{i^p} + \cdots$ 叫作 p 级数，其中常数 $p > 0$。试讨论该级数的敛散性。

证明.（1）$p \leqslant 1$ 时，有 $\dfrac{1}{i^p} \geqslant \dfrac{1}{i}$，其中 $\dfrac{1}{i}$ 是调和级数的通项，因为调和级数是发散的，根据正项级数的比较审敛法（定理 169），所以此时 $\sum\limits_{i=1}^{\infty} \dfrac{1}{i^p}$ 发散。

（2）$p > 1$ 时，且当 $i-1 \leqslant x \leqslant i$ 时，有 $\dfrac{1}{i^p} \leqslant \dfrac{1}{x^p}$，所以 $\dfrac{1}{i^p} = \displaystyle\int_{i-1}^{i} \dfrac{1}{i^p} \mathrm{d}x \leqslant \int_{i-1}^{i} \dfrac{1}{x^p} \mathrm{d}x, (i = 2, 3, \cdots)$。那么 p 级数的部分和为：

$$s_n = 1 + \sum_{i=2}^{n} \frac{1}{i^p} \leqslant 1 + \sum_{i=2}^{n} \int_{i-1}^{i} \frac{1}{x^p} \mathrm{d}x = 1 + \int_{1}^{n} \frac{1}{x^p} \mathrm{d}x = 1 + \left[\frac{x^{1-p}}{1-p} \right]_{1}^{n}$$

$$= 1 + \frac{1}{p-1} \left(1 - \frac{1}{n^{p-1}} \right) \leqslant 1 + \frac{1}{p-1}, \quad (n = 2, 3, \cdots)$$

这说明部分和数列 $\{s_n\}$ 是有上界的，根据正项级数收敛的充要条件（定理 168），所以

此时 $\sum\limits_{i=1}^{\infty} \dfrac{1}{i^p}$ 收敛。

（3）综上，所以 $\sum\limits_{i=1}^{\infty} \dfrac{1}{i^p}$ $\begin{cases} \text{收敛}, & p > 1 \\ \text{发散}, & p \leqslant 1 \end{cases}$。　■

前面证明了对于 p 级数而言，$p = 1$ 时该级数发散，$p = 2$ 时该级数收敛。两者在发散和收敛的道路上分道扬镳的原因在于，p 级数的求和过程中有这么一对矛盾，当 $i \to \infty$ 时，其通项 $\dfrac{1}{i^p}$ 在不断减小，而参与求和的项在不断增加，即：

$$i \to \infty \text{ 时：} \begin{cases} \dfrac{1}{i^p} \to 0, \text{通项在不断减小} \\ \underbrace{1 + \dfrac{1}{2^p} + \dfrac{1}{3^p} + \cdots + \dfrac{1}{i^p}}_{i \text{ 项}}, \text{项在不断增加} \end{cases}$$

当 $p = 1$ 时上述矛盾中的"参与求和的项在不断增加"占了优势，为了看出这一点可以将此时的 p 级数，也就是调和级数改写如下。改写后可以看到，最后一行中的每一项都没有 i，这说明"通项在不断减小"这个因素消失了，"参与求和的项在不断增加"这个因素占据了绝对优势。

$$\begin{aligned}
\sum_{i=1}^{\infty} \frac{1}{i} &= 1 + \frac{1}{2} + \frac{1}{3} + \cdots + \frac{1}{i} + \cdots \\
&= 1 + \left(\frac{1}{2} + \frac{1}{3} \right) + \left(\frac{1}{4} + \frac{1}{5} + \frac{1}{6} + \frac{1}{7} \right) + \cdots + \left(\frac{1}{i} + \frac{1}{i+1} + \cdots + \frac{1}{2i-1} \right) + \cdots \\
&> 1 + \left(\frac{1}{4} + \frac{1}{4} \right) + \left(\frac{1}{8} + \frac{1}{8} + \frac{1}{8} + \frac{1}{8} \right) + \cdots + \left(\frac{1}{2i} + \frac{1}{2i} + \cdots + \frac{1}{2i} \right) + \cdots \\
&> 1 + \frac{1}{2} + \frac{1}{2} + \cdots + \frac{1}{2} + \cdots
\end{aligned}$$

当 $p = 2$ 时"通项在不断减小"这一因素是无法忽略的，为了看出这一点可将此时的 p 级数改写如下。改写后可以看到，最后一行中依然存在 i，为了强调，这里用红色标注了出来。

$$\begin{aligned}
\sum_{i=1}^{\infty} \frac{1}{i^2} &= 1 + \frac{1}{2^2} + \frac{1}{3^2} + \cdots + \frac{1}{i^2} + \cdots \\
&= 1 + \left(\frac{1}{2^2} + \frac{1}{3^2} \right) + \left(\frac{1}{4^2} + \frac{1}{5^2} + \frac{1}{6^2} + \frac{1}{7^2} \right) + \cdots + \left(\frac{1}{i^2} + \frac{1}{(i+1)^2} + \cdots + \frac{1}{(2i-1)^2} \right) + \cdots \\
&> 1 + \left(\frac{1}{4^2} + \frac{1}{4^2} \right) + \left(\frac{1}{8^2} + \frac{1}{8^2} + \frac{1}{8^2} + \frac{1}{8^2} \right) + \cdots + \left(\frac{1}{(2i)^2} + \frac{1}{(2i)^2} + \cdots + \frac{1}{(2i)^2} \right) + \cdots \\
&> 1 + \frac{2}{4^2} + \frac{4}{8^2} + \cdots + \frac{i}{(2i)^2} + \cdots = 1 + \frac{1}{8} + \frac{1}{16} + \cdots + \frac{1}{4i} + \cdots
\end{aligned}$$

综上，p 级数的 p 值控制了通项 $\dfrac{1}{i^p}$ 的减小速度，当减小速度足够快时，p 级数就会收敛，否则发散。

13.2.3　正项级数的极限比较审敛法

定理 170. 设 $\sum\limits_{n=1}^{\infty} a_n$ 和 $\sum\limits_{n=1}^{\infty} b_n$ 都是正项级数[①]，

（1）如果 $\lim\limits_{n\to\infty}\dfrac{a_n}{b_n}=c\,(0<c<+\infty)$，则 $\sum\limits_{n=1}^{\infty} a_n$ 和 $\sum\limits_{n=1}^{\infty} b_n$ 同敛散。

（2）如果 $\lim\limits_{n\to\infty}\dfrac{a_n}{b_n}=0$，而 $\sum\limits_{n=1}^{\infty} b_n$ 收敛，则 $\sum\limits_{n=1}^{\infty} a_n$ 收敛。

（3）如果 $\lim\limits_{n\to\infty}\dfrac{a_n}{b_n}=+\infty$，而 $\sum\limits_{n=1}^{\infty} b_n$ 发散，则 $\sum\limits_{n=1}^{\infty} a_n$ 发散。

这就是正项级数的比较审敛法（定理 169）的极限形式，或叫作正项级数的极限比较审敛法。

证明.（1）已知 $\lim\limits_{n\to\infty}\dfrac{a_n}{b_n}=c\,(0<c<+\infty)$，由数列极限的定义（定义 4）可知，因为 $\dfrac{c}{2}>0$，$\exists N\in\mathbb{Z}^+$，$\forall n>N$，有：

$$\left|\frac{a_n}{b_n}-c\right|<\frac{c}{2}\implies -\frac{c}{2}<\frac{a_n}{b_n}-c<\frac{c}{2}\implies \frac{c}{2}b_n<a_n<\frac{3c}{2}b_n$$

根据正项级数的比较审敛法（定理 169），如果 $\sum\limits_{n=1}^{\infty} b_n$ 收敛，因为 $a_n<\dfrac{3c}{2}b_n$，所以 $\sum\limits_{n=1}^{\infty} a_n$ 收敛；如果 $\sum\limits_{n=1}^{\infty} b_n$ 发散，因为 $\dfrac{c}{2}b_n<a_n$，所以 $\sum\limits_{n=1}^{\infty} a_n$ 发散。

（2）已知 $\lim\limits_{n\to\infty}\dfrac{a_n}{b_n}=0$，由数列极限的定义（定义 4）可知，$\exists N\in\mathbb{Z}^+$，$\forall n>N$，有：

$$\left|\frac{a_n}{b_n}-0\right|<1\implies -b_n<a_n<b_n$$

根据正项级数的比较审敛法（定理 169），如果 $\sum\limits_{n=1}^{\infty} b_n$ 收敛，因为 $a_n<b_n$，所以 $\sum\limits_{n=1}^{\infty} a_n$ 收敛。

（3）已知 $\lim\limits_{n\to\infty}\dfrac{a_n}{b_n}=+\infty$，根据正无穷大的定义（定义 16），$\exists N\in\mathbb{Z}^+$，$\forall n>N$，有：

$$\frac{a_n}{b_n}>1\implies a_n>b_n$$

根据正项级数的比较审敛法（定理 169），如果 $\sum\limits_{n=1}^{\infty} b_n$ 发散，因为 $a_n>b_n$，所以 $\sum\limits_{n=1}^{\infty} a_n$ 发散。∎

定理 170 中的 a_n、b_n 都为无穷小[②]，所以可借助无穷小的阶（定义 24）来如下直观地理

[①] 之前级数写作 $\sum\limits_{i=1}^{\infty} a_i$ 是为了和部分和 s_n 进行区分，这里的证明不需要用到部分和了，所以就选择更常用的写法，也就是写作 $\sum\limits_{n=1}^{\infty} a_n$，后面会酌情混用这两种写法。

[②] 根据级数收敛的必要条件（定理 167），不是无穷小肯定发散，没有讨论的意义。

解该定理：

	a_n、b_n 的关系	直观理解
(1) $\lim\limits_{n\to\infty}\dfrac{a_n}{b_n}=c$	a_n、b_n 为同阶无穷小	a_n、b_n 一样小，敛散性一致
(2) $\lim\limits_{n\to\infty}\dfrac{a_n}{b_n}=0$	a_n 为 b_n 的高阶无穷小	a_n 比 b_n 小，$\sum\limits_{i=1}^{\infty}b_i$ 收敛 $\implies$ $\sum\limits_{i=1}^{\infty}a_i$ 收敛
(3) $\lim\limits_{n\to\infty}\dfrac{a_n}{b_n}=+\infty$	a_n 为 b_n 的低阶无穷小	a_n 比 b_n 大，$\sum\limits_{i=1}^{\infty}b_i$ 发散 $\implies$ $\sum\limits_{i=1}^{\infty}a_i$ 发散

例 320. 判断级数 $\sum\limits_{n=1}^{\infty} a_n = \sum\limits_{n=1}^{\infty}\dfrac{2n+1}{n^2+2n+1}$ 的敛散性。

解. 令 $b_n=\dfrac{1}{n}$，可以推出 a_n 和 b_n 为同阶无穷小（定义 24）：

$$\lim_{n\to\infty}\frac{a_n}{b_n}=\lim_{n\to\infty}\frac{2n^2+n}{n^2+2n+1}=2$$

因为调和级数 $\sum\limits_{n=1}^{\infty} b_n = \sum\limits_{n=1}^{\infty}\dfrac{1}{n}$ 发散，根据正项级数的极限比较审敛法（定理 170），所以 $\sum\limits_{n=1}^{\infty} a_n$ 发散。

13.2.4 正项级数的比值审敛法

定理 171. 设 $\sum\limits_{n=1}^{\infty} a_n$ 是正项级数，并假定有 $\lim\limits_{n\to\infty}\dfrac{a_{n+1}}{a_n}=\rho$，那么：

（1）若 $\rho<1$，则该级数收敛。

（2）若 $\rho>1$ 或 $\rho=+\infty$，则该级数发散。

（3）若 $\rho=1$，则该级数可能收敛也可能发散。

这称为正项级数的比值审敛法，或者叫达朗贝尔判别法。

证明. （1）当 $\rho<1$ 时，取一个适当小的正数 ϵ，使得 $\rho+\epsilon=r<1$，因为 $\lim\limits_{n\to\infty}\dfrac{a_{n+1}}{a_n}=\rho$，根据数列极限的定义（定义 4），所以 $\exists N\in\mathbb{Z}^+$，$\forall n>N$，有：

$$\left|\frac{a_{n+1}}{a_n}-\rho\right|<\epsilon \implies \frac{a_{n+1}}{a_n}<\rho+\epsilon=r \implies a_{n+1}<ra_n$$

所以有：

$$a_{N+2}<ra_{N+1},$$

$$a_{N+3}<ra_{N+2}<r^2a_{N+1},$$

$$a_{N+4}<ra_{N+3}<r^3a_{N+1},$$

$$\vdots$$

$$a_{N+m+1}<ra_{N+m}<r^ma_{N+1}$$

前面一系列不等式的左右两边构成两个数列：

$$\{b_m\} = \{a_{N+2}, a_{N+3}, \cdots, a_{N+m+1}\}, \quad \{c_m\} = \{ra_{N+1}, r^2a_{N+1}, \cdots, r^m a_{N+1}\}$$

其中 $\sum\limits_{m=1}^{\infty} c_m$ 就是公比 $r < 1$ 的等比级数，该级数是收敛的。因为 $b_m < c_m$，根据正项级数的比较审敛法（定理 169），所以 $\sum\limits_{m=1}^{\infty} b_m$ 也收敛。而 $\sum\limits_{m=1}^{\infty} b_m$ 和 $\sum\limits_{n=1}^{\infty} a_n$ 相比只是相差有限项，根据定理 165，所以 $\sum\limits_{n=1}^{\infty} a_n$ 也收敛。

（2）当 $\rho > 1$ 时，取一个适当小的正数 ϵ，使得 $\rho - \epsilon > 1$，因为 $\lim\limits_{n\to\infty} \dfrac{a_{n+1}}{a_n} = \rho$，根据数列极限的定义（定义 4），所以 $\exists N \in \mathbb{Z}^+, \forall n > N$，有：

$$\left| \frac{a_{n+1}}{a_n} - \rho \right| < \epsilon \implies \frac{a_{n+1}}{a_n} > \rho - \epsilon > 1 \implies a_{n+1} > a_n$$

所以当 $n > N$ 时，a_n 是逐渐增大的，从而 $\lim\limits_{n\to\infty} a_n \neq 0$。根据级数收敛的必要条件（定理 167），所以 $\sum\limits_{n=1}^{\infty} a_n$ 是发散的。类似地，也可以证明当 $\lim\limits_{n\to\infty} \dfrac{a_{n+1}}{a_n} = +\infty$ 时，级数 $\sum\limits_{n=1}^{\infty} a_n$ 是发散的。

（3）当 $\rho = 1$ 时，比如 p 级数有 $\lim\limits_{n\to\infty} \dfrac{a_{n+1}}{a_n} = \lim\limits_{n\to\infty} \dfrac{\frac{1}{(n+1)^p}}{\frac{1}{n^p}} = 1$，根据例 319 可知，$p$ 级数在 $p > 1$ 时收敛，在 $p \leqslant 1$ 时发散，所以此时不能确定敛散性。 ∎

定理 171 中的 $\lim\limits_{n\to\infty} \dfrac{a_{n+1}}{a_n} = \rho$ 类似于等比级数中的公比，两者的敛散性也类似，可以联系起来看：

	比值审敛法：$\lim\limits_{n\to\infty} \dfrac{a_{n+1}}{a_n} = \rho$	等比级数：$\dfrac{a_{n+1}}{a_n} = \rho$
(1) $0 < \rho < 1$	$\sum\limits_{n=1}^{\infty} a_n$ 收敛	$\sum\limits_{n=1}^{\infty} a_n$ 收敛
(2) $\rho > 1$ 或 $\rho = +\infty$	$\sum\limits_{n=1}^{\infty} a_n$ 发散	$\sum\limits_{n=1}^{\infty} a_n$ 发散（ρ 不会等于 $+\infty$）
(3) $\rho = 1$	$\sum\limits_{n=1}^{\infty} a_n$ 敛散性不确定	$\sum\limits_{n=1}^{\infty} a_n$ 发散

例 321. 判断级数 $\sum\limits_{n=1}^{\infty} a_n = \sum\limits_{n=1}^{\infty} \dfrac{2^n + 5}{3^n}$ 是否收敛。

解. 让我们先求出 $\dfrac{a_{n+1}}{a_n} = \dfrac{(2^{n+1} + 5)/3^{n+1}}{(2^n + 5)/3^n} = \dfrac{1}{3} \cdot \dfrac{2^{n+1} + 5}{2^n + 5} = \dfrac{1}{3} \cdot \dfrac{2 + 5 \cdot 2^{-n}}{1 + 5 \cdot 2^{-n}}$，然后求出该式的极限：

$$\lim_{n\to\infty} \frac{a_{n+1}}{a_n} = \lim_{n\to\infty} \frac{1}{3} \cdot \frac{2 + 5 \cdot 2^{-n}}{1 + 5 \cdot 2^{-n}} = \frac{2}{3} < 1$$

根据正项级数的比值审敛法（定理 171），所以该级数收敛。

13.2.5 正项级数的根值审敛法

定理 172. 设 $\sum\limits_{n=1}^{\infty} a_n$ 是正项级数，并假定有 $\lim\limits_{n\to\infty} \sqrt[n]{a_n} = \rho$，那么：

（1）若 $\rho < 1$，则该级数收敛。

（2）若 $\rho > 1$ 或 $\rho = +\infty$，则该级数发散。

（3）若 $\rho = 1$，则该级数可能收敛也可能发散。

这称为正项级数的根值审敛法，或者叫柯西判别法。

证明.（1）当 $\rho < 1$ 时，取一个适当小的正数 ϵ，使得 $\rho + \epsilon < 1$，因为 $\lim\limits_{n\to\infty} \sqrt[n]{a_n} = \rho$，根据数列极限的定义（定义 4），所以 $\exists N \in \mathbb{Z}^+$，$\forall n > N$，有：

$$|\sqrt[n]{a_n} - \rho| < \epsilon \implies \sqrt[n]{a_n} < \rho + \epsilon \implies a_n < (\rho + \epsilon)^n$$

因为 $\sum\limits_{n=1}^{\infty} (\rho + \epsilon)^n$ 是等比级数，其公比 $\rho + \epsilon < 1$，所以该级数收敛。结合正项级数的比较审敛法（定理 169），所以 $\sum\limits_{n=1}^{\infty} a_n$ 收敛。

（2）当 $\rho > 1$ 时，取一个适当小的正数 ϵ，使得 $\rho - \epsilon > 1$，因为 $\lim\limits_{n\to\infty} \sqrt[n]{a_n} = \rho$，根据数列极限的定义（定义 4），所以 $\exists N \in \mathbb{Z}^+$，$\forall n > N$，有：

$$|\sqrt[n]{a_n} - \rho| < \epsilon \implies \sqrt[n]{a_n} > \rho - \epsilon \implies a_n > (\rho - \epsilon)^n > 1$$

从而 $\lim\limits_{n\to\infty} a_n \neq 0$。根据级数收敛的必要条件（定理 167），所以 $\sum\limits_{n=1}^{\infty} a_n$ 是发散的。类似地，也可以证明当 $\lim\limits_{n\to\infty} \dfrac{a_{n+1}}{a_n} = +\infty$ 时，级数 $\sum\limits_{n=1}^{\infty} a_n$ 是发散的。

（3）当 $\rho = 1$ 时，比如 p 级数有 $\lim\limits_{n\to\infty} \sqrt[n]{a_n} = \lim\limits_{n\to\infty} \sqrt[n]{\dfrac{1}{n^p}} = 1$，根据例 319 可知，$p$ 级数在 $p > 1$ 时收敛，在 $p \leqslant 1$ 时发散，所以此时不能确定敛散性。∎

我们知道等比级数的通项是 $a_n = \rho^{n-1}$，当 $n \to \infty$ 时，$\sqrt[n]{a_n}$ 可以理解为将其中的公比 ρ 提取出来，所以定理 172 和等比级数的敛散性也很类似，可以联系起来看：

	根值审敛法： $\lim\limits_{n\to\infty} \sqrt[n]{a_n} = \rho$	等比级数： $\sqrt[n-1]{a_n} = \rho \ (a_n = \rho^{n-1})$
(1) $0 < \rho < 1$	$\sum\limits_{n=1}^{\infty} a_n$ 收敛	$\sum\limits_{n=1}^{\infty} a_n$ 收敛
(2) $\rho > 1$ 或 $\rho = +\infty$	$\sum\limits_{n=1}^{\infty} a_n$ 发散	$\sum\limits_{n=1}^{\infty} a_n$ 发散（ ρ 不会等于 $+\infty$ ）
(3) $\rho = 1$	$\sum\limits_{n=1}^{\infty} a_n$ 敛散性不确定	$\sum\limits_{n=1}^{\infty} a_n$ 发散

例 322. 判断级数 $\displaystyle\sum_{n=1}^{\infty} a_n = \sum_{n=1}^{\infty} \frac{n^2}{2^n}$ 是否收敛。

解. 让我们先求出 $\sqrt[n]{a_n} = \sqrt[n]{\dfrac{n^2}{2^n}} = \dfrac{(\sqrt[n]{n})^2}{2}$，结合：

$$\lim_{n\to\infty} \sqrt[n]{n} = \mathrm{e}^{\lim\limits_{n\to\infty} \frac{1}{n}\ln n} = \overbrace{\mathrm{e}^{\lim\limits_{n\to\infty}\frac{1}{n}}}^{\text{在指数上运用了洛必达法则}} = \mathrm{e}^0 = 1$$

所以有 $\displaystyle\lim_{n\to\infty} \sqrt[n]{a_n} = \lim_{n\to\infty} \frac{(\sqrt[n]{n})^2}{2} = \frac{1}{2} < 1$，根据正项级数的根值审敛法（定理 172），所以该级数收敛。

13.2.6　本节小结

本节学习了很多正项级数的审敛法，为了便于对比、记忆，这里总结如下：

	条件	结论
充要条件	$\{s_n\}$ 有界	$\displaystyle\sum_{n=1}^{\infty} a_n$ 收敛 $\iff \{s_n\}$ 有界
比较审敛法	$0 \leqslant a_n \leqslant b_n$	$\displaystyle\sum_{n=1}^{\infty} b_n$ 收敛 $\implies \sum_{n=1}^{\infty} a_n$ 收敛 $\displaystyle\sum_{n=1}^{\infty} a_n$ 发散 $\implies \sum_{n=1}^{\infty} b_n$ 发散
极限比较审敛法	$\displaystyle\lim_{n\to\infty} \frac{a_n}{b_n} = c$	$\begin{cases} \displaystyle\sum_{n=1}^{\infty} a_n \text{ 和 } \sum_{n=1}^{\infty} b_n \text{ 的敛散性一致,} & 0 < c < +\infty \\ \displaystyle\sum_{n=1}^{\infty} b_n \text{ 收敛} \implies \sum_{n=1}^{\infty} a_n \text{ 收敛,} & c = 0 \\ \displaystyle\sum_{n=1}^{\infty} b_n \text{ 发散} \implies \sum_{n=1}^{\infty} a_n \text{ 发散,} & c = +\infty \end{cases}$
比值审敛法	$\displaystyle\lim_{n\to\infty} \frac{a_{n+1}}{a_n} = \rho$	$\begin{cases} \displaystyle\sum_{n=1}^{\infty} a_n \text{ 收敛,} & \rho < 1 \\ \displaystyle\sum_{n=1}^{\infty} a_n \text{ 发散,} & \rho > 1 \text{ 或 } \rho = +\infty \\ \text{敛散性不明,} & \rho = 1 \end{cases}$
根植审敛法	$\displaystyle\lim_{n\to\infty} \sqrt[n]{a_n} = \rho$	$\begin{cases} \displaystyle\sum_{n=1}^{\infty} a_n \text{ 收敛,} & \rho < 1 \\ \displaystyle\sum_{n=1}^{\infty} a_n \text{ 发散,} & \rho > 1 \text{ 或 } \rho = +\infty \\ \text{敛散性不明,} & \rho = 1 \end{cases}$

13.3 交错级数和绝对收敛

13.3.1 交错级数

定义 125. 如果某级数的各项总是正负交错的，从而可以写成下面的形式：

$$\sum_{i=1}^{\infty}(-1)^{n-1}a_i = a_1 - a_2 + a_3 - a_4 + \cdots$$

其中 $a_i > 0$，则该级数称为 交错级数。

下面就是交错级数的一个例子，该交错级数也是人类历史上第一次给出了圆周率 π 的精确代数式，称为 π 的莱布尼茨公式：

$$\frac{\pi}{4} = 1 - \frac{1}{3} + \frac{1}{5} - \frac{1}{7} + \frac{1}{9} - \cdots$$

容易理解，交错级数不光各项是正负交错的，如果该级数收敛的话，其部分和数列也会围绕着该级数的和交错震荡。比如前面提到的 π 的莱布尼茨公式，其部分和数列 $\{s_n\}$ 会围绕着 $\frac{\pi}{4}$ 上下交错震荡，如图 13.17 所示。

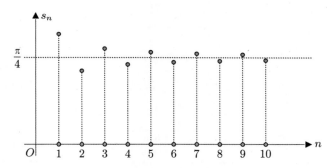

图 13.17　莱布尼茨公式的 $\{s_n\}$ 会围绕着 $\frac{\pi}{4}$ 上下交错震荡

13.3.2 莱布尼茨审敛法

定理 173. 如果交错级数 $\displaystyle\sum_{n=1}^{\infty}(-1)^{n-1}a_n$ 满足（1）$a_n \geqslant a_{n+1}, n = 1, 2, 3, \cdots$，（2）$\displaystyle\lim_{n\to\infty} a_n = 0$，那么该级数收敛，且其和 $s \leqslant a_1$，其余项 r_n 的绝对值 $|r_n| \leqslant a_{n+1}$，该定理称为 莱布尼茨审敛法。

证明.（1）先证明前 $2n$ 项的和 s_{2n} 的极限存在。s_{2n} 可写作：

$$s_{2n} = a_1 - a_2 + a_3 - a_4 + \cdots + a_{2n-1} - a_{2n} = (a_1 - a_2) + (a_3 - a_4) + \cdots + (a_{2n-1} - a_{2n})$$

根据 $a_n \geqslant a_{n+1}$ 可知，上式括号中的差都是非负的，因此数列 $\{s_{2n}\}$ 是单调递增的。再将 s_{2n} 进行改写：

$$s_{2n} = a_1 - a_2 + a_3 - a_4 + \cdots + a_{2n-1} - a_{2n}$$

$$= a_1 - (a_2 - a_3) - (a_4 - a_5) - \cdots - (a_{2n-2} - a_{2n-1}) - a_{2n}$$

上式说明 $s_{2n} \leqslant a_1$，因此数列 $\{s_{2n}\}$ 有界。根据单调有界准则（定理 26）可知 $\{s_{2n}\}$ 收敛于

某数 s，且 $s \leqslant a_1$，即 $\lim\limits_{n\to\infty} s_{2n} = s \leqslant a_1$。

（2）再证明前 $2n+1$ 项的和 s_{2n+1} 的极限也是 s。我们知道 $s_{2n+1} = s_{2n} + a_{2n+1}$，结合 $\lim\limits_{n\to\infty} a_{2n+1} = 0$，因此 $\lim\limits_{n\to\infty} s_{2n+1} = \lim\limits_{n\to\infty}(s_{2n} + a_{2n+1}) = s$。

综合（1）、（2）可知，级数的前偶数项之和 s_{2n} 以及前奇数项之和 s_{2n+1} 都趋于同一个极限 s，而级数的部分和 s_n 或者为前偶数项之和，或者为前奇数项之和，所以有 $\lim\limits_{n\to\infty} s_n = s \leqslant a_1$。

（3）最后来看看余项 r_n，所谓 r_n 其实就是 s 和 s_n 的差值，即：

$$r_n = s - s_n = \pm(a_{n+1} - a_{n+2} + a_{n+3} - a_{n+4} + \cdots)$$

其绝对值 $|r_n|$ 也是一个交错级数，根据（1）、（2）的分析可知 $|r_n| \leqslant a_{n+1}$。 ∎

定理 173 还可以通过几何来理解。设某交错级数 $\sum\limits_{n=1}^{\infty}(-1)^{n-1}a_n$ 满足上述定理的所有条件，下面来观察一下该级数是如何收敛于和 s 的。让我们从 0 开始，往右移动 a_1 就得到了第一个部分和 s_1，如图 13.18 所示，再往左移动 a_2 就得到了第二个部分和 s_2，因为 $a_1 \geqslant a_2$，所以 s_2 不会小于 0。

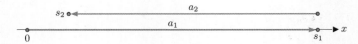

图 13.18 s_1 往左移动 a_2 后得到 s_2

接着往右移动 a_3 就得到了 s_3，再往左移动得到的是 s_4，如图 13.19 所示。

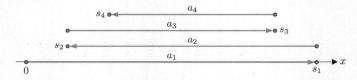

图 13.19 s_2 往右移动得到 s_3，再往左移动得到 s_4

因为 $\lim\limits_{n\to\infty} a_n = 0$，所以部分和 s_n 会最终趋于 s，如图 13.20 所示。

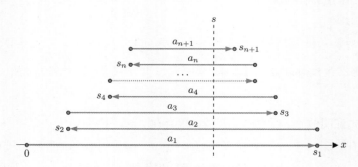

图 13.20 部分和 s_n 会最终趋于 s

例 323. 交错级数 $\sum\limits_{n=1}^{\infty}(-1)^{n-1}\dfrac{1}{n} = 1 - \dfrac{1}{2} + \dfrac{1}{3} - \cdots + (-1)^{n-1}\dfrac{1}{n} + \cdots$ 叫作交错调和级数，试讨论其敛散性。

解. 本题中 $a_n = \dfrac{1}{n}$，容易知道该级数满足（1）$a_n = \dfrac{1}{n} > a_{n+1} = \dfrac{1}{n+1}$，（2）$\lim\limits_{n\to\infty} a_n =$

$\lim\limits_{n\to\infty}\dfrac{1}{n}=0$。根据莱布尼茨审敛法（定理 173），所以该级数收敛。

13.3.3 绝对收敛与条件收敛

定义 126. 如果级数 $\sum\limits_{n=1}^{\infty}a_n$ 各项的绝对值构成的正项级数 $\sum\limits_{n=1}^{\infty}|a_n|$ 收敛，那么称该级数绝对收敛；如果级数 $\sum\limits_{n=1}^{\infty}a_n$ 收敛但不绝对收敛，那么称该级数条件收敛。

比如公比为 $-\dfrac{1}{2}$ 的等比级数就是绝对收敛的，因为其绝对值级数是 $\dfrac{1}{2}$ 的等比级数，在例 312 介绍等比级数时还提到过该绝对值级数的和为 2：

$$公比为 -\dfrac{1}{2} 的等比级数：\quad \sum_{i=0}^{\infty}\left(-\dfrac{1}{2}\right)^i = 1 - \dfrac{1}{2} + \dfrac{1}{4} - \dfrac{1}{8} + \cdots$$

$$公比为 \dfrac{1}{2} 的等比级数：\quad \sum_{i=0}^{\infty}\left|\left(-\dfrac{1}{2}\right)^i\right| = \sum_{i=0}^{\infty}\left(\dfrac{1}{2}\right)^i = 1 + \dfrac{1}{2} + \dfrac{1}{4} + \dfrac{1}{8} + \cdots = 2$$

而例 323 中提到的交错调和级数是条件收敛的，因为该级数是收敛的，但其绝对值级数是发散的调和级数：

$$交错调和级数：\quad \sum_{n=1}^{\infty}(-1)^{n-1}\dfrac{1}{n} = 1 - \dfrac{1}{2} + \dfrac{1}{3} - \dfrac{1}{4} + \cdots$$

$$调和级数：\quad \sum_{n=1}^{\infty}\left|(-1)^{n-1}\dfrac{1}{n}\right| = \sum_{n=1}^{\infty}\dfrac{1}{n} = 1 + \dfrac{1}{2} + \dfrac{1}{3} + \dfrac{1}{4} + \cdots$$

定理 174. 如果级数 $\sum\limits_{n=1}^{\infty}a_n$ 绝对收敛，那么级数 $\sum\limits_{n=1}^{\infty}a_n$ 必定收敛。

证明. 对于 a_n 有：

$$-|a_n| \leqslant a_n \leqslant |a_n| \implies 0 \leqslant a_n + |a_n| \leqslant 2|a_n|$$

如果级数 $\sum\limits_{n=1}^{\infty}a_n$ 绝对收敛，即绝对值级数 $\sum\limits_{n=1}^{\infty}|a_n|$ 收敛，根据正项级数的比较审敛法（定理 169），结合前面的不等式，可知正项级数 $\sum\limits_{n=1}^{\infty}(a_n+|a_n|)$ 收敛，而：

$$\sum_{n=1}^{\infty}a_n = \sum_{n=1}^{\infty}(a_n + |a_n| - |a_n|) = \sum_{n=1}^{\infty}(a_n + |a_n|) - \sum_{n=1}^{\infty}|a_n|$$

根据定理 164，所以级数 $\sum\limits_{n=1}^{\infty}a_n$ 收敛。∎

根据定理 174，所以前面提到的公比为 $-\dfrac{1}{2}$ 的等比级数是收敛的，因为该级数绝对收敛。

例 324. 判断级数 $\sum\limits_{n=1}^{\infty}\dfrac{\sin n\alpha}{n^2}$ 的敛散性。

解. 因为 $\left|\dfrac{\sin n\alpha}{n^2}\right| \leqslant \dfrac{1}{n^2}$，根据例 319 中介绍的 p 级数可知 $\displaystyle\sum_{n=1}^{\infty}\dfrac{1}{n^2}$ 收敛，结合正项级数的比较审敛法（定理 169），所以 $\displaystyle\sum_{n=1}^{\infty}\left|\dfrac{\sin n\alpha}{n^2}\right|$ 收敛。根据绝对收敛和收敛的关系（定理 174），所以 $\displaystyle\sum_{n=1}^{\infty}\dfrac{\sin n\alpha}{n^2}$ 收敛。

13.3.4 黎曼重排定理

定理 175. 假设级数 $\displaystyle\sum_{n=1}^{\infty}a_n$ 条件收敛，则它的项重新排列后，可收敛到任意值，甚至发散。

定理 175 就是神奇的黎曼重排定理，其证明这里就不讨论了，下面通过例子来理解一下该定理。通过之前的学习可知，交错调和级数是条件收敛的，这里假设其收敛于 s，即：

$$\sum_{n=1}^{\infty}(-1)^{n-1}\frac{1}{n} = 1 - \frac{1}{2} + \frac{1}{3} - \frac{1}{4} + \cdots = s$$

下面对其进行一下重排，就可以得到完全不同的和：

$$\left(1-\frac{1}{2}\right) - \frac{1}{4} + \left(\frac{1}{3}-\frac{1}{6}\right) - \frac{1}{8} + \left(\frac{1}{5}-\frac{1}{10}\right) - \frac{1}{12} + \cdots = \frac{1}{2} - \frac{1}{4} + \frac{1}{6} - \frac{1}{8} + \frac{1}{10} - \frac{1}{12} + \cdots$$
$$= \frac{1}{2}\left(1 - \frac{1}{2} + \frac{1}{3} - \frac{1}{4} + \frac{1}{5} - \frac{1}{6} + \cdots\right)$$
$$= \frac{1}{2}s$$

我们再来看看如何重排交错调和级数，使得重排后的和为 1.5。先在交错调和级数中选出前面三个正项构造新级数 $\left\{1, \dfrac{1}{3}, \dfrac{1}{5}\right\}$，其部分和为：

$$s_1 = 1, \quad s_2 = 1 + \frac{1}{3} = \frac{4}{3}, \quad s_3 = 1 + \frac{1}{3} + \frac{1}{5} = \frac{23}{15}$$

s_1、s_2、s_3 点如图 13.21 所示，其中 s_3 点绘制为红色，这是强调 s_3 点已经超过 1.5 了。

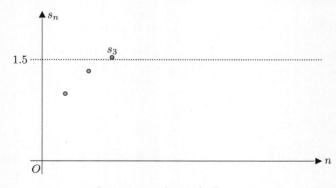

图 13.21 s_3 点已经超过 1.5 了

接着在交错调和级数中选出第一个负项加入新级数得到 $\left\{1, \dfrac{1}{3}, \dfrac{1}{5}, -\dfrac{1}{2}\right\}$，这样 s_4 就会小于 1.5，也就是图 13.22 中的第一个蓝点。再接着累加正项直到第二个超过 1.5 的红点 s_9 出现。如此反复，最终通过重排使得新级数收敛于 1.5。

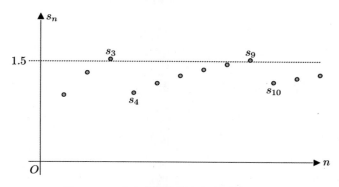

图 13.22　通过重排使得新级数收敛于 1.5

不光是交错调和级数，实际上条件收敛的级数总是包含无数个正项以及无数个负项，通过在正项、负项中挑选、重排，最终可使得条件收敛的级数趋于任意值，甚至发散。

定理 176. 若级数 $\displaystyle\sum_{n=1}^{\infty} a_n$ 绝对收敛，则其任意重排后所得的级数 $\displaystyle\sum_{n=1}^{\infty} b_n$ 也绝对收敛，且 $\displaystyle\sum_{n=1}^{\infty} a_n = \sum_{n=1}^{\infty} b_n$。

证明.（1）先证该定理对于收敛的正项级数是正确的。设 $\displaystyle\sum_{n=1}^{\infty} a_n$ 为收敛的正项级数，其部分和为 s_n，其和为 s。设 $\displaystyle\sum_{n=1}^{\infty} a_n$ 任意重排后所得的正项级数为 $\displaystyle\sum_{n=1}^{\infty} b_n$，其部分和为 σ_n。

对于任何 n，当它固定后，取 m 足够大，使 b_1，b_2，$\cdots$，b_n 各项都出现在 $s_m = a_1 + a_2 + \cdots + a_m$ 中，于是有 $\sigma_n \leqslant s_m \leqslant s$。所以单调递增的部分和数列 $\{\sigma_n\}$ 有上界 s，根据单调有界准则（定理 26），可知 $\displaystyle\lim_{n\to\infty} \sigma_n$ 存在，即级数 $\displaystyle\sum_{n=1}^{\infty} b_n$ 收敛，可以设其收敛于 σ，所以有：

$$\sum_{n=1}^{\infty} b_n = \lim_{n\to\infty} \sigma_n = \sigma \leqslant s$$

另外，若将 $\displaystyle\sum_{n=1}^{\infty} a_n$ 看成是 $\displaystyle\sum_{n=1}^{\infty} b_n$ 重排后所得的级数，运用刚才证得的结论，所以有：

$$\sum_{n=1}^{\infty} a_n = \lim_{n\to\infty} s_n = s \leqslant \sigma$$

要使得前面两个不等式同时成立，必定有 $s = \sigma$。

（2）再证该定理对一般的绝对收敛级数是正确的。设级数 $\displaystyle\sum_{n=1}^{\infty} |a_n|$ 收敛。因为对于 a_n 有：

$$-|a_n| \leqslant a_n \leqslant |a_n| \implies 0 \leqslant a_n + |a_n| \leqslant 2|a_n|$$

因为 $\sum\limits_{n=1}^{\infty} |a_n|$ 收敛，根据正项级数的比较审敛法（定理 169），结合前面的不等式，可知

正项级数 $\sum\limits_{n=1}^{\infty} (a_n + |a_n|)$ 收敛，从而可得：

$$\sum_{n=1}^{\infty} a_n = \sum_{n=1}^{\infty} (a_n + |a_n| - |a_n|) = \sum_{n=1}^{\infty} (a_n + |a_n|) - \sum_{n=1}^{\infty} |a_n|$$

设 $\sum\limits_{n=1}^{\infty} b_n$ 是 $\sum\limits_{n=1}^{\infty} a_n$ 的任意重排后得到的级数，前面等式中的各项运用同样的重排后可得：

$$\sum_{n=1}^{\infty} (a_n + |a_n|) \xrightarrow{\text{重排}} \sum_{n=1}^{\infty} (b_n + |b_n|), \quad \sum_{n=1}^{\infty} |a_n| \xrightarrow{\text{重排}} \sum_{n=1}^{\infty} |b_n|$$

因为上述重排的都是正项级数，根据（1）的结论，所以有：

$$\sum_{n=1}^{\infty} (a_n + |a_n|) = \sum_{n=1}^{\infty} (b_n + |b_n|), \quad \sum_{n=1}^{\infty} |a_n| = \sum_{n=1}^{\infty} |b_n|$$

所以 $\sum\limits_{n=1}^{\infty} b_n = \sum\limits_{n=1}^{\infty} (b_n + |b_n| - |b_n|) = \sum\limits_{n=1}^{\infty} (b_n + |b_n|) - \sum\limits_{n=1}^{\infty} |b_n| = \sum\limits_{n=1}^{\infty} a_n$。 ∎

13.3.5　本节小结

本小节讨论了一般级数 $\sum\limits_{n=1}^{\infty} a_n$ 的敛散性，可以细分如下：

$$\sum_{n=1}^{\infty} a_n \begin{cases} \text{收敛} \begin{cases} \text{绝对收敛}\left(\sum\limits_{n=1}^{\infty} a_n \text{ 收敛，且 } \sum\limits_{n=1}^{\infty} |a_n| \text{ 收敛}\right) \\ \text{条件收敛}\left(\sum\limits_{n=1}^{\infty} a_n \text{ 收敛，但 } \sum\limits_{n=1}^{\infty} |a_n| \text{ 发散}\right) \end{cases} \\ \text{发散} \end{cases}$$

13.4　幂级数

之前讨论的是每一项都是常数的常数项级数 $\sum\limits_{n=1}^{\infty} a_n$。相对于常数而言，函数可以大大提升处理问题的能力，所以从本节开始我们就来学习每一项都是函数的函数项级数。

13.4.1　函数项级数

定义 127. 给定一个定义在区间 I 上的函数列 $\{u_i(x)\} = \{u_1(x),\ u_2(x),\ u_3(x),\ \cdots,\ u_i(x),\ \cdots\}$，由这个函数列构成的表达式 $u_1(x) + u_2(x) + u_3(x) + \cdots + u_i(x) + \cdots$ 叫作*函数*

项无穷级数，简称为函数项级数，记为 $\sum\limits_{i=1}^{\infty} u_i(x)$，即：

$$\sum_{i=1}^{\infty} u_i(x) = u_1(x) + u_2(x) + u_3(x) + \cdots + u_i(x) + \cdots$$

其中第 i 项 $u_i(x)$ 叫作级数的通项。

定义 128. 对于定义于区间 I 上的函数项级数 $\sum\limits_{i=1}^{\infty} u_i(x)$，代入某 $x_0 \in I$ 就得到常数项级数 $u_1(x_0) + u_2(x_0) + u_3(x_0) + \cdots + u_i(x_0) + \cdots$。对于该常数项级数，

- 若收敛，就称 x_0 点为函数项级数 $\sum\limits_{i=1}^{\infty} u_i(x)$ 的收敛点。

- 若发散，就称 x_0 点为函数项级数 $\sum\limits_{i=1}^{\infty} u_i(x)$ 的发散点。

函数项级数 $\sum\limits_{i=1}^{\infty} u_i(x)$ 的收敛点的全体称为它的收敛域，而发散点的全体称为它的发散域。

定义 129. 代入收敛域内的任意一个数 x，函数项级数成为一个收敛的常数项级数，因而有一个确定的和 s。这样在收敛域内，函数项级数的和是 x 的函数 $s(x)$，通常称其为函数项级数的和函数，该函数的定义域就是函数项级数的收敛域，即：

$$s(x) = u_1(x) + u_2(x) + u_3(x) + \cdots + u_i(x) + \cdots, \quad x \in \text{收敛域}$$

函数项级数的前 n 项的部分和记作 $s_n(x)$，则在收敛域上有 $\lim\limits_{n\to\infty} s_n(x) = s(x)$。

记 $r_n(x) = s(x) - s_n(x)$，$r_n(x)$ 叫作函数项级数的余项，则在收敛域上有：

$$\lim_{n\to\infty} r_n(x) = \lim_{n\to\infty} \big(s(x) - s_n(x)\big) = 0$$

举例说明一下定义 127、定义 128 和定义 129，在例 312 中分析过等比级数的敛散性及和，即 $\begin{cases} \sum\limits_{i=0}^{\infty} aq^i = \dfrac{a}{1-q}, & |q| < 1 \\ \sum\limits_{i=0}^{\infty} aq^i \text{ 发散}, & |q| \geqslant 1 \end{cases}$，如果将公比 q 看作未知数 x，那么就得到了一个函数项级数：

$$\sum_{i=0}^{\infty} ax^i = a + ax + ax^2 + \cdots + ax^i + \cdots$$

还可以得到该函数项级数的收敛域 $|x| < 1$，即 $x \in (-1, 1)$，以及其和函数：

$$s(x) = \frac{a}{1-x} = a + ax + ax^2 + \cdots + ax^i + \cdots, \quad x \in (-1, 1)$$

值得注意的是，虽然函数 $y = \dfrac{a}{1-x}$ 的定义域为 $x \neq 1$，但当它作为和函数 $s(x)$ 时，我们只关心它在收敛域内的部分，即 $x \in (-1, 1)$ 的这部分，如图 13.23 所示。

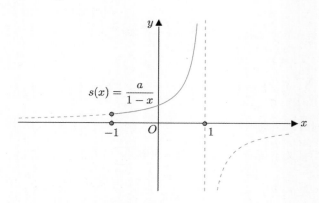

图 13.23　和函数：$s(x) = \frac{a}{1-x}, x \in (-1, 1)$

这是因为超出收敛域后和函数 $s(x)$ 就没有什么实际意义了。比如在 $\sum\limits_{i=0}^{\infty} ax^i$ 中代入 $x = \frac{1}{2}$，可得公比为 $\frac{1}{2}$ 的等比级数。因为 $\frac{1}{2} \in (-1, 1)$，所以 $x = \frac{1}{2}$ 是该函数项级数的收敛点，此时的和为 $s\left(\frac{1}{2}\right) = 2a$，即：

$$\sum_{i=0}^{\infty} \left(\frac{1}{2}\right)^i a = a + \frac{1}{2}a + \left(\frac{1}{2}\right)^2 a + \cdots + \left(\frac{1}{2}\right)^i a + \cdots = 2a$$

而在 $\sum\limits_{i=0}^{\infty} ax^i$ 中代入 $x = 2$，可得公比为 2 的等比级数，因为 $2 \notin (-1, 1)$，所以 $x = 2$ 是该函数项级数的发散点，虽然有 $s(2) = -a$，但已经没有实际意义了：

$$\sum_{i=0}^{\infty} 2^i a = a + 2a + 2^2 a + \cdots + 2^i a + \cdots = +\infty$$

再来说说部分和函数 $s_n(x) = \sum\limits_{i=0}^{n-1} ax^i = a + ax + ax^2 + \cdots + ax^{n-1}, x \in (-1, 1)$，随着 n 的增加，在收敛域内 $s_n(x)$ 会越来越接近 $s(x)$，如图 13.24 所示。当 $n \to \infty$ 时，在收敛域内会有 $s_n(x) \to s(x)$。

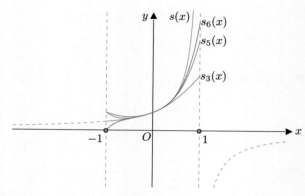

图 13.24　在收敛域内，$n \to \infty$ 时有 $s_n(x) \to s(x)$

最后来看看余项，这也是定义在收敛域上的：

$$r_n(x) = s(x) - s_n(x) = \sum_{i=n}^{\infty} ax^i = ax^n + ax^{n+1} + ax^{n+2} + \cdots, \quad x \in (-1, 1)$$

余项的几何意义就是 $s(x)$ 与 $s_n(x)$ 之间的差值函数，如图 13.25 所示。

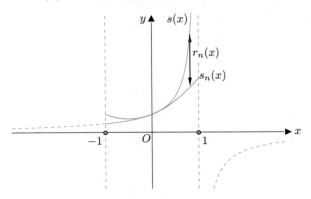

图 13.25 余项：$r_n(x) = s(x) - s_n(x), x \in (-1, 1)$

13.4.2 幂级数的定义

定义 130. 形式如下的函数项级数，称为中心在 0 点的幂级数，其中常数 $a_0, a_1, a_2, \cdots,$ $a_n, \cdots$ 叫作幂级数的系数：

$$\sum_{n=0}^{\infty} a_n x^n = a_0 + a_1 x + a_2 x^2 + \cdots + a_n x^n + \cdots$$

而形式如下的函数项级数，称为中心在 b 点的幂级数：

$$\sum_{n=0}^{\infty} a_n (x-b)^n = a_0 + a_1(x-b) + a_2(x-b)^2 + \cdots + a_n(x-b)^n + \cdots$$

上述两种统称为幂级数。

幂级数是函数项级数中最常见的一类。比如上一节提到的 $\displaystyle\sum_{i=0}^{\infty} ax^i$ 就是幂级数，其收敛域为 $(-1, 1)$，该收敛域是以 0 点为中心对称的，如图 13.26 所示，所以这也是中心点在 0 点的幂级数。

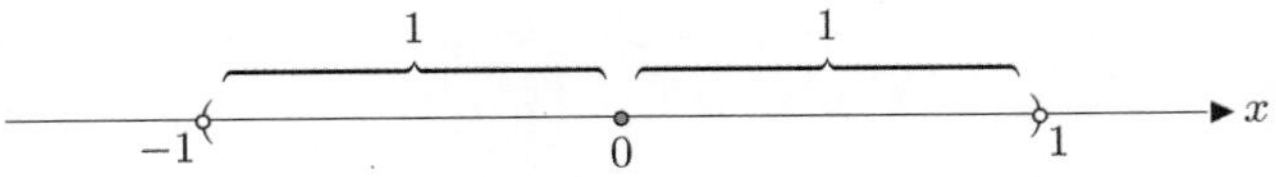

图 13.26 $\displaystyle\sum_{i=0}^{\infty} ax^i$ 的收敛域为 $(-1, 1)$

而对于 $\displaystyle\sum_{i=0}^{\infty} a(x-b)^i$，其收敛域为 $(b-1, b+1)$[①]，该收敛域就是以 b 点为中心对称的，如

---

① 该收敛域可通过 $t = x - b$ 换元推出，这里 $b > 0$。

图 13.27 所示，所以这是中心点在 b 点的幂级数。

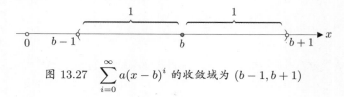

$$\text{图 13.27} \quad \sum_{i=0}^{\infty} a(x-b)^i \text{ 的收敛域为 } (b-1, b+1)$$

13.4.3 阿贝尔定理

在幂级数的定义（定义 130）中提到"中心点在 0 点"或"中心点在 b 点"，也就是幂级数的收敛域是关于 0 点或关于 b 点对称的，这都因为存在下面这个定理：

定理 177 (阿贝尔定理). 对于幂级数 $\sum\limits_{n=0}^{\infty} a_n x^n$，

（1）若 $x = x_0$ $(x_0 \neq 0)$ 时收敛，那么当 $|x| < |x_0|$ 时，该幂级数绝对收敛。

（2）若 $x = x_0$ 时发散，那么 $|x| > |x_0|$ 时，该幂级数发散。

证明．（1）若 $x = x_0$ $(x_0 \neq 0)$ 时幂级数 $\sum\limits_{n=0}^{\infty} a_n x_0^n$ 收敛，根据级数收敛的必要条件（定理 167），此时有 $\lim\limits_{n \to \infty} a_n x_0^n = 0$。根据收敛数列的有界性（定理 2），所以 $\exists M > 0$，使得 $|a_n x_0^n| \leqslant M, (n = 0, 1, 2, \cdots)$，从而有：

$$|a_n x^n| = \left| a_n x_0^n \cdot \frac{x^n}{x_0^n} \right| = |a_n x_0^n| \cdot \left| \frac{x}{x_0} \right|^n \leqslant M \left| \frac{x}{x_0} \right|^n$$

因为当 $|x| < |x_0|$ 时，等比级数 $\sum\limits_{n=0}^{\infty} M \left| \frac{x}{x_0} \right|^n$ 收敛，根据正项级数的比较审敛法（定理 169），所以此时级数 $\sum\limits_{n=0}^{\infty} |a_n x^n|$ 收敛，即此时幂级数 $\sum\limits_{n=0}^{\infty} a_n x^n$ 绝对收敛。

（2）若 $x = x_0$ 时幂级数 $\sum\limits_{n=0}^{\infty} a_n x_0^n$ 发散，可用反证法来证明。假设存在某 x_1 点，该点满足 $|x_1| > |x_0|$ 且有 $\sum\limits_{n=0}^{\infty} a_n x_1^n$ 收敛，那么根据（1）中所得结论，当 $x = x_0$ 时 $\sum\limits_{n=0}^{\infty} a_n x_0^n$ 应该收敛，这与条件矛盾，所以得证。∎

阿贝尔定理（定理 177）说的是，对于幂级数 $\sum\limits_{n=0}^{\infty} a_n x^n$ 而言，该幂级数在 x_0 点收敛时，那么也在以 0 为中心、$|x_0|$ 为半径的区间上收敛，如图 13.28 所示。而如果该幂级数在 x_0 点发散时，那么也在以 0 为中心、$|x_0|$ 为半径的区间外发散，如图 13.29 所示。这两幅图中都假设 $x_0 > 0$，需要强调的一点的是，其中 $-x_0$ 点的敛散性是不清楚的。

$$\text{图 13.28} \quad \sum_{n=0}^{\infty} a_n x^n \text{ 在 } x_0 \text{ 点收敛时} \qquad \text{图 13.29} \quad \sum_{n=0}^{\infty} a_n x^n \text{ 在 } x_0 \text{ 点发散时}$$

对于中心点在 a 点的幂级数 $\sum\limits_{n=0}^{\infty} a_n(x-a)^n$ 也有类似的结论，该幂级数在 x_0 点收敛时，那么也在以 a 为中心、$|x_0-a|$ 为半径的区间上收敛，如图 13.30 所示。而如果该幂级数在 x_0 点发散时，那么也在以 a 为中心、$|x_0-a|$ 为半径的区间外发散，如图 13.31 所示。

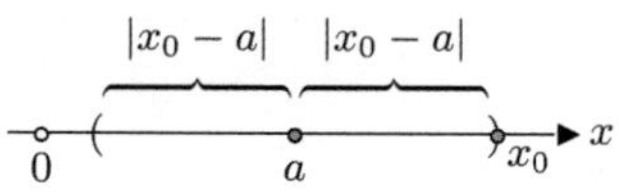

图 13.30 $\sum\limits_{n=0}^{\infty} a_n(x-a)^n$ 在 x_0 点收敛时 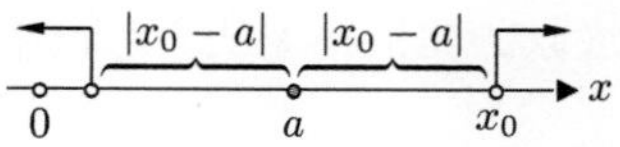　　图 13.31 $\sum\limits_{n=0}^{\infty} a_n(x-a)^n$ 在 x_0 点发散时

定理 178. 幂级数 $\sum\limits_{n=0}^{\infty} a_n(x-a)^n$ 的敛散性有三种可能性：

（1）存在一个正数 R，使得当 $|x-a| < R$ 时，该级数绝对收敛；当 $|x-a| > R$ 时，该级数发散；在端点 $a+R$ 和 $a-R$ 处，该级数可能收敛也可能发散。

（2）该级数对一切 x 都收敛，规定此时的 $R = +\infty$。

（3）该级数只在 $x = a$ 处收敛，规定此时的 $R = 0$。

上述的 R 统称为收敛半径。

定理 178 是阿贝尔定理的直接推论。让我们以某幂级数 $\sum\limits_{n=0}^{\infty} a_n x^n$ 为例解释其中的可能性（1），设该幂级数在数轴上既有收敛点（不光是原点）也有发散点，那么从原点出发沿数轴向右走，最初遇到的全是收敛点，然后就只遇到发散点，这两种点之间会存在一个分界点，如图 13.32 所示，分界点到原点的距离就是收敛半径 R。

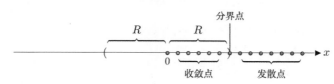

图 13.32　收敛半径为 R 的幂级数 $\sum\limits_{n=0}^{\infty} a_n x^n$

13.4.4　收敛半径的求解方法

定理 179. 对于幂级数 $\sum\limits_{n=0}^{\infty} a_n x^n$，如果 $\lim\limits_{n\to\infty}\left|\dfrac{a_{n+1}}{a_n}\right| = \rho$，那么该幂级数的收敛半径 $R =$
$$
\begin{cases}
\dfrac{1}{\rho}, & \rho \neq 0 \\
+\infty, & \rho = 0 \\
0, & \rho = +\infty
\end{cases} \quad \circ
$$

证明. 考察该幂级数的绝对值级数 $\sum\limits_{n=0}^{\infty} |a_n x^n|$，此绝对值级数相邻两项之比为 $\dfrac{|a_{n+1}x^{n+1}|}{|a_n x^n|} = \left|\dfrac{a_{n+1}}{a_n}\right||x|$，下面来分情况讨论。

（1）如果 $\lim\limits_{n\to\infty}\left|\dfrac{a_{n+1}}{a_n}\right|=\rho,\,(\rho\neq 0)$ 存在，那么有：

$$\lim_{n\to\infty}\frac{|a_{n+1}x^{n+1}|}{|a_nx^n|}=\lim_{n\to\infty}\left|\frac{a_{n+1}}{a_n}\right||x|=\rho|x|$$

根据正项级数的比值审敛法（定理 171），当 $\rho|x|<1$ 时，即 $|x|<\dfrac{1}{\rho}$ 时，绝对值级数 $\sum\limits_{n=0}^{\infty}|a_nx^n|$ 收敛，即幂级数 $\sum\limits_{n=0}^{\infty}a_nx^n$ 绝对收敛。而当 $\rho|x|>1$ 时，即 $|x|>\dfrac{1}{\rho}$ 时，绝对值级数 $\sum\limits_{n=0}^{\infty}|a_nx^n|$ 发散，并且根据 $\lim\limits_{n\to\infty}\dfrac{|a_{n+1}x^{n+1}|}{|a_nx^n|}=\rho|x|>1$，结合数列极限的定义（定义 4），可推出 $\exists N>0$，$\forall n>N$ 时有：

$$\frac{|a_{n+1}x^{n+1}|}{|a_nx^n|}>1\implies|a_{n+1}x^{n+1}|>|a_nx^n|$$

因此 $|a_nx^n|$ 不趋于零，从而 a_nx^n 也不趋于零，根据级数收敛的必要条件（定理 167），因此幂级数 $\sum\limits_{n=0}^{\infty}a_nx^n$ 发散，所以其收敛半径为 $R=\dfrac{1}{\rho}$。

（2）如果 $\rho=0$，那么对于任何 $x\neq 0$，有 $\lim\limits_{n\to\infty}\dfrac{|a_{n+1}x^{n+1}|}{|a_nx^n|}=\lim\limits_{n\to\infty}\left|\dfrac{a_{n+1}}{a_n}\right||x|=0$。根据正项级数的比值审敛法（定理 171），所以绝对值级数 $\sum\limits_{n=0}^{\infty}|a_nx^n|$ 收敛，即幂级数 $\sum\limits_{n=0}^{\infty}a_nx^n$ 绝对收敛，于是 $R=+\infty$。

（3）如果 $\rho=+\infty$，那么对于任何 $x\neq 0$，有 $\lim\limits_{n\to\infty}\dfrac{|a_{n+1}x^{n+1}|}{|a_nx^n|}=\lim\limits_{n\to\infty}\left|\dfrac{a_{n+1}}{a_n}\right||x|=+\infty$。根据无穷大的定义（定义 16），对于某 $M>1$，$\exists N>0$，$\forall n>N$ 时有：

$$\frac{|a_{n+1}x^{n+1}|}{|a_nx^n|}>M>1\implies|a_{n+1}x^{n+1}|>|a_nx^n|$$

因此 $|a_nx^n|$ 不趋于零，从而 a_nx^n 也不趋于零，根据级数收敛的必要条件（定理 167），所以幂级数 $\sum\limits_{n=0}^{\infty}a_nx^n$ 发散，于是 $R=0$。　∎

之前学习过等比级数对应的幂级数 $\sum\limits_{n=0}^{\infty}ax^n$ 的收敛域为 $(-1,1)$，也就是说，该级数的收敛半径 $R=1$。根据定理 179 也可以求出同样的结果：

$$\rho=\lim_{n\to\infty}\left|\frac{a_{n+1}}{a_n}\right|=\lim_{n\to\infty}\left|\frac{a}{a}\right|=1\implies R=\frac{1}{\rho}=1$$

顺便解读一下 $R=1$ 的几何意义，和之前解读过的收敛域为 $(-1,1)$ 非常类似。我们知道幂级数 $\sum\limits_{n=0}^{\infty}ax^n$ 的和函数为 $s(x)=\dfrac{a}{1-x}$，那么在以 0 为中心、$R=1$ 为半径的区域内，当 $n\to\infty$ 时会有 $s_n(x)\to s(x)$，如图 13.33 所示。

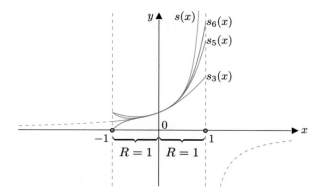

图 13.33 幂级数 $\displaystyle\sum_{n=0}^{\infty} ax^n$ 的收敛半径 $R=1$

例 325. 求幂级数 $\displaystyle\sum_{n=1}^{\infty}(-1)^{n-1}\frac{x^n}{n}=x-\frac{x^2}{2}+\frac{x^3}{3}-\cdots+(-1)^{n-1}\frac{x^n}{n}+\cdots$ 的收敛半径和收敛域。

解. （1）求收敛半径 R。因为 $\rho=\displaystyle\lim_{n\to\infty}\left|\frac{a_{n+1}}{a_n}\right|=\lim_{n\to\infty}\frac{\frac{1}{n+1}}{\frac{1}{n}}=1$，根据幂级数收敛半径的求解方法（定理 179），所以要求的收敛半径 $R=\dfrac{1}{\rho}=1$。

（2）求收敛域。当 $x=-1$ 时，该幂级数其实就是调和级数，所以此时是发散的：

$$\sum_{n=1}^{\infty}(-1)^{n-1}\frac{(-1)^n}{n}=-\sum_{n=1}^{\infty}\frac{1}{n}=-\left(1+\frac{1}{2}+\frac{1}{3}+\cdots+\frac{1}{n}+\cdots\right)$$

当 $x=1$ 时，该幂级数其实就是交错调和级数，所以此时是收敛的：

$$\sum_{n=1}^{\infty}(-1)^{n-1}\frac{1^n}{n}=1-\frac{1}{2}+\frac{1}{3}-\cdots+(-1)^{n-1}\frac{1^n}{n}+\cdots$$

所以幂级数 $\displaystyle\sum_{n=1}^{\infty}(-1)^{n-1}\frac{x^n}{n}$ 的收敛域为 $(-1,1]$。

例 326. 求幂级数 $\displaystyle\sum_{n=0}^{\infty}\frac{1}{n!}x^n$ 的收敛半径。

解. 因为 $\rho=\displaystyle\lim_{n\to\infty}\left|\frac{a_{n+1}}{a_n}\right|=\lim_{n\to\infty}\frac{\frac{1}{(n+1)!}}{\frac{1}{n!}}=\lim_{n\to\infty}\frac{1}{n+1}=0$，根据幂级数收敛半径的求解方法（定理 179），所以要求的收敛半径 $R=+\infty$。

例 327. 求幂级数 $\displaystyle\sum_{n=0}^{\infty}n!x^n$ 的收敛半径。

解. 因为 $\rho=\displaystyle\lim_{n\to\infty}\left|\frac{a_{n+1}}{a_n}\right|=\lim_{n\to\infty}\frac{(n+1)!}{n!}=\lim_{n\to\infty}n=+\infty$，根据幂级数收敛半径的求解方法（定理 179），所以要求的收敛半径 $R=0$。

例 328. 求幂级数 $\displaystyle\sum_{n=0}^{\infty} \frac{(2n)!}{(n!)^2} x^{2n}$ 的收敛半径。

解. 该幂级数缺少奇数次的项，不能运用幂级数收敛半径的求解方法（定理 179）[①]。让我们根据正项级数的比值审敛法（定理 171）来求它的收敛半径，对于该级数的绝对值级数 $\displaystyle\sum_{n=0}^{\infty} \frac{(2n)!}{(n!)^2} \left|x^{2n}\right|$ 而言，有：

$$\lim_{n\to\infty} \frac{\dfrac{\big(2(n+1)\big)!}{\big((n+1)!\big)^2} \left|x^{2(n+1)}\right|}{\dfrac{(2n)!}{(n!)^2} \left|x^{2n}\right|} = \lim_{n\to\infty} \frac{(2n+2)(2n+1)}{(n+1)(n+1)} |x|^2 = 4|x|^2$$

当 $4|x|^2 < 1$ 即 $|x| < \dfrac{1}{2}$ 时，该绝对值级数收敛；当 $4|x|^2 > 1$ 即 $|x| > \dfrac{1}{2}$ 时，该绝对值级数发散，所以该绝对值级数的收敛半径为 $\dfrac{1}{2}$。因为阿贝尔定理（定理 177）证明了若幂级数收敛，则必然是绝对收敛，从而可知幂级数 $\displaystyle\sum_{n=0}^{\infty} \frac{(2n)!}{(n!)^2} x^{2n}$ 的收敛半径也为 $\dfrac{1}{2}$。

例 329. 求幂级数 $\displaystyle\sum_{n=1}^{\infty} \frac{(x-1)^n}{2^n \cdot n}$ 的收敛域。

解. 令 $t = x - 1$，上述级数变为 $\displaystyle\sum_{n=1}^{\infty} \frac{t^n}{2^n \cdot n}$，因为：

$$\rho = \lim_{n\to\infty} \left|\frac{a_{n+1}}{a_n}\right| = \lim_{n\to\infty} \frac{2^n \cdot n}{2^{n+1} \cdot (n+1)} = \frac{1}{2}$$

根据幂级数收敛半径的求解方法（定理 179），所以要求的收敛半径 $R = \dfrac{1}{\rho} = 2$，即当 $|t| < 2$ 时，或者说 $-1 < x < 3$ 时幂级数 $\displaystyle\sum_{n=1}^{\infty} \frac{(x-1)^n}{2^n \cdot n}$ 收敛。当 $x = -1$ 时，该幂级数其实就是交错调和级数 $\displaystyle\sum_{n=1}^{\infty} \frac{(-1)^n}{n}$，所以此时是收敛的；当 $x = 3$ 时，该幂级数其实就是调和级数 $\displaystyle\sum_{n=1}^{\infty} \frac{1}{n}$，所以此时是发散的。综上，所以幂级数 $\displaystyle\sum_{n=1}^{\infty} \frac{(x-1)^n}{2^n \cdot n}$ 的收敛域为 $[-1, 3)$。

13.5　泰勒级数

上一节学习的是已知某幂级数 $\displaystyle\sum_{n=0}^{\infty} a_n x^n$ 或 $\displaystyle\sum_{n=0}^{\infty} a_n (x-b)^n$，然后尝试求出其和函数 $s(x)$。但实践中更常见的是，已知和函数 $s(x)$，希望能找到它的幂级数，这就是本节将要学习的内容。

[①] 幂级数收敛半径的求解方法（定理 179）要求幂级数必须形如 $\displaystyle\sum_{n=0}^{\infty} a_n x^n$。

$$\sum_{n=0}^{\infty} a_n x^n \quad \text{或} \quad \sum_{n=0}^{\infty} a_n(x-b)^n \xrightarrow[\text{这一节}]{\text{上一节}} \text{和函数} \ s(x)$$

13.5.1　泰勒级数和泰勒展开式

定理 180. 设函数 $f(x)$ 在 x_0 点的某一邻域 $U(x_0)$ 内具有各阶导数，如果在该邻域内，$f(x)$ 的泰勒公式中的余项 $R_n(x)$ 满足 $\lim\limits_{n\to\infty} R_n(x) = 0, x \in U(x_0)$。那么有：

$$f(x) = \sum_{n=0}^{\infty} \frac{f^{(n)}(x_0)}{n!}(x-x_0)^n = f(x_0) + f'(x_0)(x-x_0) + \cdots + \frac{f^{(n)}(x_0)}{n!}(x-x_0)^n + \cdots, \quad x \in U(x_0)$$

上述幂级数称为 $f(x)$ 在 x_0 点的**泰勒级数**，上述表达式称为 $f(x)$ 在 x_0 点的**泰勒展开式**。若上述 $x_0 = 0$，那么对应的泰勒级数和泰勒展开式为：

$$f(x) = \sum_{n=0}^{\infty} \frac{f^{(n)}(0)}{n!} x^n = f(0) + f'(0)x + \cdots + \frac{f^{(n)}(0)}{n!} x^n + \cdots, \quad x \in U(0)$$

上述泰勒级数也称为 $f(x)$ 的**麦克劳林级数**，上述泰勒展开式也称为 $f(x)$ 的**麦克劳林展开式**。

定理 180 和泰勒公式其实是一回事，只是从幂级数的角度重新讲述了一遍。该定理将 $f(x)$ 看作和函数，其对应的幂级数就是泰勒级数 $\sum\limits_{n=0}^{\infty} \frac{f^{(n)}(x_0)}{n!}(x-x_0)^n$，而泰勒展开式是对两者关系的描述：

$$f(x) \xleftrightarrow[\text{和函数}]{\text{泰勒级数}} \sum_{n=0}^{\infty} \frac{f^{(n)}(x_0)}{n!}(x-x_0)^n$$

定理 180 还有几何意义，这里举例说明一下。比如对于和函数 $f(x) = \mathrm{e}^x$，根据定理 180 可写出其在 $x_0 = 1$ 点处的泰勒展开式：

$$\mathrm{e}^x = \sum_{n=0}^{\infty} \frac{f^{(n)}(1)}{n!}(x-1)^n = \sum_{n=0}^{\infty} \frac{\mathrm{e}(x-1)^n}{n!} = \mathrm{e} + \mathrm{e}(x-1) + \cdots + \frac{\mathrm{e}(x-1)^n}{n!} + \cdots, \quad x \in U(1)$$

该泰勒展开式的几何意义是，随着 n 的增大，泰勒级数 $\sum\limits_{n=0}^{\infty} \frac{\mathrm{e}(x-1)^n}{n!}$ 的部分和 $s_n(x) = \mathrm{e} + \mathrm{e}(x-1) + \cdots + \frac{\mathrm{e}(x-1)^n}{n!}$ 会越来越接近它的和函数 $f(x) = \mathrm{e}^x$，如图 13.34 所示，当 $n \to \infty$ 时有 $s_n(x) \to \mathrm{e}^x$。

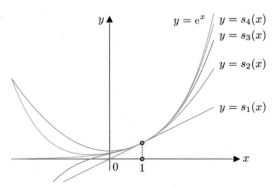

图 13.34　随着 n 的增大，$x_0 = 1$ 点处的泰勒级数的部分和 $s_n(x)$ 越来越接近和函数 e^x

定理 180 还提到了泰勒公式中的余项 $R_n(x)$，该余项的几何意义是和函数 $f(x) = e^x$ 和部分和 $s_n(x)$ 的差值，如图 13.35 所示。

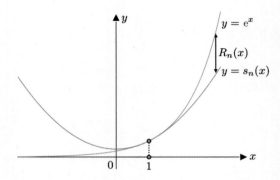

图 13.35 $x_0 = 1$ 点处的余项 $R_n(x) = e^x - s_n(x)$

当 $\lim\limits_{n \to \infty} R_n(x) = 0$ 时才会使得 $n \to \infty$ 时有 $s_n(x) \to e^x$，我们可以验证一下和函数 $f(x) = e^x$ 的 $R_n(x)$ 是否满足该条件。写出和函数 $f(x) = e^x$ 在 $x_0 = 1$ 点处的拉格朗日余项（定理 65）：

$$R_n(x) = \frac{f^{(n+1)}(\xi)}{(n+1)!}(x-1)^{n+1} = \frac{e^\xi}{(n+1)!}(x-1)^{n+1}$$

其中 ξ 是 1 和 x 之间的某个值。所以和函数 $f(x) = e^x$ 在 $x_0 = 1$ 点处的 $R_n(x)$ 是满足条件的，即[①]：

$$\lim_{n \to \infty} R_n(x) = \lim_{n \to \infty} \frac{e^\xi}{(n+1)!}(x-1)^{n+1} = 0$$

最后计算一下泰勒级数 $\sum\limits_{n=0}^{\infty} \frac{e(x-1)^n}{n!}$ 的收敛半径，可用 $t = x - 1$ 换元得到幂级数 $\sum\limits_{n=0}^{\infty} \frac{et^n}{n!}$，对于换元后的 $\sum\limits_{n=0}^{\infty} \frac{et^n}{n!}$ 有 $\rho = \lim\limits_{n \to \infty} \left| \frac{a_{n+1}}{a_n} \right| = \lim\limits_{n \to \infty} \frac{n!}{(n+1)!} = 0$。根据收敛半径的求解方法（定理 179），所以 $\sum\limits_{n=0}^{\infty} \frac{et^n}{n!}$ 的收敛半径为 $+\infty$，从而可知泰勒级数 $\sum\limits_{n=0}^{\infty} \frac{e(x-1)^n}{n!}$ 的收敛半径也为 $+\infty$，即其收敛域为 $(-\infty, +\infty)$。

综上，最终得到了和函数 $f(x) = e^x$ 在 $x_0 = 1$ 点处的完整的泰勒展开式：

$$e^x = \sum_{n=0}^{\infty} \frac{e(x-1)^n}{n!} = e + e(x-1) + \cdots + \frac{e(x-1)^n}{n!} + \cdots, \quad x \in (-\infty, +\infty)$$

---

① 这里的求解运用了 $\lim\limits_{n \to \infty} \frac{(x-1)^{n+1}}{(n+1)!} = 0$ 这个结论，该结论是这么来的，在例 326 中证明过 $\sum\limits_{n=0}^{\infty} \frac{x^n}{n!}$ 收敛，根据级数收敛的必要条件（定理 167）可知 $\lim\limits_{n \to \infty} \frac{x^n}{n!} = 0$，据此就很容易得出 $\lim\limits_{n \to \infty} \frac{(x-1)^{n+1}}{(n+1)!} = 0$。

13.5.2 求解麦克劳林展开式的例题

这里总结一下完整的求解泰勒展开式的过程，对于函数 $f(x)$ 而言需要完成三个步骤，

- 求出函数 $f(x) = e^x$ 在 x_0 点处的泰勒级数 $\sum\limits_{n=0}^{\infty} \dfrac{f^{(n)}(x_0)}{n!}(x - x_0)^n$。

- 求出上述泰勒级数 $\sum\limits_{n=0}^{\infty} \dfrac{f^{(n)}(x_0)}{n!}(x - x_0)^n$ 的收敛半径。

- 验证函数 $f(x)$ 在 x_0 点处的拉格朗日余项 $R_n(x) = \dfrac{f^{(n+1)}(\xi)}{(n+1)!}(x - x_0)^{n+1}$ 是否满足 $\lim\limits_{n \to \infty} R_n(x) = 0$。

例 330. 请求出函数 $f(x) = e^x$ 的麦克劳林展开式。

解.（1）求出函数 $f(x) = e^x$ 的麦克劳林级数，即求出函数 $f(x) = e^x$ 在 $x_0 = 0$ 点处的泰勒级数：

$$\sum_{n=0}^{\infty} \frac{f^{(n)}(0)}{n!}(x - 0)^n = \sum_{n=0}^{\infty} \frac{x^n}{n!} = 1 + x + \frac{x^2}{2!} + \cdots + \frac{x^n}{n!} + \cdots$$

（2）求出上述麦克劳林级数 $\sum\limits_{n=0}^{\infty} \dfrac{x^n}{n!}$ 的收敛半径。因为 $\rho = \lim\limits_{n \to \infty} \left| \dfrac{a_{n+1}}{a_n} \right| = \lim\limits_{n \to \infty} \dfrac{n!}{(n+1)!} = 0$，根据收敛半径的求解方法（定理 179），所以 $\sum\limits_{n=0}^{\infty} \dfrac{x^n}{n!}$ 的收敛半径为 $+\infty$，所以其收敛域为 $(-\infty, +\infty)$。

（3）验证是否有 $\lim\limits_{n \to \infty} R_n(x) = 0$。写出函数 $f(x) = e^x$ 在 $x_0 = 0$ 点处的拉格朗日余项（定理 65）：

$$R_n(x) = \frac{f^{(n+1)}(\xi)}{(n+1)!}(x - 0)^{n+1} = \frac{e^\xi}{(n+1)!}x^{n+1}$$

其中 ξ 是 0 和 x 之间的某个值。所以函数 $f(x) = e^x$ 在 $x_0 = 0$ 点处的 $R_n(x)$ 是满足条件的，即：

$$\lim_{n \to \infty} R_n(x) = \lim_{n \to \infty} \frac{e^\xi}{(n+1)!}x^{n+1} = 0$$

（4）综上，所以函数 $f(x) = e^x$ 的麦克劳林展开式如下：

$$e^x = \sum_{n=0}^{\infty} \frac{x^n}{n!} = 1 + x + \frac{x^2}{2!} + \cdots + \frac{x^n}{n!} + \cdots, \quad x \in (-\infty, +\infty)$$

其几何意义是，随着 n 的增大，麦克劳林级数 $\sum\limits_{n=0}^{\infty} \dfrac{x^n}{n!}$ 的部分和 $s_n(x)$ 会越来越接近函数 $f(x) = e^x$，如图 13.36 所示，当 $n \to \infty$ 时有 $s_n(x) \to e^x$。该几何意义和图 13.35 中展示的函数 $f(x) = e^x$ 在 $x_0 = 1$ 点处的泰勒展开式大同小异，只是展开点不一样。

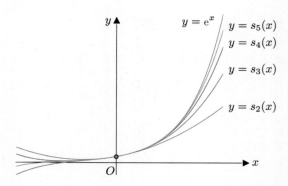

图 13.36 随着 n 的增大，$x_0 = 0$ 点处的部分和 $s_n(x)$ 越来越接近函数 e^x

例 331. 请求出函数 $f(x) = \sin x$ 的麦克劳林展开式。

解.（1）求出函数 $f(x) = \sin x$ 的麦克劳林级数，即：

$$\sum_{n=0}^{\infty} \frac{f^{(n)}(0)}{n!}(x-0)^n = \sum_{n=0}^{\infty}(-1)^n \frac{x^{2n+1}}{(2n+1)!} = x - \frac{x^3}{3!} + \frac{x^5}{5!} - \cdots + (-1)^n \frac{x^{2n+1}}{(2n+1)!} + \cdots$$

（2）求出上述麦克劳林级数 $\sum_{n=0}^{\infty}(-1)^n \dfrac{x^{2n+1}}{(2n+1)!}$ 的收敛半径。因为该幂级数缺少偶数次的项，所以不能运用幂级数收敛半径的求解方法（定理 179）。让我们根据正项级数的比值审敛法（定理 171）来求它的收敛半径，对于该级数的绝对值级数 $\sum_{n=0}^{\infty}\left|(-1)^n \dfrac{x^{2n+1}}{(2n+1)!}\right| = \sum_{n=0}^{\infty} \dfrac{\left|x^{2n+1}\right|}{(2n+1)!}$ 而言，有：

$$\lim_{n\to\infty} \frac{\dfrac{\left|x^{2(n+1)+1}\right|}{\big(2(n+1)+1\big)!}}{\dfrac{\left|x^{2n+1}\right|}{(2n+1)!}} = \lim_{n\to\infty} \frac{(2n+1)!}{(2n+3)!}|x|^2 = 0$$

这说明绝对值级数 $\sum_{n=0}^{\infty} \dfrac{\left|x^{2n+1}\right|}{(2n+1)!}$ 的收敛半径为 $+\infty$，根据绝对收敛必定收敛（定理 174），从而麦克劳林级数 $\sum_{n=0}^{\infty}(-1)^n \dfrac{x^{2n+1}}{(2n+1)!}$ 的收敛半径也为 $+\infty$，所以其收敛域为 $(-\infty, +\infty)$。

（3）验证是否有 $\lim\limits_{n\to\infty} R_n(x) = 0$。写出函数 $f(x) = \sin x$ 在 $x_0 = 0$ 点处的拉格朗日余项（定理 65）：

$$R_n(x) = \frac{f^{(2n+3)}(\xi)}{(2n+3)!}(x-0)^{2n+3} = \frac{\sin^{(2n+3)}(\xi)}{(2n+3)!}x^{2n+3}$$

其中 ξ 是 0 和 x 之间的某个值，因为 $\sin^{(2n+3)}(\xi)$ 是有界函数，所以函数 $f(x) = \sin x$ 在 $x_0 = 0$ 点处的 $R_n(x)$ 是满足条件的，即 $\lim\limits_{n\to\infty} R_n(x) = \lim\limits_{n\to\infty} \dfrac{\sin^{(2n+3)}(\xi)}{(2n+3)!}x^{2n+3} = 0$。

（4）综上，所以函数 $f(x) = \sin x$ 的麦克劳林展开式如下：

$$\sin x = \sum_{n=0}^{\infty}(-1)^n \frac{x^{2n+1}}{(2n+1)!} = x - \frac{x^3}{3!} + \frac{x^5}{5!} - \cdots + (-1)^n \frac{x^{2n+1}}{(2n+1)!} + \cdots, \quad x \in (-\infty, +\infty)$$

其几何意义是，随着 n 的增大，麦克劳林级数 $\sum\limits_{n=0}^{\infty}(-1)^n\dfrac{x^{2n+1}}{(2n+1)!}$ 的部分和 $s_n(x)$ 会越来越接近函数 $f(x)=\sin x$，如图 13.37 所示，当 $n\to\infty$ 时有 $s_n(x)\to\sin x$。

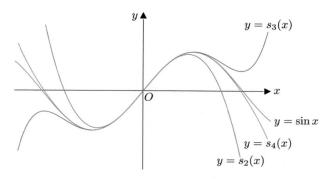

图 13.37　随着 n 的增大，$x_0=0$ 点处的部分和 $s_n(x)$ 越来越接近函数 $\sin x$

13.5.3　幂级数的加减乘除

泰勒展开式可以把复杂的函数转为更友好的幂级数。比如看似简单的正弦函数 $f(x)=\sin x$，如果想要知道 $\sin(19°)$ 的值，你会发现无法计算，只有查三角函数表才能知道该结果。下表就是一个简易的三角函数表的一部分，其中标红的就是 $\sin(19°)$ 的值。

角度（°）	sin	cos	tan
17	0.2924	0.9563	0.3057
18	0.3090	0.9511	0.3249
19	0.3256	0.9455	0.3443
20	0.3420	0.9397	0.3640
21	0.3584	0.9336	0.3839
22	0.3746	0.9272	0.4040

但例 331 中计算出了正弦函数 $f(x)=\sin x$ 的麦克劳林展开式，据此可得正弦函数 $f(x)=\sin x$ 的一个近似式，即 $\sin x\approx x-\dfrac{x^3}{3!}$，借助该近似式就可以得到和上述查表差不多的结果：

$$\sin(19°)=\sin\frac{19°}{180°}\pi\approx\frac{19°}{180°}\pi-\frac{1}{3!}\left(\frac{19°}{180°}\pi\right)^3\approx 0.3255$$

再比如数学家可能会处理诸如 $\sin x+\mathrm{e}^x$ 这样的等式，为了可以计算也只能转为幂级数之和，即：

$$\sin x+\mathrm{e}^x=\sum_{n=0}^{\infty}(-1)^n\frac{x^{2n+1}}{(2n+1)!}+\sum_{n=0}^{\infty}\frac{x^n}{n!},\quad x\in(-\infty,+\infty)$$

为此数学家发展出了与幂级数的加减乘除相关的一些性质，比如已知幂级数 $\sum\limits_{n=0}^{\infty}a_n x^n$ 的收敛半径为 R_1，另一个幂级数 $\sum\limits_{n=0}^{\infty}b_n x^n$ 的收敛半径为 R_2，那么有：

运算	运算结果的收敛半径 R
$\displaystyle\sum_{n=0}^{\infty} a_n x^n \pm \sum_{n=0}^{\infty} b_n x^n$	$R = \min(R_1, R_2)$
$\displaystyle\sum_{n=0}^{\infty} a_n x^n \times \sum_{n=0}^{\infty} b_n x^n$	$R = \min(R_1, R_2)$
$\displaystyle\sum_{n=0}^{\infty} a_n x^n / \sum_{n=0}^{\infty} b_n x^n$	不确定

例 332. 如下两个幂级数，其收敛半径都为 $+\infty$：

$$\sum_{n=0}^{\infty} a_n x^n = 1 + 0x + \cdots + 0x^n + \cdots, \qquad \sum_{n=0}^{\infty} b_n x^n = 1 - x + 0x^2 + \cdots + 0x^n + \cdots$$

请求出 $\displaystyle\sum_{n=0}^{\infty} a_n x^n / \sum_{n=0}^{\infty} b_n x^n$ 的收敛半径。

解. 根据题意计算出 $\displaystyle\sum_{n=0}^{\infty} a_n x^n / \sum_{n=0}^{\infty} b_n x^n = \frac{1}{1-x} = 1 + x + x^2 + \cdots + x^n + \cdots$，该结果其实就是等比级数对应的幂级数，之前分析过其收敛半径为 1。

13.5.4　幂级数的性质

定理 181. 设幂级数 $\displaystyle\sum_{n=0}^{\infty} a_n x^n$ 的和函数为 $s(x)$，其收敛域为 I，其收敛半径为 R，则：

- 和函数 $s(x)$ 在其收敛域 I 上连续。
- 和函数 $s(x)$ 在其收敛域 I 上可积，并有逐项积分公式：

$$\int_0^x s(t)\mathrm{d}t = \int_0^x \left[\sum_{n=0}^{\infty} a_n t^n\right]\mathrm{d}t = \sum_{n=0}^{\infty}\left[\int_0^x a_n t^n \mathrm{d}t\right] = \sum_{n=0}^{\infty} \frac{a_n}{n+1} x^{n+1}, \quad x \in I$$

逐项积分后得到的幂级数和原级数有相同的收敛半径。

- 和函数 $s(x)$ 在 $(-R, R)$ 上可导，并有逐项求导公式：

$$s'(x) = \left(\sum_{n=0}^{\infty} a_n x^n\right)' = \sum_{n=0}^{\infty} (a_n x^n)' = \sum_{n=0}^{\infty} n a_n x^{n-1}, \quad x \in (-R, R)$$

逐项求导后得到的幂级数和原级数有相同的收敛半径。

- 和函数 $s(x)$ 在 $(-R, R)$ 上具有任意阶导数。

定理 181 的出现也是基于实践中遇到的问题。比如在微积分发展的初期，为了计算 $\displaystyle\int \sin x \mathrm{d}x$，顶级高手牛顿、莱布尼茨就是通过 $f(x) = \sin x$ 的麦克劳林展开式逐项积分得到结果的[1]，即：

$$\int \sin x \mathrm{d}x = \int \left[x - \frac{x^3}{3!} + \frac{x^5}{5!} - \cdots + (-1)^n \frac{x^{2n+1}}{(2n+1)!} + \cdots \right] \mathrm{d}x$$

---

[1] 这里要求的是不定积分 $\displaystyle\int \sin x \mathrm{d}x$，和前面定理给出的积分上限函数 $\displaystyle\int_0^x \sin t \mathrm{d}t$ 基本上是一样的。

$$= \int x \mathrm{d}x - \int \frac{x^3}{3!} \mathrm{d}x + \int \frac{x^5}{5!} \mathrm{d}x - \cdots + (-1)^n \int \frac{x^{2n+1}}{(2n+1)!} \mathrm{d}x + \cdots$$

$$= C_1 + \frac{x^2}{2!} - \frac{x^4}{4!} + \frac{x^6}{6!} - \cdots + (-1)^n \frac{x^{(2n+2)}}{(2n+2)!} + \cdots$$

将任意常数 C_1 写作 $C_1 = C - 1$，则上式可以改写为：

$$\int \sin x \mathrm{d}x = C_1 + \frac{x^2}{2!} - \frac{x^4}{4!} + \frac{x^6}{6!} - \cdots + (-1)^n \frac{x^{(2n+2)}}{(2n+2)!} + \cdots$$

$$= C - 1 + \frac{x^2}{2!} - \frac{x^4}{4!} + \cdots + (-1)^n \frac{x^{(2n+2)}}{(2n+2)!} + \cdots$$

$$= C - \underbrace{\left(1 - \frac{x^2}{2!} + \frac{x^4}{4!} - \cdots + (-1)^{n+1} \frac{x^{(2n+2)}}{(2n+2)!} + \cdots\right)}_{\cos x \text{ 的麦克劳林级数}} = -\cos x + C$$

例 333. 求幂级数 $\displaystyle\sum_{n=0}^{\infty} \frac{x^n}{n+1}$ 的和函数 $s(x)$。

解.（1）求出收敛域。因为 $\rho = \lim\limits_{n\to\infty} \left|\dfrac{a_{n+1}}{a_n}\right| = \lim\limits_{n\to\infty} \dfrac{n+1}{n+2} = 1$，根据幂级数收敛半径的求解方法（定理 179），所以其收敛半径 $R = \dfrac{1}{\rho} = 1$。当端点 $x = -1$ 时，幂级数成为 $\displaystyle\sum_{n=0}^{\infty} \frac{(-1)^n}{n+1}$，是收敛的交错级数；在端点 $x = 1$ 时，幂级数成为 $\displaystyle\sum_{n=0}^{\infty} \frac{1}{n+1}$，是发散的，因此 $\displaystyle\sum_{n=0}^{\infty} \frac{x^n}{n+1}$ 的收敛域 $I = [-1, 1)$。

（2）求出和函数 $s(x)$。结合（1）的结论可知：

$$s(x) = \sum_{n=0}^{\infty} \frac{x^n}{n+1} \implies xs(x) = \sum_{n=0}^{\infty} \frac{x^{n+1}}{n+1}, \quad x \in [-1, 1)$$

对上式逐项求导，并结合之前得出的 $\dfrac{1}{1-x} = 1 + x + x^2 + \cdots + x^n + \cdots, x \in (-1, 1)$，可得：

$$\left(xs(x)\right)' = \left(\sum_{n=0}^{\infty} \frac{x^{n+1}}{n+1}\right)' = 1 + x + x^2 + \cdots + x^n + \cdots = \frac{1}{1-x}, \quad x \in (-1, 1)$$

对上式从 0 到 x 积分，可得：

$$\int_0^x \left(xs(x)\right)' \mathrm{d}x = \int_0^x \frac{1}{1-x} \mathrm{d}x \implies xs(x) = -\ln(1-x), \quad x \in [-1, 1)$$

因此 $x \neq 0$ 时有 $s(x) = -\dfrac{1}{x} \ln(1-x)$，在幂级数 $\displaystyle\sum_{n=0}^{\infty} \frac{x^n}{n+1}$ 中代入 $x = 0$ 可得 $s(0) = 1$。或者根据幂级数在收敛域上连续（定理 181），运用洛必达法则（定理 61），所以有：

$$s(0) = \lim_{x\to 0} s(x) = \lim_{x\to 0} \left(-\frac{1}{x} \ln(1-x)\right) = -\lim_{x\to 0} \left(\frac{\left(\ln(1-x)\right)'}{x'}\right) = 1$$

（3）综上，所以有 $s(x) = \begin{cases} -\dfrac{1}{x}\ln(1-x), & x \in [-1,0) \cup (0,1] \\ 1, & x = 0 \end{cases}$。

13.6   傅里叶级数

前面两节学习了泰勒级数，但函数 $f(x)$ 要满足较为苛刻的条件才能展开为这种函数项级数。本节来学习另外一种更为宽松的函数项级数，也就是傅里叶级数。

13.6.1   万物皆是波

让我们从光波的一种现象开始说起。1666 年牛顿发现太阳光经三棱镜的折射后会被分解为彩色光波，如图 13.38 所示，这种现象就是光的色散。我们对于这种现象并不陌生，比如在雨过天晴后，天空中偶尔会出现绚烂的彩虹，如图 13.39 所示。这背后的原因正是光的色散，雨后空气中的水珠，宛如无数微小的三棱镜，将太阳光分解为多种颜色的光波，最终汇聚成了这道美丽的彩虹。

图 13.38   阳光经三棱镜的折射后被分解为彩色光波    图 13.39   雨过天晴后，天空中绚烂的彩虹

光的色散说明一点，白色的光波是由多种颜色的光波相加而成的，如图 13.40 所示。各色光波可用正弦波 $A_n \sin nx$ 来表示，这是因为调整其中的振幅 A_n 以及频率 n，该正弦波所代表的光波就会呈现出不同的颜色。所以上述的"白色的光波是由多种颜色的光波相加而成的"这个事实就可以写作图 13.41 中的表达式[①]。该表达式是一个由三角函数组成的函数项级数，也称为三角级数。

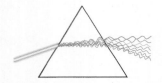

图 13.40   白光由各色光波相加而成   图 13.41   白光可表示为三角级数

随着研究的深入，法国物理学家德布罗意，如图 13.42 所示，提出了物质波这个概念。

---

① 为了方便讲解，对该表达式做了非常多的简化，之后会给出严格的形式。

图 13.42　路易·维克多·德布罗意（1892—1987）

　　下面解释一下这个概念，经典的物理学认为原子的中心是原子核，电子像行星一样绕原子核运动，如图 13.43 所示。但越来越多的实验结果表明，电子更像是以原子核为中心的波，如图 13.44 所示。并且，除了电子，各种基本粒子、原子、分子，甚至宏观物体都可被认为是波，这就是物质波。

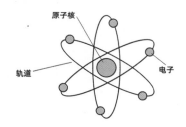

图 13.43　电子绕原子核运动

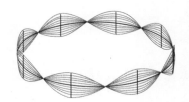

图 13.44　电子是以原子核为中心的波

既然万物皆是波，那么我们可以直观地认为，它们可由以下的三角函数组合而成：

$$1, \quad \sin x, \quad \cos x, \quad \sin 2x, \quad \cos 2x, \quad \cdots, \quad \sin nx, \quad \cos nx, \quad \cdots$$

或者可以直观地认为，万物可以展开为三角级数，这就是本节将要学习的内容。

13.6.2　傅里叶级数及其收敛定理

定理 182. 设 $f(x)$ 是周期为 2π 的函数，如果有：

$$f(x) = \frac{a_0}{2} + \sum_{n=1}^{\infty}(a_n \cos nx + b_n \sin nx)$$

其中 a_n、b_n 称为函数 $f(x)$ 的傅里叶系数，它们的计算公式如下：

$$a_n = \frac{1}{\pi}\int_{-\pi}^{\pi} f(x)\cos nx \, \mathrm{d}x, \quad (n = 0, 1, 2, \cdots)$$

$$b_n = \frac{1}{\pi}\int_{-\pi}^{\pi} f(x)\sin nx \, \mathrm{d}x, \quad (n = 1, 2, 3, \cdots)$$

则上述三角级数 $\dfrac{a_0}{2} + \displaystyle\sum_{n=1}^{\infty}(a_n \cos nx + b_n \sin nx)$ 就称为函数 $f(x)$ 的傅里叶级数。

证明.（1）证明三角函数的正交性，即证明有：

$$\int_{-\pi}^{\pi} \cos nx \, \mathrm{d}x = 0, \quad (n = 1, 2, 3, \cdots),$$

$$\int_{-\pi}^{\pi} \sin nx \, \mathrm{d}x = 0, \quad (n = 1, 2, 3, \cdots),$$

$$\int_{-\pi}^{\pi} \sin kx \cos nx \, \mathrm{d}x = 0, \quad (k, n = 1, 2, 3, \cdots),$$

$$\int_{-\pi}^{\pi} \cos kx \cos nx \, \mathrm{d}x = 0, \quad (k, n = 1, 2, 3, \cdots, k \neq n),$$

$$\int_{-\pi}^{\pi} \sin kx \sin nx \, \mathrm{d}x = 0, \quad (k, n = 1, 2, 3, \cdots, k \neq n)$$

上述结论不一一证明了，这里验证一下其中的第四个等式。利用积化和差公式 $\cos kx \cos nx = \frac{1}{2}[\cos(k+n)x + \cos(k-n)x]$，当 $k \neq n$ 时，有：

$$\int_{-\pi}^{\pi} \cos kx \cos nx \mathrm{d}x = \frac{1}{2} \int_{-\pi}^{\pi} [\cos(k+n)x + \cos(k-n)x] \mathrm{d}x$$

$$= \frac{1}{2} \left[\frac{\sin(k+n)x}{k+n} + \frac{\sin(k-n)x}{k-n} \right]_{-\pi}^{\pi}$$

$$= 0, \quad (k, n = 1, 2, 3, \cdots, k \neq n)$$

（2）求出傅里叶级数中的系数 a_n 和 b_n。假设下式是成立的，即有：

$$f(x) = \frac{a_0}{2} + \sum_{n=1}^{\infty}(a_n \cos nx + b_n \sin nx) \tag{13-1}$$

先求系数 a_0。在上式的左右两侧同时积分可得：

$$\int_{-\pi}^{\pi} f(x)\mathrm{d}x = \frac{a_0}{2} \int_{-\pi}^{\pi} \mathrm{d}x + \sum_{n=1}^{\infty} \left[a_n \int_{-\pi}^{\pi} \cos nx \, \mathrm{d}x + b_n \int_{-\pi}^{\pi} \sin nx \, \mathrm{d}x \right]$$

根据（1）中给出的三角函数的正交性，上式右端除了第一项，其余各项均为零，所以可得：

$$\int_{-\pi}^{\pi} f(x)\mathrm{d}x = \frac{a_0}{2} \cdot 2\pi \implies a_0 = \frac{1}{\pi} \int_{-\pi}^{\pi} f(x)\mathrm{d}x$$

再求系数 a_n。用 $\cos kx$ 乘以式 (13-1) 两侧可得：

$$f(x) \cos kx = \frac{a_0}{2} \cos kx + \sum_{n=1}^{\infty}(a_n \cos nx \cos kx + b_n \sin nx \cos kx)$$

在上式的左右两侧同时积分可得：

$$\int_{-\pi}^{\pi} f(x) \cos kx \, \mathrm{d}x = \frac{a_0}{2} \int_{-\pi}^{\pi} \cos kx \, \mathrm{d}x + \sum_{n=1}^{\infty} \left[a_n \int_{-\pi}^{\pi} \cos nx \cos kx \, \mathrm{d}x + b_n \int_{-\pi}^{\pi} \sin nx \cos kx \, \mathrm{d}x \right]$$

根据（1）中三角函数的正交性，上式右端除了 $k = n$ 的一项，其余各项均为零，所以：

$$\int_{-\pi}^{\pi} f(x)\cos nx\,\mathrm{d}x = a_n\int_{-\pi}^{\pi}\cos^2 nx\,\mathrm{d}x = a_n\pi \implies a_n = \frac{1}{\pi}\int_{-\pi}^{\pi} f(x)\cos nx\,\mathrm{d}x$$

最后求系数 b_n。用 $\sin kx$ 乘以（1）式两侧再左右两侧同时积分，可得：

$$\int_{-\pi}^{\pi} f(x)\sin kx\,\mathrm{d}x = \frac{a_0}{2}\int_{-\pi}^{\pi}\sin kx\,\mathrm{d}x + \sum_{n=1}^{\infty}\left[a_n\int_{-\pi}^{\pi}\cos nx\sin kx\,\mathrm{d}x + b_n\int_{-\pi}^{\pi}\sin nx\sin kx\,\mathrm{d}x\right]$$

根据（1）中三角函数的正交性，上式右端除了 $k=n$ 的一项，其余各项均为零，所以：

$$\int_{-\pi}^{\pi} f(x)\sin nx\,\mathrm{d}x = b_n\int_{-\pi}^{\pi}\sin^2 nx\,\mathrm{d}x = b_n\pi \implies b_n = \frac{1}{\pi}\int_{-\pi}^{\pi} f(x)\sin nx\,\mathrm{d}x$$

（3）综上，可得 $a_n = \frac{1}{\pi}\int_{-\pi}^{\pi} f(x)\cos nx\,\mathrm{d}x$ 以及 $b_n = \frac{1}{\pi}\int_{-\pi}^{\pi} f(x)\sin nx\,\mathrm{d}x$，其中 a_n 也包括了 a_0 的计算方法。∎

定理 182 解释了 $f(x)$ 如何展开为傅里叶级数，下面的定理明确了 $f(x)$ 需要满足的条件：

定理 183. 设 $f(x)$ 是周期为 2π 的函数，如果它满足（1）在一个周期内连续，或只有有限个第一类间断点（定义 30）；（2）在一个周期内至多只有有限个极值点（定义 33）；那么 $f(x)$ 的傅里叶级数收敛，并且：

- 当 x 是 $f(x)$ 的连续点时，级数收敛于 $f(x)$。
- 当 x 是 $f(x)$ 的间断点时，级数收敛于 $\frac{1}{2}[f(x^-) + f(x^+)]$。

该定理就是傅里叶级数的收敛定理，或称为狄利克雷充分条件。

对定理 183 不做证明，下面通过一道例题来帮助理解前面介绍的两个定理。

例 334. 设 $f(x)$ 是周期为 2π 的函数，其表达式为 $f(x) = \begin{cases} -1, & -\pi \leqslant x < 0 \\ 1, & 0 \leqslant x < \pi \end{cases}$。因为该周期函数的图像类似于矩形，如图 13.45 所示，所以也称为矩形波。请求出该函数的傅里叶级数。

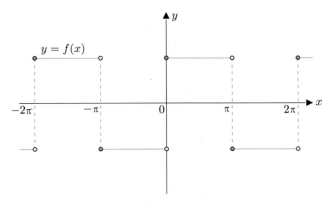

图 13.45 矩形波函数 $f(x)$ 的图像

解.（1）收敛定理的应用。题目中给出的函数 $f(x)$ 满足傅里叶级数的收敛定理（定理 183），所以 $f(x)$ 的傅里叶级数收敛，并且点 $x = k\pi, k \in \mathbb{Z}$ 是函数 $f(x)$ 的间断点，在这些点处 $f(x)$ 的傅里叶级数收敛于：

$$\frac{1}{2}[f(x^-) + f(x^+)] = \frac{1}{2}(-1+1) = \frac{1}{2}[1+(-1)] = 0$$

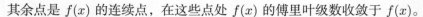

其余点是 $f(x)$ 的连续点，在这些点处 $f(x)$ 的傅里叶级数收敛于 $f(x)$。

（2）计算 $f(x)$ 的傅里叶级数。根据傅里叶系数的计算公式，可得：

$$a_n = \frac{1}{\pi} \int_{-\pi}^{\pi} f(x) \cos nx \, \mathrm{d}x = \frac{1}{\pi} \int_{-\pi}^{0} (-1) \cdot \cos nx \, \mathrm{d}x + \frac{1}{\pi} \int_{0}^{\pi} 1 \cdot \cos nx \, \mathrm{d}x$$

$$= -\frac{1}{\pi} \left[\frac{\sin nx}{n} \right]_{-\pi}^{0} + \frac{1}{\pi} \left[\frac{\sin nx}{n} \right]_{0}^{\pi} = 0, \quad (n = 0, 1, 2, \cdots)$$

$$b_n = \frac{1}{\pi} \int_{-\pi}^{\pi} f(x) \sin nx \, \mathrm{d}x = \frac{1}{\pi} \int_{-\pi}^{0} (-1) \cdot \sin nx \, \mathrm{d}x + \frac{1}{\pi} \int_{0}^{\pi} 1 \cdot \sin nx \, \mathrm{d}x$$

$$= \frac{1}{\pi} \left[\frac{\cos nx}{n} \right]_{-\pi}^{0} + \frac{1}{\pi} \left[-\frac{\cos nx}{n} \right]_{0}^{\pi} = \frac{1}{n\pi} [1 - \cos n\pi - \cos n\pi + 1]$$

$$= \begin{cases} \dfrac{4}{n\pi}, & n = 1, 3, 5, \cdots \\ 0, & n = 2, 4, 6, \cdots \end{cases}$$

所以有：

$$f(x) = \frac{a_0}{2} + \sum_{n=1}^{\infty} (a_n \cos nx + b_n \sin nx)$$

$$= \frac{4}{\pi} \left[\sin x + \frac{1}{3} \sin 3x + \cdots + \frac{1}{2n-1} \sin(2n-1)x + \cdots \right]$$

$$= \frac{4}{\pi} \sum_{n=1}^{\infty} \frac{1}{2n-1} \sin(2n-1)x, \quad (-\infty < x < +\infty, x \neq k\pi, k \in \mathbb{Z})$$

（3）综上，所以 $f(x)$ 的傅里叶级数为 $\dfrac{4}{\pi} \sum\limits_{n=1}^{\infty} \dfrac{1}{2n-1} \sin(2n-1)x$，该级数在 $x = k\pi, k \in \mathbb{Z}$ 点处收敛于 0，在其余点处收敛于 $f(x)$，即：

$$\frac{4}{\pi} \sum_{n=1}^{\infty} \frac{1}{2n-1} \sin(2n-1)x \begin{cases} \text{收敛于 } 0, & x = k\pi, k \in \mathbb{Z} \\ \text{收敛于 } f(x), & x \neq k\pi, k \in \mathbb{Z} \end{cases}$$

为了更好地理解这一点，让我们作出该级数的部分和函数 $s_{25}(x)$，如图 13.46 所示，可以看到 $s_{25}(x)$ 已经很接近周期函数 $f(x)$ 了。

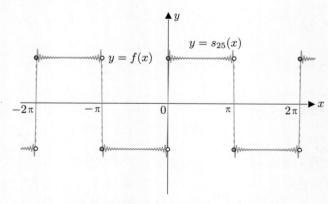

图 13.46　部分和函数 $s_{25}(x)$ 很接近周期函数 $f(x)$

但细心的同学会发现，在图 13.46 的间断点处，也就是在 $x = k\pi, k \in \mathbb{Z}$ 点处的部分和函数 $s_{25}(x)$ 对函数 $f(x)$ 的逼近并不好，这是因为在这些点处，当 $n \to \infty$ 时有 $s_n(x) \to 0$。作出 $\dfrac{4}{\pi}\displaystyle\sum_{n=1}^{\infty}\dfrac{1}{2n-1}\sin(2n-1)x$ 的和函数 $s(x)$ 的图像，如图 13.47 所示，更容易看出这一点。注意，该图像和图 13.45 给出的函数 $f(x)$ 的图像有所不同，主要是空心点、实心点的区别。

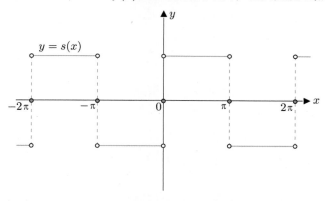

图 13.47　和函数 $s(x)$ 的图像，与 $f(x)$ 有所区别

由于间断点的存在，例 334 中的函数 $f(x)$ 是无法在整个定义域上展开成泰勒级数的，所以说傅里叶级数的适用性更广泛。

13.6.3　正弦级数和余弦级数

定理 184. 对于周期为 2π 的函数 $f(x)$ 而言，

- 当 $f(x)$ 为奇函数的时候，其傅里叶系数为 $\begin{cases} a_n = 0, & n = 0, 1, 2, \cdots \\ b_n = \dfrac{2}{\pi}\displaystyle\int_0^{\pi} f(x)\sin nx\,\mathrm{d}x, & n = 1, 2, 3, \cdots \end{cases}$,

  所以此时 $f(x)$ 的傅里叶级数是只含有正弦项的*正弦级数*。

- 当 $f(x)$ 为偶函数的时候，其傅里叶系数为 $\begin{cases} a_n = \dfrac{2}{\pi}\displaystyle\int_0^{\pi} f(x)\cos nx\,\mathrm{d}x, & n = 0, 1, 2, \cdots \\ b_n = 0, & n = 1, 2, 3, \cdots \end{cases}$,

  所以此时 $f(x)$ 的傅里叶级数是只含有常数项和余弦项的*余弦级数*。

证明.（1）当 $f(x)$ 为奇函数时，那么 $f(x)\cos nx$ 是奇函数，所以 $f(x)\cos nx$ 关于原点对称；而 $f(x)\sin nx$ 是偶函数，所以 $f(x)\sin nx$ 关于 y 轴对称。所以有：

$$\int_{-\pi}^0 f(x)\cos nx\,\mathrm{d}x = -\int_0^{\pi} f(x)\cos nx\,\mathrm{d}x, \quad \int_{-\pi}^0 f(x)\sin nx\,\mathrm{d}x = \int_0^{\pi} f(x)\sin nx\,\mathrm{d}x$$

根据傅里叶系数的计算公式（定理 182），所以此时有：

$$a_n = \frac{1}{\pi}\int_{-\pi}^{\pi} f(x)\cos nx\,\mathrm{d}x = \frac{1}{\pi}\int_{-\pi}^0 f(x)\cos nx\,\mathrm{d}x + \frac{1}{\pi}\int_0^{\pi} f(x)\cos nx\,\mathrm{d}x$$

$$= -\frac{1}{\pi}\int_0^{\pi} f(x)\cos nx\,\mathrm{d}x + \frac{1}{\pi}\int_0^{\pi} f(x)\cos nx\,\mathrm{d}x = 0$$

$$b_n = \frac{1}{\pi} \int_{-\pi}^{\pi} f(x) \sin nx \, \mathrm{d}x = \frac{1}{\pi} \int_{-\pi}^{0} f(x) \sin nx \, \mathrm{d}x + \frac{1}{\pi} \int_{0}^{\pi} f(x) \sin nx \, \mathrm{d}x$$

$$= \frac{1}{\pi} \int_{0}^{\pi} f(x) \sin nx \, \mathrm{d}x + \frac{1}{\pi} \int_{0}^{\pi} f(x) \sin nx \, \mathrm{d}x = \frac{2}{\pi} \int_{0}^{\pi} f(x) \sin nx \, \mathrm{d}x$$

（2）当 $f(x)$ 为偶函数时，那么 $f(x) \cos nx$ 是偶函数，所以 $f(x) \cos nx$ 关于 y 轴对称；而 $f(x) \sin nx$ 是奇函数，所以 $f(x) \sin nx$ 关于原点轴对称。所以有：

$$\int_{-\pi}^{0} f(x) \cos nx \, \mathrm{d}x = \int_{0}^{\pi} f(x) \cos nx \, \mathrm{d}x, \quad \int_{-\pi}^{0} f(x) \sin nx \, \mathrm{d}x = - \int_{0}^{\pi} f(x) \sin nx \, \mathrm{d}x$$

根据傅里叶系数的计算公式（定理 182），所以此时有：

$$a_n = \frac{1}{\pi} \int_{-\pi}^{\pi} f(x) \cos nx \, \mathrm{d}x = \frac{1}{\pi} \int_{-\pi}^{0} f(x) \cos nx \, \mathrm{d}x + \frac{1}{\pi} \int_{0}^{\pi} f(x) \cos nx \, \mathrm{d}x$$

$$= \frac{1}{\pi} \int_{0}^{\pi} f(x) \cos nx \, \mathrm{d}x + \frac{1}{\pi} \int_{0}^{\pi} f(x) \cos nx \, \mathrm{d}x = \frac{2}{\pi} \int_{0}^{\pi} f(x) \cos nx \, \mathrm{d}x$$

$$b_n = \frac{1}{\pi} \int_{-\pi}^{\pi} f(x) \sin nx \, \mathrm{d}x = \frac{1}{\pi} \int_{-\pi}^{0} f(x) \sin nx \, \mathrm{d}x + \frac{1}{\pi} \int_{0}^{\pi} f(x) \sin nx \, \mathrm{d}x$$

$$= - \frac{1}{\pi} \int_{0}^{\pi} f(x) \sin nx \, \mathrm{d}x + \frac{1}{\pi} \int_{0}^{\pi} f(x) \sin nx \, \mathrm{d}x = 0 \qquad \blacksquare$$

例 334 中的 $f(x) = \begin{cases} -1, & -\pi \leqslant x < 0 \\ 1, & 0 \leqslant x < \pi \end{cases}$ 就是一个奇函数，它的傅里叶级数为正弦级数 $\dfrac{4}{\pi} \displaystyle\sum_{n=1}^{\infty} \dfrac{1}{2n-1} \sin(2n-1)x$，显然是符合定理 184 的。

例 335. 已知函数 $f(x) = E \left| \sin \dfrac{x}{2} \right|, -\pi \leqslant x \leqslant \pi$，请求出该函数的傅里叶级数，其中 E 为正的常数。

解. 题目中给出的函数 $f(x)$ 并非周期函数，我们可在 $(-\infty, -\pi)$ 以及 $(\pi, +\infty)$ 上补充定义，使之成为周期为 2π 的周期函数，补充后的函数记作 $g(x)$，如图 13.48 所示，其中虚线部分就是补充的定义。这种操作也称为周期延拓。

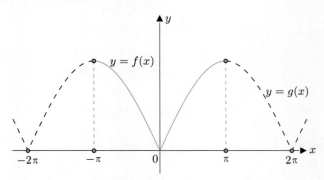

图 13.48 函数 $f(x)$ 及其周期延拓

然后求函数 $g(x)$ 的傅里叶级数，再将所得级数的 x 限定在 $[-\pi, \pi]$ 内就可得到所要的结果。

（1）收敛定理的应用。函数 $g(x)$ 满足傅里叶级数的收敛定理（定理 183），且该函数没有间断点，所以在整个实数域上，$g(x)$ 的傅里叶级数收敛于 $g(x)$。

（2）计算 $g(x)$ 的傅里叶级数。因为函数 $g(x)$ 是偶函数，根据定理 184 可知 $b_n = 0$，以及：

$$a_n = \frac{2}{\pi} \int_0^\pi f(x) \cos nx \, \mathrm{d}x = \frac{2E}{\pi} \int_0^\pi \sin \frac{x}{2} \cos nx \, \mathrm{d}x$$

$$= \frac{E}{\pi} \int_0^\pi \left[\sin \left(n + \frac{1}{2} \right) x - \sin \left(n - \frac{1}{2} \right) x \right] \mathrm{d}x = \frac{E}{\pi} \left[-\frac{\cos \left(n + \frac{1}{2} \right) x}{n + \frac{1}{2}} + \frac{\cos \left(n - \frac{1}{2} \right) x}{n - \frac{1}{2}} \right]_0^\pi$$

$$= \frac{E}{\pi} \left(\frac{1}{n + \frac{1}{2}} - \frac{1}{n - \frac{1}{2}} \right) = -\frac{4E}{(4n^2 - 1)\pi}, \quad (n = 0, 1, 2, \cdots)$$

所以有：

$$g(x) = \frac{a_0}{2} + \sum_{n=1}^\infty (a_n \cos nx + b_n \sin nx) = \frac{a_0}{2} + \sum_{n=1}^\infty a_n \cos nx$$

$$= \frac{4E}{\pi} \left(\frac{1}{2} - \sum_{n=1}^\infty \frac{1}{4n^2 - 1} \cos nx \right), -\infty < x < +\infty$$

从而有 $f(x) = \dfrac{4E}{\pi} \left(\dfrac{1}{2} - \displaystyle\sum_{n=1}^\infty \frac{1}{4n^2 - 1} \cos nx \right)$，$\quad -\pi \leqslant x \leqslant \pi$。

（3）最后展示一下上述答案的几何意义。作出上述级数的部分和函数 $s_n(x)$，如图 13.49 所示[①]。可以看到随着 n 增大，部分和函数 $s_n(x)$ 越来越趋近于函数 $f(x)$。

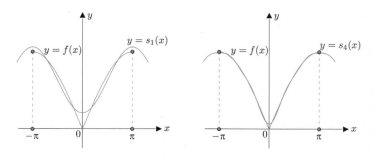

图 13.49　随着 n 的增大，部分和 $s_n(x)$ 越来越接近函数 $f(x)$

例 336. 已知函数 $f(x) = \begin{cases} \cos x, & 0 \leqslant x < \dfrac{\pi}{2} \\ 0, & \dfrac{\pi}{2} \leqslant x \leqslant \pi \end{cases}$，请求出该函数的傅里叶级数。

解.（1）奇延拓和偶延拓。题目中给出的函数 $f(x)$ 并非周期函数，我们可对其进行周期延拓。可以考虑将其延拓为奇函数[②]，如图 13.50 所示，这种延拓也称为函数 $f(x)$ 的奇延拓；或者可以考虑将其延拓为偶函数，如图 13.51 所示，这种延拓也称为函数 $f(x)$ 的偶延拓。

---

① 这里为了方便标注，将 $s_n(x)$ 的定义域选得大一些，而不是限定在 $[-\pi, \pi]$ 内。

② 值得注意的是，这里修改了 $f(x)$ 在 $x = 0$ 点的函数值，如此才能保证延拓之后是奇函数。

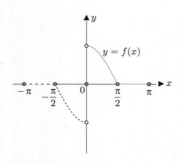

图 13.50　函数 $f(x)$ 的奇延拓

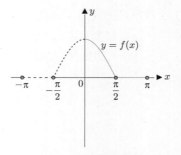

图 13.51　函数 $f(x)$ 的偶延拓

（2）考虑奇延拓的情况，根据图 13.50 可知，$f(x)$ 进行奇延拓后的函数存在间断点，根据傅里叶级数的收敛定理（定理 183），所以需要分情况讨论。当 $x \neq 0$ 时可将 $f(x)$ 展开为正弦级数，即 $a_n = 0$ 以及：

$$
\begin{aligned}
b_n &= \frac{2}{\pi} \int_0^\pi f(x) \sin nx \, \mathrm{d}x = \frac{2}{\pi} \int_0^{\frac{\pi}{2}} \cos x \sin nx \, \mathrm{d}x = \frac{1}{\pi} \int_0^{\frac{\pi}{2}} [\sin(n-1)x + \sin(n+1)x] \, \mathrm{d}x \\
&= \frac{1}{\pi} \left[-\frac{1}{n-1} \cos(n-1)x - \frac{1}{n+1} \cos(n+1)x \right]_0^{\frac{\pi}{2}} \\
&= \frac{1}{\pi} \left(\frac{1}{n-1} + \frac{1}{n+1} - \frac{1}{n-1} \cos \frac{n-1}{2}\pi - \frac{1}{n+1} \cos \frac{n+1}{2}\pi \right) \\
&= \frac{1}{\pi} \left(\frac{2n}{n^2-1} - \frac{1}{n-1} \sin \frac{n\pi}{2} + \frac{1}{n+1} \sin \frac{n\pi}{2} \right) = \frac{2}{\pi(n^2-1)} \left(n - \sin \frac{n\pi}{2} \right)
\end{aligned}
$$

以上计算对 $n = 1$ 不适合，需另行计算得 $b_1 = \frac{2}{\pi} \int_0^\pi f(x) \sin x \, \mathrm{d}x = \frac{2}{\pi} \int_0^{\frac{\pi}{2}} \cos x \sin x \, \mathrm{d}x = \frac{1}{\pi}$，所以 $f(x)$ 可以展开为如下的正弦级数：

$$
f(x) = \frac{a_0}{2} + \sum_{n=1}^\infty (a_n \cos nx + b_n \sin nx) = \frac{1}{\pi} \left[\sin x + \sum_{n=2}^\infty \frac{2}{n^2-1} \left(n - \sin \frac{n\pi}{2} \right) \sin nx \right], \quad 0 < x \leqslant \pi
$$

而 $x = 0$ 点处是 $f(x)$ 进行奇延拓后的函数的间断点，根据傅里叶级数的收敛定理（定理 183），此时上述正弦级数收敛于 0。综上，也就是有：

$$
\frac{1}{\pi} \left[\sin x + \sum_{n=2}^\infty \frac{2}{n^2-1} \left(n - \sin \frac{n\pi}{2} \right) \sin nx \right]
\begin{cases}
\text{收敛于 } 0, & x = 0 \\
\text{收敛于 } f(x), & 0 < x \leqslant \pi
\end{cases}
$$

（3）考虑偶延拓的情况，此时可将 $f(x)$ 展开为余弦级数，即 $b_n = 0$ 以及：

$$
\begin{aligned}
a_n &= \frac{2}{\pi} \int_0^\pi f(x) \cos nx \, \mathrm{d}x = \frac{2}{\pi} \int_0^{\frac{\pi}{2}} \cos x \cos nx \, \mathrm{d}x = \frac{1}{\pi} \int_0^{\frac{\pi}{2}} [\cos(n-1)x + \cos(n+1)x] \, \mathrm{d}x \\
&= \frac{1}{\pi} \left(\frac{1}{n-1} \sin \frac{n-1}{2}\pi + \frac{1}{n+1} \sin \frac{n+1}{2}\pi \right) = \frac{2}{\pi(n^2-1)} \sin \frac{n-1}{2}\pi \\
&= \begin{cases}
0, & n = 2k-1 \\
\dfrac{2(-1)^{k-1}}{\pi(4k^2-1)}, & n = 2k
\end{cases}
\end{aligned}
$$

以上计算对 $n = 1$ 不适合，需另行计算得：

$$a_1 = \frac{2}{\pi} \int_0^\pi f(x) \cos x \, dx = \frac{2}{\pi} \int_0^{\frac{\pi}{2}} \cos^2 x \, dx = \frac{1}{\pi} \int_0^{\frac{\pi}{2}} (1 + \cos 2x) dx = \frac{1}{2}$$

所以 $f(x)$ 可以展开为如下的余弦级数：

$$f(x) = \frac{a_0}{2} + \sum_{n=1}^\infty (a_n \cos nx + b_n \sin nx) = \frac{1}{\pi} + \frac{1}{2}\cos x + \frac{2}{\pi}\sum_{k=1}^\infty \frac{(-1)^{k-1}}{4k^2 - 1}\cos 2kx, \quad (0 \leqslant x \leqslant \pi)$$

（4）作出奇延拓后所得部分和 $s_{25}(x)$ 的图像，如图 13.52 所示；再作出偶延拓后所得部分和 $s_4(x)$ 的图像，如图 13.53 所示。对比之后会发现，就本题而言，似乎对函数 $f(x)$ 进行偶延拓，从而将 $f(x)$ 展开为余弦级数会是更好的选择。

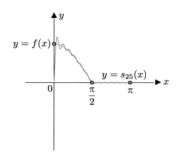

图 13.52　奇延拓后所得部分和 $s_{25}(x)$ 的图像

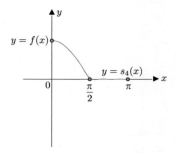

图 13.53　偶延拓后所得部分和 $s_4(x)$ 的图像

13.6.4　一般周期函数的傅里叶级数

定理 185. 设周期为 $2l$ 的周期函数 $f(x)$ 满足傅里叶级数的收敛定理（定理 183），则可将其展开为如下的傅里叶级数，其中 $a_n = \frac{1}{l}\int_{-l}^l f(x)\cos\frac{n\pi x}{l}dx, (n = 0, 1, 2, \cdots)$, $b_n = \frac{1}{l}\int_{-l}^l f(x)\sin\frac{n\pi x}{l}dx, (n = 1, 2, 3, \cdots)$, $C = \left\{x \,\middle|\, f(x) = \frac{1}{2}[f(x^-) + f(x^+)]\right\}$:

$$f(x) = \frac{a_0}{2} + \sum_{n=1}^\infty \left(a_n \cos\frac{n\pi x}{l} + b_n \sin\frac{n\pi x}{l}\right), \quad x \in C$$

当 $f(x)$ 为奇函数时可将其展开为如下的正弦级数，其中 $b_n = \frac{2}{l}\int_0^l f(x)\sin\frac{n\pi x}{l}dx, (n = 1, 2, 3, \cdots)$:

$$f(x) = \sum_{n=1}^\infty b_n \sin\frac{n\pi x}{l}, \quad x \in C$$

当 $f(x)$ 为偶函数时可将其展开为如下的余弦级数，其中 $a_n = \frac{2}{l}\int_0^l f(x)\cos\frac{n\pi x}{l}dx, (n = 0, 1, 2, \cdots)$:

$$f(x) = \frac{a_0}{2} + \sum_{n=1}^\infty a_n \cos\frac{n\pi x}{l}, \quad x \in C$$

证明. 作变量变换 $z = \dfrac{\pi x}{l}$, 于是区间 $-l \leqslant x \leqslant l$ 就变换成了 $-\pi \leqslant z \leqslant \pi$。设函数 $f(x) = f\left(\dfrac{lz}{\pi}\right) = F(z)$, 从而 $F(z)$ 是周期为 2π 的周期函数, 并且 $F(z)$ 满足傅里叶级数的收敛定理（定理 183）, 所以可将 $F(z)$ 展开成如下的傅里叶级数, 其中 $a_n = \dfrac{1}{\pi} \displaystyle\int_{-\pi}^{\pi} F(z) \cos nz \, \mathrm{d}z$, $b_n = \dfrac{1}{\pi} \displaystyle\int_{-\pi}^{\pi} F(z) \sin nz \, \mathrm{d}z$：

$$F(z) = \frac{a_0}{2} + \sum_{n=1}^{\infty} (a_n \cos nz + b_n \sin nz)$$

代入 $z = \dfrac{\pi x}{l}$, 并注意到 $F(z) = f(x)$, 可得：

$$f(x) = \frac{a_0}{2} + \sum_{n=1}^{\infty} \left(a_n \cos \frac{n\pi x}{l} + b_n \sin \frac{n\pi x}{l} \right),$$

$$a_n = \frac{1}{l} \int_{-l}^{l} f(x) \cos \frac{n\pi x}{l} \, \mathrm{d}x, \quad b_n = \frac{1}{l} \int_{-l}^{l} f(x) \sin \frac{n\pi x}{l} \, \mathrm{d}x$$

类似地, 可以证明定理的其余部分。∎

例 337. 已知函数 $f(x) = \begin{cases} \dfrac{px}{2}, & 0 \leqslant x < \dfrac{l}{2} \\[2mm] \dfrac{p(l-x)}{2}, & \dfrac{l}{2} \leqslant x \leqslant l \end{cases}$, 请求出该函数的傅里叶级数。

解.（1）我们可对函数 $f(x)$ 进行奇延拓, 如图 13.54 所示; 或进行偶延拓, 如图 13.55 所示。

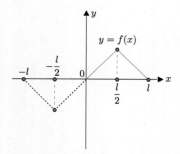

图 13.54　函数 $f(x)$ 的奇延拓

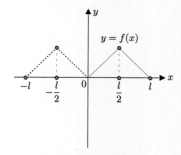

图 13.55　函数 $f(x)$ 的偶延拓

（2）考虑奇延拓的情况, 此时可将 $f(x)$ 展开成周期为 $2l$ 的正弦级数, 即 $a_n = 0$ 以及：

$$b_n = \frac{2}{l} \int_0^l f(x) \sin \frac{n\pi x}{l} \, \mathrm{d}x = \frac{2}{l} \left[\int_0^{\frac{l}{2}} \frac{px}{2} \sin \frac{n\pi x}{l} \, \mathrm{d}x + \int_{\frac{l}{2}}^l \frac{p(l-x)}{2} \sin \frac{n\pi x}{l} \, \mathrm{d}x \right]$$

对上式右端的第二项, 令 $t = l - x$, 则有：

$$b_n = \frac{p}{l} \left[\int_0^{\frac{l}{2}} x \sin \frac{n\pi x}{l} \, \mathrm{d}x + \int_{\frac{l}{2}}^0 t \sin \frac{n\pi(l-t)}{l} \, (-\mathrm{d}t) \right]$$

$$= \frac{p}{l} \left[\int_0^{\frac{l}{2}} x \sin \frac{n\pi x}{l} \, \mathrm{d}x + (-1)^{n+1} \int_0^{\frac{l}{2}} t \sin \frac{n\pi t}{l} \, \mathrm{d}t \right]$$

根据上式，所以当 $n = 2k$ 为偶数时 $b_{2k} = 0$，当 $n = 2k - 1$ 为奇数时，有：

$$b_n = \frac{2p}{l} \int_0^{\frac{l}{2}} x \sin \frac{(2k-1)\pi x}{l} \, dx = \frac{2pl}{(2k-1)^2 \pi^2} \sin \frac{2k-1}{2} \pi = \frac{2pl(-1)^{k-1}}{(2k-1)^2 \pi^2}$$

所以 $f(x)$ 可以展开为如下的正弦级数：

$$f(x) = \sum_{n=1}^{\infty} b_n \sin \frac{n\pi x}{l} = \frac{2pl}{\pi^2} \sum_{k=1}^{\infty} \frac{(-1)^{k-1}}{(2k-1)^2} \sin \frac{(2k-1)\pi x}{l}, \quad 0 \leqslant x \leqslant l$$

（3）考虑偶延拓的情况，根据图 13.55 可知，$f(x)$ 进行偶延拓后所得函数的周期为 l，所以此时可将 $f(x)$ 展开成周期为 l 的余弦级数，即 $b_n = 0$ 以及[1]：

$$
\begin{aligned}
a_n &= \frac{4}{l} \int_0^{\frac{l}{2}} f(x) \cos \frac{2n\pi x}{l} \, dx = \frac{4}{l} \int_0^{\frac{l}{2}} \frac{px}{2} \cos \frac{2n\pi x}{l} \, dx \\
&= \frac{2p}{l} \left[\frac{lx}{2n\pi} \sin \frac{2n\pi x}{l} + \left(\frac{l}{2n\pi} \right)^2 \cos \frac{2n\pi x}{l} \right]_0^{\frac{l}{2}} \\
&= \frac{pl}{2n^2\pi^2} (\cos n\pi - 1) =
\begin{cases}
-\dfrac{pl}{n^2\pi^2}, & n = 1, 3, 5, \cdots \\
0, & n = 2, 4, 6, \cdots
\end{cases}
\end{aligned}
$$

以上计算对 $n = 0$ 不适合，需另行计算得 $a_0 = \frac{4}{l} \int_0^{\frac{l}{2}} f(x) \cos \frac{0 \cdot \pi x}{l} \, dx = \frac{4}{l} \int_0^{\frac{l}{2}} \frac{px}{2} \, dx = \frac{pl}{4}$，所以 $f(x)$ 可以展开为如下的余弦级数[2]：

$$f(x) = \frac{a_0}{2} + \sum_{n=1}^{\infty} a_n \cos \frac{2n\pi x}{l} = \frac{pl}{8} - \frac{pl}{\pi^2} \sum_{k=1}^{\infty} \frac{1}{(2k-1)^2} \cos \frac{2(2k-1)\pi x}{l}, \quad (0 \leqslant x \leqslant l)$$

（4）作出奇延拓后所得部分和 $s_4(x)$ 的图像，如图 13.56 所示；再作出偶延拓后所得部分和 $s_4(x)$ 的图像，如图 13.57 所示。对比之后会发现，就本题而言，这两种延拓所得的傅里叶级数都挺好的。

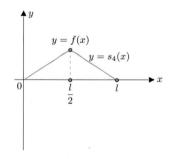
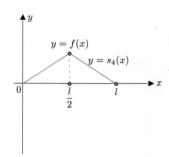

图 13.56　奇延拓后所得部分和 $s_4(x)$ 的图像　　图 13.57　偶延拓后所得部分和 $s_4(x)$ 的图像

---

[1] 将一般周期函数的傅里叶级数（定理 185）的公式 $a_n = \frac{2}{l} \int_0^l f(x) \cos \frac{n\pi x}{l} \, dx$ 中的 l 替换为 $\frac{l}{2}$。

[2] 将一般周期函数的傅里叶级数（定理 185）的公式 $f(x) = \frac{a_0}{2} + \sum_{n=1}^{\infty} a_n \cos \frac{n\pi x}{l}$ 中的 l 替换为 $\frac{l}{2}$。